RIVER ECOLOGY

Structure and Function of Running Waters

河流生态学

袁兴中◎编著

重庆出版集团 重庆出版社

图书在版编目(CIP)数据

河流生态学 / 袁兴中著. —重庆: 重庆出版社,2020.6
ISBN 978-7-229-15388-5

Ⅰ.①河… Ⅱ.①袁… Ⅲ.①河流—生态学—研究 Ⅳ.①X143

中国版本图书馆CIP数据核字(2020)第214714号

河流生态学

HELIU SHENGTAI XUE

袁兴中 著

责任编辑:傅乐孟
责任校对:何建云
装帧设计:彭平欣

重庆出版集团
重庆出版社 出版

重庆市南岸区南滨路162号1幢 邮编:400061 http://www.cqph.com
重庆出版社艺术设计有限公司制版
重庆市国丰印务有限责任公司印刷
重庆出版集团图书发行有限公司发行
E-MAIL:fxchu@cqph.com 邮购电话:023-61520646
全国新华书店经销

开本:889mm×1194mm 1/16 印张:30.75 字数:720千
2020年6月第1版 2020年6月第1次印刷
ISBN 978-7-229-15388-5
定价:128.00元

如有印装质量问题,请向本集团图书发行有限公司调换:023-61520678

内容提要

本书作为河流生态学研究方面的专著，在反映国内外河流生态学研究最新进展的基础上，进行了大胆探索，完整地展现了河流生态学全貌。全书分4编、共21章，关注当代“自然一人工”二元干扰与河流生态演变的关系，概括了河流生态系统结构与功能、河流生态过程、河流生境变化、河流生态修复、河流生态系统管理等河流生态学最前沿的内容。本书可供生态学、河流科学、水利科学、湿地科学、风景园林学、环境科学与工程等领域的管理人员、专业技术人员和大专院校有关专业师生参考。

Synopsis

This book is a monograph on the research of river ecology, which presents a complete picture of river ecology and reflects the latest progress in the study of river ecology at home and abroad. The whole book is divided into four parts totaling 21 chapters. It focuses on the relationship between "natural–anthropogenic" dual disturbances and the ecological changes of river, and summarizes the frontiers of river ecology in terms of structure and function of river ecosystem, river ecological process, river habitat changes, river ecosystem restoration and river ecosystem management, etc. This book can be used as reference for management, professional and technical personnel and related teachers and students in the fields of ecology, river science, water conservancy, wetland science, landscape architecture, environmental science and engineering.

前　言

众所周知，河流是其集水区内各种环境特征的综合表征体，它能够反映流域内的环境条件及其变化。在其集水区内，无论是自然变化还是人为干扰，都会影响到河流的水文循环、理化特征、生境分布、营养结构和基本生态过程，河流生态系统整体对集水区内自然和人为干扰的时空变化发生着积极的响应。河流不仅是重要的生态系统类型，而且作为重要的环境资源，与流域经济社会和生态环境可持续发展密切联系在一起。在全球变化的大背景下，在河流生态系统自然演变的基础上叠加巨大的人工干扰，以河流生态系统破坏为主的水生态环境问题日益突出。由于中国大部分地区尤其是西部地区生态基础设施薄弱，在河流资源开发及河流生态保护等方面正面临严峻的挑战，已经威胁到社会经济的可持续发展和流域生态安全。关注河流生态系统，是摆在我们面前的重大现实问题，也是亟待解决的科学问题。但遗憾的是，我们对河流生态系统的认识还较模糊，对河流的许多生态学问题没有深入的了解，而这直接关系到我们在河流保护、河流生态恢复、河流管理等方面的科学决策。

本书正是基于这一现实状况，根据近年来对国内外河流生态学发展现状及最新趋势的了解，在国家科技重大专项及国家自然科学基金资助项目的基础上，着眼于“自然—人工”二元干扰下河流生态系统演化及其恢复和管理对策，给出河流生态学的基本框架，为进一步的研究和有效管理提供科学依据。本书的最大特色是关注当代“自然—人工”二元干扰与河流生态演变的关系，涉及河流生态系统功能、河流生态过程、河流生境变化、河流生态修复、河流生态系统管理等河流生态学最前沿的内容。

本书围绕“河流生态学”主题，对河流生态学的前沿问题和最新发展进行了深入探讨与研究，完整地展现了河流生态学全貌，反映了最新进展。全书分 4 编、共 21 章，第 1 编介绍河流物理环境，涉及河流景观与类型划分、河流水文特征、地貌特征、河流主要物理因子、河流生境；第 2 编河流生物群落，主要介绍河流初级生产者、河流底栖无脊椎动物群落、鱼类群落、河岸野生生物、河流生物多样性；第 3 编河流生态过程，主要探讨河流食物网与营养动态、河岸过程、河流木质残体的功能、河流湿地及其功能、潜流层及其生态过程、河流生物地化循环；第 4 编介绍河流生态管理，包括河流干扰及其危害、河流生态健康评估、河流生态工程、河流生境恢复及流域综合管理。

由于河流生态学体系庞大，河流生态环境问题错综复杂，许多河流生态学问题是全新的课题，给这方面的研究带来了巨大的挑战。在书中，作者力图反映河流生态学研究的最新进展，尽量完整地阐明河流生态学的重点。尽管还有许多问题需要进一步完善，但我们希望本书对河流生态系统保护及可持续利用能起到积极的作用。

本书得到了国家出版基金资助，也是在多年来完成国家自然科学基金项目“山地河流生境片断化的生态影响及恢复对策”、“‘自然—人工’干扰下溪流潜流层无脊椎动物功能群生态学研究”、国家科技重大专项子课题“汉丰湖流域生态防护带建设关键技术研究与示范”等一系列涉及河流生态学研究项目的基础上编写而成。

十多年来，本书作者指导的博士研究生和硕士研究生为本书的研究和写作作出了很多贡献。博士研究生孙荣参与了第 9 章河岸野生生物中河岸植物的研究及部分写作；博士研究生王强参与了第 5 章河流生境、第 7 章河流底栖无脊椎动物群落中山地河流附石性水生昆虫摄食功能群、第 17 章河流干扰及其危害中水坝建设对河流的影响、第 18 章河流生态健康评估、第 20 章河流生境恢复的研究及部分写作；博士研究生张跃伟参与了第 15 章潜流层及其生态过程的研究及部分写作；博士研究生任海庆参与了第 4 章河流主要物理因子、第 7 章河流底栖无脊椎动物群落中环境因子与底栖动物关系的研究及部分写作；博士研究生王晓锋参与了第 16 章河流生物地化循环的研究及写作；硕士研究生张乔勇参与了第 9 章河岸野生生物中河岸鸟类的研究及部分写作；硕士研究生齐静参与了第 17 章河流干扰及其危害中土地利用变化对河流的影响的研究及部分写作。重庆市地表水生态修复工程技术研究中心的林海波绘制了书中的大部分图件。感谢重庆出版社对本书写作的大力支持。在本书编写过程中，参考了国内外许多专家、学者的论著和研究成果，在此，对他们致以衷心的感谢。

袁兴中

2020 年 5 月 15 日

Preface

As is known to all, the river is a comprehensive characterization system of various environmental characteristics in its catchment, which can reflect the environmental factors and its changes in the watershed. In the catchment, both natural changes and anthropogenic disturbances, will influence the river hydrological cycle, physicochemical characteristics, habitat distribution, trophic structure and basic ecological process. The river ecosystem, as a whole, has positive responses to the spatio–temporal changes of natural and anthropogenic disturbances in the catchment. River is not only an important type of ecosystem, but also represents important environmental resources, which are closely related to the sustainable development of economic, social and ecological environment in the watershed. In the context of global change, enormous artificial disturbances have been added to the natural changes of the river ecosystem, and water ecological problems dominated by destruction of river ecosystem are becoming more and more prominent. Because of the weak ecological foundation in most parts of China, especially in the western region, were facing severe challenges, which have threatened the sustainable development of social economy and the safety of river basin ecosystem. Paying attention to the river ecosystem is a major realistic issue which we must face up to, and is also an urgent scientific problem yet to be solved. Unfortunately, our understanding about the river ecosystem is relatively vague, and we have little insight into many of the river ecological problems. However, all these are directly related to our scientific decisions in terms of river protection, river ecological restoration and river management.

The book based on the reality of the situation, according to the latest trends and current situation of the development of river ecology at home and abroad in recent years, based on the project supported by the National Science and Technology Major Projects and the National Natural Science Fund, with a view to long–term changes, restoration and management countermeasures of river ecosystem on the background of natural and anthropogenic binary disturbances, the basic framework of river ecology was given, and provided a scientific basis for further research and effective management.

The biggest characteristic of this book is to pay attention to the relationship between the contemporary natural–anthropogenic binary disturbances and river ecological changes, involving the most frontier in river ecology, such as river ecosystem function, ecological processes, habitat changes, river ecological restoration, river ecosystem management, etc.

This book focuses on the topic of river ecology, and explores and studies in depth the forefront issues and the latest progress of river ecology. It shows the whole picture of river ecology and reflects the latest development. The whole book is divided into 4 parts consisting of 21 chapters. The first part introduces the physical environment of rivers, including river landscape and its categorization, river hydrological characteristics, geomorphologic characteristics, main physical factors and river habitats. The second part deals with river biota, which mainly introduces river primary producers, benthic invertebrates, fish communities, riparian wildlife and river biodiversity. The third part is about the river ecological process, which mainly discusses river food web and trophic dynamics, riparian processes, functions of large woody debris, river wetlands and their functions, hyporheic zones and their ecological processes, and river biogeochemical cycle. The fourth part introduces river ecosystem management, involving river disturbances and harm effects, river ecosystem health assessment, river ecological engineering, river habitat restoration and integrated watershed management.

Because the discipline system of river ecology was huge, the problems of river ecosystem was very complicated, many river ecological problems are new issues, which bring great challenges to this study area. In the book, the author tried to reflect the latest progress in river ecology and clarified the focus of river ecology as complete as possible. Although there were many problems to be further improved, we hope that this book will play a positive role in the protection and sustainable utilization of the river ecosystem.

This book was funded by the National Publishing Fund, and was also written on the basis of a series of research projects about river ecology for many years, these research projects were funded by National Natural Science Fund Projects (ecological impacts of habitat fragmentation and restoration strategies in mountain rivers; study on the ecology of invertebrate functional groups in hyporheic zone of stream under natural and human disturbances) and National Science and Technology Major Project (water environment comprehensive prevention, treatment and demonstration in Hanfeng Lake and Pengxi River of the Three Gorges Reservoir, etc.

For more than 10 years, the PhD and master graduate students directed by the author have contributed to the research and writing of this book. Sun Rong, PhD student, participated in the research work and part writing of riparian plants in ninth chapter. Wang Qiang, PhD student, participated in the research works and part writing, such as fifth chapter, functional feeding groups of aquatic insect community attached on the stone of mountain stream in seventh chapter, the influences of dam construction on the river in seventeenth chapter, eighteenth chapter and twentieth chapter. Zhang Yuewei, PhD student, participated in the research works and part writing in fifteenth chapter. Ren Haiqing, PhD student, participated in the research works and part writing in fourth chapter and relationship between environmental factors and benthic invertebrates in seventh chapter. Wang Xiaofeng , PhD student, participated in the research works and writing in sixteenth chapter. Zhang Qiaoyong, Master graduate student, participated in the research works and part writing in riparian birds of ninth chapter. Qi Jing, Master graduate student, participated in the research works and part writing in influences of land use change on river ecosystem in seventeenth chapter. Thanks to Lin Haibo of the Center for the Technical Research of the Ecological Restoration Engineering of the Surface Water in Chongqing, most of the figures in this book were drawn by him. Thanks to Chongqing Publishing House for its strong support for the writing of this book. In the process of the book writing, the works and achievements of many experts and scholars at home and abroad were referred, here, the great thanks to give them sincerely.

Yuan Xingzhong

May 15, 2020

目 录

CONTENTS

绪 论 1

0.1 河流概念 1

0.2 河流生态学定义及研究对象 2

0.3 河流生态学发展简史 3

0.4 现代河流生态学特点和发展方向 9

第1编 河流物理环境

第1章 河流景观与类型划分 13

1.1 河流景观 13

1.2 河流连续体及河流分级 18

1.3 河流廊道的空间尺度 26

1.4 河谷类型划分 30

1.5 河段类型划分 33

1.6 河道单元分类 35

第2章 河流水文特征 39

2.1 水循环与水资源 39

2.2 河流径流 42

2.3 河流水情 48

2.4 河水运动 53

2.5 洪水脉冲 60

2.6 地下水结构与运动 63

2.7 水文—生态耦合 69

第3章 河流地貌特征 71

3.1 河流流水作用 71

3.2 河谷形态及其成因 79
3.3 河床地貌及形成过程 86
3.4 河流地貌的发育 97

第 4 章 河流主要物理因子 102
4.1 水流 102
4.2 底质 106
4.3 温度 107
4.4 光照 109
4.5 氧气 110

第 5 章 河流生境 112
5.1 河流生境概念 112
5.2 河流生境类型及空间尺度特征 113
5.3 河流功能生境与生物多样性 118

第 2 编 河流生物群落

第 6 章 河流初级生产者 129
6.1 着生藻类 129
6.2 浮游植物 132
6.3 水生维管植物 138

第 7 章 河流底栖无脊椎动物群落 142
7.1 类群 142
7.2 生活史 150
7.3 摄食功能群 151
7.4 环境因子与底栖动物的关系 163

第 8 章 河流鱼类群落 168
8.1 类群与区系 168
8.2 生态类型 172

8.3 生活史 174
8.4 鱼类生境 179
8.5 鱼类多样性空间格局 182

第 9 章 河岸野生生物 196
9.1 河岸带概念 196
9.2 河岸带结构及功能 197
9.3 河岸植物 200
9.4 河岸鸟类 204
9.5 河岸脊椎动物 207
9.6 河岸特有种和泛化种 208

第 10 章 河流生物多样性 212
10.1 河流生物多样性概念 212
10.2 河流生物多样性特征 214
10.3 河流生物多样性维持机制 216
10.4 河流生物多样性保育对策 223

第 3 编 河流生态过程

第 11 章 河流食物网与营养动态 227
11.1 河流食物网 227
11.2 初级生产 232
11.3 营养关系 238
11.4 流水中的营养物浓度 241
11.5 营养物的运输与转化 241

第 12 章 河岸过程 243
12.1 河岸过程及相互作用界面 243
12.2 水文过程 245
12.3 地貌过程 246
12.4 生物学过程 246

12.5 河岸生物地化过程 250

第 13 章 河流木质残体的功能 252
13.1 河流木质残体及分类 252
13.2 木质残体的生态功能 253
13.3 木质残体的分布与动态 256
13.4 木质残体输入与输出的过程控制 259
13.5 干扰对木质残体的影响 262

第 14 章 河流湿地及其功能 265
14.1 河流湿地概念 265
14.2 河流湿地生态系统的组成和结构 267
14.3 河流湿地的水文动态 271
14.4 河流湿地的功能 273
14.5 河岸湿地类型 274
14.6 河漫滩湿地 276
14.7 河流—湿地复合体 280

第 15 章 潜流层及其生态过程 282
15.1 潜流层概念 282
15.2 潜流层生境特征 286
15.3 潜流层大型无脊椎动物类群 291
15.4 潜流层大型无脊椎动物的生态功能 293
15.5 潜流层大型无脊椎动物调查研究方法 294
15.6 影响潜流层大型无脊椎动物的因素 298
15.7 潜流层大型无脊椎动物群落的拓殖 299
15.8 潜流层生物地化过程 307

第 16 章 河流生物地化循环 309
16.1 氮、磷循环 309
16.2 氮、磷循环的控制变量 311
16.3 有机物与营养动态 313

16.4 河流碳排放 314
16.5 人类活动的影响 321

第4编 河流生态管理

第17章 河流干扰及其危害 325
17.1 干扰概念 325
17.2 水坝建设对河流的影响 326
17.3 土地利用变化对河流水环境的影响 338
17.4 外来物种入侵的影响 341

第18章 河流生态健康评估 343
18.1 河流生态健康概念构架 343
18.2 评价范畴及方法学框架 345
18.3 评价指标体系 348
18.4 数据采集及评价方法 352
18.5 评价案例——东河流域健康评估 354

第19章 河流生态工程 361
19.1 河流生态工程概述 361
19.2 河流生态工程实施流程 362
19.3 河流生态工程施工方法 363
19.4 河流生态工程各类技术 363
19.5 河道生态恢复工程 368
19.6 河岸生态恢复工程 377

第20章 河流生境恢复 384
20.1 生境质量评估 384
20.2 生境片段化及其生态影响 392
20.3 生境恢复原则 397
20.4 生境恢复技术 397

第 21 章 流域综合管理 405
21.1 流域综合管理概念 405
21.2 流域管理的原则和基本要素 406
21.3 流域管理方法 409
21.4 流域公共管理与宣传教育 412
21.5 流域生态补偿 413
21.6 流域生命共同体管理 416

参考文献 418
后记 468

Contents

Preface 1

0.1 Concept of River 1

0.2 Definition of River Ecology and Objects of Study 2

0.3 Brief History of River Ecology 3

0.4 Characteristics and Trends of Modern River Ecology 9

Part 1 Physical Environments of River

Chapter 1 Riverine landscape and Classification 13

1.1 Riverine landscape 13

1.2 River Continuum and Orders 18

1.3 Spatial Scale of River Corridor 26

1.4 Classification of River Valley Segments 30

1.5 Classification of River Reaches 33

1.6 Classification of Channel Units 35

Chapter 2 Hydrological Characteristics of River 39

2.1 Water Circulation and Water Resources 39

2.2 Runoff 42

2.3 Hydrological Regime 48

2.4 Water Movement 53

2.5 Flood Pulse 60

2.6 Structure and Movement of Underground Water 63

2.7 Coupling of Hydrology and Ecology 69

Chapter 3 River Geomorphology 71

3.1 Fluvial Action 71

3.2 River Valley Morphology and Its Causes 79

3.3 Riverbed Geomorphology and Formation Process 86

3.4 Development of River Geomorphology 97

Chapter 4 Main Physical Factors of River 102

4.1 Water Flow 102

4.2 Bottom 106

4.3 Temperature 107

4.4 Light 109

4.5 Oxygen 110

Chapter 5 River Habitats 112

5.1 Concept of River Habitat 112

5.2 River Habitat Types and Spatial Scale Characteristics 113

5.3 Functional Habitats and Biodiversity of River 118

Part 2 River Biota

Chapter 6 Primary Producer of River 129

6.1 Periphyton 129

6.2 Phytoplankton 132

6.3 Aquatic Vascular Plants 138

Chapter 7 Benthic Invertebrate Communities in River 142

7.1 Groups 142

7.2 Life History 150

7.3 Feeding Function Groups 151

7.4 Relationship Between Environmental Factors and Benthic Invertebrates 163

Chapter 8 Fish Communities in River 168

8.1 Groups and Fauna 168

8.2 Ecological Types 172

8.3 Life History 174

8.4 Fish Habitats 179

8.5 Spatial Pattern of Fish Diversity 182

Chapter 9 Riparian Wildlife 196

9.1 Concept of Riparian 196

9.2 Structure and Habitat of the Riparian 197

9.3 Riparian Plants 200
9.4 Riparian Birds 204
9.5 Riparian Vertebrates 207
9.6 Riparian Obligates and Generalists 208

Chapter 10 Biodiversity of River 212
10.1 Concept of River Biodiversity 212
10.2 Characteristics of River Biodiversity 214
10.3 Maintenance Mechanism of River Biodiversity 216
10.4 Conservation Countermeasures of River Biodiversity 223

Part 3 River Ecological Processes

Chapter 11 River Food Web and Nutrition Dynamics 227
11.1 River Food Webs 227
11.2 Primary Production 232
11.3 Nutritional Relationships 238
11.4 Nutrient Concentration in Water Flow 241
11.5 Transport and Transformation of Nutrients 241

Chapter 12 Riparian Processes 243
12.1 Riparian Process and Interaction Interface 243
12.2 Hydrologic Processes 245
12.3 Geomorphic Processes 246
12.4 Biological Processes 246
12.5 Biogeochemical Processes of Riparian 250

Chapter 13 Function of Large Woody Debris in River 252
13.1 Large Woody Debris in River and Classification 252
13.2 Ecological Function of Large Woody Debris 253
13.3 Distribution and Dynamics of Large Woody Debris 256
13.4 Process Control about Input and Output of Large Woody Debris 259
13.5 Influence of Disturbances on Large Woody Debris 262

Chapter 14 River Wetland and Its Function **265**

14.1 Concept of River Wetland 265

14.2 Composition and Structure of River Wetland Ecosystem 267

14.3 Hydrological Dynamics of River Wetland 271

14.4 Function of River Wetland 273

14.5 Types of Riverbank Wetland 274

14.6 Floodplain Wetland 276

14.7 River–Wetland Complex 280

Chapter 15 Hyporheic Zone and Ecological Processes **282**

15.1 Concept of Hyporheic Zone 282

15.2 Habitat Characteristics of Hyporheic Zone 286

15.3 Macroinvertebrate Groups in Hyporheic Zone 291

15.4 Factors Affecting Macroinvertebrate in Hyporheic Zone 293

15.5 Ecological Functions of Macroinvertebrates in Hyporheic Zone 294

15.6 Methods of Investigation and Research for Macroinvertebrates of Hyporheic Zone 298

15.7 Recolonization of Macroinvertebrate Communities in Hyporheic Zone 299

15.8 Biogeochemical Processes of Hyporheic Zone 307

Chapter 16 Biogeochemical Cycle of River **309**

16.1 Cycling of Nitrogen and Phosphorus 309

16.2 Control Variables of Nitrogen and Phosphorus Cycle 311

16.3 Organic Matter and Trophic Dynamics 313

16.4 Carbon Emissions of River 314

16.5 Anthropogenic Disturbances 321

Part 4 River Ecological Management

Chapter 17 River Disturbance and Its Harm Effects **325**

17.1 Concept of Disturbances 325

17.2 Influences of Dam on River Ecosystem 326

17.3 Influences of Land Use Change on Water Environment of River 338

17.4 Impacts of Invasive Species 341

Chapter 18 Ecological Health Assessment of River 343

18.1 Conceptual Framework of River Ecosystem Health 343

18.2 Assessment Category and Methodology Framework 345

18.3 Assessment Indicator System 348

18.4 Data Acquisition and Assessment Method 352

18.5 Case Study—Ecosystem Health Assessment of the Donghe River 354

Chapter 19 Ecological Engineering of River 361

19.1 Overview of River Ecological Engineering 361

19.2 Implementation Processes of River Ecological Engineering 362

19.3 Construction Method of River Ecological Engineering 363

19.4 Techniques of River Ecological Engineering 363

19.5 Channel Ecological Restoration Project 368

19.6 Riparian Ecological Restoration Project 377

Chapter 20 River Habitat Restoration 384

20.1 Habitat Quality Assessment 384

20.2 Habitat Fragmentation and Ecological Effects 392

20.3 Principle of Habitat Restoration 397

20.4 Habitat Restoration Technologies 397

Chapter 21 Integrated Watershed Management 405

21.1 Concept of Integrated Watershed Management 405

21.2 Principles and Basic Elements about Watershed Management 406

21.3 Watershed Management Method 409

21.4 Public Management of Watershed and Its Propaganda and Education 412

21.5 Ecological Compensation of Watershed 413

21.6 Management of Watershed Life Community 416

References 418

Epilogue 468

绪 论

0.1 河流概念

河流是地表水循环的重要路径。按照维基百科的解释（Wikipedia，the free encyclopedia，http：//zh.wikipedia.org/zh/river），河流是自然汇入海洋、湖泊的流水，通常为淡水。在少数情况下，河流流入地下或者在汇入另一水体之前便已干涸。一条河流有时会汇入另一条河流，较小的河流被称作溪、支流等。河流中的水主要来源于其流域降水形成的地表径流和其他来源——如地下水补给、泉水以及自然积雪融化。Webster 词典把溪流（stream）定义为小的水流（flow of water），将“河流”（river）定义为“以相对较大的水流量流入海洋、湖泊的自然溪流等”。然而，这样的定义有可能产生一些误解，因为这个定义仅仅是一般公众对线性流水的理解。事实上，在溪流与河流之间没有明确的划分标准。通常，我们把溪流理解为沿着可见的沟道内小的线性流水，同时，其地下水与地表水以同样的方向流动。对河流也是以同样的方式定义：沿着可见的沟道内大的线性流水，即水流是以相对较大的流量在可见的沟渠中流动，其地下水也与地表水以同样的方向流动，并且与河漫滩及河岸植被相连。无论是溪流还是河流，作为一个生态学系统，在空间和时间上处在变化之中，都在纵向、侧向和垂向上表现出高度的连通性。

通常，我们对河流的理解是：沿着地表狭长凹地流动的水体，地球陆地表面上经常或间歇性有水流动的线形天然水道。按照河流水文学家的理解，河流是“接纳地表径流和地下径流的天然泄水道”。河流一般从高处的源头开始，然后沿地势向低处的下游流动，一直流入湖泊或海洋等终点。河流是地球上水文循环的重要路径，是泥沙、无机盐类和化学元素等进入湖泊、海洋的通道。在中国，河流有很多称谓，较大的称江、河、川，较小的称溪、涧、沟等。每条河流都有河源及河口。河源是河流的发源地，河口是河流的终点，即河流流入海洋、湖泊、河流（如支流汇入干流）或沼泽的地方。

“沿着地表狭长凹地流动的水体”是对河流概念的狭义理解。事实上，着眼于河流生态系统，河流并非单纯的沿地表狭长凹地流动的水体。从生态学角度审视，河流是一个生态系统，是一个综合性的概念，既包括沿地表狭长凹地流动的水体，也包括河岸带，以及两者之下的潜流层（hyporheic zone），是其中的生物群落与无机成分所构成的具有一定结构和功能的整体（Naiman 和 Bilby，1998）。

作为一个多维的生态系统，纵向梯度上河流包括自上游到下游沿地表狭长凹地流动的水体，侧向梯度上河流包含从水体到河岸，垂向梯度上包括从河床底质到地表水与地下水交混的潜流层。具有各种形态结构的河岸、河漫滩、河床及其下的潜流层都是河流结构的重要组成部分（图 0-1）。只有从生态系统角度理解河流，才能全面认识其结构、功能、动态、多样性，也才能全面理解河流与人类的关系，正确、理性对待河流，在保护、恢复和管理实践中，才能作出科学的决策和行动。

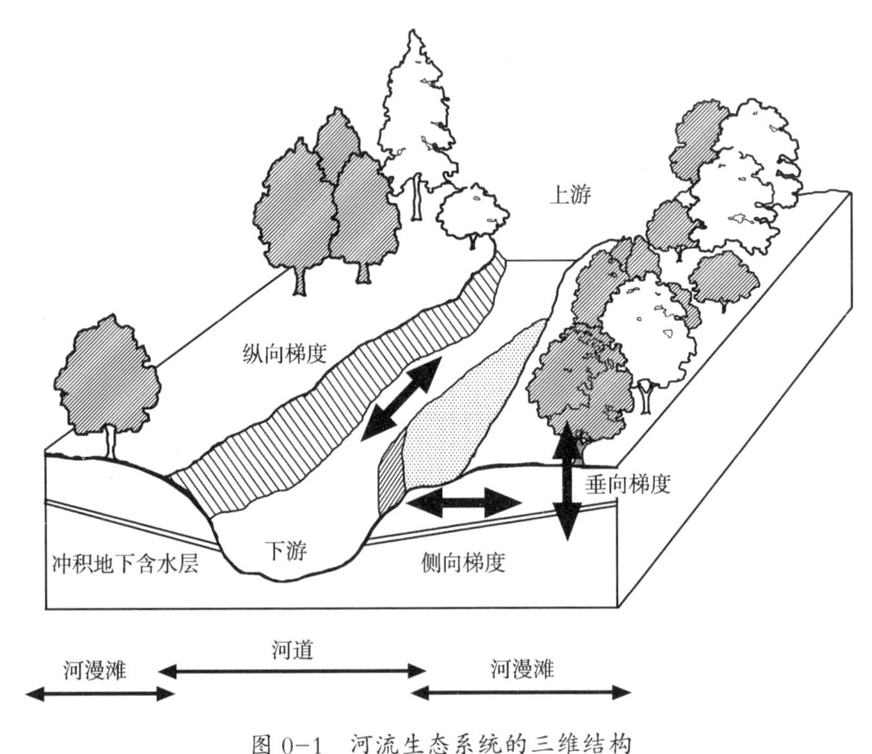

图 0-1 河流生态系统的三维结构

0.2 河流生态学定义及研究对象

生态学是研究自然界中生物及群体的分布和多度及其与环境之间相互关系的学科，其主要目的是进行观测和实验研究，了解控制自然群落结构和功能的物理（如地形、气候等）和生物因素（如捕食、竞争等）的作用。河流生态学（river ecology；stream ecology）是研究河流等流水水域中生物群落及其与环境（理化、生物）间相互关系的学科。过去的研究人员发现在河流系统中，在决定鱼类和无脊椎动物群落结构方面许多因素都可以发挥重要作用，这些因素包括从陆地的养分输入、受降水和地下水排水影响的水位变化、水温、水深、食物可利用性、鱼类捕食、竞争及水中的物理结构如枯木、树叶和岩石等。

河流生态学的研究对象是河流生态系统。河流生态系统指以沿地表狭长凹地流动的水体为核心，包括河岸、河床及潜流层在内的淡水生态系统。河流生态系统是包括河岸、河道水体、河床底栖系统、潜流层及相关湿地系统在内的复合生态系统，具有运输、通道、生境、过滤、源汇等多种生态服务功能。河流生态系统最明显的特征就是沿着线性沟道水的持续流动性。从纵向梯度上看，河流分为上、中、下游，由于沿纵向梯度各带的河流比降、底质、水流流速、沉积状况的差异，上、中、下游的生物相发生明显变化，并在上、中、下游各带出现一些适应性特殊类群。由于水的持续流动性，河流生物大多具有适应流水生境的特殊形态结构和行为习性。适应于水的持续流动性，河流生物群落也表现出明显的时间和空间动态格局。河流生态系统是一个非线性的复杂系统，在自然力和人类活动的双重作用下处于动态变化过程中。河流生态系统中的各环境因子如水文、水质、水流流态和地貌等要素之间不是孤立存在的，而是相互依赖、相互作用；各环境因子与生命系统的相互作用更是综合的。事实上，在河流生态系统中，水文过程、地貌过程、理化过程与生物过程相互作用，有机联结成一个生命共同体。

河流生态学主要研究河流生态系统组成、结构、功能、动态、多样性，重点是河流生命系统与生命支持系统之间的动态相互关系。河流生态学关注河流生态系统结构、功能、多样性与河流重要生境因子的耦合、动态相互关系。特别关注河流生态过程（如河流物种流、能量流、生物地化过程、水文过程、地貌过程、理化过程等）之间的耦合机理、河流生物多样性及其维持机制、河流生态系统稳定性机理、人类与河流生态系统的协同共生。在河流生态系统研究中，主要的河流生境因子包括河流水文情势、水力学特征、泥沙沉积、河流地貌等，这些生境因子分别对应着水文学、水力学、动力沉积、河流地貌学等传统河流科学的一系列学科。由此可知，河流生态学是多学科交叉的跨学科研究。

像所有生态学的其他学科一样，河流生态学是建立在三基点上，即格局、过程、理论。这里的格局是指河流生态系统整体及各要素之间在时间、空间和功能上的相互关系，过程是指形成这些河流生态系统格局的原因，而理论则是对这些原因的科学解释。

0.3 河流生态学发展简史

与生态学发展历史相应，河流生态学的发展可以分为三个时期：萌芽期，建立期，发展期。

萌芽期的河流生态学是古人在长期的农牧渔猎生产中，积累的朴素的河流生态学知识，诸如对鱼类与季节性涨水等生态环境因子变化关系的描述等；建立期的河流生态学，在认识河流水文、河流动力、河流泥沙规律的基础上，整合河流水文、河流地貌、河流泥沙动力等相关知识，提出河流生态学的基本概念，明确河流生态学的研究对象和研究方法，探讨河流生态系统的基本规律；发展期的河流生态学，在现代生态学发展的基础上，吸收数学、物理、河流工程技术科学等学科的研究成果，向河流生态学的精确定量方向发展，并逐渐形成了河流生态学的系统理论体系。

河流生态学在形成初期与渔业生物学和水生昆虫学密切相关。人们通常把河流生态学当作湖沼学（limnology）的研究内容之一，因为在早期的湖沼学研究中涉及了溪流或河流生态的内容。但是，在相当长的一段时期里，关于河流生物学和生态学的基础研究比湖泊研究少，河流系统的湖沼学（或称河流生态学）研究滞后于湖泊生态学的同期发展。也许这与湖泊作为一个边界明确的实体有关，其研究有其内在的魅力，湖沼的生态学研究比之于河流的生态学研究更容易形成概念框架和假说。无论何种原因，总之，河流一直被早期的生态学家所忽略。

这种状况一直持续到20世纪70年代。1972年Hynes出版了《流水生态学》（*The Ecology of Running Waters*）一书，标志着河流生态的研究作为生态学领域的独立学科出现。这本书连同Leopold 1964年对河道地貌的论述及Bormann和Likens（1979）对小流域中生物地化过程的论述，奠定了此后20年的研究基础。这一时期，已经开始将河溪看作一个综合生态系统加以研究。20世纪70年代中期以后，出版了有关河流生态系统各个组成要素方面的系列读物，提供了有关这个领域知识的一个整体概观，它们包括河流地貌、河流水文、河岸植被、河流水生无脊椎动物、河流结构和过程的概念性模型进展、人工干扰河流的动态、河流生态学的教科书、方法论等方面。这些出版物展示了这20多年来的研究成果，也显示出河流生态学是一个具有高度交叉融合性质学科的趋势。1975年Whitton编辑出版了*River Ecology*，全书共23章，由26位作者完成，书中涉及水文学、河流化学以及从微生物到鱼类的各种河流生物，该书提供了河流生态学的一个可资参考的框架。

此后，全球水资源危机和洪涝灾害的频繁发生，促使人们给予河流更多的关注，河流生态学成为一门独立的学科，并日趋活跃，发展成为一门与水文学、生物学、地貌学等学科高度交叉融合的学科，河流生态系统理论体系的建立也取得了重大突破。自20世纪80年代以来，河流生态学的文献信息快速增长，到现在有20多种专业的学术刊物、数百部涉及河流生态学不同领域的专著，大多数都是最近二三十年来的成果，并且有关河流生态学新的科学知识还在继续以加速度方式产生。

尽管需要河流生态学各方面的技术知识，但现有河流生态学知识在河流管理中的应用将继续面临严峻的挑战。近几十年来全球气候变化、土地利用格局改变、经济快速发展、人口迅猛增长、环境污染加剧和城市化进程加快推进，已经极大地改变了河流的自然面貌。全世界大约超过60%的河流经过了人工干扰或改造，包括筑坝、修堤、挖沙采石、渔业养殖、河道整治等。现代河流生态学正是在河流生态环境问题的解决迫切需要指导的现实背景下加快发展的。

20世纪90年代以后，对河流作为一种生态学系统的研究日益增长，新的理论不断产生。今天，很少有河流还保持着原始状态，河流已经是地球上受人类干扰和改变时间最长的自然综合体。在现代河流生态学的发展期，有关河流生态系统结构、功能、理论与模型对推动河流生态学的发展起到了至关重要的作用。这些概念模型是在对很多尺度大小不同的河流（溪流）调查基础上进行的总结归纳，旨在揭示河流生态系统结构、功能、生态过程与非生物因子之间的相关关系。在此，简要陈述河流生态学发展期一些新近的河流生态学概念、理论及模型。

0.3.1 流域等级理论（catchment hierarchy theory）

等级理论可理解为一个由若干有序的层次组成的系统，其核心观点之一是系统的组织性来自于各层次间过程速率的差异。低层次行为是高层次行为和功能的基础，高层次则对低层次整体元的行为加以制约。等级理论认为，任何系统皆属于一定的等级，并具有一定的时间和空间尺度。Overton（1972）将该理论引入生态学，认为生态系统就是具有等级结构性质的系统，生态系统可以分解为不同的等级层次，不同等级层次上的系统具有不同的特征。生态系统的动态行为是在一系列不同时空尺度上进行的，定义具体的生态系统应该依赖于时空尺度及相对应的过程速率范畴。对于流域这样一个复杂的生态系统，在其研究中对尺度的考虑更为重要。流域是等级系统的典型例子，一个流域由若干次级流域构成，每一个次级流域由更小的流域构成。时间尺度和空间尺度对流域的稳态和动态是非常重要的，但流域生态学对于尺度问题的研究又有其优势，因为有关研究必须从单个生态系统、小集水区、整个流域复合系统、流域与流域之间，以及这些不同层次对全球气候和环境变化的响应等尺度上进行。

0.3.2 河流连续体概念（river continuum concept，RCC）

河流生态系统是流域研究和管理中最为关键的单元。由源头集水区的第 1 级溪流开始，往下流经第 2、3、4 级河溪，形成一个连续流动、独特而完整的生态系统，通常称为河流连续体（图 0-2）。

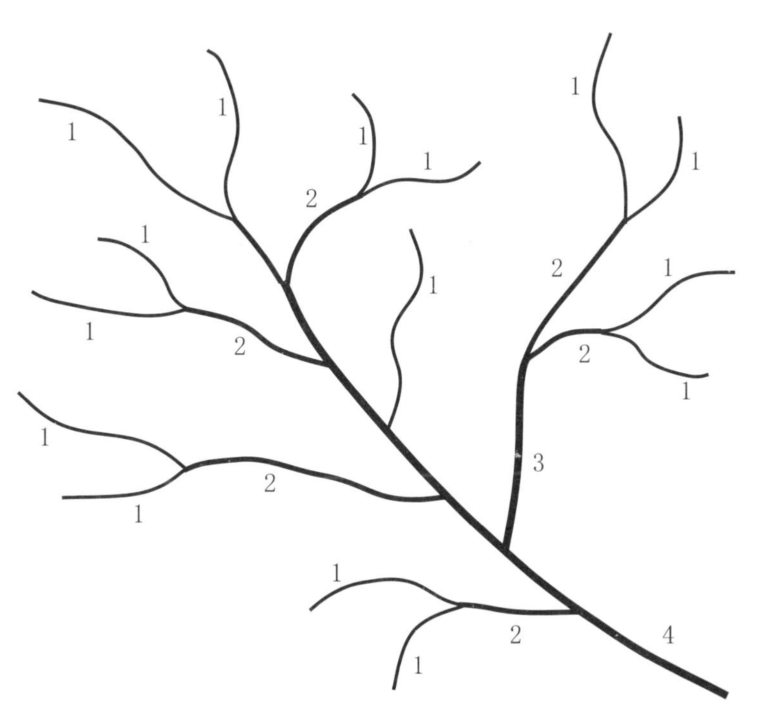

图 0-2 河流连续体示意图

（Strahler 分类体系，其中数字表示河溪级别）

Vannote 等在 1980 年提出了河流连续体概念，将河流生态学的研究推进到了一个崭新的阶段。河流连续体理论应用系统的观点和原理，把河流网络看作一个连续的整体系统，强调河流生态系统组成要素、结构和功能在流域空间上的连续性和统一性。这种由上游的诸多小溪至下游大河的连续体系，不仅是地理空间和物理环境上的连续整体，更为重要的是，它还意味着流域空间中生物学过程及生态学过程的连续性。

河流连续体概念是一个影响深远的理论，它描述了从源头到河口的水力梯度的连续性，表征了上中下游非生物要素的变化引起的生物群落的梯度格局。河流连续体概念归纳和解释了河流生态系统的纵向变化及其机理。

0.3.3 资源螺旋概念（resource spiralling concept）

资源螺旋概念指激流生态系统中有机物质的营养和过程（如氧化等）的空间相关循环（Elwood等，1983）。事实上，资源螺旋概念提供了描述流动水体中营养物和有机质时空动态的概念和定量框架。这个概念也使得生物群落增强营养物质和有机物的保留及利用的结构和功能方面，能够用生态系统生产力和稳定性来解释。资源螺旋概念关注河流生态系统在沿水流动方向上的生物自然过程，提出了坡降比、保持力等与生物过程相关的主要生态因子。资源螺旋概念说明了营养物质向河流下游完成输移循环的空间维度，一个营养单元（例如碳）循环的河流水流的平均距离。螺旋线长度越短，说明营养物质利用的效率越高。保持力则是指河流生态系统对木质物残体、漂砾、水生植物床及沉积物的物理和生物储藏作用。保持力越高，螺旋线越短。通常，森林覆盖率较高的河流源头、上游及河岸区的保持力都较高。

0.3.4 序列非连续体概念（serial discontinuity concept）

序列非连续体概念是Ward和Stanford（1983）为完善河流连续体概念而提出的理论，主要是考虑普遍存在于河流上的梯级水坝的现状，考虑梯级水坝对河流的生态影响，解释大坝对河流生态系统结构和功能所产生的相关效应。序列非连续体把大坝看作典型的干扰事物，认为大坝是造成河流连续体分割并引起非生物和生物参数与过程在河流上游、下游之间变化的不连续体，通过定义“不连续体距离”和“参数强度”两个变量，来预测各种生物物理反应。序列非连续体概念强调了人为干扰（如河流水坝等）对河流系统的影响，比较真实地反映了河流是一个连续整体的客观现象。该概念也继承了河流连续体概念的一些思想，并将其进一步拓展，如承认河流具有从源头到河口的纵向连续梯度，河流物理属性及生物相沿着河流纵向梯度形成一个可预测的格局；揭示了水坝存在的前提下河流生态系统的变化规律，即水坝削弱了主河道水流和河岸带之间的生态连续性，水坝阻断了大有机质颗粒的输运，使河道与河漫滩及河岸林相隔离。

0.3.5 系统功能等级控制概念（hierarchy control on system functions）

Frissell等（1986）提出了系统功能等级控制概念，考虑了控制随时空尺度而变化的河流物理和生物要素因子的相对重要性。由于河流过程发生在一个很宽广的时空尺度上（空间尺度从10^{-7}m到

10^8m，时间尺度从 10^{-8}a 到 10^7a），等级序列是必须考虑的。由于通常是用相对较少的一些变量对河流进行分类，即从微生境到流域尺度，所以系统功能等级控制概念是有效的管理工具。这个重要的概念进一步说明了在每一个等级水平上河道的形态及格局、河道发育的起源及过程。

0.3.6 生态过渡带概念（ecotones concept）

生态过渡带是两个或者多个群落之间或生态系统之间的过渡区域，又称为生态过渡区、生态交错带或群落交错区，如河岸就是河道水体与陆地之间的过渡区域（Naiman 等，1988）。河流连续体或者在人为影响下的序列非连续体的河流斑块，都有其边界，有时这些边界不是一个连续变化的梯度。相对于河流连续体概念，生态过渡带概念更强调河流的侧向生态联系（如河道—河岸林），而不仅仅是上下游的纵向联系，提供了一个准确理解河流资源斑块之间营养和能量交换调节的较好途径。

0.3.7 生物分带性概念（zonation concept）

Illies 等（1963）提出的分带性概念是河流生态系统整体性描述的尝试。生物分带性概念的内涵是按照鱼类种群或大型无脊椎动物种群特征，把河流划分成若干区域。分带性反映了不同区域水温和流速对于水生生物的影响。

0.3.8 洪水脉冲概念（flood pulse concept）

洪水脉冲理论是 Junk 等人于 1989 年基于在亚马孙河和密西西比河的长期观测和数据积累，提出的河流生态理论。洪水期间，河流水位上涨，水体侧向漫溢到洪泛滩区，河流水体中的营养物质及生物物种随水体涌入滩区，受淹滩区土壤中的营养物质得到释放；当水位回落，水体回归主河槽，滩区水体携带营养物质进入河流，洪泛滩区被陆生生物重新占领。这一过程周期性、节律性地发生，就像脉冲影响一样。洪水脉冲是河流—洪泛滩区系统生物生存、生产力和交互作用的主要驱动力。洪水脉冲把河流与滩区动态联结起来，由于洪水脉冲的作用，在河流与滩区之间的营养物质流、生物物种流等重要的生态过程得以维持，形成了河流—洪泛滩区系统营养物的高效利用系统，促进水生生态系统与陆生生态系统间的能量交换和物质循环。洪水水位涨落引起的生态过程，直接或间接影响河流—洪泛滩区系统的水生或陆生生物群落的物种组成和时空格局，生物生产力在洪水循环中因过程的多变性得以提高，因此洪水脉冲对维持物种多样性、完善河流食物网结构具有重要意义。洪水脉冲概念目前已经是河流生态学中一个具有广泛影响的理论。

0.3.9 河流生产力模型（riverine productivity model）

Thorp 和 Delong 于 1994 年提出了河流生产力模型，针对具有河漫滩的河流，重点考察河流侧向的物质和能量交换过程。认为不仅河流从上游到下游纵向输运营养物质，而且河岸植物以及陆域也向河流进行物质输入。因此，河岸的输入在维持河流生产力方面起着重要的作用。

0.3.10 潜流动态（hyporheic dynamics）

Stanford 和 Ward 于 1993 年提出了潜流动态理论。潜流层是位于溪流或河流河床之下并延伸至河溪边岸带和两侧的水分饱和的沉积物层，地下水和地表水在此交混。潜流带是河流地表水和地下水相互作用的界面。占据着在地表水、河道之下的可渗透的沉积缓冲带、侧向的河岸带和地下水之间的中心位置。在活跃的河道之下及大多数溪流或河流的河岸带内都可以发现潜流带。河流是流经地球表面的地表水和地下水相联系的动态区域。潜流带是地表水和地下水的生态交错区，这一边界在空间和时间上处于动态变化之中。潜流带的水文交换对地表溪流生物产生着较大的影响。潜流带沉积物和水体在代谢上是活跃的，其具有复杂的随时空变化的营养循环格局。来自潜流带的上行流能够传递营养物到河道，影响藻类初级生产力的速率、底栖藻类群落的组成、受干扰后河段的恢复。潜流带对河流生态系统的潜在重要性源于生物学和化学活动，以及该带内较大的理化和生物学梯度。潜流层生物地化过程强烈地影响地表水质。

上述概念模型基本上涵盖了河流生态学最近的研究动态和特色。大多数概念模型都是针对未被干扰的自然河流，序列非连续体概念模型等的设计考虑了人类活动的干扰。这些概念模型从水文学、水力学、河流地貌学和水环境等角度，综合考虑非生物因素；从生态学的种群、群落、生态系统等层次，探讨河流鱼类和底栖生物区系特征，流域内物种分布格局、生物多样性及其维持机制、摄食功能群、食物网组成等；并将非生物因素、生物群落与生物生产量、生境质量、营养物循环方式等生态过程耦合关联。尽管上述概念模型各有其局限性，但各种概念模型的时空尺度不同，从微生境、河段、河流廊道、流域，从纵向、侧向、垂向三维空间，加上时间变量，构成河流的四维时空，为我们提供了一个河流生态学的基本概念框架。

受生态学发展的重要影响，近年来河流生态学的研究逐渐聚焦在河流生态过程及自然、人为干扰对河流生态系统的影响及其响应机制、河流生物多样性及其维持机制、河流生态系统健康评价及管理等方面。由于河流生态学的跨学科性质，以河流生态系统为重点，各学科交叉融合，使得一批新兴学科领域不断涌现（董哲仁等，2009）。生态学与河流地貌学交叉，产生了河流景观生态学，以河流地貌为基础，将景观生态学原理与方法应用于河流景观的空间分布、斑块、格局、时空尺度、异质性、干扰和联结性等研究之中，研究河流廊道的生态格局、生态过程和系统功能，研究河流景观制图、河流景观管理。生态学与河流水文学交叉，形成了河流生态水文学，借助水文学分析模型，将水文过程与生物过程耦合，研究河流生态系统内水文循环与转化和平衡的规律，分析河流生态系统结构变化对水文系统中水质、水量、水文要素的平衡与转化过程的影响，河流生态系统中水质与水量的变化规律以及预测预报方法，水文水资源空间分异与生态系统的相互关系，研究适应于河流水文情势的河流生物群落格局，及河流生态过程与水文过程的相关关系。生态学与河流水力学交叉，诞生了河流生态水力学，旨在建立河流水力学变量与河流生态系统结构、功能之间的相互关系，研究河流生态系统在人类干扰条件下，其内在变化机理和规律，研究它们对环境改变的敏感性和适应性，寻求河流生态系统保护和恢复对策。生态学与河流水利工程学交叉结合，奠定了河流生态水利工程学的基础，传统意义上的水利工程学作为一门重要的工程学科，以建设水工建筑物为主要手段，目的是改造和控制河流，满足人们防洪和水资源利用等多种需求；当人们认识到河流不仅是可供开发的资源，更是河流系统生命的载体，不仅要关注河流的资源功能，还要关注河流的生态功能，发现了水利工程学存在的缺陷——忽视了河流生态系统健康与可持续性的需求；生态水利工程学旨在改进传统的河流水利工程方法，研究水利工程在满足人类社会对河流需求的同时，兼顾河流生态系统健康与可持续性需求的原理和技术方法，研究减缓工程对河流生态系统胁迫的技术方法，研究河流生态修复规划和设计方法，研究河流污染水体生态修复技术及河流生境恢复技术等。

0.4 现代河流生态学特点和发展方向

现代河流生态学的特点和发展方向主要表现在以下方面：

0.4.1 多层次性更加明显

现代河流生态学研究对象向宏观和微观两极多层次发展，微观方向的研究小至河流微生境，宏观方向大至河流廊道、流域生态。虽然宏观的研究仍是主流，如流域生态学、河流廊道生态学等等；但微观的研究同样重要而不可忽视，尤其是在河流微生境结构和功能、河流生态水文斑块、河流食物网等方面的研究，将有可能揭示河流生态学的一些重大机理。

0.4.2 从定性走向定量

河流生态学的研究从定性走向定量的趋势已经越来越明显。长期以来，河流生态学被认为是一门描述性科学，由于遥感、地理信息系统等技术手段的引入，以及数学、物理学、系统学、工程学等相互渗透，河流生态学的研究进入了定量化阶段。无论基础河流生态学还是应用河流生态学，都特别强调以数学模型和数量分析方法作为其研究手段。今天，数理化方法、精密仪器、AI 和大数据技术的应用，使河流生态学工作者有可能更广泛、深入地探索河流生物与环境之间的相互关系，对复杂的河流生态现象进行定量分析。

0.4.3 新技术和方法广泛应用

新技术和方法的应用，推动了河流生态学迅猛发展。遥感技术、地理信息系统技术在河流生态学上已普遍应用，遥感技术的范围和定量发生了巨大的变化，尤其是对全球的河流及流域变化的评价，促使人们应用遥感技术去描述更大范围的河流生态变化格局。遥感技术、地理信息系统技术和大数据技术的发展，为河流生态学长期、多尺度研究提供了分析工具，为流域一体化管理奠定了科学基础，为河流管理决策提供了依据。同位素示踪法的应用使得我们能够对河流食物网进行研究分析，得以深入到河流生态系统的功能层面。现代分子技术使河流水生生物遗传生态学获得了巨大的发展。在河流生态系统长期定位观测方面，自动记录和监测技术、可控环境技术已应用于实验河流生态学，直观表达的计算机多媒体技术也获得了较大发展。

0.4.4 国际性趋势日益明显

全球变化使得河流生态学聚焦于全球河流可持续发展。全球气候变化以及由此引发的灾害性天气频发，全球性水环境污染和人对自然界的控制管理（如修筑水坝、开挖航道等），人类面临的河流生态环境问题越来越严峻，使得河流生态学的发展已将焦点集中于全球河流可持续发展方面，探讨流域及跨境国际河流综合管理，赋予了河流生态学更为重要的任务。河流生态学研究的国际性是其发展的趋势，跨国界的国际河流的水资源管理及水生态安全问题，需要更为广泛的国际性合作研究。

纵观未来，河流生态学研究将会获得更快的发展，在理论研究方面，将进一步注重水文学、水力学、河流地貌学、沉积学、生态系统生态学、景观生态学等多学科交叉融合，针对全球水圈—生物圈、流域、河流廊道、河段、微生境等多重空间尺度，获取长时间尺度的大量观测资料，开展河流生态系统功能、生态过程研究，拓展和丰富河流生态学理论。在应用研究方面，将把研究重点转向在“自然—人工”二元干扰下河流生态系统的演变规律，河流生物多样性、河流生态系统结构和功能对“自然—人工”二元干扰的响应格局及调控机理。由于河流是一个景观综合体，对其研究是高度学科交叉性质的，大多数研究所探讨的问题都涉及对河流地貌学、水文学、分类学和生态学基础知识的了解，也需要了解管理、工程、法律、社会和经济学的背景知识，因此，自然科学与社会科学的进一步交叉融合，也必将推动河流生态系统综合管理的更深入发展。我们相信，由于河流在自然界和人类社会中的重要性，河流生态系统边界相对明确，研究相对方便，河流已经成为生态学研究的重要对象，依托与其他相关学科的交叉融合，将成为生态学领域最有发展前途的一个方向。河流生态学理论和应用的发展，必将为人类和自然带来更大的福祉。

第 1 编

河流物理环境

第1章
河流景观与类型划分

1.1 河流景观

1.1.1 河流景观概念

河流及地下水流动通道是流域陆地表面水的排泄通道。水在地表通常是从高处向低处流，地下水与其流动方向一致，这是对流域降水格局和动态形式的响应。大陆漂移与火山活动造成的山脉隆起，不断地被风力和水力侵蚀和沉积。流域景观就是由区域的长期地质和生物历史变化，以及最近的自然事件形成的，如洪水、火灾和人类造成的环境干扰（例如森林砍伐、水坝建设、环境污染、外来物种入侵等）。河流是流域生态基础的关键元素，是流域景观极其重要的结构和功能单元，具有非常重要的生态服务功能。

在不同的学科和领域，由于各自学科特点及关注的焦点不同，对景观（landscape）的理解各有差别。在美学和风景研究中，通常把景观理解为视野所见的地表景色。15世纪中叶西欧艺术家们的风景油画中，景观成为透视中所见地球表面景色的代称。中国从东晋开始，山水风景画就已成为艺术家们的创作对象，景观作为风景的同义语一直为文学家沿用至今。从美学角度，景观的含义同“风景”“景致”“景象”等一致。在地理学中，一般是指反映内陆地形地貌景色的图像，如森林、草原、荒漠、湖泊、山脉等，是某一区域的综合地形特征。19世纪初，现代地植物学和自然地理学的伟大先驱洪堡（Alexander von Humboldt）把景观作为科学的地理术语提出，由此形成作为“自然地域综合体”的景观涵义，在强调景观地域整体性的同时，更强调景观的综合性，认为景观是由气候、水文、土壤、植被等自然要素以及文化现象组成的地理综合体（Naveh 和 Lieberman，1984）。

1939年德国地植物学家Troll在利用航片解译研究东非土地利用时提出景观生态学（landscape ecology）概念，用来表示对支配一个区域单位的自然—生物综合体的相互关系的分析。景观生态学把景观定义为以类似方式重复出现的生态系统组合，在自然等级系统中是比生态系统更高层次的生态学研究对象。Forman（1995）认为景观（landscape）是在空间上镶嵌出现和紧密联系的生态系统组合，在更大尺度的区域中，景观是互不重复且对比性强的基本结构单元，它的主要特征是可辨识性、空间重复性和异质性。

景观是由异质生态系统组成的空间镶嵌体，这些相互作用的、性质不同的生态系统称为景观要素，包括基质、斑块、廊道三大要素。邬建国（2007）认为，在生态学中，景观可分为狭义和广义两种。狭义景观指在几十千米至几百千米范围内，由不同生态系统类型所组成的异质性地理单元；广义景观则包括出现在从微观到宏观不同尺度上的、具有异质性或斑块性的空间单元，强调空间异质性，其空间尺度随研究对象、方法和目的而变化，它突出了生态学系统中多尺度和等级结构的特征，这一概念越来越广泛地为生态学家所采用。景观生态学以整个景观为研究对象，强调空间异质性的维持与发展、生态系统之间的相互作用、大区域生物种群的保护与管理、环境资源的经营管理，以及人类对景观及其组分的影响。

景观生态学有助于对河流生态系统整体观的潜在了解，包括其结构、动态与功能。Ward（1998）从一个河流生态学家的视角，基于生态系统管理的角度提出了河流景观概念（riverine landscapes），这一概念超越了传统河流研究只关注河道的局限，将河流系统作为一个整体，以流水地貌为依托，关注生物与环境在四维时空（纵向、横向、垂向、时间维）中的相互作用和过程（Ward，1989）。国外的研究者提出了“riverscape”一词来表达河流景观（Leopold 和 Marchand，1968），指多样化的水生生境的镶嵌体，包括河道、河漫滩、河岸林等要素。事实上，河流景观就是不同类型、不同大小的生境、微生境的多样性斑块组合（Ward 等，1999）。这些生境由于其位于河流河道及与河漫滩相连的高地间的过渡带位置，对于野生生物、河流生态系统是非常重要的功能单元。河流景观或河流廊道是由相互作用的陆地和水体单元组成的地表区域，这些单元直接受河流影响（即水生生境、河漫滩及河岸带）。传统上，景观生态学家把注意力集中在陆地生态系统，河流和溪流被认为是作为景观构成要素或是跨越边界的要素或交错带。随着河流生态学与景观生态学、河流地貌学的深度融合，河流景观已经成为淡水生态学的一个重要发展方向（Ward 等，2002），同时也为河流生物多样性保护、河流生态恢复提供了有力支撑（杨海乐、陈家宽，2016；Ward 和 Tockner，2001）。

Wiens（2002）认为，河流系统受水流的控制，由于水的密度和黏度等物理特性，无论是在空间尺度还是时间尺度上，水都是连接景观诸要素的有效黏结剂。在世界上的大部分地区，水对人类来说都是一种宝贵的资源，河流是人类文明及人类活动的重要场所。河流系统的地貌动力学和水文流量，在多尺度上深刻地影响着这些系统的空间和时间格局。河流是由河流中自然流动的水体所形成的景观，河流景观包括河流周围的生态系统（包含植物和动物在内的所有生物）。不同于陆地景观，河流景观中有水作为介质，给河流生态系统施加了强烈而富有变化的影响力，使河流斑块结构具有更强的动态性；这种三维流向的水流增强了河流景观的连通性。Wiens 认为，景观生态学家对河流生态系统的认识经历了三个阶段（图 1-1）：①将河流当作景观镶嵌体的组成要素，就像景观中的森林、草地、道路等要素一样，这也是遥感、地理信息系统（GIS）或景观制图的观点；尽管可以在更大或更细微的细节上对河流进行制图，但其所反映的一般还是把河流作为与其他景观要素分离开来的边界；②河流通过水陆边界或沿着河流廊道的一系列流动（水流、营养物质流、物种流等）与周围景观要素相联系；③河流是景观的一部分，其内部是异质性的，从而在河流系统内也存在“景观”。从更广的意义上看，河流就是内部具有异质性的景观，即 riverscape。河流景观随时间过程而呈现出动态变化，其斑块、廊道等要素的组成、空间格局随水文动态而变化。

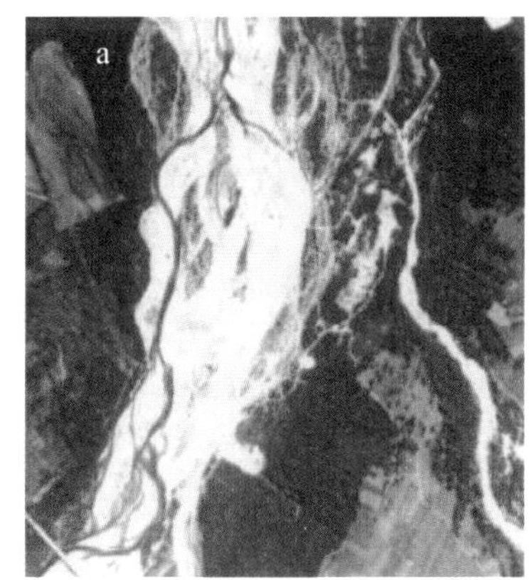

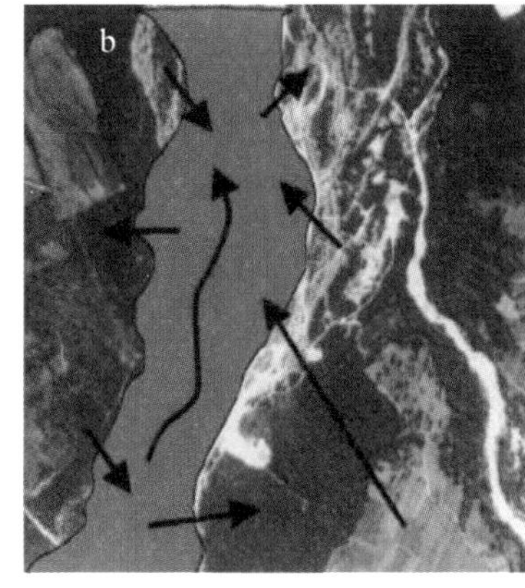

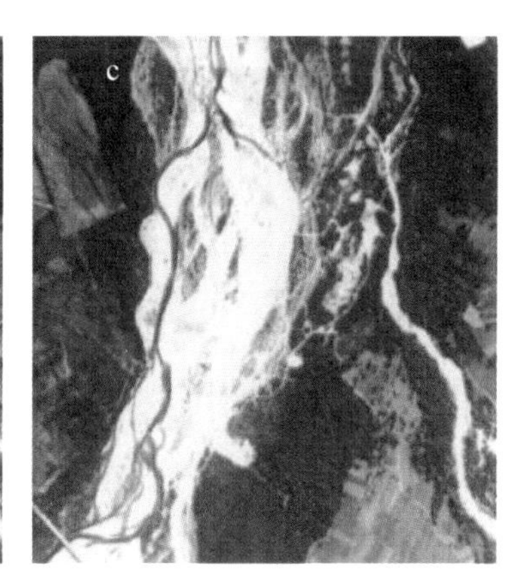

a. 河流在陆地景观内的同质要素；b. 河流周围景观相联系；c. 河流系统内的“景观”

图 1-1　河流景观概念理解的三个阶段（引自 Wiens，2003）

Forman 把河流廊道看作景观的主要组分。Ward 等从景观演化、生态演替、景观要素流通率等角度研究了河流廊道内的景观动态。自然状态下的河流廊道是多样化的景观要素配置在一起，包括表层水体（激流、半激流以及静水水体）、冲积体、河岸系统（河岸林、河漫滩沼泽、草甸）、河流地貌结构（坝和岛，嵴和洼地，自然堤和阶地，冲积扇和三角洲，木质残体堆积结构和渠道网络）等。Ward 强调在景观水平上认识河流系统的重要性，认为河流或溪流包括了流域的自然属性、文化属性及其相互作用。

从生态学角度看，河流景观是流域系统内由异质性要素构成的自然综合体，河岸、河道水体、各种河流地貌结构等都是相互联系、相互依存的，是一个与河流水文过程、地貌过程、理化过程和生物过程相联系的动态镶嵌体。从景观生态学角度看，把河流作为空间异质性的景观单元，而不仅仅是传统生态学研究中仅仅把河流作为线性生态单元对待。河流是一个区域的重要自然元素和特征性景观组分。河流景观是集水区内各种环境特征的综合表征体，它能够反映流域的环境条件及其变化，在其集水区内，无论是自然变化还是人为干扰，都会影响到河流景观的水文循环、理化特征、生境分布、营养结构和基本生态过程，河流景观的各要素及镶嵌体对集水区自然和人为干扰的时空变化也发生着积极的响应。把河流系统视为“河流景观”（riverscape），将有助于从更加综合的视角开展河流乃至滨河生态系统的研究与保护工作。河流景观是评价区域、全球尺度环境变化的重要组分，是保持物种多样性和区域生态稳定的重要单元，也是易受人类干扰的脆弱系统。在景观生态学背景下，河流不仅是重要的景观类型，其健康程度直接影响到流域的整体利益，与流域生态环境、经济社会的可持续发展密切联系在一起。

1.1.2 河流景观的动态特征和连通性

河流景观不是静态的，它是动态的。通过不断流动的水体、洪水干旱交替，以及生境镶嵌斑块的形成和重建，形成了一个动态河流景观。河流景观的所有物理单元都随着时间的推移而发生着动态变化，这是因为洪水和干旱改变着水文、泥沙输移、植被和其他生物群落的分布。当洪水淹没森林覆盖的河漫滩时，树木及其木质残体会进入河道。树木阻碍水体流动，导致沉积物沉积，随后允许幼苗定植。茂密的幼树生长可能截获更多的泥沙，从而建立新的河漫滩，并逐渐发育成长为河岸林带。然而，洪水可能再次破坏它们，这是一个动态过程。

河流景观单元的连通性主要指水文连通，即不同河流景观单元之间以水为媒介的物质、能量和生物物种的交换。河流的水文连通包括纵向连通、横向连通和垂向连通。纵向连通即沿着河流廊道，从上游到下游，随着河水向下游流动的过程中，与水的纵向流动相伴生的沉积物流、营养物质流、物种流等等。横向连通是指从水体到水陆交错带（河岸）到高地的动态联系，和水陆交错带、河岸带这一河流生态系统边缘界面有着密切的联系。Wiens（2002）认为，河流景观边界的研究主要集中在对河岸带及其对水陆交换的影响，边界上的动力学过程受水文变化的强烈影响。

垂向连通是指从河流水体表层到河床、再到河床下部潜流层的垂直方向上的连通性，与河床表面这一边界有密切的联系。发生在河床、潜流层界面的上升流和下行流就是垂向连通的体现。研究表明，对部分河流，垂向连通对维持河流生境所需的适宜水温具有重要作用，在一年内的大部分时段，由于局部区域上涌地下水的影响，形成了河流景观中不同水温水团的异质性，这对于河流中的鱼类等水生生物的生存是必要的。

河流景观单元之间的连通具有重要的生态功能。洪水脉冲使得河漫滩上的一些静水水体与主河道发生周期性连通。这种周期性连通发挥了非常重要的复位机制，能冲走细颗粒泥沙、有机碎屑和有机物，使被隔离的水体恢复生机，生物繁殖体可能在连通性恢复的过程中被输运进来。

1.1.3 河流景观的多样性

河流景观多样性包括河流水文形态多样性、河流地貌多样性、河流生物多样性，以及河流景观各组成要素空间配置的多样性。总体来说，河流景观的水文、地貌直接或间接地影响着生物多样性格局。

Ward 等（1998）研究了河流景观的多样性，认为自然状态下的河流廊道是多样化的景观要素镶嵌配置在一起的。这些多样化的河流景观要素包括河流廊道、表层水体、冲积体、河岸系统、河流地貌结构等。

河流廊道是景观中的线性结构，是从源头到河口的带状结构，呈现出峡谷—宽阔的河漫滩相互交错出现的“串珠状”结构。河流廊道的河漫滩河段（即“串珠状”结构的“珠”）是相对较宽阔的区域，呈现出多流路特征并具有深厚的冲积层。

河流的主要水生、半水生和陆地要素可能是由四个相互作用的结构类型形成的（图1-2）。其中之一就是表层水体。表层水体的多样性表现在河流廊道内，具有多样性的激流、半激流和静水水体。在动态河流生态系统中表层水体的这三种形式存在于河流的不同位置，并且在洪水期间是相互连通的。但是在枯水期，激流、半激流和静水水体都有其独特的属性特征。激流水体位于主河道或者上下游均与主河道连通的汊道内，激流水体还包括地下水补给的泉水或小溪、从河流廊道的边缘山坡集水形成的溪流等。半激流水体包括其下游端与主河道连通的废弃汊道。静水水体包括由各种原因形成的牛轭湖、水塘、湿地和沼泽等。

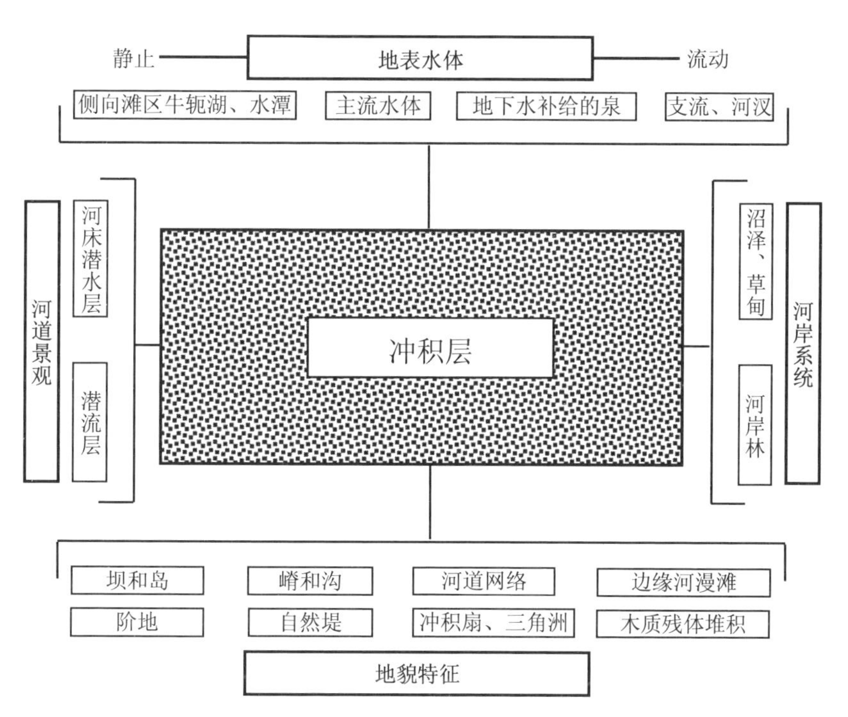

图1-2 河流景观的四个空间要素（仿Ward，2002）

多样化的河流地貌结构则包括坝和岛、峭和洼地、自然堤和阶地、冲积扇和三角洲、木质残体堆积和渠道网络，等等。河漫滩地貌特征反映了气候、流域地质、地形、河流冲积动态和植被之间的复杂相互作用。河道网络被分为四种类型（顺直河道、曲流、发辫状河道、网状河道），它们都是河流连续体的一部分。河流景观的其他地貌特征包括自然堤（levees）、冲积扇（alluvial fans）、三角洲（deltas）等。大的木质残体（large woody debris）的堆积是河流景观中的普遍现象。木质残体在河流景观的地貌过程和生态功能中发挥着非常重要的作用。

多样化的河岸系统包括河岸森林、河岸沼泽、河岸草甸。河流廊道的植被形成了响应气候梯度、淹没/土壤水分梯度、干扰和养分梯度的复杂的镶嵌体。

1.2 河流连续体及河流分级

1.2.1 河流连续体概念

河流生态系统是流域研究和管理中最为关键的单元。由源头集水区的第 1 级河溪起，以下流经第 2、3、4 级河溪，最后汇入较大的河流，形成一个连续流动的独特而完整的生态系统，称为河流连续体（river continuum concept）（图 1-3）。

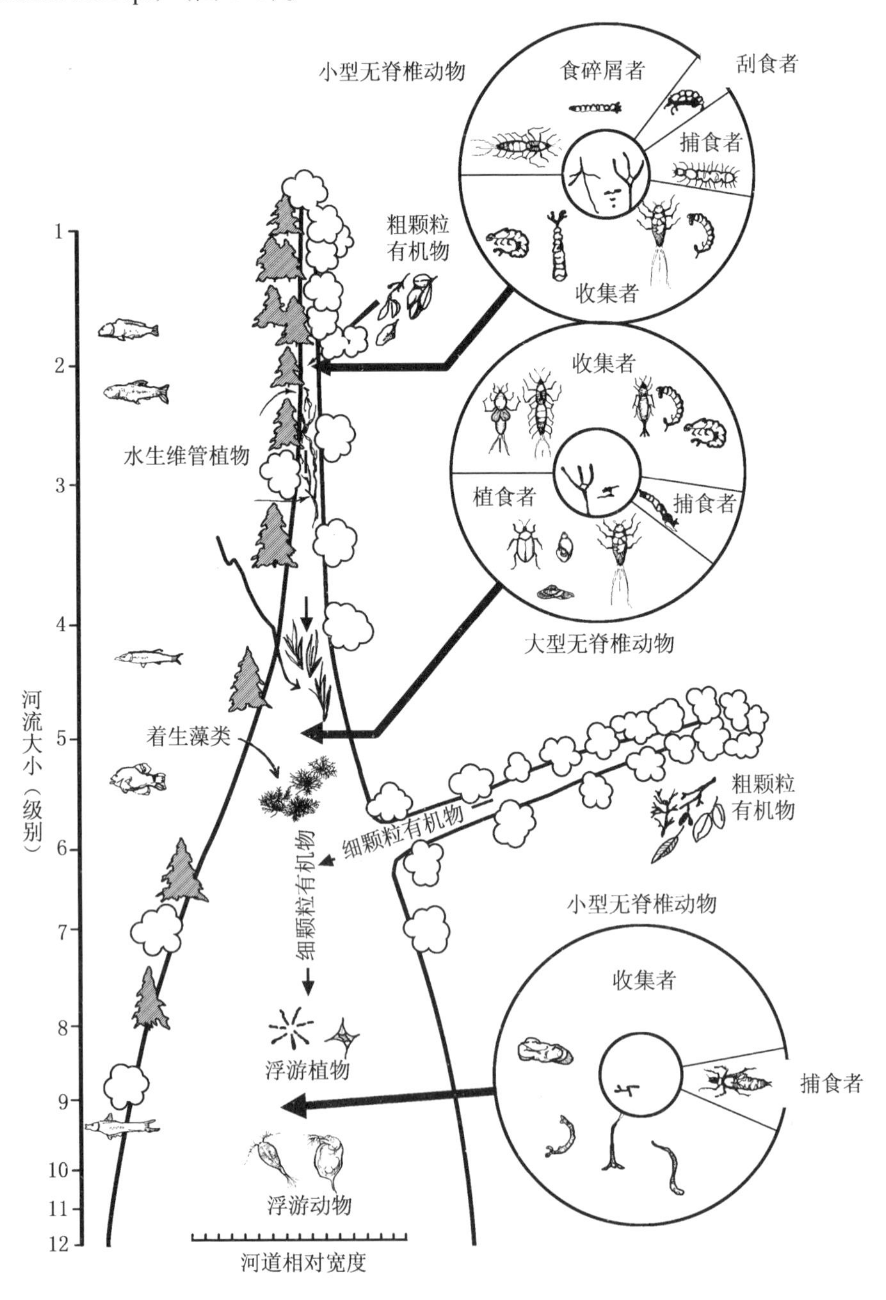

图 1-3 河流连续体中不同级别的河溪及其结构和功能特征

（引自 Vannote 等，1980）

Vannote等人（1980）提出的河流连续体概念认为河流由源头集水区起，以下流经各级河溪，形成一个连续流动的、独特而完整的系统，该概念体现了河流的时空连续特性。河流连续体在景观中呈狭长网络状，在结构上，由水网组成的景观贯穿整个流域；在功能上，由各级河溪组成水系网络，沿着河溪可输送水、有机物质、生物物种。河流生态系统从其源头到河口，是一个连续的物理环境梯度，具有明显的时空尺度等级序列（空间尺度大小从微生境到流域范围）。

河流连续体概念把由低级至高级相连的河流网络作为一个连续的整体系统对待，强调生态系统的结构及其一系列功能与流域的统一性。这种由上游的诸多小溪至下游大河的连续，不仅是指地理空间上的连续性，更为重要的是指生态系统结构、功能和生态过程的连续性。从源头至河口的物理基底为河流生物群落提供了支撑，使得河流生命过程能够在基底上发生。这种基于地貌学特征和生态学过程的生态连续体现象在整个流域内存在。按照河流连续体概念，下游河溪中的生态过程与上游河溪直接相关。

河流连续体概念对研究和认识河流生态系统的结构和功能（如河流水文及其变化、养分循环、鱼类和野生动物栖息地等）以及河流生态系统科学管理具有重要意义。河流连续体概念是以北美自然未受扰动的河流生态系统的研究结果为依据发展而来，它是河流生态学中最重要的概念，代表着河流生态学理论发展的重大进步。河流连续体概念第一次明确提出河流生态系统纵向的梯度规律，认为在河流纵向梯度上，河流生物群落能改变自己的结构和功能特征，使之适应从源头到河口的一系列非生物环境因子梯度。河流连续体概念试图沿着河流的整个纵向长度来描述各种河流生物群落的结构和功能特征。河流连续体概念自提出后，已在许多河流系统上进行了检验，一些野外观测结果呈现出与河流连续体一致的规律。总之，河流连续体概念的提出为理解河流生态学提供了一个非常有用的框架，为河流生态学研究提供了有效的方法学框架。

但是，随着人类对河流干扰能力的增强，常常遇到与河流连续体 描述的河流系统不同的情形，即在许多河流上，大量闸坝的修建，人为切断了河流的连续性，隔断了河流上下游水量和物质交换等，连续奔腾的河流变成大大小小静止的人工湖泊水库，径流完全受人类控制，河流水文连通性被这些闸坝阻断。与水坝以上没有建设挡水构筑物的自由河流相比，坝下河流的流量、流态、水温、生物群落类型及分布格局等都发生了较大变化。对这一类现象的研究，产生了序列不连续性概念（serial discontinuity concept）。河流非连续性概念是Ward等（1983）通过分析大坝控制下的科罗拉多和蒙大拿河流生物、物理要素变化而提出的，其目的是评价和预测闸坝对河流环境、生态系统结构及其功能所产生的影响，解释大坝对河流生态系统结构和功能所产生的相关效应，并作出预测。序列不连续性概念认为大坝是造成河流连续性中断并引起河流环境和生物参数等在河流上下游之间间断变化的原因。序列不连续性概念不仅考虑了在河流纵向梯度上闸坝对河流连续性的影响，而且也考虑了在河流侧向和垂向梯度上堤坝对河流连续性的影响。序列不连续性概念是对河流连续体概念的继承和发展，揭示了水坝存在下河流生态系统的真实变化规律，客观地反映了闸坝等人为干扰对河流系统的影响状况。

1.2.2 河流水系及分级

1.2.2.1 河流水系

水系是地表径流对地表土壤长期侵蚀后，逐渐从面蚀到沟蚀、槽蚀以至发展到由若干条大小支流和干流所构成的河流系统。水系是指流域内具有同一归宿的水体所构成的水网系统。组成水系的水体有河流、湖泊、水库、沼泽等，河流是水系的主体，单一由河流组成的水网系统称河流水系。河流、水系与流域，是彼此相依、密切关联的一个整体。

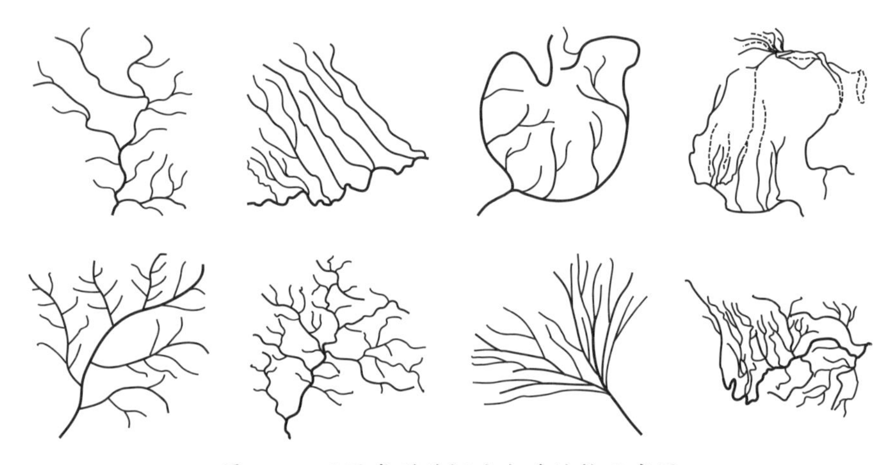

图 1-4 不同类型的河流水系结构示意图

河流水系通常具有各种形状，表现出复杂的几何特征（图 1-4）。水系结构是指河流的组合类型，它与各条河流的单一形态类型是不同的，受流域内原始坡度的大小、岩石硬度的不均一性、地质构造、地貌发育历史、水文情势的影响。根据干支流的平面形态特征，水系结构有以下主要类型：

（1）树枝状水系　河流自上而下接纳较多的支流从两侧汇入，支流较多，各支流又有小支流汇入，干、支流以及支流与支流间呈锐角相交，平面形态上就像一个树枝，是最为常见的水系，主要发育在地面倾斜平缓、岩性比较一致的地区。世界上大多数河流水系是树枝状的，如长江支流嘉陵江、渭河支流泾河、浙江省瓯江水系，美国哥伦比亚高原上的哥伦比亚水系也是树枝状水系。

（2）平行状水系　支流和干流有很长一段是平行的，其水系特点是，各支流近于平行地先后汇入干流。一般出现在均匀、平缓下降的坡面上，干流多位于断层或断裂处。这种水系的来水随降雨的地区分布而异，如遇全流域降雨，各支流来水相继汇合，常常容易产生较大的洪水。我国淮河上游左岸的河系是典型的平行状水系。

（3）放射状水系　受火山口、穹隆构造、残蚀地形影响，水流自中央高地呈放射状外流，像一个圆的半径似的从发源地流出，形成放射状水系。如发源于黑龙江省的穆棱窝集岭的一些河流，俄罗斯高加索的阿拉盖兹山区也是这种放射状水系。

（4）辐合状水系　河流从四周山岭或高地向中心低洼地汇集，如新疆塔里木盆地的水系。这种水系的流动方向与放射状水系相反，出现在四面环山的盆地地区，河流从四周高地向盆地中央低处汇集，形成向心辐合状。如我国新疆塔里木盆地、四川盆地等处的水系，均属辐合状水系。在没有破坏的火山锥地区的水系，常呈辐合状。

（5）羽毛状水系　从外形看形似树枝状水系，但因其流域地形较狭长，支流大体呈对称状分布在干流两侧，形同一片羽毛。如我国的沅江、澜沧江和怒江水系，均属羽毛状水系。

（6）格状水系　河流的干流和支流间呈直线相交，即各支流大致垂直汇入干流，干、支流呈格子状分布在平面上。这种水系的发育明显地受到地质构造的控制，干流通常与地层的走向平行，或者与近代风成沉积或冰川沉积的地形平行或近乎平行。美国东部宾夕法尼亚州平行岭谷区的水系就是典型的格状水系，我国的闽江也是典型的格状水系。

（7）网状水系　在河口三角洲地区及滨海平原地区，河道纵横交错排列，在平面上呈网状分布，称网状水系，如我国黄河三角洲、珠江三角洲的水系。

（8）混合状水系　较大的河流水系，往往由两种或两种以上不同类型的水系所组成，这类水系称为混合状水系。如我国长江流域水系就是典型的混合状水系。

1.2.2.2 河流水系特征

水系的特征参数是反映水系结构特性的量化指标。河流水系特征取决于流域内的地形、气候和人类活动。河流水系特征主要有河流流程、流向、流域面积、支流数量及其形态、河网密度、水系归属、河道（河谷宽窄、河床深度、河流弯曲系数）。影响河流水系特征的主要因素是地形，因为地形决定着河流的流向、流域面积、河道状况和河流水系形态。

（1）河网密度　指流域内干支流总河长与流域面积的比值或单位面积内自然与人工河道的总长度，即单位流域面积内干支流的总长，反映流域水系分布的密度，其大小与地区的气候、岩性、土壤、植被覆盖等自然环境以及人类改造自然的各种措施有关。在相似的自然条件下，河网密度越大，河水径流量也越大。

（2）河系发育系数　各级支流总长度与干流长度之比。河系发育系数越大，表明支流长度超过干流长度越多，对径流的调节作用越有利。一级支流总长度与干流长度之比称为一级河网发育系数，二级支流总长度与干流长度之比称为二级河网发育系数。

（3）河系不均匀系数　干流左岸支流总长度和右岸支流总长度之比，表示河系不对称程度。不均匀系数越大，表明两岸汇入干流的水量越不平衡。

（4）湖泊率和沼泽率　水系内湖泊面积或沼泽面积与水系分布面积（流域面积）之比。由于湖泊或沼泽能调节河水流量，促使河流水量随时间的变化趋于均匀，减少洪水灾害和保证枯水季河流的生态需水。因此，湖泊率和沼泽率越大，对径流的调节作用越显著。

1.2.2.3 河流分级

1. 河流分级方法

河流分级用来对河流进行等级划分。河流等级反映了河流所在流域所处的层次。科学合理地确定河流等级，不仅有利于河流管理，而且便于确立河流中各等级层次的整治方略。河流分级是用来描述流域组成成分的重要方法，有助于了解流域内干支流等级序列的物理和生物学特征的关系。河流分级方法很多，通常是对其支流进行等级划分。我国常见的对河流支流等级的划分方法，是将流入干流的支流称为一级支流，流入一级支流的支流称为二级支流等，如嘉陵江是长江的一级支流；涪江是嘉陵江的一级支流，是长江的二级支流，等等。另一种方法是将最初形成地表水流的支流称为一级支流，流入干流的支流称为末级支流，这就是我们在河流生态学上常说的河流分级。河流的分级体系与支流、排水区域、整体长度有关。

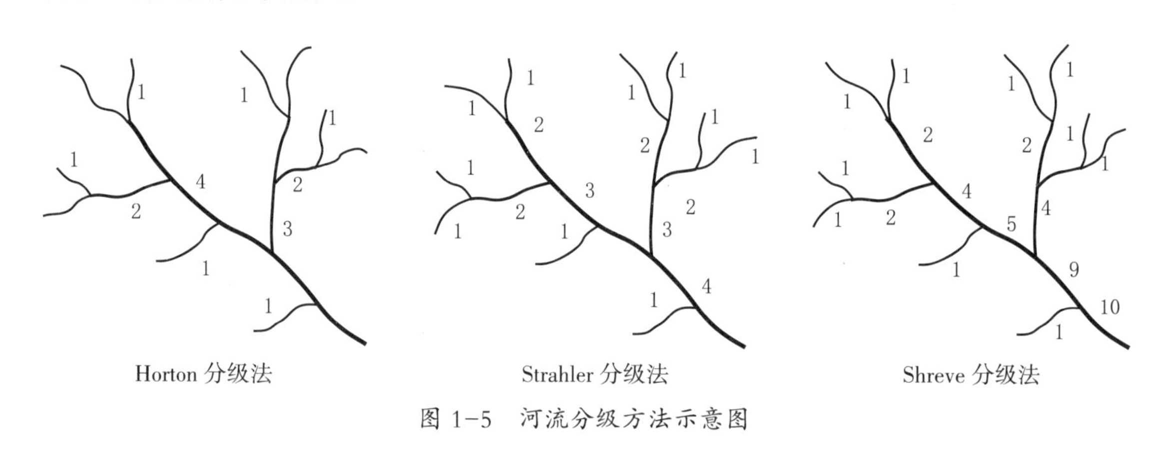

图 1-5　河流分级方法示意图

河床演变学常用的河流分级方法包括 Horton 法、Strahler 法和 Shreve 法（图 1-5）。1945 年，Horton 首先提出了一个划分组成流域各河流的方法，Horton 法提出得最早，其分级标准如下：最小不分支的河流属于第 1 级，仅仅接纳第 1 级支流的属于第 2 级，接纳 1 、 2 两级支流的属于第 3 级，依次类推。

Strahler 分级法由 Strahler 于 1957 年提出，其分级标准如下：最小的支流（即不能再划分的、没有支流的溪流）被定义为第 1 级；两条 1 级溪流汇合成 2 级溪流，两条 2 级溪流汇合成 3 级溪流，等等。更高级的溪流（如 3 级）与更低级的溪流（如 2 级）汇合所形成的河道被赋予更高级别。更低级的溪流进入更高级的河道并不影响溪流的级别（图 1-5）。该方法将直接发源于河源的河流作为 1 级河流；同级的两条河流交汇形成的河流等级比原来增加 1 级；不同等级的两条河流交汇形成的河流的等级等于原来河流中等级较高者。Strahler 分级法是被广泛接受的一种河流分级方法，但是由于此方法只在同级相交时才会提高级别，因此此种方法仅保留了最高级别连接线的级别，并没有考虑所有水系网络的连接线。

Shreve 河流分级法由 Shreve 于 1966 年提出，其分级标准如下：直接发源于河源的河流等级为 1 级，两条河流交汇形成的河流等级为两条河流等级之和。例如，两条 1 级河流交汇形成 2 级河流，一条 2 级河流和一条 3 级河流交汇形成一条 5 级河流（图 1-5）。Shreve 法考虑了水系网络中的所有连接线，连接线的量级实际上代表了上游连接线的数量。

大多数河流的分级不包括间歇性河溪，这些间隙性河溪细小，沿着源头形成连续体，但仅仅是季节性有水（即雨季才形成可见的流水）。根据河流的级别，常常把河流分为三类：源头（1 ~ 3 级溪流），中等大小的溪流（4 ~ 6 级）和大的河流（大于 6 级）。通过对河流等级的划分，实现了对流域复杂性的度量。一般，河流级别不同，生态特征不一样，对自然和人为干扰的响应有差别，其保护对策各异。通常，流域内河流级别越高，流域就越大，支流系统就越广阔。大的流域是由很多更小的亚流域（subwatersheds）组成的。

2. 河流分级案例

以地处重庆东北的开州区东河流域为研究对象，以 spot 卫星影像（15 m 分辨率）和 1/50000 地形图为河溪数据源，通过遥感解译和 GIS 分析，生成河流网络图。同时参考该流域的相关资料，进行野外调查，获取河溪基本形态、两岸植被、人为利用等方面的数据。根据地形、水的流向等数据，采用 Strahler 法，将东河流域进行河流等级的划分，划分为 6 级河流。在实地调查的基础上，把比降、两岸植被组成及交接程度、枯水季节水道宽度及能否跨越作为区别河与溪的重要标志，建立河溪等级体系，对不同等级的河流属性进行了调查（表 1-1，表 1-2，图 1-6）。东河流域不同等级的河溪其河岸类型、河岸植被均发生着较大变化，河岸类型从上游低级别溪流的基岩质河岸、砾石河岸变为下游高级别河流的土质河岸，河岸植被类型从上游低级别溪流的草本植被、灌丛变为下游高级别河流的河岸林（图 1-7）（熊森等，2011；黎璇，2009）。

表 1-1　重庆市开州区东河流域不同等级的河流属性

河流级别	河流数量(条)	最短长度(m)	最大长度(m)	平均长度(m)
1	765	29.31	7330.23	1141.03
2	214	91.66	12529.02	1785.34
3	40	45.83	12777.33	3684.13
4	11	1164.87	18002.92	7712.41
5	3	5068.81	30963.88	14326.95
6	1	76393.86	76393.86	76393.86

表 1-2　重庆市开州区东河流域不同级别河溪的生态特征

类型	级别	特征	实例
溪	1	宽度在 3 m 以下，水道较陡。河漫滩极少，两岸植被为两侧坡地植被的延伸，相互交接覆盖水道	源头溪流
溪	2	宽度接近 4 m，水道时陡时缓，开始出现河漫滩，河漫滩植被常与两侧坡地植被混杂，两岸植被常相互交接	小圆河支流
溪	3	宽度 6 ~ 8 m，水道平缓，两岸植被时有交接，河道中出现小型沙洲，有特定的河岸植被	小圆河
河	4	宽度 10 m，水道平缓，两岸植被已不能相互交接，有特定的河岸植被类型	锁口河
河	5	宽度 20 m，水道平缓，两岸植被完全不能相互交接，有特殊的河岸植被类型	满月河
河	6	宽度 30 ~ 50 m，水道平缓，有特殊的河岸植被类型	东河干流

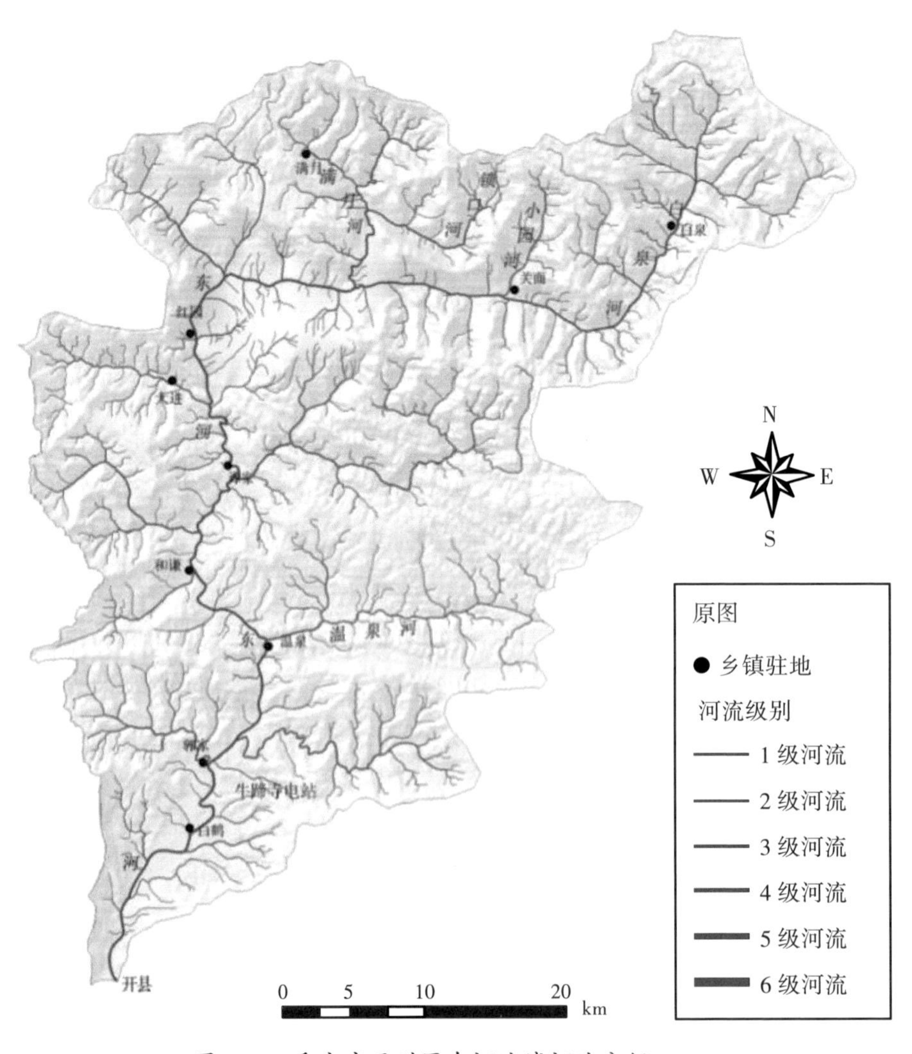

图 1-6　重庆市开州区东河流域河流分级

图 1-7 重庆市东河流域不同等级的河溪

利用 GIS 的统计功能得出东河流域内各等级河溪空间分布参数（表 1-3）。从表 1-3 中可以看出，1 级溪流的数量约占溪流总数量的 2/3，1 级溪流的长度约占溪流总长度的 50%。随着溪流等级增加，溪流数量、长度趋于减小。说明在该流域内，低等级溪流的保护和利用对整个流域生态系统的健康和稳定具有非常重要的意义。低等级溪流是高等级河溪的源头，而高等级河溪是低等级溪流的汇合，低等级溪流的水文和生态系统的状况同样也决定着高等级溪流的水文和生态系统状况。

表 1-3 重庆市东河流域不同等级河流的高程参数

河流级别	河流数量(条)	分布面积(m^2)	最小高程(m)	最大高程(m)	平均高程(m)
1	11811	99245200	164	2437	2273
2	5053	42459200	171	2362	2191
3	1889	15872800	174	2313	2139
4	1138	9562360	189	1257	1068
5	581	4882010	244	1492	1248
6	1029	8646460	163	1220	1057

表 1-4 重庆市东河流域不同等级河流的坡度参数

河流级别	河流数量(条)	分布面积(m^2)	最小坡度(°)	最大坡度(°)	平均坡度(°)
1	11811	99245200	0.11	56.08	55.97
2	5053	42459200	0.11	52.25	52.14
3	1889	15872800	0.15	48.63	48.47
4	1138	9562360	0.11	56.26	56.15
5	581	4882010	0.79	54.54	53.74
6	1029	8646460	0.11	45.09	44.98

从表 1-3 可看出，河溪等级越低，分布的海拔越高；河溪等级越高，分布的海拔相对较低。在海拔较高的区域，人类对低等级河溪的干扰最大；而在低海拔区域，人类对高等级河溪影响最大。在高海拔坡地区，低等级溪流所占比例大，坡度也较大，这些低等级河溪对山地流域植被的生长、保持土壤和防止水土流失的作用很大。

研究表明，河溪等级不同，其植被分布、生长状况和周围自然景观都有明显的差异。低等级溪流分布在海拔较高的区域，其周围生态系统受人类干扰较少，保存较好，因此周围的植被生长比高等级河溪周围的植被生长得好而且稳定。低等级河溪的漫滩和阶地不发育，两侧坡地的植被直接延伸到河边，较小的溪流没有区别于两侧坡地的特殊植被。低等级河溪两岸的植被部分或全部交接遮盖水道，使溪流水道小环境有明显的遮荫和隐蔽性，为野生生物提供了良好的栖息生境。高等级河流分布在低海拔、平缓地带（表 1-4），人类活动干扰强度较大，垦殖强度较大，河流两岸植被不能交接遮盖水道，河流有较发育的漫滩和阶地，生长着与两侧坡地截然不同的河岸植被。

研究表明，河流级别不同，生态特征存在着差异，人类干扰（如水电工程开发）的影响效果就会不一样，因此其恢复和保护措施有别。这一研究结果解决了过去人类工程活动的干扰（如水电工程开发）环境影响评价和生态保护措施的制定中不区分河流级别，从而带有很大的盲目性和不可操作性的问题。

1.3 河流廊道的空间尺度

1.3.1 河流廊道概念

从景观生态学角度，河流廊道指沿河流分布且不同于基质的植被带，包括河道、河岸、河漫滩以及部分高地所形成的线性空间（Forman 和 Godron，1986）。台湾学者张俊彦、陈坤佐（2001）认为河流廊道的定义应包含水文与物质控制、水陆生物的生境与迁移功能。按照 Forman 和 Godron 的定义，进一步阐述为“河流廊道是指沿河流分布且不同于周围基质的植被带及河流水体本身。河流廊道元素可包括河道、河道边缘、河漫滩、堤坝以及部分高地所形成的空间”。

从水文学角度，河流廊道包括三个主要组成部分：河道、河漫滩、河岸带。这三个组成部分是以动态方式相互结合并发挥其整体生态功能。河道可能因为洪水作用而在宽度上发生变化；水动力及泥沙沉积可能使得河漫滩范围发生变化。

1.3.2 河流廊道功能及其宽度

1.3.2.1 河流廊道生态功能

河流廊道具有非常重要的生态服务功能，包括洪水控制、污染物净化、减缓河岸侵蚀、提供野生生物生境及迁移廊道等。

（1）水文与物质控制功能　在河流廊道中，水、营养物质和生物物种处在动态交互作用之中，水和营养物质提供维持河流生命不可缺少的功能，如养分循环。河流廊道具有洪水控制、污染净化、减少河岸侵蚀的生态功能。从陆域地表来的径流所携带的污染物，经拦截、过滤、吸收后，使地表径流水质得到净化。具有适宜宽度河岸植被的河流廊道能有效发挥拦截和净化作用，有效发挥水文与物质控制功能。

（2）生物生境及迁移廊道功能　河流廊道不仅是鱼类等水生生物的栖息生境，河漫滩、河岸林也为两栖类、爬行类、鸟类和小型兽类提供了良好的栖息场所，一些动物种类专一性的以河岸廊道作为栖息和营巢的生境，如水獭（*Lutra lutra*）、食蟹獴（*Herpestes urva*）。Flink 和 Sears（1993）指出，河流廊道面积虽然不大，但常常可吸引大量野生动物在此栖息。Sears（1995）的研究认为，河流廊道功能涵盖了野生生物栖息地的需求。具有流动水体的河道及具有一定宽度的河岸植被带也是野生生物进行纵向迁移的生态走廊。河流廊道的连接与辐射功能使其成为维持河流生物多样性的重要景观结构。

（3）改善局地微气候及美化景观功能　河流廊道为公众提供了优美的景观资源，很多河流公园或河流类型的湿地公园已经成为人们休闲游乐及科普宣教的重要场所。河流廊道的水体及河岸植被能够明显地减缓热岛效应，改善局地微气候，使得当地气候环境更为宜人。

1.3.2.2 河流廊道宽度

河流廊道宽度对河流廊道生态功能的影响较大，可以说河流廊道宽度是决定其功能作用发挥的关键因子。不同宽度的河岸廊道，发挥着各自不同的生态功能（图 1–8）。

台湾学者张俊彦、陈坤佐（2001）提出了台湾河川廊道宽度适宜值的建议值（表 1–5）。

表 1–5　河川廊道宽度的建议值

生态功能	建议宽度(m)
景观品质改善,优化美化景观	15.00
景观品质改善,水质污染净化	40.00
景观品质改善,水质污染净化,良好生境与物种迁移廊道功能	200.00

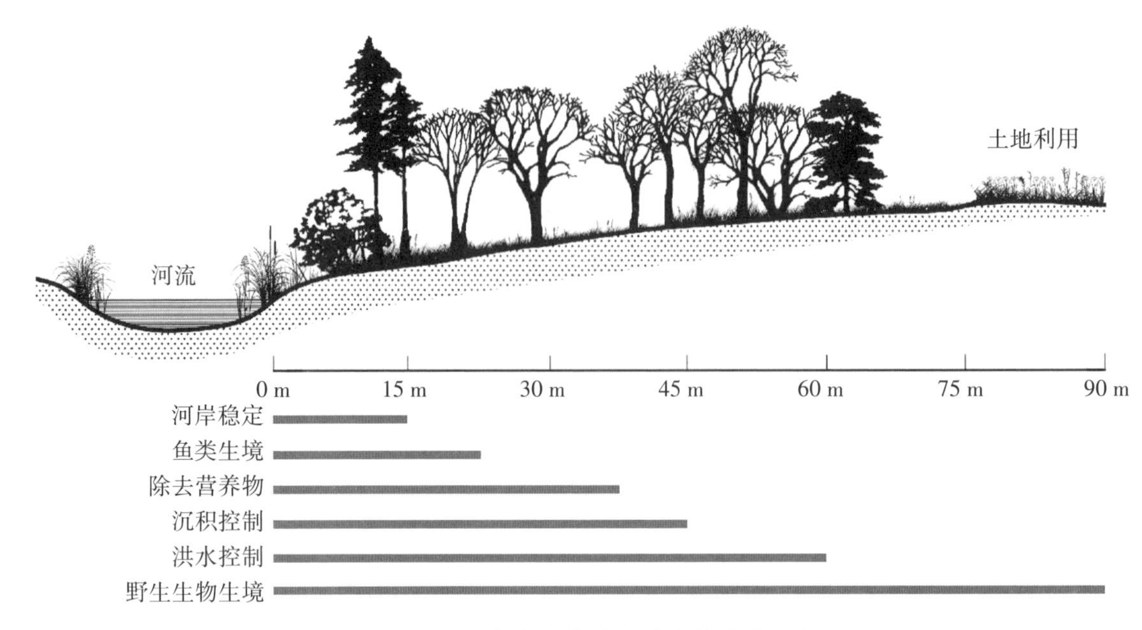

图 1-8 不同宽度河岸廊道的主导生态功能

1.3.3 河流廊道的空间尺度划分

尺度是一个许多学科常用的概念，通常的理解是考察事物（或现象）特征与变化的时间和空间范围。尺度也通常指研究对象（包括物体、现象或过程）的时间长短和空间分辨率。尺度问题已成为现代生态学的核心问题之一，它主要涉及三个方面：尺度概念、尺度分析和尺度推绎。在生态学中，尺度的用法往往不同于地理学和地图学中的比例尺。生态学中的大尺度是指大空间范围或时间长度，往往对应于地理学或地图学中的小比例尺和低分辨率；而生态学中的小尺度则是指小空间范围或短时间长度，往往对应于地理学或地图学中的大比例尺和高分辨率。

河流生态学研究中，尺度问题是首先要明确的关键问题，不同尺度河流廊道对应不同的评估参数和指标体系。河流景观具有多尺度特征，Fausch 等（2002）强调指出三个关键的景观生态学概念可用于河流：①空间尺度的重要性；②生境异质性对尺度的依赖；③作用于景观尺度的生态过程。

河流廊道按照空间尺度划分，可分为流域尺度（basin scale）、景观尺度（landscape scale）、河流廊道尺度（river corridor scale）、河流尺度（river scale）、河段尺度（reach scale）。

流域尺度（basin scale）：流域是以分水岭为界的一个河流所有水系所覆盖的区域，以及由水系构成的集水区。

景观尺度（landscape scale）：从景观生态学角度，可以把河流生态系统视为“河流景观”（riverscape），河流是集水区内各种环境特征的综合表征体，它能够反映周围景观的环境条件及其变化。在流域集水区内，无论是自然变化还是人为干扰，都会影响到河流的水文循环、理化特征、生境分布、营养结构和基本生态过程，河流生态系统整体对自然和人为干扰的时空变化也发生着积极的响应。河流景观被描述为一个与河流系统相关联的过程。河流景观的地貌直接和间接地影响着生物多样性的格局。

河流廊道尺度（river corridor scale）：指介于景观与集水区之间的空间尺度。河流廊道指沿河流分布且不同于基质的植被带，包括河道、河岸、河漫滩以及部分高地所形成的线性空间。在河流廊道中，经常可见的要素包括线性的河流水体、带状植被构成的河岸林。

河流尺度（river scale）：指河流本身，空间范围大小以千米为单位测度。

河段尺度（reach scale）：河段的尺度是数十米，河段系统包括碎屑坝、砾石层、急流、梯级/水潭序列、水潭/浅滩序列等。

以地处重庆市东北部的澎溪河流域为例，进行了空间尺度的划分，从流域到河段，五个空间尺度组成了一个等级序列（图1-9）。

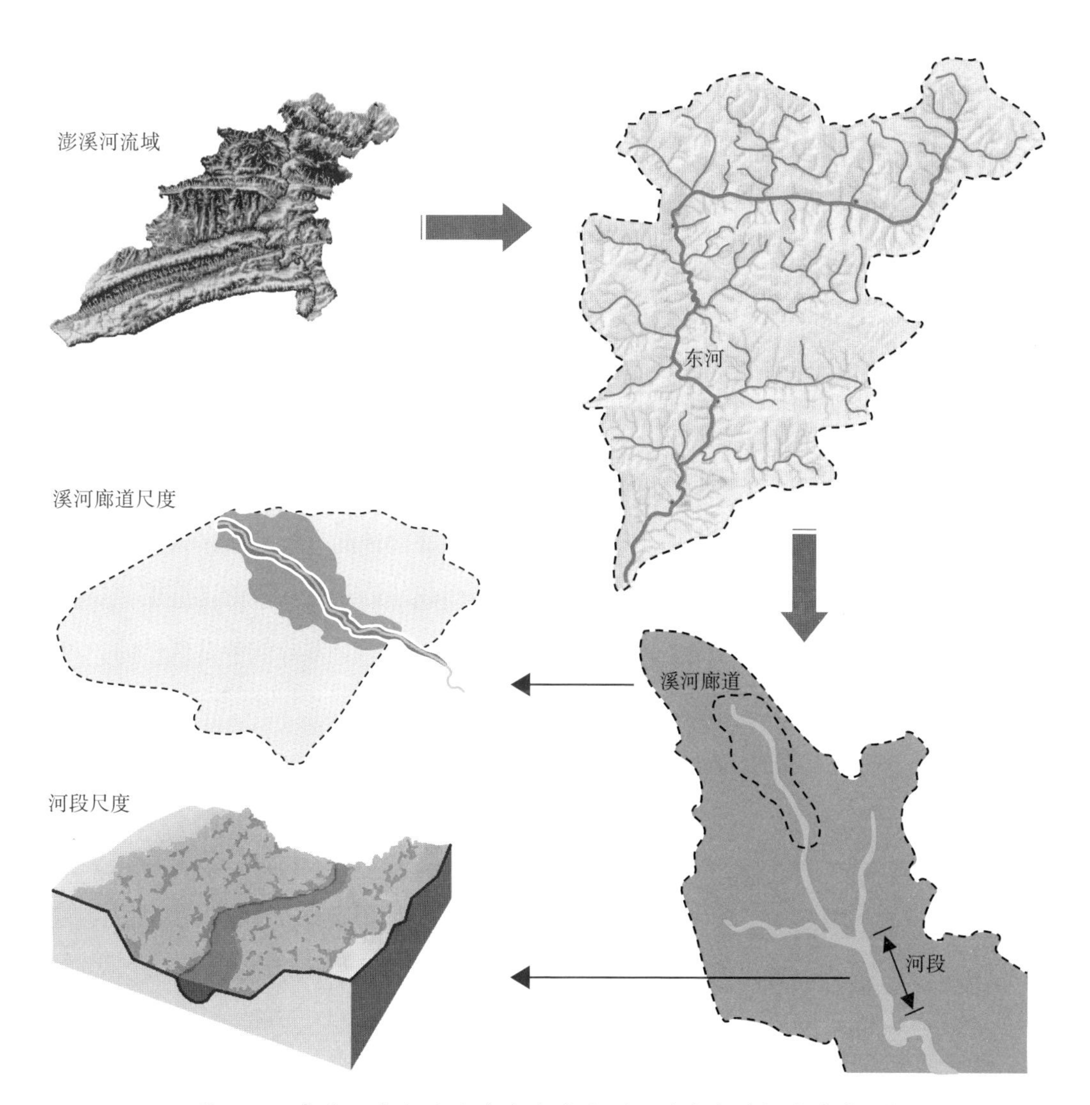

图1-9 多重尺度上的流域生态系统（以重庆澎溪河流域为例）

1.4 河谷类型划分

1.4.1 河谷形态

河谷（valley）是河流地质作用在地表所造成的槽形地带。河谷的成因是由流水切割所造成，它们都是负地形，有各种各样的形态和大小，谷中有常年水流或间歇性水流。现代河谷的形态和结构是在一定的岩性、地质构造基础上，经水流长期作用的结果。发育完整的河谷包括谷顶、谷坡和谷底三个组成部分，有河床、河漫滩、阶地等多种地貌单元。

河谷的形成主要通过三种作用，即河谷加深、河谷拓宽、河谷延伸。河谷加深受下列作用的影响：①水力作用；②河底的磨蚀作用；③河床的风化作用（在间歇性的河流上）以及水力作用冲去风化物质等。

1.4.2 河谷类型

河谷类型的划分因标准不同而异。一般河谷类型的划分包括：

1.4.2.1 按照河谷地貌发育阶段划分

根据河谷地貌不同发育阶段的特征，把河谷分为少年期河谷、壮年期河谷和老年期河谷。这三个发育阶段的长短是不一样的。

1.4.2.2 按照河谷成因划分

按照河谷成因划分，包括顺向谷、次成谷、反向谷、偶向谷、再顺向谷等。顺向谷是顺着地面原始坡度发育的河谷，这类河谷发育在新构成的地面上，例如冲积平原、冰碛平原、熔岩平原或新近隆起的滨海平原。次成谷是从顺向谷分支出去的河谷，发育在易侵蚀的岩层分布区，代表河流适应于地质构造。反向谷又称逆向谷，是指河流流向与岩层倾斜方向相反的河谷。偶向谷是那些控制它们的因素不明显的河谷，它们与地质构造或原始地面坡度的关系不清楚，其发育似乎是偶然的。再顺向谷与顺向谷的方向一致，但它是在较低一级的地面上发育起来的。

1.4.2.3 按照控制性的地质构造划分

按照控制性的地质构造划分，可分为单斜谷、背斜谷、向斜谷、断层谷、断层崖谷和节理谷。单斜谷是一种走向谷，它是沿着较软岩层带发育的，通常是次成谷。背斜谷发育在背斜轴上；向斜谷发育在向斜轴上。受断层控制的河谷有两种类型：断层谷是由断层的直接作用所形成的河谷，断层崖谷是沿着断层线发育的次成谷。节理谷是沿着主要节理发育的河谷。

1.4.3 河谷段类型划分

河谷段、河区及河道单元是流域网络中的三个等级序列组成成分。这三个部分组成了大型、可运动水生生物（如鱼类）的栖息生境（表 1-6）。在空间尺度等级序列内，河谷段、河区及河道单元代表着能够被人类活动直接改变的物理结构。由此，了解它们是如何对人为干扰产生响应是重要的，但这样做就需要有分类系统和定量评估程序，方便准确了解形成、维持和破坏河道结构的生物物理过程的信息。

表 1-6 河道分类水平，每一个分类单元都有典型的大小范围及尺度特征

（引自 Hauer F. R. 和 Gray A. L.，2006）

分类水平	空间尺度	时间尺度(年)
河道/生境单元(channel/habitat units)	1 ~ 10 m^2	<1 ~ 100
流水(fast water)		
粗糙(rough)		
平滑(smooth)		
静水(slow water)		
侵蚀性水潭(scour pools)		
阻塞性水潭(dammed pools)		
坝(bars)		
河段(channel reaches)	10 ~ 1000 m^2	1 ~ 1000
崩积河段(colluvial reaches)		
基岩河段(bedrock)		
自由形成的冲积河段(free-formed alluvial reaches)		
梯级瀑布(cascade)		
梯级—水潭(step-pool)		
平坦河床(plane-bed)		
深潭—浅滩(pool-riffle)		
沙波—水潭(dune-Pool)		
外力作用形成的冲积河段(forced alluvial reaches)		
外力作用形成的梯级—水潭(forced step-pool)		
外力作用形成的深潭—浅滩(forced pool-riffle)		
河谷区(valley segments)	100 ~ 10000 m^2	1000 ~ 10000
崩积河谷(colluvial valley)		
基岩河谷(bedrock valley)		
冲积河谷(alluvial valley)		
流域(watershed)	50 ~ 500 km^2	>10000
地貌省(geomorphic province)	1000 km^2	>10000

在一个流域内，不同类型的河谷段、河区及河道单元具有不同的位置，它们通过控制水流量的特点和溪流捕获沉积物及转换有机物质的能力，对水生植物和动物的丰度和分布产生强大的影响。为了描述随着时间的推移，在人类活动影响或自然干扰下河道的物理变化，为了将采样的河流区域组合成

类似的物理单元，以便对不同流域调查河段、河道单位结构进行比较。当环境恶化后，许多地方进行的河流及河流栖息地恢复程序可能并不适合某些类型的河道，通常成功地恢复需要与不同类型河道的水力学和地貌条件一致的方法。基于上述理由，河流生态学家需要对河谷段、河区、河道单元进行分类和测量。在欧洲的河流生态学研究中，提出了第一个以生物为基础的分类系统。这一分类系统是利用从河流的源头到河口的优势水生生物物种（如鱼类）所形成的明显区带（Hawkes，1975）。生物为基础的分带特征包括物理过程的影响及动物群落变化干扰类型的影响。以水文、河流地貌为基础对河道进行分类，不同于那些水生生物学家，其分类是基于对景观河道、地形和底质特征、格局、水流和泥沙输移。对溪流类型和河道单元分类的其他途径结合了水力学或地貌特性和对某些水生生物的适宜性进行明确的评估。对河区及河道单元的精确描述，往往是在水生生物生活史研究中，了解影响其分布和生态过程的水生生物生境。从地貌角度，对河区及河道单元进行分类，山坡及河谷是流域的主要地形单元。河谷是水汇聚和侵蚀物质积累的景观区域。河谷段是河谷网络中具有地貌特征和水传输的明显区域。Montgomery 和 Buffington（1997）确定了三种陆地河谷段类型：崩积、冲积、基岩河谷段。

1.4.3.1 崩积河谷（colluvial valleys）

崩积河谷是泥沙和来自周围山坡侵蚀的有机物质的临时储库。在崩积河谷，水流运输在所搬运物质沉积于河谷底部时是相对无效的。因此，泥沙和有机物逐渐积累在河源山谷直到被来自陡峭阶地的碎屑流定期冲刷，或被低梯度景观中冲积河道网络的周期性水文扩展所挖掘。在被这些干扰去除积累的沉积物后，崩积河谷开始回填。非河道崩积谷是缺乏可辨识河道的源头河谷段。它们拥有来自附近山坡侵蚀的土壤，这是一种将它们区别于裸露基岩的陡峭源头河谷的特征。在非河道崩积谷中的崩积层深度与物质从山坡上侵蚀的速率和自河谷开挖扰动的时间有关。排空和回填的循环过程以不同的速率发生在不同的地貌气候区，取决于降雨量格局、地质条件和山坡植被性质。非河道崩积谷不局限于特定的溪流，虽然季节性水流渗透和小泉可以作为某些存在于这些区域的水生生物的临时栖息地。河道崩积谷包含从非河道崩积谷顺坡而下的低级别溪流。河道崩积谷可能形成景观中河谷网络最上面的谷段，也可能发生在小支流与较大溪流的河漫滩交汇的地方。

1.4.3.2 冲积河谷（alluvial valleys）

上游来源的沉积物提供给冲积河谷，河谷内的溪流能够以不稳定的区间移动和分选沉积物。一个冲积河谷的输沙能力不足以冲刷谷底到基岩。冲积河谷是在许多景观河谷段中最常见的类型，通常包含了水生生态学家最感兴趣的溪流。它们的范围从受限到无限制，在受限条件下坡面狭窄、谷底很小或没有河漫滩发育；在不受限制的条件下，有发育较好的河漫滩。不同的河区类型可能与冲积河谷相关，依赖于限制程度、梯度、当地地质和沉积物来源以及水流排泄机制。

1.4.3.3 基岩河谷（bedrock valleys）

基岩河谷有填充材料的小的河谷，通常具有缺乏冲积河床的受限制河床。Montgomery 和 Buffington（1997）区分了两种类型的基岩河谷：足够陡峭，运输能力大于泥沙供给能力，从而保持永久的基岩底质；和那些与低级别溪流相关的最近受到碎屑流淘挖河床的河谷。

1.5 河段类型划分

河段（channel reaches）尺度上包括河流水体及其两岸植被带，是流域内人类活动干扰的承载体。河段从结构上可分为纵向、横向和垂向三个维度。河流形态、河漫滩形式、河岸植被带、水文条件等河流生态系统的环境要素多局限于河段尺度的研究。从纵向梯度上，包括河流生态系统的水文连通性及蜿蜒性，自然状态下浅滩—水潭交替的生境格局，以及水文流态、流速、水质等生态要素的变化。河段由特定类型的河道单元（例如，深潭—浅滩—坝序列）的重复序列、河道特征的具体范围（坡度、沉积物粒径、宽深比）组成，以便将它们同邻近河段分开来。

虽然河段类型与河道特征（坡度、颗粒大小等）的具体范围相关，但这些值通常不用于分类。相反，用河道形态及观察到的特征来定义河段类型。相邻河段之间的过渡区可能是渐进的或突然的，确切的上游和下游河段边界需要准确判断。崩积谷段可能具有崩积和基岩河段类型，基岩河谷可以包含基岩和冲积河段类型，但冲积河谷通常具有不同的冲积河段类型。Montgomery 和 Buffington（1997）认为冲积河谷河段边界与沉积物供给和泥沙特性以及河流稳定河床的能力相关。具体来说，有七种冲积河段类型。

1.5.1 梯级瀑布河段（cascade reaches）

这种河段类型是最陡峭的冲积河道的特点，坡度梯度通常为 4% ~ 25%。几个小的湍流池可能存在于梯级瀑布河段，但大多数流水流过及环绕在大圆石和大的木质物周围。圆石来自邻近山坡或周期性的碎屑流沉积。在梯级瀑布河段有很多不同大小的瀑布（“水力跳跃”）。与水深有关的大颗粒，能够有效防止典型水流期间底质的运动。虽然梯级瀑布河段可能会遇到碎屑流，但泥沙运动是主要的流体。在这种河段类型中，水运动的梯级性质通常足以移走所有但又是最大颗粒的泥沙（卵石和圆石）以及有机质。

1.5.2 梯级水潭河段（step-pool reaches）

坡度梯度为 2% ~ 8% 的梯级水潭河段具有形成一系列梯级可变水潭的圆石和圆木的不连续河道堆积。梯级水潭河段倾向于笔直和具有高的梯度，粗底质（卵石和圆石），和小的宽深比。水潭和交替的跨河道水流的岸的障碍作用常发生在每 1 ~ 4 倍河道宽度的梯级水潭河段，虽然梯级的步长随河道坡度的增加而增加（Grant 等，1990）。低的沉积物供给，陡峭的梯度，频繁的水流，能够移动粗的河床物质、非均一泥沙组成，似乎有利于这种河段类型的发育。梯级水潭河段的容量可以暂时储存细粒沉积物和有机物，逐渐超过梯级瀑布河段的沉积物储存力。在梯级水潭河段中，需要运输泥沙和使

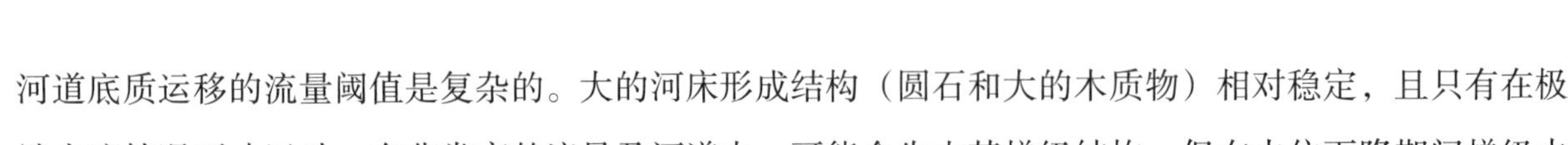

河道底质运移的流量阈值是复杂的。大的河床形成结构（圆石和大的木质物）相对稳定，且只有在极端水流情况下才运动。在非常高的流量及河道中，可能会失去其梯级结构，但在水位下降期间梯级水潭形态得以重建。在高流量期间，水潭中细粒沉积物和有机物被大量运移。

1.5.3 平坦河段（plane-bed reaches）

平坦河流区段，其坡度梯度通常为 1%～4%，缺乏阶梯状纵剖面，以其深度一致的相对笔直河道为其特征。它们通常在梯度上处于中间状态，在陡峭、圆石主导的梯级瀑布和梯级水潭河段以及更小梯度的深潭—浅滩河段之间处于相对淹没（满水面宽度与中值粒径之比）。在低到中等流量、平坦河床溪流河段可能具有大的圆石露出水面，形成河道中的漩涡。

1.5.4 深潭—浅滩河段（pool-riffle reaches）

本河段类型是最常与低到中等大小的溪流相关的类型，是低到中等坡度梯度（1%～2%）冲积河谷最常见的河段类型。深潭—浅滩河段往往比前三种河段类型具有更低的梯度，其特点是有一个起伏的河床，形成了砾石坝相关的浅滩和水潭。因此，不像大多数梯级瀑布河段、梯级水潭河段和平坦河床河段，深潭—浅滩河段的河道形态常常是蜿蜒的，包含一个在河道中有可预测的和恒定的水潭、浅滩及砾石坝系列。水潭是溪流底部的地形凹陷，砾石坝则形成河道中的高点。浅滩位于水潭与砾石坝交汇的地点。在低流量时，围绕砾石坝和通过水潭及浅滩的水流曲流从河流一侧到另一侧发生改变。在细到粗底质的冲积河流中，深潭—浅滩河段自然形成，其单个深潭—浅滩—砾石坝序列的长度是河道宽度的 5～7 倍，或者说，每隔 5～7 倍河道宽度的河段就有一个深潭—浅滩—砾石坝单元（Keller 和 Melhorn，1978）。如果存在大的木质物，就会锚固在水潭的位置，并创建形成浅滩和砾石坝的上游泥沙阶地。溪流丰富的大型木质物往往有不稳定和复杂的河道形态。深潭—浅滩河段中的河道底质每年都会新生并被运移。在满水面流量（Bankfull flows）、水潭和浅滩被淹没到一定程度，河道似乎有一个均匀的梯度，但局部的深潭—浅滩—砾石坝特点在水流退去后呈现出来。河床物质的运移在满水面流量是零星的、不连续的。作为表层的一部分被运移，下层更细的沉积物被冲洗，形成冲刷和沉积交替的脉冲。这个过程有助于深潭—浅滩河段斑块性质的形成，其河床是所有河段类型中空间异质性最高的。

1.5.5 沙波河段（dune-ripple reaches）

沙波河段由低梯度（＜1%）、蜿蜒河道与以砂质为主的基质组成。这种河段类型一般发生在无约束河谷段的高级别溪流河道，并且表现出比高梯度的河段类型更少湍流的特性。当流速增加超过沙波河段的细粒基质，河床被塑造成一个可预见的河床演替，从小的涟漪到一系列大的沙丘状的高地和洼地。泥沙运动发生在所有的流量状态下，并与水流排泄密切相关。在这种河段，通常存在一个发育良好的河漫滩。低坡度梯度、连续泥沙运移、涟漪和沙丘的存在，将这种河段类型与深潭—浅滩河段区分开来。

1.5.6 辫状河段（braided reaches）

辫状河段是具有从低梯度到中等梯度（<3%）的多线性河段（multithread channels）所具有的，其特征是具有大的宽深比和众多砾石坝散布在河道中。个体的辫状线性河道通常有一个深潭—浅滩形态，在两条辫状河流汇合处通常形成水潭。从砂到卵石和圆石的不同床料形成河床物质，依赖于河道梯度及局部的沉积物供给。辫状河道是由高的泥沙负荷或由不稳定河岸使得河道拓宽造成的结果。辫状河道一般发生在冰川沉积区和其他高沉积物供给的地方（例如，大规模山体滑坡或火山喷发下游）或在弱的、易受侵蚀的河岸（例如，因为河岸放牧或河岸砍伐植被或半干旱地区河岸植被自然稀疏，而失去了植物根系强度支撑的河流廊道）。在辫状河段中，砾石坝的位置经常发生变化，含有主流的河道往往在短时间内横向移动。

1.5.7 强制河段（forced reaches）

流动障碍物如大的木质碎屑和基岩凸起可局部改变河段形态，由此形成强制河段。例如，木质碎屑引入到一个平坦河床河道，可以产生局部水潭冲刷和砾石坝沉积，迫使深潭—浅滩形态改变。同样，木质碎屑在梯级瀑布或基岩河床河道上可以通过筑坝阻断上游泥沙和创建下游的纵深水潭，形成一个梯级水潭形态。木质碎屑物对径流、泥沙会产生明显的影响。

1.6 河道单元分类

河道单元是河道内相对均一的局部区段，在深度、流速和底质特性方面与邻近区段明显不同。从小到中等河流，最普遍使用的河道单元是浅滩和水潭。单个河道单元是由水流与河床的粗糙元素之间的相互作用产生的。河道单元的定义通常适用于低泄流条件。在高流量状态，河道单元往往是相互区别的，它们的水力学特征与低流量时有很大的不同。

不同类型的河道单元与另外的河道单元彼此相邻，提供生物栖息地的选择，特别是小溪流的河道单元具有相当大的物理异质性。河道单元分类具有非常重要的意义，因为它能够提供对斑块状溪流环境中水生植物和动物分布及丰度的成因解释。我们知道，河道单元能够影响营养交换、藻类多度、底栖无脊椎动物生产力、无脊椎动物多样性、鱼类分布等。河段内不同类型河道单元的位置和频率可能受到各种干扰的影响，包括消除结构粗糙元素（如大木质物）的人为干扰，或阻碍溪流与邻近河岸带相互作用的能力。河道单元的分类是了解人类活动引起的生境变化与水生生物之间关系的一个有用的工具。

霍金斯等（1993）修改了早先的河道单元分类系统（Bisson 等，1982），并提出了一个三级分类系统（图 1-10）。

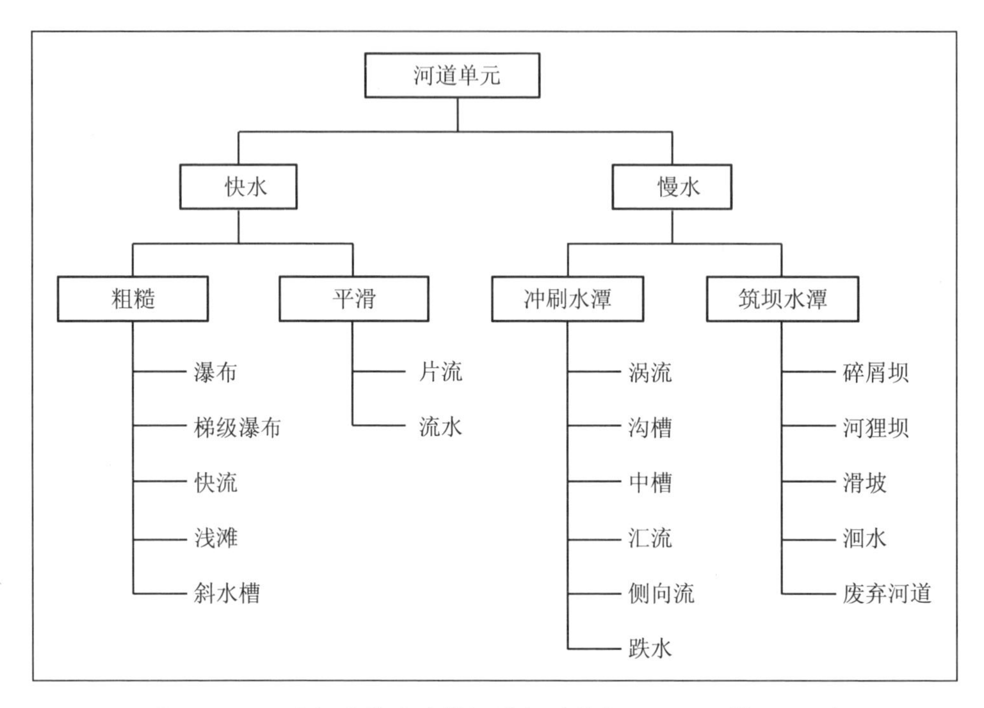

图 1-10 溪流河道单元的等级划分（引自 Hawkins 等，1993）

第一级分为快水（“浅滩”）和慢水（“水潭”）单元。第二层次区分具有粗糙（“动荡”）与平滑（“稳定”）的快水单元，以及由坝（dams）形成的慢水单元。Hawkins 等（1993）提出的第三级分类进一步细分了每种类型的快、慢水单元水力特性和生境形成结构或过程的主要类型。

1.6.1 粗糙的快水单元（rough fast water units）

“快水”是一个相对术语，它描述了目前观察到的速度是低到中等流量，这意味着只有将这一类河道单位从同一溪流中的其他单元如“慢水”区分开。大多数时候，在给定的排泄状况下慢水单元将比快水单元更深。一般而言，浅滩和水潭多用于快速和缓慢的水流通道单元。目前，在低级别溪流河道中，速度和深度是区分浅滩和水潭的主要标准。虽然没有区分浅滩和水潭的速度和深度绝对值，仍然可以通过定义深度来进行区分。

水潭可以包含或快或慢的水域，而浅滩则只有流速快的水域。Hawkins 等（1993）区分了五种类型的粗糙快水河道单元。河道单元按照其粗糙度随弗劳德系数增加而变粗糙来进行分类。

瀑布基本上是垂直的水流，通常见于基岩、梯级瀑布、梯级水潭溪流河段。梯级瀑布河道单元包括一个高度湍流系列的短瀑布和小的冲刷盆地，具有非常大的泥沙颗粒和阶梯纵剖面，它们是基岩和梯级瀑布河段的突出特征。斜槽河道单元通常狭窄，常见于基岩河段，也发生在梯级瀑布和阶梯水潭中。急流是相对陡峭的河道单元与粗基质底质。浅滩是低梯度（$<3\%$）冲积河道的粗糙快水中最常

见的类型，可能发现于平坦河床、深潭—浅滩、沙丘—涟漪和分汊河段。浅滩的颗粒大小往往倾向于比其他粗糙快水单元略细一些。

1.6.2 平滑快水单元（smooth fast water units）

Hawkins 等（1993）辨识了两种平滑快水单元。在许多流域，片状河道单元是罕见的，但在以基岩为主的河谷段是常见的。片流发生在浅水均一地流过可变梯度的平滑基岩河床的地方；片流可能存在于基岩河床、梯级瀑布、阶梯水潭河段。流水河道单元是浅梯度的快水单元，通常其底质呈现出从砂粒到卵石大小不等的序列。它们比浅滩更深，其较小的底质几乎没有超临界流。在深潭-—浅滩、沙丘—涟漪和辫状溪流河段，通常在中、高级别的河道，存在流水河道单元。

1.6.3 冲刷水潭（scour pools）

有两个慢水河道单元类型：通过冲刷形成的水潭，在溪流河床形成一个凹陷；通过对水流的阻碍在上游淹没形成水潭。当泄流足以使底质运动时形成冲刷水潭，而筑坝形成的水潭可以在任何流量条件下形成。Hawkins 等（1993）辨识了 6 种类型的冲刷水潭。

（1）涡流水潭（eddy pools）　是由沿着河流或河流边缘的大的水流障碍物形成的。涡流水潭位于结构的下游侧。涡流水潭通常与大木质物沉积或岩石露头和圆石有关，可在几乎所有类型的河段中发现。

（2）沟槽水潭（trench pools）　像槽一样，通常位于严格约束，以基岩河床为主的河道。它们是典型的 U 形截面轮廓，并具有高度的阻力。沟槽水潭可以存在于由冲刷形成的慢水河道单元的最深处。虽然深度较深，但沟槽水潭可能具有较高的流速。

（3）中槽水潭（midchannel pools）　在溪流中部沿着水流主轴冲刷形成。中槽水潭在头端最深。这种慢水河道单元类型在梯级瀑布、阶梯水潭和深潭—浅滩河段很常见。水流的限制可能是侧向限制造成的，硬化河岸或大流量的障碍物如圆石或木质碎屑，中槽水潭的一个重要特征是围绕障碍物的水流运动方向并不会转向对岸。

（4）汇流水潭（convergence pools）　是由大小基本相同的两条溪流汇合形成。在许多方面，汇流水潭类似于中槽水潭。汇流水潭可以发生在任何类型的冲积河道。

（5）侧向冲刷水潭（lateral scour pools）　发生在遇到有阻碍河岸的河道或其他邻近溪流边缘的水流阻碍物的地方。典型的障碍物包括基岩露头、圆石、大木质物或砾石坝。许多侧向冲刷水潭形成在相对不动的结构的旁边或下面，如圆木的堆积或沿河岸抛石或其他抵抗侧向河道迁移的材料。邻近含水流梗阻的河岸水流最深。侧向冲刷水潭在阶梯水潭、深潭—浅滩、沙丘—涟漪及辫状河道常见。在深潭—浅滩、沙丘—涟漪河段，侧向冲刷水潭在砾石河床的溪流自然形成蜿蜒曲流。

（6）跌水水潭（plunge pools）　形成与横跨溪流河床的障碍物之上的水流的垂直下跌。产生水潭的完整障碍物位于水潭的头端，瀑布的高度可以从 1 m 到几百米不等，只要下降的力量足以冲刷河床。不太常见的跌水水潭类型发生在高级别河流河道，水流通过一个非连续的地质结构的突变，如高原的边缘，形成了一个大的瀑布，其基部有深的水潭。根据瀑布的高度和底质组成，跌水水潭可能很深。总的来说，跌水水潭在小的、陡峭的源头溪流很多，特别是那些有基岩河床、梯级瀑布和阶梯水潭的河道。

1.6.4 筑坝形成的水潭（dammed pools）

由筑坝造成上游水淹形成水潭，而不是来自阻碍物造成下游冲刷形成。它们的区别在于导致水淹没的材料类型和它们相对于深泓线的位置。然而，某些类型的坝拦截形成的水潭（坝成水潭）由于复杂的材料形成的水坝，比冲刷水潭对水生生物往往拥有更多的生境结构。此外，坝成水潭可以非常大，随坝的高度而异，在很大程度上阻碍了水的流动。Hawkins 等（1993）确定了 5 种类型的坝成水潭，其中 3 种发生在溪流的主要河道。碎屑坝形成的水潭通常形成在碎屑流的末端或大量的木质物漂浮在高流量河道下游。碎屑坝的特征结构由一个或几个大的关键部分组成，维持坝的位置，并捕获较小的木质物和沉积物。

河狸筑坝形成的水潭，是自然生物形成的河道单元。一些河狸坝的高度可能超过 2 m，但河流系统中的大多数坝大约有 1 m 高或更低。在流域中，高流量季节，河狸坝可能会被破坏，但每年都会重建。在这种情况下，坝上储存的细沉积物会在大坝破裂时被冲刷掉。

滑坡坝形成水潭时，滑坡坡面流从相邻的坡面下来造成水的堵塞形成水潭。坝的物质由粗泥沙和细泥沙混合而成。当山体滑坡发生时，滑坡沉积物中的一些或大部分的细粒沉积物可能被迅速输送到下游，留下的结构太大，无法移动。主河道滑坡形成的水潭主要位于横向约束的河段相对较小的溪流。

洄水水潭是指因自然坝的作用使水流洄转而缓慢的水势平缓区形成的水潭，常常汇集从上游冲刷而来的木质残体及有机质，使得这里有丰富的饵料，成为鱼类觅食和越冬的良好生境。

废弃的河道水潭与主河道没有表面水体连接。它们是由砾石坝沉积在次级河道形成的，这些次级河道在低流量时处于孤立状态。废弃河道水潭是深潭—浅滩、沙丘—涟漪和辫状河道的河漫滩特征，它们可能是短暂的，或者通过地下水流来短暂维持。

第 2 章
河流水文特征

2.1 水循环与水资源

2.1.1 水循环

水是地球上分布最为广泛的物质之一，以液态、气态、固态三种形式存在于空中、地表与地下，成为大气水、海洋水、陆地水以及存在于所有生物体内的生物水，构成了一个完整的水圈，与大气圈、生物圈和地球内圈相互作用，直接关系到影响人类活动的地球表层系统。水圈也是外动力地质作用的主要介质，是塑造地球表面最重要的因素。

地球表面的水是十分活跃的。地球上的各种水体，尤其是海洋，在太阳辐射作用下，不断地因蒸发而成为水汽进入大气，再经气流的水平输送和上升凝结形成降水，降落回陆地表面或海洋。降落到陆地表面的雨水，部分蒸发返回大气，部分被生物吸收，另一部分以地表径流和地下径流的形式最终注入海洋（图 2-1）。自然界中水分的这种不断蒸发、输送和凝结形成降水、径流的循环往复过程，称为水循环。水循环的内因是水的物理三态（液态、气态和固态）之间的相互转化，外因是太阳辐射和物质分子之间的吸引力（主要是地心吸引力）的作用。水在循环过程中不断释放或吸收热能，调节着地球上各圈层的能量，不断地塑造着地表水循环的形态。

水圈中的地表水大部分在河流、湖泊和土壤中进行重新分配，除了回归海洋的部分外，有一部分较长久地储存于内陆湖泊或形成冰川。这部分水量交换极其缓慢，周期要几十年甚至千年以上。大气圈中的水分参与水圈的循环，交换速度较快。大气中的含水量大约为 1.29×10^9 m^3，全球降水总量约为 5.77×10^9 m^3，大气中的水汽每年转化为降水大约 44 次。也就是说，大气中的水汽，平均每 8 天多就要循环一次。全球河流总储水量约为 2.20×10^{10} m^3，河流年径流量为 4.98×10^{10} m^3，全球的河水每年转化为径流 22 次，也就是说河水平均每 16 天多更新一次。

由于水分循环，地球上发生复杂的天气变化。海洋和大气的水量交换，导致热量与能量频繁交

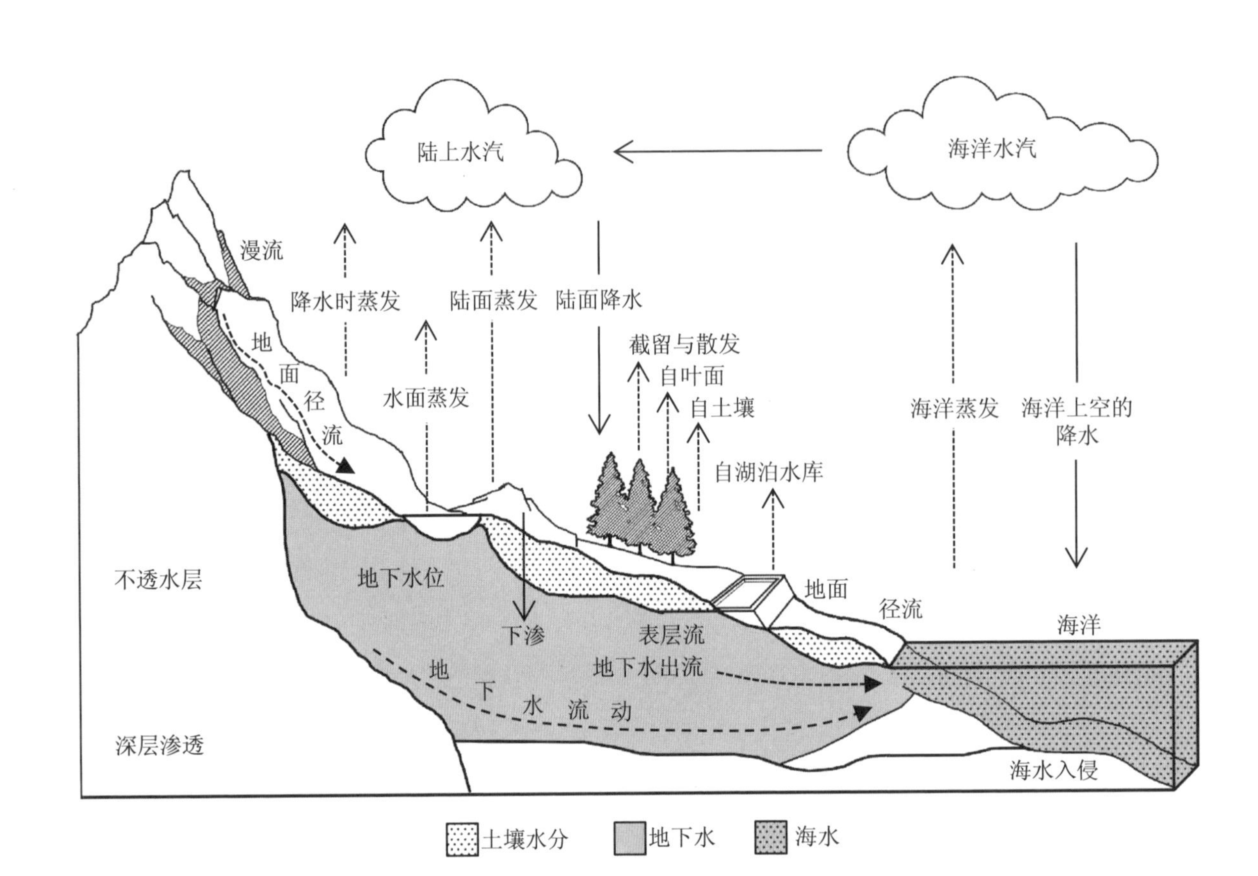

图 2-1 水文循环示意图

换，交换过程对各地天气变化影响极大。生物圈中的生物受洪涝、干旱影响很大，生物种群分布和群落形成、群落的时空格局与水的时空分布有着极为密切的关系。生物群落随水的丰缺而不断更替、发育和衰亡。大量植物的蒸腾作用也促进了水分的循环。水在大气圈、生物圈和岩石圈之间相互置换，关系极其密切。

水循环是自然界最重要、最活跃的物质循环之一，对人类的生存和生产活动具有重要意义。正是由于水循环，才使得人类生产和生活中不可缺少的水资源具有可再生性，提供了江河等地表和地下的水资源。水循环的途径及循环的强弱决定水资源的地区分布及时间变化。尽管水的循环具有全球性，但在一定的时空范围内，水资源是有限的。

影响水循环的因素很多，主要包括 4 大类：气象因素（如温度、湿度、风速、风向等）、自然地理条件（如地质、地形、土壤、植被等）、人类活动和地理位置。其中气象因素起着主导作用；自然地理条件主要是通过蒸发和径流来影响水循环；人类活动主要是通过改变下垫面性质，进而影响水循环。

2.1.2 水资源

广义地说，自然界所有以气态、液态和固态等各种形式存在的水统称为水资源。水资源是通过大气水循环再生的动态资源。通常所说的水资源是指地表水（河川径流）和地下水。目前国内外均以本地降水所产生的地表、地下水总量定义为本地水资源总量。地球上的水资源包括江河、湖泊、井、泉，以及经人类调控可供人类灌溉、发电、给水、航运、养殖等用途的地表水和地下水等。水资源是经济社会永续发展不可缺少的重要自然资源。各个部门对水资源的需求不同，如何合理地开发利用水资源是一个极为错综复杂的问题。

2.1.2.1 河流淡水来源

1. 地表水

河流地表水是由经年累月自然的降水和降雪累积而成，并自然地流入海洋或者是经由蒸发消失，以及渗流至地下。凡地面水补给的河流，其任一断面的水位或流量的动态变化与该断面以上集水面积内降雨的动态变化一致。降雨时，河中水位或流量增加；降雨终止后，河水水位或流量即开始逐步消落。水位或流量涨落的快慢与降雨强度变化和流域调蓄作用大小有关。虽然任何地表水系统的自然水来源主要来自于所在集水区的降水（降雨、降雪），湖泊、湿地、土壤可渗流性、地表径流特性等众多因素会影响此地表系统中总水量的多少。这些因素包括人类为了增加存水量而兴建水库，为了减少存水量而排干湿地的水。人类兴建沟渠则增加径流的水量与强度。

2. 地下水

地下水是贮存于包气带以下地层空隙，包括岩石孔隙、裂隙和溶洞之中的水。地下水是全球水资源的一部分，并且与大气水资源和地表水资源密切联系、互相转化，既有一定的地下储存空间，又参加自然界水循环。地下水资源的形成，主要来自现代和以前地质年代的降水入渗和地表水的入渗。地下水资源由大气降水和地表水转化而来，在地下运移，往往再排出地表成为地表水体的源泉。由于深层地下水动态变化缓慢，因此由深层地下水补给的河流水位或流量的动态变化也十分缓慢。有些河流即使流域内较长时间无降雨，但河中仍有比较稳定的水流，这就是地下水补给的作用。

地下水补给与含水层及河流之间有无水力联系有关。当两者无水力联系时，地下水总是流向河流，例如山区河流。而当两者存在水力联系时，地下水与河水的关系就变得比较复杂，例如平原河流。

在河流地下水中，还有一类就是潜流层水。潜流层（hyporheic zone）是位于河流河床之下并延伸至河流边岸带及其两侧水分饱和的沉积物层，地下水和地表水在此交混（Boulton，2000）。潜流层是河流地表水和地下水相互作用的界面，占据着在地表水、河道之下的可渗透的沉积缓冲带、侧向的河岸带和地下水之间的中心位置。潜流层包含一部分主河道的水或主河道水下渗后其溶质组成发生部分变化的水。潜流层是地表水和地下水的生态交错区，这一边界在空间和时间上处于动态变化之中，具有特定的物理、水化学和生物梯度。

2.1.2.2 河流水资源特征

1. 流动性

水是自然界的重要组成物质，处在不断的运动中，且积极参与自然环境中一系列理化过程和生物过程。河流水资源具有流动性，是一种动态资源。

2. 循环性

地球上的河流水体，在太阳辐射作用下，不断地因蒸发而变成为水汽进入大气，再经气流的水平输送和上升凝结形成降水，降落回陆地表面，一部分以地表径流和地下径流的形式最终注入海洋。循环性就是地球上河流的水分通过这种不断蒸发、输送和凝结形成降水、径流的循环往复过程。水循环系统是一个庞大的自然水资源系统，水资源在被利用后，能够得到大气降水补给，可以满足地表生态系统的需要。

3. 时空分布不均一性

水资源的分布具有明显的时空差异，时空分布的不均一是水资源的一个重要特性。一般而言，沿海地区降水丰沛，内陆大陆性气候区域降水少。我国水资源在区域上分布不均匀，总的来说，东南多，西北少；沿海多，内陆少。即使在同一地区，降水的时间分布差异性也很大，通常春夏降水多、冬季降水少。

4. 资源有限性

全球淡水资源仅占全球总水量的 2.5%，其中近 70% 是固体冰川，即分布在两极地区和中、低纬度地区的高山冰川，很难加以利用。真正能够被人类直接利用的淡水资源仅占全球总水量的 0.8%。人类比较容易利用的淡水资源，主要是河流水、淡水湖泊水，以及浅层地下水，储量约占全球淡水总储量的 0.3%，只占全球总储水量的 0.0007%。由此可见，水资源储存量是有限的。

5. 利害两重性

由于降水和径流的时空分布不均，往往会出现洪涝、干旱等自然灾害。开发利用水资源的目的是兴利除害、造福人民；但如果开发利用不当，也会引起人为灾害，如水土流失、次生盐渍化、水质污染、地下水枯竭、地面沉降、诱发地震等。水的可供开发利用和可能引起灾害，说明水资源具有利与害的两重性。

2.2 河流径流

2.2.1 径流形成过程

径流（runoff）是指降雨及冰雪融水在重力作用下沿地表或地下流动的水流。径流包括不同类型，按降水形态分为降雨径流和融雪径流。按形成及流经路径分为生成于地面、沿地面流动的地表径流；在土壤中形成并沿土壤表层相对不透水层界面流动的表层流，也称壤中流；形成地下水后从水头高处向水头低处流动的地下径流。广义上，径流还包括固体径流和化学径流，即水流中含有固体物质（泥沙）形成的固体径流，水流中含有化学溶解物质构成的离子径流。

径流形成过程是指流域内自降雨开始，到水流出河流出口断面的整个物理过程。在一定时段内通过某一河流断面的水量，称为径流量。径流形成过程是大气降水和流域自然地理条件综合作用的产物。大气降水的多变性和流域自然地理条件的复杂性决定了径流形成过程的错综复杂。降水落到流域面上后，首先向土壤内下渗，一部分水以壤中流形式汇入沟渠，形成上层壤中流；一部分水继续下渗，补给地下水；还有一部分以土壤水形式保持在土壤内，其中一部分消耗于蒸发。当土壤含水量达到饱和或降水强度大于入渗强度时，降水扣除入渗后还有剩余，余水开始流动充填坑洼，继而形成坡面流，汇入河槽和壤中流一起形成出口流量过程。因此，整个径流形成过程涉及大气降水、土壤下渗、壤中流、地下水、蒸发、填洼、坡面流和河槽汇流，是气象因素和流域自然地理条件综合作用的过程。

径流的形成是一个连续的过程，但可划分为几个不同的特征阶段。流域的径流形成可概括为两个过程：产流过程和汇流过程。流域产流过程（runoff generation process）是指降雨经植物（树冠）截留、下渗和填洼后，形成地表和地下径流的过程。流域汇流过程（flow routing）包括山坡汇流与河网汇流两部分，山坡汇流是指水流沿山坡坡面和地下向河网的流动和汇集过程，包括坡面汇流、表层汇流和地下汇流。河网汇流是指水流沿河网中各级河槽向出口断面的汇集过程。降雨产生的径流，汇集到附近河网后，又从上游流向下游，最后全部流经流域出口断面，这就是河网汇流。

2.2.2 径流组成

径流包括地表径流（坡面流）、壤中流和地下径流三个部分（图2-2）。坡面流（overland flow）是降雨后在流域形成的沿坡向流动的水流。降雨落到地面时要经植物截留、下渗、填洼和蒸发过程。当包气带土壤含水量达到饱和时或降雨强度超过土壤表面的下渗能力时，剩余的水分就形成地面漫流。坡面漫流由许多时合时分的细小、分散水流组成，平整坡面或大暴雨时可绵延成片状流或沟状

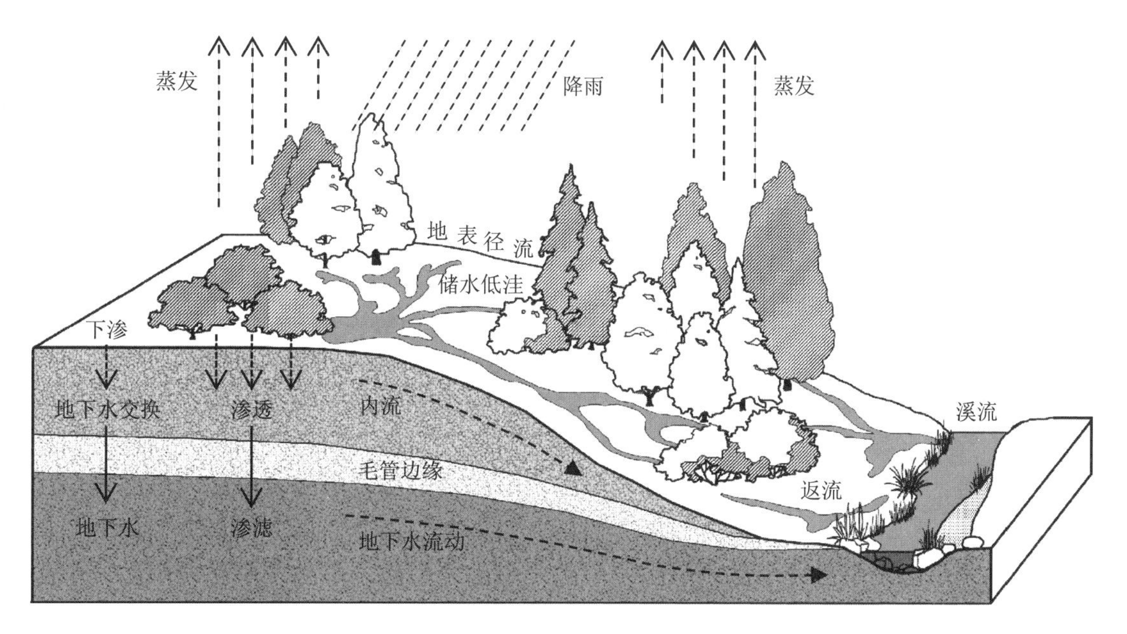

图2-2 径流组成示意图

流。坡面漫流在波脚注入河槽。壤中流（inter flow）是降雨渗入地下后滞蓄在土壤中的水分，当超过土壤持水量后，在重力作用下一部分水沿山坡方向流入河道形成径流。壤中流是一种多孔介质中的水流运动。它的流动速度比地表径流慢。在降雨形成径流的过程中，壤中流的集流过程缓慢，有时可持续数天、几周甚至更长时间。地下径流（groundwater flow）是降雨下渗的水流到达地下水位后补给地下水。地下径流包括浅层地下径流（非承压地下水中形成的径流）和深层地下径流（承压地下水中形成的径流）。除存在于封闭的地质构造中的埋藏水和潜水面水平的潜水湖以外，地下水都处于不断流动过程中。大气降水降落到地面以后，入渗水一部分以薄膜水和毛细管悬着水形式蓄存在包气带中，使土壤含水量逐渐达到田间持水量，多余部分则以重力水形式下渗形成饱水带，这部分水继续流动，到达地下水面，由水头高处流向水头低处，由补给区流向排泄区，成为地下径流。地下径流或排出地表形成泉或排入溪沟构成河川径流的一部分，是枯水期的主要水源。

2.2.3 径流动态变化

河川径流是水循环的一个环节，它反映了降雨或其他形式的降水补给流域的水量，以及其他水文过程（截留、下渗和蒸散发）的强度和流域蓄水量变化。河系中任何一个断面，在任一时刻发生的流量都是在该断面以上流域内所有水文过程和蓄水量变化的综合结果。影响流量的因素很多，如流域地貌、下垫面特点、降雨性质、降雨时长、植被类型和覆盖范围、蒸散发特征，等等。此外，河川径流还受到人类活动的强烈影响。因此，河川径流一直处在动态变化之中。河川径流变化具有周期性，其变化主要表现在径流的年际变化和年内变化两个方面。

1. 河川径流年际变化

河川径流年际变化指的是河流年径流量在多年期间内的变化。河川径流量的年际变化与降水量的年际变化相关。由于气候因素的年变化，导致河川年径流量也呈现出年际变化规律。大量实测径流资料表明，丰水年或枯水年往往连续出现，且丰水年组与枯水年组循环交替。例如长江汉口水文站，在1864—1972 年共 108 年的实测流量资料中，大致可分为 5 个丰、枯水年循环期，循环期 13～28 年不等，呈现不固定的周期。我国其他地区主要河流也同样具有丰、枯水年组交替出现的规律。丰、枯水年组的循环规律与大气环流的变化密切相关。由于我国受东南季风及西南季风的影响，降水量小的北方，河川径流年际变化大；降水量大的南方则年际变化小。

影响河川径流年际变化的主要因素包括气候、流域下垫面状况及人类活动影响等。通常以径流的离差系数来表示年径流的变化程度，能够反映总体的相对离散程度（即不均匀性）。河川径流年际变化规律，不仅可为水利工程的规划设计提供基本依据，而且对于一个地区自然地理条件的综合评价是非常重要的资料。

2. 河川径流年内变化

自然河流由于受气候因素及与流域调蓄能力有关的下垫面因素影响，径流量在年内的分配是不均匀的，呈现出丰水期和枯水期的丰枯变化。根据一年内河流水情的变化，可分为若干个水情特征时期，包括汛期、平水期、枯水期。河流处于高水位的时期称为汛期；枯水期是河流处于低水位的时期。径流的这种年内变化，也是径流补给条件在年内变化的结果。以降雨补给为主的河流，降雨和蒸发的年内变化，直接影响着径流的年内分配；冰雪融水及季节性积雪融水补给的河流，年内气温的变化过程与径流季节分配关系密切。流域内有湖泊、水库调蓄或其他人类活动因素影响的，则使径流的年内变化更为复杂。由于中国受东南季风及西南季风的影响，其年内变化特点是：一年内夏季为汛期，降水多，河川径流量大；冬季为枯水期，降水少，河川径流量小。

2.2.4 径流度量

水文学中常用一系列水文学参数对河川径流进行描述和度量，主要包括以下参数：

1. 流量（Q）

河水流量是指单位时间内，通过河流某一横截（断）面的水量，常用单位 m^3/s 表示。计算公式如下：

$$Q = Av$$

式中，A 为过水断面面积（m^2），v 为平均流速（m/s）。

流量的测量方法包括浮标法、流速仪法、超声波法等，流速仪法测量精度最高。

2. 径流总量（W）

径流总量是指在一定时段内通过河流某一断面（通常为出口断面）的总水量，单位是 m^3 或亿 m^3。计算公式如下：

$$W = QT$$

式中，Q 为流量（m^3/s），T 为时段（如日、月、年等）长（s）。

以时间为横坐标，以流量为纵坐标，绘制的流量随时间的变化过程就是流量过程线。流量过程线和横坐标所包围的面积即为径流量。

3. 径流模数（M）

径流模数是单位流域面积上单位时间所产生的径流量，单位为 $m^3/s \cdot km^2$。计算公式如下：

$$M = Q / F \times 1000$$

式中，Q 为流量（m^3/s），F 为流域面积（km^2），1000 为单位换算系数（即 1 m^3 为 1000 dm^3）。

在所有计算径流的常用量中，径流模数消除了流域面积大小的影响，最能说明与自然地理条件相联系的径流特征。通常用径流模数对不同流域的径流进行比较。

4. 径流深度（R）

径流深度是指在某一时段内通过河流上指定断面的径流总量除以该断面以上的流域面积所得的值，即把计算时段的径流总量，平铺在水文测站以上流域面积上所得的水层厚度，单位为 mm。计算公式如下：

$$R = (W/F) \times (1/1000)$$

式中，W 为径流总量（m^3），F 为流域面积（km^2）。

5. 径流变率

径流变率又称模比系数，是某时段内的径流特征值与该时段的多年平均值之比，或是某一时段的径流模数（或流量）与该时段径流模数（或流量）的多年平均值之比，单位用%或小数表示。计算公式如下：

$$Ki = Mi / Mo = Qi / Qo$$

式中，Ki 为某时段的径流变率，Mi 为某年的径流模数，Mo 为多年平均径流模数，Qi 为某时段的平均流量，Qo 为多年平均流量。

6. 径流系数

径流系数是指任一时段的径流深度（或径流总量）与该时段的降水量（或降水总量）之比值。径流系数说明在降水量中有多少水变成了径流，综合反映了流域内自然地理要素对径流的影响。计算公式如下：

$$\alpha = R / P$$

式中，R 为径流深度（mm），P 为降水量（mm）。

2.2.5 影响径流的因素

径流形成过程是多种因素相互作用的复杂自然现象。影响径流的因素包括气候因素、流域下垫面因素和人类活动的影响。

1. 气候因素

降水、蒸发、气温、风、湿度等是影响径流的主要气候因素。径流源自降水，径流过程是由流域面上的降水过程转换而来。降水和蒸发总量、降水时空分布、变化特性，直接影响到径流组成的多样性、径流变化的复杂性。气温、湿度和风通过影响蒸发、水汽输送和降水而间接影响径流。徐东霞等（2009）对近 50 年嫩江流域径流变化及影响因素进行了研究，在嫩江的上、中、下游取一系列气象站的年降水量、年均温、月最高温、年蒸发量平均值，采用 Kendall 相关分析法，分别分析其与石灰窑、同盟、江桥、大赉水文站径流的相关性，进而分析径流的气象影响因子，研究结果表明嫩江各河段径流和降水有着很好的相关性。

2. 流域下垫面因素

尽管强调降水的重要性，但降水不是决定径流过程的唯一因素。出口断面流量过程线是流域降水与流域下垫面因素综合作用的直接结果，相同时空分布的降水，在不同流域所产生的流量过程具有完全不同的特点。影响径流的流域下垫面因素包括：地理位置，如纬度、距海远近、面积、形状等；地貌特征，如山地、丘陵、盆地、平原、谷地、湖沼等；地形特征，如高程、坡度、坡向；地质条件，如构造、岩性；植被特征，如植被类型、分布等。下垫面对垂向运行的水的再分配形成了不同的径流成分，对侧向运行的水的再分配形成出口断面的流量过程，从而影响整个径流。相对于降水是径流的源泉来说，流域则是径流的发生场和分配场，是径流形成的重要因素。徐东霞等（2009）对近50年嫩江流域径流变化与土地利用覆被变化的关系进行了研究，选择各个时期变化比较明显且对径流影响作用大的沼泽、湖泊、林地和草地面积与流域的年降水量、年径流量等几个变量，来研究土地利用变化对流域水量的影响。研究表明，近几十年来，嫩江流域土地利用活动强烈地改变了地表性质，进而改变了流域水文过程，是流域洪水更加频繁发生的重要原因。嫩江流域总降水减少的同时，地表径流有增加的阶段，主要是受土地覆被各类型面积变化的影响。径流变化是各种土地覆被之间变化耦合作用的结果，其中沼泽和林地对径流影响占比重较大。

3. 人类活动影响

人类活动深刻而广泛地影响着径流，人类活动对径流的影响可分为直接影响和间接影响两个方面。直接影响是指人类活动使径流环节发生直接改变，如兴建水库、跨流域调水、引水灌溉、城市供水及排水等，均使径流的量和质发生变化。间接影响是指人类活动通过改变下垫面条件、局地气候，以间接方式影响径流，如硬化地表、改变土地利用性质等。

2.2.6 流域水量平衡

水量平衡是水循环的数量表示。在给定任意尺度的时域空间中，水的运动（包括相变）有连续性，在数量上保持收支平衡。平衡的基本原理是质量守恒定律，对于任意地区在给定时段内输入的水量与输出的水量之差，必等于区域内蓄水量的变化，即水在循环过程中，从总体上看收支平衡，这就是水量平衡原理。在地表任意划定一区域，沿此区域边界取一个其底部无水量交换的柱体（图2-3）。设定在一定时段T内，进入这个柱体内的水量包括：降水量P、凝结量E_1、地表径流流入量Rs1、地下径流流入量Rg1；流出这个柱体的水量包括：区域蒸发量E_2、地表径流流出量Rs2、地下径流流入量Rg2。研究时段的初始期和终末期，柱体的蓄水量分别为S_1、S_2。则根据水量平衡原理，该柱体在T时段内的水量平衡方程如下：

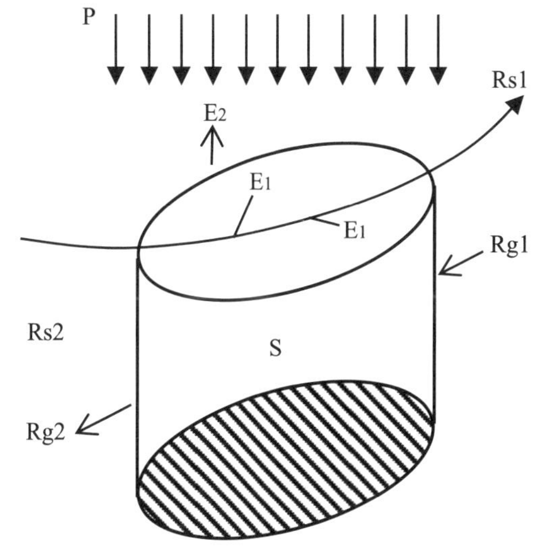

图2-3　某一区域水量平衡示意图

$$(P + E_1 + Rs1 + Rg1) - (E_2 + Rs2 + Rg2) = S_2 - S_2$$

注：式中各项均为按水深计。

流域水量平衡是一个流域在任一时段内，其收入的水量等于支出的水量、时段始末蓄水变量和流域内外交换水量的代数和。

流域有闭合流域和非闭合流域之分，对于非闭合流域，由其他流域进入研究流域的地下径流不等于零，根据通用的水量平衡方程，非闭合流域的水量平衡方程为：

$$P + R_{地下} = E + r_{表} + r_{地下} + q + \Delta W$$

令 $r_{表}+r_{地下}=R$ 称为径流量，如果不考虑工农业及生活用水，即 $q = 0$，则上式可改写成：

$$P + R_{地下} = E + R + \Delta W$$

对于闭合流域，由其他流域进入研究流域的地表径流和地下径流都等于零。

2.3 河流水情

2.3.1 水情要素

河流通过其流水活动影响和改变地理环境。为了认识河流特征及其地理意义，必须了解有关河流水情的基本概念。水情要素是用来表达河流水文情势变化的主要因子，包括水位、流速、流量、泥沙、水化学、水温等。通过这些因素反映河流在地理环境中的作用，及其与自然地理环境各组成要素之间的相互关系。因此，掌握水情要素资料，是研究河流水文的重要基础。

2.3.1.1 水位

水位是反映水体水情最直观的因素，其变化主要是由于水体水量的增减变化引起。水位是指水体自由水面高出某一基面以上的高程。高程起算的固定零点称基面。基面有两种：绝对基面和测站基面。绝对基面是以某河河口平均海平面为零点水准基面，如长江流域的吴淞基面等。为使不同河流的水位可对比，全国统一采用黄海基面。测站基面是用特定点高程作为参证计算水位的零点，通常是测站最枯水位以下 0.5 ~ 1.0 m 作起算零点基面，便于测站日常记录。流域内径流补给影响流量、水位变化，影响水位变化的主要因素是水量增减，此外还受河道冲淤、风、潮汐、冰凌和人类活动等影响。

水位过程线：是某处水位随时间变化的曲线，用纵坐标表示不同时间的水位高度，横坐标表示时间。根据需要可绘制不同时段（如年、月、日）的水位过程线。水位过程线反映了断面以上流域内自然地理因素对该流域水文过程的综合影响，特别是气候因素对水文过程的影响。若把同一测站的各年水位过程线绘在同一张图上，可对该站各年水位进行比较。若把沿河各站同一年的水位过程线绘在同一张图上，则可对上下游各站水位进行比较，并可看出洪水波沿河传播的情形。

用纵轴表示上游站水位，横轴表示下游站水位，即可绘出两个测站的相应水位曲线。河流各站的水位过程线上，上下游站在同一次涨落水期间位相相同的水位，叫相应水位（图 2-4）。平均水位是单位时间内水位的平均值。中水位是一年中观测水位值的中值。平均高水位和平均低水位是各年际间最高水位与最低水位各自的平均值。

2.3.1.2 流速

流速（flow velocity；current velocity）指水质点在单位时间内所经过的距离，单位用 m/s 表示。流速决定于纵比降方向上水体重力的分力与河岸和河底对水流的摩擦力之比。流速计算公式如下：

$$v = L/t$$

式中，v 为流速（m/s），L 为距离（m），t 为时间（s）。

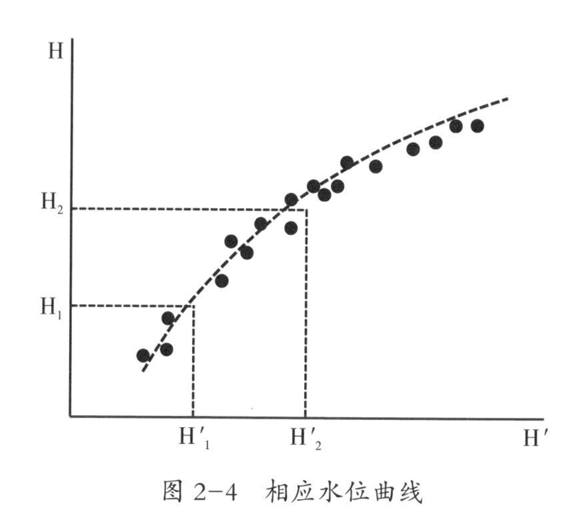

图 2−4 相应水位曲线

在二维均匀流中，水流由于受到来自底部紊动涡体的作用，时均流速沿水深的分布是不均匀的，水面附近流速较大，河底附近流速较小。正常情况下，最大流速分布在水面以下 0.1 ~ 0.3 m 水深处，平均流速一般相当于 0.6 m 水深处的流速。如果河面封冻，则最大流速下移。河流横断面上流速分布一般都是由河底向水面、由两岸向河心逐渐增大，河面封冻则较大的流速常出现在断面中部。

天然河道中的平均流速除了通过实测获得外，还可运用等流速公式，即薛齐公式计算水流某一时段的平均流速。

2.3.1.3 流量

流量指单位时间内通过某一过水断面的水量，通常用 Q 表示，单位是 m^3/s。计算公式如下：

$$Q = Av$$

式中，A 为断面积（m^2），v 为平均流速（m / s）。

流量随时间的变化也可通过绘制流量过程线和历时曲线来分析。此外，由于断面上水位的变化，从本质上看是由于流量变化所致，水位变化实为流量变化的外部反映。因此水位与流量有着密切的关系。

影响河流流量的因素很多，包括雨水、冰雪融水、地下水、湖泊（水库）、植被覆盖和人类活动。

2.3.1.4 水温与冰情

水温是河流生态系统中重要的水文要素，水温影响水体的其他物理特性，如溶解氧和悬浮物浓度。河流补给特征受水温影响，此外河水温度也随时间和流程远近而发生变化。国外对河流水温的研究有较长历史，早期对河流水温的研究主要集中在生境的利用方面（Gibson，1996），研究了高温水对大麻哈鱼的影响和河流热量机制影响因子（Ward，1963）。一系列研究表明，水温对水生生物乃至水生生态系统发展有着极其关键的影响，由于不同的水生生物对水温的耐受性范围不同，河流水温的过高或过低将会造成水生生物群落结构单一、生物多样性降低等影响。我国对河流水温的研究起步较晚，主要集中在水库下泄低温水对河流水生生态系统造成的影响及水温恢复距离预测（蔡为武，2001）、梯级水电水温累积效应等方面（刘兰芬等，2007；邓云等，2008）。

河流冰情（river ice regime）是指河水因热量变化所产生的结冰、封冻和解冻现象。当河水温度降至 0 °C 并略呈过冷却时，河水表面与水内迅即出现冰象，河中开始出现冰晶，岸边形成岸冰。冰晶扩大，浮在水面形成冰块。随着冰块增多和体积增大，河流狭窄处和浅水处发生阻塞，最后导致整个河面封冻。春季当太阳辐射增强，气温高于 0 °C 时，河冰迅速融化，经过淌凌，至全河解冻，冰情终止。影响河流冰情的因素包括纬度与海拔高度、气温和水温、径流补给来源、河流形态与流速等方面，这些因素都直接影响河流冰情生消，以及一些特殊冰情的发生。

2.3.2 洪水与枯水

2.3.2.1 洪水

1. 洪水概念

洪水（flood）是由暴雨、急骤融冰化雪等自然因素引起的江河水量迅速增加或水位迅猛上涨的水流现象，也就是短时间内由大量降水或积雪融水汇入河槽，所形成的特大径流。洪水一词，在中国出自先秦《尚书・尧典》，从那时起，四千多年中有过很多次水灾记载。欧洲最早的洪水记载也远在公元前 1450 年。西亚的底格里斯—幼发拉底河以及非洲的尼罗河关于洪水的记载，则可追溯到公元前 40 世纪。

当暴雨形成洪水时，河流水量猛增，超过河网正常宣泄能力，就会导致洪水灾害。当流域内发生暴雨或融雪产生径流时，都依其远近先后汇集于河道的出口断面处。当近处的径流到达时，河水流量开始增加，水位相应上涨，这时称洪水起涨。及至大部分高强度的地表径流汇集到出口断面时，河水流量增至最大值称为洪峰流量，其相应的最高水位，就是洪峰水位。到暴雨停止后的一定时间，流域地表径流及存蓄在地面、表土及河网中的水量均已流出出口断面时，河水流量及水位回落至原来状态。洪水从起涨至峰顶到回落的整个过程的连接曲线，称为洪水过程线，其流出的总水量称洪水总量。在河流水情中通常用洪峰流量 Qm、洪水总量 W、洪水总历时 T 等三个要素来表征洪水特征。

2. 洪水类型与变化

根据洪水形成的直接成因，可将河流洪水分为暴雨洪水、融雪洪水、冰凌洪水、冰川洪水、溃坝洪水与土体坍滑洪水等。其特点主要表现在具有明显的洪水产流与汇流过程、洪水传播、洪水调蓄与洪水遭遇问题、洪水挟带泥沙以及洪水周期性与随机性等问题。河流洪水中的暴雨洪水和融雪洪水等，与天气形势和气候变化密切相关，并具有明显的季节性。我国的洪水具有明显的周期性，暴雨洪水通常发生在夏、秋两季，通常把这段洪水期称为伏汛（夏汛）和秋汛；融雪洪水常发生在春季，一般称为春汛或桃汛。

由于有很多因素影响洪水，而各种因素的组合又千差万别，因此在同一流域，年内、年际间所发生的洪水大小差异很大。洪水级别包括：一般洪水，重现期小于 10 年；较大洪水，重现期 10 ~ 20 年；大洪水，重现期 20 ~ 50 年；特大洪水，重现期超过 50 年。有的年份可能发生特大洪水，而另一些年份则发生一般洪水。从长期系列资料分析，这种年际间的洪水有一定的统计规律，即特大洪水出现的概率小一些，而普通洪水出现的概率大。所谓百年一遇或千年一遇洪水，并不是在百年或一千年中肯定就能出现一次，而是根据统计或实测资料，说明在无限长的时期中出现概率大或小的平均概念。

3. 影响洪水的因素

影响洪水的因素包括自然因素和人为因素。自然因素主要是天气和下垫面。

（1）天气因素 大气中的气流垂直上升运动导致冷却，水汽经冷却产生凝结，形成降雨。通常，降雨强度及其特性取决于空气上升运动的强弱和持续性，以及水汽输送的情况。如果上升运动水汽充沛，维持时间长、量级大，就会形成暴雨，并进而产生洪水。

（2）流域下垫面 是影响洪水的另一个重要因素，包括地形起伏、流域面积大小及形状、土壤及植被覆盖等。地形起伏影响气流运动，湿热气团在运动过程中如遇到起伏的山岭，就沿山坡爬升，产生地形雨，大气中的潜能遇到这种地形，集中于此把能量释放出来，就会形成暴雨。流域面积大小及其形状对洪水过程有显著影响，暴雨可能笼罩小流域，对大流域则可能是局部地区有暴雨。土壤渗透性较差的流域，降雨损失量小，大部分降水形成洪水。若流域的渗透性强，则渗入地下的水量增多，减小了洪水的水量。易于冲刷的土壤，暴雨将大量泥沙带入河网，淤积河槽，减少河槽输送水流的能力，则易引起洪水泛滥。

人类的不合理开发行为会加大洪水灾害程度。流域上游过度砍伐森林，掠夺性开发，减少森林植被对雨洪的拦蓄作用；对流域中游通江湖泊的围垦，以及不合理开发导致的河湖淤积，都可能加大洪水灾害程度。

4. 洪水的生态学意义

大洪水和特大洪水会对沿河生命财产造成损失。但洪水是自然界正常的自然事件，并具有重要的生态学意义。洪水是河流地貌的塑造因子，河流地貌是河流生态系统的重要形成基础；一定程度的洪水过程，可以塑造生态系统的多样性，如洪水过程可淹没湖泊周围过渡带，丰富下垫面类型，为洄游鱼类提供产卵和洄游信号等。洪水过程可淹没湿地周围过渡带，带来营养物质和能量，增加湿地面积和类型的多样性，实现水陆间物质、能量、物种的交换，同时也有利于湿地中一些水生生物生存和鱼类繁殖。

从水生态系统的长期演变过程来看，河流生态系统已经适应了洪水事件以及洪—枯节律变化。水生态系统及周围生存的一些物种，需要有周期性的洪—枯变化为其提供生存环境或食物、栖息地等。河流湿地生态系统需要一定程度的洪—枯变化，驱动湿地生态过程，并维持湿地生态系统的健康和稳定。因此，河流生态管理应以整个系统为目标，发挥洪水和干旱过程的积极生态作用。

2.3.2.2 枯水

1. 枯水概念

枯水是指无雨或少雨时期，江河流量减少，水位下降的现象。此时，河川的水主要靠流域蓄水，尤其是靠地下水补给。在一些中、小河流，集水面积小，河槽下切较浅，得不到充沛的地下水补给，枯水流量较小；久旱无雨时，则会出现河流干涸现象。枯水一般发生在地面径流结束，河网中容蓄的水量全部消退以后。当月平均水量占全年水量的比例小于5%时，则进入枯水期。枯水期在我国南方和北方有差别。主要靠雨水补给的南方河流，当冬季降雨量较少时，均要经历枯水阶段。而以雨雪混合补给的北方河流，除少雨的冬季为枯水期外，每年春末夏初、积雪融水由河网泄出后，在夏季雨季来临前，还会再经历一次枯水期。枯水径流经历时间取决于河流流域的气候条件和补给方式。

2. 枯水流量

枯水流量也称最小流量，是河川径流的一种特殊形态。河流枯水流量是指任一枯水时段或季节内的河川径流，是水资源的重要组成部分。流域枯水流量的大小，主要依赖于流域蓄水量的补给；同时随着流域蓄水量的减少，枯水流量也不断衰减。特别是对干旱缺水地区的自流引水灌区或无调蓄能力的供水工程，河流枯水径流的数量、质量及其概率统计规律等基本特征，都是工程规划设计、水资源保护及科学分配的重要依据。

河流枯水期的流量通常用不同统计时段内的最小平均流量表示，如年最小日平均流量、月最小日平均流量、连续3个月最小日平均流量、整个枯水期平均流量等。当有20~30年的实测流量资料时，就可绘制某一时段枯水流量的频率曲线。在频率曲线上可查出某一频率（重现期）的枯水流量。干旱地区的较小河流，多年内有时会发生干涸现象。相应地在枯水流量系列中可出现数值为零的项。这时可用目估配线法绘制频率曲线。当短缺实测流量资料时可通过实地调查采用水文比拟法插补缺测资料。

历史枯水流量可以用水力学公式计算。在枯水调查河段下游若有天然或人工控制断面，如石梁、急滩、卡口、堰闸等，可采用临界流公式或相应的堰闸等水力学公式计算历史枯水流量。有关参数应结合具体情况进行分析后确定。在枯水调查河段比较顺直，且断面变化不大时，可按稳定均匀流公式计算历史枯水流量（m^3/s），计算公式如下：

$$Q = 1 / n \times AR^{2/3} \times I^{1/2}$$

式中，n为糙率，R为水力半径（m），A为断面面积（m^2），I为水面比降。

3. 影响枯水径流的因素

流域蓄水量的消退过程就是河流的枯水径流过程，因此影响枯水径流的因素与影响流域蓄水量的因素紧密相关。影响枯水的因素包括下垫面、气象、河流大小与发育程度，以及人为因素。

（1）下垫面因素　包括流域水文地质条件、河槽下切深度、流域面积大小、河网密度、湖泊率、沼泽率和植被覆盖度等。流域水文地质条件，如岩土特性、岩层构造、裂隙及岩溶等，决定流域地下水储存的数量和形式；岩层透水性好，汛期雨水和冰雪融水容易渗入地下，形成地下水。岩溶地区常有持久而稳定的地下水补给，枯水流量较大，变化较小。河槽下切越深，切割的含水层越多，获得的地下水补给越多，枯水流量就越大。如果河槽没有切割到含水层，得不到深层地下水的补给，枯水期就会发生断流现象。一般来说，流域面积大，枯水流量也大。流域中的湖泊是流域的天然调节水库，能储蓄部分汛期洪水，在枯水期补给河流。植被对枯水流量的影响有两方面：一方面植被能阻滞地表径流，有利于雨水下渗，增加地下水储量；另一方面，植被的蒸发会消耗地下水，使地下水储量减少。流域内湖泊率、植被覆盖度大的河流，枯水径流也较大，且由于湖泊及植被的补水效应，径流变幅小而稳定。流域土壤性质影响枯水径流，如多孔隙沙质的土壤、多裂隙和断层的岩层，能使枯水前期降水大量入渗并得到储存，这些都直接影响枯水径流的大小与过程。

（2）气象因素　包括前期降水量和总蒸发量、枯水期降水量和蒸散发量等。

（3）河流大小及发育程度　大河流域面积大，地表、地下蓄水量大；大河水量越丰富，水流能量越大，河床下切深度也就越大，河流切割的含水层越多，得到层间水的层次和水量也越多，因而能够获得较大范围内的地下水补给，故大河枯水径流比小河丰沛而稳定。一些小河河床下切深度小，下切不到含水层，只有包气带的水作为枯水径流的补给，因而枯水径流小且变幅大，甚至完全得不到补给时就会出现断流而干涸。河网发育程度较好，即充分发育的河流得到地下水补给的机会多，因此枯水径流也较丰沛。

（4）人为因素　随着人口增加及社会经济的发展，人类活动对枯水有着不同程度的影响，这些影响包括：工农业生产和生活活动提取表层地下水，改变了流域产汇流条件，在枯水季节，这种活动所引起的河道水量减小会影响河流对地下水的补给，从而导致地下水位下降。在山区，水库、闸坝等水利工程建设，改变了河流枯水的天然特性。虽然水库、闸坝能调节上下游的水量，但它会使下游河道变成季节性流水或断流，不过有时也会增加下游的枯水流量。

2.4 河水运动

河水运动是指河水受重力、阻力和惯性力作用而引起的运动。河水运动是河道中重要的水文现象，是河流水文学和水力学研究的重要内容。重力是决定河水纵向运动的基本动力，在重力作用下河水沿河槽不断向下游流动。河水在运动过程中，同时还受到地转偏向力、惯性离心力和机械摩擦力等的影响，在这些力的综合作用下，河水除了沿河槽作纵向运动以外，还会产生各种形式的环流运动。运动着的河水具有能量，在自然状态下，这种能量多被消耗于冲刷河槽、挟运泥沙和克服各种摩阻力等方面。

2.4.1 河水的运动状态

2.4.1.1 层流与紊流

水流的运动状态可按水流内在结构的差异进行划分，分为层流和紊流两种类型。当全部水流呈平行线状运动，即水质点运动的轨迹线（流线）平行，水流质点彼此不掺混，在水流中运动方向一致，流速均匀，这种流态就是层流（laminar flow）。当水流中每个水质点运动速度与方向均随时随地发生变化，水流质点在运动过程中轨迹曲折混乱，互相掺混，但水流总体还是沿河槽前进，这种流态就是紊流（turbulent flow），又称湍流。

天然河道的水流一般均呈紊流状态。紊流是流体的一种流动状态，最基本的特征是：无序性，运动无序，流体质点相互掺混，即使在流量不变的情况下，流量中任一点的流速和压力也随时间呈不规则脉动。耗能性，除了黏性耗能外，更主要的是由于紊动产生附加切应力引起的耗能。扩散性，除分子扩散外，还有质点紊动引起的传质、传热和传递动量等扩散性能，紊流的这种扩散作用，也称紊动扩散作用，它能够在水层之间传送动量、热量和质量。

2.4.1.2 脉动强度

脉动流速有大有小，有正有负，为了比较不同点水流脉动的强弱，常用脉动流速的均方根来表示，称为脉动强度。紊流中通常满布紊动漩涡，紊动漩涡与脉动流速紧密相关。脉动流速大处，紊动漩涡尺度也大；相反，漩涡尺度也小。大尺度漩涡从时均水流中取得了紊动能量，然后向次一级漩涡发送能量，最低级的小漩涡获取能量后，通过黏性作用，又把这些能量转化为热能而消耗掉，因此紊动漩涡起了传递能量的作用。大尺度漩涡挟带泥沙离开河底进入高流速（主流）区，是泥沙悬浮的主要动力。

2.4.2 河水的运动形态

2.4.2.1 河水的纵向运动

降水后，流域地表径流不断汇入河槽，沿河流纵向方向上，河流水位、流量及流速随时都在发生变化。原来稳定的河水水面受干扰而形成纵向波动，即洪水波。因而，降雨时河水沿程的纵向运动过程，除了原来的稳定水流以外，还有河槽中洪水波的运动过程。

1. 洪水波概念

当流域内降暴雨，地面径流大量迅速地汇集到河槽中，使某些河段内水位、流量迅速增加，形成波动，向下游传播，称为洪水波运动。稳定水面上涌入的水量，就是洪水波流量，也称波流量，它是由于降雨径流突然注入或闸坝放水等外因而在河道原来的稳定流量 Q 之上增加的附加流量 AQ（图 2-5）。波流量在重力、摩阻力、压力自作用下沿河道传播，产生了河道洪水波运动。可见，波流量的存在是河道洪水波运动的基本物理表征。在洪水波通过的河段中，对某一断面连续进行水位、流量测定，可绘制出洪水波通过该断面的水位过程线和流量过程线。

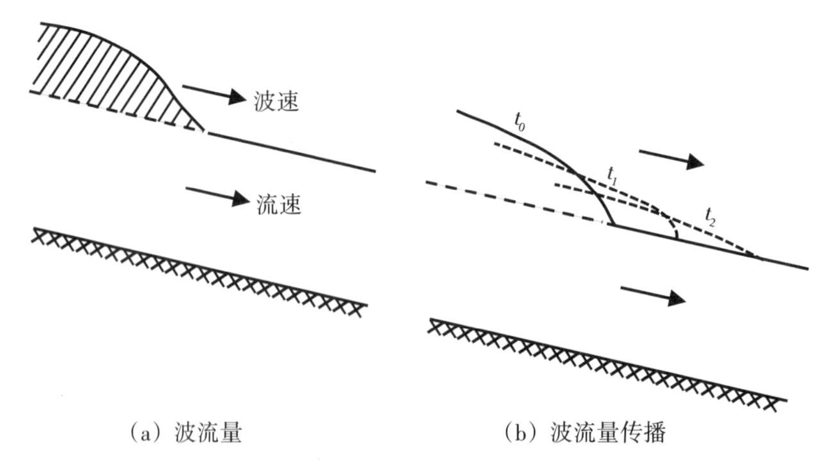

图 2-5 洪水波的形成与传播（引自芮孝芳等，2003）

2. 洪水波的推移与变形

在天然河道的纵断面上，洪水波在河槽中的传播因河槽断面特性的变化及沿途水文情势的变化会产生一定程度变形，与其他波浪不同，洪水波的水质点是向前运动的。河道上、下两个断面在一次洪水过程中水位过程线或流量过程线之间的差异，反映了洪水波在该河段中的运动规律。假设河段为宽浅矩形河段，区间无水量加入，则洪水波在向下游运动过程中将发生坦化变形和扭曲变形。洪水波的坦化也称为展开变形，洪水波在运动过程中，由于附加比降的存在，波前比降大于波后比降，因而波前运动速度大于波后，所以波长不断增加，波高不断降低，这一现象称作洪水波的坦化（展开）变形。洪水波的坦化表现在同一次洪水上、下游断面洪水过程线的差别上，就是下断面的洪峰低于上断面，而洪水历时却大于上断面，即洪水过程线变得平缓。对于宽浅矩形河道，由于洪水波各位相的水深不同，波峰处最深，运动速度也最快，因此波峰位置不断前移，波前逐渐变短而比降变陡，波后逐渐拉长而比降变缓，这一现象称作洪水波的扭曲变形。洪水波的扭曲表现在上、下游断面的洪水过程线上，就是下游断面的涨洪历时小于上游断面，而退水历时却大于上游断面，涨水段变得更加陡峻。扭曲变形的最终结果是波峰破碎，最终导致洪水波的消失。虽然洪水波的推移和变形表现形态不同，但在洪水波运动中是同时发生的，导致洪峰向下游推移中的衰减。在天然河道中，由于深槽与浅滩相间，断面宽窄不一，而且有时还有区间来水，所以洪水波运动的推移、变形现象就更复杂。

2.4.2.2 河水的环流运动

河道水流的内部结构除具有水质点脉动的紊流结构外，还具有局部水流环绕着一定的旋转轴作往复运动的环流结构。河水内部的不同水质点或水团，在重力、惯性离心力及地转偏向力等综合作用下，呈螺旋状下移，或是漩涡状运动，这种现象统称为水内环流。螺旋流常常与沿程纵向水流相结合，漩涡流则基本上脱离纵向水流，而相对封闭地作回旋运动，两者运动特征虽有差异，但均属与河道纵向水流相伴的次生流。因此，一些学者把纵向水流作为河道的主流，将其他各类环流统称副流。环流对于泥沙运动和河床演变有着重要的影响，它是引起泥沙横向输移的主要动力，是河槽形态多样化的主要成因。

1. 环流类型

通常把环流划分为4类：纵轴环流、横轴环流、斜轴环流及竖轴环流。

（1）纵轴环流　环流旋转轴呈水平状，与纵向主流方向平行。该类型环流常与纵向水流结合在一起，成为螺旋流。通常按照形成环流动力因素的不同，将其分为两种：弯道螺旋流与复合螺旋流。弯道螺旋流是蜿蜒河段水流结构的主要形式，是由弯道惯性离心力作用形成。水流进入河流弯道后，在纵向方向上向下移动的同时，弯道惯性离心力的作用促使水流压向凹岸，凹岸水面高于凸岸，从而形成横比降，导致表流流向凹岸，底流流向凸岸，这样使得凹岸水位抬高形成下降流，凸岸变为上升流，由此在河流横断面上的投影呈现一封闭环流。弯道螺旋流对泥沙运动及河槽变形的影响在各种环流中最大。复合螺旋流多是涨水或落水时，流量突然变化而形成，复合螺旋流多发生在较大河流的顺直河段，由两个或两个以上旋转方向不同的纵轴环流组成，但各环流交界面上流向相同。

（2）横轴环流　多为相对封闭的回旋流，旋转轴呈水平状，与纵向主流垂直。在回旋运动过程中，回旋水体通过交界面与纵向水流不断进行水体交换。横轴环流的成因较多，如桥墩前的横轴环流是因前行水流受阻，动量突变而形成；挡水建筑物下游的横轴环流是因水流离解作用而形成。

（3）斜轴环流　多为水流离解作用的产物，旋转轴呈水平状，与纵向主流斜交。水流越过与主流斜交的岸边沙嘴后，通常在沙嘴下游形成斜轴环流。

（4）竖轴环流　是相对封闭的回旋流，旋转轴呈铅直方向与主流及河底相垂直，主要由水流离解作用产生。在突然展宽的河段两侧岸边，通常形成竖轴环流。

2. 环流结构对泥沙运动的影响

天然河道的河槽平面形态多种多样、特征各异，因此，河道中环流结构的复杂程度、稳定程度和强烈程度也因河而异。环流结构对泥沙运动及河槽演变的影响具有以下特点：

（1）具水平轴（包括纵轴、横轴及斜轴）的环流，除了因离解作用而形成外，底层水流方向往往与水面倾斜方向一致，表层水流方向则与水面倾斜方向相反。在含沙较少的表层水流插入底部之处，常发生冲刷。含沙较多的底层水流上升的地方，常发生淤积。在河流弯道中凹岸冲刷、凸岸淤积，通常与环流的这一特性有关。

（2）纵轴环流在临近河底处，螺旋流的旋度较大，横向流速大，纵向流速较小。在水面横向流速虽大，纵向流速则更大，因此螺旋流旋度小。由于在河底附近螺旋流旋度较大，所以对泥沙的横向转移发挥着重要作用。

（3）在螺旋流中，泥沙既沿着与旋转轴垂直的方向运动，也沿着与旋转轴平行的方向运动。因此，当螺旋流旋转轴斜交于纵向主流时，在泥沙沿着旋转轴方向运动的过程中，会使得泥沙进行横向转移，由此具有横向输沙作用。

（4）相对封闭的竖轴环流或横轴环流，既能导致冲刷，也可造成淤积。河床组成物质细、水流挟沙能力强的河段，如果环流强度大而纵向水流挟沙少，则河槽受到冲刷；相反，则导致淤积。通常在挡水建筑物下游，因消能或泄水而形成横轴环流，由于强度较大，该处水流含沙量少，导致河床冲刷。在凹岸，由于撇弯形成竖轴环流，强度较小，纵向水流挟沙较多，而造成淤积。

2.4.2.3 河流泥沙运动

河流泥沙是指组成河床和随水流运动的矿物、岩石固体颗粒，其对河流水情及河流变迁有着重要影响。河流泥沙是流域地表流水侵蚀作用的产物。河流中泥沙在水流作用下产生各种运动。泥沙按其在水流中的运动状态，分为推移质和悬移质。推移质是指受拖曳力作用沿河床滚动、滑动或跳跃前进的泥沙；悬移质指受重力作用和水流紊动作用悬浮于水中随水流前进的泥沙。在一定水流条件下，这两种泥沙可以互相转化。

河流泥沙的运动不仅与水力条件、水流结构有关，而且也与泥沙特性有关。泥沙特性包括颗粒大小、形状、容重及泥沙水力特性。泥沙颗粒在静水中下沉时，由于重力作用，开始具有一定的加速度，随着下沉速度增加，下沉阻力逐渐增大，当下沉速度达某一极限值时，阻力与重力相等，则泥沙以均匀速度下沉，这时泥沙的运动速度，称为泥沙沉降速度。

泥沙沉降速度是反映泥沙水力特性的重要指标。组成河床的泥沙，沉降速度越大，抗冲性越强，沉淀于河床的可能性就越大。根据在水中的运动状态，通常将泥沙分为推移质（亦称底沙）和悬移质（亦称悬沙）两类。推移质粒径粗，其沉降速度比垂向脉动流速要大得多，不能悬浮在水中，只能在离床面不远的范围内，在纵向水流的推动下，沿着河底跃移、滚动或滑动。推移质在运动过程中常与组成河床的泥沙（称床沙）发生交换。悬移质粒径小，其沉降速度比水流的垂向脉动流速小，在紊动扩散作用下，可悬浮在水流中。悬移质在运动过程中，其较粒径粗的部分也常与推移质发生交换。

1. 推移质运动

（1）单颗泥沙的推移运动

1）泥沙的起动条件：河流中颗粒大的泥沙或砾石在起动时，常常是单粒滑动或滚动；而颗粒较细的泥沙在起动时，则成片滚动或跃动。作用于河底泥沙颗粒的力，包括促成起动之力和抗拒起动之力。促使泥沙起动之力有纵向水流的正面推力 Px，泥沙上、下部不对称的挠流作用所产生的上举力 Pz，以及紊动水流的脉动压力。抗拒起动的力主要有泥沙在水中的有效重力 G，泥沙颗粒滑动时与河床的摩擦力（与摩擦系数 f 有关），泥沙颗粒间的黏结力。

假设河床表面泥沙颗粒的形状为一个具有 d 边的立方体。正面推力 Px 与泥沙压力面 d 及流速水头 $\frac{v^2}{2g}$ 成正比，即：

$$Px = rk\frac{d^2v^2}{2g}$$

式中，r 为单位体积水重，v 为作用于泥沙颗粒面上的流速，g 为重力加速度，k 为泥沙颗粒形状系数。

抗拒泥沙起动的力 W 与泥沙在水中的有效重力 G 和摩擦系数 f 成正比，即：

$$W = Gf = d^3\ (r_s-r)\ f$$

式中，r_s 为泥沙的比重。

于是，泥沙在将动而又未动的临界状态下，其力的平衡方程为：

$$P = W$$

因比降数值小，式中没有考虑河床比降，忽略不计。即：

$$rkd^2\frac{v^2}{2g} = d^3\ (r_s-r)\ f$$

整理上式得：

$$d = \frac{rk}{2fg(r_s - r)} v^2$$

令：

$$A = \frac{rk}{2fg(r_s - r)}$$

则：

$$d = Av^2$$

上式表明在河床上移动的推移质的直径与水流速度的平方成正比，由于推移质重量与直径三次方成正比，如上式两侧立方并乘以 r_s 得：

$$d^3 r_s = r_s(Av^2)^3 = r_s A^3 v^6$$

令：

$$A' = r_s A^3$$

则：

$$d^3 r_s = A' v^6$$

上式说明推移质重量与水流速度的六次方成正比。这就是著名的艾里定律，阐明了泥沙冲刷及运动的诸多现象。如果平原河流与山区河流流速之比为 1∶4，则被推移的泥沙颗粒重量比将是 1∶46，即 1∶4096。由此例就可知平原河流只能推移细粒泥沙、山区河流可推移巨砾的原因。

2）起动流速：起动流速是泥沙从静止到运动的临界值。泥沙原来在河床上是静止不动的，如果接近河底的水流速度增加到一定数值时，作用于泥沙颗粒的力开始失去平衡，泥沙便开始起动，这时的临界流速称为起动流速（Vc）。使床面泥沙颗粒从静止状态转入运动的临界水流平均速度就是起动流速。对于非黏性泥沙颗粒，作用在床面泥沙颗粒上的力主要是水流拖曳力、上举力和泥沙颗粒的有效重力。当水流拖曳力、上举力（或者对某支承点的力矩）与泥沙颗粒的有效重力（或其对相应点的力矩）达到平衡时，泥沙颗粒正好处于从静止转入运动的临界状态。泥沙的起动标志着河床冲刷的开始，即起动流速是河床不受冲刷的最大流速，又称允许流速。起动流速与泥沙粒径、颗粒沉速、水深等有着密切的关系。最小的起动流速发生在粒径 d = 0.2 mm 处（水深越大粒径略有增大），大于此粒径时，重力作用占主导地位，故粒径越大，起动流速越大；小于此粒径，黏结力占主导地位。因此，粒径越小，起动流速越大。

3）止动流速：泥沙止动流速是指当流速减小到某值时，运动着的泥沙停止在河床上不动时的临界流速。止动流速一般比起动流速低。泥沙颗粒越细，起动流速与止动流速的差值越大。

4）扬动流速：当流速超过起动流速时，河床泥沙开始滑动，流速增大，泥沙间歇性跃动；流速再增大，跃动的高度和距离随之增大。当流速增大到一定程度后，泥沙不再回到河床上，而悬浮在水中，随水流一起下移，此时的水流速度称为扬动流速，它是泥沙从推移到悬移运动的一个参数。水流脉动强度和泥沙沉降速度是泥沙悬浮后泥沙运动的主要力学因素。通常扬动流速应大于起动流速。但对细颗粒来说，并非完全如此；当粒径<0.08 mm时，扬动流速小于起动流速，是因为细粒泥沙黏着在河床上，起动时所需流速较大；起动后，因沉降速度小，河床最小的脉动强度也可将其托浮起来，因此一经起动，马上进入悬浮状态。

（2）群体泥沙的推移运动　当推移质运动在冲积河流达到一定规模时，河床表面便形成外形与风成沙丘类似的起伏的水下沙波，这就是沙波运动。沙波运动是推移质群体运动的一种主要形式，也是构成河床地形的基本单位。沙波运动包括沙波对床沙的分选作用和沙波内间歇性运动的单颗泥沙运动。沙波表面的水流速度分布不均匀，迎水坡面流速逐渐增大，到波峰达到最高值；水流越过波峰后，发生离解，在背水坡面引起横轴环流性质的漩涡流，使谷底流速为负值。这样迎水坡为水流加速区，泥沙被推移的数量不断增加，坡面不断受到冲刷；冲刷下来的泥沙越过波峰后，粗粒泥沙跌入谷底，细粒泥沙随轴环流掀起，落到下一沙波迎水坡基部。由此，沙波迎水坡不断被冲刷，背水坡不断淤积，整个沙波维持固定外形，缓慢向下游移动。

2. 悬移质运动

悬移质运动是泥沙运动的主要形式之一。紊动作用导致泥沙悬浮，而重力作用则导致泥沙不能悬移。泥沙在悬浮过程中所遵循的运动规律，实质上是这两种作用矛盾统一的结果。冲积平原河流所挟带的泥沙中，悬移质占绝大多数；有些山区河流，悬移质也可占很大比重。天然河道中的悬移质，一部分处于下沉状态，另一部分则处于上浮状态。某一瞬间上浮部分占优势，而在另一瞬间下沉部分占优势。

（1）悬移质分布与变化　含沙量沿河流纵向变化，主要决定于河段比降、流量及河段产沙等自然条件，悬移质粒径沿河床分布总的趋势是向下游逐渐变小。含沙量随时间的变化主要取决于流量大小和水流侵蚀作用的强烈程度。悬移质含沙量沿垂线的分布自水面向河底增大，泥沙粒径也是近河底较大，向上则变小。这是由于河水的紊动能量由下向上逐渐减小所致。不同粒径的悬沙垂线上分布均匀性有差异，通常颗粒越细，垂线分布越均匀，越粗则越不均匀。同一条河流，洪水期流域来沙常为细沙，故含沙量沿垂线分布较均匀。枯水期，流域来沙少，河中粗粒较多，分布较不均匀。悬移质含沙量横向变化比垂向变化小，近主流和近局部冲刷处的含沙量比岸边大，顺直段、断面形状较规则处含沙量分布较均匀；断面形状不规则的弯道河段，其含沙量分布常不均匀。

（2）水流挟沙能力　水流挟沙能力是指单位水体积的饱和含沙量。当上游来水中实际含沙量超过本河段水流挟沙能力时，河槽淤积；相反则发生冲刷。河槽不冲不淤的稳定状态是输沙处于平衡状态。一般来说，水流挟沙能力要受到流速、水深或水力半径、泥沙粒径或沉降速度的影响。

（3）河流总输沙量　推移质与悬移质输沙量的总和就是河流总输沙量。由于推移质输沙量的实测较难，且推移质输沙量在总输沙量中所占比例很小（尤其是在平原河流），因此常常忽略推移质输沙量。除了山区河槽等特定河段外，在平原河流冲淤计算中，常以悬移质输沙量代替总输沙量。

2.5 洪水脉冲

2.5.1 洪水脉冲概念

1989年，德国Max Planck Institute for Limnology的研究员Junk W.J.在热带亚马孙河长期观察试验的基础上，认为亚马孙河的洪泛涨退，是河流洪泛湿地环境作长时间且可预测的脉动的主要水文因素。因此，他们基于河流周期性涨退时间及泛滥后的横向空间概念，提出不同于河流连续体理论的纵向空间观点，用以解释河流洪泛湿地区能量及营养的动态变化，由此提出了“洪水脉冲”（flood pulse concept，FPC）概念（Junk等，1989）。洪水期间，河流水位上涨，水体侧向漫溢到洪泛滩区，河流水体中的有机物、无机物等营养物质随水体涌入滩区，受淹土壤中的营养物质得到释放；当水位回落，水体回归主河槽，滩区水体携带陆生生物及营养物质进入河流，洪泛滩区被陆生生物重新占领。这一过程就像脉冲式刺激一样。Junk将河流与其周边的洪泛滩区，当做一个串联的“河水—洪泛滩区系统”（river-flooding plains system），用来解释在热带和亚热带地区，洪泛滩区不只是提供洪水水位、水深与水量变化的稳定，对于水域生态系统也有多方面的生态效应。Junk认为“洪水脉冲是河流—洪泛滩区系统的生物生存、生产力和交互作用的主要驱动力”。洪水脉冲概念更关注洪水期水流向洪泛滩区侧向漫溢所产生的营养流、物种流、能量流等生态过程，同时还关注水文情势特别是水位涨落过程对于生物过程的影响（董哲仁、张晶，2009）。洪水脉冲概念与传统的水利工程观点不同。传统的工程是将洪水视作自然灾害，主张用工程的方法减少其灾害，是水利工程师要整治的目标。但是“洪水脉冲”概念却提出，只要保留洪泛滩区，洪水对于河流生态系统，将产生洪水脉冲的效益，这也成为维护足够面积的洪泛滩区、恢复河流生态系统的主要论点。

2.5.2 洪水脉冲过程分析

河流生态学在研究洪水对生态过程的影响方面，更多关注洪峰水位、水位时间过程线、洪水频率、洪水历时以及洪水发生时间。洪泛滩区是河流洪水进行侧向漫溢，并引发周期性泛滥的地带，是河流水域与陆地的交界区域，包括河漫滩湖泊、水塘、洼地、沼泽湿地等，是典型的生态交错带。洪泛滩区的生物群落既具有河漫滩自身特征，又兼具相邻河流的水生生物群落特征。洪水脉冲概念强调洪泛滩区与河流构成一个统一的整体河流洪泛区系统。河流洪泛区系统是由各种各样的永久性水体，如主河道、边道、牛轭湖和因河流侧向水流而周期性遭受洪水淹没的洪泛区表面组成。洪水脉冲理论强调天然河流洪泛区系统是一个动态统一体。周期性洪水脉冲塑造了河流与其洪泛区系统之间不同程度和性质的水文连通性，随着水文连通性的不同，水生生物物种数量和种群结构发生改变。对于同一河流洪泛区系统，在高水位连通性情况下，洪泛区水体由静态蓄水体演变成动态水通路。在河流洪泛区系统中，洪水上涨期间河流是水体溶解物和悬移物的传递工具，初级生产过程和次级生产过程都发生在滩区水位回落期间，河流成了水生生物的避难场所和植物繁殖体传播通道。周期性往复影响河流洪泛滩区的洪水，成了一种脉冲式信号和驱动力，使得洪泛滩区与主河道之间发生营养物质交换、物种交换，维持着河流生态系统的完整生态过程。

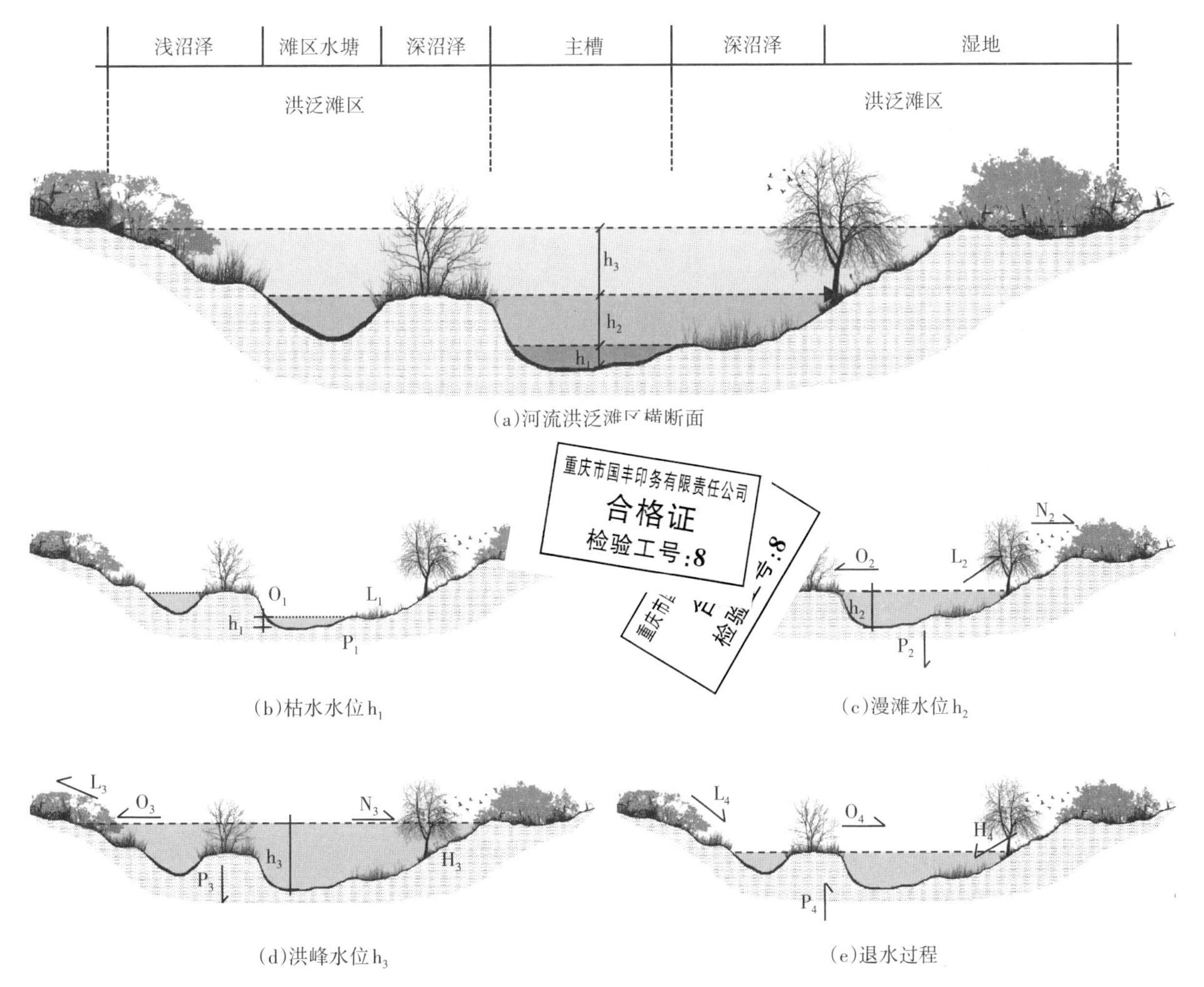

（h_1为枯水水位；h_2为漫滩水位；h_3为洪峰水位；L（L_1-L_4）为陆生生物群落；O（O_1-O_4）为开敞水面区生物群落；P（P_1-P_4）为深水区生物群落；N（N_2-N_3）为河流营养物质；H（H_2-H_4）为淹没陆生生物腐烂物质）

图 2-6 洪水脉冲生态效应示意图（引自董哲仁等，2009）

图 2-6 显示了不同水位时期，河流洪泛区系统中沿岸陆生生物群落、开敞水面区生物群落、深水区生物群落、河流营养物质和陆生生物腐烂有机物质，在洪水作用下，所进行的交换。枯水季节，漫滩、河岸水塘、洼地等与主河道水流处于孤立状态。周期性洪水淹没时期，由于洪水的淹没，漫滩、河岸水塘、洼地等与主河道发生水文联系，由此引发漫滩、河岸水塘、洼地等与主河道之间的营养物质流、物种流、能量流等生态过程；这一过程就像脉冲式信号一样，作用于河流洪泛区系统，这是河流生态过程的重要组成部分，维持着河流生态系统结构和功能。

2.5.3 洪水脉冲的生态功能

直到 1970 年代，生态学家才又重新发现许多未受人类开发的自然河流，生物群落最丰富的地方，并非河流的主流河道，而是其旁边水陆交接、水深较浅的洪泛滩区。洪泛滩区洪水的节律性变动不仅具有缓冲作用，而且洪水能够冲走洪泛滩区耐缺氧的水生植物，让植物更新演替，而且已经沉积的底泥可以再悬浮，等到洪水逐渐退却，洪泛滩区原沉积的有机质，在矿化作用下释放一些溶解性营养源进入水中，供给水生生物营养，促进水生生物繁殖。

1. 拦截并净化来自陆域的地表径流

洪水为洪泛滩区那些浅水区域，营造半干半湿状态，可以让氧气更多进入水与底质土壤中，营造结构良好的微型生物群落，并发挥对河流水质的净化作用。陆域集水区的面源污染物质通过地表径流进入到洪泛滩区的浅水湿地时，能够得到有效的沉淀和净化。洪水期间，洪水冲走岸边部分草本植物，使较耐水流冲刷的植物有机会在岸边生长，成为河流上游悬浮性颗粒与氮、磷等营养源的拦截与吸收处，对于集水区水质净化具有重要作用。

2. 有效利用河流—洪泛滩区系统的有机物质

洪水的周期性侵袭，使得河流主河槽水体与洪泛滩区之间的物质交换和营养循环得以进行，使得来自高地的有机物质能够进入主河槽水体，而来自上游的营养物质也能够通过洪水对滩区的侵袭传递到洪泛滩区。由此，洪水脉冲把河流与滩区动态地联结起来，形成了河流—洪泛滩区系统有机物的高效利用系统，促进水生物种与陆生物种间的能量交换和物质循环。

3. 维持河流—洪泛滩区系统的动态连通性

河流生态系统的纵横向连通性对于河流健康的维持至关重要，这种连通性不仅表现在形态结构上的连通，更为重要的是功能上的连通。在高水位下，滩区中的洼地、水塘和湖泊由水体储存系统变成了水体传输系统，即从静水系统转变为动水系统。周期性的洪水脉冲，不仅实现了河流—洪泛滩区系统的横向生态功能连通，即从高地、河岸带、洪泛滩区、主河槽水体之间的功能连通，而且使上下游的功能连通得以实现。

4. 增加河流形态异质性，提高生物多样性

在河流滩区，水文情势的变化造成了物理栖息地结构的多样性，横跨河流-滩区方向的栖息地结构多样性比沿河流主槽更为丰富多样。河流-洪泛滩区系统不仅是许多湿地特有动植物的栖息地，而且也是许多被淹没陆地的陆生生物栖息地，从而提高了生物多样性。洪水的周期性侵袭，在河边产生高滩、低滩等多变化的高程，使河流产生弯曲，增加了形态多样性。淡水在底床淘沙产生流道局部深度的狭沟，将河底泥沙再悬浮，使底床产生较深的涧、渚、洲，进一步提高了形态异质性和多样性。周期性洪水脉冲产生的河流形态的高异质性，提供了多种多样的生境类型，使得生物多样性得以丰富。一些水生植物的种子，需要借由洪水的力量传播，由此，洪水使得一些水生植物群落在空间分布

上得以扩展。此外，洪水也是植物群落更新的维持机制之一。洪水水位涨落引发的生态过程，直接或间接影响河流-洪泛滩区系统的水生或陆生生物种群密度和群落结构，也会引发不同的行为，如鸟类迁徙、鱼类洄游及陆生无脊椎动物的繁殖和迁移。

2.6 地下水结构与运动

地下水是指赋存于地面以下岩石孔隙中的水，狭义上是指地下水面以下饱和含水层中的水。地下水是水资源的重要组成部分，由于水量稳定，水质好，是农业灌溉、工矿和城镇的重要水源之一。地下水主要源于大气降水和地表水入渗补给。地下水系统是自然界水循环大系统的重要亚系统，通常以地下渗流方式补给河流、湖泊和沼泽，或直接注入海洋。上层土壤中的水分则通过蒸发或被植物根系吸收后再经蒸腾进入空中，从而积极参与地球上的水循环过程。

2.6.1 地下水系统的组成与结构

在一定的水文地质条件下，汇集于某一排泄区的全部水流，自成一个相对独立的地下水流系统。处于同一水流系统的地下水，往往具有相同的补给来源，相互之间存在密切的水力联系；而属于不同地下水流系统的地下水，则指向不同的排泄区，相互之间没有或只有极微弱的水力联系。地下水流系统空间上的立体性，是地下水与地表水之间存在的主要差异之一。地下水埋藏于地下岩土孔隙中，其分布、运动和水的性质，受到岩土特性以及贮存它的空间特性的影响。与地表水系统相比，地下水系统不仅表现出立体结构特点，而且更为复杂多样。地下水流系统往往自地表面起可直达地下几百米乃至上千米深处，形成立体空间分布，并自上而下呈现多层次结构。

2.6.1.1 地下水的贮存空间

1. 含水介质、含水层和隔水层

含水介质是地下水存在的首要条件。自然界的岩石、土壤均为多孔介质，在其固体骨架间存在着大量的孔隙、裂隙或溶隙，其中那些既能透水，又饱含水的多孔介质称为含水介质。

在自然界的岩石中存在着含水层，地下含水层是指能够供给并透出相当数量水的岩体。这类含水岩体大多呈层状，故称含水层，如沙层、砾石层等。地下水含水沙层厚、导水性强，水井出水量大；缺乏良好含水沙层或沙层厚度小，则水井出水量小。地下水含水层中的水包括三类：①孔隙水，分布于岩土体孔隙中的地下水，主要分布于松散沉积层中，第四纪冲积、洪积与冰水沉积的沙层和沙砾石层中地下水的水量大，水质也较好，可作为供水水源；②裂隙水，分布于岩体裂隙中的地下水，主要分布于断层破碎带和地表风化裂隙中，水量一般比孔隙水少；③喀斯特水，又称岩溶水，分布于可溶性岩层的溶蚀裂隙与溶洞中的地下水；由于喀斯特发育程度及气候条件的不同，喀斯特水的埋藏条件多种多样。

那些虽然含水，但几乎不透水或透水能力很弱的岩体，称为隔水层（如质地致密的火成岩、变质岩）。含水层与隔水层的划分是相对的，它们之间并没有绝对的界线，在一定条件下两者可相互转化。如黏土层，在一般条件下，由于孔隙细小、饱含结合水，不能透水与给水，起隔水层作用。但在较大的水头压力作用下，部分结合水发生运动，从而转化为含水层。

2. 含水介质的孔隙性与水理性质

（1）含水介质的孔隙性　自然界的岩石、土壤均是多孔介质，在它们的固体骨架间存在着形状不一、大小不等的孔隙、裂隙或溶隙，其中有的含水，有的不含水，有的虽然含水却难以透水。通常把既能透水，又饱含水的多孔介质称为含水介质，这是地下水存在的首要条件。含水介质的孔隙性是地下水存在的先决条件。孔隙多少、大小、均匀程度及其连通性，决定了地下水埋藏、分布和运动特性。通常，将松散沉积物颗粒之间的空隙称为孔隙，坚硬岩石因破裂产生的空隙称裂隙，可溶性岩石中的空隙称溶隙（包括巨大的溶穴，溶洞等）。

（2）含水介质的水理性质　作为含水介质的岩土孔隙，能否让水自由进出这些空间，岩土保水能力大小，与岩土表面控制水分活动的条件、性质（水理性质）密切相关。岩土水理性质是指与水分贮容、运移有关的岩石性质，包括岩土的容水性能、持水性能、给水性能、贮水性能、透水性能、力学性能及毛细性能等。水理性质对水分在含水介质中的持留及运移产生影响，从而对地表水向地下水的补给产生影响。

3. 蓄水结构

蓄水构造是指由含水层与隔水层相互结合构成能够储存和富集地下水的地质构造体。一个蓄水构造体需具备以下三个基本条件：第一，要有透水的岩层或岩体所构成的蓄水空间；第二，要有隔水岩层或岩体构成的隔水边界；第三，具有透水边界、补给水源和排泄出路。不同的蓄水构造，对含水层的埋藏及地下水的补给水量、水质均有很大的影响。在坚硬岩层分布区，蓄水构造主要有单斜蓄水构造、背斜蓄水构造、向斜蓄水构造、断裂型蓄水构造、岩溶型蓄水构造等。在松散沉积物广泛分布的河谷、山前平原地带，根据沉积物的成因类型、空间分布及水源条件，可分为山前冲积型蓄水构造、河谷冲积型蓄水构造、湖盆沉积型蓄水构造、冰川沉积型蓄水构造等。

2.6.1.2 地下水流系统

1. 地下水流系统的基本特征

地下水虽然埋藏于地下，但却像地表河流一样，存在集水区域，在一定的水文地质条件下，在同一集水区域内的地下水流，构成一个相对独立的地下水流系统。地下水流动系统是由边界围合的、具有统一水力联系的含水地质体，具有水量、水质输入、运移和输出的地下水基本单元及其组合，是由源到汇的流面群构成的、具有统一时空演化过程的地下水统一体。处于同一水流系统的地下水，往往具有相同的补给来源，相互之间存在密切的水力联系；属于不同地下水流系统的地下水，则指向不同的排泄区，相互之间没有或只有极微弱的水力联系。

地下水流系统的基本特征包括以下方面：

（1）空间分布上的立体性　众所周知，江河水系在地表呈平面状展布；而地下水流系统从地表面起，可直达地下数百米甚至千米深处，从上到下呈现出多层次、立体空间分布结构。地下水垂向的层次结构，是地下水空间立体性的表征。

（2）流线组合的复杂性和不稳定性　地表江河水系通常由一条主流和若干等级的支流组合形成有规律的河网系统；而地下水流系统则是由众多的地下水流线组合成复杂多变的动态系统，难以区分主流和支流。地下水流系统受气候和补给条件的影响而呈周期性变化。地下水流系统不仅难以区分主流和支流，而且不稳定，可因人为开采和排泄，促使地下水流系统发生剧烈变化。

（3）流动方向上的下降与上升的并存性　地表江河水流在重力作用下总是由高向低处流动。地下水流方向在补给区表现为下降，在排泄区则表现为上升。由此形成流动方向上的下降与上升的并存性。常常在一块面积不大的地区，由于受局部复合地形控制，可形成多级地下水流系统，不同等级的水流系统，其补给区和排泄区在地面上交替分布。

2. 地下水域

地下水系统就像地表水体一样，也存在着集水区域——地下水域。地表水流动主要受地形控制，其流域范围以地形分水岭为界，表现为平面形态。地下水域则受岩性地质构造控制，并以地下的隔水边界及水流系统之间的分水界面为界，往往涉及很大深度，表现为立体集水空间。如以人类历史时期来衡量，地表水流域范围很少变动或变动极其缓慢，而地下水域范围的变化则要快速得多，尤其是在大量开采地下水或人工大规模排水的条件下，往往引起地下水流系统发生劫夺，促使地下水域范围产生剧变。通常，每一个地下水域在地表上均存在相应的补给区与排泄区，其中补给区由于地表水不断渗入地下，地面常呈现干旱缺水状态；而在排泄区则由于地下水流出，增加了地面水量，因而呈相对湿润状态。如果地下水在排泄区以泉的形式排泄，则可称这个地下水域为泉域，如甘肃省永昌县金川河上游地下水在排泄区以泉的形式排泄（图2–7）。

图2–7　甘肃省永昌县金川河上游地下水在排泄区以泉的形式排泄

2.6.1.3 地下水系统垂向结构

地下水流系统在垂向上存在明显的层次结构，它是地下水立体空间性的表征。典型水文地质条件下，地下水垂向层次结构的基本模式，是自地表面起至地下某一深度出现不透水基岩为止，可区分为包气带和饱和水带两大部分。包气带又可进一步区分为土壤水带、中间过渡带及毛细水带等 3 个亚带；饱和水带则可分为潜水带和承压水带两个亚带。从贮水形式来看，包气带贮水形式为结合水（包括吸湿水和薄膜水）及毛管水；饱和水带贮水形式为重力水（包括潜水和承压水）。以上是地下水层次结构的基本模式，在具体的水文地质条件下，各地区地下水的实际层次结构不尽一致。有的层次可能充分发展，有的则不发育。如在多雨湿润地区，尤其是在地下水排泄不畅的低洼易涝地带，包气带往往很薄，甚至地下潜水面出露地表，所以地下水层次结构不明显。在严重干旱的沙漠地区，包气带很厚，饱和水带深埋地下，甚至基本不存在。

2.6.2 地下水类型

2.6.2.1 地下水类型划分

地下水的分类方法有多种，按地下水的起源和形成，可分为渗入水、凝结水、埋藏水、原生水和脱出水等；按地下水的力学性质，可分为结合水、毛管水和重力水。本书主要从环境水文学角度，按地下水的贮存埋藏条件和岩土贮水孔隙的差异进行划分。

1. 按地下水的贮存埋藏条件分类

地下水埋藏条件是指含水岩层在地质剖面中所处的部位及受隔水层限制的情况。据此可将地下水分为包气带水、饱和水带水。

（1）包气带水　包括结合水（分吸湿水、薄膜水）、毛管水（分毛管悬着水与毛管上升水）、重力水（分上层滞水与渗透重力水）。

（2）饱和水带水　包括潜水、承压水（分自流溢水与非自流溢水）。

2. 按岩土贮水孔隙的差异分类

按岩土贮水孔隙的差异，可以把地下水分为孔隙水、裂隙水、岩溶水三类。

2.6.2.2 包气带水

1. 包气带水的特征与包气带分区

（1）包气带水的主要特征　包气带是指位于地球表面以下、重力水面以上的地质介质，包气带水是指埋藏于包气带中的地下水，包括吸湿水、薄膜水、毛管水、气态水、过路的重力渗入水以及上层滞水。包气带水的主要特征是：受气候控制，季节性明显，变化大；雨季水量多，旱季水量少，甚至干涸。在空间上包气带水表现为在垂直剖面上的差异，越近表层，含水率变化越大；逐渐向下层，含水率变化趋于稳定。包气带含水率变化与岩土层本身结构有关，岩土颗粒组成不同，导致岩土孔隙大小和孔隙度发生变化，使得含水量出现差异。

（2）包气带分区　自上而下，包气带分为土壤水带、过渡带及毛细水带。土壤富含有机质，能保持水分供植物吸收。大气降水、灌溉水等通过土壤下渗时，一部分以悬挂毛细管水形式保持于土壤层中，形成田间持水量。土壤水消耗于土壤表面蒸发与植物蒸腾，含水量季节变化很大。潜水面上以毛细管上升方式形成支持毛细管水带，其下部毛细管水趋于饱和，为饱和毛细管水带，向上毛细管水含量逐渐减少。土壤水带与毛细管水带之间为过渡带，其中赋存悬挂毛细管水、过路毛细管水及重力水。

2. 包气带水分交换与动态

包气带上界面为地面，它直接与大气接触，既是流域降雨的承受面，又是土壤水的蒸发面；下界面为地下水面。降雨下渗到包气带后，一部分被土壤吸收暂时储存在包气带成为土壤水，还有一部分被转化为壤中流和地下径流。因此，包气带是各种径流成分生成的重要场所，其水分动态直接关系到各类径流成分能否形成及形成的数量大小。

包气带中的水分不仅存在垂向上的差异，而且也随时间而发生变化。由于与外界发生水分交换并产生变化，通过内部水分再分配和内排水过程也导致变化，变化结果影响后续降水的径流形成过程。包气带水分动态是指包气带中水分含量及水分剖面的增长与消退过程，包气带与外界发生水分交换就是在其上、下界面进行的。通过上界面得到降水与地表水的补给和通过下界面来自饱和水带的补给造成包气带水分增长。在给定条件下，土壤水分梯度及土壤水分传导特性控制着包气带水分的增长及运动。包气带水分的消退同样发生在其上、下界面上。上界面的水分消退是土壤蒸发和植物散发，下界面的水分消退是由于内排水。一般来说，土壤蒸发和植物散发是包气带水分消退的主要方式，表层毛管悬着水带是包气带水分的主要消退区。包气带土壤因降水（或灌溉）获得水分，因蒸散发消耗水分。自然界降雨和蒸散发都有一个变化过程，有时降雨大于蒸散发，有时降雨小于蒸散发。这必然导致包气带的土壤含水量时而增加，时而减少，呈现出一个土壤水分的消长变化过程。

2.6.2.3 潜水

1. 潜水概念和主要特征

潜水是埋藏在地表下第一个稳定隔水层上具有自由表面的重力水，这个自由表面就是潜水面。从地表到潜水面的距离称为潜水埋藏深度；潜水面到下伏隔水层之间的岩层称为含水层，而隔水层就是含水层的底板。潜水面以上通常没有隔水层，大气降水、凝结水或地表水可以通过包气带补给潜水。因此，大多数情况下，潜水补给区和分布区一致。

潜水在重力作用下自水位高处向水位低处流动，形成潜水流。潜水的主要特点如下：

（1）潜水层以上没有连续的隔水层，潜水面通过包气带中的孔隙与大气相通，潜水面上任一点的压强等于大气压强，所以潜水面不承压或仅局部承压。

（2）潜水的径流，受重力控制由高水位流向低水位，在岩石孔隙、裂隙中多为层流运动。

（3）含水层通过包气带与地表水及大气圈间存在密切联系，因此外界气象、水文因素深刻地影响着潜水，呈现出明显的季节变化。绝大多数潜水以降水和地表水为主要补给来源，当降水丰富、地表径流量大时，含水层水量增加，潜水面随之上升。干旱半干旱区降水量少，大气降水补给潜水的量很小，河、湖水面常常高于附近的潜水面，因此，河水、湖水常常补给沿岸的潜水。

2. 潜水面的位置及形状

潜水面的位置随补给水源变化而发生季节性升降。潜水面的形状可以是倾斜的、水平的或低凹的。潜水面有一定坡度，潜水处于流动状态，在重力作用下自水位高处向水位低处流动，形成潜水流。潜水自补给区向排泄区汇集的过程中，其潜水面形状随地形条件变化，上下起伏，形成向排泄区斜倾的曲面，但曲面的坡度比地面起伏要平缓得多。潜水面的形状也受到含水层岩性、厚度、隔水层底板形状及人工抽水的影响。当遇到大面积不透水底板向下凹陷，而潜水面坡度平缓时，潜水几乎静止不动，潜水汇集可形成潜水湖。

3. 潜水与地表水间的互补关系

在靠近河、湖等地表水体的地区，地下潜水常以潜水流的形式向地表水体汇集，成为地表径流的重要补给水源。在枯水季节，降水稀少，许多河流基本依赖于地下潜水补给，以至于这些河川的径流过程成为地下潜水的出流过程。潜水与地表水间的互补关系最明显的表现就是地表径流的河岸调节，即在洪水期，江河水位高于地下潜水位时，潜水流的水力坡度形成倒比降，于是河水向两岸松散沉积物中渗透，补给地下潜水。汛期一过，江河水位回落降低，贮存在河床两岸的地下水，重又回归河流。

2.6.3 地下水运动

地下水运动形式主要取决于含水层的几何形式、含水层边界条件以及地下水开采方式。绝大多数地下水的运动属层流运动。在宽大的孔隙中，如水流速度高，则易呈紊流运动。如在一个面积广大、均质等厚的承压含水层钻井取水，如果含水层未被全部贯穿，这种情况下井周会形成明显的三维流运动。

2.6.4 地下水动态

地下水动态是指在自然和人为因素影响下，地下水水位、水量、水质、水温等随时间的变化。地下水动态研究得较多的是潜水水位变化，它实际上反映了潜水含水层水量收入（补给）与支出（排泄）之间的关系。地下水动态是自然因素与人为因素共同影响的结果，地下水不同的补给来源与排泄去路决定着地下水的动态；地下水动态综合地反映了地下水补给与排泄的消长关系。由于自然因素具有强烈的时空变化，致使地下水动态过程也具有地区上的差异性以及随时间上的季节性变化。地下水动态提供含水层或含水系统的系列信息。在验证所作出的水文地质结论或所采取的水文地质措施是否正确时，地下水动态是十分重要的。地下水动态受气候、水文、地质和人类活动等因素的影响。

2.7 水文—生态耦合

2.7.1 生态水文过程的概念

生态水文过程是指水文过程与生物动力过程之间的功能关系，是揭示生态格局和生态过程变化水文机理的关键（黄奕龙等，2003）。水文学研究注重水文循环的物理过程，在研究一系列水文问题时，将不同生态系统内的生物用地表特征参数进行处理，如研究河流的水文过程时，常常将河道中的植物当作粗糙系数来考虑，而忽略了植物是生活着的有机体，是生态系统中的生产者。生态水文过程研究非常重视生物及其群体（尤其是植被）与水文过程之间的相互影响及耦合关系。除了关注理化过程外，还特别重视水文循环过程中生物及其群体的生态功能。在生态水文过程研究中，水文过程—生态系统稳定性、水文过程—生态系统协调进化机制间的关系是最基本的生态水文关系。

现有的生态水文学知识对河流水文特征和生境变化之间关系的重视不够，对河流水利水电工程影响下河流生境和生物多样性变化的生态水文机制更是缺乏了解和系统研究。已有的研究大多数比较分散。事实上，在河流的进化发育中，河流水文、地貌、生物群落已经通过协同进化，形成了一个个完整的生态水文单元，在此，本书作者提出了“生态水文斑块”（ecohydrological patch）的概念，意指在河流廊道的三维空间（纵向、侧向、垂向）中，由生态因子、水文因子、河流地貌因子、生物群落共同组成了一个个完整的斑块，类似于景观生态学中景观的斑块。例如在河流浅滩处是由相关生态因子、水文因子、河流地貌因子、生物群落构成的一类斑块；而在河流深潭处又是由另外一些相关的生态因子、水文因子、河流地貌因子、生物群落组成的斑块，等等。需要注意的是，这里提出的生态水文斑块，绝不是平面的概念，而是立体的、三维的概念。这些斑块镶嵌在一起，构成河流连续体（river continuum）这一整体的景观生态体系。这种生态水文斑块的镶嵌具有明显的时空格局。河流水利水电工程对河流生境的影响，事实上就是通过扰乱生态水文斑块的时空格局和内在功能联系而发生作用的。河流生境变化的生态水文机制的真谛可能就在于生态水文斑块的组成、结构及时空格局和动态。

2.7.2 河流水文—生态耦合的生态过程分析

2.7.2.1 生态水文物理过程

生态水文物理过程是指植被覆盖和土地利用对降雨、径流、蒸发等水分要素的影响。景观中的植被可以在多个层次上影响降雨、径流和蒸发，进而对水资源进行重新分配，并由此影响水文循环全过程。

植被覆盖对地表反射率、地表温度、下垫面粗糙度和土壤—植被—大气连续体间的水分交换都有影响。植被通过对降雨过程的再分配，影响着水文循环，以及生态系统的营养负荷和沉积物运移，因此植被被称为流域生物地球化学循环的“触发器”。不同植被类型对生态水文物理过程的影响不一样，森林通过改变水分在蒸发、径流、土壤水和地下水间的分配，从而影响洪水等水文事件的发生，增加区域的保水能力和对水土流失的控制能力。灌丛和草地对水文过程有相似的影响，但其影响均弱于森林。土地利用变化也对水文行为产生明显影响，导致径流组成、侵蚀速率或地下水补给速率发生变化。土地利用变化会导致流域的水文行为出现变化，如改变径流组成、侵蚀速率或地下水补给速率。流域内土地利用强度的加大增加了水资源利用率，大量硬质化地表的出现，增加了地表水的排泄速度。土地沙化对局地和区域的影响可能使温度增加、降水减少，并改变区域的生态水文循环模式。

2.7.2.2 生态水文化学过程

生态水文化学过程是指水文行为的化学效应方面，即水文行为对水质的影响。河流水文过程可以通过多种水文要素影响营养物质在河流系统内的分布与富集。人类活动的干扰通过改变河流水文过程进而影响到水环境质量，这就涉及生态水文化学过程的研究。河流生态系统周边的湿地、洪泛滩区通过影响河流径流、水文格局和地下水补给和排泄，对氮、磷等营养物质和有机物质的沉积、运移、营养负荷起着控制作用。对湿地的过度开发、洪泛滩区面积减少和生境质量下降等，都可能通过对水流排泄和水文格局的影响，进而影响到养分运移、沉积和污染物的分布格局，并产生明显的生态水文化学效应。

2.7.2.3 水文过程的生态效应

水文动态是河流生态系统的控制性变量。水流在时空上的快与慢、深与浅、陡与缓，以及洪峰与流量等特征，能够影响到许多河流物种的分布格局。水文过程控制了许多基本生态学格局和生态过程，尤其是对水生生物多样性和植被分布格局的调控，成为生态系统变化的主要驱动力。水文过程与生态系统和生物多样性有着密切的关系，流量与频率变化、来水时间、变化速度、来水时间长短等水文特征变量具有重要的生态效应。

水流动态对水生生物多样性有明显影响。水流是河流生境的主要决定因素，也是生物群落组成的重要调控因素。水体流动及水文格局影响着河道形态、大小和复杂性，导致出现浅滩、急流、水潭和静水区等空间分布格局，在不同空间尺度上改变了生物栖息地，影响着物种分布和丰度以及水生生物群落的组成和多样性。长期的水文动态与生物的生活史相关，近期的水文事件影响种群的组成和数量。通过调控水文过程，可有效控制水生生物群落动态，并进而调控基本的生态过程。通过水文过程可以调整和配置景观内的物种流、养分流，通过水量、流速、流态等水文要素重塑生境，影响水生生物群落结构、动态、分布和演替，进而对整体生态系统结构和功能起到调控作用。

第 3 章
河流地貌特征

3.1 河流流水作用

3.1.1 流水作用与河流地貌

流水对地表岩石和土壤进行侵蚀，对地表松散物质和它侵蚀的物质以及水溶解的物质进行搬运，最后由于流水动能的减弱又使其搬运物质沉积下来，这些作用统称为流水作用。河流水流主要来自大气降水，也有少量来源于冰雪融水和地下水。雨水降落到地表后，一部分蒸发回到大气层，一部分被植物吸收，还有一部分渗透到土壤孔隙中或岩石裂隙中成为地下水；剩下的部分则沿着地表流动，通过河流，最终汇入海洋。河流中的水流是地表水流最主要的形式。大气降水降落到地表在还没汇聚前，沿地面的散流叫面状流水，当地表被侵蚀成小沟使流水汇入就变成有槽流水，沟槽加深加大，雨季有水流，旱季无水流的沟槽是冲沟，而常年有水流的沟槽则是河溪。

流水作用一般分为侵蚀作用、搬运作用、推移作用和堆积作用。侵蚀作用是指水流掀起地表物质、破坏地表形态的作用，它还包括河水及其携带物质对地表的磨蚀作用，以及河水对岩石的溶蚀作用。在坡度较大的山地河流中，水流可推动很大的砾石向前移动，在这些砾石向前移动过程中，互相撞击并磨蚀河床底部。当河水流过可溶性岩石组成的河床时，河水将岩石溶解也是一种很强的侵蚀作用。搬运作用是指河水在向下流动过程中携带大量泥沙，并推动砾石向前移动。推移作用则是指河底泥沙和砾石受流水冲力作用，沿河床向前滚动或滑动。堆积作用是指流水携带的泥沙，由于条件改变，如坡度变缓、流速变慢、水量减少和泥沙增多等，使流水搬运能力减弱而发生堆积。

通常一条河流的上游多以侵蚀为主，下游以堆积为主。河流的侵蚀、搬运和堆积三种作用一直存在并且发生着变化。当海平面下降时，下游河段可能以侵蚀活动为主；当河流水量减少、泥沙增多时，上游河段也可能转化为以堆积作用为主。侵蚀、搬运和堆积三种作用也可能同时存在于同一河流的同一河段，如流水侵蚀凹岸并将侵蚀下来的物质同时搬运到凸岸，在凸岸发生堆积作用，这表明侵蚀、搬运和堆积三种作用可同时存在于同一河段。

河流的流水作用是塑造河流地貌最主要的因子之一，在整个河流系统中通过侵蚀、搬运以及堆积等作用，不断地改变地貌，并形成新的河流地貌。不论是经常性有水流的河流，还是暂时性水流的冲沟，都存在侵蚀、搬运和堆积三种作用，只是其作用方式和强度不同。河流作用是塑造地貌最普遍、最活跃的外营力之一。凡由河流作用形成的地貌，称河流地貌（fluvial landforms），它是河流作用于地球表面，经侵蚀、搬运和堆积过程所形成的各种侵蚀、堆积地貌的总称。河流作用是地球表面最经常、最活跃的地貌作用，它贯穿于河流地貌的全过程。无论什么样的河流均有侵蚀、搬运和堆积作用，并形成形态各异的地貌类型。

流水对地貌改变的三种作用主要受流速、流量和含沙量的控制。一定的流速、流量只能挟运一定粒径和数量的泥沙。当流速、流量增大或含沙量降低时，流水就会发生侵蚀，从而挟带输运更多的泥沙。相反，当流速、流量减小或含沙量升高时，沉积就会发生。通过侵蚀、搬运、沉积三种形式，流水作用于地表岩石或沉积物，于是形成各种各样的流水地貌形态。

河流地貌学是研究地表“永久性”和“暂时性”线状水流的侵蚀作用和堆积作用所造成的各种地貌形态的形成、发展和演变规律的科学。研究河流离不开地貌，而河流本身所形成的各种地貌形态成为河流的边界条件，它们反过来影响甚至制约河流的进一步发展。

3.1.2 水流结构

河道水流的内部结构相当复杂，除具有水质点脉动的紊流结构外，河水内部还具有局部水流环绕着一定的旋转轴作往复运动的环流结构。按水流性质和结构不同，把河流中的水分为层流、紊流、横向环流和漩涡流。流动的水质点彼此平行，并保持恒定的速率和方向的水流叫层流。水质点呈不规则运动，不断地改变其方向和流速的水流称为紊流。紊流有垂直向上的分力作用，可使河床底部的泥沙掀起，被水带走。河流水流作用还与水流结构有关，河流水流流束线呈螺旋状运动，形成环流和漩涡流，它们对河流地貌的形成都有着重要意义。

3.1.2.1 横向环流

河道水流在向下游进行纵向运动的同时，还进行着垂直于主流方向的横向运动，其表流（表层横向水流）与底流（底层横向水流）流向相反，并在纵向水流影响下形成螺旋状水流，其在过水断面上的投影为封闭的环形，故称横向环流。在弯曲河道中，由于河流弯道离心力和地球偏转力的影响，流水的惯性引起在曲流带的外侧壅水，抬高水面，从凸岸由水面流向凹岸的水流（表流）和从凹岸由河底流向凸岸的水流（底流）构成一个连续的螺旋形向前移动的水流，称横向环流。表层的横向水流与底部的横向水流方向相反，这样在过水断面上就形成一个闭合的流动系统，即横向环流（图 3-1）。

自然界中，顺直河道很少能够长时间保持。由于河流中完全的层流状态很少持续，小的扰动使水流发生偏转流向河岸，并发生反射而流向对岸，形成一个正反馈系统，导致曲流形成。横向环流的作用影响河流侵蚀和堆积的部位，促进曲流进一步发展。曲流带外侧（凹岸）流速大，流水对河岸的侵蚀强，侵蚀物质大部分被搬运到下一个弯曲带，堆积在同侧河岸的凸岸。长久持续的这种过程使河流更加弯曲。

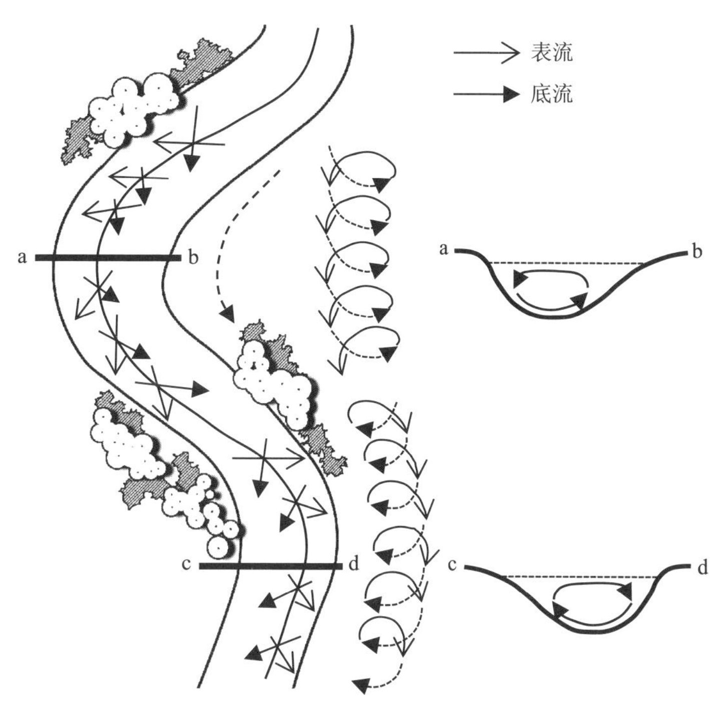

图 3-1　河流横向环流和漩涡流示意图

不同形状的河床断面，形成不同的环流系统。通常，可把横向环流分为四种类型（图 3-2）。

1. 单向横向环流（图 3-2a）

天然河流总有弯曲，河水从直道进入弯道时，原来沿河流轴线运动的主流，因惯性离心力的影响偏向河弯的凹岸，造成横向水位差，从而形成单向环流。单向横向环流的形成，首先是弯曲河段的流水受到横向作用力，即弯道离心力和地转偏向力的作用，使水自凸岸流向凹岸，形成具有一定横比降并向凸岸倾斜的水面，位于凹岸底部的流水受到了较大的压力，因而两岸间底部水层产生了压力差。由于底部水流的惯性离心力较小，压力差的作用大于离心力的作用，故底部流水自凹岸流向凸岸。这就是单向横向环流形成的主要原因。地转偏向力在北半球作用于右岸，在南半球作用于左岸，与弯道离心力有时相互叠加，有时相互抵消。在横向环流的作用下会使凹岸侵蚀和凸岸堆积，河流发生侧向移动，河床上出现的深槽与浅滩也常与此有关。

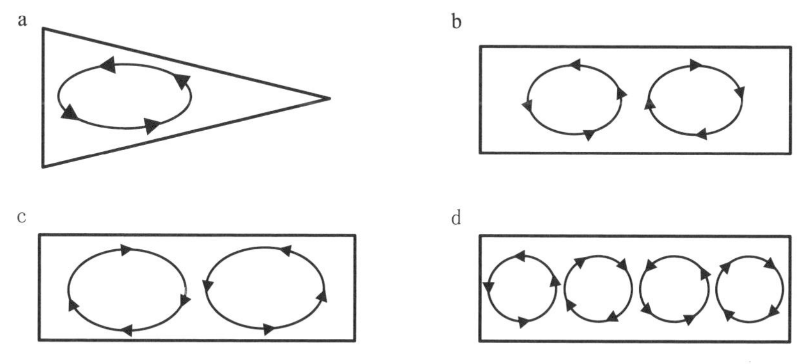

图 3-2　横向环流的四种类型

2. 底部汇合型横向环流（图 3-2b）

又称为底部辐聚型的双向环流，这种环流一般出现在平直河道的洪水期。洪水时，平直河道河床中部的水量比靠近两岸的增加快一些。因此洪水期河床横向水面呈上凸形，表层水流从河床中部流向两岸，构成两个横向环流系统。这种类型的横向环流系统可淘蚀两岸，而在河床中部发生堆积。

3. 底部辐散型横向环流（图 3-2c）

又称为底部辐散型的双向环流。这种环流一般出现在枯水位时的平直河湾。在枯水位时，平直河段河床中部流速较大，两岸流速慢，水面呈微下凹形，两岸表层水流流向河床中部，底层水为了补充两岸流失的水量，向两岸流动，构成表层汇聚、底部辐散型的横向环流。这种环流能够进一步侵蚀河床中部，而在两岸形成浅滩堆积。

4. 复合型环流（图 3-2d）

自然界的河流并非仅有单一河道，平原地区的河流常常有许多支汊，每个分汊河道在离心力、地转偏向力以及洪枯水位水面不同状态的影响下，在平原分汊河流或河床底部起伏不平的地方，水流分为若干股，每股都有其各自的主流，形成多股主流线，各自构成一横向环流，组合成多个环流，这种一个河流中由三个以上环流组成的环流，称为复合环流，即复合型环流系统。

3.1.2 漩涡流

天然河道两岸常不规则，河床起伏不平，它们在河床中对水流起到阻碍作用。水流在流动中遇到障碍物时（如沙波脊部、河床基岩岩槛以及各种人工建构筑物），水流绕过障碍物，水流急骤绕动形成漩涡，称为漩涡流。这种漩涡流对河床底部和两岸有很强的淘蚀作用，并使河底沙波向前移动。一种漩涡流是围绕垂直于河床底面的轴线旋转，因而淘蚀河岸。另一种漩涡流是由于河床底部水流翻过沙波脊或基岩岩槛形成，其轴线方向与河床底面平行，漩涡流围绕平行河床底面的轴线旋转，这种漩涡流能使从沙波迎水面带来的物质搬到背水面堆积下来，使沙波向前移动，对河床的塑造起着重要作用。

3.1.3 河流侵蚀作用

3.1.3.1 侵蚀作用概念

侵蚀作用是指河流依靠自身的动能对其边界产生的冲刷、破坏作用。河流流水以其本身的动能和所挟带的沙石，将岩屑剥离、崩落或溶解，使原本崎岖的地面逐步蚀平，并改变地表外貌。由侵蚀作用所形成的地表形态称侵蚀地貌。侵蚀作用的强弱和变化决定于河床水流的强度及组成河流边界的抗冲能力。

3.1.3.2 侵蚀作用类型

河流侵蚀作用，按其方向可分为三种类型：

1. 溯源侵蚀（headward erosion）

河水对地表的侵蚀作用是多方面的。除了不断地使河流加宽、加深外，还对沟谷、河谷的源头产生侵蚀作用，不断地使河流源头向上移动，使谷地延长。河流或沟谷在发育过程中，因水流侵蚀冲刷加剧，下切侵蚀不仅加深河床或沟床，受冲刷的部位随着物质的蚀离，使其向上游源头侵蚀后退，河流的这种侵蚀方式称为河流的溯源侵蚀，又称向源侵蚀（图 3-3）。溯源侵蚀是使河流向源头方向加长的侵蚀作用，主要发生在河谷沟头，它实际上是河流下蚀作用的一种表现形式。产生溯源侵蚀作用的原因包括：河流流量、流速增大；河流侵蚀基准面下降，当侵蚀基准面因某种原因下降时，从河口段向上游方向也能发生显著的溯源侵蚀作用。溯源侵蚀作用的结果是，河流由小到大，由短变长，河流向纵深方向发展。溯源侵蚀在河流源头和河口地段最为明显。如发育在黄土区中的沟谷，其沟头因溯源侵蚀向沟间地推进，每年可达数米至数十米。溯源侵蚀使河床向纵深方向发展。

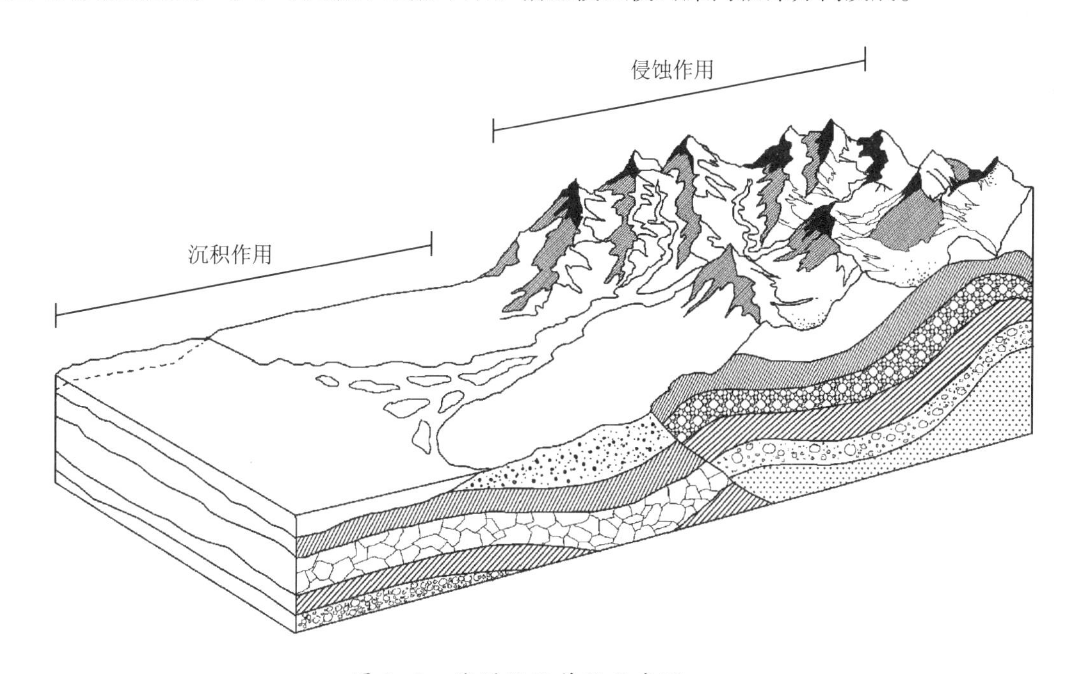

图 3-3 溯源侵蚀作用示意图

2. 下切侵蚀（垂直侵蚀、深向侵蚀）(vertical erosion)

下切侵蚀是指沟谷或河谷底长期受水流冲蚀，水流垂直地面向下侵蚀，其结果是加深河床或沟床，又称垂直侵蚀、深向侵蚀。下切侵蚀是流水加深河床与河谷，使河床高度不断降低（图 3-4）。河流随河床的刷深，水位下降，使两岸的河漫滩高出洪水位以上，向两岸阶地转化。

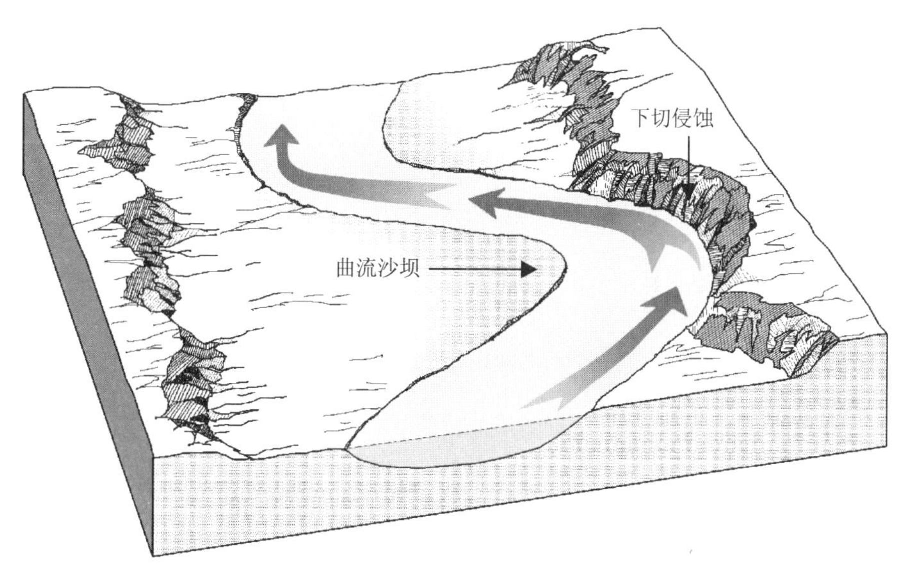

图 3-4 下切侵蚀形成的地貌示意图

由于河流上游的河床纵比降和流速大，因此下切侵蚀强烈，因此河谷的加深速度快于拓宽速度，从而在横断面上形成“V”字形河谷。下切侵蚀与水流动能、流量、流速、上游来沙量、河床坡度以及河床组成物质的抗冲强度有关。谷地窄，坡陡，流量大，谷地岩性松软，水流下切侵蚀强度大。河流下切侵蚀的总趋势是加深河谷，减小河床纵剖面的坡度，并使其向均衡剖面方向发展。河谷下切侵蚀还受侵蚀基准面和地质构造运动的控制。

3. 侧蚀作用（旁蚀、侧方侵蚀）（lateral erosion）

侧蚀作用是指流水拓宽河床的作用。侧蚀作用主要发生在河床弯曲处，因为主流线迫近凹岸，由于横向环流作用，使凹岸受流水冲蚀，作用的结果加宽了河床，使河道更弯曲，结果河床发生侧向迁移，河谷拓宽，形成曲流。

以上三种侵蚀方式同时存在，同时进行。只是在不同时期、不同河段，三者的侵蚀强度不同。一般情况下，河流上游以下切和溯源侵蚀为主，中下游以侧蚀作用为主。下切侵蚀使河床加深，在下切过程中使河床向其源头后退称为溯源侵蚀（或向源侵蚀）。侧方侵蚀的结果使河岸后退，河谷展宽。

3.1.4 河流搬运作用

3.1.4.1 搬运作用（transportation）概念

流水沿河床斜坡流动，其流速与流量可以侵蚀河床，并将石块、沙粒等物质运送至中、下游，使低洼地区逐渐填平，这种由河流水流在流动过程中挟带大量泥沙和推动河底砾石移动的作用，称为河流搬运作用（图 3-5）。搬运作用是地表和近地表的岩屑和溶解质等风化物被外营力搬往他处的过程，是自然界塑造地球表面形态的重要作用之一。外营力包括水流、波浪、潮汐流和海流、冰川、地下水、风和生物作用等。通过河水的流动，将河道内的物质往下游输送，使得整个系统得以持续运作。

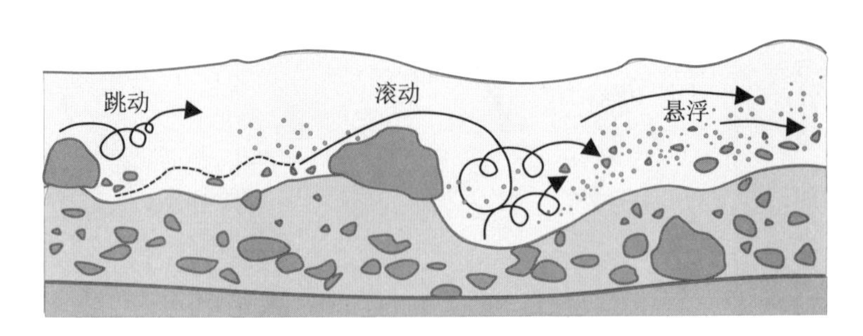

图 3-5 河流搬运作用示意图

河流搬运物质的来源，主要是河流集水区内的风化产物，如岩屑、砾石、泥沙等，有些来自于岸边的崩坍或冲蚀的物质，有些来自于河床底部，它们都将随着河水往下游运动，直到进入海洋或河水无法搬运为止。

河流所挟带的冲蚀物，依其粒径及运动的形态，分为三类：

1. 推移质（bed load）

推移质又称床沙载荷、底载荷、推移载荷、牵引载荷，是指粒径较大的物质，在水流中沿河底滚动、移动、跳跃或以层移方式运动，在运动过程中与床面泥沙（床沙）之间经常进行交换。

2. 悬移质（suspended load）

悬移质又称悬移载荷、悬浮载荷，是指悬浮在河道流水中、随流水向下移动的较细的泥沙等，即在搬运介质（流体）中，由于紊流使之远离床面在水中呈悬浮方式进行搬运的碎屑物。悬移质通常是黏土、粉沙和细沙。

3. 溶解质（dissolved load）

指各种金属和非金属离子，溶解分散分布于河水中。

3.1.4.2 搬运作用方式

河流搬运物质的方式主要有推移、跃移、悬移三种。

1. 推移（traction）

推移是流水使泥沙或砾石沿底面滚动或滑动，主要是泥沙或砾石受水流的迎面压力作用所致。水流对水底沙石的推动力与流速有关，流速越快，动力越大，推力越强。在山区河流，当山洪暴发时，能将巨大的石块向下移动，甚至推出山口。推移作用所搬运的推移质，由于粒径大，在河水中只能紧邻河床面移动，可以因紊流而上扬，随即又掉落至河床，这些石块被流水推动时，会彼此碰撞，经长距离搬运后，逐渐磨圆、变小。

2. 跃移（saltation）

跃移是床底泥沙呈跳跃式向前搬运。河底的沙粒、砾石，受流水激扬，因水流产生上下压力差，上升力相对增强，能使一定重量的泥沙颗粒跃起，并被水流挟带前进，称为跃移。泥沙颗粒离开底床后，颗粒上下部的水流流速相等，压力差消失，泥沙颗粒又沉降到床底。如此反复进行，泥沙则呈跳跃式前进。有时，沙粒以较快的速度下落，对床面泥沙产生冲击作用，沙粒会微微反跳起来再随水流一起向前搬运。

3. 悬移（suspension）

悬移是较细小颗粒悬浮在水中，随波逐流，呈悬浮状态往下搬运。悬浮的泥沙受三种力的作用，一是纵向水流的作用力使泥沙前进；二是向上水流的作用使泥沙抬升；三是泥沙受本身重力影响而下沉。当河流中泥沙颗粒受到的上升作用力大于或等于下降作用力时，泥沙被带到距底床一定高度位置而呈悬浮状态，并由水流向下搬运。

在流水搬运物质过程中，各种搬运方式同时存在。随水动力条件的变化，又可相互转化。河流的搬运量与流速、流量及流经地区的自然环境有关。

3.1.4.3 搬运作用特性

在搬运过程中，石块会不断地碰撞与磨损，使得原本较不规则或有棱角的岩石变成鹅卵石。鹅卵石常见于河流的中、下游，搬运距离愈远，鹅卵石愈小、愈光滑，甚至磨损到只剩下沙粒。流水会挟带沙砾或石块冲入河床岩层裂隙中，使缝隙日渐扩大，形成壶穴（图 3-6）。

图 3-6 河流搬运作用形成的壶穴
（重庆巴南区五布河上的壶穴）

3.1.5 河流堆积作用

河流堆积作用是指河流流水挟带的泥沙和砾石等物质，由于河床坡度减小，水流流速变慢，水量减少和泥沙增多等引起搬运能力减弱而积聚的现象。由流水堆积在沟谷中的沉积物称为冲积物（alluvium）。通常河流上游坡度较大，一旦进入平原后坡度减缓，流速变慢，搬运力量变弱，泥沙便沉积在山口处，形成冲积扇（图 3-7）。

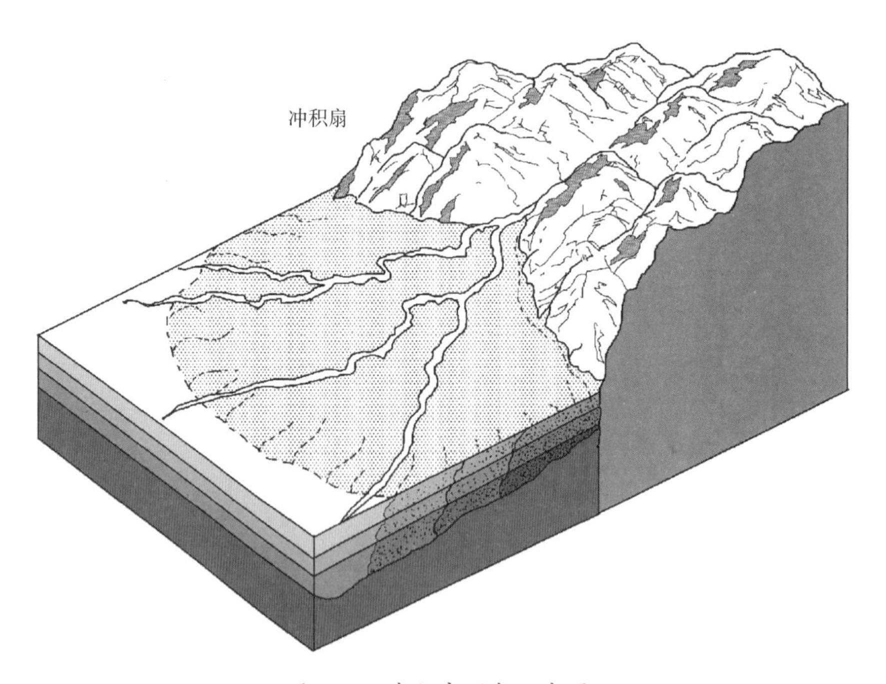

图 3-7 冲积扇形成示意图

在流水的沉积过程中，一般颗粒大、比重大的物质先沉积，颗粒小、比重小的后沉积。当流水挟带大量泥沙流动时，由于流速降低、泥沙逐渐沉积，在河流的中下游常常形成宽广平坦的冲积平原和三角洲，如长江三角洲等。

3.2 河谷形态及其成因

3.2.1 河谷形态

3.2.1.1 河谷概述

河谷是由流水作用形成或改造而成的负地貌，通常为呈带状延伸的凹地。世界上绝大部分地区都有河谷，它们的名称因地而异，而且也因大小而不同，例如沟谷、溪谷、河谷等，其成因都是由流水侵蚀切割造成，有各种形态和大小，谷中有常年水流或间歇性水流。

从河谷横剖面看，可分谷底和谷坡两大部分（图3-8）。谷底一般较平坦，其宽度就是两侧坡麓之间的距离。谷底包括河床和河漫滩两个部分。河床是经常有水流过的部分，河漫滩是宽广而平坦的谷底，在河水泛滥时能被水浸没的地段。有些狭窄的河谷内没有河漫滩。谷坡是河谷两侧的岸坡，其形态极不一致，可分为等倾角的、凸形的、凹形的和复杂的（如阶梯形）四种。在坡的上部和下部都具有曲折地形面。上部弯曲处称坡缘，下部弯曲处称坡麓。谷坡与原始山坡或地面的交界处，称为谷肩或谷缘。从纵剖面看，上游河谷狭窄多瀑布；中游展宽，发育河漫滩、阶地；下游河床坡度较小，多形成曲流及河汊，河口形成三角洲或河口湾。

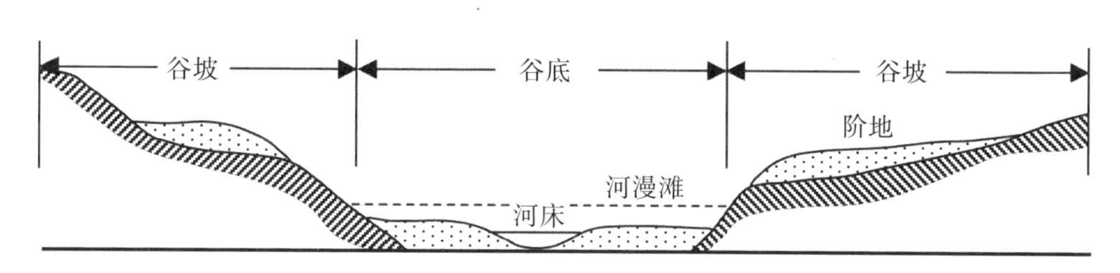

图3-8 河谷横剖面结构

河谷的规模差别很大，小河谷的宽只有几米至几十米，长不过数千米；而大的河谷则宽可达数千米，长达数千千米，如长江和黄河。一条河谷的谷坡常呈不对称状态。通常一坡陡而短，另一坡则缓而长；或一坡紧靠山地，另一坡则是广阔的冲积平原。

3.2.1.2 河谷分类

按照不同的分类标准，可以把河谷分成很多类。河谷分类可根据形态、走向、地质构造等进行划分。

1. 按形态划分

按照河谷形态，可把河谷分为隘谷、峡谷、宽谷、复式河谷四类。

（1）隘谷　隘谷是指谷地深窄、谷坡近于直立，谷底全为河床占据的河谷。形成于地壳上升、河流强烈下蚀和垂直节理发育的坚硬岩层地区。横断面呈“V”形的河谷，谷底最窄，仅为一条线，两坡陡峭，多在年轻河流上游岩石坚硬的地带。隘谷进一步发展，谷地稍变宽，谷底两侧略有缓坡，成为嶂谷。

（2）峡谷　峡谷是深度大于宽度，谷坡陡峻的谷地。一般发育在构造运动抬升和谷坡由坚硬岩石组成的地段。当地面隆起速度与下切作用协调时，易形成峡谷。通常谷底深、谷坡陡、谷底初具滩槽雏形，其横剖面呈“V”字形。峡谷由嶂谷发展而成，广泛分布于山区河段，如位于美国亚利桑那州的科罗拉多大峡谷（图 3-9）。

图 3-9　美国亚利桑那州科罗拉多大峡谷

（3）宽底河谷（宽谷）　宽谷是指横剖面宽阔的河谷。一般谷底宽广平坦，河床只占谷底一小部分，其横剖面呈浅“U”字形或槽形，河漫滩发育，谷坡上有阶地（多级）。多发育在地壳稳定区或岩性较软的地区。宽谷由峡谷发展而成，由河流的旁蚀作用而成。

（4）复式河谷　复式河谷又称成形河谷，河谷结构复杂，有阶地存在，其横剖面呈阶梯状，是由宽谷进一步发展而成。

2. 按走向划分

按河谷走向与岩层产状的关系，可把河谷分为顺向谷、次成谷、逆向谷、偶向谷四类。

（1）顺向谷　河谷顺着地面原始坡度发育或原始构造面倾斜方向发育，又称顺坡谷。这类河谷发育在新构成的地面上，如冲积平原、冰碛平原、熔岩锥或熔岩平原或新近隆起的海滨平原。

（2）次成谷　是从顺向谷分支形成的河谷，顺向谷支流沿着地质构造软弱地带发育而成，发育在易侵蚀的岩层分布区，代表河流适应于地质构造。

（3）逆向谷　是次成谷被进一步下切侵蚀，形成与岩层倾向相反的河谷。当逆向谷被侵蚀下切，形成流向又与岩层倾向一致的河谷，就是再顺向谷。

（4）偶向谷　成因和延伸方向与制约因素关系不明的河谷。

3. 按地质构造划分

按河谷与地质构造的关系，可把河谷分为纵谷和横谷两类。

（1）纵谷　延伸方向与构造方向一致或接近一致的河谷，包括断层谷、向斜谷、背斜谷、单斜谷、地堑谷等。

（2）横谷　延伸方向与构造方向或地层走向成正交或近乎正交的河谷，包括逆向谷、先成谷等。

3.2.2 河流阶地

3.2.2.1 概念

河流阶地是自然界河流演化的一种地貌形态，是河谷地貌中最突出的地貌特征之一。在河谷范围内，尤其是在山地河谷，河流阶地是聚落、农田、道路建设的主要场所；同时，河流阶地也是其所属的流域范围内古气候变迁、古水文变化和新构造运动以及河流侵蚀基准面升降的最丰富的历史信息记录者。河流阶地是河谷中沿河分布的阶梯状地形，且这些阶梯的平坦顶面与河流侵蚀和堆积有着直接的关系。

河流下切侵蚀，原来的河谷底部超出一般洪水位之上，呈阶梯状分布在河谷谷坡上，这种地形称河流阶地。河流阶地包含以下地形单元：阶地面、阶地斜坡、阶地前缘、阶地坡麓和阶地后缘等（图3-10）。阶地面微斜，是老河谷的谷底；阶地斜坡是阶地边缘的坡地。上述两个单元构成阶地的主要形态要素，反映了阶地在发育过程中的两个主要时期，即强侧蚀期和强下切侵蚀期。阶地高度是从河床水面起算，阶地宽度指阶地前缘到阶地后缘间的距离，阶地级数从下往上依次排列。

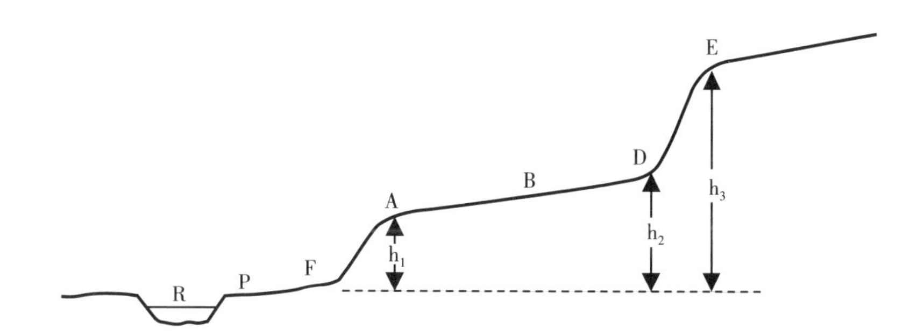

R：河床；P：河漫滩；A：阶地前缘；D：阶地后缘；ABD：阶地面；AF、ED：阶地陡坎；
h_1：阶地前缘高度；h_2：阶地后缘高度；h_3：第二级阶地前缘高度

图3-10　河流阶地形态要素

阶地的形成主要是在地壳垂直升降运动的影响下，由河流的下切侵蚀形成，是地球内外部动力共同作用的结果。有几级阶地，就有过几次运动；阶地位置级别越高，形成时代越老。阶地按上下层次分级，级数自下而上按顺序确定，愈向高处年代愈老。河流阶地是在相对稳定堆积和迅速下切过程中形成的。在发育较久的河谷中，经常有数级阶地，每级阶地都有一个平台和与之相连的斜坡组成。因阶地表面平坦，且具有便于交通和供水的优越条件，故沿河的城市、工厂、乡镇及农田等多分布其上。河流阶地沿河分布并非连续，多保留在河流凸岸；阶地在两岸也非完全对称分布，由于构造运动、气候变化和支流注入等因素影响，同一级阶地的相对高度在不同河段具有差异。

3.2.2.2 河流阶地形成的原因

河流阶地是在河床长期演变的基础上形成的。影响河流阶地形成的因素主要包括构造运动、气候变化、侵蚀基准面下降、河流袭夺、河曲摆动和岩性差异、冰川进退等六个方面：

（1）地壳上升形成阶地　由于构造运动形成阶地。地壳上升造成河道比降变化，影响河流系统中侵蚀、搬运和堆积过程。

（2）气候变迁形成阶地　通过降水以及与之相关的植被结构和变化影响河流水量和含沙量，并进而影响河流过程和河流地貌。气候阶地的特点是先堆积和下切。当前期气候干旱或寒冷时，会造成小流量、大沙量的条件，河床堆积；后期气候转潮湿或温暖，形成大流量、小沙量的条件，河床下切，从而形成阶地。

（3）基准面下降形成阶地　构造下降、海退、河流决口等都会引起基准面下降。侵蚀基准面下降是构造运动或气候变化引起，侵蚀基准面下降引起河流下切侵蚀。基准面变化是阶地形成的重要因素之一。基准面下降使得河流纵剖面梯度提高，导致原来平衡的河流系统进行重新调整。通常最先发生在河口段，然后不断向源侵蚀，在向源侵蚀所能达到的范围，一般都会形成阶地。阶地高度从下游向上游逐渐变小，在接近基准面的部位，由于梯度的巨大变化从而形成裂点。裂点沿河流向上游方向持续发展，就形成了新的河流系统，原来的部分河床及河漫滩就变成了阶地。基准面的下降都是局地性的发生在某一河流上。阶地的相对高度与基准面下降的高度是一致的，一般来说阶地高度小于或等于基准面的下降高度。由于侵蚀基准面下降形成的阶地是从下游不断向上游扩展，因而同一级阶地下游的时代比上游的时代要早。

（4）河流袭夺形成阶地　袭夺后的河流侵蚀加强，被袭夺的河流侵蚀减弱。

（5）河曲摆动和岩性差异形成阶地　引起水流侵蚀现象出现差异化。

（6）冰川进退形成阶地　造成侵蚀部位以及侵蚀能力变化，以及河流支流汇合、滑坡以及泥石流等，都可影响到河流阶地变化。

3.2.2.3 类型

1. 按照阶地结构和形态特征划分

根据河流阶地的物质组成，可将河流阶地划分为以下类型：侵蚀阶地、堆积阶地、基座阶地、埋藏阶地。

（1）侵蚀阶地　侵蚀阶地是由河流侵蚀作用形成，这类阶地面是河流侵蚀削平的基岩面，故称侵蚀阶地。侵蚀阶地的阶地面是由水流侵蚀而成，在形成期间，由于谷底狭窄，洪水季节时，泛滥到谷底上的流水流速仍然很大，因此在侵蚀形成的谷底上很少有沉积物堆积，或者即使有薄层冲积物，也被后期的剥蚀作用蚀去。阶地面形成后，河流深切，就形成了侵蚀阶地。侵蚀阶地由基岩组成，阶地面上往往很少保留冲积物，故又称基岩阶地。侵蚀阶地多发育在构造抬升的山区河谷中，其水流流速较大，侵蚀作用强烈，所以河床中的沉积物很薄，有时甚至基岩裸露。当后期河流强烈下切时，河谷底部抬升形成阶地，因而在侵蚀阶地上很少能找到冲积物，阶地面上往往只有一些坡积物。由于侵蚀阶地由基岩组成，因此阶地面不易被破坏，其原始高度容易保持相当长的时间。这种阶地在河流上游或山地河流中较常见。

（2）堆积阶地　堆积阶地是由河流冲积物组成的河流阶地，在河流的中下游最为常见，且多是最新的低阶地。其形成过程是先将河谷旁蚀成宽广的谷地，冲积物沉积，形成宽阔的河漫滩，然后河流强烈下切侵蚀形成阶地。一般河流下切侵蚀的深度不超过冲积层的厚度，因此，整个阶地全由松散冲积物组成。根据阶地形成期间河流下切侵蚀深度、冲积物厚度及与多级堆积阶地之间的接触关系，堆积阶地可分为上叠阶地和内叠阶地。上叠阶地是阶地形成时，首先侵蚀形成一个宽广的谷地，在这个谷地中充填了大量冲积物，接着河流下切，冲积层被切开，在其下逐渐形成新的谷地，以后在新的谷地上又沉积了新的沉积物。河流的这种作用反复进行，于是在河谷形成了几级堆积阶地。由于每一较晚时期河流的冲刷和宽度逐渐变小，因此每一较新的阶地，其组成物质叠加在较老的阶地组成物质之上，即新老阶地成上叠形式。在平原河流中常常可见上叠阶地。内叠阶地是指新的阶地套叠在老的阶地之内，后一次的河流冲积物分布的范围和厚度都比前一次的为小。内叠阶地和上叠阶地多是气候变化形成的阶地，或是河流下切侵蚀过程中一个阶段的产物。

（3）基座阶地　基座阶地多分布于河流中下游，是在谷地展宽并发生堆积，后期下切深度超过冲积层而进入基岩的情况下形成的。因此阶地由两层不同物质组成，上部是由冲积物组成，下部由基岩组成。基座阶地往往是由地壳抬升、河流下切侵蚀形成，在形成过程中侵蚀切割的深度超过冲积物的厚度，切至基岩内部而成。

（4）埋藏阶地　埋藏阶地又称掩埋阶地。早期形成的阶地由于地壳下降或侵蚀基准面上升，被后期河流大量堆积的沉积物所掩埋，使阶地被堆积物所覆盖，埋藏于地下，形成埋藏阶地。其成因有两种，一种是构造运动呈阶段性下降，早期阶地被新沉积物埋藏后，又由河流下切形成新的阶地，而新阶地又被更新沉积物覆盖为埋藏阶地，如此多次进行，可形成多级埋藏阶地。另一种是早期地壳上升，形成多级阶地，而后地壳下降或侵蚀基准面上升，发生堆积，将早期形成的阶地全部埋没，而形成埋藏阶地。

2. 按照阶地的成因划分

（1）构造升降运动形成的阶地　构造抬升是河流阶地发育的主要控制因子，当地壳向上抬升时，河床纵剖面的位置相对抬高，水流发生下切侵蚀，力图使新的河床达到原来位置，靠近谷坡两侧的老谷底就形成了阶地。堆积与切割在河流中是一个动态平衡过程，如果水动力条件不发生明显变化，山地隆升或沉积盆地沉陷等构造运动使得河流下切能力加强，下切形成新的河床，使原有部分河床被废弃，于是原来部分河床及河漫滩就形成了阶地。构造升降运动不是一直呈连续上升的，而是间歇性的；这样，在每一次构造上升运动时期，河流以下切为主；而当地壳相对稳定时，河流就以侧蚀和堆积为主，于是形成了多级阶地。

（2）气候阶地　气候变迁可表现为长期的气候干湿变化或冰期、间冰期的交替出现。当气候长期干旱，河流水量减少，或含沙量增多时，坡面侵蚀加强，带到河流中的泥沙量增多，河床表现为堆积；气候变湿润时，河流水量增多或含沙量减少时，河流侵蚀加强，即形成阶地。这种阶地在上游和下游，阶地高度较低；而中游高度较大。气候变化对阶地形成的影响主要是导致河流中水量和含沙量的变化。由于气候干湿变化引起堆积作用和侵蚀作用的交替，于是形成河流阶地。冰期与间冰期的交替出现使温度发生变化，也可形成阶地。冰期、间冰期或气候冷暖交替变化形成阶地的情况比较复杂，河流堆积是温暖气候条件下的普遍现象，而河流在冰期将其河谷切割到较低位置。冰期时，寒冻风化作用较强，河流中水量少，大量风化物质被带到河流，在河流的中上游发生大量堆积，下游段由于海面下降发生侵蚀。间冰期时，河流水量增多，河流中上游发生下切侵蚀形成阶地，下游段由于海面上升发生堆积。华北地区晚更新世的马兰黄土阶地就是由气候干湿变化形成的阶地，前期由于干旱与风沙作用，形成底部为大小砾石、上覆黄土的二元结构阶地面；后期温暖下切形成阶地前坡，从而形成马兰黄土阶地。在晚更新世时期气候干冷，机械风化作用很强，带入到河流中的大量碎屑物质，形成加积，全新世以来，气候变湿润，河水量增多，下切形成阶地。

（3）河曲阶地　河曲阶地是由河曲移动形成。但河谷发育到后期成熟阶段，谷地宽广，河漫滩发育，河曲在河漫滩上以两种方式自由移动：一种是自上游向下游移动，在移动过程中，如果河流具有轻微的下蚀作用，则在河谷底部某一点上，第一个河曲移经时的河漫滩必定较第二个河曲移经时为高；河曲除了从上游向下游移动外，同时河曲在河漫滩上还进行左右移动。由于这两种移动作用，受侵蚀降低，残留的古河漫滩分布在谷底两旁，高出现在的河漫滩，成为河曲阶地。河曲阶地在发育成熟的河谷中常见，年轻河谷中很少见。

（4）剥蚀—构造阶地　是由硬度不同的水平岩层受差别侵蚀而形成的阶地。河流被侵蚀掉地表松软的岩层后，遇坚硬岩层，迫使河流的加深侵蚀变慢，水流侧蚀河流两岸；但河流再切穿硬岩层时，就形成了阶地。剥蚀—构造阶地的规模很不相同，有时阶地面可宽达数千米。剥蚀—构造阶地分布在河谷两侧的各个水平面上，其位置是由当地坚硬岩层露出情况决定，其存在使河谷或山坡成多层阶梯状。

3.2.3 河谷发展

通常，一条河谷的形成主要通过三种作用，即河谷加深、河谷加宽及河谷延伸。

3.2.3.1 河谷加深途径

河谷加深受下列作用影响：水力作用、河底磨蚀作用、沿河底的瓯穴作用、间歇性河流上的河床风化作用，以及水力作用冲走风化物质。

3.2.3.2 河谷加宽途径

河谷宽度是指河谷横剖面—河谷两岸间的直线距离。河谷加宽通过以下作用完成：

（1）河谷内由于河流侧蚀或夷平作用，通过水力作用和冲蚀，搬走河谷边缘的泥沙和石块，导致谷坡切割，有利于谷坡物质滑入河流。这种过程在河谷发育的各个阶段都起作用，但在壮年和老年期更为明显，因为壮年和老年期河谷的加深已基本停止，侧蚀作用特别明显。

（2）谷坡上的雨蚀或片蚀，是河谷加宽的重要形式之一。

（3）谷坡上沟道的发育，是河谷加宽的另一重要形式。

（4）风化作用和块体运动，通过碎屑物质的滑塌、崩塌或块体运动的其他方式坠入河中，直接使河谷加宽。

（5）通常在支流汇入的地方，河谷明显加宽，因为该处河谷的谷坡受到来自两个方面水流的攻击。

事实上，河谷的加宽过程就是谷坡的发育过程。

3.2.3.3 河谷延伸的途径

河谷的延伸主要是通过三种途径：

（1）溯源侵蚀　这种方式对于小河谷的延伸特别有意义。

（2）河流弯曲增大　如果河流受制于谷坡，由于河曲发育，就会使得河谷加长延伸。

（3）地壳上升或海平面下降使得河谷延伸　由于地壳上升，大西洋和墨西哥湾海滨平原上的很多河流都延长了。三角洲的发育也可使河流延长，长江、黄河及密西西比河下游河流的延长均属这种情况。

3.2.3.4 分水岭迁移及河流袭夺

在侵蚀作用的进行过程中，河流分水岭的性质和位置将发生显著变化。幼年期的分水岭并不总是清晰的，但随着河谷系统发育，分水岭数量增加，同时分水岭轮廓也变得更加清晰。到壮年期，分水岭变得非常尖锐，但并非总是固定在一个地方。分水岭迁移可以很慢，也可很迅速。在侵蚀循环的早期，发现分水岭两边河流的长度和比降常常不等；而在侵蚀循环的后期，大小相等的河流间，其分水岭宽度一致，分水岭两边河流的比降也大致相同。分水岭两边降雨量的不均匀，也可能导致分水岭发生迁移，尤其是当信风带内的风向总是作一个方向吹袭的情况下。河流的改道或河流搅乱可能导致分水岭快速迁移。河流袭夺作用可能造成河流改道，河流袭夺是指一条河流通过积极的侵蚀，抢夺了另一条河流的水量。相邻流域的河流向源侵蚀速度不同，速度较快的，源头向分水岭伸展的速度也快，最终首先切穿分水岭，导致分水岭另一侧河流的上游河流袭夺注入此河，变成这条河流的支流，这就是河流袭夺。自然界中，相邻几个水系在内外因素的影响下，总有一个水系发展成为主水系。其侵蚀活跃，下切较深，使其支流的溯源侵蚀和侧向侵蚀也较为强烈，甚至切穿分水岭，夺取分水岭另一侧位置较高河流的河源段。由分水岭被破坏或迁移造成的河流袭夺，是主动河流袭夺。河流袭夺可通过并吞、溯源侵蚀、侧蚀或地下袭夺。

3.3 河床地貌及形成过程

河床是河谷中枯水期水流所占据的谷底部分。通常，河床横剖面呈低洼槽形。从河流源头到河口的河床最低点连线称为河床纵剖面，呈一不规则的曲线。河床形态受地形、地质、土壤、水流冲刷、搬运和泥沙堆积的影响。山区河床狭窄，纵剖面较陡，浅滩和深槽交替，多跌水和瀑布，且两岸常有许多山嘴突出，因此河床岸线犬牙交错。河床地形的发育过程基本上取决于流水及其所携带的泥沙和组成河床的物质的相互作用。这些因素的相互作用与许多地带性因子（经常地或暂时地、局部地或在全河上起作用）及非地带性因子（风、冰、地壳运动等）有关。

3.3.1 河床剖面的形成与发展

河流作用形成河床纵剖面。每条河流下切侵蚀往往受某一高度基面控制，河流下切到接近这一基面后即失去侵蚀能力，不再向下侵蚀，这一基面就是河流侵蚀基准面。坚硬岩坎、湖泊洼地或支流汇口处，是地方侵蚀基准面，起着控制上游河段下切的作用。侵蚀基准面的变化影响河床纵剖面的发展。当侵蚀基准面下降时，如果出露的地面坡度较大，则流速加大，侵蚀作用加强，开始在河流的下游发生侵蚀，然后逐渐向上游扩展，即发生溯源侵蚀，河床纵向坡度变大。当侵蚀基准面上升时，水流搬运泥沙能力减弱，河流发生堆积，河床纵向坡度变小。

在一个河段内，河流侵蚀作用和堆积作用同时交替发生着，即在任一河段的某一时刻不仅发生侵蚀，同时也进行着堆积。于是就使得发展到一定阶段后的河流，河床侵蚀和堆积达到平衡状态，这时河床纵剖面将呈现一条下凹圆滑曲线，即河流平衡剖面。通常任一河流流经地区的岩石性质、构造状况都不一样，因此河床纵剖面总是呈波折状，水流将在各个坡度增大段加剧侵蚀，坡度变小段发生堆积。此外，季节变化导致河流水量和含沙量发生变化，支流的来水和来沙也影响到主河道的水量和含沙量发生变化。

3.3.2 影响河床纵剖面发展的因素

3.3.2.1 水文情况

河流水文情况变化影响河流中的水量、流速、含沙量等，并进而导致河床发生侵蚀或堆积。在季风气候区的河流，雨季时河水上涨，发生洪水，不同河段洪水期河流水面比降不同。狭窄河段由于过水断面小，发生洪水时，水面上涨高度大，造成上游段壅水，水面比降减小，流速减小，在河床中发生堆积。从山地到平原河段，河谷展宽，洪水扩散，水面比降急剧变大，流速加快，河床中就会发生侵蚀。

3.3.2.2 构造运动

在构造运动作用下，整个流域发生升降，或流域内局部地区发生高差变化，并导致河流纵剖面改变。若整个流域抬升，相当于侵蚀基准面下降，将从河口向上游发生向源侵蚀。若流域内局部地区发生高差变化，则上升地段的河床坡度比原先坡度加大，由此发生侵蚀，下沉地段堆积。如发生断层，断层与河流相交且下降盘位于下游，河床中将形成陡坎（裂点），并从裂点向源侵蚀。

3.3.2.3 岩性

不同岩石，由于抵御侵蚀能力的差异，产生差别侵蚀，在坚硬岩层段形成岩槛或跌水。形成岩槛的岩层产状决定着岩槛形成后是向上游移动，还是向下游移动。当构成岩槛的坚硬岩层倾向上游运动时，在河流侵蚀作用下，河床降低，岩槛就会向上游方向移动。相反，岩层向下游方倾斜，则下切侵蚀后，河床降低，新形成的岩槛比原来岩槛位置向下游方向移动一段距离。

3.3.2.4 气候变化

气候变化导致自然环境改变，进而影响河流侵蚀、堆积和基准面升降。气候变湿的情况下，流量增加，地表植被生长良好，河流中相对含沙量少，易发生侵蚀。气候变干，则地表径流减少，植被稀疏，河流中的相对含沙量增多，易发生堆积，形成加积型河床。

河床纵剖面形态变化受到气候冷暖变化的影响。冰期时冻融增强，进入河床中的碎屑物增加，大量地表水变为冰而停留在陆地上；这时河床中水量减少，侵蚀基准面降低，河流上游段因风化碎屑增多呈加积型河床，下游段由于侵蚀基准面下降则形成侵蚀型河床。间冰期刚好相反，陆地表面的冰融化成水，使河流水量增多，侵蚀基准面上升，中上游河段将在冰期加积的河床中出现下切侵蚀，在河流下游段因侵蚀基准面上升而堆积。

3.3.2.5 人类活动

水坝建设等人类活动会改变河床纵剖面，修建水坝引起河流泥沙量变化，造成上游河道加积和下游河道下切。在水坝建成后，水坝下游河流的下切速率逐渐增加。通常，水坝建成运行后几十年，河道可下切达数米。随着时间推移，水坝以下的河段，其下切速率慢慢变小；这是由于水坝附近的河床因河流下切导致平坦化，河床坡度变小，以至于小到河流能量无法有效搬运泥沙。水坝减小了洪峰及河水搬运泥沙的能力，只有那些细颗粒物质才能被河流搬运，并堆积成保护层，阻止了河流的进一步下切。例如，黄河上的三门峡水库，自大坝建成以来，导致库区严重淤积，使得黄河潼关至龙门段河床严重淤积抬高，导致黄河倒灌渭河，产生土壤盐渍化、渭河下游洪灾频繁发生等一系列灾害性环境问题。

3.3.3 河床地貌及其形成过程

河床发展过程中，由于不同因素影响河流侵蚀和堆积，在河床中形成各种地貌形态，如河漫滩、河床中的浅滩与深槽、沙波、山地基岩河床中的壶穴和岩槛等。

3.3.3.1 河漫滩

1. 河漫滩地貌特点

河漫滩（flood plain）位于河床主槽一侧或两侧，是在洪水时被淹没、枯水时出露的滩地。河漫滩是河流洪水期淹没的河床以外的谷底部分，位于河床和河谷谷坡之间。河流横向迁移和洪水漫堤沉积作用形成河漫滩，因此平原区的河漫滩比较发育，较宽广，常在河床两侧分布，或只分布在河流的凸岸。由于横向环流作用，“V”字形河谷展宽，冲积物组成浅滩，浅滩加宽，枯水期大片露出水面成为雏形河漫滩。之后洪水挟带的物质不断沉积，形成河漫滩。山地河谷比较狭窄，洪水期水位高度较大，河漫滩不发育，河漫滩宽度较小，相对高度却比平原河流的河漫滩要高。极为宽广的河漫滩，称为泛滥平原或河漫滩平原。

河漫滩的形成是河床不断侧向移动和河水周期性泛滥的结果。在河流作用下，常常在河床的一岸发生侧蚀，另一岸发生堆积，于是河床不断发生位移。发生堆积作用的一岸，由河床堆积物形成边滩，随着河床的侧移，边滩不断扩大。洪水期间，水流漫到河床以外的滩面，由于水深变浅，流速减慢，便将悬移的细粒物质沉积下来，在滩面上留下一层细粒沉积，于是形成了河漫滩。一般来说，河漫滩上部由洪水泛滥时沉积下来的细粒物质组成，下部由河床侧向移动过程中沉积下来的粗粒物质组成。这种下粗上细的沉积物结构，称二元相结构，即上部细粒物质为河漫滩相沉积（overbank deposits），多为亚沙土或亚黏土；下部粗粒物质为河床相沉积（channel deposits），多为沙、砾。在坡陡流急的山区河流，通常侵蚀作用较强，河床两侧常常没有沉积物保留，只有狭窄的石质漫滩，或者只有粗大的砾石组成的漫滩。

河漫滩所在的地面大多比较平缓。在平原区比较顺直的河床两侧，常发育自然堤，堤外地势一般比较低洼。在弯曲河床的两侧常发育有迂回扇，地面出现鬃岗与岗间洼地相间分布的现象。在河曲发育的河漫滩上，由于河流裁弯取直，常常留下许多牛轭湖或废弃河道（故道）。

2. 河漫滩形态特征

（1）滨河床沙坝（channel bar）　滨河床沙坝是河流弯道凸岸边滩上略有高起的弧形带状地貌（图 3-11），分布在河床凸岸边缘，由于洪水期河流横向环流作用加强，从河床流向河漫滩的水流挟带大量推移质，当水流从河床流向河漫滩时，水流流速急剧降低，推移质在河床与河漫滩交界处便堆积起来。洪水退后，这些堆积物便形成一条沿河床凸岸分布的弧形长垄，称为滨河床沙坝。滨河床沙坝两坡不对称，朝向河床的一面是缓坡，向岸的一面为陡坡，坡度可达 30°左右，高可达数米。

原生滨河床沙坝具有重要意义，它形成河漫滩地形的骨架，组成原始河漫滩鬃岗的核心。滨河床沙坝与滨河床浅滩最本质的差别就是，它们沿河床的分布极不均匀。

（2）迂回扇　迂回扇是河漫滩表面的一种微地貌形态，由一系列有规律地分布于凸岸边滩上的滨河床沙坝构成。迂回扇是在河湾侧向蠕移过程中产生的。因侧向蠕移是脉动式而不是连续均匀地发生，故当河湾侧蚀较慢时，凸岸边滩外缘的滨河床沙坝不断加高。当侧蚀加快后，凸岸边滩迅速淤

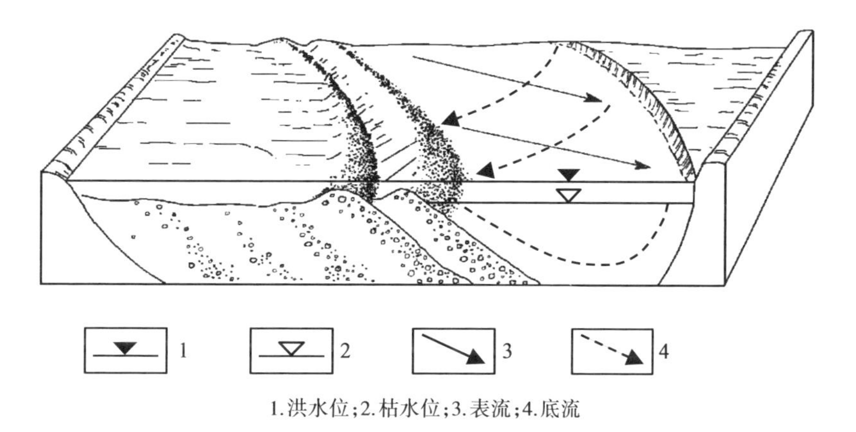

1.洪水位;2.枯水位;3.表流;4.底流

图 3-11 滨河床沙坝示意图

长。若侧蚀再度减缓，则在凸岸边滩外缘新的位置上又会出现相对高起的滨河床沙坝。河床侧向蠕移通常多次进行，每次侧向蠕移都能形成大致平行的滨河床沙坝，每一次侧向蠕移后形成的滨河床沙坝组合形成扇形，便形成完整的迂回扇（图 3-12）。各条沙坝的曲率随距河岸远近而异，且组成物质较粗，相邻沙坝间的低地常成为沼泽，组成物质较细。

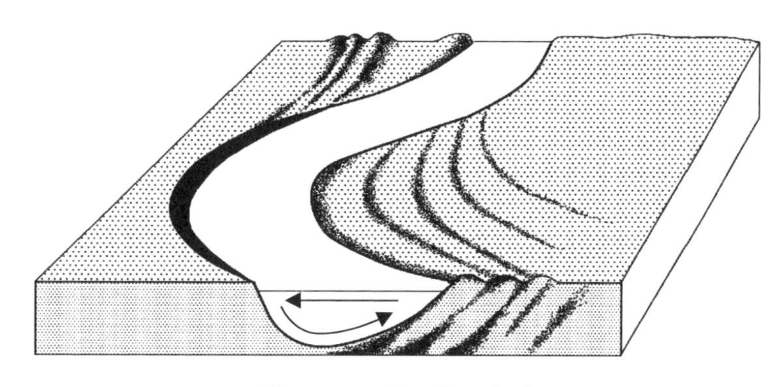

图 3-12 迂回扇示意图

（3）心滩沙堤 位于河心的浅滩，与复式环流作用有关。在河床突然加宽处，由于河水流速降低，在河底受两股相向的底流作用，于是，发生了侵蚀两岸，而在河床底部堆积逐渐形成心滩。通常，心滩沙堤发育于平原河汊的心滩边缘，洪水期来临时，水流流速低，水流搬运能力减弱，泥沙就在心滩两侧沉积下来，形成沿心滩两侧分布的沙堤。心滩沙堤形状与心滩演变密切相关，当心滩向下游移动时，心滩上游端受冲刷，老沙堤受破坏，在下游一端堆积，导致心滩增长，于是形成新的心滩沙堤。在新心滩两侧还保留着分汊的老沙堤残留部分（图 3-13a）；当心滩向上游方向增长时，弧顶指向上游的老沙堤就在新沙堤内部保留下来（图 3-13b）；若心滩向河床两侧扩展，沙堤分布在心滩两侧，则老沙堤残留部分就在内侧保留下来（图 3-13c）；若心滩向一侧增长，弧形沙堤就会分布在心滩增长的一侧（图 3-13d）。

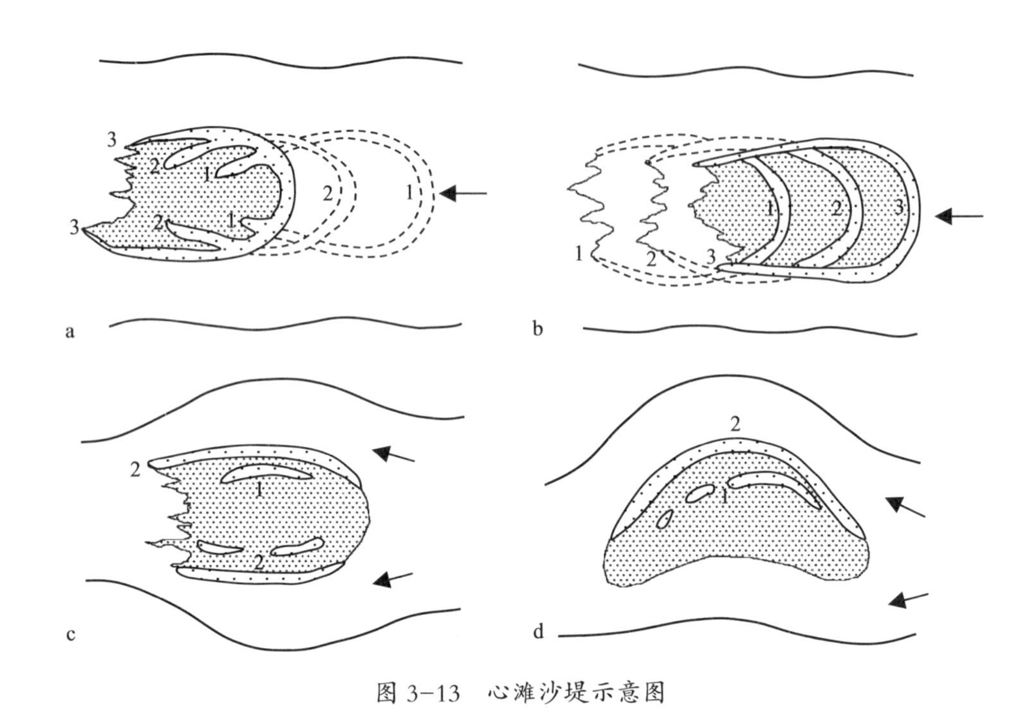

图 3-13 心滩沙堤示意图

3. 河漫滩地貌形成过程

河漫滩是随着河床移动而产生的，其中滨河床浅滩的堆积起主要作用。由于河流横向环流，河床在一岸侵蚀，谷坡不断后退，原先的“V”字形河谷逐渐展宽，被侵蚀的物质一部分堆积在河床底部，另一部分较细小的颗粒被环流带到另一岸堆积，形成河床浅滩（图 3-14a）。枯水期部分河床浅滩露出水面，河床开始弯曲，向河床突出的一岸为凸岸，凹进的一岸为凹岸。如果河床继续向凹岸方向移动，凸岸的河床浅滩不断加宽，以至枯水期大片露出水面，于是形成雏形河漫滩（图 3-14b）。雏形河漫滩上不断沉积洪水期流水挟带的细粒物质，逐步变成河漫滩（图 3-14c），随着河床弯曲度

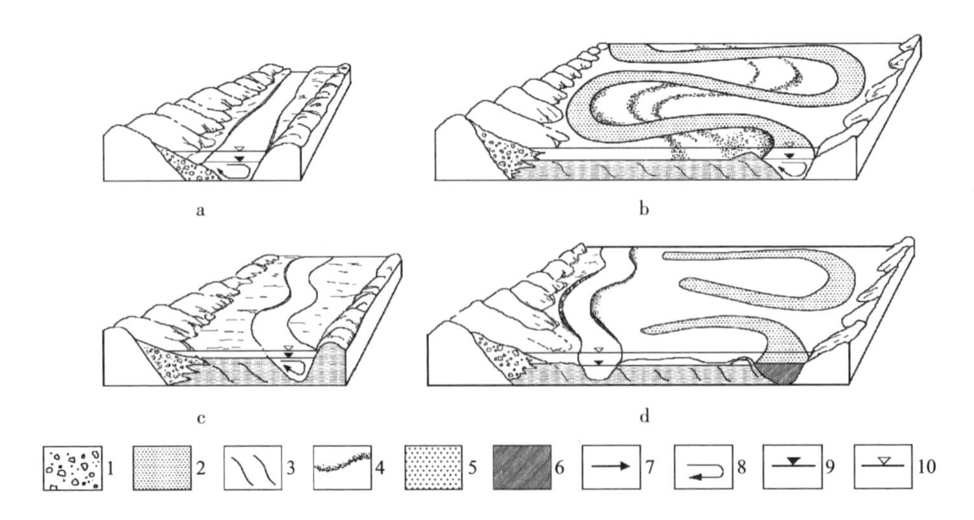

1. 砾石，2. 砂和小砾，3. 淤泥夹层，4. 早期河漫滩沉积细砂，5. 晚期河漫滩沉积细砂，6. 牛轭湖淤泥沉积，7. 河床移动方向，8. 环流，9. 枯水位，10. 河水位

图 3-14 河漫滩的形成与发展

增大，形成狭窄曲流颈；曲流颈被水流冲开，河道自然取直，出现新河床，原来的老河床形成牛轭湖（图 3-14d）。新河床又重复上述河漫滩发育演变过程。在宽浅的河床中，水流常分汊，于是出现两股相对的横向环流，如果河床中部水流上升，便发生底沙堆积，在水下出现浅滩，于是形成了河心浅滩。随着河心浅滩的冲淤速度变化，浅滩扩大或缩小，也会增高，如果高出枯水位以上，就形成了心滩（图 3-15），或称心滩式河漫滩。

图 3-15 河流心滩（广州市从化区流溪河）

4. 河漫滩类型

河漫滩类型包括四种：河曲型河漫滩、汊道型河漫滩、堰堤型河漫滩和平行鬃岗型河漫滩。

（1）河曲型河漫滩 该类河漫滩发育于弯曲型河段。河曲型河漫滩发育初期，河谷深窄，弯曲率较小，水力很强，在凸岸处因流速较慢有粗大砾石堆积，形成面积狭小的边滩。发育中期，河流弯曲率增大，谷底逐渐展宽，边滩扩大，且高度增加，以至平水期也大片出露，成为雏形河漫滩。但此时堆积物仍以粗粒的推移质（沙、砾）为主，细粒的悬移质（粉沙、黏土）仍因流速大而带向下游。发育晚期，雏形河漫滩进一步扩宽淤高，滩面流速减小，洪水时滩面上的悬移质堆积。这种具有悬移质堆积的滩地，称为河漫滩。该类河漫滩的凸岸岸边，往往分布着多列与河岸平行的弧形沙堤（坝），又称滨河床沙堤或迂回扇；它是在特大洪水期由凹岸带来的堆积物，由于其数量多，颗粒粗大，因此迅速堆高成沙堤。

（2）汊道型河漫滩 发育于汊道型河段，常形成浅滩及其附属沙嘴。特点是洲头高于洲尾，两侧多由沙堤环绕。这是当洪水漫滩时，在洲头和两侧首先被大量泥沙堆积所致。

（3）堰堤型河漫滩 发育于顺直河段，在顺直河床的两岸形成天然堤。堰堤型河漫滩是一种雏形河漫滩，漫滩边缘有天然堤，使河床束缚于天然堤之间。该种类型河漫滩多见于汉河型河流，其地形起伏大，天然堤可高出河漫滩十余米，因此常有决口泛滥的威胁。堰堤型河漫滩地貌结构由岸边向内可分为三带，即天然堤带、平原带、洼地沼泽带。天然堤带分布在岸边，与岸平行排列，由颗粒较粗的沙砾组成，特大洪水漫滩时，因岸边流速骤减，大量粗沙首先堆积而成。平原带在天然堤带内侧，高度较低，堆积颗粒较细，以粉沙和黏土为主，是洪水越过天然堤带之后，在流速减慢和堆积物数量减少的情况下堆积而成。洼地沼泽带离河岸最远，一侧连接平原带，另一侧与谷坡相邻。此处由洪水带来的泥沙数量少，堆积层薄，颗粒最细，故地势低洼，加上谷坡带来积水，常形成湖泊沼泽地。

（4）平行鬃岗型河漫滩　是堰堤型河漫滩与河曲型或汊道型河漫滩之间的过渡类型，表现为一系列的平行鬃岗系统，鬃岗之间为浅沟和湖泊。平行鬃岗型河漫滩是在平直或微弯曲的河段上，河床向一方偏移，在河床的一岸形成断续分布的许多基本平行的滨河床沙坝残留的鬃岗地形。鬃岗之间多为线状洼地，积水后则成湖泊、水洼或沼泽，或在其中发育一些平行的汊河。河床的另一岸则常有一条断续分布的沙坝。

3.3.3.2 浅滩

1. 浅滩特征及形成过程

浅滩与河曲是平原河流河槽中典型地形之一。在弯曲的天然河床中，河水深度总是不均一的，可划分出浅滩和深槽。浅滩是指河床中水面以下的堆积物。由于河床水流速度的变化，水流的侵蚀和堆积作用交替进行，因此河床纵剖面往往呈波状起伏，沿河交替分布着浅滩和深槽（图 3-16），堆积的部分是浅滩，侵蚀的部分为深槽。据大量天然河流统计分析，在弯曲型河床中，两个相邻浅滩的间距约为河宽的 5 ~ 7 倍。浅滩最发育的地段在河床宽阔处或支流河口附近，在这里由于水流速度减缓，泥沙易淤积，往往形成浅滩。

图 3-16　河流浅滩（重庆开州区东河）

浅滩常常成群分布，形成所谓浅滩河段，浅滩段又与深槽段交替分布。在深槽段，主要是一些深而稳定的河槽，只是偶尔出现单独浅滩，每一个深向侵蚀区和侧向侵蚀区，都是由若干个浅滩和深槽段交替组成。在深向侵蚀占优势的地区大部分是深槽段，而在侧向侵蚀占优势的地区，稳定的深槽段长度小于浅滩段长度。组成浅滩的沙层表面高程与深槽表面高程之差（在平原河流中）通常不超过水位的年变幅。

浅滩的形成是局部输沙不平衡的物质体现，即沙量超出水流挟带能力后，泥沙便在河床落淤，而浅滩的形成正是这一过程的累积效应（朱玲玲等，2014）。浅滩形成物质一部分来源于其周边河床边界的冲刷，包括河槽纵向冲刷、河岸崩退以及洲滩冲刷，如顺直河道浅滩、深槽物质交换，弯曲河道凹岸和凸岸的泥沙异岸输移等；另一部分则来自水流挟带的泥沙。从质量守恒角度看，浅滩段水深较小，通过与上下深槽相同的流量，同时要保证浅滩的长期存在，浅滩段断面往往较深槽段宽，因而浅滩往往出现在河流放宽段或是束窄段上游。

2. 浅滩段类型

洪水形成的浅滩包括两种类型：

第一种是形成于深向侵蚀区中的浅滩，其水流特征是汛期比降大于枯水期，河漫滩狭窄，在整个深向侵蚀区中，只有过境泥沙的粗粒部分才在洪水流中变成推移状态。因此，在这里浅滩少见，浅滩形状较为稳定，在枯水期尤其稳定。

第二种是形成于侧向侵蚀区的浅滩，其水流特征是汛期比降大于枯水期，但河漫滩宽阔，组成浅滩的泥沙粒径小，浅滩地形不稳定。

3. 浅滩成因

（1）横向环流　由于横向环流作用，使得弯曲河道凹岸侵蚀形成深槽，凸岸堆积变成浅滩（边滩）。在河流上的相邻两个弯道，横向环流方向正好相反，两弯道间的河段，由于环流消失，水流搬运力减弱，发生泥沙堆积，形成浅滩。在河床底部，横向环流呈汇合型，于是形成河心浅滩。

（2）洪水　洪水期的洪水波在狭窄河段传播慢，形成壅水，水面比降小，水流搬运力相对减弱，发生堆积，形成浅滩。在展宽河段，洪水波传播速度快，水面比降大，水流侵蚀搬运力强，产生侵蚀，从而形成深槽。

（3）主支流相互影响　在主支流交汇处，有两种情况：一种情况是，洪水期主河先涨水，导致支流河口以上河段产生壅水，发生堆积，形成浅滩。另一种情况是，支流挟带大量泥沙，堆积在主支流汇合处，从而形成浅滩。

（4）人工建构筑物　在河床中修建渡桥、挡水坝或其他人工建构筑物等，会使上游河床水位增高，搬运力减弱，从而使泥沙堆积，形成浅滩。此外，不恰当的截弯取直，使得流速增大，导致河床强烈冲刷，下泄泥沙过多，也会在取直河道出口下游形成浅滩。

3.3.3.3 沙波地形

1. 沙波形态特征

沙波又称“波痕”，是河床中的堆积地貌，是广布于河滩表面的波状微地貌。在床面形态发展过程中的沙纹、沙垄和沙浪，统称沙波。只要存在着推移质的运动，河床表面就必然会出现有规律的起伏不平的形态，即沙波形态。随着水动力条件和输沙强度的变化，沙波形态也将发生有规律的变化，这是河床适应于水沙条件而作出的自动响应和调整结果。沙波既是河床地貌形态之一，又是推移质运动的形式，是河床垂直变形的一个方面。

2. 沙波形态类型

（1）沙纹　泥沙起动后不久，少量颗粒在床面某些部位集聚，形成小丘，向前运动，同时增高、加长，最后连接成规则的沙纹。沙纹迎水面长而缓，背水面短而陡，两者水平长度之比约为 2∶4，一般波高 0.5 ~ 2.0 cm，最大不超过 5 cm；波长 1 ~ 15 cm，一般不超过 30 cm，且与水深关系不大。在平面上有相互平行的，也有呈鱼鳞状或舌状排列的。沙纹的波峰大致垂直于水流方向，呈鱼鳞状排列。

（2）沙垄　随着水流强度增加，沙纹尺度不断加大而发展为沙垄，其迎水坡上有时有沙纹叠置。沙垄纵剖面形状与沙纹相似，但尺寸较大，且与水深有密切关系。在不同河流，它所能达到的高度和长度也不相同。在平面形态上，随着水流强度增加，自顺直发展到弯曲。当河底起伏较大时会引起水面变化，在沙垄波峰处水面降落，出现小波浪。当床面起伏很大时，波峰下游有水流分离现象，水面会产生漩涡和高含沙量带。

（3）平整床面　随着流速增大，沙垄尺寸在发展到最大后走向消亡。这是因为迎水面冲刷产生的泥沙无法在波谷发生停积，其中一部分变成了悬移质，因此波高开始减小。当水流作用大到足以使所有的泥沙都呈悬移质时，沙垄逐渐消失，床面变得平整，这种平整不同于低流态时发生泥沙起动之前的平整床面。在这种情况下仍然有着强度较大的泥沙运动，此时泥沙呈成层运动状态。当平整床面出现后，水流阻力最小。

（4）逆行波和顺行波　随着水流强度增加，河床床面再次发生起伏，出现沙波。其形态特征是迎水面和背水面对称，水面起伏和床面沙波的起伏同步。因沙波运行方向不同，可分为逆行沙波和顺行沙波。逆行沙波发生在水浅流急之处。水流通过迎水坡时，受重力影响，流速减慢，泥沙沉积，翻过波峰之后，势能转化为动能，流速增加，又发生冲刷，使得沙波缓缓后退。顺行沙波多在水深流急地方发生，此时水面波动已大大小于河床起伏，波峰处水深较波谷处小。

3. 沙波成因

一般认为沙波是水流与河床相互作用下产生的一种稳定河床形态。泥沙颗粒在流水、风、波浪作用下沿地表移动，并形成沙波。水流不断搬运沙波迎水面坡上的沙粒，在背水面一坡堆积下来，沙波便不断向下游移动。

3.3.3.4 壶穴与岩槛

1. 壶穴

壶穴（potholes）又称瓯穴，是指基岩河床上形成的近似壶形的凹坑，是急流漩涡挟带砾石磨蚀河床而形成的深穴（图 3-17）。壶穴集中分布在瀑布、跌水的陡崖下方及坡度较陡的急滩上，由湍急水流冲击河床基岩而成，其深度可达数米。如果河床基岩节理发育，或是构造破碎带，水流则往往沿岩石节理面或破碎带冲击和淘蚀河床。一旦河床被淘蚀成穴后，就在壶穴处形成漩涡流，一些砾石随着漩涡流一起运移，对河床进行磨蚀，在河床两侧或河床底形成光滑的磨光面。

图 3-17 壶穴

壶穴是河流上游经常出现的一种河流地貌类型。由于降雨导致河水流量增加，带动上游石块向下游推移，当石块遇到河床上的岩石凹处无法前进时，会被水流带动而打转，经历长时间后将障碍磨穿，形成圆形孔洞，穴壁光滑如镜，其形似井。壶穴发育的条件包括三个方面：第一是岩性。发育壶穴的地方，花岗岩为中粗粒的花岗岩，且纵向、横向、水平三组节理（即裂缝）发育。河水挟带沙石很容易在节理面上产生磨蚀而形成壶穴。其次是若年降雨量丰富，河流流水量大，侵蚀力强，即流水产生的漩涡挟带沙石对河床基岩的磨蚀力强大，壶穴易于形成。尤其是在瀑布、跌水、陡崖下方，更是壶穴集中分布的地带。第三是风化作用。壶穴中往往有藻类、草本植物生长，它们在生长过程中分泌有机质，对壶穴内部产生生物风化作用，促进壶穴向深、宽发展。

图 3-18 岩槛

2. 岩槛

岩槛（threshold）又称“岩坎”或“岩阶”，是基岩河床中坚硬岩层横贯河床底部或河流与构造线直交而形成的瀑布或跌水（图 3-18）。岩槛往往成为浅滩、跌水和瀑布的所在处，并构成上游河段的地方侵蚀基准面。岩槛的形成和构造与岩石性质有关。有些活动断层可直接形成岩槛，岩槛位置和断层位置一致。有时岩槛位于活动断层上游方向一定距离，这是因岩槛向源后退之故。前者表明断层活动时期很近，后者说明断层活动已有相当长时期。穿插在基岩中的岩脉，也常形成岩槛。

3.3.4 河床平面形态

河床平面形态包括平直（straight）、弯曲（meandering）和分汊（braided）河床。弯曲的河床称曲流（meanders），分汊河床称辫流（braided river）。

3.3.4.1 曲流（meanders）

曲流形成原因有以下方面：①环流作用导致河流一岸受冲刷，另一岸发生堆积，由此形成曲流；②河床底部泥沙堆积形成障碍，使水流向另一岸偏转，形成曲流；③由于河床两岸岩性不一致，或者构造运动造成两岸差异侵蚀，从而形成曲流。

根据地质条件和曲流发育状况，将曲流分为自由曲流和深切曲流两种类型（图 3-19）。

自由曲流常形成于地壳下沉的宽广冲积平原。由于河谷宽阔，河床不受河谷约束，能较自由地迂回摆动，又称迂回曲流。

深切曲流是指曲流形成后，由于地壳抬升，曲流深切入基岩。深切曲流是一种限制性曲流，即曲流深切入地表。此类曲流常发育于山地，根据其下切和侧蚀情况，又分为嵌入曲流（intrenched meanders）和内生曲流（ingrown meanders）两类。

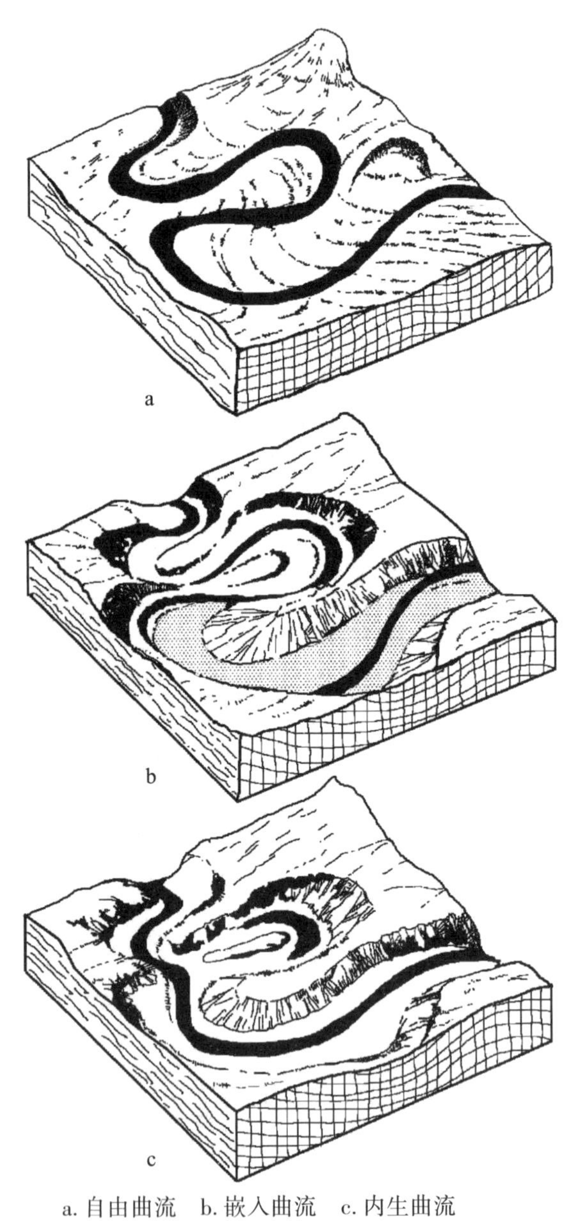

a. 自由曲流　b. 嵌入曲流　c. 内生曲流

图 3-19　曲流类型

在地壳急剧抬升时，曲流保持原形切入基岩中，形成嵌入曲流。当构造上升速度较慢，曲流在下切过程中，继续侧蚀，形成内生曲流。内生曲流发育过程中，曲流更加弯曲，曲流颈也愈来愈窄，洪水期水流漫溢而截弯取直，原来的弯曲河道被废弃。曲流形成后，不断侧蚀，同时不断向下游迁移，在其迂回范围内，可形成曲流带。当河床弯曲愈来愈大时，河流上下河段愈来愈接近，形成狭窄的曲流颈。洪水时，曲流颈可能被冲开，河道自然截弯取直，由此弯曲河道被废弃，形成牛轭湖（oxbow lake）。

3.3.4.2 辫流（braided streams）

有些河流的河床分成许多汊，宽窄相间，分合交叉，状似发辫，称为辫状河流（辫流）。辫流的成因包括以下方面：

（1）在河床中形成心滩，使河床不断出现分汊，这种辫流的形态随心滩发展而变化。

（2）由于泥沙在河漫滩边缘的沙嘴尾端堆积增高，而露出水面，沙嘴靠岸一侧的河水位比向河一侧低，当水位上涨刚刚淹没沙嘴时，在沙嘴部位形成急流，沙嘴被切割成沟槽，河床发生分汊，形成辫流。

（3）曲流截弯取直后形成辫流。如在截直水路中，河床宽度和深度不如老河床，主流仍从老河床中流过，辫流可在较长时间内维持存在。但在截直水路决口处，如果深度和宽度迅速增加，河流大部分水流都由此通过，老河床便逐渐淤积，最终形成牛轭湖，辫流消失。

（4）靠近河流岸坡基部常形成狭窄小河，长可达数公里，其上游和下游都与主河道相连，也可形成辫流。

（5）在河口三角洲地区或冲积平原地区，汊河常常较发育，但各汊河流量和同一横剖面各汊河的水面高度不尽相同，因此各汊河之间很容易被冲溃连通，并形成辫流。

3.4 河流地貌的发育

3.4.1 水系形式

水系是指具有同一归属的水体所构成的水网系统。组成水系的水体有河流、湖泊和沼泽等。河流干支流构成的网络系统又称河系。一个流域的水系，由干流和各级支流组成。不同水系的支流级别多少不同，与水系的发展阶段有关。水系的排列分布形式多样，与地质构造和地貌条件有密切关系，通常按水系的排列形式分为以下几种类型：

（1）树枝状水系（dendritic patterns）（图 3-20A） 主流两侧有支流发育，且支流与主流间，以及各级支流间呈锐角相交，排列形式状如树枝。树枝状水系在岩性均一、地形微倾斜的地区最为发育，在地壳较稳定地区和水平岩层地区也较多见。

（2）格状水系（trellis patterns）（图 3-20B） 支流与主流呈直角相交或近于直角相交。格状水系与地质构造有关，如在褶皱构造区，主河发育在向斜轴部，支流来自向斜两翼，其以直角相交，在多组直交节理或断层构造地区，河流沿构造线发育，形成格状水系。

（3）平行状水系（parallel patterns）（图 3-20C） 在地貌上呈平行的岭谷，往往受区域大构造或山岭走向和地面倾向控制，各条河流平行排列。如果在单斜岩层或掀斜构造上升的地区，主流的流向与岩层走向一致或与构造轴向一致时，则在主流的顺岩层倾向的一侧或沿掀斜地面形成很多平行支流。

（4）放射状水系（radial patterns）（图 3-20D） 是在穹隆构造地区或火山锥上，各河流顺坡向四周呈放射状外流所形成的水系。

（5）环状水系（annular patterns）（图 3-20E） 穹隆构造山被侵蚀破坏后，沿穹隆山周围发育的河流，形成环状水系。

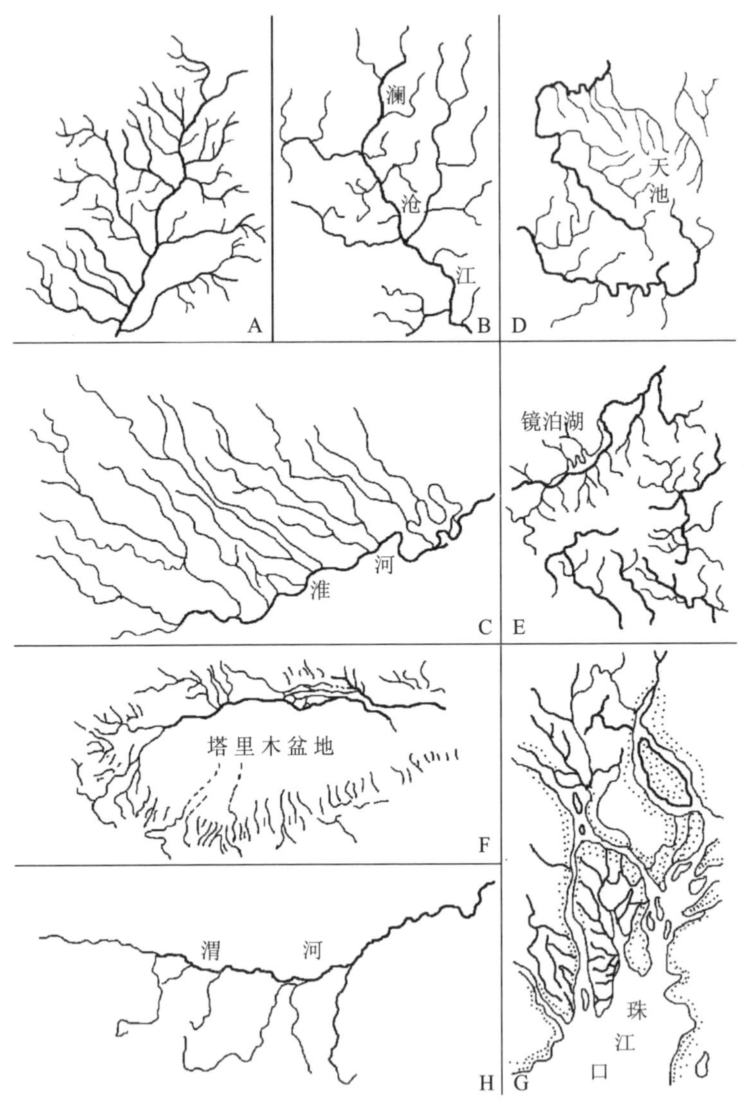

A. 树枝状水系 B. 格状水系 C. 平行状水系
D. 放射状水系 E. 环状水系 F. 向心状水系
（G）网状水系 （H）倒钩状水系

图 3-20 水系的排列分布形式

（6）向心状水系（centripetal patterns）（图 3-20F） 在盆地或沉陷区，河流由四周山岭流向盆地中心，汇合集中到主流，形成向心状水系。

（7）网状水系（network patterns）（图 3-20G） 在河流三角洲地区，河道纵横交错，形成网络状水系。

（8）倒钩状水系（barb patterns）（图3-20H） 由于新构造运动，促使河流改道而成。在支流汇入主流附近，或在支流上游，出现多次90°转弯，由此形成倒钩状水系。

3.4.2 水系发展

水系发展可分为三个阶段：

（1）初期阶段 河网密度很小，地面切割深度不大，支流短小，且数量少。

（2）中期阶段 随着河流下切侵蚀和溯源侵蚀，流域集水面积不断扩大，地面切割深度不断增加，河道延长，形成许多新支流，河系发育系数（各级支流长度与干流长度之比）增大。

（3）晚期阶段 在同一流域内，各条河流发展不均衡，发生相互袭夺，或相邻两河流的河道发生袭夺，改变原来水系形状，重新构成新的水系。

3.4.3 分水岭迁移及河流袭夺

3.4.3.1 分水岭迁移

水系发育过程中，各水系侵蚀速度不同，可使分水岭迁移及发生河流袭夺。分水岭两侧坡度有的一致，有的不一致。在分水岭坡度较大一侧的河流，溯源侵蚀力强，速度快，河流先伸入分水岭地区进行侵蚀，使分水岭降低并不断向侵蚀力弱、速度慢的一坡移动，这就是分水岭迁移。

3.4.3.2 河流袭夺

河流袭夺是指分水岭迁移导致分水岭一坡的河流夺取另一坡河流的上游段水系（图3-21）。河流袭夺后，夺水的河流称袭夺河，被夺水的河流称被夺河。被夺河的下游因上游改道而源头截断，称断头河。在发生河流袭夺的地方，河道往往形成突然转弯，称袭夺弯。

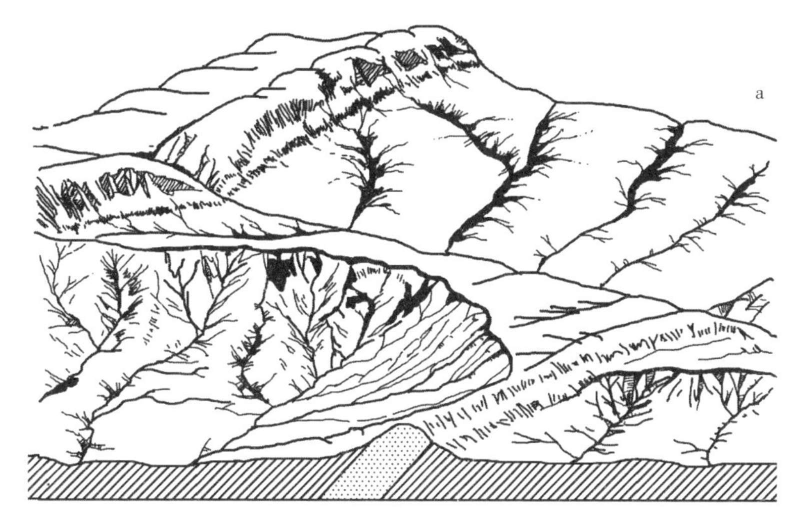

a. 河流袭夺初期 b. 河流袭夺后

图3-21 河流袭夺

河流袭夺的原因除由于分水岭迁移外，还有新构造运动。在某一流域范围内发生局部新构造隆起，河流不能保持原来流路，于是河流上游段被迫改道，流到另外的河流中去。分水岭迁移是主动的河流袭夺，新构造运动造成河流改道是被动的河流袭夺。

3.4.4 河流地貌的发育

随着某一地区原始地貌经地壳运动抬升，到达一定高度后抬升停止，河流地貌逐渐发育，其发育包括以下阶段（图 3-22）：

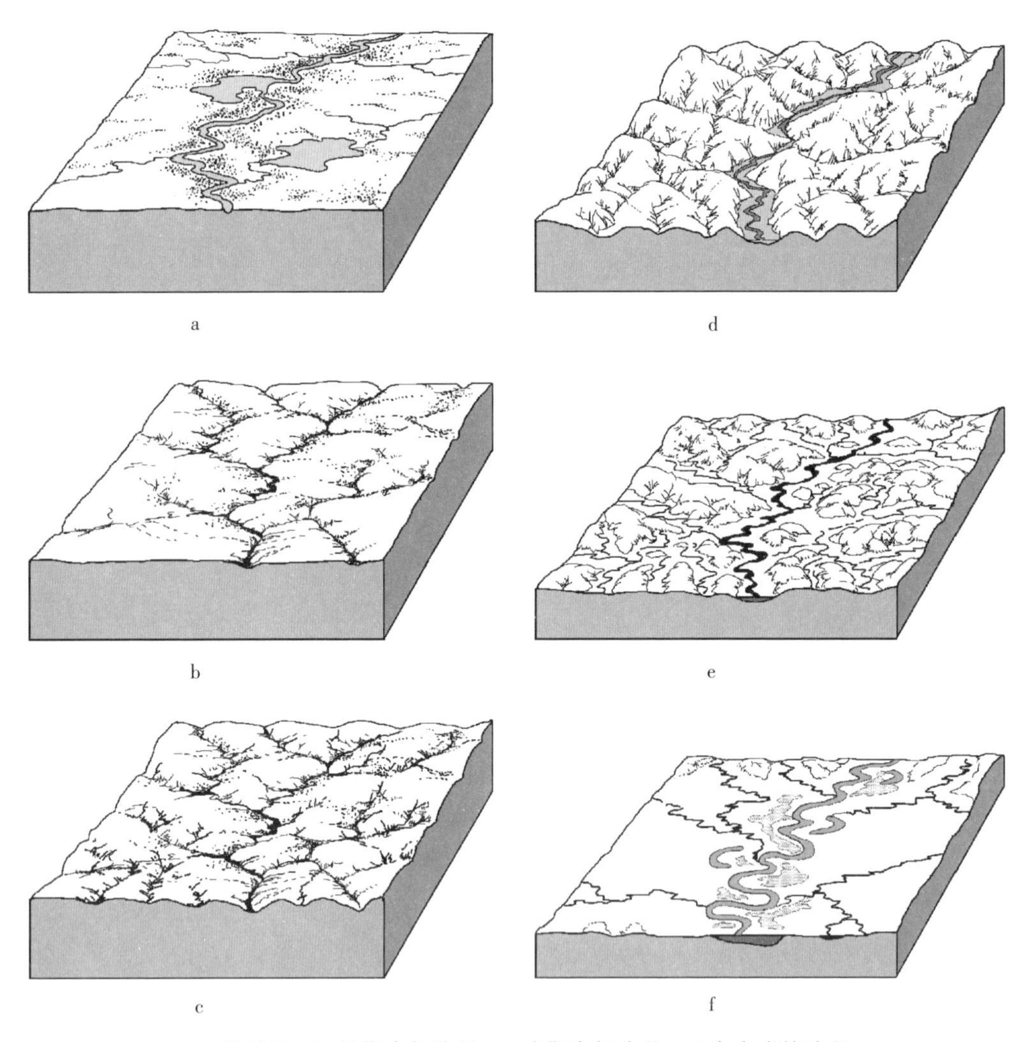

a. 开始阶段 b. 早期青年阶段 c. 晚期青年阶段 d. 完全成熟阶段
e. 晚期成熟阶段 f. 老年阶段

图 3-22 河流地貌的发育

（1）初始阶段（幼年期） 河流沿被抬升的原始倾斜地面发育，水文网稀疏，在河谷之间有宽广平坦的分水地。随着河流下切侵蚀加强，河流纵比降加大，形成跌水；横剖面呈狭窄的“V”字形，谷坡变陡，坡顶与分水地面有一明显坡折，河道渐渐增多，地面分割加剧，河谷加深，谷坡剥蚀速度大于河流下切速度，河谷不断展宽。

（2）均衡阶段（壮年期） 谷坡不断后退，分水岭两侧的谷坡逐渐接近，并达成相交，原来宽平的分水地面最后变成狭窄的岭脊。随着侵蚀作用不断进行，谷坡逐渐变缓，山脊变得浑圆，谷坡上岩屑较多，谷坡上部岩屑通过土壤蠕动向下搬运，下坡岩屑主要受片状流水冲刷和谷坡侵蚀，在谷坡下半部形成凹形坡。壮年期最后阶段，较小的支流也逐渐达到均衡状态，此时河谷较开阔。

（3）终极阶段（老年期） 河流停止下切侵蚀，分水岭逐渐下降，地面呈微起伏波状地形，河谷展宽，蜿蜒曲折，出现曲流或截弯取直，并形成牛轭湖。如果有局部坚硬岩石区，因抗侵蚀力强或一些较高地面尚未被完全侵蚀殆尽而成突出的山丘，孤立在平缓起伏地形之上，称为侵蚀残丘。整个地面称为准平原，代表着河流地貌发育的终极阶段。

第 4 章
河流主要物理因子

河流生态系统是生物群体与其所在的理化环境构成的结构与功能的整体系统。在河流生态系统中，物理环境因子主要包括水量、流速、水温、底质、泥沙、倒木等因素。化学环境因子主要指水的可溶性养分、酸碱度、盐度、溶解氧、化学需氧量等水质指标等。对于生物及其群体，物理与化学环境是其重要的栖息条件。河流生态系统不是简单地将水、植物营养盐和有机物质顺流输送的运载体，而是通过理化因子与生物群落相互作用形成的结构和功能的整体。河流的物理、化学与生物环境综合决定了河流生态系统的结构与功能。因此，在研究河流生态系统中生物群落与环境因子的关系时，不能片面地理解水流、底质、水温等物理因子，而应该将这些物理因子放到河流生态系统甚至流域生态系统中，从河流生态学和流域生态学角度，考虑不同空间尺度、不同时间变化的理化因子对水生生物及其群落的影响。

4.1 水流

水流是河流生态系统中重要的环境因子。河道水流特性主要包括水位、流量、流速及其分布、动水压强等。水流特性与河床的边界条件密切相关，而河床边界又是联系河道水流与河流生态系统的载体与纽带。

4.1.1 河道水流特性

河道水流特性主要包括水位、流量、流速及其分布、动水压强等。

水位是指河流某处的水面海拔。河流水位决定于河流补给类型，以雨水补给的河流，水位变化由降水特点决定；冰川融水补给的河流，水位变化由气温特点决定；由地下水补给为主的河流水位较稳定。

流量是指单位时间通过某一断面的水量。河水流量与断面宽度、深度和流速密切相关，降水是河流流量的主要来源。流量的大小不仅受地表各种环境因子影响，而且受当地气候条件影响，如气温、相对湿度等。以雨水补给的河流，降水量多少与流量密切相关；一般来说，流域面积大，河流的流量大。

流速是指液体流质点在单位时间内所通过的距离。河道里的水流各点的流速不相同，靠近河底、河边处的流速较小，河中心近水面处的流速最大。通常用横断面平均流速来表示该断面水流的速度。短促的河流流速快，长而平直的河流流速慢。河流流速大小在河流生态系统中不断发生变化，其值主要受河段底部和侧面的摩擦力、河道蜿蜒度以及障碍物等因素影响。最高流速一般出现在摩擦力最小的河道中心和水面附近。在较浅的溪流中，由于水流与河床摩擦，从而导致最快流速出现在水体表面。在较深的河流中，由于水表面与空气摩擦，最快流速出现在水面以下（Gordon 等，2004）。溪流生态系统中，通过测定水面以下水深 6 / 10 处得出水流流速；水深大于 0.75 m 的河流，计算水面以下水深 2 / 10 和 8 / 10 处水流流速的平均值；在湍急的河流中，测定水面以下水深 1 / 10 处水流流速是必不可少的。

流量多用于河流断面的进出水量测定。水流流量测定的方法较多，一般水文站测定流速的方法有浮标法、流速仪法、超声波法等，流速仪法测量精度最高。测定断面的流速和横断面面积的方法最为普遍（Whiting，2003）。通过每小时或者连续监测河段流量，绘出流量随时间变化的过程，得出流量过程线。由于季节、年际、地形地貌变化和暴雨及洪水的发生，导致河流流量不断发生改变。随着支流水体的汇入和地下水的补给，河流流量不断增大。

流态是水流的各种运动形态。在自然界中，水流的运动状态千变万化。从宏观角度来划分，流态可分为主流和副流。河流中的水体，有部分沿河槽轴线总的方向流动，它决定着河流的主要流向，这部分水流称主流。主流是在重力作用下产生的。河流中除主流外，各种规模较大、范围较广、力量较强的绕竖轴或横轴或斜轴等旋转的流，统称为副流。它可能因重力作用产生，也可能受其他力（水体内力、外力）作用产生。通常所说的环流、回流等就属于副流。从微观角度，可将流态分为层流和紊流两种。

4.1.2 影响河道水流特性的因素

从边界条件来看，影响河道水流特性的因素主要有：过水断面形状、大小，河道纵断面底坡及其变化，沿河道流向的顺直程度，河床表面的粗糙程度以及局部建构筑物等。在断面形状、大小沿流程不变的顺直河道中，当粗糙系数沿程不变，又无局部建构筑物（如水闸、溢流堰等）时，通常形成均匀流；而天然河道因过水断面一般极不规则，粗糙系数及底坡沿流程都有变化，在天然河道中通常为非均匀流。从能量守恒和能量转化的角度来看，当流量一定，过水断面形状、大小一定时，均匀流水流平顺，水力坡度较非均匀流小。

4.1.3 水流对水生生物的影响

水生生物生活在水中，水体的光照弱、黏度大、氧气含量低、温度变幅小等特点，使得水生生物具有特殊的适应性。水生生物特有的生存特性使其对水流特性具有特定的要求，不同类群及同一类群不同种的水生生物，对水体的流量、水位、流速和流态等都有不同的要求。一般而言，河流源头水流湍急，流速较快，流量较低，水体含氧量一般达到饱和，适合好氧型水生生物栖息。河流下游水流流速变缓，河道变宽，流量变大，水体中含氧量逐渐降低，适合需氧量较低的水生生物栖息。此外，水流对水生生物的分布和迁移也起着重要作用，由于水流的传播，把河流上游未分解的物质、水生动物和卵及幼体带到河流下游，从而影响水生生物的群落结构。

1. 水流对水生植物的影响

水位、水流、水量等是河流水动力系统的基本构成，是影响水生植物的重要因素。流速、剪应力、高流量和低流量变化对河流沿岸植物种类及其分布产生影响。为满足这些不断变化的水流环境，植物种类必须改变它们的形态、繁衍传播方式以及生理条件，来与之相适应。河流单元的时空分布及变化，控制着植物种类的传播和它们的生产力。

在自然生境中，水位很少保持不变，面对这种动态条件，植物通常会产生形态可塑性，以及改变地下生物量和地上生物量的分配方式，以确保生存。对于整个群落而言，水位变动产生的影响也很显著。水生植物对水位变动的响应主要包括形态特征、生物量、物种分布和群落结构的改变（魏华等，2010）。水位通过改变净光能合成，直接影响水生植物；通过改变底泥特性、水体透明度、风浪的作用而间接影响水生植物。适度的水位波动有利于提高植物物种多样性，是决定水生植物分布、群落结构和生物量的重要因素。

在流动水体中，水流对水生植物个体、种群和群落结构都有重要影响。水流运动对水生植物产生拉伸、搅动、拖曳作用会直接影响其生长。对大多数沉水植物来说，通过改变形态或保护植物基部可以减少这种拉力，如水菜花（*Ottelia cordata*）生长在静水中，有典型的浮水叶；而在流水中为减少水流的冲刷作用，浮水叶消失。在流水中的竹叶眼子菜（*Potamogeton wrightii*）其茎叶均较静水中生长的为长，且根系发达，固着能力强。沉水植物通过这些形态上的改变，有利于其更好地适应流水生境。通常，河流中有很多种类的水生植物，但却只有极少数种类能在激流生境中生长，且盖度很小。同一物种在流水和静水其生长形态有差别，生长在流水中的沉水植物通常具有以下特征：叶细小呈丝状或线状，叶柄短，节短，浮叶少，缺少或只有少量花。如苦草在流水中不开花，只有在静水或近平静水流中才开花。

河流系统中的物理条件从源头到河口的变化往往是连续的，植物群落也随之产生相应变化，沿水流方向呈带状分布。通常，上游段为藻类，生产力较弱；中游段，由于大型水生植物的存在，生产力逐渐增加；再往下游，这两种类型的植物的生产力逐渐减少，但总的生产力由于自由藻类和浮游植物的增加而增加。植物群落不仅沿河道纵向梯度的不同而呈现出相应的空间格局，而且随主河道本身从河岸区到洪泛区边缘的侧向梯度的不同，其空间格局也不一样。在沿岸带，通常水生植物生物多样性高，其原因之一是水位波动使得沿岸带一直处于适度干扰状态。

2. 水流对水生动物的影响

河道水流特性的纵向梯度影响着水生无脊椎动物群落的空间分布。如在主河道中流速较大，使很多大型无脊椎动物的生长受到限制。那些在河床砾石、卵石和圆石上生存的种类必须承受水流的作用力，其适应方式包括生物体形和行为。水流对底栖无脊椎动物群落结构的影响包括流速和流量（任海庆等，2015）。通常急流水域中的含氧量一般达到饱和，适合喜氧型底栖无脊椎动物栖息；反之，流速缓慢或者静止的水域中含氧量较低，适合需氧量低的底栖无脊椎动物栖息。流量的增加导致沿岸凋落物输入的增加，为底栖无脊椎动物提供更多食物来源。一般来说，河流上游（尤其是源头段）流速湍急，河流底质多为砾石、卵石和圆石，水质较好，适合蜉蝣目、毛翅目和襀翅目等类群栖息；到河流下游，流速缓慢，底质粒径逐渐变小，主要适合腹足纲、环节动物等动物栖息。Nelson 和 Lieberman（2002）在流量和其他环境因素对底栖无脊椎动物的影响研究中发现，流速是解释群落结构最重要的变量。水流流量不仅影响河流生产力、种间和种内竞争力和稚虫的分布地点，而且对河流底栖无脊椎动物群落结构有显著影响。孙小玲等（2012）对春季昌江大型底栖无脊椎动物群落结构及功能摄食类群的空间分布研究表明，流量的增加会加速河流中沿岸凋落物的输入，水温的升高会加速凋落物的分解，进而增加河流中有机碳和其他溶解物质的含量，从而决定底栖无脊椎动物的群落结构。

鱼类是河流水生生物中最重要的类群，河流中鱼类的生长和空间分布与水系中河流形式的多样化有关，它们占据并利用河流镶嵌体中不同的生物区。对那些溯河产卵的鱼类来说，通过河流从下游到上游的纵向游动，是到达产卵地的基本途径，长距离洄游鱼类可能经过整个河流直到源头。河道垂向分布的不同也是决定鱼类在空间上重新分配的重要因素。鱼类所处的水深通常反映其生长水平，随着鱼类形体和年龄的增长，它们日趋喜欢生活在水体深处。

4.1.4 水生生物对水流的影响

水生植物在河流系统中具有重要作用，它们不仅为动物提供营养源，而且通过其自身的生长和分布影响着河流的水文条件和生境状况。有植被分布的河道，存在特殊而复杂的水流。植被的存在很大程度上改变了原来水流的结构，加大了岸滩的糙率。从流体运动的角度分析，每一株植物，实际上就是一个复杂的扰动单元，水流阻力的增加来自植物的阻水面积和植被的形态阻力，而植物间的效应则更加复杂。水生植物的存在改变了河流水流的流动结构，也影响着泥沙的输运。水中植被减少了河流挟沙能力，促进泥沙淤积，防止岸滩被洪水冲蚀。水生植物能够抑制水动力因素对沉积物的扰动，从而抑制底泥再悬浮，降低营养盐释放。

急流中动植物的生长会极大地改变其所处水流的流动性质，进而对河流生态产生一系列影响，如延迟溶解物质向下游输运，改变泥沙沉积状态和无脊椎动物对食物的获取能力，增加生境中的异质性成分，降低植物垫上的生物剪切应力，影响附生植物的数量和群落组成。

4.2 底质

4.2.1 河床底质特性

底质（substrate）是河流生态系统的重要组成部分，是大多数水生生物生长、繁殖、捕食等一切生命活动的必要条件，对许多水生动物的繁殖等生命周期的重要阶段起着关键作用，发挥着重要的生态功能。底质构成了河流生态系统中最为重要的底栖亚系统，是水生生物赖以生存的必要条件，其生境具有复杂和不稳定等特征，随着水流与底质不断发生着相互作用，底质粒径大小、表面结构及粗糙度也不断发生着变化。

底质一般包括基岩、漂砾、卵石、泥沙、枯枝落叶、动植物残体和排泄物以及各种人为干扰所形成的人工基底等。国内根据《河流泥沙颗粒分析规程》将底质分为黏粒（<0.004 mm）、粉沙（0.004 ~ 0.062 mm）、沙粒（0.062 ~ 2.0 mm）、砾石（2.0 ~ 16.0 mm）、卵石（16.0 ~ 250.0 mm）、漂砾（>250.0 mm）六类（水利部，1994）。国外采用 Cummins 分类方法，将底质分为淤泥（<0.05 mm）、细沙（0.05 ~ 2 mm）、沙砾（2 ~ 16 mm）、卵石（16 ~ 64 mm）、圆石（64 ~ 256mm）、漂砾（>256 mm）（Cummins，1962）。

4.2.2 底质对水生生物的影响

底质粒径大小、稳定性、颗粒孔隙度、异质性和表面特性等特征显著影响藻类、底栖动物和鱼类等水生生物群落结构。

底质类型的不同直接影响底栖无脊椎动物群落结构，淤泥、细沙和沙砾的稳定性较差，异质性低，底栖无脊椎动物的生物量和多样性较低；卵石、圆石和漂砾表面结构复杂，稳定性较好，生物量和多样性较高。一般而言，河流上游主要以卵石、圆石和漂砾为主，其表面结构复杂，稳定性较好，大型底栖动物生物量和多样性较高；而河流下游以淤泥、细沙和沙砾为主，稳定性较差，异质性低，其生物量和多样性较低。王强等（2011）对西南山地源头溪流附石性水生昆虫群落特征及多样性研究发现，大圆石［粒径（214.7±29.9）mm］上水生昆虫多度显著高于小圆石［粒径（122.3±12.9）mm］，Shannon-Wiener 多样性指数和 Margalef 丰度指数也显著高于小圆石。粒径较大的卵石、圆石和漂砾通过改变河流流态，底质后方形成缓流流态，为水生生物提供栖息、庇护和捕食场所。同时，稳定的底质颗粒之间形成较大的缝隙，通过拦截上游的枯枝落叶，为底栖动物、微生物等水生生物提供营养物质。

底栖无脊椎动物主要取食浮游生物、底栖藻类和水生植物碎屑，其多样性和丰度随着底质中浮游生物和水生植物碎屑数量变化而变化。因此，底质组成成分不同，将影响底栖无脊椎动物群落结构的组成。Angradi（1996）和Hawkins（1984）认为包含树叶、砾石、树木等的底质生境比含有沙粒和基岩简单结构的底质生境，有更高的底栖无脊椎动物多样性。但过高的浮游生物、底栖藻类和水草碎屑生物量反而导致生境缺氧，可能导致底栖无脊椎动物多样性和丰度下降，Stout和Taft（1985）研究发现生活于密歇根河的一种摇蚊（*Brillia flavifrons*）主食植物叶子，当底质中富含新鲜植物叶子较之于衰败叶子，具更高的生长速率。

有机物底质主要包括藻类、苔藓植物、枯枝落叶和木屑等，小于1 mm的有机物底质常常是无脊椎动物和微生物的食物。一般而言，有机物丰富、孔隙大的底质中，大型无脊椎动物丰度和多度都较高。河岸植物落叶进入河流水体，从而为真菌和细菌提供了能量来源。Mackay和Kalff（1969）认为，含有枯枝落叶的河床底质，为大型无脊椎动物提供了食物，从而显著增加了大型无脊椎动物丰度和多样性。此外，高等植物和河流底部的腐木为水生生物提供食物来源，同时为大型无脊椎动物和鱼类提供捕食和栖息场所。

4.3 温度

4.3.1 温度的生态作用

温度是表示物体冷热程度的物理量。大气层中气体的温度是气温，它直接受日照辐射所影响，日照辐射越多，气温越高。

温度是生物圈中最重要的变量之一。任何生物都生活在严格的温度范围内，温度的变化直接影响河流生态系统中鱼类、无脊椎动物、浮游生物及微生物等水生生物的生活史、群落组成和结构。温度影响生态系统中的分子运动、水位波动、气体溶解系数和有机物代谢以及能量流动等过程。在温带区域，冬季水温可能接近于0 ℃，夏季水温可能高于30 ℃（Hauer and Benke，1987；Lowe和Hauer，1999）。在特殊的环境中，不同区域河流水体中的水温昼夜温差各不相同，如直接受太阳辐射影响的高山小流域溪流中，夏末午后的水温可能高于20 ℃；相反，夜间水温可能接近于0 ℃。流量大于500 m^3/s的河流水温昼夜温差范围为3～5 ℃。然而，具有高能量的水体（吸附或释放大量的热能，从而改变水体水温约1 ℃），每天河流水体水温变化范围比气温变化范围更窄。一般而言，河流水体水温不断发生着波动，每日水温变化大于5 ℃为正常范围。

河流水体温度取决于该河流所在区域的空气温度、地表温度和光照。河流水体中的热源主要来源于太阳辐射，特别是水体表面温度直接受太阳辐射强度的影响较大。在不同空间尺度上，河流水体温度受各种环境因素的影响，如森林中的溪流具有茂密的冠层和较高的盖度，从而导致河流表层水体温度较低；树冠开放的河岸森林显著提高河流水体温度（Johnson和Jones，2000）。地下水温度的传递也可能是影响河流水温的重要环境因素（Baxter和Hauer，2000；Mellina等，2002）。不管是直接还是间接影响，特定河流的水体温度在河流生物的生存、生活史和空间分布中起着至关重要的作用（Hawkins 等，1997；Lowe 和 Hauer，1999；Hauer 等，2000；Ebersole 等，2001）。

4.3.2 温度对水生生物的影响

温度对沉水植物的影响比陆生植物要弱，但其对沉水植物季节生长仍然有比较明显的影响。李永涵（1989）研究了温度对菹草（*Potamogeton Crispus*）鳞枝休眠期的影响，发现水温在 22 ~ 25 ℃时，鳞枝休眠期 50 天。高温（>30 ℃）、低温（<13 ℃）分别会延长和缩短其休眠期。在一般条件下，沉水植物最佳生长状态总是对应着某一合适的温度范围，温度过低或过高都会对其生长过程产生一定程度的不利影响。不同类型的沉水植物对温度的响应机制也有所差异。水环境温度的升高对大多数水生植物有着不良影响，特别是对于浮叶植物及轮藻。

Ward 和 Stanford（1979）认为，温度格局影响水生昆虫生命周期，从而导致水生昆虫密度增加。Hay 等（2008）研究了 Missouri 河大型无脊椎动物漂移密度与非生物因子的关系，认为水温是河流上游重要的预测因子。Hughes（2000）把群落结构和组成的变化当作生物结构对气候变化的一种信号，气候变化的结果将影响生物的生理机能、物候关系和分布等。Floury 等（2013）统计了河流大型无脊椎动物和 30 年（1979 ~ 2008 年）气候变化的数据，研究表明，相比 30 年前，温度升高了 0.9 ℃，流速缓慢或者静止的水域中大型无脊椎动物（包括外来物种）逐渐转向耐污种和广适种。

河流水体温度年际变化是影响水生生物的重要环境因素，温度影响激流生境中植物和动物（包括硅藻、水生昆虫、鱼类和脊椎动物）的关键生活史过程（如繁殖、生长）。温度及其变化被认为是大多水生动物羽化（水生昆虫）和产卵（鱼类）的环境信号。

一般而言，由于特定区域的河流具有特定的温度，从而导致河流水体温度与河流生境温度一致的错误观念。相反，相邻的河流栖息地水温相差可能较大。洄水区域的水温往往高于主河道水体水温。虽然冲积区域和河流砾石层与河道及表层水体相连，但这些区域的水温往往高于主河道水温。在夏季或冬季，受地下水补给的栖息地水温可能低于主河道水温。在空间尺度上，从河流源头到河口，河水温度会发生显著变化，位于高山环境的山地区域河流源头，流经较暖气候的区域，然后汇入另一条河流、湖泊或海洋中。从河流源头到河口，温度变化较为明显。垂直梯度上，一定深度的河流水温随深度的增加而降低，不同深度的水温随季节变化而变化。

温带、北极、山地溪流及河流通常在冬季结冰，从而影响河流流量、光照、溶氧量及其他环境因子。水体结冰可能极大地干扰河流生境和影响水生生物的行为和分布（Bradford 等，2001）。

4.4 光照

4.4.1 光的生态作用

光照是大多数生态系统中的重要环境因子，是一个十分复杂而重要的生态因子，包括光强、光质（光谱成分）和光照长度。光因子的变化对生物有着深刻的影响。

光照强度随纬度的增加而逐渐减弱，如在低纬度的热带荒漠地区，年光照强度为 837.2 kJ/cm^2 以上；而在高纬度的北极地区，年光照强度≤393 kJ/cm^2。光照强度随海拔的增加而增强，如在海拔 1000 m 处可获得全部入射日光能的 70%，而在海拔 0 m 处的海平面却只能获得全部入射日光能的 50%。山体坡向、坡度影响光照强度，在北半球温带地区，南坡接受的光照强度＞平地＞北坡；随着纬度增加，在南坡上获得最大年光照量的坡度也随之增大，但在北坡无论什么纬度都是坡度越小光强越大。在一年中，光照强度夏季最大，冬季最小；在一天中，光照强度中午最大，早晚最小。

光谱成分由红、橙、黄、绿、青、蓝、紫七色光组成，随空间发生变化，其一般规律为：短波光随纬度增加而减少，随海拔升高而增加。在时间变化上，冬季长波光增多，夏季短波光增多；一天之内中午短波光较多，早晚长波光较多。

光照强度对水生生物的生长发育有重要作用。不同波长的光对植物作用不同：水生植物的光合作用不能利用光谱中所有波长的光，只是可见光区（400 ~ 760 nm），这部分辐射通常称为生理有效辐射，约占总辐射的 40% ~ 50%。可见光中红、橙光是被叶绿素吸收最多的成分，其次是蓝、紫光，绿光很少被吸收，因此又称绿光为生理无效光。可见光对水生动物生殖、体色变化、迁徙、羽毛更换、生长和发育都有影响。

4.4.2 光照对水生生物的影响

在河流生态系统中，太阳辐射是所有水环境中藻类和植物光合作用的必要条件。光照强度影响动物的生长发育，蛙卵、鲑鱼卵在有光下孵化快，发育快。对于视觉动物而言，其行为表现方面，太阳辐射是一种重要的媒介。由于河流与河岸土地利用类型密切相关，流动水体的温度受到河岸植被和地形特征的影响。在未受干扰的森林中，大多数河流河岸的植被冠层在近岸水域形成的阴影斑块，能限制初级生产力（Hill 等，1995）。河岸植被冠层形成的阴影斑块能显著减少河流水体对太阳光能的吸收（Minshall，1978）。

虽然太阳辐射的波长范围为 300 nm 到 5000 nm，但水生生态学家研究植物光合作用的波长范围为 400 ~ 700 nm，这一波段是自养生物进行光合作用的有效辐射波段。同时，400 ~ 700 nm 波段被认为是光合作用有效辐射（PAR），也是人的肉眼可见光线。光合作用有效辐射通过量子传感器进行测量，通过独特的设计测量 400 ~ 700 nm 范围内的光子数量，称为光子通量密度（PFD）。河流生态系统中，光子通量密度差异非常大，在晴朗的天气，无遮蔽的河流生态系统中，光子通量密度变化范围为 0（黎明前或黄昏后）到 2000 μmol/m²·s（中午）。由于季节变化引起太阳辐射角度和日照长度以及河岸植被的物候变化，导致河流生态系统中光子通量密度发生变化。Hill 等（2001）发现春季萌发的新叶的光子通量密度明显减少。

光照强度的空间异质性较高。在河流生态系统中，河岸植被形成的阴影斑块数量与光照空间异质性密切相关。人类通过清除河岸植被，从而影响河流生态系统中光照强度的空间变化。

4.5 氧气

4.5.1 氧气在水中的存在状态

氧气在河流水体中的存在状态是以溶解氧的形式。溶解在水中的分子态氧称为溶解氧（Dissolved Oxygen，DO），是以分子状态溶存于水中的氧气（O_2）单质，用每升水中氧气的毫克数表示。水中的溶解氧含量与空气中氧的分压、水的温度都有密切关系。在自然情况下，水温是影响溶解氧含量的主要因素，水温愈低，水中溶解氧的含量愈高。水中溶解氧的多少是衡量水体自净能力的一个指标。

水体中溶解氧主要有两大来源。一是水-气界面气体浓度差，当水体中溶解的氧气量低于空气所含氧气量时，氧气在环境各因素影响下，从空气中进入水中；由于河水的流动以及河水表面风力的作用，空气中的氧气通过水-气界面的波动在氧浓度差的影响下不断溶入水中。当水体中氧气的含量超过氧的饱和浓度时，水体中溶解的氧就逸入大气。大气与水体中氧气的流动过程仅发生在水-气界面，当河面处于静止状态时，这一过程非常缓慢。二是水生植物光合作用，在含有初级生产者（藻类或能够进行光合作用的水生维管植物等）的水体中，当光照条件适宜，初级生产者利用光能进行光合作用产氧，当植物光合作用产的氧气多于其自身呼吸消耗时，多余的氧气就会通过植物体释放到水中，增加水体含氧量。

水体溶解氧含量始终处于动态变化中，水生生态系统能够通过自身的调节作用，综合水体中各类因素的影响，使溶解氧维持在稳定水平。水体中溶解氧含量的变化，能够反映出水体中各类物质的变化状况。通过对水体中各因素与溶解氧关系的机制进行研究，找出其变化的理论函数关系，对水质状况进行有效的预测与监控，为河流水质监测提供科学依据。

水体中溶解氧含量的变化与多种因素有关，如大气压强、水温、水流、水深、水中溶质、水中藻类及底质等有所改变，均会引起水体溶解氧的变化，各因素综合变化对水体溶解氧产生影响。

4.5.2 氧气对水生生物的影响

生态系统中绝大多数动物都需要在有氧气的环境下完成生活史，唯有极少数动物能长期栖息在缺氧的环境。氧气是体内氧化过程中必不可少的成分，只有通过氧化，动物才能获得生命所必需的能量。植物的光合作用效率与空气中的氧气浓度密切相关。水体中溶解氧含量在一定条件下处于某一稳定值，如水温在 10 ℃时，纯水中的溶氧含量是 11.33 mg · L^{-1}。自然条件下，由于水体溶解氧受到多方面因素综合作用的影响，水体溶解氧含量在理论值上下波动。由于水生生态系统的自我调节，水体溶解氧含量基本能够维持在某一特定范围内。当水体溶解氧含量发生大幅度改变时，水生生态系统就会遭受破坏，如水体富营养化。根据渔业水质标准的规定，水体中溶解氧含量必须维持在一昼夜 16 小时以上处于大于 5 mg · L^{-1} 的水平，其余任何时候的溶氧量需不低于 3 mg · L^{-1}。当溶解氧低于 1 mg · L^{-1}时，水体中大部分鱼类就会受到影响，如出现浮头现象，严重的会造成鱼类大量死亡。

河流生态系统中，水体中的溶氧量不仅影响动植物、浮游生物以及微生物的群落组成和结构，而且影响河流生态系统的物质循环、能量流通效率等。水体中溶解氧不仅直接影响水生生物对氧气的可用性和新陈代谢，而且间接影响生物地球化学过程。在未受污染的河流中，水体中溶解氧浓度高达 80%。在不同的海拔或气压变化的天气，水体中的溶解浓度随温度降低而增加，随水压强降低而降低。

不同大小的流域或不同河段的水体，溶氧浓度各不相同。潜流层或地下水溶氧量均显著低于河流水体溶氧浓度。河流生态系统中所有生物的生活史、组成及分布与溶氧量密切相关。生活污水和工业污水排放造成的有机污染，将显著降低河流水体中的溶氧浓度，并影响微生物对水体中氧气的利用效率。水体中的好氧微生物在一定温度下将水中有机物分解成无机质，这一特定时间内的氧化过程中所需要的溶解氧量，称之为生物需氧量（BOD）。在未受污染的水域，不同的栖息生境之间，溶氧浓度可能发生显著变化，微生物对枯枝落叶的分解可能降低微生境中溶解氧浓度。河流水体中的溶氧浓度昼夜有所变动。白天，由于植物的光合作用，水体中的溶解氧往往达到饱和状态；而在夜间，光合作用停止，由于生物的呼吸作用使得水体中的溶解氧浓度急剧下降。河流生态系统中，通常用溶解氧浓度的改变评估总初级生产力、呼吸作用和净初级生产力（Mulholland 等，2001）。

水体中的二氧化碳主要来源于水生生物呼吸作用和大气的扩散，主要与水体中的各种盐类结合形成化合物。水体中二氧化碳含量是植物生活所必需的，但过高浓度的二氧化碳对水生生物是有害的。一般情况下，水–气界面的二氧化碳通量由气体交换速率、二氧化碳气体溶解度和水–气间二氧化碳分压差所决定。

第 5 章
河流生境

5.1 河流生境概念

5.1.1 生境概念

生境（habitat）是指生物个体和群体生活的具体地段上全部生态因子的总和，包括必需的生存条件和其他对生物起作用的生态因素。生态因子包括地形、光照、温度、水分、空气、无机盐类等非生物因子和食物、天敌等生物因子。

生境一词由美国生态学家 Grinnell（1917）首先提出，其定义是生物出现的环境空间范围，一般指生物居住的地方，或是生物生活的生态地理环境。生境一词不同于环境，它强调决定生物分布的生态因子。生境一词也不同于生态位。实际上，生态位更强调物种在群落内的功能作用。生物与生境的关系是长期协同进化的结果。生物有适应生境的一面，也有改造生境的一面。有些动物在正常情况下可以有多种生境，例如，候鸟随季节变化而往返于繁殖地和越冬地两种生境。某一生境的生物还可以占领新的生境，如植物种子传播到各种新的生境后，一旦条件适宜便有可能繁衍并定居下来。在同种生物适应不同生境的过程中，可能分化出具有不同生态特性的生态型，进而还可能演化出新物种。生境选择是指某一动物或种群为了某一生存目的（如觅食、迁移、繁殖或逃避敌害等），在可达的生境之间寻找最适宜生境的过程。也就是说，野生动物通过对生境中生境要素与生境结构作出反应，以确定它们的适宜生境。

生物多样性的基础是生境的多样性。在一定的地域范围内，生境及其构成要素的丰富与否，很大程度上影响甚至决定着生物的多样性。生境破碎化是对生境完整性的破坏，是生物多样性最主要的威胁之一，表现为生境丧失和生境分割两个方面，既包括生境被彻底的破坏，也包括原本连成一片的大面积生境被分割成小片的生境碎片，对生物多样性有着很大的不利影响。

5.1.2 河流生境概念

河流生境（river habitat）是指河流生态系统中包含生物生存所必需的多种尺度下物理、化学和生物因子的总和。河流生境又称河流生物栖息地，与生物多样性紧密相关，一般是指河流生命体赖以生存的局地环境因子的总和，如浅滩、深潭、卵石、水草、枯落物、倒木、沙砾或淤泥底质等，它们在河流演化的区域背景上构成河流生命的基础支持系统，是河流生态系统的重要组成部分。狭义上理解河流生境，即河流“物理生境”，指河流水生生物生存所依赖的物理环境，由河道结构特征和水文特征共同作用形成，在特定时间内，特定的河道结构特征在特定的河流水文条件下形成特定的河流物理生境。从狭义和实际应用领域上，一些学者把河流生境定义为包括河床、河岸、滨岸带在内的河流物理结构（Parsons等，2002；陈婷，2007）。

河流生境包含了许多生境因子。根据生境因子，可分为两种类型：一类是功能生境，另一类是物理生境。功能生境主要研究对象是河流中的介质，主要为底质和植被类型，如岩石、沙、落叶等。物理生境主要研究对象是水流的形态，根据影响水流形态的因子对其进行分类，常见的物理生境主要有缓流、急流等。

河流生境是河流生态系统的重要组成部分，是河流生物赖以生存的基础。作为河流生物赖以生存、繁衍的空间和环境，关系着河流食物网及能量流（石瑞花和许士国，2008），良好的生境状况能够孕育良好的河流生态质量。河流生境特征与生物多样性紧密相关（Raven等，1998），河流生境的质量影响河流生物群落的组成和结构（郑丙辉等，2007；Meffe and Sheldon，1988；Calow and Petts，1994）。良好的河流生境状况是河流健康的根本保证。

河流生境受到河道内部结构、流域地形地貌、人为干扰强度等环境因素影响（陈婷，2007）。河流生境是保持河流生态完整性的必要条件，对河流生境状况的评价不仅可以表征河流生态系统的健康程度，而且有助于辨识河流生态退化的原因。在河流生态系统修复中，河流生境的评估也具有重要作用，通过生境评估可为河流生态修复提供科学依据（赵进勇等，2008）。

5.2 河流生境类型及空间尺度特征

5.2.1 河流生境空间尺度划分

尺度是生态学中广泛关注的一个基本概念。一般来说，尺度是指研究对象在空间上或时间上的量度，即研究对象的空间范围大小和时间长短（吕一河和傅伯杰，2010）。尺度问题是河流生境研究首先要明确的关键问题，不同尺度生境对应不同的评估参数和指标体系。

按空间尺度分类，可以对河流生境进行如下划分：

宏观尺度——河流宏观生境（Macro-Habitat），包括流域和整体河区（river segment）两个层次。

中观尺度——河流中观生境（Meso-Habitat），包括局部河段（reach）和深潭/浅滩（pool/riffle）序列。

微观尺度——河流微观生境（Micro-Habitat），包括河流流态、河床结构、岸边覆盖物、卵石等局部小生境。

基于尺度概念、应用等级理论，Frissell 等（1986）根据河流生境时空尺度、流域地理特征、影响河流生境的干扰事件，将河流生境分为连续的 5 个等级（图 5-1）：

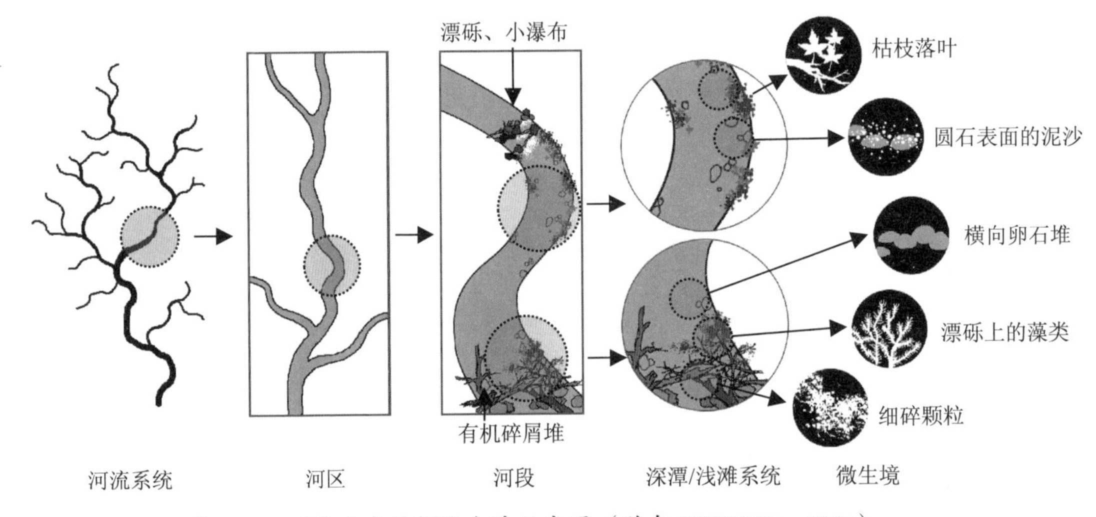

图 5-1 不同尺度的河流生境示意图（引自 FISRWG，2001）

（1）河流系统（river system） 指整个流域河道内的水面或周期性有水面的区域，是以数千米来测度，这是宏观尺度的河流生境。

（2）河区（river segment） 指通过相同的基岩类型，被支流汇入点或瀑布分开的一段河流。河区的尺度为数百米。河区可按照河流级别、河道基岩类型、河道坡降、河谷坡度、地带性植被和土壤等特征划分，这也是宏观尺度的河流生境。

（3）河段（reach） 指河区内河道坡降、河谷宽度、河岸植物和河岸材质、河床底质变化不大的区域，这是中观尺度的河流生境，尺度是数十米。河段系统包括碎屑坝、砾石层、急流、梯级/水潭序列、水潭/浅滩序列或其他类型的溪流河床形式或结构。

（4）深潭/浅滩系统（pool/riffle system） 指拥有相同的河床形态、河道坡降、水深和流速的河道生境单元（channel unit），是深潭和浅滩相间排列的中观尺度河流生境，形成河流水体中不同流速和环境，可丰富河流生物多样性，有利于水体自净能力的增强。

（5）微生境（microhabitat） 是深潭/浅滩系统中有相同底质、水深、流速的更低一级的生境类型。微生境的划分一般因研究对象的变化，表现出很大差异。微生境通常具有数十厘米小尺度的生境特征。这些微生境包括叶片或枝条碎屑、沙子或卵石上的黏土或其他粗大的物质、砾石上的苔藓或细小的沙砾斑块。Frissell 建议把下层底质类型、上层底质类型、水深、河岸植被覆盖情况作为微生境划分的标准。

5.2.2 河流生境类型划分

迄今为止，河流生境系统分类尚处初级阶段。在 Montgomery 和 Buffington 的河流分类方法中明确了河流生境概念，考虑了河流尺度对河流生境的影响，但该方法只是在河区和河段尺度上进行了河流生境的分类。Bisson 等（2007）在 Montgomery 和 Buffington 的河流分类基础上，充分考虑河流生境的尺度概念，提出了较为系统的河流生境分类方法（表 5-1）。

表 5-1　河流生境分类体系

生境分类水平	空间尺度(m^2)	时间尺度(a)
河谷区生境(valley segment)	100 ~ 10000	1000 ~ 10000
崩积河谷生境(colluvial valleys)		
基岩河谷生境(bedrock valleys)		
冲积河谷生境(alluvial valleys)		
河段生境(channel reaches)	10 ~ 1000	1 ~ 1000
崩积河段生境(colluvial reaches)		
基岩河段生境(bedrock reaches)		
自由冲积河段生境(free-formed alluvial reaches)		
梯级瀑布河段生境(cascade reaches)		
阶梯—深潭河段生境(step-pool reaches)		
平坦河床河段生境(plane-bed reaches)		
深潭—浅滩河段生境(pool-riffle reaches)		
沙波河段生境(dune-ripple reaches)		
河道生境单元尺度(channel habitat units)	1 ~ 10	<1 ~ 100
流水生境(fast water)		
湍流生境(turbulence)		
平滑生境(smooth)		
静水生境(slow water)		
侵蚀性水潭生境(scour pools)		
阻塞性水潭生境(dammed pools)		

从上述分类可以看出，Bisson 的河流生境分类体系更多地关注了河道内的生境，而没有涉及河岸生境。事实上，尽管河道内的生境结构对河流生物具有直接的影响，但河岸生境却是河流生境不可缺少的组成部分。

5.2.3 不同时空尺度河流生境的干扰与过程

Frissell（1986）认为，干扰事件的影响及受影响后的恢复情况，与河流生境的空间尺度和受影响的时间长短有着密切的关系。不同时空尺度和强度的地质事件、水文过程和生物过程影响并控制着不同等级生境的变化。从表 5-2 可知，最小空间尺度的微生境对外界干扰最敏感，而宏观尺度的河流系统对干扰的响应最为迟缓。对微观尺度河流微生境的影响事件，其干扰事件的影响不会向上传递到高级别生境系统；而作用于高级别河流生境的干扰事件，却可能直接影响到低级别河流生境。空间尺度大小不同，受干扰后恢复的情况有差别，如一个干扰事件可能会在短期内破坏微生境结构及其生物群落，但如果干扰强度、范围、持续时间有限，则干扰消失后，微生境结构和其中的生物群落将很快恢复。宏观尺度的河流系统，其生境受干扰事件的破坏后，如果要恢复到破坏前状态，则需要较长时间。

表 5-2 控制不同时空尺度河流生境的干扰事件和过程

等级	干扰事件	发生过程	空间尺度(m^2)	时间尺度(a)
河流系统	构造抬升、下沉，冰川运动，海平面变化	均夷作用，剥蚀，河流网络扩展	10^3	$10^6 \sim 10^5$
河区	小幅冰川作用，地震，山崩，河谷淤塞物堆积、坍塌	支流汇入点移动，基岩破碎，河道降低，一级河流延伸	10^2	$10^4 \sim 10^3$
河段	碎屑流动，木质物输入、输出，河道改变，渠化，筑坝	大型底质结构沉积 / 消退，河岸侵蚀，河岸植物群落演替	10^1	$10^2 \sim 10^1$
深潭 / 浅滩系统	木块、卵石流入和流出，部分河岸垮塌，水流冲刷和沉积，深泓线变动	河床小尺度侧向和高程变化，泥沙沉积	10^0	$10^1 \sim 10^0$
微生境	有机质和底质传输，河床底质冲刷，水生植物生长、死亡的季节动态	季节性水深变化，流量变化，有机物分解，附着生物的生长	10^{-1}	$10^0 \sim 10^{-1}$

5.2.4 不同空间尺度的河流生境特征

5.2.4.1 宏观尺度

宏观尺度的河流生境主要指流域和整体河段两个层次。通常，从纵向上把河流划分为三个带（图 5-2）。带 1 为源头（headwater），常常具有陡峭的坡度梯度，沉积物从流域的坡面上侵蚀，并且向下游输运。带 2 为河流输送带（transfer zone），接受侵蚀物质，并向下游运移，通常以具有宽的河漫滩及弯曲的河道为特征。带 3 的梯度比较平缓，是主要的沉积带（deposit zone）。

5.2.4.2 中观尺度

河流中观生境包括局部河段（reach）和深潭/浅滩（pool/riffle）序列两个层次。不论河道的形态如何，各级干支流都具有空间上有规律的、深浅区域交互出现的共同特征，这些交互出现的深和浅的区域被称为水潭（pool）和浅滩（riffle）（图 5-3）。水潭和浅滩与水道联系在一起。水潭典型的形成于邻近弯曲河道外侧边岸的水道中。浅滩区域一般出现在两个弯曲之间。河床的组成决定着水潭和浅滩特征。沙砾及卵石河床的河流，典型的具有水潭和浅滩交互出现的空间结构，这有助于在高能量环境中维持河道的稳定。浅滩的沉积物颗粒较粗，而水潭则是细颗粒沉积物。水潭和浅滩的交互出现，维持了河流生境的多样性。

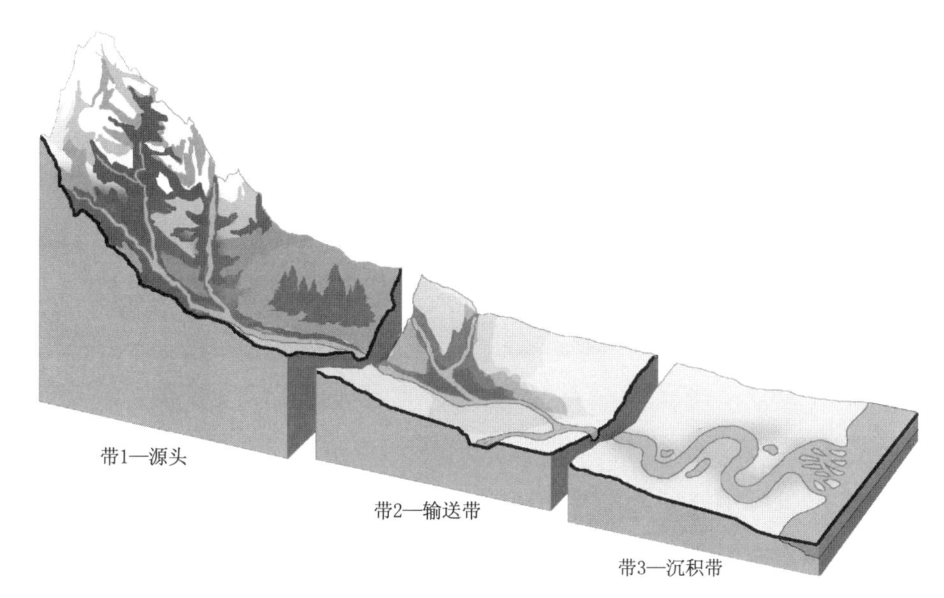

图 5-2　河流廊道生境纵向结构图

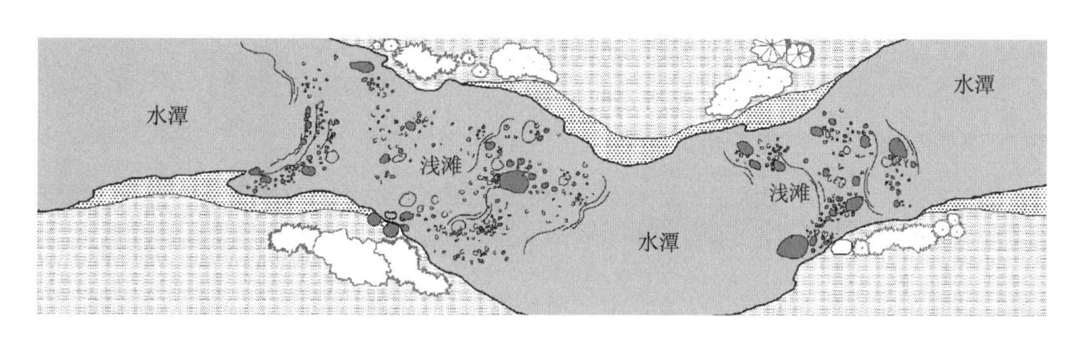

图 5-3　水潭和浅滩交替的生境格局

调查表明，河流陡峭的斜坡常常在河流中形成梯级/水潭序列，尤其是在卵石、漂砾或基岩河床的河流。坡度较小的卵石和沙砾底质的河流形成水潭/浅滩系列，增加了生境的多样性。水潭给鱼类提供了空间、被覆和营养物，在暴雨、干旱和其他灾害性事件期间为鱼类提供了庇护所。

5.2.4.3 微观尺度

（1）河漫滩（floodplain）　河漫滩是河道一侧或两侧变化较大的区域，间歇性地被洪水淹没，淹没的频率从频繁到稀少。

对重庆市东北部开州区东河的研究发现，河漫滩出现在东河的三级以上的高级别河溪。东河的河漫滩可分为两种类型（图 5-4）：

水文河漫滩（hydrologic floodplain），邻近基础流河道，且位于高洪水位线高程之下的土地。大约每 3 年就有 2 年被淹没。但并不是流域内每一个河流廊道都有水文河漫滩。

地形河漫滩（topographic floodplain），邻近河道的土地，包括水文河漫滩，及其他高于特定频率的洪峰所达到的高程的土地（例如，百年一遇的洪水才能淹没的河漫滩）。

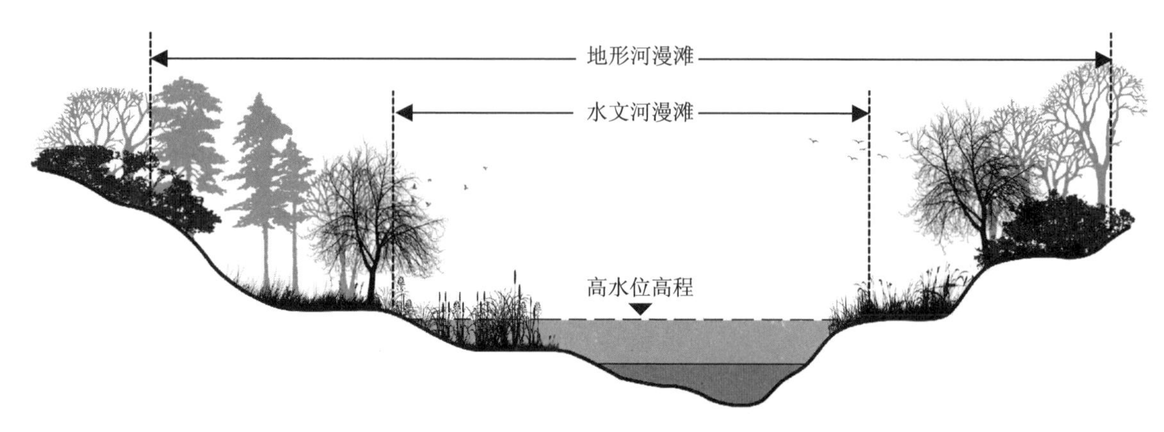

图 5-4 两种类型的河漫滩

（2）河流湿地　包括河边低洼地、河岸湿地，是依赖于恒常的或周期性的被浅水淹没或水分饱和的底质表面，或底质表面附近的生态系统，是陆地生态系统和水生生态系统之间的过渡带，水位在此经常在表面或接近表面。河流湿地存在于河漫滩及与河道相连的河岸廊道。主要的水源是河滩水流。河流湿地通过地表和地下传输水，重新回到河道。在河流最接近源头的地方，河流湿地经常被斜坡湿地所取代，在那里河床及河岸消失，或者它们与排水不良的平地与高地逐渐合并在一起。河流湿地向下游延伸，与河口边缘湿地连接在一起，构成完整的河流湿地系统。

（3）水生植物床　水生植物床主要是由沉水植物构成的水下生境结构。沉水植物不仅为水生动物提供食物，而且其茎、叶常常形成多孔隙空间，成为鱼类及水生昆虫的重要产卵生境和庇护生境。

（4）急流岩石生境　急流岩石生境常常形成明显的跌水，与瀑布相关联。这种类型的生境最明显的特点就是急流、富氧。

（5）卵（砾）石流水生境　河流中，卵石、圆石和漂砾形成的流水生境对于水生昆虫和鱼类的生存非常重要。卵石上的流水环境保证了有充足的氧气，同时附着在其上的微生物膜与卵石形成一个完整的生境系统。这里，通常是蜉蝣目等水生昆虫幼虫以及喜洁净水体的涡虫所栖息的生境。鱼类中的峨眉后平鳅（*Metahomaloptera omeiensis*）、四川华吸鳅（*Sinogastromyzon szechuanensis*）等平鳍鳅科鱼类常常贴附在浅滩急流中的卵石底部生活。

（6）河流微生境　河流中的枝条、叶片、沙子、卵石上的黏土、砾石上的苔藓丛、细小的沙砾斑块，或其他粗大物质等，构成了河流微生境系统。河流微生境更多地表现出功能性生境的特征。

5.3 河流功能生境与生物多样性

5.3.1 河流生境连续性与生物群落分布格局

从宏观尺度看，沿着河流，从上游到下游，随着河水向下游流动的过程中，河流水量、水文状态、底质等生境条件呈连续性变化，河流生物群落结构也表现出相应的连续性分布特征。Vannote 等

1980 年提出了河流连续体概念，认为河流由源头集水区起，以下流经各级河溪，形成一个连续流动的、独特而完整的系统，河流生物从河源到河口形成一个逐渐变化的时空连续体。河流连续体概念描述了从源头到河口的水力梯度的连续性，表征了上中下游非生命要素的变化引起的生物群落的梯度格局（图 5-5）。可以看出，与河流在纵向空间上的连续性相应，生物群落表现出明显的纵向分布格局。在河流纵向梯度上，河流生物群落能够改变自己的结构和功能特征，使之适应非生物环境。

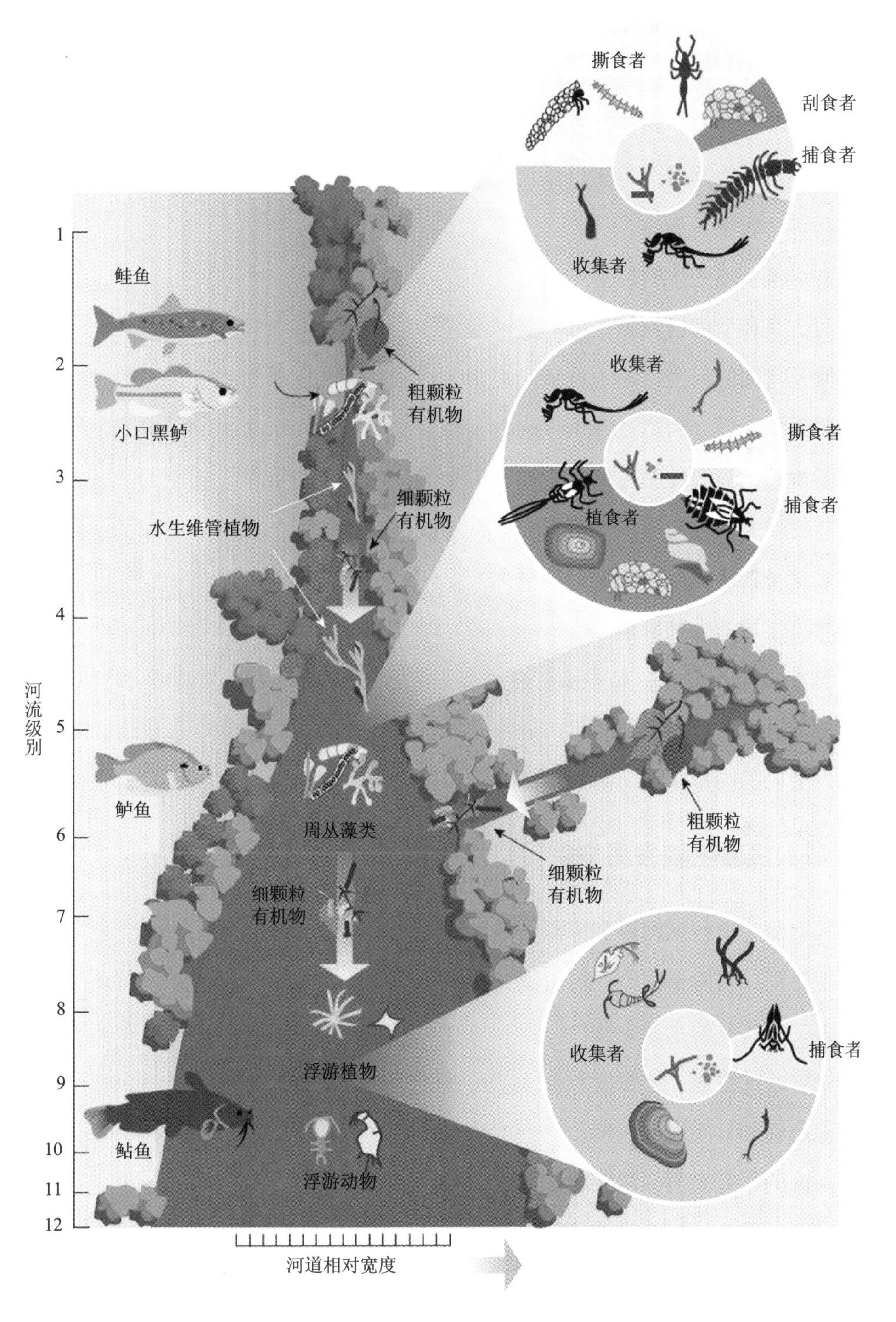

图 5-5　河流生境连续性与生物群落分布格局

1. 上游低级别河流生境的生物群落

上游河段是河流坡降最大的区域，其生境特点典型的表现为冷水，急流，富氧。上游河段水流快，河床多以下切侵蚀为主；河流边岸植被郁闭度高，河床基质不稳定。在上游河段，依赖光合作用的河流自养生物（如浮游藻类）不易生长，藻类种类及种群数量低，因此河流自身的初级生产量小。上游河段主要的能量来源于河岸输入的有机物质，如倒木、枯枝、落叶等，这是属于异源性有机物输入。上游河段的底栖动物摄食功能群以撕食者（shredders）和集食者（collectors）为主。前者以直径大于 1 mm 的粗颗粒有机物（coarse particulate organic matter，CPOM）为食；后者以收集流水中的有机颗粒为食。王强等（2011）对汉江支流任河上游的鱼肚河源头段附石性水生昆虫群落组成和多样性的研究表明，蜉蝣目、毛翅目、双翅目昆虫在上游低级别河流生境是优势类群，附石性水生昆虫功能摄食类群以撕食者、收集者为主。

2. 中等级别河流生境的生物群落

中等级别河流是典型的河流输送带，是河流泥沙输送区，接受侵蚀物质，并向下游运移，通常以具有宽的河漫滩及弯曲的河道格局为特征。在中等级别河流，由于河谷变得开阔，河岸植被对河流生产力的郁闭限制逐渐降低，河道光照条件改善，着生藻类和大型水生植物等自养生物种类和种群数量增多，代替逐渐减少的异源性枯枝落叶输入，成为河流生态系统能量、物质的主要来源。伴随着河流生态系统能量、物质来源的改变，底栖动物摄食功能群中撕食者的比例随之减少；而集食者特别是刮食底质表面着生藻类的底栖动物比例显著增加。

3. 高级别河流生境的生物群落

高级别河流梯度比较平缓，是主要的沉积带。进入高级别河流，坡降变小，河谷开阔，水面宽阔，是河流泥沙的沉积区。在大河河口，通常水深且浑浊，自源初级生产量较低，来自上游河段的细有机颗粒物成为主要的能量来源。高级别河流的底栖动物摄食功能群以收集者为主。

5.3.2 深潭和浅滩生境格局与生物群落的分布

中观尺度的河流生境包括河段和深潭—浅滩系统两个层次。深潭和浅滩的交替出现被认为是冲积河流河道的地貌特征，与阶梯深潭、河漫滩、沼泽等，都是河道中常见的地貌单元。不同的地貌单元和水文条件，决定了特殊的水动力条件。由于具有不同的地貌形态、水力特征和冲淤变化规律，两类河流生境中生物群落的组成、丰富度和群落结构都表现出较大差异。在石质河床河流中，浅滩由于具有更高的生境稳定性和异质性，底栖动物密度和多样性高于深潭生境。Henry 和 Mackay（1967）对苏格兰高地 3 条河流的研究表明，浅滩和深潭的大型底栖动物分别为 22 种和 23 种，浅滩中大型底栖动物的生物量略高于深潭，密度显著高于深潭。Richard（1969）在 Otter 河干流的浅滩和深潭中分别采集到 69 种和 70 种大型底栖动物，浅滩中大型底栖动物的密度为深潭的 6.8 倍。Armitage 等（1974）对 Tees 河的调查表明，浅滩中大型底栖动物物种总数和多度均高于深潭沙质或淤泥质底质河段，大型底栖动物的分布特征与石质河床河流明显不同。David（1986）对Texas两条高级别河流深潭和浅滩中大型底栖动物的研究表明，深潭中物种的丰富度明显高于浅滩，原因是浅滩泥沙流动性强，稳定性差，而深潭底质稳定性较好，且有机碎屑丰富。王强等（2012）在重庆开州区东河上游双河口至杉木桥河段，选择21个浅滩和深潭，研究了不同生境中底栖动物组成、分布和多样性，表明两类生境中大型底栖动物群落结构差异显著。浅滩中大型底栖动物的密度、生物量、丰富度指数、Shannon-Wiener指数均明显高于深潭。受地貌形态、水力特征和冲淤变化规律影响的生境稳定性和异质性差异，是导致大型底栖动物群落差异的主要原因。对鱼类来说，河流浅滩生境底栖动物丰富，生产力高，是急流性鱼类的良好栖息生境。深潭流速慢，浮游生物较丰富，是鲤科鱼类和游泳能力较差的幼鱼的重要栖息场所。

在山区河流的中观尺度上，阶梯—深潭系统是一种常见的河流地貌，河床由一段陡坡和一段缓坡加上深潭相间连接而成，呈一系列阶梯状。王兆印（2006）对西南山区河流阶梯—深潭系统的研究表明，山区河流发育的阶梯—深潭系统具有显著的生态学作用。阶梯—深潭系统增大水流阻力和河床抗冲刷力，稳定了河床和岸坡。大卵石堆积成阶梯，细颗粒泥沙在深潭河段的缓流滞流区沉积下来形成淤泥层，形成适宜多种生物的生境，能够维持较高的生物多样性。

5.3.3 河流微生境的生物多样性

对于河流生物的生境，在野外监测、生境类型研究、河流生境恢复等方面，主要关注中观尺度和微观尺度。其中，微观尺度上主要关注水深、流速、底质组成等。水深、流速、坡降、水生植物丰富度、有机碎屑、底质等微生境因素对河流水生生物群落都有一定影响。河流中的水深、流速、坡降等环境因素具有极大的时空变异性和不确定性。河床底质作为河流地貌与水文条件长期作用的产物，是河流微生境特征的综合反映。河床底质是河流生物依存的基本条件，对许多水生动物的繁殖和产卵等生命周期的重要阶段都起着关键作用，同时还可作为水生动物的避难和栖息场所（段学花，2009）。底质的构成与排列方式对微观尺度的水流条件影响明显，是影响河流生物最重要的微生境因素。

张海萍等（2017）研究了河流微生境异质性与大型底栖动物空间分布的关系，结果表明不同生境类型中底栖动物指标存在差异性；物种扩散受到微生境异质性的影响，即使在同一个河段，大型底栖动物的分布也受到微生境因子的影响，包括水深、流速和底质组成。关于不同生境中底栖动物群落差异性的研究，多数集中于河段尺度，在流域设置不同河段，在河段不同生境中进行采集，然后比较不同生境中的群落差异性。Lamouroux等（2004）分析了流域尺度因子、河段尺度因子和微生境尺度因子对大型底栖动物分布的影响，结果表明，流域尺度因子造成的群落差异与微生境因子造成的群落差异不同，但总体上底栖动物群落差异性主要取决于微生境因子，同时受到流域尺度和河段尺度因子的影响。在进行流域尺度河流调查及评价中，要慎重考虑微生境异质性对底栖动物采集及分布结果的影响。对底栖动物来说，河床底质的颗粒大小、组成、表面粗糙度、颗粒间隙等因素对群落多样性影响极其显著。Williams（1978）发现平均直径 24 mm 的底质中底栖动物的生物量最大，而平均直径 40.8 mm 的底质中底栖动物多样性最高。Alexander 和 Allan（1984）指出松散的底质具有较大的孔隙，能够维持较高的底栖动物密度。沙质底质的河床稳定性差，在流水中容易发生蠕动或再悬浮，因此底栖动物群落多样性较低。基岩质河床底质孔隙度低，抵御洪水冲刷的能力较差，底栖动物多样性低。植物附生将改善基岩质河床的生境异质性和稳定性，提高底栖动物多样性（段学花等，2007）。

生物的空间分布格局是不同尺度上各种生物因子和非生物因子长期综合作用的结果，河流水生生物的生存状况与其所处微生境息息相关。微生境改善作为一种重要的水生态修复措施，对于提高水生生物多样性、构建完整河流生态系统结构、恢复河流健康具有重要意义。

5.3.4 山地河流功能生境

5.3.4.1 河流功能生境概述

由于对河流生态学了解甚少，所以管理者在河流调控和管理决策方面的知识较为贫乏。面对河流水电开发、河道渠化等压力，收集必要的生态学信息、选择适应性强、方法灵活并可接受的途径是必需的。而生境水平的工作正是这样一种途径。在生物多样性的保护中，尽管物种是我们最为关注的层次，但是真正有效的保护却在生境层面上，可以说有效保护生境就是保护了生物多样性。

把河流划分为生境类型的过程被广泛应用于恢复生态学、生物监测和渔业管理中，这是基于生境具有明显的生物学意义，并且生境水平上的工作可使对系统的研究、了解、管理变得更容易。生境和群落间的联系是理论生态学的重点，生境是合适的管理目标。在河流调查、管理和恢复中，中观尺度的生境是非常重要的，因为在无需进行详细的大型无脊椎动物调查或构建复杂水力模型的情况下，可以提供评价河流生态系统的详细、快速和有效的信息源。河流生境的物理特征决定了其对河流电站开发、涉水工程的响应。由于河流生境受地貌过程影响，它们对河流调节的人为干扰是很敏感的。

在研究生态系统的结构和功能时，生态学家越来越把注意力集中在对生物的非系统分类的分析上。群落生态学家正在试图把生物类群划分为具有共同功能特征（功能群）或利用相同资源基础（种团）的类群，他们以生态学而不是以纯粹的分类学标准为基础，这有助于在生态学研究中简化群落内物种之间的关系，因此使得生态系统的复杂性在研究工作中减小。同样，在物种丰富，但对物种的生活史、生态过程却了解甚少的河流系统，通过生境来进行河流生态健康的判断，以及河流生态系统的恢复和管理，可能是更为方便、更有利于恢复和管理的途径。

如何通过简单的视觉调查就可辨识的生境，来进行基本的生态学判断是至关重要的。基于这一设想，有学者提出了功能生境的概念，主要是指在河流中能够维持不同的底栖无脊椎动物群落的生境，被称为“功能生境”(functional habitat，FH)。尽管这一定义是基于底栖动物群落的结构方面，但它们在维持河流过程、生态健康、生物多样性方面非常重要。

本书作者 2008 年 5～6 月选择重庆开州区东河上游的白里河作为研究区域，在 20 km 的河段进行调查。在对河流中观尺度生境采集调查栖息地生物类群的基础上，根据视觉上的可辨识性，初步确定了8种功能生境类型。这些中观生境类型主导了白里河河道的有水和潮湿的区域。主要以无脊椎动物作为各生境的生物类群研究对象，在每一类生境的10 m范围内，用250 μm的踢网或扫网进行无脊椎动物采集，每一类生境采集4个重复样。在对无脊椎动物进行定量研究的同时，也对与功能生境有密切关系的其他生物类群进行了定性调查，包括高等水生维管植物、水鸟和鱼类。对每一类生境都进行环境参数的测定。

5.3.4.2 山地河流功能生境的分类以及特征

对重庆开州区东河上游白里河这一典型的山地河流调查发现，在河流中观尺度上的生境异质性（如浅滩—水潭交替的格局）能够维持高的生物多样性，除了浅滩—水潭外，中观尺度上有多种多样的生境，能够维持各种类群的生物存在，这些视觉可辨识的、能够维持各种类群生物生存的生境，我们称为河流功能生境（river functional habitat，RFH）。

根据对中观尺度上河流生物栖息的生境调查，在河流中观尺度范围内，划分了8种河流功能生境类型：①露出水面的水生植物床（EM）；②淹没水下的水生植物床（SM）；③卵（砾）石流水生境（GR）；④水潭（PO）；⑤急流岩石生境（RR）；⑥河漫滩粗沙边缘生境（ECS）；⑦河岸淤泥边缘生境（ESM）；⑧受洪水影响的河岸植被边缘生境（FR）。

这些中观尺度范围内的河流功能生境类型主导了河道的有水和潮湿的区域，其物理特征见表5-3。

表5-3 河流功能生境物理特征

特征	露出水面的水生植物床	淹没水下的水生植物床	卵(砾)石流水生境	水潭	急流岩石生境	河漫滩粗沙边缘生境	河岸淤泥边缘生境	受洪水影响的河岸植被边缘生境
流速(m/s)	1.25	0.21	5.83	0.23	6.12	1.34	0.30	0.81
平均深度(m)	0.9	0.4	0.2	0.7	0.5	0.15	0.14	1.5
圆石比例(%)	8.0	—	—	—	60.2	—	—	3.2
鹅卵石比例(%)	9.1	—	16.3	—	31.1	—	—	2.1
卵石比例(%)	5.2	2.2	6056	—	9.5	1.0	—	4.0
沙砾比例(%)	4.8	1.87	18.4	—	3.8	1.4	—	4.1
沙子比例(%)	29.0	3.4	7.2	—	1.6	92.1	5.6	28.0
淤泥比例(%)	39.2	86.3	0.6	—	—	8.7	94.1	54.2
木质碎屑比例(%)	0.56	—	—	12.0	—	—	1.0	63.3
生境多样性	较高	高	中等	一般	较高	中等	较高	高
无脊椎动物物种丰度	32.6	22.7	20.1	1.1	21.8	5.2	2.3	19.1

研究表明，在这些功能生境中，由于水体的充分混合，这些生境的化学性质（如pH、氧化还原电位、浑浊度、温度、溶解氧等）通常没有表现出明显的差异。但是，这些功能生境的物理性质却有

明显的差异，并且可快速、直观地观察到。例如在急流岩石生境中，圆石和鹅卵石的比例较高；而在卵（砾）石流水生境中，卵石和沙砾的比例较高；在河漫滩粗沙边缘生境和河岸淤泥边缘生境中，则分别是沙子和淤泥所占比例较高。这些特征的差异均可快速观测，并具有较强的操作性。

对东河上游白里河的调查，共采集到无脊椎动物 92 种，其中，水生昆虫占了种类数的 78.2%，软体动物、甲壳动物、环节动物等类群占了 21.8%。水生昆虫以蜉蝣目、毛翅目、双翅目占优势。在各功能生境中，无脊椎动物物种丰度呈现出明显的差异（图 5-6）。

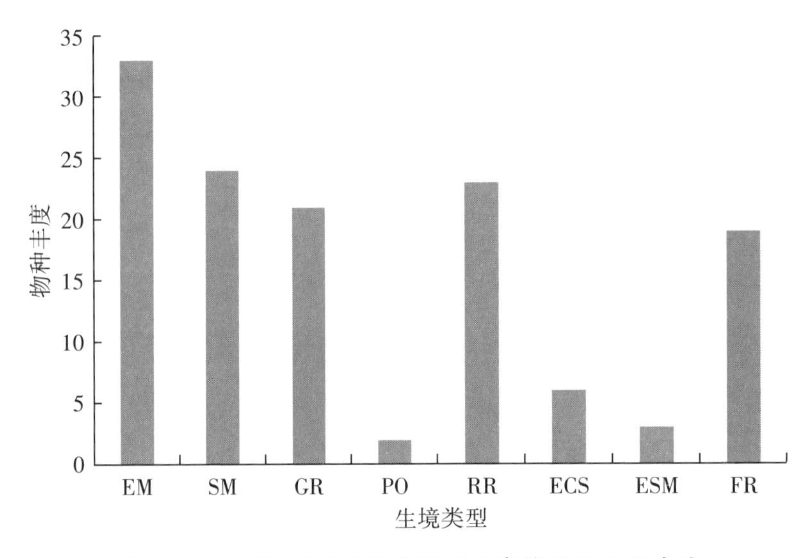

图 5-6　白里河不同功能生境的无脊椎动物物种丰度

从图 5-6 可知，在 8 种不同的功能生境中，无脊椎动物物种丰度的大小顺序为：露出水面的水生植物床>淹没水下的水生植物床>急流岩石生境>卵（砾）石流水生境>受洪水影响的河岸植被边缘生境>河漫滩粗沙边缘生境>河岸淤泥边缘生境>水潭。从无脊椎动物的生存来看，在这些功能生境中，露出水面的水生植物床、淹没水下的水生植物床、急流岩石生境、卵（砾）石流水生境、受洪水影响的河岸植被边缘生境是最重要的功能生境。

急流岩石生境不仅支持较多的无脊椎动物种类生存，同时在典型的山地河流、在急流岩石的缝隙中常常分布着石菖蒲（*Acorus tatarinowii*）、苔草属（*Carex*）植物、问荆（*Equisetum arvense*）等植物组合，这些植物组合形成了急流岩石生境的植物功能群，增加了岩石生境的异质性，并为无脊椎动物的生长提供附着基质和食物来源。急流岩石生境常常成为一些水鸟的栖息环境，在调查中多次发现在急流岩石上活动、取食的红尾水鸲（*Rhyacornis fuliginosus*）、白顶溪鸲（*Chaimarrornis leucocephalus*）、小燕尾（*Enicurus scouleri*）等水鸟。在急流岩石之下又常常形成小水潭和水下洞穴功能群，增加了岩石生境的异质性，并为无脊椎动物的生长提供附着基质和食物来源；一些鱼类最喜栖息在这样的环境中，如宽鳍鱲（*Zacco platypus*）、多鳞铲颌鱼（*Varicorhinus macrolepis*）等。综上所述，在山地河流中观生境层面，急流岩石生境是最为重要的功能生境类型之一。

受洪水影响的河岸植被边缘生境也是重要的功能生境之一。河岸植被边缘受周期性洪水影响，将木质碎屑和有机质输入河流，持续不断地提供营养物质，维持着河流食物网的健康。同时，河岸植被边缘也是多种水生昆虫成虫、软体动物等生活的环境。

卵（砾）石流水生境不仅维持了较多的无脊椎动物种类，而且是许多喜急流生活的底栖鱼类生活的场所，如四川华吸鳅、峨眉后平鳅等；另外，河乌（*Cinclus cinclus*）是一种典型的山地河流傍水性鸟类，喜在卵（砾）石流水生境取食。

尽管对无脊椎动物的调查表明，水潭这一生境类型所支持的无脊椎动物种类较少，但水潭仍然是一类重要的功能生境类型。许多鱼类生活在水潭；在东河流域海拔 1000 m 以上的河溪中分布的中国特有两栖动物——巫山北鲵（*Ranodon shihi*），也常常分布在水深相对较浅的水潭。此外，在河流中观尺度上，水潭与浅滩交替形成的生境格局大大增加了河流的生境异质性、稳定性，并维持了河溪水质净化等生态服务功能。

5.3.4.3 山地河流功能生境的应用

在生物区系研究薄弱、生态信息了解很少的区域，河流功能生境（RFH）概念是值得推广应用的途径。研究表明，功能生境作为山地河流恢复和管理的工具，尤其是在那些生境管理比物种管理更容易的河流。把河流划分为功能生境类型的方法可以广泛应用于河流健康评估和管理。在我国，RFH 的概念在河流管理中仍然没有得到足够应用。其实，在很多河流，水生生物（尤其是无脊椎动物）多样性较高，但很多种类是没有被描述过的物种，也缺乏其生态学和生活史的有关信息。因此，对这样的河流，功能生境是一个重要的管理手段。

第 2 编

河流生物群落

第6章
河流初级生产者

6.1 着生藻类

着生藻类（Attached algae）又称周丛藻类（Periphyton），它与浮游藻类的区别是所处生境不同。不同于浮游生活在水层中的藻类，着生藻类生长位置相对固定，附着于各种基质表面，是河流生态系统中重要的初级生产者，为河流生态系统提供物质和能量。Wetzel（1964）认为着生藻类是指生长在基质上的微型植物——藻类。Cosgrove等（2004）从生态恢复方面，定义着生藻类为生长于水体各种介质表面，一切能自给营养的藻类。着生藻类是周丛生物中的一种，与细菌、真菌、原生动物、轮虫、昆虫幼体等共同构成周丛生物群落。

6.1.1 着生藻类组成

着生藻类是一类附着在河流基底、水草、沿岸和其他基质上的藻类。依据所附着的基质类型不同，可将着生藻类划分为附植型藻类（Epiphytic），即生长在其他高等水生植物和大型藻类上的类群；附动型藻类（Epizoic），即生长在水生动物体表上的类群；附石型藻类（Epilithic），即生长在卵石、基岩等岩石表面的类群；附沙型藻类（Epipsammic），即生长在细沙上的类群；附泥型藻类（Epipelic），即生长在无机或有机沉积物组成的软质河床表面上的类群。

着生藻类个体微小，肉眼不可见，藻类群落常呈现为一层褐绿色丝状黏质物体，附着于基质上的絮状物。藻类群落有分层现象，上层藻体可以分泌胶质柄物质，与基底相连，形成着生点。下层藻体无胶质柄，单细胞个体或群体。河流中着生藻类主要包括蓝藻门（Cyanophyta）、黄藻门（Xanthophyta）、硅藻门（Bacillariophyta）、裸藻门（Euglenophyta）和绿藻门（Chlorophyta），其他门类的藻类数量极少。

6.1.2 着生藻类在河流生态系统中的功能

着生藻类是河流生态系统的初级生产者，通过光合作用将无机营养元素转化成有机物，并被更高级的有机生命体所利用。着生藻类在自然界分布十分广泛，无论河流上游或下游，阳光能照射到的底质上均有分布。着生藻类是河流生态系统中重要的初级生产者，其初级生产量可占总产量的40%～50%，是河流水生动物的重要饵料。着生藻类对河流水体中的营养物质有很强的吸收作用，河流水体中，河床底质上沉积的营养物质比自由水体中营养物质的含量高出许多倍（Wetzel 和 Pickard，1996），着生藻类的代谢活动远高于浮游植物。着生藻类对低光照强度有很好的适应性，在透明度较低的水体中，着生藻类的竞争力强，对富营养化水体能发挥净化作用，抑制水中的藻类生长，降低水华发生频率（Lock 等，1984）。硅藻、绿藻、蓝藻为河流常见的三大类群，它们在河底迅速繁殖，覆盖着基质表面，降低了河道底泥和有机物的沉浮，有利于缓解水体富营养化程度。

与浮游植物相比，着生藻类附着在河床、河岸或其他物体表面，有利于增强河道底质的稳定性，稳固河床基质，并为鱼类和底栖动物提供隐蔽场所和产卵场。着生藻类可为河流生物提供栖息场所，如绿藻门中的刚毛藻属（*Cladophora*）和水绵属（*Spirogyra*），它们在水体中形成分枝或不分枝的丝状体，为河流中小型无脊椎动物提供隐蔽的栖息场所和繁殖场所。

鉴于着生藻类在河流生态系统中的重要地位，国际上已经越来越多地应用该类群评价河流的生态状况。着生藻类作为河流监测的指示物种，有其自身独特的优势。着生藻类作为初级生产者，在河流生态系统中占有重要地位，在一些河流中，着生藻类的初级生产量要明显高于浮游植物和高等水生植物。着生藻类不同于浮游植物，因其固着在基质表面，不能自由移动，当河流生态系统受到污染破坏时，着生藻类可以较好地反映水体污染状况。着生藻类物种丰富，因而不同着生藻类种类对环境有不同的耐受性、敏感性和适应性。着生藻类生命周期短，对环境的变化能迅速做出反应，因此着生藻类可以作为水质监测的重要指标。

6.1.3 着生藻类分布及影响因素

刘麟菲（2014）对渭河流域着生藻类群落结构与环境因子的关系进行了研究，结果表明，渭河流域着生藻类共5门、46属、248种。其中硅藻门26属、221种，占全部藻类种类数的89%；绿藻门共10属、16种，占6%；蓝藻门共7属、8种，占3%。主要物种有隐头舟形藻（*Navicula cryptocephala*）、偏肿桥弯藻（*Cymbella naviculiformis*）、谷皮菱形藻（*Nitzchia palea*）、扁圆卵形藻（*Cocconeis placentula*）、小形异极藻（*Gomphonema parvulum*）、普通等片藻（*Diatoma vulgare*）、小颤藻（*Oscillatoria tenuis*）等。李锐（2015）于2013～2014年对长江上游宜宾至江津段着生藻类进行了研究，结果表明，长江上游宜宾至江津段全年采样共发现着生藻类82种，分属于4门31属，与先前研究比较，着生藻类种类明显降低，耐污性种类数量增多。全年采样都以硅藻门为优势种。主要有直链藻属（*Melosira*）、等片藻属（*Diatoma*）、菱形藻属（*Nitzschia*）、小环藻属（*Cyclotella*）、针杆藻属（*Synedra*）、舟形藻属（*Navicula*）、异极藻属（*Gomphonema*）以及蓝藻门的颤藻属（*Oscillatoria*）。优势种主要是一些群体性“点着生”种类，说明该江段水流较缓，环境比较稳定。藻类密度、生物量呈现从上游到下游增大的趋势，Shannon-Weiner 指数、均匀度指数呈现从上游到下游减小的趋势。说明该江段下游受到的污染干扰更大，营养盐水平更高。

殷旭旺等（2011）以辽宁省浑河水系为研究区域，调查了全流域范围内 62 个样点的着生藻类群落和水环境理化特征，探讨了浑河水系着生藻类的群落结构与生物完整性。结果表明，浑河水系采集到着生藻类 163 种，其中硅藻门 134 种，占 82%；绿藻门 20 种，占 12%；蓝藻门 9 种，占 6%。常见的硅藻种类包括：变异直链藻（*Melosira varians*）、梅尼小环藻（*Cyclotella meneghiniana*）、普通等片藻、环状扇形藻（*Meridium circulare*）、钝脆杆藻中狭变种（*Fragilaria capucina*）、沃切里脆杆藻（*F.vaucheriae*）、膨大桥弯藻（*Cymbella turgida*）、胡斯特桥弯藻（*C.hustedtii*）、系带舟形藻细头变种（*Navicula cincta*）、简单舟形藻（*N.simplex*）、窄异极藻（*Gomphonema angustatum*）、肘状针杆藻（*Synedra ulna*）、线形菱形藻（*Nitzschia sublinearis*）、小片菱形藻（*N.frustulum*）、卵圆双菱藻（*Surirella ovalis*）；常见的绿藻和蓝藻种类包括：环丝藻（*Ulothrix zonata*）、小颤藻和小席藻（*Phormidium tenus*）。浑河水系着生藻类群落结构具有明显的空间异质性，浑河中上游地区着生藻类种类较多，驱动因子主要为水环境中的可溶性营养元素、活性磷（PO_4^{3-}-P）和氨氮（NH_4^+-N）。研究进一步表明，驱动河流着生藻类群落结构空间格局形成的环境因子会因流域的外源性营养盐类型、土地利用模式和人类活动强度的不同而不同，而这些因素主要是通过改变河流生态系统的生物地球化学循环和生境质量，从而进一步影响藻类群落的物种组成和相对多度。

着生藻类在河流水体的分布受水温、光照、pH 值、营养盐、附着基质等环境因子的影响。水温直接影响附着藻类的新陈代谢，同时也会影响溶解氧、pH 值等的变化，从而间接影响到藻类的生长。光照作为光合作用的必要条件，随着水体深度的增加而减弱，不同于浮游藻类可以主动或者被动改变深度，着生藻类随着深度梯度受光照调节，而形成群落结构和功能上的差别。着生藻类对低光照强度有很好的适应性，属弱光生长型藻类，在红光下生长迅速，在蓝绿光下生长缓慢，紫外光对其有抑制作用。温度在着生藻类生长繁殖过程中起着重要作用，调控着生藻类光合效率、呼吸效率、代谢效率。水体流速的快慢可以影响着生硅藻和浮游硅藻的比例，在水体流速较慢的区域硅藻生物密度较小，营着生生活的硅藻占优势；而在水流速度较快的区域硅藻生物密度较大，营浮游生活的硅藻稍占优势。一些研究也指出，水流的冲刷作用对藻类的增殖既有促进作用又有抑制作用。促进作用表现在流速较慢时，抑制作用突出表现在流速过大的时候。pH 值在藻类许多代谢过程中是重要的影响因子，可以影响藻类的种类组成以及叶绿素含量。着生藻类的生长需要大量的营养物质，而营养盐的多少决定了着生藻类的种类、密度和分布。与其他藻类相似，对着生藻类最为重要的两种营养元素是氮和磷。一般来说，水体中磷浓度的增加能使着生藻类的生物量增加，氮和磷对着生藻类的作用均有较明显的种间差异。附着基质的多样性造成周丛藻类的多样性，基质的差异性造成着生藻类种类数量的差异。一些实验研究证明，不同的基质对着生藻类群落组成没有影响，生物量也无显著差异。外来作用包括风浪冲刷以及生物牧食，都会对着生藻类群落结构产生影响。

6.1.4 季节变化与动态

着生藻类的种类数和密度具有明显的季节性变化。着生藻类种类数和密度在春、夏季（4～9月）呈不断上升趋势，在9月达到最高峰，之后随着水温降低而持续下降，到冬季（12月）回落到最低点。在冬末春初的2～3月，天气转暖，阳光充沛，水量较小而且流速缓慢，为硅藻的生长提供了极其有利的条件。夏季随着温度上升，蓝藻和绿藻在着生藻类中的比例加大，硅藻所占比例逐渐降低，着生藻类的群落结构发生了一定的改变。冬季因为水温低，又逢枯水期，藻类生长繁殖受到限制。一些研究表明，枯水期着生藻类物种丰富度、多样性指数均低于丰水期，乃因枯水期流量、流速较低，生境扰动较弱，着生藻类群落结构比较稳定，优势种群竞争力较大，使有些物种在种间竞争过程中被淘汰。刘麟菲（2014）对渭河流域着生藻类群落结构与环境因子的关系研究表明，渭河水系和洛河水系着生藻类丰富度、Shannon-Weiner 多样性指数和均匀度指数在丰水期和枯水期存在显著差异性，且丰水期藻类的丰富度和多样性指数要高于枯水期。泾河水系丰水期和枯水期着生藻类群落结构无显著差异。丰水期影响渭河流域着生藻类群落结构的主要环境因子有水温、河宽、电导率，枯水期主要影响因子是总溶解固体、总氮、高锰酸盐指数。李锐（2015）于2013～2014年对长江上游宜宾至江津段着生藻类的研究表明，采样江段着生藻类时间变化上，表现为着生藻类种类数秋季＞冬季＞春季＞夏季。

研究表明，溪流中的着生藻类可以经过拓殖，增加其生物量。Lee（1990）对着生藻类拓殖的研究指出，在藻类进行拓殖初期，藻类的生物量、细胞密度、多样性都会迅速增加，并在着生藻类进行拓殖的7～14天之间，达到最高（Oemke and Burton，1986；Lee，1990）。类似的研究也发现，着生藻类生物量在研究开始的第7天到第21天之间达到最高峰（Steinman and McIntire，1986）。然而在不同的季节，着生藻类拓殖速度不同，在夏季拓殖速度较快，其他季节较慢（Hoagland 等，1982）。

6.2 浮游植物

浮游植物指水体中营浮游生活的小型藻类，它们中大部分具有叶绿素，能进行光合作用，植物体没有真正的根、茎、叶分化，生殖器官是单细胞，用单细胞的孢子或合子进行繁殖的低等植物。浮游植物大多数是单细胞种类，悬浮于液体介质中。从进化上说，它们的祖先都是几十亿年前的原始蓝藻细胞。从生态上看，浮游植物以及水生植物以类似于高等植物的方式贡献其生产力给河流生态系统。但和陆生植物不同的是，浮游植物生长周期短。

6.2.1 河流浮游植物形态、类群及繁殖

1. 浮游植物形态

大多数藻类细胞都有细胞壁，只有裸藻、隐藻、一些有鞭毛的甲藻和金藻以及某些生殖细胞不具有细胞壁。除原核类型外，所有真核藻类都有色素体。藻类植物体虽然很简单，但形态却多种多样，主要包括以下几类：

（1）单细胞和群体　许多藻类是单细胞的，或单个存在或聚集在一起，彼此间无结构上的联系。

（2）丝状体　分裂后的细胞彼此连接成丝状体，丝状体有的不分枝、单列，有的是多列。

（3）多核体或管状体类型　基本上是由1个大的多核细胞组成，无细胞横壁。

（4）薄壁组织状和假薄壁组织状　薄壁组织状的藻体由分生组织产生的未分化的方形细胞组成，由于有3个分裂面形成的组织，为三维立体类型。假薄壁组织状的藻体表面上与前者相似，但实际上它是由藻丝或不定形的细胞聚合彼此紧贴组成。

上述各种形态的藻体并不是各门藻类都有。相反，如硅藻、定鞭藻等只有单细胞类型，而褐藻则无单细胞类型。

2. 浮游植物类群

依据《中国淡水藻类——系统、分类及生态》将藻类共分13个门，蓝藻门、硅藻门、甲藻门、隐藻门、绿藻门、裸藻门、金藻门、黄藻门、褐藻门、红藻门、原绿藻门、灰色藻门和定鞭藻门，其中前8门种类在河流生态系统中较多见，且为浮游种类。

（1）蓝藻门（Cyanophyta）　蓝藻是一类原核生物，为单细胞，丝状或非丝状群体。非丝状群体有板状、中空球状、立方形等各种形态，但大多数为不定形群体，群体常具有一定形态和不同颜色的胶被。丝状群体由相连的一列细胞组成藻丝，藻丝具胶鞘或不具胶鞘，藻丝及胶鞘合成“丝状体”，每条丝状体中具有1条或者数条藻丝。蓝藻中常见的浮游种类有微囊藻属（*Microsystis*）、束丝藻属（*Aphanizomenon*）、螺旋藻属（*Spirulina*）、鱼腥藻属（*Anabaena*）和颤藻属（*Oscillatoria*）等种类。蓝藻适应性很广，各种水体中都能生长，多喜生于含氮量较高，有机质较丰富的碱性水体中。一般喜较高的温度，有的种类可在70～80 ℃的温泉中生长。在夏秋季节，在湖泊和池塘中蓝藻可大量繁殖、形成水华，放出毒素，造成鱼类死亡。

（2）硅藻门（Diatom）　单细胞及群体，植物细胞壁富含硅质，硅质壁上具有排列规则的花纹。壳体由上下半壳套合而成。硅藻门以细胞分裂繁殖为主。细胞分裂时，原生质膨胀，使上下两壳略微分离。常见的硅藻有圆筛藻属（*Coscinodiscus*）、舟形藻属（*Navicula*）等。硅藻广泛分布于淡水中。硅藻是鱼、虾、贝类特别是其幼体的主要饵料，它与其他植物一起，构成河流生态系统的初级生产力。

（3）甲藻门（Pyrrophyta）　除少数裸型种类外，都有厚的纤维素组成的细胞壁，称为壳。植物

体除少数为丝状或球状外，绝大多数为具鞭毛的单细胞游动种类。甲藻的繁殖以细胞纵裂为主，有些种类能产生游动孢子、不动孢子或厚壁休眠孢子；有性生殖是同配，仅在少数种中发现。大多数甲藻是海产，淡水产种类较少。淡水中春秋两季生长旺盛。甲藻是重要的浮游藻类，是水生动物主要饵料之一。

（4）隐藻门（Cryptophyta） 隐藻门是一大类藻类，大都具有色素体，淡水中常见。细胞大小约为 10 ~ 50 μm，形状扁平，有两个稍微不等长的鞭毛。隐藻的生殖多为细胞纵分裂，不具鞭毛的种类产生游动孢子，有些种类产生厚壁的休眠孢子。隐藻门植物种类不多，但分布很广。

（5）绿藻门（Chlorophyta） 此门包含单细胞和多细胞物种。大部分物种生活在淡水里。色素体呈绿色。有性生殖普遍，为同配、异配或卵配。藻体有单细胞、群体、丝状体、叶状体、管状多核体等各种类型。淡水种的分布很广，分布于江河、湖泊、沟渠中。代表性种类包括衣藻属（*Chlamydomonas*）、团藻属（*Volvox*）的种类。衣藻属是团藻目内单细胞类型中的常见藻类，约有 100 种以上，生活于含有机质的淡水沟渠和池塘中，早春和晚秋较多，常形成大片群落，使水变成绿色。团藻属春夏两季常见生于淤积的浅水池沼中，植物体是由数百至上万个衣藻型细胞组成的球形群体。

（6）裸藻门（Euglenophyta） 裸藻门除胶柄藻属外，都是无细胞壁、有鞭毛、能自由游动的单细胞植物。裸藻以细胞纵裂的方式进行繁殖，细胞分裂可以在运动状态下进行，也可以在胶质状态下进行。大多数分布在淡水中，特别是在有机质丰富的水体中，生长良好，是水质污染的指示植物。夏季大量繁殖使水呈绿色，并浮在水面上形成水华。

（7）金藻门（Chrysophyta） 金藻门的植物体是单细胞、群体或分枝丝状体。有些单细胞和群体的种类，其营养细胞前端有鞭毛，终生能运动。繁殖方法有断裂（群体种类）、分裂、产生游动孢子（无鞭毛的种类）。有性生殖少见，属同配结合。金藻门多分布于淡水水体，生活在透明度较大、温度较低、有机质含量低的水体。对温度变化反应灵敏，多在寒冷季节生长旺盛，如早春和晚秋。在水体中多分布于中、下层。

（8）黄藻门（Xanthophyceae） 是一类属于不等鞭毛类的藻类生物，为单细胞、群体、多核管状或丝状体。细胞壁含多量果胶质。运动的个体和动孢子具有 2 条不等长鞭毛，极少数具 1 条鞭毛。多数黄藻以产生游动孢子和不动孢子进行无性生殖；有些运动型和根足型黄藻可形成与金藻相似的不动孢子；有性生殖在黄藻中少见。黄藻门植物多数分布于淡水，在淡水中生活的黄藻，有的种喜生于钙质多的水中，有的生于少钙的软水中，还有不少种生于酸性水中，大多数黄藻在纯净的贫营养、温度较低的水中生长旺盛。我国常见淡水黄藻有黄丝藻属（*Tribonema*）、黄管藻属（*Ophiocytium*）约 30 多种。

3. 浮游植物的繁殖

浮游植物繁殖能力很强，主要有 3 种繁殖方式：营养繁殖、无性繁殖和有性繁殖。

（1）营养繁殖 不通过任何专门的生殖细胞来进行繁殖，是指原核或真核营养细胞进行分裂以增加细胞数目的过程。单细胞种类通过细胞分裂，即一个母细胞连同细胞壁分为两个子细胞，各长成一个新的个体。在群体或多细胞种类，通过断裂繁殖，即一个植物体分为几个较小部分或断裂出一部分。

（2）无性繁殖　都是由母细胞进行有丝分裂产生孢子，孢子萌发形成新的个体。孢子是无性的，不需要结合，一个孢子即可长成一个新个体。藻类中有多种孢子，如不动孢子、动孢子、厚壁孢子、休眠孢子、内生孢子、外生孢子等。

（3）有性繁殖　有性繁殖的藻体，首先产生配子，配子相互结合形成合子，然后长成新个体；或由合子再形成孢子，长成新个体。

浮游藻类的生活史主要有3种类型：①生活史的大部分为单倍体的营养时期，在合子萌发时进行减数分裂；②营养时期为二倍体，配子形成时进行减数分裂；③配子体为2或3个单倍体的多细胞时期和1个（或更多的——主要是红藻类）孢子体（二倍体）进行世代交替。

6.2.2 浮游植物在河流生态系统中的功能

浮游植物在河流生态系统中发挥着重要的生态功能。浮游植物是水生态系统运转的能源提供者，是河流生态系统生产过程的基础环节，提供初级生产。在大多数河流水体中，浮游植物是主要的生产性生物，因此，河流水体生物生产力的大小主要取决于浮游植物初级生产力的高低。它们位于水体食物链的第一环节，是浮游动物和其他水生动物的食物，是良好的开口饵料。浮游植物种类和数量的变动与环境要素的变化有着密切的关系。因此，研究河流生态系统的结构和功能时，浮游植物是必不可少的重要环节。

浮游藻类一方面处于水生态系统食物链底端，是水生态系统初级生产的重要贡献者，对水生态系统中的其他生物产生重要影响；另一方面其种类组成和数量变化对水生态系统的理化指标敏感，是水生态系统健康与否的重要生物指标之一。

浮游藻类与生境关系的研究，不仅在生态学研究上具有重要的理论意义，而且在水生态系统管理和评价中具有重要的实践应用价值。纵观国内外研究现状，20世纪以来，发达国家有关河流浮游藻类的研究案例迅速增加。基于对浮游藻类特征与生境关系的认识，欧盟国家已经开始了以浮游藻类功能群划分为基础的浮游藻类群落分类，并正在建立具有广泛应用价值的基于浮游藻类的水质评价标准。

6.2.3 浮游植物的分布及影响因素

早期的研究发现，大河干流中的藻类既有外源种类，也有土著种类（Reynolds 和 Glaister，1995）。尽管大型河流中藻类的种类组成与湖泊相比稳定性较差，但是通常认为硅藻和绿藻是温带大型河流中的常见类群，其中绿藻的优势在夏季更加明显（Hudon 等，1996）。河流中浮游藻类的生物量和种类组成，受河流形态、水文、光照以及水流搬运和输移泥沙数量、藻类繁殖速率等作用的综合影响，具有明显的空间异质性（Descy 和 Gosselain，1994）。

河流中浮游植物的分布呈现出明显的时空格局。王珊等（2013）对东江干流浮游植物的物种组成及多样性进行了研究，结果表明，干流水体中浮游植物物种丰富度中等，个体分布较均匀，共有浮游植物 7 门、83 种（包括 2 变种）；其中硅藻门种类最多，达 38 种，占所有物种数的 45.78%，其细胞生物量占总浮游植物的 53.99%；主要优势种为卵形隐藻（*Cryptomonas ovata*）、变异直链藻（*Melosira varians*）、菱形藻（*Nitzschia sp.*）、小环藻（*Cyclotella sp.*）、舟形藻（*Navicula sp.*）；浮游植物的密度分布不均匀，下游显著大于上、中游，且主要密集于下游的东莞市和惠州市江段水体；东江干流水体中浮游植物多样性指数相对较为一致，上游的物种多样性和种群结构稳定性较下游略高。东江干流浮游植物密度在上中下游的分布不均匀，这可能与各流域段的环境差异以及人类干扰程度有关。东江上游干流水量较少，但流域落差较大，水流湍急，人口分布相对疏散，污染程度较低，水体中的有机物含量也较低，因此浮游植物的细胞数量相对较少。中、下游尤其是惠州市和东莞市江段，流域落差较小，水流平缓，干流周边人口相对密集，经济发展水平明显高于上游，生活污水和工业废水的排放导致下游水体有机物含量大大增加，从而使得下游浮游植物的细胞数量明显高于中、上游。东江干流水体中浮游植物多样性指数相对较为一致。总体来看，上游的多样性和种群结构稳定性较下游略高。通过多样性指数对东江干流水体的水质进行评价，结果表明大多数采样点位水体营养化程度不高，水质总体良好。

胡俊等（2016）选择黄河上游的内蒙古河段，进行了多沙河流夏季浮游植物群落结构变化及水环境因子影响研究，共采集到浮游植物 54 种，分属 6 门，其中硅藻门 23 种，占种类数比例最高；其次是绿藻门 19 种和蓝藻门 7 种。整个调查河段均以硅藻门和蓝藻门为主，呈现出内蒙古河段中部浮游植物种类较多，而两端靠近宁夏和山西种类数较少的空间分布格局。从上游石嘴山至下游托克托镇，物种数与生物量呈现出两端低、中间高的规律。这既与内蒙古河段两端偏峡谷、中间偏平原的地势特点有关，也与黄河灌区退水有关。进一步分析表明，浮游植物群落分布的差异与水体泥沙密切相关。泥沙含量升高，既可能由于耦合效应导致水体实际营养盐水平的降低，又可能极大地降低水体光照强度，从而影响浮游植物的生长。

在河流水体中，浮游植物群落受到许多因素的影响，如光照、水温、营养盐含量、酸碱度及水体自身的水文条件等。浮游藻类特征与河流生境关系密切，相关研究显示，我国河流中硅藻门、绿藻门和蓝藻门种属所占的百分比，浮游藻类的平均细胞密度等特征，在一定程度上可反映河流的生境特征（江源等，2013）。

光是藻类生存的必要条件，光照时间、强度都能影响藻类的代谢率，从而影响其生长和繁殖。一般在适宜的范围内，光照强度越强，光照时间越长，代谢越快。但随着光照强度继续上升，光合作用速率减慢，逐渐达到光饱和之后，速率不再增加，甚至下降以至停止，浮游植物表现出光抑制作用。

在光谱成分方面，以红光对浮游藻类的生长、繁殖最重要。

藻类细胞内的代谢过程在不同程度上受到温度的调节。不同的浮游藻类具有不同的临界和最大生长温度。在一定温度范围内，浮游植物的光合作用速率和细胞分裂速度随着温度升高而增加。除直接影响浮游藻类外，温度的改变往往导致其他环境因子的改变，从而对浮游藻类产生间接影响。

营养盐是生态系统的基础物质和能量来源，营养盐含量多少直接影响浮游植物的初级生产力变化和水生生物资源的持续利用。一定的浓度范围内，营养盐对浮游植物的生长有促进作用，但如果营养盐浓度过低则会对藻类的生长产生限制作用，过高则产生毒害作用。通常认为浮游藻类的种类组成和数量特征与水体中氮、磷含量关系密切。水体氮、磷营养供应及其比率对浮游藻类的种群结构有重要的决定作用。水体的水动力学特征在很大程度上也能影响浮游植物的种类组成和数量。

依据藻类对流水的适宜程度将藻类划分为：急流藻类，主要适应流速较快的水体和瀑布中生活；中流水藻类，喜在水流速度为 70 ~ 120 cm/s 的水体中生长；喜缓流藻类则在流速为 15 ~ 70 cm/s 的水体中生长。

此外，浮游植物之间也相互影响，有些浮游植物种类能产生抑制其他种类生长的物质。如小球藻分泌的小球藻素能抑制菱形藻和衣藻等的生长，而衣藻和栅藻分泌的物质又可抑制小球藻生长。浮游植物在光和营养物质上也存在剧烈的种内和种间竞争。大多数浮游动物，尤其是甲壳类主要滤食浮游植物为食，一般在浮游植物丰富的水体中，滤食性浮游动物也较多。

在人类直接影响较弱的区域，河流浮游藻类特征受河流物理因素影响显著，河流形态、水深、河水透明度以及河岸地形、河岸植被对近岸水域遮蔽程度等，都直接影响着河流中的光照条件；而浮游藻类，特别是那些具有快速生长特性的种类，对光照条件响应敏感（Lewis，1988）。

河流浮游藻类除受河流自然生境影响之外，更多地受到人类活动的影响。由于河流流域是人类开发活动最多的地区之一，水利水电工程、水产养殖、航运、防洪等人类活动的干扰，是导致河流浮游藻类变化的重要因素。Gosselain 等（2002）提出，人类开发历史的长短既对大河中浮游藻类直接产生影响，也通过影响其他生物类群而对藻类产生间接影响。例如对有较长开发历史的密西西比河流域进行的研究表明，水坝、运河和渠道建设等引起的水温以及河水流量变化，可能是影响浮游藻类群落的最重要因素（Lange 和 Rada，1993）。

6.2.4 季节变化与动态

在天然水体中，光照和温度的变化是藻类季节性演替的主要影响因子。温度不仅影响藻类的季节变化，还直接影响到藻类在水体中的时空分布和种类组成。王珊等（2013）对东江干流浮游植物的研究结果表明，从种类和优势种上来看，夏季调查中共观察到浮游植物 7 门、78 种，主要优势种为颤藻属、隐藻属、小环藻属、菱形藻属和栅藻属；在冬季调查中，浮游植物种类高于夏季，可能与干流水量的增加有关，但优势种组成基本类似；从群落结构组成上来看，均以绿藻门和硅藻门为主。

水温较低的春季和秋季，适于甲藻和硅藻大量生长；夏季以及春末秋初水温较高的季节，有利于绿藻和蓝藻的繁殖。而多数鞭毛藻类，如团藻目、甲藻、隐藻以及金藻、裸藻门和蓝藻门的一些种类，喜欢生活在有机质含量丰富的水体中，因而在较暖的月份里，水体有机质较多的条件下数量会随之增加。此外浮游植物的形态也存在季节性变化，如飞燕角甲藻（*Ceratium hirundinella*）的形态变化主要在下角的数目上，夏季型比冬季型多生出一个角。

6.3 水生维管植物

6.3.1 水生维管植物的概念

大型水生植物（aquatic macrophyte）是指生理上依附于水环境，至少部分生殖周期发生在水中或水体表面的植物类群。大型水生植物为除小型藻类以外的所有水生植物类群。水生植物在分类群上由多个植物门类组成，这里的大型水生植物主要包括生活在水中至少部分生殖周期发生在水中的蕨类植物和种子植物。

关于水生维管植物，Cook 等（1974）在其专著《世界水生植物》中对水生维管植物进行了定义，是指所有蕨类植物和种子植物中那些其光合作用部分永久地或至少一年中有数月沉没于水中或浮在水面的植物。该定义既包括狭义的水生维管植物（必须长期生长于水中的植物，包括挺水植物、浮叶植物、漂浮植物和沉水植物），也包括湿生植物。

水生植物是生态学范畴上的类群，是不同分类群植物通过长期适应水环境而形成的趋同性生态适应类型。水生植物生活型代表了水生植物对环境的不同适应程度。按照植物的生活型，可把水生植物分为湿生植物、挺水植物、浮水植物和沉水植物。

6.3.2 水生维管植物的生态功能

1. 水生植物是河流生态系统中的重要初级生产者

水生维管植物是河流生态系统的重要组成部分，其种群数量变动对河流水域环境有着重要影响，是水域生态系统中最基本的生物资源，在水体初级生产力中占有重要地位。水生植物是河流生态系统中的初级生产者，也是将光能转化为有机能的实现者。水生植物是河流生态系统中动物的食物和能量的直接或间接供给者。

2. 水生植物是物质循环的重要环节

水生植物对河流生态系统物质循环的影响是通过其对矿质营养代谢来实现的。水生植物对矿质营养的同化量与其生产力水平、生长速度和水体营养物水平成正比，各生活型水生植物对营养物的固定能力以挺水植物为最高，沉水植物最低。水生植物是水体中除水层和底质外第三个重要的矿质营养库。

3. 水生植物有利于稳定河床，防止侵蚀和冲刷，减缓悬沙带来的生态危害

水生植物附着在河床表面，有利于增强河道底质的稳定性，稳固河床基质。水生植被可以减缓悬沙带来的生态危害，在同样的河道断面过水能力下，沉水植被可大大降低近底层的时均流速、紊动强度和切应力，从而有效抑制密度更小、质量更轻的沉积物的再悬浮。河流水生植物具有降低水体浊度的环境和生态效应。调查发现，在大型水生植被大面积生长的水域，营养盐浓度低，浊度和悬沙浓度明显低于无植被生长的水域。

4. 水生植物是鱼类等水生动物的重要产卵场所及庇护场所

水生植被具有复杂的结构层次，由沉水植物、挺水植物构成了复杂的水下生态空间，大大提高了水下生境的异质性，可为河流生物提供多种多样的栖息场所，也为鱼类和底栖动物提供了庇护地和产卵场。

6.3.3 水生维管植物的生态类群

水生维管植物其植物体全部或部分淹没在水中，也有生长在潮湿岸边的种类，它们的生长状况各不相同。由于水环境条件的影响，水生维管植物的全部或部分器官形成适合于在水中或潮湿处生活的形态、构造及功能。根据水生维管植物的形态、结构及其与水环境的关系，分为4个生态类群：沉水植物，浮叶植物，漂浮植物，挺水植物。

沉水植物　指在大部分生活周期中植株沉没在水下生活，根生于底质中，仅在开花时花露出水面，植物体茎叶的构造具典型的水生特征，通气组织发达，植物的机械组织不发达，植物叶片分裂成丝状、线状，以利于吸收养料和水分。主要分布在水深1～2 m处，分布的深度受透明度的制约。常见的有马来眼子菜、菹草、苦草（*Vallisneria natans*）、金鱼藻（*Ceratophyllum demersum*）、黑藻（*Hydrilla verticillata*）等。

浮叶植物　指根或茎扎于底泥中，叶漂浮在水面的植物，有浮叶（水上叶）和沉水叶（水下叶）之分。水上叶具长柄浮于水面，贴着水面的部分为背面，正对着太阳的部分是腹面，背面常长有气囊，叶的腹面具有气孔。水下叶细裂丝状或薄膜状。茎常弯曲于水中，长可达1～2 m。主要分布在水深1～3 m的区域内。常见的有菱（*Trapa bispinosa*）、莼菜（*Brasenia schreberi*）、芡实（*Euryale ferox*）等。

漂浮植物　指植物体完全漂浮于水面，根系退化或须状根，起平衡和吸收营养的作用，叶背面常有气囊或叶柄中部具葫芦状气囊。这类植物主要分布在静止小水体或流动性不大的水体中。常见的种类有浮萍（*Lemna minor*）、槐叶萍（*Salvinia natans*）、满江红（*Azolla imbricate*）、凤眼莲（*Eichhornia crassipes*）、大漂（*Pisticae stratiotes*）等。

挺水植物　指植物的根或地下茎生于底质中，茎直立，部分茎长于水中，部分茎、叶挺伸出水面以上，具有陆生和水生两种特性，也称为两栖植物。在空气中的部分具有陆生植物特征，叶子表面具

厚的角质层；在水中的部分具有水生特性，常具发达的通气组织，根相对退化。主要分布在水深 1.5 m 左右的浅水区或潮湿的岸边。常见的有水蕨（*Ceratopteris thalictroides*）、荸荠（*Heleocharis dulcis*）、芦苇（*Phragmites communis*）、菰（*Zizania latifolia*）、慈菇（*Sagittaria trifolia*）、香蒲（*Typha orientalis*）等。

6.3.4 水生维管植物的分布及影响因素

从河岸过渡高地，经河岸带直至敞水带，水生维管植物适应于高程梯度和水分梯度的变化，形成带状分布（图 6-1）。在河流系统中，水生植物的分布规律是自河流浅水区向水际线、河岸带依次分布，呈现出沉水植物、浮叶植物、挺水植物、湿生植物的带状分布格局。

吴中华等（2002）对汉江水生植物多样性进行了研究，在汉江干流选择具有代表性的 13 个江段，上游包括汉中市、城固、洋县、石泉、安康、郧县，中游包括丹江口坝下、老河口、襄樊，下游包括潜江、仙桃、蔡甸、汉口。研究结果表明，汉江干流所在的水域及汉江两岸沼泽地、洄水湾、水塘等共采集水生植物 54 种，隶属 26 科、36 属。其中，轮藻类植物 1 科、1 属、1 种，蕨类植物 4 科、4 属、4 种，种子植物 21 科、31 属、49 种。在总计 54 种水生植物中，湿生植物 15 种、水生植物 39 种，各占总种数的 27.78% 和 72.22%。沉水植物 18 种、浮叶根生植物 6 种、自由漂浮植物 6 种、挺水植物 9 种，分别占总种数的 33.33%、11.11%、11.11%、16.67%。由此可知，汉江干流分布的 54 种水生植物，主要以沉水植物和挺水植物为主，水生植物的种类基本上为长江中下游湖泊和河流中常见的种类。

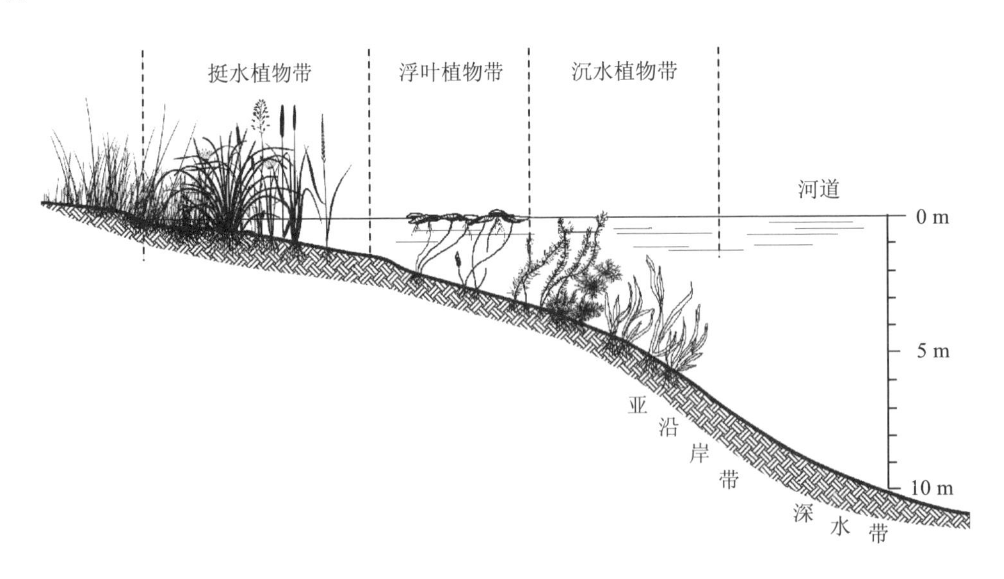

图 6-1 从河岸过渡高地，经河岸带至敞水带的水生维管植物分布

汉江是流动水体，相对于静止水体如湖泊、水库而言，水的流速、基底状况、水深、水位波动、人为干扰等因子是影响水生植物在流动水体中生存和分布的主导因子。汉江水位波动较大，夏季水位上涨，湿生植物分布区消退，水生植物向原湿生植物分布区侵移，夏季在消落区中分布的水生植物的

种源包括埋藏种子、冬芽、根、茎和植物体等，以种子繁殖的有金鱼藻、大茨藻（*Najas marina*）、稗（*Echinochloa crusgalli*）等，以冬芽繁殖的主要有黑藻、穗花狐尾藻（*Myriophyllum spicatum*）等，以鳞茎繁殖的主要是苦草等，以根为繁殖体的主要有芦苇，以茎越冬后萌生新植株的为菰等，以植物体为繁殖体的有紫萍（*Spirodela polyrhiza*）、浮萍、槐叶萍等漂浮植物。春季这些水生植物中的部分种类在潮湿的消落区内萌发，且多以假挺水类型生长，淹水后即恢复到正常状态，如狐尾藻（*Myriophyllum verticillatum*）、荇菜（*Nymphoides peltatum*）等。汉江中的优势水生植物种类包括微齿眼子菜（*Potamogeton maackianus*）、竹叶眼子菜、篦齿眼子菜（*P. pectinatus*）、狐尾藻等。由于这些水生植物种具有自己独特的生活策略，能够适应汉江干流水环境的各种复杂特征，因此能够在汉江各江段上广泛生长，成为汉江水体中的优势种类。在汉江上游汉中、城固及洋县江段，由于多为泥沙基底，水流速较缓，人为干扰较小，水体理化性质较为稳定，形成了有利于水生植物生长和分布的场所，主要以竹叶眼子菜、狐尾藻、篦齿眼子菜等沉水植物为主，在浅水区有香蒲、芦苇等挺水植物，沉水植物竹叶眼子菜、狐尾藻、篦齿眼子菜、金鱼藻、苦草等形成多种群落类型，在敞水区主要是竹叶眼子菜、狐尾藻等呈“匍匐挺水”状态生长。在中游丹江口至襄樊江段，由于丹江大坝的拦截作用，对江水净化和减缓流速起到积极作用。在此江段中，基底为沙石及软泥沙，有利于竹叶眼子菜、狐尾藻、篦齿眼子菜等各种水生植物的定植和生长，故大眼子菜型、小眼子菜型、狐尾藻型、湿生型等各类形态适应型大量分布，从江岸边—沿岸带—敞水区形成有规律的带状分布。在下游潜江至汉口江段，因为地势陡然下降，集水区较大且离丹江大坝远，拦洪效应弱，生态因子如水深、流速随气候变化而波动较大，且人口密集、开发强度、水质污染较上中游严重，水生植物难以定植和生长，因此群落生物量和生物多样性均最小，以湿生植物如喜旱莲子草（*Alternanthera philoxeroides*）、沿沟草（*Catabrosa aquatica*）、水蓼（*Polygonum hydropiper*）及漂浮植物满江红、浮萍等为主，沉水植物在此江段分布较少。

对于大多数河流来说，深度是限制水生植物向河流中心分布的因子，而竞争是限制其向河岸分布的因子。水生植物的垂直格局包括成带分布和分层现象。成带分布通常在河岸到河流中心方向上的斜坡上出现，这主要反映了不同生活型的水生植物对于低光照强度的适应能力。

水生维管植物是河流生态系统的重要组成部分，是河流生态系统的主要初级生产者之一，因此水生维管植物的存在与发展，对河流生态系统中物质循环和能量传递至关重要，对生态系统的稳定及营养状态具有重要功能。水生维管植物在营养盐吸收、悬浮物吸附、抑制藻类生长、防止水底淤积等方面都有着重要的作用。河流生境是影响水生维管植物群落结构及空间分布的关键因素，如水体营养物浓度、透明度、光照、水深、流速和底质类型，是决定大型水生植物在河流中分布和生长最主要的环境因子。河流水质的时空差异性影响水生植物群落空间分布，同时水生植物通过吸收水体营养盐，有利于改善水环境质量。

第 7 章
河流底栖无脊椎动物群落

7.1 类群

7.1.1 底栖无脊椎动物概述

在淡水环境中，有不少动物以水体底部作为其栖息、觅食、繁殖等活动的场所。这些动物的亲缘关系和系统演化位置不一定接近，形态和个体大小也存在差异，在水底生活的周期因种类不同而长短不一，其中不少种类终生营水底生活，如软体动物；另外一些种类如多数水生昆虫则在幼虫或稚虫阶段营水底生活。尽管有种种差别，但以水体底部为主要生境是其共同的生态特点，这些动物通称底栖动物。底栖动物（Zoobenthos，或 Benthic Fauna）是指生活史的全部或大部分时间生活于水体底部的水生动物群，是河流生态系统的重要组成成分，在维持河流生态系统健康中起着十分重要的作用。

底栖无脊椎动物所涉门类众多，生命周期较长，体型较大，活动缓慢；部分类群既有对恶劣环境具很强抗性的种类，又有对环境条件变化（如溶氧量、pH 值、底质类型等）很敏感的种类。因此，底栖无脊椎动物的物种分布、丰度和多样性指数能反映水环境质量等相关信息，故底栖无脊椎动物被广泛认为是河流生态系统健康的重要指示生物。

底栖无脊椎动物是食物链中的重要环节，在水体中能促进有机碎屑分解，通过摄食、排泄和在沉积物中活动，释放营养盐到水体中，同时也能加快营养盐的移动速度，其群落结构与环境因子密切相关，在不同的季节和生境中，种类组成、丰度都存在明显的差异性。环境因子对底栖无脊椎动物的影响非常复杂，自然河流中不仅环境因子众多，而且相同的环境因子对不同底栖无脊椎动物类群的作用也有差别。因此，研究底栖无脊椎动物群落与环境因子的关系具有重要意义，可为保护底栖无脊椎动物群落及河流生态系统管理提供科学依据，同时也是河流生态学研究的基础。

通常按照底栖无脊椎动物的起源及大小进行类群划分。按照起源划分，可把底栖动物分为原生底栖动物和次生底栖动物。原生底栖动物是指能直接利用水中溶解氧的种类，包括常见的蠕虫、双壳类软体动物等；次生底栖动物是由陆地生活的祖先在系统发育过程中重新适应水中生活的动物，主要包括各类水生昆虫，软体动物中的肺螺类也属此类，如椎实螺。

根据底栖无脊椎动物身体大小进行的类群划分，通常按照筛网孔径的大小进行分类。把那些不能通过 500 μm 孔径筛网的动物称为大型底栖动物（macrofauna）；能通过 500 μm 孔径筛网，但不能通过 42 μm 孔径筛网的动物称为小型底栖动物（meiofauna）；能通过 42 μm 孔径筛网的动物称为微型底栖动物（nanofauna）。在河流底栖无脊椎动物研究中，通常对大型无脊椎动物关注最多。

7.1.2 底栖无脊椎动物主要类群

河流底栖大型无脊椎动物是指生活史的全部或至少一个时期内栖息于河流水底表面或底部基质中的大型无脊椎动物。主要包括刺胞动物门（Cnidaria，或称腔肠动物门 Coelenterata）、扁形动物门（Platyhelminthes）、线虫动物门（Nematoda）、环节动物门（Annelida）、软体动物门（Mollusca）和节肢动物门（Arthropoda）的动物。

7.1.2.1 刺胞动物门（Cnidaria）

又称腔肠动物门（Coelenterata）。体呈辐射或两辐射对称，是最原始的后生动物。成体有口无肛门，体壁中有刺细胞。腔肠动物的骨骼主要为外骨骼，具有支持和保护功能。多由几丁质、角质和石灰质构成。淡水中仅有一纲，即水螅纲（Hydrozoa），常见种类如水螅属（*Hydra*），在水质洁净的一些河流还分布有桃花水母（*Genus craspedacusta*）。

7.1.2.2 扁形动物门（Platyhelminthes）

是一类身体背腹扁平，两侧对称，三胚层，无体腔，无呼吸系统、无循环系统，有口无肛门的动物。自由生活者是涡虫纲（Turbellaria）的种类，体表一般具纤毛，表皮中的杆状体有利于捕食和防御敌害。淡水中涡虫纲的主要类群有：

（1）单肠目（Rhabdocoela） 肠简单，口在前端，常见种类如微口虫（*Microstomum*）。

（2）三肠目（Tricladida） 肠分 3 支（一支向前，两支向后），每支上各有许多分支。原肾管一对，卵巢一对，具分支的卵黄腺，口在腹面近中央。常见种类如真涡虫（*Dugesia*）（图 7-1）。

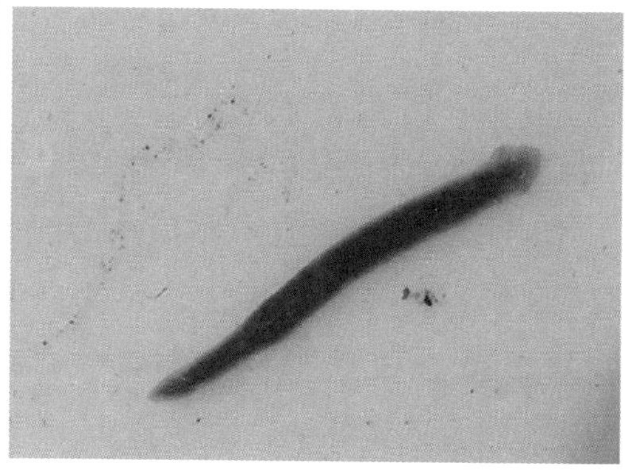

图 7-1 河流中的涡虫

7.1.2.3 线虫动物门（Nematoda）

体小呈圆柱形，两侧对称，不分节，雌雄异体。包括两纲：

（1）尾感器纲（Secernentea） 无头刚毛和体刚毛，身体尾端具一对尾感器，无尾腺，化感器不发达。淡水中常见的如赫希曼线虫（*Hirschmannia*）。

（2）无尾感器纲（Adenophorea） 有头刚毛和体刚毛，尾部有一对尾腺（用以附着在物体上），且有上皮腺分泌润滑物覆盖于体表面。雄性有一个交合刺，没有尾感器。淡水中常见的如矛线虫（*Dorylaimus*）、附三叶线虫（*Epitobrilus*）。

7.1.2.4 环节动物门（Annelida）

身体分成许多形态形似的体节（同律分节）。体节之间有双层隔膜存在，各节内形成小室，常有刚毛，雌雄同体或异体，异体受精。主要包括三纲：

（1）多毛纲（Polychaeta） 环节动物中最多及较原始的一类，一般有发达的头部及感觉器，具疣足，雌雄异体，刚毛复杂，无生殖环带，发育中经过担轮幼虫。在淡水中主要分布在江河下游，常见种类如日本沙蚕（*Nereis japonica*）。

（2）寡毛纲（Oligochaeta） 身体分节但不分区，头不明显，有口前叶，疣足退化，刚毛简单，刚毛的数目远少于多毛类。常见种类有线蚓科（Enchytraeidae）、仙女虫科（Naididae）和颤蚓科（Tubificidae）（图 7-2）。

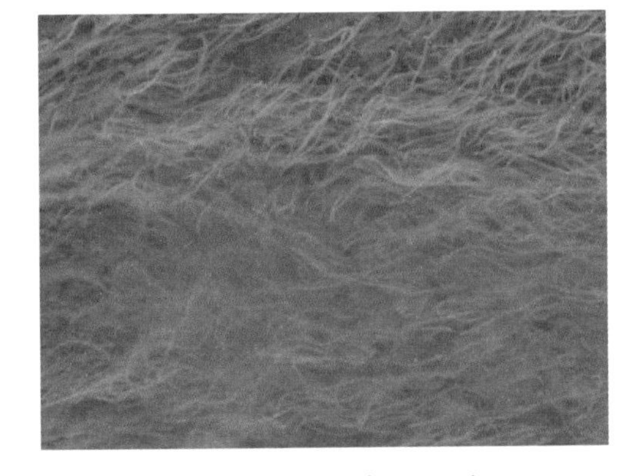

图 7-2 河流中的颤蚓

（3）蛭纲（Hirudinea） 体背扁平，体节固定，头部不明显，常具眼点数对，无疣足，无刚毛，有后吸盘。常见种类如扁舌蛭（*Glossiphonia*）。

7.1.2.5 软体动物门（Mollusca）

身体柔软，一般左右对称，不分节，可分为头、足、内脏团三个部分，体被外套膜，常常分泌形成贝壳。次生体腔，后肾管，螺旋式卵裂，个体发育中具有担轮幼虫。营底栖生活，在水底匍匐爬行，或在底质上固着。有的种类营底上生活，例如田螺等在岩石或泥沙滩表面爬行；有的种类营底内生活，例如瓣鳃纲种类（河蚌等）靠发达的足部挖掘泥沙，把身体整个埋于底内栖息，靠水管与底表沟通。淡水中常见的有两纲：

（1）腹足纲（Gastropoda） 头部发达，具有一对或两对触角，一对眼。眼生在触角基部、中间或顶部。口内齿舌发达，用于摄食、钻孔。足位于躯体腹面，一般用于爬行、游泳，有时借足的收缩而跳跃。除少数种类外，多具一枚外壳。外壳多呈螺旋形，雌雄同体或异体，卵生。常见种类如萝卜螺（*Radix*）、短沟蜷（*Semisulcospira*）、豆螺（*Bithynia*）。

（2）瓣鳃纲（Lamellibranchia）或称斧足纲（Pelecypoda）、双壳纲（Bivalvia） 常具一对贝壳，两侧对称，运动缓慢，有的潜居泥沙中，有的固着生活。包括各种蚌类、蚬类（图 7-3）。

图 7–3　河流中的蚌类

7.1.2.6 节肢动物门（Arthropoda）

体两侧对称，异律分节，可分为头、胸、腹 3 部，或头部与胸部愈合为头胸部，或胸部与腹部愈合为躯干部，每一体节上有一对附肢。体外覆盖几丁质外骨骼，又称表皮或角质层。附肢的关节可活动。生长过程中要定期蜕皮。循环系统为开管式。水生种类的呼吸器官为鳃或书鳃。链状神经系统，有各种感觉器官。多雌雄异体，生殖方式多样，一般卵生。淡水中常见有两个亚门：

1. 甲壳动物亚门（Crustacea）

体呈长筒形，体节分明，全体分头、胸、腹 3 部。头部由 6 个体节愈合而成。第 1 节无附肢，其余每节有 1 对附肢（口前 2 对触角，口后 1 对大颚，2 对小颚）。头部与胸部体节常有愈合现象，合称头胸部。主要包括四纲：

（1）鳃足纲（Branchiopoda）　是甲壳动物亚门中比较原始的类群，呈虾形，有些种无明显分节。大多是小型种类，体长约 0.25~10 mm，头胸部覆以整片背甲（头胸甲）或具两片介壳，大多躯干部体节形状相似，节数变化很大，无明显的胸、腹界限，常将生殖节前的体节称胸部，无附肢的部分称腹部。最末一体节称尾节，附 1 对尾叉或尾爪。常见种类如蚌壳虫（*Cyzicus*）。

（2）介形纲（Ostracoda）　身体很小，体长一般不超过 0.5 mm，最大达 23 mm。头胸甲由两瓣介壳构成，整个身体完全包被在壳瓣内，两介壳有闭壳肌，背面具绞合链相联结，有的种类还有齿；腹面开启，两壳对称或不对称，介壳有一定程度钙质化，表面常有各种突起和雕纹。常见种类如腺介虫（*Cypris*）。

（3）桡足纲（Copepoda）　体长 1 ~ 4 mm。由 16 ~ 17 个体节组成，由于愈合，一般不超过 11 节。体躯分为前体部和后体部，其间有 1 活动关节。前体部较为宽大，包括头部和胸部。头部一般由

6个头节与第1胸节（或第1、2胸节）愈合而成。背面有1个单眼或1对晶体。其腹面有6对附肢。胸部有3~5个自由体节，各有1对胸足，第5对胸足有雌雄区别。雌雄异体。雌性后体部（又称腹部）第1、2节愈合，雄性第一腹节为生殖节。底栖的种类主要为猛水蚤（*Harpacticoida*）。

（4）软甲纲（Malacostraca） 较大型的甲壳动物，身体基本上保持虾形，或缩短为蟹形。头部与胸部全部或大部分体节愈合，形成头胸部，外被头胸甲，腹部除末节外，通常每节一对附肢。包括各类虾、蟹（图7-4）。

图7-4 河流中的蟹类

2. 单肢动物亚门（Uniramia）

淡水中主要是昆虫纲（Insecta）。体分头、胸、腹三部；头部具触角1对（极少数无触角）；胸部3节，每节有足1对；中胸和后胸节可有翅各一对。腹部除末端数节外，附肢多退化或无。生殖孔后位。昆虫种类繁多（约占动物界种数的80%），分布范围很广。昆虫纲有30多目，其中约10目有水栖或半水栖成员，底栖生活的主要为幼虫。常见的有以下7个目：

（1）蜉蝣目（Ephemeroptera） 蜉蝣稚虫生活在水中，羽化后成为亚成虫。亚成虫再蜕皮一次就变为能交尾、产卵的成虫。亚成虫和成虫都能够在空中飞行。成虫体壁薄而有光泽，常见为白色和淡黄色。有翅一对或两对，飞行时振动频率很小。稚虫腹部具叶状气管鳃。蜉蝣稚虫有两种比较特化的体型：扁平型和鱼型。前者以扁蜉科（Heptageniidae）为代表，虫体扁平，虫体宽度远大于身体的背腹厚度。胸部的足一般较为宽扁，足的关节转变成前后向，即足一般只能前后运动而不能上下运动，活动时身体腹面与底质不分开，在自然状态下，一般不游泳或游泳能力不强。尾丝上的毛散生或环生。鱼型以短丝蜉科（Siphlonuridae）、等蜉科（Isonychiidae）以及部分四节蜉科（Baetidae）稚虫为代表。这类蜉蝣的虫体背腹厚度大于虫体的宽度。运动时体态类似小鱼，即身体呈流线型，足细长，中尾丝两侧和尾须内侧密生长细毛，相邻细毛交错成网状，使尾丝具有桨的作用。这类蜉蝣一般可用胸足自由地抓握水中的底质或水生植物，游泳迅速。其他蜉蝣的体型介于这两者之间。通常生活于流水区的水生植物和枯枝落叶中，或者生活于石块缝隙中。常见种类如蜉蝣（*Ephemera*）、四节蜉（*Baetis*）、扁蜉（*Heptageniidae*）（图7-5）。

图7-5 河流中的扁蜉

（2）蜻蜓目（Odonata） 头大，半球形或哑铃形。复眼发达，单眼3个。触角刚毛状。咀嚼口器，翅膜质，翅多横脉，分布有发达的网状翅脉。腹部细长。不完全变态，稚虫下唇特化成捕捉器，尾部有肛门锥体。稚虫又称水蚕，常栖息于水中沙粒、泥水或水草间，取食水中的小动物，如蜉蝣及蚊类幼虫，大型种类还能捕食蝌蚪和小鱼。老熟稚虫出水后爬到石头、植物上，常在夜间羽化。常见种类如蜻蜓（*Dragonfly*）、豆娘（*Damselfly*）（图7-6）。

图7-6 河流中的蜻蜓稚虫

（3）襀翅目（Plecoptera） 中小型有翅昆虫，因常栖息在山溪的石面上，故有石蝇称谓。石蝇体软，细长而扁平，多为黄褐色。头宽。触角丝状，多节，长度可达体长一半以上。口器咀嚼式，较软弱。前胸方形，大而能活动。复眼发达，单眼3个。翅2对，膜质，后翅常大于前翅。飞翔能力不强。尾须1对，多节，丝状。半变态。雌虫产卵于水中。稚虫水生，体扁平，胸部有丝状气管鳃，小型种类1年一代，大型的3~4年一代。捕食蜉蝣稚虫和双翅目（如摇蚊）的幼虫等，或取食藻类以及其他植物碎片。不少种类在秋冬季或早春羽化、取食和交配。这些种类的稚虫一般以植物为食。成虫常栖息于流水附近的树干、岩石上或堤坡缝隙间，部分植食性，主要取食蓝绿藻。该目昆虫的稚虫和成虫是许多淡水鱼类的重要食料。同时，稚虫因喜在溪流等富氧的水中生活，可作为测定河流水质的指示生物。常见种类有石蝇（*Perla*）、网石蝇（*Perlodes*）等。

（4）半翅目（Hemiptera） 成虫体壁坚硬，扁平。体多为中形及中小形，在热带地区的个别种类为大形。多为六角形或椭圆形，背面平坦，上下扁平。口器为刺吸式，从头的前端伸出，休息时沿身体腹面向后伸，一般分为4节；触角较长，一般分为4~5节；前胸背板大，中胸小盾片发达；前翅基半部骨化，端半部膜质，为半鞘翅。不完全变态，若虫与成虫构造相似，但不少种类体色、花斑、体表结构、毛被等与成虫迥异。常见种类如田鳖（*Kirkaldyia*）、红娘华（*Laccotrephes*）。

（5）鞘翅目（Coleoptera） 体小型至大型。复眼发达，常无单眼。触角形状多变。体壁坚硬，前翅质地坚硬，角质化，形成鞘翅，静止时在背中央相遇成一直线，后翅膜质，通常纵横叠于鞘翅下。成、幼虫均为咀嚼式口器。幼虫多为寡足型，少数为无足型，胸足通常发达，腹足退化。全变态，幼虫蛆状或蠕虫状。水生甲虫种类如龙虱（*Cybister*）、扁泥甲（*Psephenidae*）（图 7-7）。

图 7-7 河流中的扁泥甲

（6）毛翅目（Trichoptera） 成虫称为石蛾，幼虫叫石蚕。体中小型。咀嚼式口器。翅两对，被有粗细不等的毛。腹部纺锤形。幼虫“石蚕”水栖，以草石、贝壳等营管状巢，露出头足爬行。石蛾幼虫生活在湖泊和溪流中，偏爱较冷而无污染的水域，其生态适应性相对较弱，是水质好坏的指示生物。石蛾是许多鱼类的主要食物来源，在河流生态系统食物网中占据重要位置。常见种类如沼石蛾（*Limnephilus*）、纹石蛾（*Hydropsyche*）（图 7-8）。

图 7-8 河流中的毛翅目纹石蛾幼虫

（7）双翅目（Diptera） 体小型到中型，体长 0.5～50 mm，体短宽或纤细，圆筒形或近球形。头部一般与体轴垂直，活动自如，下口式。复眼大，常占头的大部。触角形状不一，差异很大。口器为刺吸式口器。翅仅一对，透明，后翅成平衡棍。全变态，幼虫蛆状或蠕虫状。常见种类如摇蚊（*Chironomus*）和幽蚊（*Chaoborus*）幼虫。

7.1.3 底栖无脊椎动物生活类型

底栖动物并非只是简单地平卧或平置于水底，而是按照各自的生活习性和空间生态位特点，形成一定的分布格局，从而使水底的有限空间和资源得以充分利用。底栖动物对综合性底栖环境条件长期适应所反映出的类型，即底栖动物生活型（life-form）。根据生活型可将底栖动物分为三类。

7.1.3.1 固着动物（sessile benthos）

在水底表面或其突出物上营终生固着或临时固着，包括以壳体、肉茎、足丝等固着生活的动物，及躺卧水底，虽非固着但也不能移动的动物。固着底栖动物的运动器官退化，触觉器官发达，被动取食，幼虫营浮游生活。较低等的种类主要包括刺胞动物（cnidaria），具有辐射对称体形，以便与周围环境保持平衡。河流中较高等的永久固着动物有淡水壳菜（*Limnoperna lacustris*）（图7-9），成体以足丝固着于坚硬的底质上，足小，棒状，

图7-9 长江中的淡水壳菜

足丝发达。分布在常年最低水位线下，在水深10 m处也有分布。生活在水流较缓的流水环境，以足丝固着在水中物体上。由于长期营固着生活，这类动物身体的构造通常都较简单，除感觉器官（如触手、触丝）相对发达外，一些器官还有退化现象，如壳菜的足完全消失。固着动物常形成群体。临时固着的动物则种类甚多，方式亦不相同，如蛭类用吸盘固定，某些摇蚊及石蛾幼虫则具有营固定于底质上的巢、管，等等。后者在河流流水环境中相当普遍。

7.1.3.2 穴居动物（burrowing benthos）

穴居动物通常将身体的全部或大部分埋于疏松底质之中。淡水中的种类如一些线虫、颤蚓、软体动物双壳类以及摇蚊类幼虫等，对穴居生活的适应性特征明显，如多数种类都具有细长的体形，使之易于在底质中穿行。为解决底质中供氧（有时包括食物）不足问题，穴居动物常有部分身体露出于底质外，如颤蚓类，常将尾部露出并不断摇摆，搅动水流以获取氧气；有些种类如尾鳃蚓（*Branchiura*）在尾部各节有成对的指状鳃，以提高气体交换效率。淡水蛏则有很长的进出水管，以便从水体中获取氧气及悬浮食物颗粒。许多蚌类具有肌肉发达的斧足，也是在水底开凿穴道的一种适应。穴居动物分布在以淤泥为主的底质中，有时分布可达相当大的深度。

7.1.3.3 攀爬动物（climbing benthos）

指爬行于底质表面和攀缘于水底突出物（包括水草）上的动物，其组成非常复杂，体形差异很大，运动能力和方式也不相同。通常，在底质表面爬行的类群个体都较大，常有较厚重的贝壳或被甲，常见种类如腹足类的圆田螺（*Cipangopaludina chinensis*）、环棱螺（*Bellamya quadrata*）、方格短沟蜷（*Semisulcospira cancellata*）以及甲壳类的各种蟹类和螯虾（*Astacus*）等。水生昆虫中亦有较多爬行种类，如蜻蜓幼虫和半翅目的田鳖、红娘华等。在突出物和植物上攀缘的种类大都体形较小，贝壳

亦相对较薄，常见的如淡水线虫及寡毛纲中的仙女虫科（Naididae）种类，软体动物则以钉螺科（Hydrobiidae）种类为主。攀爬动物中有不少种类有营造负管或负囊的习性，负管由沙粒或植物种子构成，并随虫体而移动。有负管的种类以毛翅目幼虫为多，仙女虫中的管盘虫（*Aulophorus*）亦常见。有厚重负管的种类多只在泥表爬行，而负管轻巧的种类则常见于水生植物上。这一类群的动物活动能力较弱。攀爬动物中也有活动能力相当强的种类，如龙虱和一些虾类，不但善于主动游泳，而且活动范围广，由于其栖息地主要仍为水底，因此也称此类动物为自游底栖动物（Nektonic benthos）。

7.2 生活史

7.2.1 生殖方式

底栖无脊椎动物的生殖方式包括无性生殖和有性生殖。有的类群主要行无性生殖，有性生殖只偶然见到；不少种类则只进行有性生殖。

底栖无脊椎动物的无性生殖包括以下三类：

（1）出芽生殖（budding） 是由动物身体的体壁向外凸出形成芽体，即由亲代个体分离一小部分而发育成新个体，新个体可以脱离母体而独立生存。芽体在一个个体上可能同时出现 2 ~ 3 个，这类生殖在淡水中见于水螅。

（2）芽裂生殖（fission） 这类生殖是在身体的某个部位出现组织增生并形成芽裂。以低等寡毛类为例，通常在中部的某一体节形成芽区，在该区增生若干新节，前面若干新节形成母体尾部，后面新节则发育为幼体头部，待幼体成熟后脱离母体。这类生殖常见于扁形动物单肠目如微口虫，以及寡毛类仙女虫科的许多种类。

（3）断裂生殖（fragmentation） 沿动物身体主轴横断为两部分或多段，然后由各部分再生出新的头部和尾部，形成完整的成体。这种生殖方式见于扁形动物中的单肠类和环节动物中的多毛类及寡毛类，如寡毛类的带丝蚓（lumbriculus）。

有性生殖在底栖动物中是普遍现象，不论是雌雄同体还是雌雄异体，生殖时都须经过异体受精，形成受精卵并发育成幼体。不少种类能分泌膜状物，或多或少将受精卵包裹起来，以利幼体在其中孵化。

7.2.2 幼体发育

底栖动物幼体的发育包括直接发育和间接发育两种方式。直接发育是幼体孵化后，其形态即与成体没有大的差异。间接发育是幼体形态与成体不同，须经简单或复杂的变态阶段，如昆虫的发育。水生昆虫的变态主要分为两类：一类为不完全变态（incomplete metamorphosis），变态过程无蛹期，幼虫常有气管鳃和翅芽，通称稚虫（naiad），多见于蜻蜓目、蜉蝣目的昆虫。另一类为完全变态（complete metamorphosis），发育过程包括卵、幼虫、蛹、成虫四个阶段，常见于鞘翅目和双翅目。水生昆虫是次生底栖动物，其变态过程与陆生的同类相似，说明水环境对其变态并不起主导作用。相反，淡水环境对许多原生底栖动物生活史特性的形成却有密切的关系。淡水中除蚌类和虾类有幼虫，营间接发育外，许多底栖动物如涡虫类、寡毛类以及软体动物都是直接发育。

7.3 摄食功能群

7.3.1 功能群研究概述

近年来，在研究生态系统结构和功能时，生态学家越来越把注意力集中在对生物的非系统分类的分析上。群落生态学家正在试图把生物类群划分为具有共同功能特征（功能群）或利用相同资源基础（种团）的类群，他们以生态学而不是以纯粹的分类学标准为基础，这有助于在生态学研究中简化群落内物种之间的关系，因此使得生态系统的复杂性在研究工作中减小。国际地圈-生物圈计划（IG-BP）的核心项目“全球变化和陆地生态系统”研究（Global Change and Terrestrial Ecosystem，GCTE）采用了以生物本身的功能来划分分类群的概念，作为其运作计划的基本部分，并且指出可以通过把物种归并为功能群来了解生态系统的基本动态。

把群落划分成具有共同功能特征的功能群是生态学研究中简化群落结构和功能的较好分析方法，这些功能类群对环境变化的反应是各生物类群反应的综合表征。在反映生态系统变化的生物指标体系中，功能群能够提供群落对干扰反应的广泛和预测性的理解。这些类群对环境变化的反应比个体及种群的反应更为重要、综合性更强，因此，功能群反应可以作为推测生态系统健康受损时种群压力指标的基础。由于功能群的划分是以生态功能为基础，因此生态系统的任何变化，尤其是功能的损害，都会明显地反映在功能群的类型及其组成上。在决定生态过程方面，功能群组成及其多样性常常表现出更明显的作用。

国外学者对功能群方法在群落结构分析中的利用进行过一些研究。植物方面主要是根据生活型、根系深度、氮利用率等作为功能群划分的依据，对北极苔原、温带半干旱地区以及非洲的稀树草原进行了植物功能群的研究。在动物方面，功能群方法的利用使得对各大陆的潮间带和淡水无脊椎动物、植食性昆虫、爬行类等群落结构进行比较更为容易。Andersen（1995）研究了蚂蚁功能群对生境干扰的响应并且将其作为植被恢复的不同阶段的指标。Posey（1990）评价了功能群方法在软底沉积物群落分析中的应用，他的研究主要集中于功能类群内部和功能群之间的相互作用。

7.3.2 底栖动物摄食功能群

摄食功能类群（feeding functional groups）是根据摄食对象和方法的差异对底栖无脊椎动物进行的功能类群划分，包括撕食者、收集者、刮食者和捕食者。这个概念是由Cummins（1974）在研究水生昆虫时首先提出的。表7-1列出了不同类群昆虫的摄食方式和食物类型。

表 7-1　水生昆虫的摄食方式和食物类型（仿 Wetzel，1983）

功能群	食物颗粒	功能亚群	主要食物	主要分类阶元
撕食者	CPOM >1 mm	咀嚼者和钻食者	新鲜维管植物	毛翅目石蛾科(Phryganeidae)、长角石蛾科(Leptoceridae);鳞翅目(Lepidoptera);鞘翅目叶甲科(Chrysomelidae);双翅目摇蚊科(Chironomidae)、水蝇科(Ephydridae)
		咀嚼者和钻食者	死亡维管植物	祴翅目丝翅亚目(Filipalpia);毛翅目沼石蛾科(Limnephilidae)、鳞石蛾科(Lepidostomatidae);双翅目大蚊科(Tipulidae)、摇蚊科
收集者	FPOM-UPOM <1 mm	过滤收集者	悬浮藻类和有机碎屑	蜉蝣目二尾蜉科(Siphlonuridae);毛翅目等翅石蛾科(Philopotamidae)、管石蛾科(Psychomyiidae)、短石蛾科(Brachycentridae);鳞翅目;双翅目摇蚊科、蚊科(Culicidae)
		直接收集者	沉积有机碎屑	蜉蝣目细蜉科(Caenidae)、蜉蝣科(Ephemeridae)、小裳蜉科(Leptophlebiidae)、四节蜉科(Baetidae)、小蜉科(Ephemerellidae)、五节蜉科(Heptageniidae);半翅目水黾科(Gerridae);鞘翅目水龟甲科(Hydrophilidae);双翅目摇蚊科、蠓科(Ceratopogonidae)
刮食者	<1 mm	泛刮食者	生物和非生物基质上附着的藻类等	蜉蝣目五节蜉科、四节蜉科、小蜉科;毛翅目钩翅石蛾科(Helicopsychidae)、细翅石蛾科(Molannidae)、齿角石蛾科(Odontoceridae)、瘤石蛾科(Goeridae);鳞翅目;鞘翅目长角泥甲科(Elmidae)、扁泥甲科(Psephenidae);双翅目摇蚊科、虻科(Tabanidae)
		有机刮食者	附着于生物基质上的藻类等	蜉蝣目细蜉科、小裳蜉科、五节蜉科、四节蜉科;半翅目;毛翅目长角石蛾科(Leptoceridae);双翅目摇蚊科
捕食者	>1 mm	吞食者	动物全部或部分	蜻蜓目(Odonata);广翅目(Magaloptera);毛翅目原石蛾科(Rhyacophilidae)、多距石蛾科(Polycentropidae)、纹石蛾科(Hydropsychidae);鞘翅目龙虱科(Dytiscidae)、豉甲科(Gyrinidae);双翅目摇蚊科
		刺吸者	动物细胞和组织液	半翅目负子蝽科(Belostomatidae)、蝎蝽科(Nepidae)、仰泳蝽科(Notonectidae)、潜水蝽科(Naucoridae);双翅目鹬虻科(Rhagionidae)

注：CPOM 为粗颗粒有机物；FPOM 为细颗粒有机物；UPOM 为微颗粒有机物

7.3.3 山地河流附石性水生昆虫摄食功能群

栖息在山地河流源头的水生昆虫是一个或多个生活史阶段为水生或半水生的昆虫种类。山地源头溪流水流湍急，水生昆虫幼虫多依靠发达的吸附器官或特殊体形结构，栖息在河床底质表面。山地溪流源头河床底质不稳定，呈现出典型的冷水、急流、富氧的生境特征。河岸森林郁闭度高，水体营养贫乏，初级生产力低。由落叶和木质残体组成的粗颗粒有机物是源头溪流生态系统中重要的物质和能量来源。但是外来的有机物常常很难被鱼类、两栖类、鸟类等消费者直接利用，因此以粗颗粒有机物为食的水生昆虫在溪流食物网中发挥着重要作用。附石性水生昆虫是山地溪流生态系统的重要组成部分，但对此的研究却较少。

本书作者选择重庆市东北部城口县大巴山南坡的鱼肚河（属汉江水系，为我国自东向西倒流距离最长的内陆河——任河的主要支流）。通过对鱼肚河源头段附石性水生昆虫的调查，探讨不同石块生境中附石性水生昆虫功能群及群落多样性特征（王强等，2011）。2007 年 5 月在鱼肚河干流上游设 4 个采样断面（图 7-10）进行水生昆虫采集。

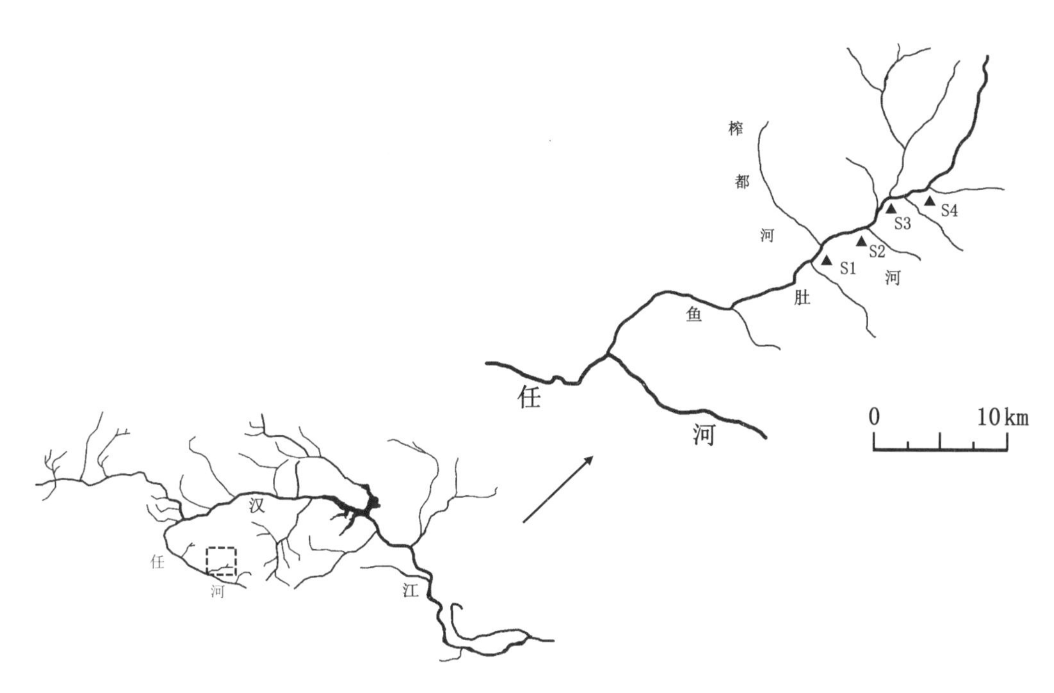

图 7-10 大巴山南坡鱼肚河采样断面位置示意图

鱼肚河底质以圆石（cobble）和漂砾（boulder）为主（图 7-11）。对两种大小不同的圆石上的水生昆虫进行定量采集，包括小圆石（small cobble）和大圆石（large cobble）。小圆石和大圆石按照 Cummins 的方法（Cummins，1962）进行区分。小圆石直径（122.3±12.9）mm，大圆石直径（214.7±29.9）mm。采样时，在每个采样断面随机选取 6 ~ 8 个大圆石和 6 ~ 8 个小圆石，迅速搬动石块放入白色塑料盘，用镊子挑拣石块上的水生昆虫。定量采样的同时，随机翻捡水中其他石块，定性采集水生昆虫，进行分类鉴定。

根据底栖无脊椎动物摄食对象和摄食方法的差异（Merritt and Cummins，1996），参照相关资料（Cummins，1974；Merritt 和 Cummins，1996；Barbour 等，1999；Moog，2002；Peter，2003；渠晓东，2006；颜玲等，2007；段学花，2009），按照食性类型、运动能力、摄食方法，将水生昆虫功能摄食类群分为 5 大类：滤食者（collector-filterer，CF），收集者（collector-gatherer，CG），捕食者（predator，PR），SC 刮食者（scraper，SC），撕食者（shredder，SH）。

图 7-11 大巴山南坡重庆城口县鱼肚河的圆石（左）和漂砾（右）

调查表明，鱼肚河源头溪流共有水生昆虫 62 种，分属 6 目、30 科（表 7-2）。从物种数量看，水生昆虫类群物种丰度从高到低的顺序依次为：蜉蝣目（21 种）>毛翅目（19 种）>襀翅目（12 种）>双翅目（5 种）>鞘翅目（4 种）>蜻蜓目（1 种）。EPT 昆虫（即蜉蝣目、襀翅目、毛翅目三大类群的简称）物种总数达到 52 种，占调查发现的水生昆虫物种数的 83.9%。从科级别看，扁蜉科物种数最多，有 7 种；然后是四节蜉科（6 种）、小蜉科（5 种）、叉襀科（4 种）、舌石蛾科（3 种）、摇蚊科（3 种）。其余 24 科中物种数均为 1 ~ 2 种。各采样断面水生昆虫物种数量从高到低的顺序依次为：S2（39 种）>S4（30 种）>S3（27 种）>S1（22 种）。S1 ~ S4 断面中，EPT 昆虫物种数分别占各断面物种数的 68.2%、76.9%、74.1%、83.3%。采样断面附石性水生昆虫群落聚类分析表明，S2、S3、S4 断面的水生昆虫群落相似性较高，可归为一类；S1 断面的水生昆虫群落自成一类。

表 7-2 大巴山南坡鱼肚河附石性水生昆虫物种丰度

类群	种数				
	S1	S2	S3	S4	合计
双翅目 Diptera	4	5	4	4	5
蚋科 Simuliidae	1	1	1	1	1
大蚊科 Tipulidae	1	1	1	1	1
摇蚊科 Chironomidae	2	3	2	2	3
蜉蝣目 Ephemeroptera	7	16	10	9	21
四节蜉科 Baetidae	2	6	3	3	6
假二翅蜉属 *Pseudocloeon*		3	2	2	3
刺翅蜉属 *Centroptilum*	1	1	1	1	1
四节蜉属 *Baetis*	1	1			1
花翅蜉属 *Baetiella*		1			1
扁蜉科 Heptageniidae	3	6	2	3	7
高翔蜉属 *Epeorus*	1	2	1	1	2
假蜉属 *Iron*	1	1			2
亚非蜉属 *Afronurus*	1	1	1	1	1
背刺蜉属 *Notacanthurus*		1		1	1

续表

类群	种数				
	S1	S2	S3	S4	合计
似动蜉属 *Cinygmina*		1			1
小蜉科 Ephemerellidae	2	4	4	3	5
带肋蜉属 *Cincticostella*	1	2	1	1	2
锯形蜉属 *Serratella*		1	2	1	2
弯握蜉属 *Drunella*	1	1	1	1	1
短丝蜉科 Siphlonuridae	1	1	2	1	2
亚美蜉属 *Ameletus*	1	1	1	1	1
短丝蜉属 *Siphlonurus*			1		1
蜉蝣科 Ephemeridae			1		1
蜉蝣属 *Ephemera*			1		1
毛翅目 Trichoptera	5	10	8	9	19
纹石蛾科 Hydropsychidae	1	1	2	1	2
长角石蛾科 Leptoceridae	1	1	2	1	2
沼石蛾科 Limnephilidae		1	1	1	2
短石蛾科 Brachycentridae	1			1	2
蝶石蛾科 Psychomyiidae				1	2
舌石蛾科 Glossosomatidae		2		1	3
拟石蛾科 Phryganopsychidae		1	1		1
径石蛾科 Ecnomidae			1		1
鳞石蛾科 Lepidostomatidae	1	1		1	1
角石蛾科 Stenopsychidae	1	1	1	1	1
瘤石蛾科 Goeridae		1			1
原石蛾科 Rhyacophilidae		1		1	1
襀翅目 Plecoptera	3	4	2	7	12
叉襀科 Nemouridae	2			3	4
绿襀科 Chloroperlidae	1	1			2
扁襀科 Peltoperlidae		2		1	2
网襀科 Perlodidae			1	1	2
带襀科 Taeniopterygidae			1	1	1
襀科 Perlidae		1		1	1
蜻蜓目 Odonata	1	1			1
溪蟌科 Euphaeidae	1	1			1
鞘翅目 Coleoptera	2	3	3	1	4
扁泥甲科 Psephenidae	1	1	1	1	1
豉甲科 Gyrinidae	1	1	1		2
负泥虫科 Crioceridae		1	1		1
合计	22	39	27	30	62

鱼肚河源头溪流水生昆虫功能摄食类群以撕食者、收集者为主，分别占总个体数的36.47%和26.93%。各采样断面中优势功能群有所不同。S1断面滤食性的蚋科昆虫数量高，因此滤食者比例高达43.6%（图7-13）。S2断面扁蜉科昆虫数量较多，因此刮食者比例高达38.2%。S3断面中收集者和撕食者比例分别占附石性水生昆虫群落数量的32.6%和41.1%，显著高于其他功能摄食类群。捕食者数量较少，各断面中均不超过3%。S1～S4断面中撕食者比例差异显著，并且随着海拔的上升而增加。收集者在S1断面中的比例最高（33.3%），在S4断面最低（15.4%），沿着河流高程梯度有一定下降趋势，但是差异不显著。同种圆石中，各个功能摄食类群比例差异显著，并均呈现出撕食者>收集者>滤食者、刮食者>捕食者的变化规律；两种圆石之间，除了捕食者比例差异显著外，其余相同功能群的比例差异不显著（图7-12）。

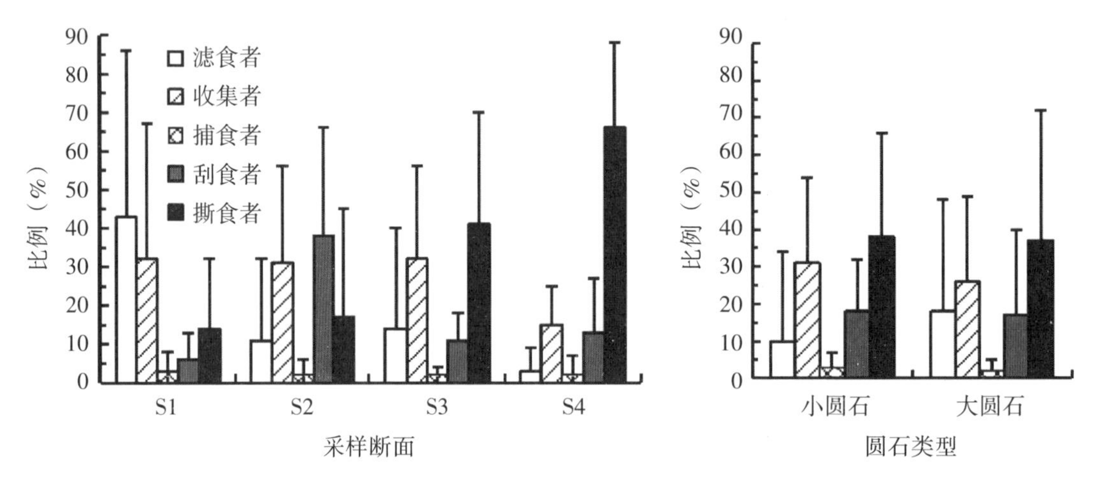

图7-12 大巴山南坡鱼肚河各采样断面和两种圆石

通常，在源头溪流中，河岸带凋落物是溪流生态系统主要的能量来源，因此大型底栖动物以撕食者和收集者为主（Vannote，1980）。鱼肚河源头段附石性水生昆虫功能摄食类群以撕食者、收集者为主，与前人（Effie，2006；Robert等，2007；Jani等，2005）研究结果类似。随着海拔升高，山地溪流中撕食者的比例逐渐增加，收集者的比例有逐渐降低的趋势。

生境多样性和稳定性对水生昆虫群落有较大影响，物种多样性随底质稳定性和异质性的增加而升高（Beisel等，1998；段学花等，2007）。大圆石上水生昆虫群落多样性和丰度明显高于小圆石，可能是因为大圆石具有更高的生境异质性，并且能为水生昆虫提供较稳定的栖息环境。大圆石的迎水面和侧面形成局部的激流生境，适合营丝质巢穴的毛翅目昆虫捕获流水中的有机碎屑。大圆石背水面的洄水缓流生境又能为蜉蝣目昆虫提供一个开阔的富氧生境。淡水生态系统中，洪水常常会对底栖动物产生负面效应，高流速的水流将杀死和冲走部分水生生物（Anderson和Lehmkuhl，1968；Jack和Vincent，1990）。相对于小圆石，大圆石更不易被流水扰动，附着在大圆石上的水生昆虫受到的机械损伤较小。汛期，石块间的空隙成为许多昆虫的避难所（渠晓东，2006）。旱季，石块下的小水洼也为水生昆虫提供了栖息地。大圆石下的水洼能提供更大的生存空间，并且维持更长时间的水分。其次，大圆石具有更大的体积和更高的稳定性，可以滞留更多的粗颗粒有机物，附生更多的藻类和水生植物，为撕食者和刮食者提供丰富的食物来源。此外，大圆石可能会维持更高的营养级，构成更复杂的食物链，形成更复杂的种间关系，从而进一步提高生物多样性。

7.3.4 长江河口底栖动物功能群分布格局及其变化

1999 ~ 2000 年，本书作者选择长江口南岸进行了长江河口底栖动物功能群分布格局及其变化的研究（袁兴中，2001；袁兴中等，2002）。研究区域从浏河口到东海 7 号堤，全长约 100 km。该区域除了盐度梯度外，局部水动力、沉积条件也存在着差异。多年平均潮差 2.40 ~ 3.20 m，潮汐性质属非正规半日浅海潮，是长江口淡水和盐水的交汇带。该区域潮流进入滩涂流速较小，平均为 0.08 ~ 0.59 m/s，滩地潮流含沙量平均为 1.45 kg/m^3。该区域为长江径流入海扩散和长江口南槽与杭州湾北岸两股水体涨潮分流、落潮合流共同作用下的河口潮滩地貌形态，潮滩地貌分带明显。在小潮高潮位附近出现海三棱藨草（*scirpus mariqueter*），向上逐渐连成片状。小潮高潮位以下是光泥滩（藻类盐渍带）；大潮高潮位以上分布有以芦苇为主的植被。潮滩的高程愈高，泥沙颗粒愈细，分选性愈差。愈向河口下游，潮滩宽度愈大。在长江口南岸设置 7 个采样断面。每个断面分别在高、中、低潮带进行定量和定性相结合的调查，每个断面取 18 个样方。样方面积为 25 cm×25 cm，深度为 20 cm。用铁锹挖取底质。底质用 1 mm 孔目套筛进行淘洗，获取大型底栖动物标本，进行分类鉴定。

底栖动物功能群是具有相同生态功能的一组底栖动物物种。研究考虑了 Pearson 和 Rosenberg（1987）的框架，同时结合了 Fauchald 和 Jumars（1979）等人的划分依据，选择以下 3 个标准来进行河口底栖动物功能群的划分：①食性类型；②运动能力；③摄食方法。确定了 5 种主要的食性类型，即食悬浮物者、表层碎屑取食者、掘穴取食碎屑者、肉食者和植食者。这些类群中的每一种可能属于 3 种不同运动能力中的一种，即运动、半运动（在摄食点之间运动，但摄食时固着不动）、固着。这 3 种类型又根据摄食方法不同进行划分：用颚摄食、用触手摄食及除前述二者之外的其他摄食机制。根据食性类型、运动能力和摄食方法进行所有类群的可能组合，所鉴别的各种底栖动物代表着 15 种不同的功能群（表 7-3）。

表 7-3 长江口南岸潮滩湿地底栖动物功能群的划分以及代表性物种

功能群	描述	种类
CMJ	运动以颚食肉者 jawed mobile carnivore	脊尾白虾 *exopalaemon arinicauda*
CMX	运动食肉者 mobile carnivore	纽虫 *nemertinigen sp.*
CDJ	半运动以颚食肉者 jawed semi-mobile carnivore	光背节鞭水虱 *synidotea laevidorsalis*

续表

功能群	描述	种类
FMJ	运动以颚食悬浮物者 jawed mobile suspensivore	涟虫 *bodotria sp.*
FMX	运动食悬浮物者 mobile suspensivore	钩虾 *gammarus sp.*
FDX	半运动食悬浮物者 semi-mobile suspensivore	河蚬 *corbicula fluminea*
FSX	固着食悬浮物者 sessile suspensivore	泥藤壶 *balanus uliginosus*
FST	固着以触手食悬浮物者 tentaculate sessile suspensivore	水螅虫 *hydra fusca*
SMJ	运动表层以颚食碎屑者 jawed mobile surface detritivore	豆形拳蟹 *philyra pisum*
SMX	运动表层食碎屑者 mobile surface detritivore	霍甫水丝蚓 *limnodrilus hoffmeisteri*
SST	固着表层以触手食碎屑者 tentaculate sessile surface detritivore	旋鳃虫 *spirobranchus sp.*
SDX	半运动表层食碎屑者 semi-mobile surface detritivore	泥螺 *bullacta exarata*
BMJ	运动表层下以颚食碎屑者 jawed mobile subsurface detritivore	天津厚蟹 *helice tridens tientsinensis*
BMX	半运动表层下食碎屑者 tentaculate semi-mobile subsurface detritivore	丝异蚓虫 *heteromastus filiformis*
HDX	半运动植食者 semi-mobile herbvore	光滑狭口螺 *stenothyra glabra*

取食类型：F，食悬浮物者；S，表层碎屑取食者；B，掘穴食碎屑者；C，食肉者；H，植食者。运动能力：M，运动；D，半运动；S，固着。取食习性：J，以颚取食；T，以触手取食；X，其他取食机制。

功能群的代码由 3 个字母组成，依次是取食类型、运动程度和摄食方法。

调查表明，长江口南岸共有大型底栖无脊椎动物 55 种，隶属 4 门、9 纲、29 科。其中，甲壳动物 25 种，占 45.45%；软体动物 13 种，占 23.64%；多毛类 12 种，占 21.85%；寡毛类 2 种，占 3.64%；其他 3 种，占 5.45%。

沿着长江口南岸的纵向空间梯度，底栖动物种类数随着离河口口门距离的增加而发生变化，种类多样性最高处位于口门附近的东海 7 号堤。在所调查的 55 种底栖动物中，有 42 种栖息于口门附近，有 9 种发现于离口门约 100 km、且在盐度很低的河口上游。仅有 4 种在所调查区域的全程皆有分布，即河蚬（*corbicula fluminea*）、光滑狭口螺（*stenothyra glabra*）、谭氏泥蟹（*ilyrplax deschampsi*）和无齿相手蟹（*sesarma denaan*）。对每个断面的底栖动物种类组成进行分析，发现沿河口梯度每一门类动物物种数多少的分布基本上呈现出与底栖动物总种数分布一致的格局，即在物种总数多的断面，每一门类动物所包含的物种数也多，尤其是软体动物和甲壳动物更为明显。

根据底栖动物功能群的划分标准，在长江口南岸，共划分出15种底栖动物功能群。其中摄食悬浮物的功能群有5类，以表层沉积物为食的功能群5类，掘穴摄食的功能群2类，肉食性功能群3类，植食性功能群1类（图7-13）。

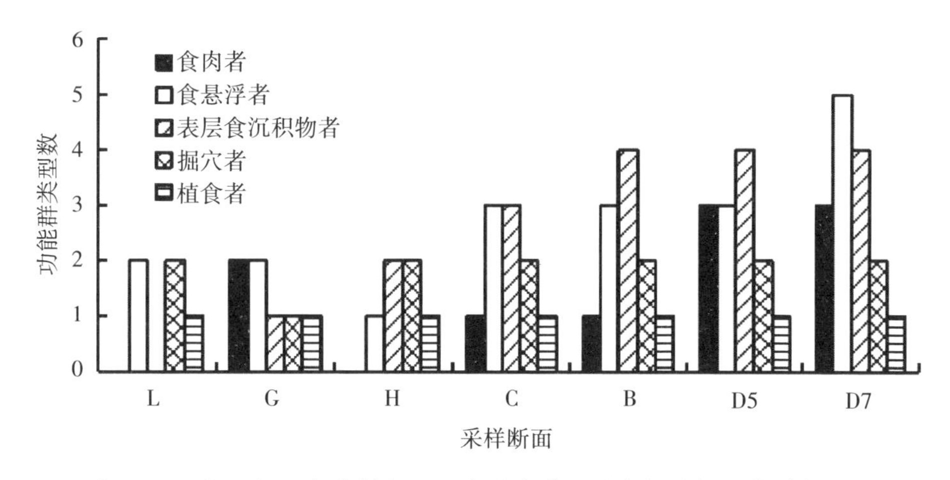

图7-13 长江河口各采样断面以食性为基础的底栖动物功能群类型数

从东海7号堤到浏河口，功能群类型数的变化呈现出明显的河口梯度格局（图7-14）。沿着河口纵向梯度，从东海7号堤的15种不同的功能群，逐渐减少到浏河口的6种功能群。有3种功能群类型在调查区域的全程都有分布，即FDX、HDX和BMJ。有2种功能群仅分布于盐度较大的断面（东海7号堤），即FSX和FST。

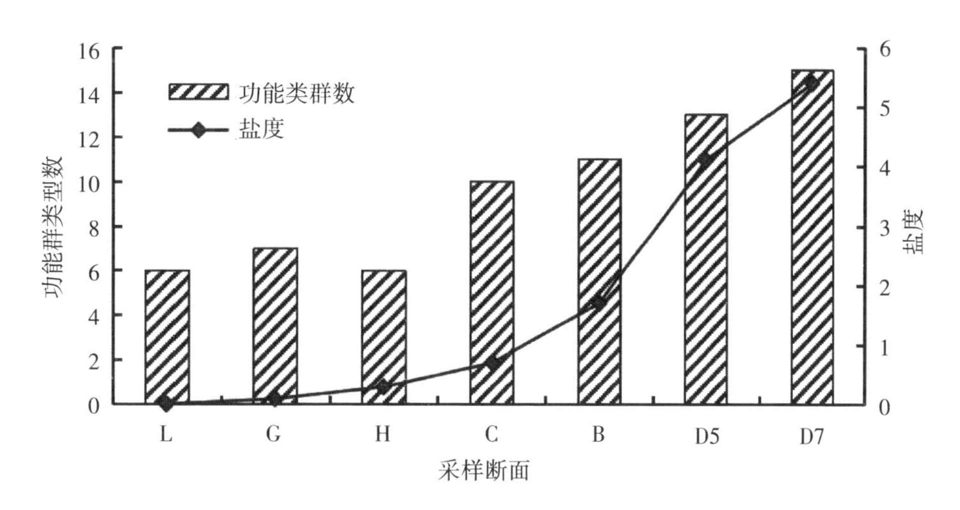

图7-14 长江河口各采样断面底栖动物功能群类型数与盐度的关系

沿河口梯度，不同的采样断面优势功能群各有差别，反映了河口环境梯度和潮滩生境的变化。FDX是浏河口断面的优势功能群，它们占该断面底栖动物密度和生物量的56.25%和87.16%。这一类群的密度在整个长江口南岸都较高，但从浏河口到东海7号堤，向着河口下游，生物量却急速下降。高东断面的优势功能群是FDX和HDX，它们占密度和生物量的36.91%和43.26%。SMX和BMX是合庆断面的优势功能群，它们占密度和生物量的96.34%和37.13%。HDX、BMJ和CMJ是朝阳断面的优势功能群，它们占密度和生物量的31.06%和49.31%。滨海断面的优势功能群是BMX和HDX，它们占密度和生物量的46.52%和52.39%。FMX、BMJ、SDX和HDX是东海5号堤断面的优势功能群，它们占密度和生物量的29.85%和56.39%。东海7号堤断面的优势功能群是FMX、BMJ、SDX和HDX，它们占密度和生物量的23.56%和48.02%。

在沿河口梯度的不同采样断面，每一功能群内所包含的物种数量也有明显差异。从长江口南岸都有分布的三种功能群FDX、HDX和BMJ来看，从东海7号堤到朝阳，FDX各有4个物种，而合庆到浏河口，FDX各含1个物种；东海7号堤的HDX包含4个物种，而浏河口的HDX仅有2个物种；东海7号堤的BMJ包含6个物种，而浏河口的BMJ仅有3个物种。进一步分析每一功能群的平均物种数量，发现从东海7号堤到浏河口，沿河口梯度到河口上游，每一功能群内的平均物种数量也下降（图7-15）。功能群内的物种最大多样性出现在东海7号堤断面，每一功能群内平均物种数为2.80；而浏河口断面每一功能群内的平均物种数最小，为1.80。

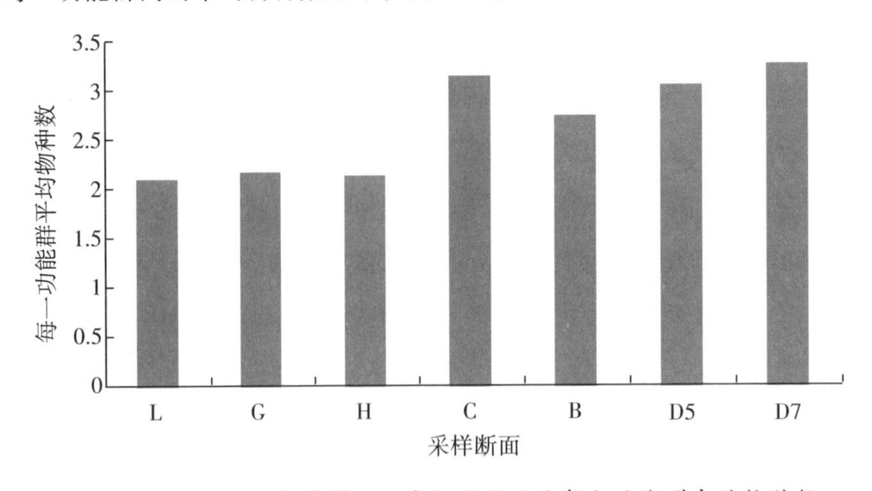

图7-15 长江河口各采样断面底栖动物平均每个功能群中的物种数

沿着河口梯度，每一主要区域的功能群分布及其变化，可以看出这样的格局（图7-16）。功能群类型最多样化的当属东海7号堤断面，各种食性类型、不同运动能力及各种摄食机制的功能群皆有；而生境较单一的浏河口，功能群类型较少，缺乏食肉和摄食表层碎屑的功能群。沿着河口梯度，最显著的变化是固着生活和以触手摄食的功能群的迅速消失。FSX（如泥藤壶 *Balanus uliginosus*、近江牡蛎 *Crassostrea rivularis*）、FST（如旋鳃虫 *Spirobranchus sp.*）从滨海往河口上游就消失了。

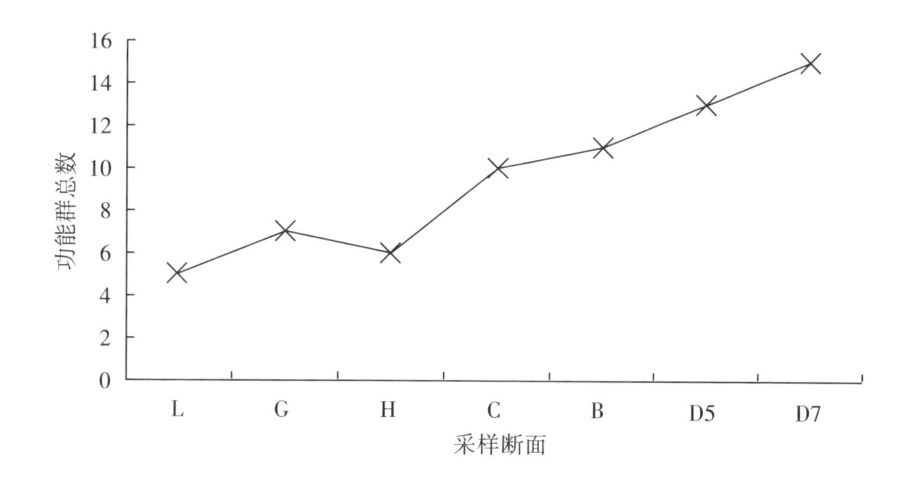

	CMJ CDJ		CDJ	CDJ	CMX CMJ CDJ	CMX CMJ CDJ	肉食性功能群
FDX FMX	FDX FMX	FDX	FMJ FDX FMX	FMJ FDX FMX	FMJ F DX FMX	FMJ FDX FSX FST FMX	悬浮食性功能群
SMJ	SDX	SMJ SMX	SMJ SMX SDX	SMJ SMX SST SDX	SMJ SMX SST SDX	SMJ SMX SST SDX	沉积食性功能群
BMJ BMX	BMJ	BMJ BMX	BMJ BMX	BMJ BMX	BMJ BMX	BMJ BMX	掘穴生活功能群
HDX	HDX	HDX	HDX	HDX	HDX	HDX	植食性功能群

图 7-16　长江河口各采样断面底栖动物功能群分布的变化

底栖动物功能群多样性是对河口环境梯度和生境质量的综合反映。从浏河口到东海 7 号堤，一方面，盐度逐渐升高；另一方面，潮滩宽度增大，浏河口的潮滩宽度仅有 500 ~ 600 m，而东海 7 号堤的潮滩宽度达到了 6000 ~ 7000 m。潮滩宽度的增大，使得潮间带底栖动物的栖息空间增加。由于潮滩海三棱藨草带宽度的迅速增加（浏河口仅局部地段残存小块海三棱藨草，而东海 7 号堤的海三棱藨草带则可达到 2000 ~ 3000 m 宽），生境趋于多样化和复杂化，加上初级生产量的增加，使得潮滩生态系统食物网结构复杂化，功能群类型多样化。因而，表现出从浏河口到东海 7 号堤断面，沿着河口梯度，底栖动物功能群类型逐渐增加的趋势。但是，这一分布格局也受到了生境遭人为干扰的影响，主要表现在合庆断面，临近排污口，滩面污染较为严重，其功能群类型仅有 6 种。

沿着河口纵向梯度，每一功能群内的平均物种数量从外部区域向河口上游降低。这些低的功能群多样性表明河口上游潮滩断面底栖动物区系的衰弱状况，认为河口上游较大的物理障碍及人类干扰是降低底栖动物多样性的最直接原因。

各采样断面的优势功能群也较好地反映了各自的生境特点。浏河口以 FDX 占优势，组成 FDX 的主要物种是河蚬，属于淡水种，这与该处的沉积物盐度较低有关。SMX 和 BMX 是合庆断面的优势功能群，组成 SMX 的主要物种是霍甫水丝蚓（*Limnodrilus hoffmeisteri*）和带丝蚓（*Lumbriculus sp.*），组成 BMX 的主要物种是小头虫（*Capitella capitata*），这些都是典型的污染指示种，表明这一断面已受到较严重的环境污染。

为什么在长江口南岸的上游，缺乏固着和以触手摄食的功能群？初步认为，导致这种现象的一个非常重要的原因可能是环境因子波动的影响，具触手的动物运动缓慢或者固着生活，它们难以存活在环境因子波动较大的地方。河口上游比之于河口下游，自然环境因子（如盐度、溶氧等）的季节性波动较大，而且长江口上游人类干扰强度很大。这些功能群类型都是对环境干扰非常敏感的类群。而那些运动能力强的功能群类型，在环境干扰的胁迫下，可以从生境衰退的区域迁移出去，并且当环境条件改善后又能返回利用新的沉积物质源。而具触手的动物运动缓慢或者固着生活，它们不能存活在这样的条件下。此外，在河口上游，缺乏食肉和取食表层碎屑的动物，说明了营养源的减少以及食物链的简单化。

在长江口南岸，沿河口环境梯度产生了从盐度较高的口门附近的断面到寡盐性的河口上游，潮滩底栖动物区系的纵向梯度变化。只有很少几个常见物种在全部河口梯度都存在，故难以对这些区域的底栖动物群落进行直接比较。功能群方法的应用表明，功能群类型及各功能群物种组成的逐渐变化是对一些关键功能的反应，如摄食模式和运动能力；功能群总数量的变化格局代表了对主要群落参数的综合反映。因此，底栖动物功能特征的应用，不仅提供了对群落关键参数的全面认识，而且促进了对生态系统过程的深入了解。

功能群分析说明了环境异质性的重要性，与河口上游潮滩区域较低的生境复杂性所导致的功能下降相比，从口门附近的潮滩到河口上游潮滩，功能群类型数的梯度减少也出现了不规则之处，原因是局部水动力、沉积物特征的变化，以及环境的人为干扰。研究表明，在长江口南岸，基本的群落参数（如种类丰度格局）反映在群落的功能组成中，把物种多样性浓缩进功能群组成中，有助于我们鉴别存在于复杂的群落变化下的生态学关系，复杂的群落变化又被记录在复杂的环境梯度中。

需要指出的是，应用功能群方法的基础在于对底栖动物生物学知识的深入了解，并与功能生物多样性联系起来。Lamont（1995）强调指出，为了达到对生物群落及其多样性的深入认识，需要了解结构（如物种组成）和功能之间的联系。现有的功能群类型的划分还没有包括繁殖对策和生活史对策等功能特征，这也是底栖动物功能群研究的进一步发展方向。尽管如此，对于河口软底质底栖动物群落结构和功能模型构建来讲，功能群方法仍是一个较好的选择。

7.4 环境因子与底栖动物的关系

7.4.1 物理因子

7.4.1.1 底质

底质是影响河流底栖无脊椎动物群落结构最重要的环境因素之一，是底栖无脊椎动物生长、繁殖等一切生命活动的必备条件，其粒径大小、异质性、表面结构、稳定性等对底栖无脊椎动物群落结构的组成影响很大（任海庆等，2015）。

国内根据《河流泥沙颗粒分析规程》将底质分为黏粒（<0.004 mm）、粉沙（0.004 ~ 0.062 mm）、沙粒（0.062 ~ 2.0 mm）、砾石（2.0 ~ 16.0 mm）、卵石（16.0 ~ 250.0 mm）、漂砾（>250.0 mm）六类。国外河流生态学研究中采用 Cummins 的分类方法将底质分为淤泥（<0.05 mm）、细沙（0.05 ~ 2 mm）、沙砾（2 ~ 16 mm）、卵石（16 ~ 64 mm）、圆石（64 ~ 256 mm）、漂砾（>256 mm）。底质类型的不同直接影响底栖无脊椎动物群落结构。淤泥、细沙和沙砾的稳定性较差，异质性低，底栖无脊椎动物的生物量和多样性较低；卵石、圆石和漂砾表面结构复杂，稳定性较好，生物量和多样性较高。Hildrew 等（1980）、Reice（1980）、Rabeni 和 Minshall（1977）认为河流底质粒径平均大小影响底栖无脊椎动物群落结构。

底栖无脊椎动物主要取食浮游生物、底栖藻类和水草碎屑，其多样性和丰度随着底质中浮游生物和水草碎屑数量变化而变化。因此底质组成成分不同，将影响底栖无脊椎动物群落结构。Angradi（1996）和 Hawkins（1984）认为包含树叶、砾石、树木等的底质生境比含有沙粒和基岩的底质生境有更高的底栖无脊椎动物多样性；但是过高的浮游生物、底栖藻类和水草碎屑生物量反而导致生境缺氧，可能导致底栖无脊椎动物多样性和丰度下降，如生活于密歇根河的一种摇蚊（*brillia flavifrons*）主食植物叶子，当底质中富含新鲜植物叶子时，比以衰败叶子为主的时候，具更高的生长速率。

7.4.1.2 温度

任何物种都生活在严格的温度范围内，温度的变化直接或间接影响底栖无脊椎动物群落结构。Ward 和 Stanford（1979）认为温度格局影响昆虫生命周期，从而导致昆虫密度增加。Hay 等对密苏里河内大型无脊椎动物漂移密度与非生物因子的关系进行了研究，提出水温是河流上游重要的预测因子。全球气候变化对河流底栖无脊椎动物群落的影响一直也是研究者关注的重点。Floury 等（2013）对河流大型无脊椎动物和气候变化进行了 30 年（1979 ~ 2008 年）的数据统计，结果显示相对 30 年前，温度升高 0.9 ℃，流速缓慢或者静止的水域中大型无脊椎动物逐渐转向耐污种和广适种。季节变化对底栖无脊椎动物群落结构也产生一定的影响，Kosnicki 和 Sites（2011）对美国密苏里河流进行了研究，结果表明在一年内的不同季节，底栖无脊椎动物群落结构随着季节变化而变化。

7.4.1.3 水深

底栖无脊椎动物群落结构随水深的变化而发生变化。Beisel 等（1998）进行了中尺度生境特征影响下河流群落结构与空间变化的研究，结果表明，除底质外，河流水深是影响底栖无脊椎动物的重要因素。在很小的范围内，水深与底栖无脊椎动物均匀度成正相关，与多度成负相关。Heino（2000）研究了空间异质性、生境大小和水质对静水中底栖无脊椎动物群落结构的影响，发现刮食者物种丰度与河流水深成正相关性。杨青瑞和陈求稳（2010）对漓江大型底栖无脊椎动物及其与水环境的关系研究发现，水深是影响大型底栖无脊椎动物群落结构和分布的主要因子。

7.4.1.4 水流

水流对底栖无脊椎动物群落结构的影响包括流速和流量。通常急流水域中的溶解氧含量高，一般达到饱和，适合好氧型底栖无脊椎动物栖息；反之，流速缓慢或者静止水域中溶解氧含量较低，适合需氧量低的底栖无脊椎动物栖息。流量的增加导致沿岸凋落物输入的增加，为底栖无脊椎动物提供更多食物来源。

冷水、急流、富氧、粗底质是河流上游（尤其是源头段）的生境特点。通常，河流上游流速湍急，河流底质多为卵石、圆石、漂砾，水质较好，适合蜉蝣目、毛翅目和襀翅目等类群栖息。到河流下游，流速缓慢，底质粒径逐渐变小，主要适合腹足纲、环节动物门等动物栖息。Nelson 和 Lieberman（2002）在流量和其他环境因素对底栖无脊椎动物的影响研究中发现，流速是影响底栖无脊椎动物群落结构最基本的环境因子，是解释群落结构最重要的变量。

水流流量不仅影响河流生产力、种间和种内的竞争力和稚虫的分布地点，而且对河流底栖无脊椎动物群落结构有显著性影响。孙小玲等（2012）对春季昌江大型底栖无脊椎动物群落结构及功能摄食类群的空间分布研究表明，流量的增加会加速河流沿岸凋落物的输入，水温的升高会加速凋落物的分解，进而增加河流中有机碳和其他溶解物质的含量，从而决定底栖无脊椎动物的群落结构。Li FQ 等（2009）在香溪河底栖无脊椎动物及其对河道环境流量的应用方面建立了生境适宜模型，研究了最低要求河道流量（水文级）、最小河道环境流量（生物物种水平）和最佳河道环境流量（生态系统水平），发现年均流量的 42.91%（2.639 m^3/s）是保护河流生态系统健康、保持河道生物多样性的最佳河道环境流量。

7.4.1.5 洪水

洪水干扰能改变底栖无脊椎动物群落结构组成，洪水持续时间、流量大小、水位波动等因素对底栖无脊椎动物群落结构产生不同程度的影响。在国外，洪水与河流底栖无脊椎动物群落结构关系的相关研究开始较早，但缺乏系统性研究；这方面的研究在国内处于刚起步的阶段。

Junk 等在 1989 年提出洪水脉冲概念，认为洪水脉冲是“河流—洪泛区”系统生物生存、生产力和交互作用的主要驱动力，其属性主要包括洪水量级、脉冲时间、淹水时间等。丰水季节，泛滥洪水建立了河流与洪泛滩区之间的水力联系，洪水径流不断地由河流向洪泛滩区提供有机营养物质输入，水栖生物及无脊椎动物迅速生长。枯水季节，河道与洪泛滩区各自维持自身的营养物质循环。

洪水干扰对不同级别河溪底栖无脊椎动物群落结构的影响已有研究，如 Mundahl 和 Hunt（2011）

在美国进行了不同级别的溪流对底栖无脊椎动物影响的研究，发现洪水干扰导致很多溪流中无脊椎动物的密度减少75%~95%，类群丰富度减少30%~70%。在1级和2级溪流中，群落结构变得更加简单；但在4级溪流中没有这种变化。不同洪水干扰程度的影响下，溪流底栖无脊椎动物群落结构的恢复需要不同的时间。Bond和Downes（2003）对澳大利亚的8条河流进行研究，结果表明洪水干扰是对底栖无脊椎动物群落影响的重要机制。

7.4.1.6 海拔

海拔高低决定了一个区域的温度和光照等环境因素的变化，间接影响底栖无脊椎动物群落结构组成。不同季节底栖无脊椎动物群落结构的不同，除了氨氮、硬度和水温等环境因子外，海拔也是主要的影响因子之一。Mishra等（2013）对印度喜马拉雅冰川河流的底栖无脊椎动物分布格局进行了研究，指出在高海拔河流中，蜉蝣目、毛翅目、双翅目、𫌀翅目和鞘翅目占底栖无脊椎动物总量的比例大于80%。Carvalho等（2013）研究了巴西半干旱地区间歇性河流中底栖无脊椎动物结构，发现除底质类型、植物和枯枝落叶外，海拔是影响底栖无脊椎动物组成的重要因子之一。Loayza-Muro等（2010）认为高海拔为底栖无脊椎动物群落创造了独特的生境，限制了底栖动物群落的多样性。渠晓东等（2007）对雅砻江锦屏段及其主要支流的大型底栖动物进行了调查研究，发现5月份和11月份影响底栖无脊椎动物的主要环境因子为海拔高度、氨氮等。

7.4.2 化学因子

底栖无脊椎动物生活史的全部或者大部分时间都生活在水中，其群落结构与水体中化学因子（包括溶氧量、pH值、氮、磷等）有密切关系。

溶氧量是水体中影响底栖无脊椎动物群落结构的重要因素之一，不同类群对溶氧量需求不同。任淑智（1991）指出底栖无脊椎动物种类多样性指数与水中溶氧呈正相关关系。Buss等进行了环境恶化和水质对底栖无脊椎动物群落结构影响的研究，认为溶氧量与底栖无脊椎动物群落有密切关系。McClelland和Brusven（1980）研究发现，𫌀翅目种类的敏感度与栖息生境中溶氧量有着密切关系。Lemly（1982）对污染河流底栖昆虫群落修复的研究发现，溶氧量是直接影响底栖生物的重要因子。

水体中氮、磷含量与底栖无脊椎动物群落结构密切相关。Duran（2006）在土耳其对Behzat河用底栖无脊椎动物监测水质，发现在夏季河流下游段，较低的底栖动物丰度与较高的磷酸盐和氮离子有关。Bourassa和Morin（1995）研究发现，河流无脊椎动物群落结构与磷含量有关，无脊椎动物丰度随着总磷含量变化而变化。Reece和Richardson（2000）发现，加拿大不列颠哥伦比亚省西南部的大河流、内陆河底栖动物丰度与NO_2-NO_3-N、pH值和海拔等环境因子有关外，还和总氮含量有关。王备新等（2007）指出，总氮和总磷对常州地区太湖流域上游水系大型底栖无脊椎动物群落结构的影响较大；除总氮、总磷含量水平外，NH_4^+-N含量也影响底栖无脊椎动物群落结构。

水体中pH值、浊度、电导率等对底栖无脊椎动物群落结构也产生一定的影响。pH值对底栖无脊椎动物的繁殖能力影响很大，pH 值在 5.0 以下时，底栖无脊椎动物的生物量明显减小，繁殖能力也显著减弱。Thomsen 和 Friberg（2002）指出，pH 值较低导致底栖无脊椎动物多样性降低。蒋万祥等（2008）对香溪河底栖无脊椎动物空间分布进行了研究，发现 pH 值、浊度和电导率对九冲河大型底栖动物群落结构影响显著。

7.4.3 生物因子

7.4.3.1 水生植物

水生植物是河流生境的重要组成部分，可为底栖无脊椎动物提供庇护场、繁殖、栖息场所等优良生境，因此对底栖无脊椎动物群落结构和空间分布有明显影响。水生植物的存在提高了河流生境的异质性，有水生植被的水域会有更高的底栖无脊椎动物多样性。Kaenel 等（1998）研究了水生植物的管理对底栖无脊椎动物群落结构的影响，指出清除水生植物后，底栖无脊椎动物的总数下降约 65%。Percival 和 Whitehead（1929）、Rooke（1984）的研究也表明，在相同的河流，覆盖植物的区域内无脊椎动物的多样性比无水生植物区域高。

7.4.3.2 竞争和捕食

竞争和捕食是影响底栖无脊椎动物群落结构的因素，过度的竞争和捕食往往造成物种多样性、次级生产力下降，导致底栖无脊椎动物群落结构发生变化。对蜉蝣目、毛翅目、摇蚊和颤蚓类等底栖动物在不同密度下的培养实验表明，高密度造成同种或异种个体变小，死亡率增加，世代数减少，从而导致生物量降低。随着渔业活动越来越频繁，渔民过多地放养捕食种类，捕食作用导致底栖无脊椎动物的生物量急剧下降。Gilinsky（1984）指出鱼类捕食对底栖无脊椎动物密度和种类数有显著影响。水体中藻类是底栖无脊椎动物的食物来源之一，当其现存量发生剧变时，底栖无脊椎动物数量和生物量也随之发生较大变化。

7.4.4 人为干扰

陈浒等（2010）研究了乌江梯级电站开发对大型底栖无脊椎动物群落结构和多样性的影响，表明梯级电站的修建使底质环境差异变小，底栖动物物种丰度、密度和生物多样性降低，群落类型趋于简单。水库建成的年代越久，底栖动物的丰度、密度就越低，群落的组成类群就越少，物种组成以寡毛类和摇蚊类为主。胡德良和杨华南（2001）研究了热排放对湘江湘潭电厂江段大型底栖无脊椎动物群落结构的影响，发现在强增温区没有底栖无脊椎动物，自然水温在 26 ℃以下的季节里，中、低增温区底栖动物种类和数量比自然水体要丰富，多样性指数值相应增高。突然停止温排，增温区内喜温动物有可能受冷冲击影响而死亡。刘东晓等（2012）研究了城镇化对钱塘江中游支流水质和底栖动物群落结构的影响，结果表明随着城镇化水平提高，城镇溪流表现出高氮、磷营养盐水平，敏感底栖动物物种消失，耐污物种个体数量急剧上升。

7.4.5 综合因子

事实上，在河流生态系统中，每一个环境因子都不是孤立地发挥作用，总是和其他环境因子综合作用于底栖无脊椎动物群落。张勇等（2012）研究了钱塘江中游流域不同空间尺度环境因子对底栖动物群落的影响，结果表明底栖无脊椎动物受到流域尺度环境因子和河段尺度环境因子的综合影响。流域尺度的关键环境变量是纬度、海拔、样点所在流域大小、森林用地百分比，河段尺度是总氮、总磷、钙浓度、SiO_2浓度等。Sharma 等（2008）的研究表明，Tons 河流速、水深、浊度、溶氧量和底质类型是共同影响底栖无脊椎动物多样性的环境因子。

第8章
河流鱼类群落

鱼类是最古老的脊椎动物，是脊椎动物中最大的一个类群，是河流生态系统最为重要的生物成分。鱼类几乎栖居于地球上所有的水生环境，从淡水湖泊、河流到大洋，几乎有水的地方都有鱼类的踪迹。鱼类是终年生活在水中，用鳃呼吸，用鳍辅助身体平衡与运动的变温脊椎动物。鱼类在长期历史演化过程中获得了这一宽广范围的栖息场所，造就了它具有极其丰富多彩的形态、生理特性和生态特征。

8.1 类群与区系

8.1.1 类群

根据有关学者的统计，全世界现生鱼类共有24618种，占已命名脊椎动物一半以上，约相当于两栖类、爬行类、鸟类和哺乳类种数之和。按照分类类群，现生鱼类包括软骨鱼纲、硬骨鱼纲两大类。软骨鱼纲是低等鱼类，骨骼全系软骨，无鳔，绝大多数生活在海水中，仅有极个别种类生活于淡水中；软骨鱼纲的化石出现于早泥盆世晚期，繁盛于石炭纪，一直延续到现代。硬骨鱼纲形态极为多样，是水中生活得最成功、最繁盛的脊椎动物，成体骨骼大多为硬骨，硬骨较软骨更为坚硬。硬骨鱼类的化石记录最早来自早泥盆世地层。泥盆纪中期，硬骨鱼类分化成走向不同进化道路的两大分支：辐鳍鱼类（亚纲）和肉鳍鱼类（亚纲）。硬骨鱼纲分布于海洋、河流、湖泊各处。全世界软骨鱼纲约800种，硬骨鱼纲约2万多种。

按照鱼类的生活环境划分，包括海水鱼类和淡水鱼类两大类。我国鱼类的种类约3000多种，其中海水鱼类约2100多种，淡水鱼类约1100种。

河流淡水鱼类可以分为四大类：纯淡水鱼类、溯河洄游鱼类、降海洄游鱼类、河口性鱼类。

（1）纯淡水鱼类　淡水鱼类完全在内陆水域中生活和洄游，其洄游距离较短，洄游情况多样。有的鱼生活于流水中，产卵时到静水处；有的在静水中生活，产卵到流水中去。中国的青鱼（*Mylopharyngodon piceus*）、草鱼（*Ctenopharyngodon idellus*）、鲢（*Hypophthalmichthys molitrix*）、鳙（*Aristichthys nobilis*）、鲤（*Cyprinus carpio*）等通常在湖中育肥，秋末到江河的中下游越冬，次年春再溯江至中上游产卵。

（2）溯河洄游鱼类　溯河性鱼类生活在海洋，但溯游至江河的中上游繁殖。这类鱼对栖息地的生态条件，特别是水中的盐度有严格的适应性。如北太平洋的大麻哈鱼（*Oncorhynchus keta*）溯河后即不摄食，每天顶着时速几十千米的水流上溯数百乃至数千千米，在洄游过程中体力消耗很大，到达产卵场时，生殖后亲体即相继死亡。幼鱼在当年或第二年入海。但某些生活在河口附近的浅海鱼类，生殖时只洄游到河口，如长江口的凤鲚（*Coilia mystus*）等，溯河洄游的距离较短。

（3）降海洄游鱼类　降海性鱼类绝大部分时间生活在淡水里而洄游至海中繁殖。鳗鲡是这类洄游的典型例子。欧洲鳗鲡（*Anguilla anguilla*）和美洲鳗鲡（*A. rostrata*）降海后不摄食，分别洄游到数千千米海域后产卵，生殖后亲鱼全部死亡。其幼鱼回到各自大陆淡水水域的时间不同，欧洲鳗鲡需 3 年，美洲鳗鲡只需 1 年。日本鳗鲡（*Anguilla japonica*）、松江鲈（*Trachidermus fasciatus*）等的洄游也属于这一类型。

（4）河口性鱼类　栖息于河口区咸淡水水域的鱼类。它们在河口繁殖并在河口完成其生活史。鲻鱼（*Mugil cephalus*）是河口常见的种类，在一段时间内被认为在河口繁殖，但许多人员观察到如果河口封闭，怀卵雌鱼不能进入海洋，鱼卵就被吸收。河口大多数定居性鱼类是小型鱼类，如鰕虎鱼（*Ctenogobiusgiurinus*）。

以中国淡水鱼类为例，纯淡水鱼类 1099 种，隶属于 14 目、42 科、257 属；河口咸淡水鱼类 186 种，隶属于 14 目、50 科、111 属；另有 24 种洄游性鱼类（包括 17 种溯河洄游鱼类和 7 种降海洄游鱼类）。隶属于 8 目、11 科、13 属。除少数种外，几乎都属真骨鱼类，其中以鲤形目为主，尤其是鲤科鱼类约占总数的一半。

8.1.2 区系

鱼类区系是指在历史发展过程中形成，而在现代生态条件下存在于某一水域一定地理条件下的所有鱼类及其组成总体，是在历史因素和生态因素共同作用下形成的。

动物区系是指在一定历史条件下形成的适应某种自然环境的动物群，由分布范围大体一致的许多动物种组成。1857 年，斯克莱特根据各地鸟类的差别，将全球分为六大鸟区。1876 年，英国著名的博物学家、进化论的泰斗华莱士和达尔文都肯定了六大区划分的正确性，并提出了一些修改，形成六大动物地理区，这六大动物地理区为古北界（Palaearctic realm）、新北界（Nearctic realm）、新热带界（Neotropical realm）、旧热带界（Ethiopian realm）、东洋界（Oriental realm）和大洋洲界（Australian realm）。这六大动物地理区虽然最初是根据鸟类划分的，但对于其他脊椎动物也适用，只是这些不同类群的脊椎动物的分布状态会略有各自的特色。

古北界（Palaearctic realm）是一个以亚欧大陆为主的动物地理分区，涵盖整个欧洲、北回归线以北的非洲和阿拉伯、喜马拉雅山脉和秦岭以北的亚洲。古北界是面积最大的一个动物地理区。古北界的鱼类种类不多，盛产一些北方特色的类型，如鲑科（Salmonidae）、狗鱼科（Esocidae）等，多与新北界共有。在古北界东部有不少与东洋界有一定联系的类型，其中鲤科的种类最多，鲇科（Siluridae）都是东洋界的属。东洋界包括喜马拉雅山—秦岭以南的亚洲，和大洋洲界同为两个最小的动物地理区之一，但气候温暖湿润，以热带雨林、季雨林和亚热带常绿阔叶林等植被类型为主，自然条件优越，物种十分丰富。

我国的鱼类区系从动物地理分区上，隶属于古北界和东洋界。一般从起源上将中国淡水河流鱼类分为 8 个鱼类区系复合体：

1. 中国平原区系复合体

中国平原区系复合体鱼类的特点是很大部分鱼类产漂流性卵，一部分鱼虽产黏性卵，但黏性不大，卵产出后附着在物体上，不久即脱离，顺水漂流并发育。该区系复合体的鱼类对水位变动敏感，许多种类在水位升高时从湖泊进入江河产卵，幼鱼和产过卵的亲鱼入湖泊育肥。在北方，当秋季水位下降时，鱼类又回到江河中越冬。它们中不少种类食物较为单一，如草鱼食草，青鱼食贝类。一般比鲤、鲫适应较高的温度。代表性种类如产漂流性卵的“四大家鱼”（青鱼、草鱼、鲢、鳙）、鳡（*Elopichthys bambusa*）、鳊（*Parabramis pekinensis*）、赤眼鳟（*Squaliobarbus curriculus*）、铜鱼（*Brass gudgeon*）和产黏性不强的卵的鳊亚科（Abramidinae）鱼类等。中国平原区系复合体的鱼类在地史上出现较晚，发现最早的地层是上新统地层；可认为它们是在喜马拉雅山抬升到一定高度，并形成了我国目前典型的东亚季风气候之后，为适应新的自然条件，从旧类型鱼类分化出来的。史为良（1985）认为，中国平原复合体的鱼类向北没有超过黑龙江，向南到红河种类已经不多，向西由于温度的限制，难于超越海拔 1000 m 以上的高山，故可认为一些大型产漂流性卵的鱼类是我国特产。

2. 南方平原区系复合体

南方平原区系复合体鱼类常有保护色，身上花纹较多，有些种类具棘和吸取游离氧的辅助呼吸器官，如乌鳢（*Ophiocephalus argus*）的鳃上器，黄鳝（*Monopterus albus*）的口腔表皮等。此类鱼喜暖水，在北方选择温度较高的盛夏繁殖，多能保护幼鱼，分布在东亚，愈往低纬度地带种类愈多。分布除东南亚外，印度也有一些种类。代表种类有鳢属（*Ophiocephalus*）、长吻鮠（*Leiocassis longirostris*）、黄鳝、青鳉（*Oryzias latipes*）、刺鳅（*Mastacembelus aculeatus*）、鲮（*Cirrhinus molitorella*）等。这类鱼起源较早，在我国中新统地层即有化石发现。其分布北以黑龙江为界，西不过约海拔 1000 m 的高原，东可达朝鲜、日本。

3. 南方山地区系复合体

南方山地区系复合体类鱼类有特化的吸附构造，如吸盘等，适应于南方山区急流河流中生活。分布于我国南部山地及东南亚山地河流。代表性种类如平鳍鳅科（Balitoridae）、鲱科（Sisoridae）鱼类。

4. 中亚山地区系复合体

中亚山地区系复合体鱼类以耐寒、耐碱、性成熟晚、生长慢、食性杂为其特点，是中亚高寒地带的特有鱼类，分布于我国西部高原和中亚的毗邻地区，以及印度、巴基斯坦、阿富汗，是随喜马拉雅山的隆起由鲃亚科（Cyprininae）鱼分化出的。代表性种类如鲤科中裂腹鱼亚科（Schizothoracinae）的所有种类和某些条鳅（Noemacheilinae）。

5. 北方平原区系复合体

北方平原区系复合体鱼类耐寒，较耐盐碱，产卵季节较早，在地层中出现的时间比中国平原复合体靠下。在高纬度地区分布较广，如银鲫（*Carassius auratus*）可分布在欧洲西部直到亚洲东北部的科累马河。随着纬度降低，该复合体的种类数和种群数量逐渐降低，如瓦氏雅罗鱼（*Leuciscus waleckii*）在我国的分布南限到黄河，狗鱼（*Esox reicherti*）只限于松花江水系和新疆北部。代表性种类包括鮈属（*Gobio sp.*）的某些鱼类、狗鱼、雅罗鱼属（*Leuciscus sp.*）、银鲫、麦穗鱼（*Pseudorasbora parva*）等。

6. 晚第三纪早期区系复合体

晚第三纪早期区系复合体鱼类的共同特征是视觉不发达，嗅觉发达，大多以底栖生物为食，适应于浑浊的水中生活。这些鱼是更新世以前北半球亚热带动物的残余，由于气候变冷，该动物区系复合体被分割成若干不连续的区域，有的种类并存于欧亚但在西伯利亚已绝迹，故这些鱼类被看作残遗种类。代表性种类如日本七鳃鳗（*Lampetra japonica*）和雷氏七鳃鳗（*L. reissneri*），黑龙江鳇鱼（*Huso dauricus*）、鳑鲏（*Rhodeus sericeus*）、泥鳅（*Misgurnus anguillicaudatus*）等。

7. 北方山地区系复合体

北方山地区系复合体鱼类多数呈纺锤形，身体背部颜色较深，体侧有黑色斑点，腹部银白色，游泳迅速，喜在山区流动的低水温河流中生活。起源较早，分布较广。我国黄河、滦河水系有细鳞鱼（*Brachymystax lenok*），长江上游有哲罗鲑（*Hucho taimen*）。在高纬度地带，我国新疆北部、蒙古及俄罗斯北冰洋水系的一些河流都有分布。代表性种类如细鳞鱼、哲罗鲑、黑龙江杜父鱼（*Mesocottus haitej*）等。

8. 北极淡水区系复合体

北极淡水区系复合体鱼类耐寒，产卵要求低温，有在静水中生活的种类。冬天亦摄食，是围绕北极圈生活的一些生态类型的鱼类。由于这类鱼起源较早，故分布广泛。代表性种类如白鲑（*Coregonus*）、红点鲑（*Salvelinus leucomaenis*）、江鳕（*Lota lota*）等。

8.2 生态类型

8.2.1 按栖息生境和水层划分

河流鱼类生态类群与其生境相适应，按鱼类生态环境和生活习性可划分为：

1. 水体上层生活类群

在水体上层生活的鱼类身体呈纺锤形，游泳能力强，游动迅速。有许多种类是捕食性鱼类。鲢鱼在水域上层活动，以绿藻等浮游植物为食。鳙鱼栖息在水域的中上层，吃原生动物、水蚤等浮游动物。主要的水体上层生活类群包括近红鲌属（*Ancherythroculter sp.*）、鲌属（*Culter sp.*）、鳘鱼（*Hemicculter Leuciclus*）、飘鱼属（*Pseudolaubuca sp.*）、鲢、鳙等。

2. 水体中下层鱼类

这些鱼类体形多流线型，喜栖息于中下层水底多沙石的缓流水体中，常成群活动。幼鱼主食鱼苗和浮游动物。草鱼生活在水域的中下层，以水草为食。

3. 底栖缓流型鱼类

主要是指在河流底层流速较缓区域生活的鱼类，这些鱼类体形多侧扁或细长，如裂腹鱼属鱼类等。

4. 底栖急流型鱼类

这些鱼类多体形侧扁或具有吸附器官，生活于水流湍急、水温较低的河流底层，其食物主要是着生藻类和底栖无脊椎动物。代表性种类如张氏爬鳅（*Balitora tchangi*）、纹胸鮡属（*Glyptothorax sp.*）、褶鮡属（*Pseudecheneis sp.*）、鮡属（*Pareuchiloglanis sp.*）、高原鳅属（*Triplophysa sp.*）等。

5. 洞穴生活类群

洞穴鱼类是淡水鱼类的一个特殊生态类群，其生活史的自然完成离不开洞穴或地下水环境。在自然状态下，其生活史的全部或部分阶段必须在洞穴或地下水体中完成；缺少洞穴或地下水体环境时，其生活史不能正常完成。据此可以将在洞穴中出现的鱼类划分为典型洞穴鱼类、非典型洞穴鱼类和偶入洞穴鱼类 3 种类型。典型洞穴鱼类如无眼金线鲃（*Sinocyclocheilus anophthalmus*）等，通常有明显的与洞穴生活相适应的特征，体表鳞片趋于消失；体表色素高度退化，身体呈乳白色半透明状；眼睛多数消失或高度退化；某些形态结构得以加强，如触须通常十分发达，附肢（胸鳍和腹鳍）明显延长。

8.2.2 按食性划分

按鱼类的食性，将河流鱼类划分为：

1. 滤食性鱼类

滤食性鱼类终生生活在水中，以浮游生物为食。如鲢是以浮游植物为主的滤食性鱼类，鳙是以浮游动物为主的滤食性鱼类。滤食性鱼类除能摄食浮游生物外，还可以摄食有机碎屑，因此浮游生物和有机颗粒构成了滤食性鱼类的主要饵料。

2. 植食性鱼类

植食性鱼类是取食植物性食物的鱼类，包括两类：一类是取食着生藻类的鱼类，如方氏鲴（*Xenocypris fangi*）、宽口光唇鱼（*Acrossocheilus monticolus*）、鳑鲏属（*Rhodeus sp.*）等；一类是取食水生维管植物（即通常所说的水草）的鱼类，如草鱼等。

3. 肉食性鱼类

肉食性鱼类包括大型凶猛性鱼类和以底栖软体动物及水生昆虫幼虫为食的中小型鱼类。凶猛性鱼类包括鲌亚科（Culterinae）、鳜属（*Siniperca*）、鲇科（Siluridae）、鲌属（*Culter*）、大鳍鳠（*Mystus macropterus*）、乌鳢等。底栖动物食性鱼类包括鲿科（Bagridae）、鮈亚科（Gobioninae）、鰕虎鱼科（Gobiidae）、鲱科（Sisoridae）、钝头鮠科（Amblycipitidae）等。

4. 杂食性鱼类

杂食性鱼类以植物性和动物性食物为食。包括鲤、鲫、犁头鳅（*Lepturichthys fimbriata*）、泥鳅、银飘鱼（*Pseudolaubuca sinensis*）、鳘鱼、厚唇光唇鱼（*Acrossocheilus labiatus*）、棒花鱼（*Abbottina rivularis*）等。

8.2.3 按繁殖类型划分

按照鱼类繁殖类型，可将河流鱼类划分为：

1. 产漂流性卵鱼类

漂流性卵又称半浮性卵。这类卵产出后吸水膨胀，出现较大的卵周隙。比重稍大于水，在流水中悬浮于水层中。产漂流性卵鱼类产卵及其规模与江水温度、流量、流速、涨水持续时间密切相关。产漂流性卵鱼类的产卵行为不仅发生在涨水过程，也会出现在落水过程，主要与洪水波动相关。其中，洪峰过程明显地刺激了产漂流性卵鱼类的繁殖。根据鱼卵吸水膨胀后的直径（称为膜径）、外观、色泽等性状，可将产漂流性卵的鱼类按产卵类型划分为以下两种：纯漂流性卵和微黏性漂流性卵。产纯漂流性卵鱼类如“四大家鱼”、长春鳊（*Parabramis pekinensis*）、赤眼鳟（*Squaliobarbus curriculus*）、吻鮈（*Rhinogobio*）、蛇鮈（*Saurogobio dabryi*）、细尾蛇鮈（*S. gracilicaudatus*）等；产微黏性漂流性卵鱼类如翘嘴红鲌（*Erythroculter ilishaeformis*）、银鮈（*Squalidus argentatus*）等。“四大家鱼”均是在水位上升、流速加快的时段产卵，水退即止；赤眼鳟、长春鳊、中华沙鳅（*Botia superciliaris*）等是在涨水瞬时或 1 ~ 2 d 后产卵，水退后仍继续产卵，水位退至最低前 1 ~ 2 d 结束；银鮈等是在退水时开始产卵，产卵过程一直持续到下一次洪峰前 1 ~ 2 d。

2. 产黏性卵鱼类

这类鱼类的卵，其比重大于水，具沉性，卵膜外有黏性物，产后常黏附于水草上。包括两类：一类是静水或缓流环境产黏性卵类群，包括宽鳍鱲、马口鱼（*Opsariichthys bidens*）、方氏鲴、银飘鱼、华鳊（*Sinibrama wui*）、高体近红鲌（*Ancherythroculter kurematsui*）、汪氏近红鲌（*Ancherythroculter wangi*）、黑尾近红鲌（*Ancherythroculter nigrocauda*）、张氏䱗（*Hemiculter tchangi*）、䱗、翘嘴鲌（*Culter alburnus*）、蒙古鲌（*C. mongolicus*）、麦穗鱼、棒花鱼、中华倒刺鲃（*Spinibarbus sinensis*）、厚唇光唇鱼（*Acrossocheilus labiatus*）、宽口光唇鱼、鲤、鲫等。另一类是激流中产强黏性卵类群，包括短体副鳅（*Paracobitis potanini*）、大口鲇（*Silurus meridionalis*）、黄颡鱼（*Pelteobagrus fulvidraco*）、瓦氏黄颡鱼（*P. vachelli*）、切尾拟鲿（*Pseudobagrus truncatus*）、大鳍鳠、中华纹胸鮡（*Glyptothorax sinensis*）等。

3. 产浮性卵鱼类

这类鱼类所产的卵，其比重小于水，能在水面漂浮，大多无色透明。有些浮性卵内含有油球，如鲥鱼（*Macrura reevesii*）的卵。代表性的鱼类包括乌鳢、黄鳝、鳜属、圆尾斗鱼（*Macropodus chinensis*）等。

4. 其他类群

包括产卵于软体动物外套腔中的鳑鲏属和将卵产在沙穴中的子陵吻鰕虎鱼（*Rhinogobius giurinus*）。

8.3 生活史

生活史是指生物物种一生中生长和繁殖的模式。不同种类其生活史类型存在巨大差异。生活史对策则是指生物适应于所生存的环境并朝着一定方向进化的对策。每一种生物在长期进化过程中形成其独特的出生率、寿命、个体大小和存活率等生态特征，这些生态特征是组成不同的种群特征、种群动态类型的基础。

鱼类的生活史是指精卵结合，直至衰老死亡的整个生命过程。鱼类的生活史可以划分为不同的发育期，各发育期在形态构造、生态习性及与环境的联系方面各具特点。在鱼类的生活史中，洄游是一个重大事件。洄游是鱼类定向运动的重要形式，是鱼类种群获得延续、扩散和增长的重要行为特性。鱼类通过洄游变换栖息场所，扩大对空间的利用，最大限度地提高种群存活、摄食、繁殖和避开不良环境条件的能力。

8.3.1 溯河产卵鱼类的生活史

溯河产卵鱼类的生命始于淡水，随后游到海洋中生长至成熟，然后再回到淡水中繁殖，其洄游称为溯河洄游性（anadromous）。具有溯河产卵生活史的鱼类如七鳃鳗、鲟（*Acipenser transmontanus*）、大麻哈鱼等。由于淡水和海洋生境相对生产力不同，在北半球从赤道到北极，具有溯河产卵生活史的鱼类逐渐增多（Gross 等，1988）。

北美太平洋沿岸区域众多河流中，其淡水鱼类的 25% 属于溯河产卵鱼类。在太平洋海洋北部区域具有溯河产卵生活史的鱼类，其生产力比同一区域淡水环境中的鱼类更大。而在海洋南部区域，同处南部的陆地淡水环境生产力更大，降海产卵鱼类更多（即生命始于海洋，游到淡水中生长至成熟，然后又回到海洋繁殖）。

大麻哈鱼也称太平洋鲑鱼，属鲑科鱼类，是典型的溯河洄游性鱼类，广泛分布于白令海、北太平洋、鄂霍次克海、日本海及沿岸河流中。大麻哈鱼出生在江河淡水中，却在太平洋海水中长大。每年秋季，在我国黑龙江、乌苏里江和图们江可以见到这些大麻哈鱼。大麻哈鱼是肉食性鱼类，它们本性凶猛，到大海后以捕食其他鱼类为生。而在幼鱼期则以水中的底栖水生昆虫为食。

大麻哈鱼到达性成熟后，便开始溯河洄游到河中产卵。在洄游过程中，它们逐渐完成精卵的发育，来到产卵场时，精卵已经成熟，两颌显著扩大，背部明显隆起，体色改变。产卵时，先在砾石底质的河床上建起一坑状巢，然后将卵产于其中，产完后，便用沙石将卵埋藏起来。尽管如此，大麻哈鱼的鱼卵还是大量地被凶猛鱼类如红点鲑所吞食，而且由于产卵巢被后到的鱼在产卵时又挖掘起来，以及封冻等不利因素的影响，最后能孵化成仔鱼的已微乎其微。大麻哈鱼的产卵量极少。幼鱼一般在同年的12月份孵出，一直等到第二年春天，都在产卵巢中生活。幼鱼离开产卵巢后，便开始向海中洄游，并在那里育肥长大。大麻哈鱼的鱼子和幼苗只能在淡水中生存，它们一般把卵产在淡水江河上游的沙砾区域。卵孵化出幼苗并生长一段时间后，顺流而下进入海洋之中，在海洋中生长发育积蓄能量，经过4年左右生长，达到性成熟后，又会洄游至淡水江河中产卵。

大麻哈鱼的溯河洄游是自然界的一个大事件（资料来自BBC纪录片*Nature's Great Events*第二集*Salmon Run*）。在北美洲的西部海岸每一年的春季时分，太平洋中超过5亿的大麻哈鱼开始了它们长达3000英里的旅行，回到它们出生的河流中去产卵繁殖。大麻哈鱼维系着流域内的黑熊（*Ursus thibetanus*）、秃鹫（*Aegypius monachus*）等生物的生存，这些鱼类处于生命网络中央，是食物网的重要维系者，仅仅是流域内的森林中就有不止200个物种要依赖大麻哈鱼。大麻哈鱼是一条特殊的连接海洋和森林的生命链，它们出生在淡水中，生活在海洋里，大麻哈鱼将在海洋中聚集的碳、氮和磷，溯河洄游到上游河流后，亲体死亡，通过其腐尸将这些营养元素释放出去，提供森林中树木所需的营养。已知大麻哈鱼的产卵河流所在的森林中80%的氮来自大海。这些树木可能距离大海几百公里远，但仍可以被来自大海的营养所滋养。这些河流就像血管一样携带其生命物质，来自太平洋的大麻哈鱼穿越其中，大麻哈鱼持续着它们史诗般的洄游，堪称自然界最伟大的奇观之一。以大麻哈鱼为纽带，真正实现了“山—河—湖—海”流域一体化，不仅仅是结构上的流域生命共同体，而且更形成了功能上的整体。

河流生境的季节性变化对于北美太平洋滨海区域的溯河产卵鱼类有重要影响。流量和流速季节性变化很大，流速变化幅度在10~1000 m^3/s，许多河流水温变化波动也很大。在这样的环境中，鱼类必须存活到它们性成熟。因此，具有强的繁殖力，或者有较大体型把鱼卵埋进较深的基质中，都是这些鱼类繁殖成功的生活史策略。

在北美太平洋滨海区，同一种鱼类或种群可以有不同的生活史模式，如大鳞大麻哈鱼（*O. tshaw-*

ytscha）有两种常见的生活史模式，即河流型生活史模式和海洋型生活史模式。在河流型生活史模式中，其幼鱼生活在淡水中一年或更长时间，或者其成鱼在产卵前进入淡水中生活几个月；另一种模式为海洋型生活史模式，其幼鱼在迁移到海洋产卵前，只在淡水中生活几个月，产卵后成体又很快回到淡水中。当两种类型的大鳞大麻哈鱼同时出现在一条河流中时，这两种鱼通常存在着时空隔离。河流型生活史模式的大鳞大麻哈鱼通常在早秋，于水源区域产卵或生活。海洋型生活史模式的大鳞大麻哈鱼在晚秋产卵，生活于下游河道中（Healey，1991）。大鳞大麻哈鱼展示了同一物种种群内的不同生活史。Reimers（1973）在俄勒冈州6条河流中的海洋型生活史模式的大鳞大麻哈鱼中区分出了5种不同的生活史。这些变化，是在一定时间尺度下，在源头支流、主河道和河口中，大鳞大麻哈鱼对6条河流和海洋中高度不可预测的生存环境的适应。在淡水中产卵和生活时间较长的大鳞大麻哈鱼有着不同的生活史模式，是对年际间不同环境变化的适应（Healey，1991；Healey 和 Prince，1995；Stouder 等，1996）。同一种群生活史的多样性可能是由于基因和环境因素共同作用的结果。

河流鱼类种间和种内、基因型和表型的变化，表明虽然每一个种群包括了该物种大多数的基因信息，但在当地环境中，表型是明显可塑的（表 8-1）（Healey 和 Prince，1995）。产生这种变化的基因或环境是复杂的，但大量证据表明物种对于当地环境的适应是具有选择倾向的。即将溯河产卵的大麻哈鱼表现出了一系列高度适应于当地生境条件的行为及特征，如复杂的归巢行为（homing behavior）、温度调整、独特的交配行为，以及小鲑鱼对摄食条件的调整。这些适应可能是变化的环境因子作用于基因的结果。

表 8-1 同一区域和不同区域间，溯河产卵型大麻哈鱼同一种群内和种群间基因型和表型变化比例

（引自 Naiman and Bilby，2001）

种类和特征		变化(%)		
		种内	种间	区间
大鳞大麻哈鱼				
	等位酶变异	87.7	4.6	7.7
细鳞大麻哈鱼				
	鱼苗长度	30.3	41.4	28.2
	成鱼重量	13.3	1.5	85.2
鲑				
	繁殖力	7.9	5.1	87
	性成熟年龄	14	0.5	85.5

在少数情况下，种群扩散和适性辐射可以迅速发生。一个富有戏剧性的案例是溯河产卵大麻哈鱼对于当地环境的适应。90 年前在新西兰南岛几条河流中，引入了一种萨克拉门托河的大鳞大麻哈鱼，从而造成了大鳞大麻哈鱼对于新西兰南岛几条河流的不同表型适应，并由此形成了几种不同的生活史

模式（Quinn 和 Unwin，1993）。最知名的水生脊椎动物的表型分化已超过20代（Miller，1961），表明在一定条件下，明显的进化只不过在10年左右就可以出现（Healey 和 Prince，1995）。

在太平洋西北区的河流中，除了溯河产卵的大麻哈鱼以外，其他鱼类也形成了独特的基因、形态和生活史特征，但人们对这些情况所知甚少。几乎每一项研究都对比了太平洋滨海区较大区域内淡水鱼类种间的变化，它们在某些形态特征上都有显著变化。例如，大不列颠哥伦比亚多条河流中的鲑在体长、形态和卵径方面，都存在着显著差异（Beacham 和 Murray，1987）。来自较大河流的种群，其个体比小河流的有着更大的头部、更厚的尾鳍。产卵早的种群比产卵晚的鱼龄更大，卵更大，幼苗出生更晚。这些特征的出现，很明显是对当地环境的适应。在较大河流中产卵的鱼类，比小河流中的鱼类，需要移动更大量的基质来把卵埋得更深。

土著种群的同一物种也可能在形态和生活史上表现出变异。例如，溯河产卵型的三刺鱼（*Gasterosteus aculeatus*）比土著种（即非溯河产卵）体型更大，鳃耙、背鳍和胸鳍更高（Bell，1984）。在美国加利福尼亚北部的滨海区，三刺鱼的形态变化不显著，但有两种显著不同的生活史模式（Snyder 和 Dingle，1989）。溯河产卵型的三刺鱼比土著型的三刺鱼在第一次产卵时鱼龄和体形更大，繁殖力更强。来自大不列颠哥伦比亚湖泊和内陆河的银大麻哈鱼（*Oncorhynchus kisutch*）幼鱼表现出行为和形态的不同（Swain 和 Holtby，1989）。河流中的银大麻哈鱼幼鱼有自己的领域，因此其比湖泊中的银大麻哈鱼幼鱼更具攻击性。湖泊中的银大麻哈鱼幼鱼胸鳍更靠后，体形更侧扁，背鳍和臀鳍更小。湖泊中的银大麻哈鱼消失的攻击性和伴随行为是对开阔水域的适应。

引起这些变异的原因是很复杂的。一些变异是创建者效应（一些最初的创建者携带了亲本种群的一小部分基因）的结果；一些变异是当地选择压力和长期地理隔离的结果。不管发生变异的原因是什么，鱼类的形态、生理和生活史特征会发生相当快速的变化。

8.3.2 降海产卵鱼类的生活史

降河产卵洄游也称降海产卵洄游，是一些在淡水中生活，性成熟过程中由淡水降河到海洋中去产卵的鱼类，它们经过距离长短不一的江河入海产卵洄游，游向一定的产卵场。鳗鲡属鱼类是降河洄游鱼类的典型代表，松江鲈也属这种类型。

鳗鲡是一种江河性洄游鱼类，原产于海中，溯河到淡水内长大，后回到海中产卵。鳗鲡属的种类很多，全球现存19种和亚种。鳗鲡的成鱼生活于淡水中，接近性成熟时在秋季大批降河入海，经过长距离迁徙，到海洋深处进行生殖。如欧洲鳗鲡横渡大西洋，经过3000～4000 km的洄游，到达大西洋西部百慕大群岛附近的深海海域产卵。美洲鳗鲡降河入海后的洄游距离也有2000 km以上。产在中国和日本的鳗鲡，其产卵场位于太平洋西部海区的深海海域。

鳗鲡原产于海中，溯河到淡水内长大，后回到海中产卵。每年春季，大批幼鳗成群自海洋进入江河口。雄鳗通常就在江河口成长；而雌鳗则逆水上溯进入江河的干、支流及与江河相通的湖泊，有的甚至跋涉几千千米到达江河上游各水体。它们在江河湖泊中生长、发育，往往昼伏夜出，喜流水、弱光、穴居，具有很强的溯水能力。到达性成熟年龄的个体，在秋季又大批降河，游至江河口与雄鳗会合后，继续游至海洋中进行繁殖。

鳗鲡在陆地河流中生长，成熟后洄游到海洋中的产卵地产卵，一生只产一次卵，产卵后死亡。这种生活模式与鲑鱼的溯河洄游性相反，称为降河洄游性（Catadroumous）。其生活史分为6个不同的发育阶段。在生活史的每个阶段，为了适应不同环境，其体形及体色都有很大变化。

卵期（Egg-stage）：位于深海产卵地。

柳叶鳗（Leptocephalus）：在大洋随洋流长距离漂游，待卵黄完全吸收后，身体呈扁平透明柳叶状，便于随波逐流。

玻璃鳗（Glass eel）：在接近沿岸水域时，身体转变成流线型，减少阻力，以脱离强劲洋流。

稚鳗（Elvers）：进入河口水域，开始出现黑色素。

黄鳗（Yellow eel）：在河流的成长期间，鱼腹部呈现黄色。

银鳗（Silver eel）：在成熟时，鱼体转变成类似深海鱼的银白色，同时眼睛变大，胸鳍加宽，以适应洄游至深海产卵。

鳗鲡的性别是后天环境决定的，种群数量少时，雌鱼的比例会增加；种群数量多则减少，整体比例有利于种群的增加。

鳗鲡在降河洄游时，多在夜间行动，由于其有皮肤呼吸的辅助呼吸功能，可以离水生活一段短时间，夜间可通过潮湿的草地从一个湖泊转移到另一个湖泊。入海以后，体形和体色发生变化，眼变大，吻变尖，体背部颜色变深，腹部变为银白色。此外，体液渗透压升高，鳔变小。鳗鲡在淡水生活期间，由于体色带黄色称为黄鳗；生殖时入海体色发生变化，腹部变为银白色，称为银鳗。黄鳗栖息在海岸附近一直到内陆各种水体。通常雌性个体比雄性个体大。当长至8~10岁时，开始停止觅食，眼膨大，唇变薄，吻变尖，体背色变黑，体侧由黄色变银白，生殖器官发达而消化器官萎缩。在夏末、秋初大群降河入海。此时，生殖吸引力非常大，即使平时生活在孤立的池塘或湖沼中，此时也能在夜间从有露水的草地上通过原野，进入附近的河流顺利而下入海。经过遥远的旅行，到达适合其繁殖的产卵场地，在400 m深处的深海区繁殖。

鳗鲡的受精卵在海中浮游一段时间，在春季孵化成透明的柳树叶状的仔鱼，称为柳叶鳗。柳叶鳗具有长针形的齿，用以捕捉微小生物作为饵料。它们不久即开始作回返老家的长途旅行。鳗鲡的仔稚鱼要经过一个较长时期的柳叶鳗阶段，随海流到达其亲鱼降河出海的海域沿海。并开始变态为幼鳗。变态在秋季进行，变态时，停止觅食，针状的牙齿消失，体长和体高都慢慢缩短，一直到变成5~6 cm长的圆筒形线鳗。从刚孵化的仔鱼到完成变态的幼鳗，欧洲鳗鲡需要经过2.5~3年，美洲鳗鲡要经过1年，中国鳗鲡也要经过1年的时间才完成变态。变态后的幼鳗很快地生出一口小而呈圆锥形的新齿，并准备开始溯河。

每年春季有大批幼鳗自沿海进入江河中，并可以继续上溯到距河口几千千米的上游地区，如葛洲坝建成前的长江上游金沙江、岷江和嘉陵江地区都有鳗鲡的踪迹。它们在江河、湖泊、塘堰、水库中生长、育肥、昼伏夜出。到了性成熟年龄，从秋季开始集群降河入海，进行遥远的产卵洄游。

8.3.3 半洄游鱼类的生活史

半洄游鱼类是指淡水鱼类在淡水水域中从一种类型的水体到另一种类型的水体，以及栖居在浅海区或咸淡水区的鱼类进入江河的洄游。主要包括两种类型，即江湖半洄游和河口干流半洄游。

“四大家鱼”草鱼、青鱼、鲢、鳙均是半洄游鱼类。这些鱼类平时在江河干流及相连的湖泊中摄食育肥，繁殖季节结群逆水洄游到干流的各产卵场生殖。产后的亲鱼又陆续洄游到食料丰盛的湖泊中索饵。栖息在江河下游的亲鱼鱼群也洄游到中游或上游产卵场产卵。在洄游过程中，性腺逐渐达到成熟。江河半洄游鱼类，秋季在湖泊中进行觅食育肥后，秋末冬初进行越冬洄游，即从较浅的湖泊中游到江河干流的河床深处越冬。江湖半洄游鱼类的幼鱼，半洄游习性也非常显著和有规律。出生当年夏季，当它们已具备自由游泳能力后，即沿岸溯游作摄食洄游。在支流河口或湖泊的通江泄水口，可以见到幼鱼鱼群奋力克服较大的流速，进入支流或湖泊中觅食。幼鱼这种克服流速的能力，除了鱼类自身具有逆流运动的特性和幼鱼的强烈索饵要求之外，水流中的食物逐渐丰富可能是重要的外界条件。

半洄游鱼类中另一类型为河口干流半洄游鱼类。这些鱼类平时生活在河口或半咸淡水区，生殖季节进入江河，上溯至中、下游的适合场所生殖。如鲚属（*Coilia*）鱼类是典型的河口干流半洄游鱼类。长颌鲚（*Coilia macrognathos*），又称刀鲚，平时分布于长江及近海半咸水区，生殖季节从河口进入淡水，沿干流上溯至长江中游产场，最远可达洞庭湖，有的在江河干流产卵，也有进入支流及通江湖泊产卵。产卵后亲鱼分散在淡水中摄食，并陆续缓慢地顺流返回河口及近海，继续育肥。

洄游鱼类与半洄游鱼类的洄游性质没有差别。不同之处是洄游鱼类对产卵场有较严格要求，洄游距离较远，繁殖时期较为集中。但这种区别不是绝对的，有些鱼类的洄游习性介于洄游和半洄游之间。有些定居型鱼类，由于对环境的适应性较强，大多不进行明显的洄游或半洄游运动，但在环境许可的条件下，如鲤鱼也可以进行湖河越冬洄游，春季又进行河湖摄食洄游。

8.4 鱼类生境

8.4.1 鱼类生境概念

生境通常指某种生物或某个生态群体生存的具体地段上所有生态因子的总和。广义上讲，生境概念不但包含了生物的生存空间，同时也包含了生存空间中的全部环境因子，如气候、地形等。对鱼类而言，其生境还包括其完成全部生活史过程所必需的水域范围，如产卵场、索饵场、越冬场、庇护场以及连接不同生活史阶段水域的洄游通道等，也就是说，河流鱼类生境不仅提供鱼类的生存空间，同时还提供满足鱼类生存、生长、繁殖的全部环境因子，如水温、地形、流速、pH值、饵料生物等都是生境的组成部分。

鱼类生境是鱼类赖以生存、繁衍的空间和环境，对鱼类资源的维持和持续利用起着至关重要的作用。河流鱼类以其丰富多样的微生境支撑并维持着鱼类种群的多样性。通过生境保护，不仅实现了对所在生境中的鱼类物种个体、种群或群落的保护，还维持了所在区域生态系统中物质循环及能量传递过程，保证了鱼类物种的正常发育与进化过程以及物种与其环境间的生态学过程，并保护了物种在自然环境下的生存能力。

对于河流中鱼类的生境，通常涉及两个层面：一是鱼类生境在河流各个位置的分布，是属于河流形态学和生物种群地理学研究领域；二是分布在河流不同位置的生境受到的局部水流的作用，属于水力学研究范畴。在微观尺度上，20世纪80年代开始了对生境微观尺度的研究，Kemp等（1999）提出以生态学定义的功能性生境（functional habitats）等基本概念，并试图寻找连接生态学和水力学间的结合点。

8.4.2 鱼类生境的形态学基础

河道是一个线性系统，其环境条件、无脊椎动物和鱼类群落的分布具有明显的纵向梯度。对于不同的鱼类和同种鱼类生活史的不同阶段来说，占据河流的不同生物区带。对洄游鱼类而言，河流的纵向流径是到达产卵地的基本途径。对非洄游性鱼类，其不同的发育期分布于河流水系横断面上的不同位置。1963年Illies等提出了著名的鱼类分区结构，1975年Hawkes对河流生物分布带与分类进行了总结。通过对欧洲和北美不同区域的调查，证明不同区域分别有特定的鱼类。作为一些鱼类的饵料，无脊椎动物的分布也对鱼类的分区具有重要作用。鱼类除了在河流中呈带状分布外，从河流源头到河口，在大多数情况下鱼类种类呈递增趋势。鱼类种类与河流等级之间存在着直接联系，Blachuta等（1990）指出，种类数量和河流等级之间存在正相关，即河流等级越高，鱼类种类数量越多。

8.4.3 鱼类生境的水力学条件

一些鱼类生命周期中有部分或者全部阶段依靠某种特定的水力学条件，如四大家鱼产卵的发生和水位的涨落有明显的相关性，趋流性的鱼类要靠流速的存在和大小来判断游泳甚至洄游的路线。水力学条件对生境的间接作用更加广泛，不仅影响生境的含氧量、温度、饵料情况，而且还影响生境的地形；地形的改变对水力学条件又有反作用。

杨宇（2007）根据水力学各特征量的差异，将表征河流生境水力学条件的特征量分为4种类型：①水流特征量，是描述水流运动的量，如流速、流速梯度、流量、含沙量等；②河道特征量，是描述河道形态的量，如水深、底质类型、湿周等；③工程水力学中常用的无量纲量，如弗劳德（Froude）

数（反映水深和流速的共同影响）、雷诺（Reynolds）数（反映流速和某一特征长度共同的影响）；④通过流体力学的相关方程导出的参量，是用来描述水流复杂状况的特征量。

绝大多数鱼类都有趋流特性，大量研究表明，鱼类大多数生态行为都与流速密切相关，因此流速在生境的水力学特征中占有重要地位。Barmuta（1990）在关于卵石底质和流速共同作用的研究中发现，流速是最有影响的环境变量。Sempeski 等（1995）调查了法国 Pollon 河和 Suran 河的河鳟产卵场，发现两处产卵场流速相近，说明河鳟对产卵场的流速是有选择的。

以鲟鱼等产黏沉性卵的鱼类为例，适宜的水流、流速条件是其自然繁殖成功的关键。鱼类的生长、繁殖行为以及其种群的丰度和多样性都与生境的水文、水力学条件密切相关。低流量过程时，生境水量增加，能够加快水流中营养物质的循环并增加溶解氧含量，使鱼类的多样性和丰度都有所增加。洪水过程时，涨水过程能够有效刺激鱼类种群完成洄游、产卵等生命活动。鱼类种群的活动范围和繁殖时间也会受到生境中水文情势变化的影响。生境的水力学条件对鱼类的直接影响体现在鱼类对水深、流速等的喜好选择上，如平鳍鳅科及鲃亚科等趋流性鱼类需要生活在急流区，而其他大部分鲤科鱼类则喜好流速较缓的静水区域。水深、流速等水力学条件的改变，还间接影响生境的地形、水化学、饵料情况，进而影响鱼类的生长情况和种群多样性等。

含沙量主要在三个方面影响栖息在河流中的鱼类，即含沙量影响下游河床的冲刷或者淤积，改变河道的形态。含沙量会改变产卵场中黏性卵的着床率，当含沙量较低而流速较高时可以带走下游产卵场中的泥沙，有利于产卵场的清理。悬移质含沙量会影响生境中的饵料组成，如悬移质含沙量影响轮虫等饵料生物的数量和分布。水深一方面是为底栖型鱼类提供适当的活动空间，另一方面为沉性卵提供适当的孵化环境。研究表明，作为底栖型鱼类的中华鲟（*Acipenser sinensis*）在葛洲坝下游产卵场主要的分布水深范围为 8 ~ 14 m，很少发现中华鲟出现在超过 19 m 水深处。底质类型在很大程度上影响产沉性卵的鱼类对产卵场的选择。Sempeski 等（1995）通过对法国 2 处河流鳟鱼产卵场的研究，表明鳟鱼产卵场的底质为卵石和砾石。由于河流中复杂的河道地形，大石、沉水障碍、曲流等的存在，形成了复杂流态。这些流态存在于多种空间尺度中，为很多水生生物提供生境条件。

8.4.4 鱼类关键生境

美国国家海洋渔业服务部（NMFS）对鱼类关键生境（Essential fish habitat，EFH）进行了定义，鱼类产卵、繁殖、摄食或育成所必须依赖的水域或底质环境称为鱼类关键生境；并对其中的关键词进行了详细阐述，定义中“水域”包含了鱼类所利用的各种水体及其相关的物理、化学和生物学属性，也包括鱼类在以往历史中生活过的区域；“底质”包括各类沉积物、水中的各种结构物以及相关的生物群落。关键生境中的“关键”是指这种生境在维持一个健康河流生态系统的过程中必不可少。该定义中的“产卵、繁殖、摄食或育成”则涵盖了一个种类全部的生活史。NMFS 同时也特别指出，对鱼类关键生境的描述不应仅仅局限在生境中的温度、盐度、营养盐、溶氧、底质类型和植被组成等环境条件，还应包括其理化和生物区系特征，因为后者往往是影响鱼类分布和群落组成的关键因子。

欧洲的河流生境保护与生态修复研究开始较早，始于 20 世纪 80 年代，如将裁弯取直的河道恢复成弯曲自然的河道等，以丹麦河流生境保护效果最佳。1985 年，丹麦着手改善深潭/浅滩、鱼类产卵地局部环境，并进一步开展了改善河道跌水情况、恢复河道连续性及河流弯曲形态、湿地再造，有效改善了洄游性鲑鱼数量急剧减少的情况（丁则平，2002）。1987 年，莱茵河保护国际委员会（ICPR）提出“鲑鱼—2000 计划”（Phiillippart，1994），通过保护鱼类产卵场、实施面向洄游性鱼类保护的生态调度等方法，实现 2000 年鲑鱼重返莱茵河的最终目标（董哲仁，2003）。

8.5 鱼类多样性空间格局

8.5.1 区域尺度多样性

北美太平洋西北区（包括太平洋沿岸区）相对其他区域鱼类种类更少。美国西部鱼类中有一半的科和 1/4 的种可以在美国东部找到（Smith，1981；Minckley 等，1986）。Mahon（1984）估计在西部区域，一个 10000 km^2 的水域中有 5 ~ 10 种土著鱼类，而在同样大小的加拿大安大略湖流域有 50 种土著鱼类。太平洋沿岸区的地史发展是鱼类区系的一个主要影响因素（Miller，1959）。太平洋沿岸区及周边区域受地质构造和冰川运动的影响较北美其他区域更大（McPhail 和 Lindsey，1986；Minckley 等，1986）（表 8-2）。在末次冰期，冰原覆盖了阿拉斯加、不列颠哥伦比亚省和华盛顿北部大部分区域，并于 15000 年前覆盖面积达到最大。大陆冰川由南方延伸到华盛顿西部，南端达到了普吉特海湾，沿着喀斯喀特山脉延伸到了俄勒冈州。此时，形成了鱼类的三大主要避难区，即北方的白令海峡避难区、华盛顿奇黑利斯河和哥伦比亚河避难区（McPhail 和 Lindsey，1986）。随着三大避难区冰川的消退，华盛顿北部和大不列颠哥伦比亚省的鱼类汇入该区域。虽然冰河期之后（大约 10000 年）在太平洋沿岸区形成了短暂的鱼类物种数量较少的状况（McPhail 和 Lindsey，1986）；但大量谱系相近的鱼类杂交（Behnke，1992；Smith 等，1995），在短时间内形成了丰富多样的土著鱼类，因而美国东部和世界其他区域的河流物种多样性明显增加。

表 8-2　太平洋沿岸河流鱼类物种多样性调控因子的等级组织（引自 Naiman and Bilby，2001）

尺度水平	空间尺度(km^2)	物理事件和过程	生物事件和过程	环境梯度
区域	$10^8 \sim 10^6$	构造作用，火山作用，冰川作用，海水位涨落	海洋物种入侵，物种进化	海洋/淡水生产力，干燥度，温度
流域	$10^5 \sim 10^3$	河流改道，跌水结构，气候变化	扩散与隔离，特有亚种，物种分化，物种分布范围扩张与收缩	海拔，河流等级/大小，温度

续表

尺度水平	空间尺度(km^2)	物理事件和过程	生物事件和过程	环境梯度
河段	$10^2 \sim 10^0$	冲积/崩积河谷结构,河流干扰	物种避难与再定殖	河流等级,河流约束,栖息生境多样性,生产力
生境单元	$10^{-1} \sim 10^{-4}$	沉积物和有机碎屑的储存与运输	竞争,捕食	栖息生境多样性,复杂度

太平洋沿岸区的鱼类受大陆板块碰撞的地质运动影响，如地震、火山爆发和抬升运动。这些活动形成了连续或孤立的生境（Minckley 等，1986）。地质运动造成地貌变化，如山体构造，从而使环境条件发生变化，受此影响，鱼类种类丰度和分布也发生了变化。太平洋沿岸区地质运动对鱼类产生的特殊影响非常复杂，有研究表明，地质运动是大量当地物种和一些河流系统中少量物种形成的主要原因（Minckley 等，1986）。如俄勒冈州南方的克拉马斯河被克拉马斯瀑布分开，形成了上、下两部分区域。历史上，上部区域与萨克拉门托河流系统（加利福尼亚）相连，但在中新世晚期（1000 万年前），地质运动又使其与萨克拉门托河分开。但上部区域与萨克拉门托河共有的鱼类种类，在下部区域却没有发现（Minckley 等，1986）。下部区域河流中的鱼类种类，与罗格河以及其他沿岸河流系统中的鱼类种类相似。

太平洋沿岸区和美国西北部，与美国东北部相比较，鱼类形态和生活史有所不同（表 8-3）。相较于美国东北部，太平洋沿岸区和美国西北部相当大的一部分鱼类体形更大（平均长度大于 30 cm），寿命更长，性成熟年龄更晚，可繁育时间更长，绝对繁殖力更强（Miller，1959；Moyle，1976）。如在太平洋沿岸区两条主要河流系统（克拉马斯河和哥伦比亚河）中，大型鱼类种类的占比分别是 64% 和 41%（Moyle 和 Herbold，1987），小型鱼类种类的占比分别是 29% 和 22%。北美鱼类优势种为小型鱼类（平均长度小于 10 cm），性成熟年龄小（Mahon，1984）。在两条东部河流中大型鱼类种类的占比分别为 18% 和 27%，小型鱼类种类的占比分别为 41% 和 55%（Moyle 和 Herbold，1987）。体形大小和生活史特征是对区域环境条件的适应。体形小和性成熟早在环境更稳定的条件下生存比较有利，这种鱼类虽然成体存活率变化较大，但繁殖成功率高（Miller，1979；Mann 等，1984）。体形较大，性成熟晚，较高的繁殖率和成体存活率在变化较大的环境中生存比较有利（Moyle 和 Herbold，1987）。

表 8-3 密西西比河和美国西北部鱼类的特征比较（引自 Naiman and Bilby，2001）

特征		密西西比河河道	美国西北部
物种丰度			
	采样丰度	高(10～30种)	低(小于10种)
	累积丰度	高;在小河流中快速增加随后达到平衡	低;随河流增大而增多

续表

特征		密西西比河河道	美国西北部
生活史			
	生物学特性	寿命短，性早熟，繁殖率低，生殖高峰短	寿命长（大于2年），性晚熟，繁殖率高，生殖高峰长
亲代抚育		躲避育雏或守护育雏	一点护雏行为
迁移		大多数种类迁移距离有限；一些大型种类进行产卵洄游	通常会洄游，但有时也会有变化
专性营养		非专性取食无脊椎动物	专性取食无脊椎动物

太平洋西北部淡水鱼类优势种为七鳃鳗、大麻哈鱼、鲑鳟、红点鲑（包括溯河产卵种和非溯河产卵种）、白鲑（*Coregonus*）、鲤科褶唇鱼（*Cyprinidae*）和杜父鱼，棘鱼在许多河流系统中很常见。在冰河末期没有被冰川覆盖的太平洋沿岸区的南部（如俄勒冈州和加利福尼亚北部），鱼类物种多样性更高。北部地区河流流域鱼类优势种为广盐性种类，在盐度比较高的水域中具有泌盐功能。在许多独立的河道中都有特有种（Smith，1981；Minckley 等，1986），尤其是七鳃鳗、大麻哈鱼（Moyle 和 Herbold，1987）。在哥伦比亚动物地理省，58% 的土著鱼类是本地特有种，而克拉马斯动物地理省 37% 的土著鱼类是本地特有种（Moyle 和 Cech，1982）。大多数广布种可在海洋和淡水河流流域中生活（Miller，1959）。河流袭夺有助于相邻水域中鱼类物种的扩散（Bond，1963；Smith，1981）。

尽管太平洋沿岸区的鱼类物种较少，但土著鱼类组成了生态系统所有营养级，同时对生态系统有强烈的影响（Willson 和 Halupka，1995）。在太平洋沿岸区河流中占有多个营养级的陆地和水生大型动物（如浣熊 *Procyon lotor*、美洲河乌 *Cinclus mexicanus*、马鹿 *Cervus elaphus*、灰熊 *Ursus artos*），在一年中某一段时间内，都以溯河产卵的大麻哈鱼为食源（Cederholm 等，1989；Willson 和 Halupka，1995）（表 8-4）。洄游回到海洋中的成鱼也为相应的营养级生物提供了营养来源（Bilby 等 1996）。大麻哈鱼的卵、尸体、鱼苗，以及吸收其他尸体分解产生的可溶性有机物，这些物质都分解产生 ^{15}N 和 ^{13}C 营养盐。大麻哈鱼幼鱼与河流中较大体形的成鱼一起洄游，成长速度比与较小体形的成鱼一起洄游的幼鱼成长速度更快。尸体的分解也可为河岸带植物提供重要的氮元素。另外，由于可预测的迁移、高质量的食源、高经济价值以及娱乐性、美学价值，许多鱼类在该区域人类文化、社会和经济体系具有重要作用（Stouder 等，1996）。

表 8-4　太平洋沿岸区以大麻哈鱼尸体为食的部分哺乳动物和鸟类（引自 Naiman and Bilby，2001）

哺乳动物	鸟类
美洲河狸（*Castor canadensis*）	白头海雕（*Haliaeetus leucocephalus*）
北美黑熊（*Ursus americanus*）	山雀属一种（*Parus spp.*）
黑尾鹿（*Odocoileus hemionus*）	鸦属一种（*Corvus spp.*）

续表

哺乳动物	鸟类
短尾猫(*Lynx rufus*)	美洲河乌(*Cinclus mexicanus*)
郊狼(*Canis Latrans*)	狐色雀鹀(*Passerella iliaca*)
北美鹿鼠(*Peromyscus maniculatus*)	灰噪鸦(*Perisoreus canadensis*)
马鹿(*Cervus elaphus*)	鸥属一种(*Larus spp.*)
美洲鼯鼠(*Glaucomys sabrinus*)	长嘴啄木鸟(*Picoides villosus*)
灰熊(*Ursus artos*)	隐夜鸫(*Catharus guttatus*)
	带翠鸟(*Megaceryle alcyon*)
西鼹鼠一种(*Scapanus spp.*)	灰背隼(Falco columbarius)
山河狸(*Aplodontia rufa*)	鳾属一种(*Sitta spp.*)
北美水獭(*Lutra canadensis*)	松黄雀(*Carduelis pinus*)
浣熊(*Procyon lotor*)	山鸺鹠(*Glaucidium gnoma*)
条纹臭鼬(*Mephitis mephitis*)	红尾鵟(*Buteo jamaicensis*)
鼬属一种(*Mustela spp.*)	旅鸫(*Turdus migratorius*)
	披肩榛鸡(*Bonasa umbellus*)
	黄腹吸汁啄木鸟(*Sphyrapicus varius*)
	北美歌雀(*Melospiza melodia*)
	暗冠蓝鸦(*Cyanocitta stelleri*)
	杂色地鸫(*Ixoreus naevius*)
	冬鹪鹩(*Troglodytes troglodytes*)

淡水鱼类多样性的分布表现出随纬度而变化的特点，相同或相近地理单元的水系，其鱼类多样性空间格局分异较小。李思忠（1981）根据现代鱼类分布的特征，结合地史资料和环境因素，对我国淡水鱼类的分布区划进行了研究，将我国淡水鱼类分布划分为 5 个区，21 个亚区。王寿昆（1997）对中国 13 条主要河流淡水鱼类分布及其种类多样性与流域特征的关系进行了研究，结果表明，分异最小的是闽江与九龙江。瓯江与钱塘江、淮河与黄河、东北的水系分别较早聚为一类。中国大陆 13 条水系鱼类空间分异特点，明显表现出随纬度而变化，相同或相近地理单元的水系，其鱼类空间分异较小。河流流域特征对鱼种类多样性的影响与平均流量和径流深，呈极显著正相关；其次为流域面积；水系所处的平均纬度与鱼类种类多样性呈显著负相关，说明随纬度升高，河流水系的鱼类种类多样性减少。

中国河流 4 大水系中，黑龙江水系是寒温带水系的代表，约有鱼类 100 种，包括雷氏七鳃鳗（*Campetra reissneri*）、乌苏里白鲑（*Coregonus usuriensis*）等冷水种和施氏鲟（*Acipenserschrenekii*）等北方特有种。黄河水系是暖温带水系的代表，约有鱼类 190 种与亚种；上游种类少，均属裂腹鱼亚科和条鳅亚科种类；中游种数增多；下游种类更多，多属江河平原型和一些洄游性鱼类。长江水系是北中亚热带水系代表，有鱼类 378 种与亚种，纯淡水鱼 338 种，以江河平原鱼类为主，鲤科约占一半；鲥鱼、鳗鲡等洄游性鱼类在下游较多。珠江水系是南亚热带水系代表，有鱼类 313 种与亚种，纯淡水鱼 270 种，特有种有须鲫（*Carassioides cantonensis*）、单纹拟鳡（*Luciocyprinus langsoni*）等 100 种。其余 10 个水系中，辽河水系和海河水系各有鱼类 100 种，区系介于黑龙江和黄河之间。淮河水系有鱼类 120 种，区系介于黄河与长江之间。钱塘江水系有鱼类 157 种，纯淡水鱼 123 种；闽江水系有鱼类 160 种，纯淡水鱼 118 种，以鲤科和江河习见鱼类为主。台湾岛水系和海南岛水系各有鱼类 97 种和 122 种，纯淡水 81 种和 105 种，区系与大陆相近。澜沧江、怒江水系和雅鲁藏布江水系均属高原河流，鱼类种数多，特有种也多，区系复杂，以裂腹亚科、鲃亚科等鱼类居多。塔里木河水系鱼类仅 10 余种，包括黑鲫（*Carassius carassius*）等多个特有种。

于晓东等（2005）进行了长江流域鱼类物种多样性大尺度格局研究，统计得到长江流域鱼类 378 种（亚种），其中淡水鱼 338 种（亚种），接近全国淡水鱼总数的 1/3；淡水鱼以鲤形目为主，达到 269 种（亚种）；洄游鱼类 11 种，河口鱼类 29 种；流域内特有种和受威胁物种分别有 162 种（亚种）和 69 种（亚种）。特有种的比例达到了 43%，是鱼类物种极为丰富的地区，受威胁物种的比例也达到了全国受威胁鱼类物种总数的 1/4 以上。因此，长江流域在我国鱼类物种多样性保护格局中占有重要地位。

根据鱼类分布特点，按水系将长江流域分为 19 个区域，除了江源区和金沙江中上游外，物种多样性上游高于中下游，但各区域内差异不大，然而特有种比例从上游到下游随海拔降低而逐渐降低。聚类分析将长江流域分成三部分：①江源区和金沙江中上游，地理上属于青藏高原东南部波状平原部分和横断山区；②上游其他流域，地理上属于川西高原、云贵高原、四川盆地及秦巴山区；③中下游流域，地理上属于淮阳山地、江南丘陵和长江中下游平原，基本反映了流域内自然地理环境及我国大陆地势三级阶梯变化的特点。除了江源区和金沙江中上游流域物种较少外（21 种以下），其他区域都在 80 种以上。

某一地区鱼类物种多样性高低除了与栖息环境和人类干扰相关外，还与研究区域河流流域面积、年平均流量、单位干流长和单位流域面积、研究区域水体面积等流域特征有关。长江上中下游在水体面积和长度上明显不同，长江流域各区域在河流流域面积、年均流量、单位干流长和单位流域面积上都有明显差异，因此，鱼类物种数及多样性在不同区段间存在显著差异。

鱼类区系组成和起源是导致物种分布存在区域间差异的重要原因。江源区和金沙江中上游共有鱼类 29 种，以适应高寒环境分布的裂腹鱼和高原鳅为主，反映了高海拔流域物种特点；上游其他区域共有鱼类 279 种，长江流域仅在该区段分布的鱼类达到了 92 种，反映了中高海拔流域的物种特点，以适应高海拔或急流分布的裂腹鱼、白鱼（*Anabarilius sp.*）、高原鳅（*M · tisgurnus triplophysa*）以及云南鳅（*M · tisgurnus yunnanilus*）等为主；中下游流域共有鱼类 261 种，长江流域内仅在该区段分布的鱼类达到了 95 种，其中洄游和河口鱼类占很大比例，反映了低海拔流域的物种特点。

8.5.2 流域尺度多样性

河流生物多样性有从上游向下游递增的趋势。上游以喜流性淡水鱼类为主，中下游还有溯河性和河口鱼类进入。

通常情况下，河流鱼类多样性沿河流从上游到下游逐渐增加。同样，河流等级越高，物种多样性越大。在美国中西部（Horwitz，1978；Schlosser，1987）、南部（Boschung，1987）和东部（Sheldon，1968）可观察到这一分布模式。Li 等（1987）描述了太平洋沿岸区河流系统中鱼类（大麻哈鱼和其他鱼类）的分布格局（图 8-1）。除此之外，当把在俄勒冈州 4 条不同河流采集到的鱼类种类数量以点的形式反映到高程图上（可反映出河流的大小和流域面积），采集到的种类数量与高程之间呈显著负相关关系。表明太平洋沿岸区鱼类物种随着河流等级越高，鱼类多样性越大。

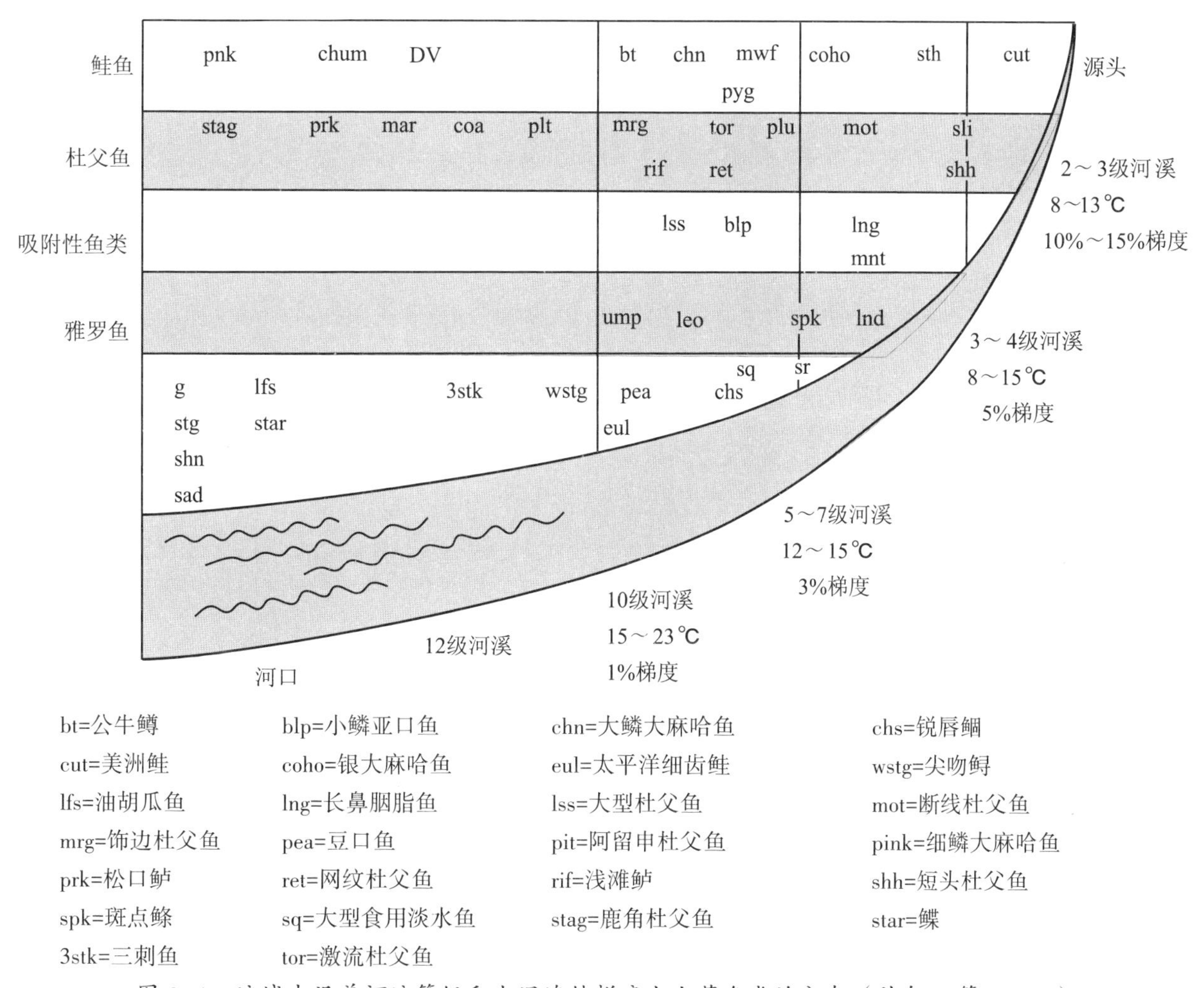

图 8-1 流域内沿着河流等级和水温连续梯度上土著鱼类的分布（引自 Li 等，1987）

于晓东等（2005）进行了长江流域鱼类物种多样性大尺度格局研究，结果表明，长江上游其他区域鱼类物种丰富，平均数量在 139 种左右；雅砻江和大渡河等高海拔地区鱼类物种数相对较少，分别为 82 种和 106 种；中游和下游流域鱼类物种丰度相近，平均数量分别为 125 和 120 种左右，略低于上游流域（图 8-2）。

UMJS 金沙江中上游流域 Upper and middle reaches of Jinshajiang sub-basin
LJS 金沙江下游流域 Lower reaches of Jinshajiang sub-basin
HY 江源区 Headwater of Yangtze River Basin　YLS 雅砻江流域 Yalongjiang sub-basin
DS 大渡河流域 Daduhe sub-basin　MTS 岷沱江流域 Min jiang-Tuojiang sub-basin
JLS 嘉陵江流域 Jialingjiang sub-basin　WS 乌江流域 Wujiang sub-basin
HS 汉江流域 Hanjiang sub-basin　YS 沅江流域 Yuanjiang sub-basin
XS 湘江流域 Xiangjiang sub-basin　DLS 洞庭湖流域 Dongting Lake sub-basin
PLS 鄱阳湖流域 Poyang Lake sub-basin　GS 赣江流域 Ganjiang sub-basin
UMS 上游主干流 Upper mainstream sub-basin　MMS 中游主干流 Middle mainstream sub-basin
TLS 太湖流域 Taihu Lake sub-basin　LMS 下游主干流 Lower mainstream sub-basin
EY 河口区 Estuary of Yangtze River Basin　c1 玉树 Yushu　c2 石鼓 Shigu　c3 攀枝花 Panzhihua
c4 宜宾 Yibin　c5 宜昌 Yichang　c6 湖口 Hukou　c7 江阴 Jiangyin

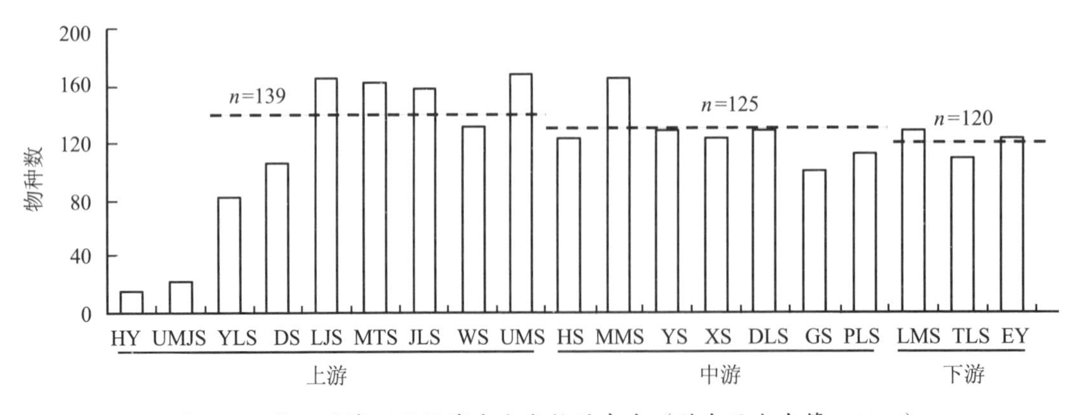

图 8-2　长江流域不同区域内鱼类物种丰度（引自于晓东等，2005）

长江流域鱼类特有种有 162 种，占流域内鱼类总物种数的 42.86%，比例较高；中国特有种有 265 种，比例达到 70.10%，占这些类群所对应的中国特有种总数的 60.36%。从长江源头至长江口，流域内特有种的比例显示出上游高、中游和下游低的特点，但随海拔下降而逐渐降低的趋势不明显；而中国特有种的比例基本上随海拔降低而逐渐降低。从物种数、受威胁物种数以及特有种的比例看，除了源头等少数区域外，大多数区域都是从上游到下游随着海拔降低而逐渐降低；其中，金沙江下游、岷江—沱江、嘉陵江、上游干流区和中游干流区5个区域内的物种（或受威胁物种）数量最多，是目前长江流域内急需关注和保护的热点地区。各分支流域内鱼类物种分布基本上依照我国阶梯形地势的三级台阶聚类，形成了高原、中高海拔山地或盆地、丘陵和平原等不同特点的栖息地类型。这与各区域内的自然地理特征、水体面积和河流长度等特征以及鱼类物种组成和起源差异密切相关。

王琇瑜等（2017）对珠江流域淡水鱼类分类多样性的空间格局进行了研究，结果表明，珠江流域共有鱼类501种，为暖水性淡水鱼类，占中国淡水鱼类种数的一半左右；以鲤形目种数最多，有353种。从源头到下游，随着纬度降低，珠江流域淡水鱼类分类多样性呈增高的趋势。现代自然地理条件，例如地形、热量和水分限制等因素，会影响淡水鱼类的繁衍分化；在流域特征对鱼类多样性的影响中，河流流量的影响极强。珠江流域的平均流量基本上是从西北向东南增加，与珠江淡水鱼类多样性从西北向东南呈现出增加的空间分布格局相对应。这种空间分布格局与长江流域淡水鱼类多样性的分布规律相似。地质事件，如板块构造运动产生地理隔离，也会影响淡水鱼类的演化，其中南盘江和北盘江的淡水鱼类地理分布特征与一些地质事件密切相关。它们原本属于古红河区系，最终流向南海，由于板块构造运动使青藏高原东部隆起，出现了河流迅速侵蚀和河流袭夺的情况，随之而来的是南盘江和北盘江改变流向，并入红水河，成为珠江水系的源头。因此南北盘江中的淡水鱼类与古红河中淡水鱼类亲缘关系较近。青藏高原的隆起导致的河流侵蚀和河流袭夺以及所处地区为喀斯特地区，这些因素可能是造成南北盘江分类多样性在整个珠江流域中较低的原因。珠江流域滇桂黔境内的喀斯特岩溶地区生境复杂多样，多地下暗河和暗湖，为鱼类分化成特有种提供了外在条件，以洞穴鱼类为主，洞穴里光照条件差，温度低，食物来源贫乏，主要由岩缝渗水带入、溪流和洪水带入的有机质，为了适应光照条件差和食物贫乏的地下水环境，鱼类视觉退化、体形变小、繁殖年龄延迟，分化成能适应光照条件差的特有鱼类。

康斌、何大明（2007）研究了澜沧江鱼类生物多样性，结果表明，澜沧江是位于我国西南岭谷区的一条纵向河流，它所处的特殊地理位置使其相应地形成了特有的生物群落。澜沧江鱼类有162种，其中鲤形目117种；不同江段中，河源有11种鱼类，上游鱼类22种，中游鱼类44种，下游鱼类142种。澜沧江从河源到下游，鱼类物种数量明显增多，由适合高原生活的冷水性裂腹鱼、高原鳅等逐渐过渡到以野鲮亚科（Labeoninae）为主的高多样性鱼类区系。澜沧江作为一条纵向性河流，受到纬度和海拔高度的显著影响。澜沧江上游生境简单恶劣，营养物质贫乏，作为鱼类饵料的有机物少且单一，适合裂腹鱼、高原鳅等生存；下游海拔较低，处于长年高温、高湿地区，降雨量丰富，气候较稳定，河流具有更高的生产力，为鱼类多样性的生存发展提供了更为广阔的空间。此外，鱼类分布明显受流域自然条件的影响，澜沧江大部分江段两岸陡峭，河床多礁石险滩，水流湍急，弯曲的河水形成较多的河滩、湾沱和回旋水，这种缓急相间多态的水流条件，为不同鱼类生长、繁殖提供了基本条件。鱼类多具适应急流型水生生境的形态或构造。善游泳的种类，体呈纺锤形；适应急流底栖环境的种类，体形多平扁，或具吸盘等吸附构造；生活在缓流底栖层，以固着生物为食的，其口多为下位，甚至有的种类下颌具角质，铲食着生在石面上的藻类。急流种类与缓流种类同时分布于同一江段，表明在同一江段同时分布有急流和缓流生境，小生境极其多样化，充分体现了生境多样性和鱼类的适应性。

另一个关于流域尺度下鱼类分布特征的可能解释是，鱼类多样性与生产力相关（Connell 和 Orias，1964；McArthur 和 Pianka，1966；Currie 1991，Huston 1994）。通常，生产力在中等水平时，物种多样性最大。生产力较低或处于较高水平时，多样性都下降（Rosenzweig 和 Abramsky，1993）。Rosenzweig 和 Abramsky 认为最合理的解释是，生产力处在中等水平时，资源和栖息生境异质性最大。增加的异质性空间允许物种多样性更大。生产力规律更适用于较大的空间尺度（106 km^2）（Wright 等，1993）。

河流连续体概念（Vannote 等，1980）阐述了河流系统从源头到下游的生物与物理特征的变化（表 8-5），表明了由于河流水生系统其他因素的多方面影响，其中生产力规律很少在水生系统中应用。也就是说，下游河流生物群落（如下游鱼类物种数的增加）的变化不仅受能量输入和过程的影响，也受河宽、水深、流速、流量和温度等物理因素的影响。

表 8-5　根据河流连续体概念归纳的流域特征（引自 Naiman and Bilby，2001）

特征	河流级别位置		
	源头（第1～3级）	中级河流（第4～6级）	大型河流（大于6级）
能源	外源有机碎屑	自源初级生产能源	自源初次生产能源
生产力/呼吸作用	<1	>1	>1
河岸植物影响	强烈	中等	较弱
大型底栖无脊椎动物	撕食者（shredders）	收集者（collectors）	收集者（collectors）
功能摄食类群	收集者（collectors）	植食者（grazers）	
鱼类	食虫类	食鱼类，食虫类	食鱼类，食虫类，滤食性鱼类

在流域内，生物（如竞争和捕食）和物理（如水流、水深等）过程强烈地影响着鱼类群落组成与结构。物理和生物过程的相对影响，沿着河流水系网络而发生变化（图 8-3）。Schlosser 提出了一种概念框架来解释河流中鱼类群落结构受栖息生境异质性变化（如栖息生境类型多样性和栖息生境条件复杂性），以及流域内不同区域生物过程的强度和类型的影响（图 8-4）。根据 Schlosser 的框架，栖息生境的异质性在河源处较低（虽然每年的水流、水深等物理条件更多变），是由于深水区的缺乏和主要的生物过程是竞争。因此，河源区段相较于河流系统中其他部分的物种数量少，营养级关系简

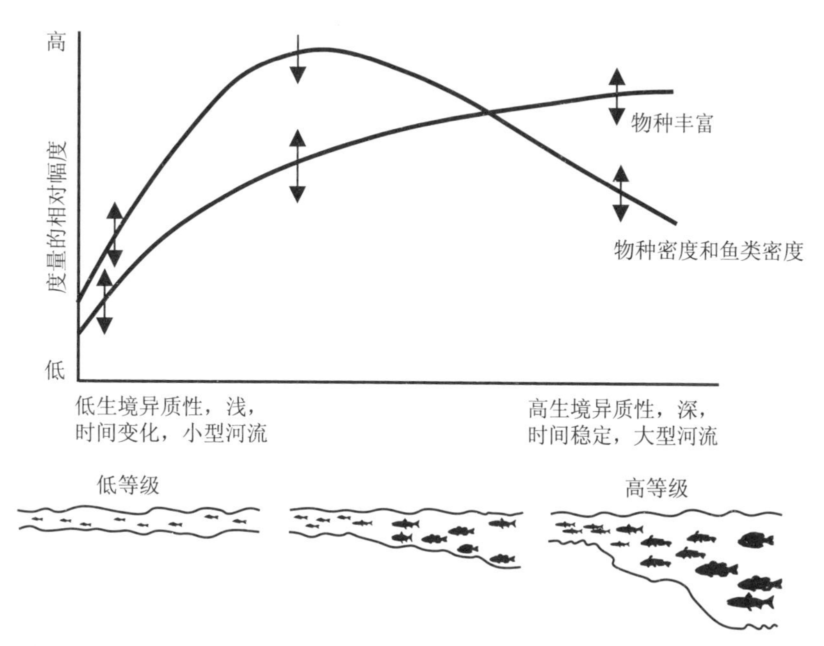

图 8-3　小型河流中鱼类群落随生境异质性和深潭发育不同梯度而变化的假设模型。物种组成和鱼类群落结构尺度显示于图形底部。箭头表示参数相对时间的变化（引自 Naiman and Bilby，2001）

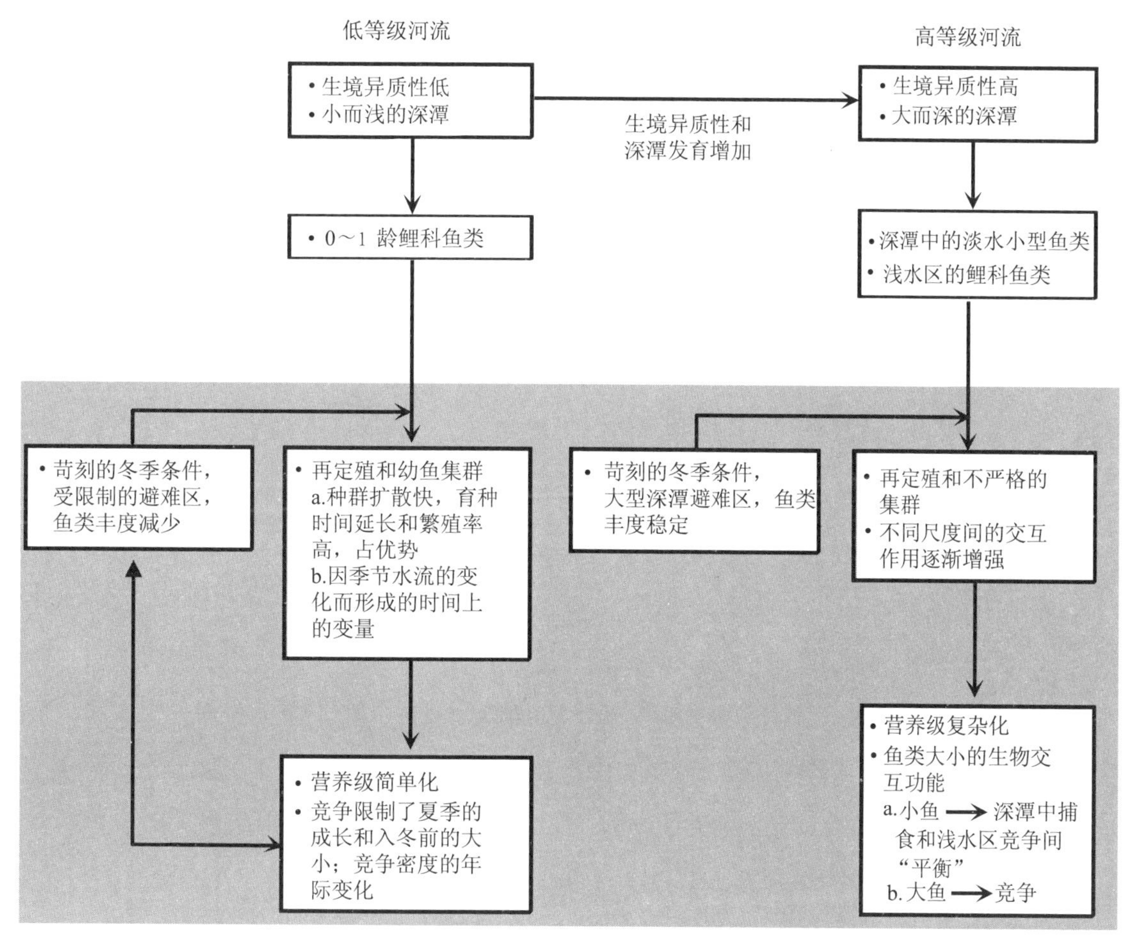

图 8-4　小型河流中不同栖息生境异质性和深潭发育条件下决定鱼类群落结构的概念性框架（引自 Naiman and Bilby，2001）

单。由于环境条件变化较大和避难区的缺少，在河流这些区域的鱼类群落表现出数量和相对丰度变化较大（Schlosser，1987）。Schlosser的框架进一步阐述了栖息生境的异质性和群落多样性，随着河流大小和等级增加而增加。在流域范围内，较大的河流中，生物过程的相对影响强度高于较小的河流。例如，肉食性鱼类是群落中的优势物种，在一定程度上，可能是河源区小型鱼类数量减少的原因。

Li等（1987）的分布模式的研究与上述框架相契合（至少对于流域大部分区域）。然而，在较大的河流（如>10级）中，土著鱼类物种数量出现了减少现象，这可能是由于在这些更多的异质性生境中，可利用的生态位更少。

太平洋沿岸区源头河流相较于下游的河流水系网络，鱼类群落多样性相对更小。有着较高的营养级水平和多种微生境片段的典型群落（Moyle和Herbold，1987），包括七鳃鳗、鲑和杜父鱼中的一种或两种有着不同形态和行为的鱼类（Moyle和Cech，1982）。大麻哈鱼有着敏捷的纺锤型体形，这让它们可以在水体中占据捕食地位，游泳速度快捷，倾向于捕食大型底栖无脊椎动物、昆虫和小鱼。杜父鱼也营底层生活，背腹扁平，胸鳍和口大，以伏击的方式捕食（大型底栖无脊椎动物和鱼类）。七鳃鳗幼鱼有着棍棒型体形，可以在河流底泥中掘洞。这些河流中与自然动态相关的物理因子，低生境异质性和较小的温度变化，才是影响鱼类群落结构最重要的影响因素，尤其是在源头河流中。

Schlosser（1987）预测从河流上游到下游群落多样性逐渐增高。其他区域相较于河源区，环境条件变化较小。生境异质性和较大、较深的深潭数量从河流上游到下游，从支流到主河道逐渐增加。大量河源区的种类也许会出现在下游区域。但这两个区域同一物种的年龄层会不一样；河源区主要是幼鱼，下游区域主要是成鱼。捕食（尤其对于较小的个体）和竞争是下游区域影响群落结构的主要因素。

分布于不同时空的鱼类，相似物种可共存于河道水系的不同部分。分布着同属物种的区域，如生态位重合的溯河产卵的大麻哈鱼，在一定时空尺度的分布上，会因共同利用特殊的资源而发生生态位分离。例如，在较小的流域中（如俄勒冈州菲什克里克，第4~5级河流）银大麻哈鱼、冬季和夏季的虹鳟（*Oncorhynchus mykiss*），以及春季的大鳞大麻哈鱼，利用同一流域的相同区域产卵和幼鱼成长。银大麻哈鱼和大鳞大麻哈鱼利用粒径更大的基质来产卵（1.3~10 cm），而虹鳟利用较小的基质产卵（0.6~10 cm）（Bjornn和Reiser，1991）。大鳞大麻哈鱼和虹鳟通常利用更深的区域（≥24 cm）用于产卵，而银大麻哈鱼利用≥18 cm深的区域产卵。这几种鱼类在不同的时间产卵，在同一栖息生境中，形成了不同的鱼类幼鱼期。大鳞大麻哈鱼的产卵季是9月中旬到11月中旬，银大麻哈鱼的产卵季节是10月中旬到次年1月中旬，夏季虹鳟的产卵季节是12月到5月，冬季虹鳟的产卵季节是3月中旬到6月底。栖息地利用时间和空间的不同，使相似物种可以利用特殊的生境部分，因而提升了物种丰度和多样性。

物种数量的不同可归因于不同的影响因子，如流域形态和水温。河流等级和大小平衡了一部分区域河流深度以及北部和南部滨海河流的物种数量上的差距，然而水温在海拔更高的源头河流中有着更强的影响力。俄勒冈州南部和北部的滨海低海拔源头河流的鱼类物种数量（海拔每降低 100 m，物种数量分别降低 2.1 和 4.9 种）显著高于威拉米特河（海拔每降低 100 m，物种数量降低 1.4 种）和天鹅湖流域（海拔每降低 100 m，物种数量降低 1.4 种）高海拔源头河流的鱼类物种数量。相较于温水性河流，冷水性河流在高海拔地区的影响更广泛，且鱼类的分布更受限制。另一个影响鱼类物种数量的是不同的动物地理省（zoogeographic provinces）和生物带（life zones）。例如，太平洋沿岸区南部的河流中鱼类物种数量较多的原因可能是这个区域有 3 个不同的动物地理省。

8.5.3 河段尺度多样性

水生生物群落的结构与组成随着河段尺度水平下生境特征的不同而不同。河段是具有相同地貌格局的一系列地形单元的集合（Grant 等，1990）。河段受河道坡度、局部边坡坡度、谷底宽度、缓冲带植物及河岸地质条件的影响（Frissell 等，1986）。Gregory 等（1989）将河段分为约束型（活动河道宽度/谷底宽度<2）和非约束型（活动河道宽度/谷底宽度>2）的河段（图 8-5）。

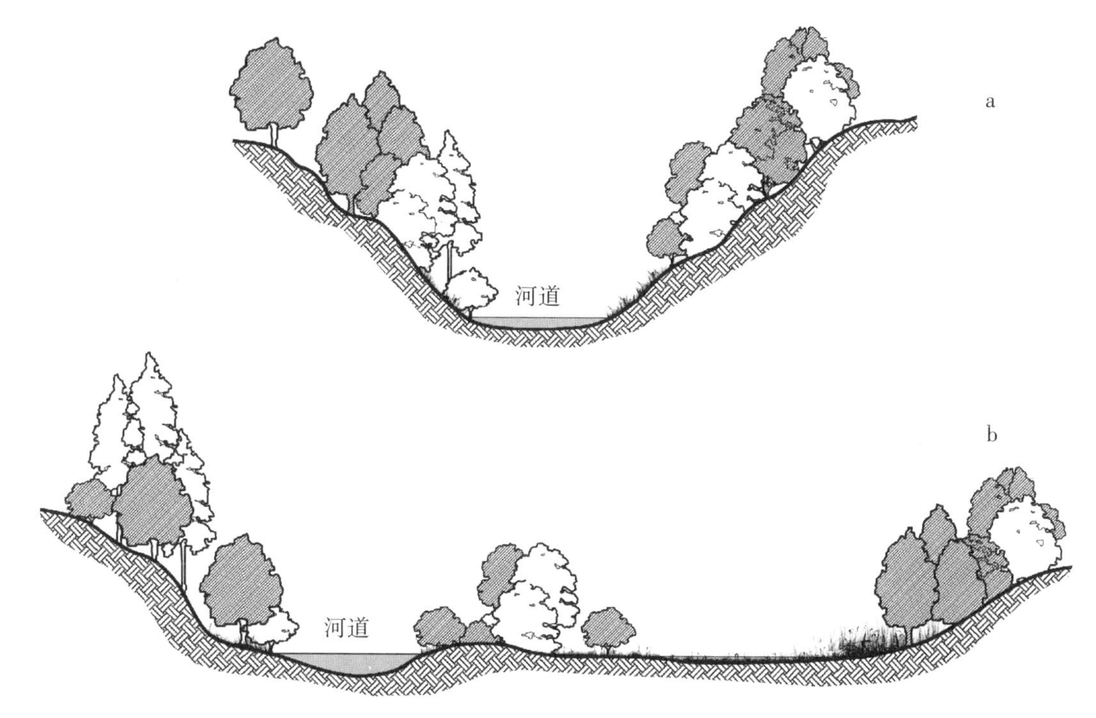

a. 和非约束型　　　　b. 河段形态示意图

图 8-5　河流约束型

在美国俄勒冈州的几条小型滨海河流中，大麻哈鱼群落组成在这两种河段中表现出差异。1 龄以上的鳟在约束型河段中是群落组成的优势种。在非约束型河段中大麻哈鱼（银大麻哈鱼和大鳞大麻哈鱼）和虹鳟（1 龄以上）在相对丰度上分布较均匀。在俄勒冈州埃尔克河，非约束型河段包含了所有可作为栖息地的生境种类的 15%，但溯河产卵型大麻哈鱼幼鱼占了 30%。在华盛顿西南部的河流中，

Cupp（1989）发现较低海拔、有着较宽河谷的低等级河段中，大麻哈鱼丰度最大。在俄勒冈州McKenzie 河的源区非约束型河段的虹鳟密度是约束型河段的两倍（Gregory 等，1989）。

这一规律可能不适用于较大流域的下游区域。在美国俄勒冈州的研究表明，河段特征和大麻哈鱼群落的关系随着在河网中（河道面积 140 km^2）的位置不同而不同（Schwartz，1990），不同河段类型没有群落结构的固定分布模式。溯河产卵的大麻哈鱼幼鱼群落在非约束型和约束型河段中的大麻哈鱼和鲑鳟有着相同的相对丰度。在支流，等级高的河流中约束型河段中优势种是鲑鳟；然而，在等级较低的河流中，非约束型河段主要是大麻哈鱼和鲑鳟。几个影响因子可以用于解释不同河段类型中大麻哈鱼的不同。非约束型河段比约束型河段栖息生境类型更丰富（Gregory 等，1989；Schwartz，1990）。约束型河段有着较高的水体流速，主要包括急流生境，以及少量避难区；然而非约束型河段包括了急流（如浅滩）和缓流（如深潭）水体生境，洪水时期可提供侧向避难场所。

鱼类群落多样性和生产力与河段尺度成正相关。总的来说，相较于约束型河段，非约束型河段的初级生产力和次级生产力更大。例如，埃尔克河中非约束型河段的初级生产力和大型底栖无脊椎动物的密度比约束型河段更大（Zucker，1993）。非约束型河段底部交换更充分（Grimm 和 Fisher，1984；Triska 等，1989），水力停留时间和有机质滞留时间更长（Lamberti 等，1989），这些都是有利于生产力提高的因素，因此有更大的可能性提高物种多样性。

8.5.4 生境单元尺度多样性

鱼类物种多样性与栖息生境单元特征直接相关。在河流中，有两种最基本的生境单元：浅滩和深潭。在基流条件下，浅滩水浅，水急速流过形成梯级水面；深潭水深较深，水流较缓，水面较平。浅滩和深潭的交界并不总是明显的，它们的生境条件不同。鱼类以其作为微生境是根据地貌、物理特征和行为特点而定的。在浅滩生活的鱼类（如杜父鱼、鲦和鳟）主要是营底层生活的鱼类，这些鱼类有较大的胸鳍来帮助鱼类不被冲走。一些种类没有鳔或不能通过调整鳔中的空气来减少阻力。在浅滩中生活的鱼类大多是独居，或以数量较小的鱼群群居生活。在深潭中生活的鱼类（如银大麻哈鱼）通常群居生活，背腹扁平和鳍更小，因而游泳更灵活。

在一个生境单元中，结构特征、基质、流速和水深都将影响生物多样性（Evans 和 Noble，1979；Angermeier，1987）。这些因素结合形成一系列微生境，可导致物种数量增加。复杂的结构可为捕食者提供保护，提高觅食率（Wilzbach，1985），影响群落相互间的关系（Fausch 和 White，1981；Glova，1986）。对于华盛顿的一条河流，Lonzarich 和 Quinn（1995）观察到随着深潭复杂性的增加，物种多样性增加，鱼类对生境特征产生了不同的响应。银大麻哈鱼幼鱼、虹鳟（1 龄以上）的数量与水深直接相关。在俄勒冈州的一条小型滨海河流中也观察到了大麻哈鱼和栖息生境之间特征相似的模式（Naiman 和 Bilby，1998）。在该河流中，大麻哈鱼多样性随着水深的复杂性、深潭表面面积和木质物生物量的增加而增加。群落多样性在夏季随着生境异质性水平的增加而增加。在俄勒冈州西部的另一条小河中，杜父鱼幼鱼的生物量随生境异质性水平的增加而增加。然而，银大麻哈鱼的生物量对生境异质性无明显响应，但生境异质性可能影响了银大麻哈鱼在其他季节的密度（Nichkelson 等，1992；Quinn 和 Peterson，1996）和生活史阶段（McMahon 和 Holtby，1992）。

生境单元的异质性也影响着鱼类集群模式的多样性（Gorman 和 Karr，1978；Schlosser，1982；Angermeier 和 Karr，1984）。森林面积减少可能引起生境异质性降低，以此可以解释俄勒冈州滨海沿岸河流由于人类采伐活动强度的不同而引起的溯河产卵大麻哈鱼幼鱼的变化现象。生境异质性高的河流中群落多样性比生境异质性低的河流大。微生境特征的变化对一些种类有利，但对另一些种类可能引起其适宜性降低。例如，当生境结构受到破坏，阿拉斯加东南部和中西部河流的鱼类密度降低（Dolloff，1986；Elliott，1986；Berkman 和 Rabeni，1987）。从上游到下游河流鱼类群落多样性增加，其主要原因是水深等变化所建立的一系列微生境，导致物种数量增加。目前，对栖息生境单元的大小、复杂性和位置的了解仅限于小河流中。

目前对于河流生境单元中生物因子对鱼类群落组成和结构的影响，未知的东西还很多，如竞争和捕食。河流鱼类的两种交互作用模式已被确定，即交互性隔离和选择性隔离（Nilsson，1967）。在交互性隔离中，物种可以利用相同的生态位，但其中一种为优势种，在偏好的栖息环境中对次优势种进行排挤。优势种通常更具攻击性或能更高效地利用资源。因此，只有当优势种缺少的时候，次优势种才迁移到偏好的栖息环境。银大麻哈鱼和虹鳟（1 龄以上）所利用的生境，在一定程度上受种间交互作用的影响。银大麻哈鱼幼鱼具有攻击性，在食物资源最丰富的深潭前端，银大麻哈鱼幼鱼排挤虹鳟（Hartman，1965）。与交互性隔离相比，选择性隔离包括每一物种对可利用资源的不同利用方式（Nilsson，1967）。每一种物种对资源的利用不是由其他物种决定的，因此形成了种间的互不干扰。资源的不同利用方式可能源自于本能行为或身体形态特征。例如，爱达荷州的河流中硬头鳟和大鳞大麻哈鱼的选择性隔离减少了栖息地和食物的相互影响（Everest 和 Chapman，1972）。在一个特定空间范围内鱼类利用相似的栖息生境，空间交叉最小，可能是因为生活史特征的差异。在这种情况下，由于大鳞大麻哈鱼在秋季产卵，硬头鳟在春季产卵，这两种鱼类的体形大小不一样；大鳞大麻哈鱼出生早，通常个体更大。在阿拉斯加的小型河流中，选择性隔离导致了银大麻哈鱼和花羔红点鲑（*Salvelinus malma*）之间栖息生境的划分（Dolloff 和 Reeves，1990）。银大麻哈鱼占有水体中间部分，以防御其他鱼类。花羔红点鲑则主要占有河流底层少量领域。

第 9 章
河岸野生生物

9.1 河岸带概念

众所周知，在河流与流域集水区环境介质间存在着一个关系最密切、作用最活跃的界面（或称迁移控制带），这个界面就是河流边岸带，即河岸带（图 9-1）。

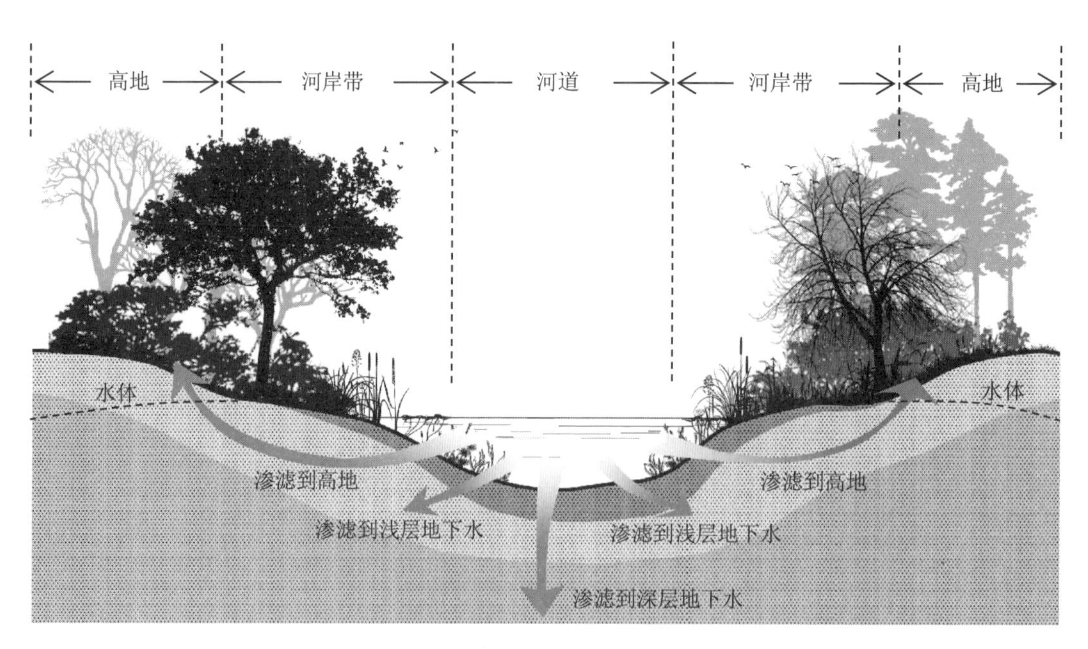

图 9-1　河岸带示意图

河岸带这一术语，最早为行政管理人员所使用，泛指靠近河边几十米内的区域。在学术界，首次对河岸带进行定义出现于 20 世纪 70 年代末，系指陆地上同河水发生作用的植被区域（Campbell 和 Franklin，1979）。之后，该定义被拓展为广义和狭义两种。广义是指靠近河边的植物群落，包括其组成、植物种类及多度、土壤湿度等同高地植被明显不同的地带，也就是受河水直接影响的植被。狭义指河流水—陆地交界处的两边，直至河水影响消失为止的地带。目前大多数学者采用后一定义，而将这一区域以外，向高地群落转移的地带称为受河岸带影响的区域。因此，河岸带是介于河流和高地植被之间的生态过渡带，是典型的生态交错区。

河岸生态系统是联系陆地和水生生态系统的纽带，它将陆域集水区的有机物质、岩石风化物、土壤生成物以及陆地生态系统中转化的物质不断输入河流，成为河流生态系统营养物质的重要来源。

传统的河流概念仅是指沿地表狭长凹道流动的水体，立足于生态系统整体观，现代河流生态系统研究不仅重视河流地表水体，而且关注在河流生态系统过程中起着重要作用的河岸带。河岸带是集水区陆域与河流水体的界面，在这个界面层内，环境胁迫最易富集，河流调节也最为活跃，故而它是河流与景观环境耦合的核心部位。

9.2 河岸带结构及功能

9.2.1 河岸带结构

由于河岸带是水陆相互作用的地带，其界线可以根据土壤、植被和其他可以指示水陆相互作用的因素来确定。河岸带具有四维结构特征，包括纵向（上游—下游）、侧向（河床—河漫滩）、垂向（河川径流—地下水）和时间变化（如河岸形态变化及河岸生物群落演替）4个维度的结构（图9-2）。

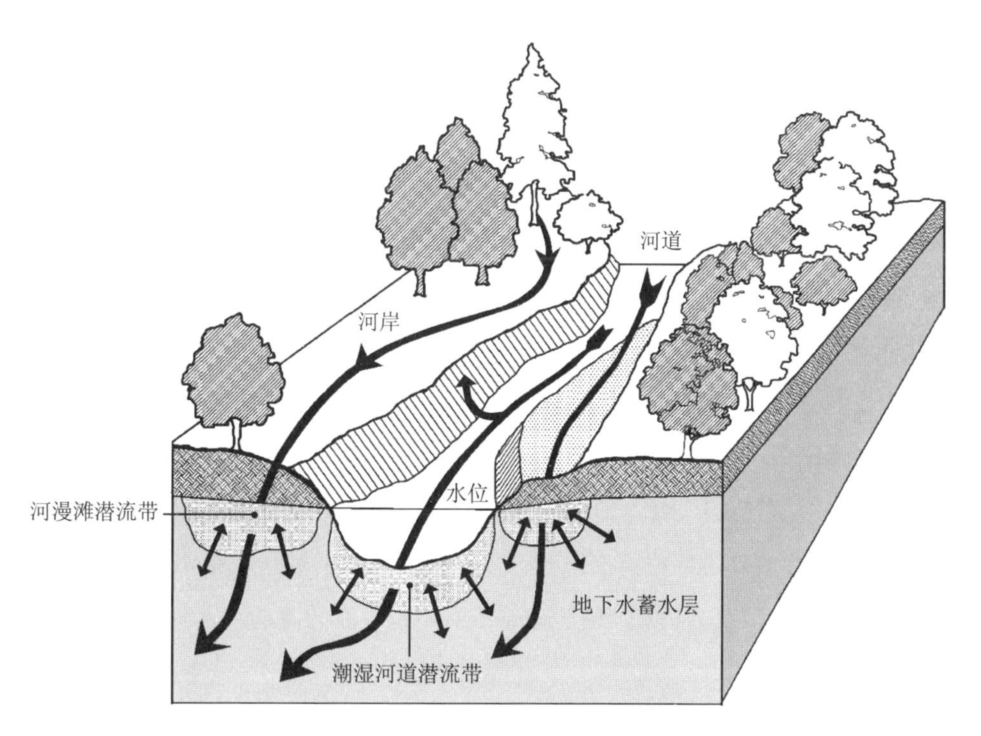

图9-2 河岸带四维结构示意图

任何河流边缘都存在河岸带，河岸带宽度同河溪级别相关。河岸植被组成对河流影响的强度，与河流级别、大小和地貌有关。通常，河流级别越低，河岸带发育越不完整，河岸植被越少。1 级溪流没有明显的河岸，其边岸植被通常与高地植被一样。2 级溪流开始出现不连续的河漫滩，其边岸植被通常仅宽 1 ~ 2 m，植物种类组成主要受相邻高地植被的影响。从 3 级河溪开始，出现连续的河岸带，有明显的河岸植被。大型河流边岸发育有季节性被水淹没的河漫滩、牛轭湖、多样化的植被和高湿度的土壤，由枯水期最低水位线至洪水期最高水位线之间的两岸，形成明显的植被演替梯度。在某些情况下，河岸带的宽度可达数公里。

河岸带作为生态过渡带，具有明显的边缘效应，使该带的生物种类繁多。河岸带生态系统具有高的异质性，不仅为各生态位的物种源（基因库）和野生动植物提供重要的栖息地，而且还为生物多样性的维持提供条件。洪水脉冲是影响河岸带中物种组成和结构变化的主要因素。洪水和干旱各自在不同的时间和地点为种间竞争创造了不同的条件，高程、底质性质对河岸带也有很大的影响。

河岸带环境的不均一性形成了众多的小生境，这种水陆交错的生境使众多的无脊椎动物、两栖动物、鱼类和鸟类能在其中生存、繁衍。已发现许多节肢动物属于河岸种，另外一些生物（如两栖动物）在其生命过程中的某一阶段，需要利用河岸带完成某些生命活动（如产卵）。在美国太平洋西北岸，70% 以上的节肢动物对河溪生态系统有不同程度的需求。调查表明，中国的河岸带中也有丰富的野生动物资源，包括鸟类、兽类，如河乌、红尾水鸲等傍水栖息的鸟类，水獭、河狸等需要河岸环境的兽类等。

9.2.2 河岸带生态功能

9.2.2.1 生境功能

河岸带这一界面在河流生态系统健康的维持中起着十分重要的作用，其结构与功能多样性丰富。河岸带是典型的生态过渡带，具有高的异质性，是物种源（基因库）和野生动植物的重要栖息地（Everson 和 Boucher，1998；Ward，1998）。由于河岸带会遭受洪水脉冲的周期性影响，周期性水位变化，微地形复杂多样，较高的环境异质性，提供了多样化的生境类型。发育完好的河岸带植被（如河岸林、河岸灌丛、河岸草甸）中蕴藏着丰富的动植物物种。河岸植被是许多野生动物的重要栖息地，如无脊椎动物、两栖类、爬行类、鸟类和兽类。目前已发现许多节肢动物属于河岸种，主要生活在河岸区域。两栖动物等生物在其生活史的某一阶段，常常要利用河岸带完成其生命活动（如产卵于河岸带）。蝙蝠等一些动物则在不同时间出没于河岸。河岸植被的数量和结构，直接关系到区域生物种类的多样性，70% 以上的节肢动物对河流生态系统有不同程度的要求。

9.2.2.2 廊道功能

连续的河岸植被是从上游到下游，河流能量、物质和有机体流动的通道。沿着河流从上游到下游，连续的河岸植被不仅仅增加了物种种类的多样性，而且是野生生物迁移的廊道，因此发挥着重要的廊道功能。从景观生态学观点来看，河岸植被是流域景观中的重要廊道，动、植物可以沿河上下运动和迁移。同时，景观中由源区至下游河口通过各级河溪，其河岸植被连成一个完整的连续系统，便于系统中动植物等在景观中的分布和迁移。对于迁徙性和高运动性的野生动物，河岸带同时作为生境和通道。河岸带要有效地作为这些动物的通道，就必须具有足够的连通性和宽度，以提供其所需的迁移生境。

9.2.2.3 过滤与屏障功能

作为水陆界面，进入并通过河流的物质、能量及有机体被河岸带的结构性界面所过滤。河岸带作为屏障，可以起到阻挡和过滤的作用，过滤、调节由陆地生态系统流向河溪的有机物和无机物，如地表水、泥石流、各种养分、枯木、落叶等，以选择性地通过能量、物质和生物种，进而影响河水中的泥沙、化学物质、营养元素等的含量及其时空分布（Hedin 等，1998）。河岸带具有很高的生物地化循环潜势，是流域景观内氮、磷迁移转化的潜在控制点，河岸带通过其植被和微生物功能群对氮、磷等营养元素的过滤、吸收、硝化、反硝化等作用过程，降低这些物质在河水中的含量，改变其状态，从而实现对农业氮、磷面源污染的截留和控制，提高河流水质，有效地防止富营养化（Duff 和 Triska，2000；Peterson 等，2001）。

在流域内的很多地方，完整的河岸植被作为屏障或过滤器，减少了水污染、沉积物输移，并为土地利用、植物群落和一些活动能力较小的野生动物提供一种自然边界。河岸带的这一功能在伐木、污染、水土流失严重、农牧活动频繁的地区尤为重要，由于上述人为活动，严重地影响着河水水质，其中包括泥沙、化学物质、有机物、养分等。河岸植被对这些过程有着强烈的缓冲和过滤作用。

河岸带对高能量的碳流有较强的截留作用。由于河岸带中生物量大，根际微生物活动强烈，径流中所挟带的有机物较多地在这种环境中被降解，尤其是水位波动造成的富氧和缺氧状态的交替，为微生物降解和氧气的输入创造了良好的条件。研究表明，河岸带对跨越生态系统边界的物质、能量截留和过滤的机理是非常复杂的。河岸带可以被看作一个缓冲区，其缓冲容量受河岸带的宽度、植被及土壤中腐殖质含量的影响。被截留的比率受径流中营养物质的含量、酸碱度、水中有机质含量、气候以及周围土地利用格局的影响。截留的量也受径流通过河岸带的方向、形式、流速、变化影响。

9.2.2.4 源与汇的功能

河岸带作为源（sources）为周围景观提供有机体、能量或物质。河岸带是河流营养物来源和河流食物网的能量来源，除来自河水中粗大木质物外，主要来源是河岸植被。河岸植被及相邻森林每年都向河水中输入大量的枯枝、落叶、果实和溶解的养分等漂移有机物质，成为河溪中异养生物（如菌类、细菌等）食物和能量的主要来源，直接控制着河溪生态系统的生产力。小型河溪每年接收到来自河岸的有机物质大约为 300 ~ 600 g C/m^2，随河溪级别的增加及河岸植被密度降低，河溪有机物输入率也相应的减少。

河岸植被向河溪输入细小有机物的过程存在着明显的季节变化，并同河岸植被类型密切相关。在温带落叶林区的河流，河岸对河水有机质的输入 80% 以上发生在秋季 6 ~ 8 周内的落叶期间。而在热带地区，则一年四季都在进行着这种输入。在针叶林区，输入物质中的 40% ~ 50% 属于球果和碎木块。同粗大木质物相比，这些细小有机物在河溪中的分解速率较高。在 4 ~ 6 周内，大约 60% ~ 70% 的树叶将被水中生物所消费，剩余的部分以漂浮状态传送至下游，进一步完成缓慢的分解过程。从河岸灌丛与草本植被带输入到河水中的凋落物，也占了相当的比重。尽管其总量不及树叶，但它们也是许多动物的直接食物，而且在水中分解速率很高，很多时候 60 天内即可全部腐烂分解。

河岸带也具有汇（sinks）的功能，吸收来自周围景观的有机体、能量或物质。河岸带常常是进入河流中的沉积物源。同时，这里也是洪水期间新的沉积物沉积的汇。在流域景观尺度上，河岸植被廊道是连接器，将景观内不同的生境斑块连接起来，这时，它们就起着汇合通过景观的物质通道的作用。

9.3 河岸植物

9.3.1 河岸植物组成

河岸植物是指分布在河岸带的高等维管植物，包括蕨类、裸子植物和被子植物，是河岸生态系统的重要组成部分，起着稳定河岸、调节河道形态和水温、缓冲农业开发的不利影响等作用。按照生活型来划分，可以把河岸植物分为乔木、灌木（含木质藤本）、草本植物和水生植物。乔木又分常绿乔木和落叶乔木，灌木分常绿灌木和落叶灌木，草本植物包括陆生草本植物（含草质藤本）和湿生草本植物。

本书作者对位于三峡库区的澎溪河河岸植物的调查表明，在河岸带这样一个狭长的带状区域，其植物组成相对较为丰富，与澎溪河地处秦巴山区生物多样性关键区域，以及山地河流生境异质性较高直接相关。澎溪河河岸维管植物以陆生草本为主，占物种总数的 50% 以上；其次是落叶灌木和水生植物，分别为 19.32% 和 12.81%；常绿乔木最少。澎溪河河岸植物群落组成较为简单，与河岸带总体生境面积小、生境相对单一相关，且河岸带较容易受到季节性洪水的干扰，河岸生境一直处在变化之中。

对澎溪河河岸植物的调查表明，河岸植物生活型组成以草本和灌木为主。生活型是植物对外界环境条件长期适应，在外貌上表现出的形态，反映了植物与环境之间的关系。澎溪河流域河岸植物以陆生草本和灌木为主，乔木种类较少，可能与河岸带周期性洪水及一定程度的人为干扰有关。周期性洪水干扰，使河岸频繁受到侵蚀和沉积，需要长时间完成生命周期的乔木难以存活，而一年生草本植物则能迅速完成生命周期。Judith and Monika（2009）和 Vorosmarty 等（2010）发现，由于河岸带长期的人为干扰，河岸乔木种类和数量均较少。

9.3.2 河岸植被群落特征及空间格局

河岸植被是生长在河岸区域植物的总和，是河岸木本植物（乔木、灌木、木质藤本）和草本植物（包括中生草本植物、湿生草本植物、水生植物）组成的植物群落。河岸带系统内，植物群落组成及分布的现状是由土壤、气候、物种间竞争、繁殖模式等自然因素综合作用的结果。

在进行河流级别划分的时候，河岸植被往往是作为定性的描述元素来对河溪等级进行区分，缺少不同级别河溪河岸植物群落特征的定量研究。对沿河溪等级的河岸植被特征的探讨，不仅是了解河岸植物群落特征的需要；更为重要的是，能让我们了解河岸植被的空间分异规律，了解河岸植被对自然和人为干扰的响应，可以为我们在不同级别河溪实施针对性河流管理策略时提供科学依据。本书作者对位于三峡库区腹心区域的重庆澎溪河干流上游的东河流域进行了不同级别河溪河岸植物群落的研究（图 9-3）。

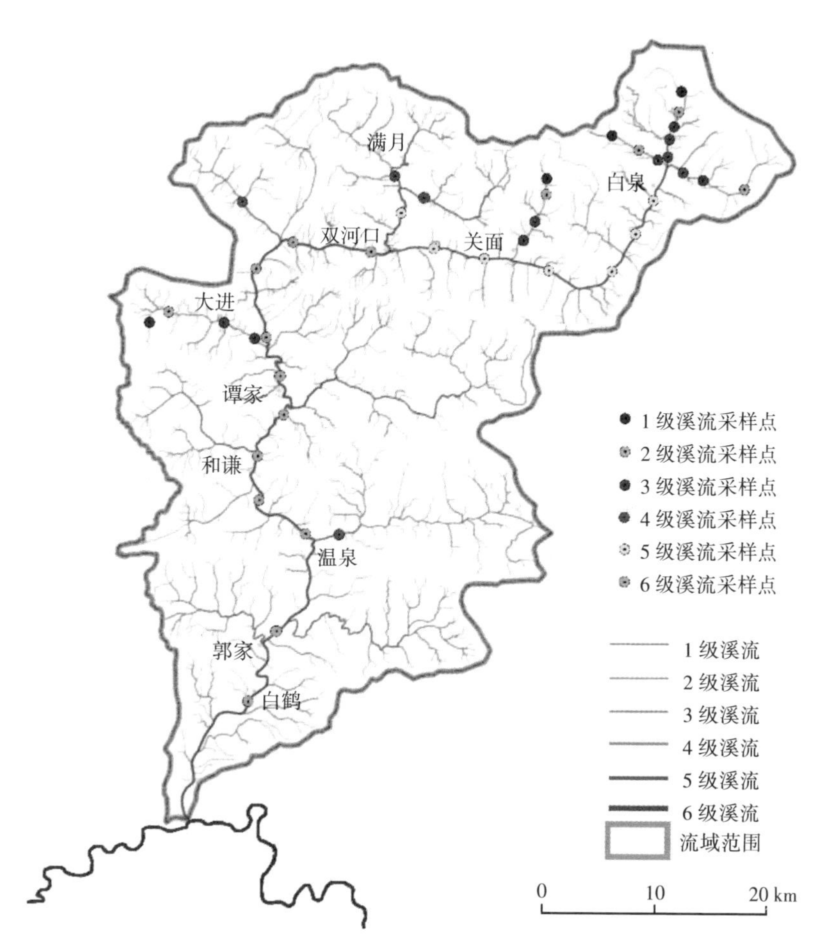

图 9-3　东河不同级别河溪河岸植物群落调查样地分布

根据澎溪河流域结构分析的结果，选择东河 1～6 级河溪确定调查样地，设置采样样方，共选取样地 34 个。其中 1 级溪流 4 个，2 级溪流 5 个，3 级溪流 7 个，4 级溪流 6 个，5 级溪流 6 个，6 级溪流 6 个。样地长 50 m（平行于河流流向），宽介于河流最高水位与最低水位之间。调查表明，在东河流域，1~6 级溪流河岸物种丰度总体呈先升高后降低的趋势（图 9-4），各级别溪流间河岸物种丰度差异显著。3 级溪流河岸物种丰度明显高于其他几个级别；4 级溪流河岸物种丰度明显低于其他几个溪流级别河岸物种丰度。随溪流级别的增加，河岸乔木层物种丰度逐渐降低。沿 1~6 级溪流，河岸灌木层物种丰度呈现出先升高后降低的趋势，灌木层物种丰度在各级别溪流间差异显著。随溪流级别的增加，河岸草本层物种丰度与总的物种丰度变化趋势相似，呈现出先升高后降低的趋势。

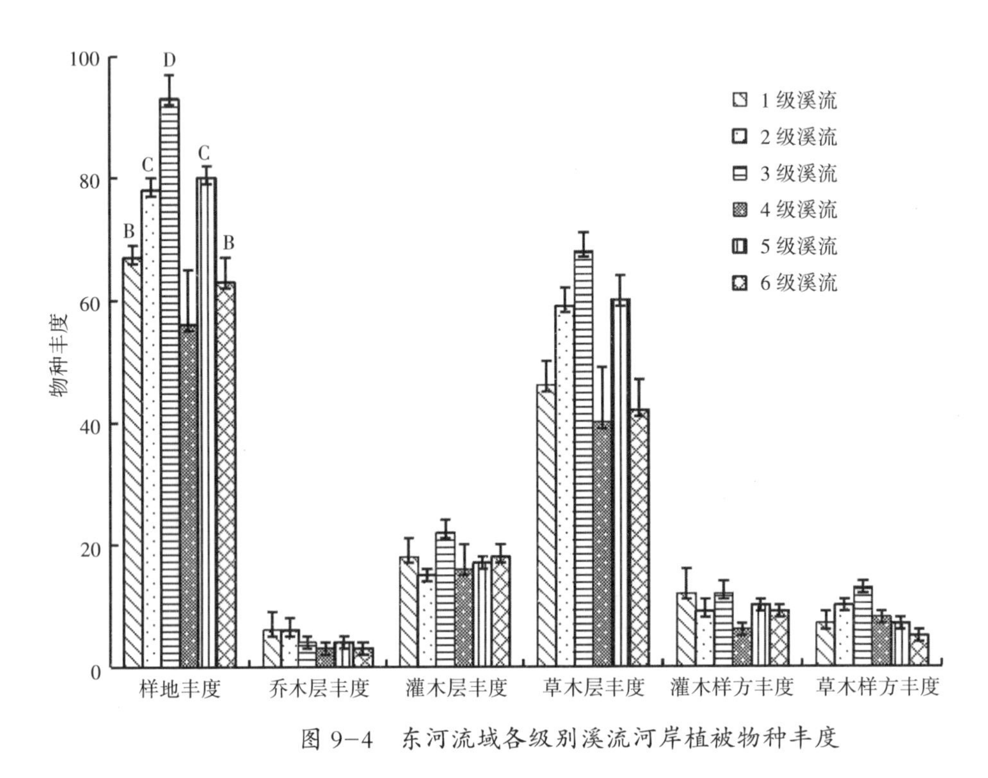

图 9-4 东河流域各级别溪流河岸植被物种丰度

沿 1~6 级溪流，河岸灌木物种多样性先升高后降低，在各溪流级别间差异显著。河岸草本植物多样性沿溪流级别的变化趋势与灌木物种多样性类似，呈先升高后降低的趋势，在各级别溪流间差异显著。

不同等级河溪间，河岸植物物种丰度最大值出现在 3 级溪流，这与 3 级河溪处于河流中游，在整个流域系统中海拔高程上处于中间位置有关。江明喜等（2002）发现物种丰度在中等海拔最高。Vannote 等（1980）预测随溪流等级的变化，河流生物特征随之变化。河岸植物物种丰度和多样性在河流空间尺度上有显著差异，河流等级的变化显著影响了河岸植物在河流空间尺度上的分布格局。1~2 级河溪的乔木层物种丰度高于下游其他河溪，与 1~2 级溪流位于河流上游，海拔高、坡度大、人为干扰较少有关。而 3~6 级河溪，河岸受到不同程度的利用，以及经济林建设等使河岸乔木类型较为单一，物种较少。调查表明，东河河岸的灌木和草本多为次生，虽然受到较多的人为干扰，但仍然能够保持一定的自然萌生特性。

澎溪河干流上游的东河河岸植物群落共包括为 15 个类型。其中，落叶阔叶林群落有枫杨—水麻+黄荆—白茅群落（Form. *Pterocarya stenoptera*–*Debregesia orientalis*+*Vitex negundo*–*Imperata cylindri-*

ca）；灌丛和灌草丛包括黄荆—金发草群落（Form. *Vitex negundo-Pogonatherum paniceum*）、芒群落（Form. *Miscanthus sinensis*）、宜昌荚蒾—双穗雀稗+空心莲子草群落（Form. *Viburnum ichangense-Paspalum distichum+Alligator Alternanthera*）、山麻杆+马桑—芒+金发草群落（Form. *Alchornea davidii+Coriaria sinica- Miscanthus sinensis+Pogonatherum paniceum*）、山梅花+川莓—尼泊尔蓼群落（Form. *Philadelphus incanus+ Rubus setchuenensis-Polygonum nepalense*）、小叶忍冬—野棉花群落（Form. *Lonicera microphylla+Anemone Vitifola*）、小果蔷薇+火棘群落（Form. *Rosa cymosa*、*Pyracantha fortuneana*）、水麻+火棘—问荆群落（Form. *Debregeasia orientalis+Pyracantha fortuneana-Equisetum arvense*）、醉鱼草+水麻群落（Form. *Buddleja lindleyana +Debregeasia orientalis*）、中华绣线菊—荩草群落（Form. *Spiraea chinensis-Arthraxon spp.*）。暖性针叶林包括杉木—马桑—白茅群落（Form. V*itex negundo-Coriaria nepalensis-Imperata cylindrica*）。竹林包括箭竹群落（Form. *Sinarundinaria nitida*）。温性针叶林包括华山松群落（Form. *Pinus armandi*）。常绿、落叶阔叶混交林包括细叶青冈+水青冈群落（Form. *Cyclobalanopsis gracilis+Fagus spp.*）。

河岸带植物群落的空间分布格局受海拔、河岸特征、河流特征、人为干扰等环境因子的影响。从群落类型看，15 个植被类型中森林类型 4 个，灌丛和灌草丛类型 11 个。各群落类型分布的海拔变化上，植被类型由位于河流下游的落叶阔叶林，过渡到中游的常绿灌丛、针阔混交林，再到位于海拔 2000 m 左右的常绿、落叶阔叶混交林，表明东河河岸植被虽为次生植被，但仍然受到海拔以及海拔梯度造成的水分、温度、湿度变化等的影响，河岸植被表现出明显的垂直梯度分布格局。东河河岸植被分布受人为干扰呈现出差异，枫杨群落主要位于东河流域下游，海拔较低、坡度平缓，河岸带被大量地开垦为农田，并有居民点和建设用地的影响。箭竹群落、华山松群落、细叶青冈和水青冈群落均位于上游的雪宝山，该区域为雪宝山国家级自然保护区内，山高坡陡，人为干扰少，保持了较好的原生性。东河河岸植被类型具有明显的"片段"分布特征，河岸植被分布沿河流呈现出间断化、非连续性规律。河岸植被非连续性分布一方面与受到沿河流分布的乡镇等造成的人为干扰有关，沿东河从河口向源头分布有开州城区、白鹤街道、温泉镇、和谦镇、大进镇、满月乡、关面乡、白泉乡等多个乡镇，沿河还有大量的零散居民点分布，使河岸带遭到比较严重的人为干扰。另一方面，在东河上游的干支流修建了较多的水电站。水电开发造成河流连续性下降，也是河岸植物群落呈间断分布的主要原因之一。

澎溪河流域东河河岸植被呈现出如下的空间格局特征：沿海拔高程的垂直分布格局；沿河流纵向的片段化分布格局。海拔和人为干扰是影响河岸植被分布格局的主导因子。随着海拔高度的上升，人类干扰强度降低。坡度和坡向对河岸宽度和底质类型有一定影响，即坡度越小，底质类型越多。海拔、坡度、坡向对河岸植物群落有显著影响。河岸植被类型除受海拔控制外，还与河流宽度、河岸宽度、河岸坡度以及底质类型和底质异质性等微地貌格局的影响有关。

9.4 河岸鸟类

在河岸带内，鸟类种类常常比周围环境更多，其原因是河岸植被带中植物种类和层次结构的多样性为鸟类提供了优良的栖息环境和食物资源。河岸植被包括河岸林、河岸灌丛、河岸草本植物群落，河岸林包括生长于河岸的针叶林、阔叶林及针阔混交林，由于其多层次结构，因而能够为更多的鸟类提供丰富的生态位。除了水鸟（包括游禽，如各种鸭科鸟类；涉禽，如各种鹭类）的生活与河岸密切相关外，鸟类中还有部分鸟专一性生活在河岸，其生活史与河流生境息息相关。Knopf 和 Samson（1988）研究发现，在美国西北太平洋地区，有 17 种鸟类专一性地栖息在河岸植被带内；还发现尽管河岸植被带在整个流域中所占面积比例小于 1%，但所维持的鸟类种类比其他区域更多。本书重点关注这部分专一性生活在河岸的鸟类，并把它们统称为傍水栖息鸟类。

鸟类在河流食物网中属于顶级消费者，在河流生态系统中有自己的功能地位，并对河流无脊椎动物的种群数量起到控制作用。傍水栖息鸟类是河流生态系统的重要功能群。对于繁殖生境的选择，部分傍水栖息鸟类存在专一性，对于河流的形态、水质、鱼类与底栖动物的多样性都有较高的要求。在河岸带生长的芦苇、醉鱼草（*Buddleja lindleyana*）、长叶水麻（*Debregeasia longifolia*）等植物，其果实可为沿河岸带栖息的鸟类提供食物，部分甚至是傍水栖息鸟类越冬必不可少的食物来源。

近年来，本书作者重点调查了西南山地一些河流的傍水栖息鸟类（张乔勇等，2017），给出了位于大娄山北缘的长江上游右岸一级支流綦江河的傍水栖息鸟类名录（表 9-1）。綦江河发源于乌蒙山西北麓的贵州省桐梓县北大娄山系，流经重庆市綦江区，于江津区仁沱镇顺江村汇入长江。流域处于贵州省北部和重庆市西南部，河流全长 217 km，流域面积 7068.4 km^2。

表 9-1 重庆綦江河河岸傍水栖息鸟类种类及数量（单位：只）

山地河流傍水栖息鸟类	频次	河岸生境			
		乔木林	灌丛	滩地	水域
普通翠鸟(*Alcedo atthis*)	5			2	6
冠翠鸟(*Ceryle lugubris*)	3				3
矶鹬(*Tringa hypoleucos*)	4			7	1
白鹭(*Egretta garzetta*)	7	1		4	2
褐河乌(*Cinclus pallasii*)	3				4
紫啸鸫(*Myophonus caeruleus*)	3			2	1
红尾水鸲(*Rhyacormis fuliginosa*)	14	1	2	10	22
崖沙燕(*Riparia riparia*)	3				25
白鹡鸰(*Motacilla alba*)	17			23	25
灰鹡鸰(*Motacilla cinerea*)	5			5	2

褐河乌、红尾水鸲、白顶溪鸲是典型的山地河流傍水栖息鸟类。褐河乌仅分布于河流生物多样性最为丰富、浅滩与深潭交错的地带，是山地河流上游区域的顶级消费者。

鸟类群落在山地河流空间分布上存在垂直差异。以重庆江津四面山为例，在海拔为 1700 m 左右的大窝铺，河岸林及河岸灌丛连续分布，河道多大型块石。在该生境范围内，傍水栖息鸟类以灰背燕尾（*Enicurus schistaceus*）、红尾水鸲为常见种，白冠燕尾（*E. leschenaulti*）、小燕尾（*E. scouleri*）为偶见种（图 9-5）。

图 9-5　重庆江津四面山山地河流傍水栖息鸟类灰背燕尾

在上游河段，在浅滩与深潭交错的河流河岸带，红尾水鸲、白顶溪鸲等为常见种，褐河乌、白鹡鸰、灰鹡鸰、普通翠鸟为偶见种。

褐河乌为西南山区河流典型傍水栖息鸟类，栖息活动于山间河流两岸的大块石上或倒木上，主要在水中取食水生昆虫及其他水生小型无脊椎动物（图 9-6）。褐河乌的繁殖期集中在 4 ~ 6 月，在河流旁大块岩石的夹缝中筑巢。褐河乌在育雏期间，捕捉的食物多是小鱼，也有蝗虫、蚊子幼虫，同时也食草籽。小鱼、泥鳅是雏鸟主要食物。褐河乌在繁殖季节对于河流生境类型的选择非常敏感，不仅要求河岸有大型的块石，还必须要求巢址周围有丰富的小型鱼类和底栖动物。这就要求褐河乌所选择繁殖地河流坡降小，河岸有大型块石，河道中有小型块石，鱼类和底栖动物丰富。

图 9-6　在浅滩河流段栖息的褐河乌

在河流下游段，通常河面开阔，河岸多卵石，傍水栖息鸟类以红尾水鸲、白鹡鸰、小白鹭（*Egretta garzetta*）等为常见种，以灰鹡鸰、粉红胸鹨（*Anthus roseatus*）、苍鹭（*Ardea cinerea*）、矶鹬、白腰草鹬（*Tringa ochropus*）、青脚鹬（*T. nebularia*）、金眶鸻（*Charadrius dubius*）等为偶见种。

研究表明，山地河流傍水栖息鸟类取食类型主要有三类，分别为取食小型鱼类、取食水生昆虫及无脊椎动物、取食昆虫（表 9-2）。与取食类型密切相关的是河流生境，山地河流生境类型多样，结构复杂，调查发现河道内是傍水栖息鸟类的主要觅食生境。研究区域干流上游、中游以及支流河流是典型的山地河流，多为基岩底质，河道多为沉积型泥沙、卵石，两侧多大型块石，坡度较陡，浅滩/深潭呈阶梯状分布，水流湍急；下游流经区地势较平坦，泥沙淤积，河面宽阔，流速较慢。河流生境所提供的鸟类食物资源主要以鱼类、水生昆虫及无脊椎动物为主，食物资源主要集中于河道内浅滩及深潭水域周边，傍水栖息鸟类多为食虫鸟。由于取食位置不同，傍水栖息鸟类种类丰富，在同一生境中竞争较小。如崖沙燕取食水面昆虫，灰鹡鸰在河道内湿润的滩地觅食。傍水栖息鸟类在山地河流中活动范围较广，河道内浅滩、水域及河岸带草地、灌丛、乔木林都是其活动区域。部分鸟类，如普通翠鸟、冠鱼狗、紫啸鸫等，虽然取食对河流依赖较高，但河岸灌丛、乔木林仍是其栖息停歇的主要场所；褐河乌、红尾水鸲为典型的傍水栖息鸟类，其活动范围及取食均主要依赖于河道内浅滩、块石、浅水域等微生境。

表 9-2　河流傍水栖息鸟类取食行为与生境

鸟类	取食类型	活动生境	觅食生境
普通翠鸟	小型鱼类	河道内块石、河岸小灌木、乔木	深水潭
冠翠鸟	小型鱼类	河岸乔木、竹林	深水河道
矶鹬	水生无脊椎动物、昆虫	河岸浅滩、河岸草地	河岸浅滩、河岸草地
白鹭	小型鱼类、水生无脊椎动物	河岸浅滩、河道浅水区	河岸浅滩、河道浅水区
褐河乌	水生昆虫、水生无脊椎动物	河道内块石、浅滩、浅水区	河道内浅水区
紫啸鸫	水生昆虫	河岸灌丛、河道内块石、浅水区	河道内浅水区
红尾水鸲	水生昆虫	河岸灌丛、河道内块石	河道内水面
崖沙燕	昆虫	河道内水面	河道内水面
白鹡鸰	昆虫	河岸草地、河道内滩地、块石	河岸草地、河道内滩地
灰鹡鸰	昆虫	河道内滩地	河道内滩地

山地河流傍水栖息鸟类对河流生境依赖较高，一旦原有河流生境遭到破坏或者消失，傍水栖息鸟类将受到重大影响。以褐河乌为例，褐河乌作为河流傍水栖息鸟类的典型代表，与河流关系最为紧密。其对河流水质变化敏感，要求较高，仅在水质洁净、未受到污染的河流内栖息，且繁殖时期，褐河乌筑巢时，将巢址选择于较为陡峭的河岸石缝，以苔藓、树叶及禾本科细草作为巢材，育雏时在居巢 3～5 m 处潜入水中，潜行至巢下再飞入巢穴中喂食。山地河流落差大，蕴含着丰富的水力资源，是水力发电的集中区，一旦拦截蓄水进行水电开发，将完全改变原有河流生境结构。水电站修建的后果是，坝上河段水位上涨，原有河道被淹没，改变原有水文条件，原有生境异质性大大降低；坝下河段水量较少，甚至断流，原有河流生境将逐渐减少甚至消失，褐河乌这一类傍水栖息鸟类的生境就被

破坏甚至丧失。

9.5 河岸脊椎动物

河岸带是野生动物最丰富的栖息地之一。生活在河岸的脊椎动物包括从临时性栖息的鱼类（通常生活在河岸区域的牛轭湖、河岸永久性或临时性水潭），到两栖类、爬行类、鸟类和兽类。许多两栖类、爬行类、鸟类和兽类对河岸植物都有一定的依赖性。充足的水资源、食物及良好的隐蔽性使得河岸植被带对野生动物有更多的吸引力。

河岸林的遮荫为鱼类的生存提供了适宜的近岸水域温度格局；河岸树木的凋落物是一些水生昆虫（如毛翅目、襀翅目、蜉蝣目昆虫）幼虫的食物，这些幼虫是鱼类的食物；河岸树木上落下的昆虫也常常成为鱼类取食的对象（图9-7）；毛翅目、襀翅目、蜉蝣目昆虫的成虫主要生活在河岸植物丛中；在洪水季节，河岸林常常成为鱼类的庇护场所及临时性产卵场所。

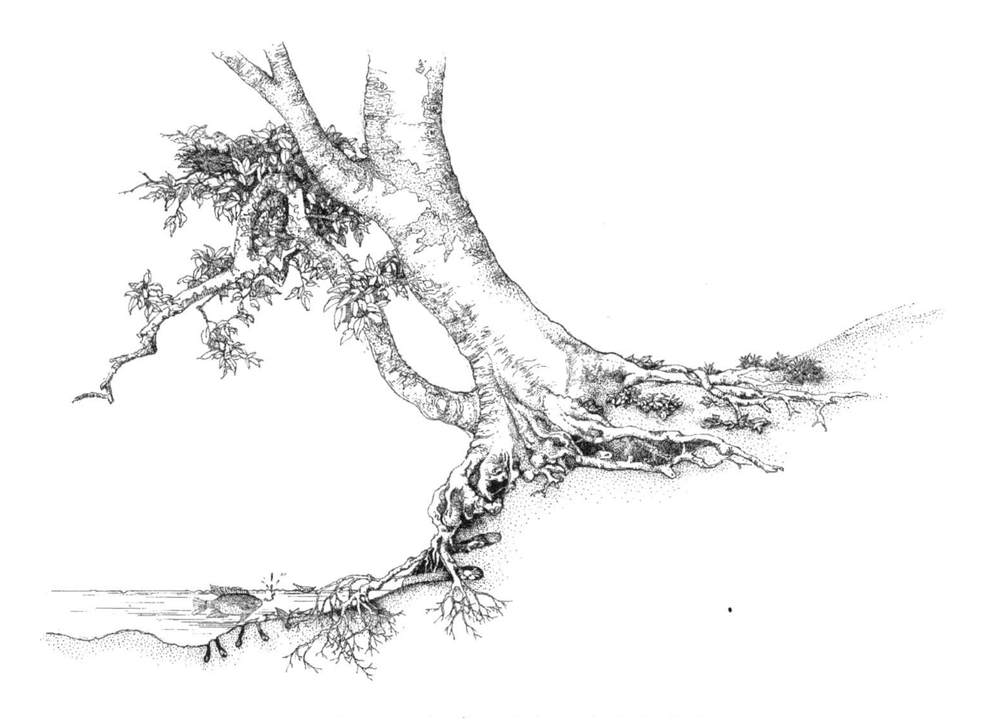

图9-7 河岸树木与鱼类生存关系示意图

许多两栖类专一性地生活在河岸地带。一些哺乳动物也把河岸带作为其栖息的场所，如水獭、河狸。也有季节性活动在河岸的哺乳动物，靠捕捉鱼类等水生生物为食，从而在河流食物网及流域生物地化循环中起着重要的作用。河岸带植物茂密，是一些哺乳动物隐蔽藏身的良好场所；当河岸植被带具有一定宽度的时候，除了那些边缘种外，还具有内部种。由于河岸植被营造的群落环境，缓解了温度剧烈变化等不利环境影响，使得小型哺乳动物种类丰度和种群数量都高于周围区域。

鲑鱼的体形大小、行为各异，但是所有太平洋鲑属（*Oncorhynchus*）的成员，都有相同的生活史。

每年春天，鲑鱼幼鱼在上游溪流或湖泊的沙砾中孵化，接着各自经历一段不同的时间，最后游向大海。这些鲑鱼通常在海里生活 1～4 年后，会重新洄游到出生的溪流产卵，然后死亡。洄游到上游的成鱼，从海洋带来了大量的养分与能量到上游溪流生态系统。在鲑鱼洄游的季节，棕熊（*Ursus arctos*）与美洲黑熊（*Ursus americanus*）会活跃在河岸地带，享用鲑鱼大餐，其行为属于养分流动平衡的一部分。对熊来说，鲑鱼是很重要的营养来源，因为这些大型哺乳动物是否能生存并成功繁殖，取决于其在夏末和秋季储存了多少脂肪。那些从鱼身上取得最多营养的熊，有利于其良好的生存，所以熊会表现出两种行为。为了避免其他熊的干扰，它们常常把抓到的鲑鱼带到溪岸或进入河岸林后再开始享用。这种特殊的觅食行为，对生态系统至关重要，凭借杀死肥美鲑鱼、将这些富有养分的鱼带进森林，并抛弃仍含有许多有机物的鲑鱼尸体，因此，熊为河岸动植物提供了大量的养分。由此可知，鲑鱼是流域“生态系统工程师”，是它们将来自海洋的养分传递到河岸生态系统。

这种营养传递之所以会发生，是因为许多不同的动物都会利用鲑鱼尸体上的蛋白质与脂肪。甲虫、蛞蝓和其他无脊椎动物，几乎立刻占据这些鲑鱼尸体，并在上面产卵。海鸥（*Larus canus*）、松鸦（*Garrulus glandarius*）、喜鹊（*Pica pica*）、鼬（*Mustela sp.*）、貂（*Martes martes*）和其他鸟类、兽类，可以轻易且快速地取食这些鲑鱼。经过长的时间，所有动物的觅食行为、雨水的过滤与微生物活动，陆续分解了鲑鱼尸体，使氮、磷和其他养分有利于河岸植物的生长。在阿拉斯加北部的森林，植物的生长常常受限于磷的含量，因此熊的觅食活动影响了该地区许多植物的生长速率。沿着阿拉斯加的溪流边岸，鲑鱼尸体所提供的氮、磷总量，等于甚至超过商业肥料对北部森林同种植物的贡献。河岸灌木、乔木叶片中的氮，高达 70% 来自鲑鱼。熊的觅食行为，是将鲑鱼养分传递给河岸植物的重要机制。

9.6 河岸特有种和泛化种

河岸区域野生生物群落由特有种（obligate）和泛化种（generalists）组成。适应于河岸栖息地变化，河岸区域野生生物群落组成依赖于单个物种的生活史特征以及其他适宜栖息地的可用性。河岸特有种（riparian obligate）被认为是高度依赖于河岸和水生资源的物种，因此会随着流域河岸栖息地的消失而消失。两栖动物是河岸特有种的主要组成成分（表 9-3），是既利用河岸也利用高地的物种，被认为是河岸广泛分布的物种，即河岸泛化种。

表 9-3　美国太平洋沿岸河流河岸特有种和高地物种数量（引自 Naiman and Bilby，2001）

	河岸特有种	高地特有种	所有物种	河岸特有种比例(%)
两栖类	18	7	30	60
爬行类	3	12	19	16
鸟类	78	93	231	34
哺乳类	13	31	107	12
种类总数	112	143	387	29

9.6.1 河岸特有种

两栖动物是主要生活在潮湿栖息地的脊椎动物，其皮肤的透水性和对高温的低耐受性，使得许多物种的活动局限于降水时期和潮湿生境中。动物的体温反映了环境温度，生物可以通过迁移到更冷或更暖区域的行为来调节体温。在寒冷区域，身体机能的降低使得两栖动物可以在没有食物的情况下存活数月。在天气干燥的时期，大多数生物可以通过夏眠，度过炎热的盛夏。在太平洋沿岸区域发现的 30 种两栖动物中，60% 需要水生栖息地来繁殖（表 9–3）。邓氏蝾螈（*Plethodon dunni*），是一种河岸特有种，大多数情况出现在河岸边，比其他无肺蝾螈趋向于更潮湿的栖息地（Stebbins，1985；Leonard 等，1993）。

石纹水龟（*Clemmys marmorata*）和锦龟（*Chrysemys picta*）大部分生活时间是在河岸栖息地或水中（Brown 等，1995）。

河岸特有鸟类需要水生环境或河岸栖息地来栖息、筑巢、繁殖。在美国太平洋沿岸区发现的大约 230 种鸟类，三分之一为河岸特有种（表 9–3），包括鸬鹚、苍鹭等。

许多鸟类因为接近水生食物资源，巢穴位置和筑巢材料易获得，而在河岸区域筑巢。饲养幼鸟需要大量能量，通过在食物附近筑巢能减少这些能量支出。例如，养育三只年幼的和一只成年的鹗（*Pandion haliaetus*），每天需要超过 1 kg 的鱼（Van Daele and Van Daele，1982）。一些巢被发现位于大树或河边高地上。河岸食物资源的季节性影响着特有种的活动时间。春季和夏季，由水生稚虫和蛹变成的昆虫成虫可为食虫鸟类提供充足的食物来源。冬季，秃鹰（*Haliaeetus leucocephalus*）会取食河流中的鲑鱼尸体。沿着阿拉斯加 Chiklat 河，在鲑鱼洄游的时期会聚集 3000 ~ 4000 只鹰（Ehrlich 等，1988）。

河岸鸟类的分布随河流大小和梯度发生变化。Lock（1991）研究了华盛顿奥林匹克岛上沿着大型和小型河流的河岸鸟类群落分布，发现大型河流支持着更多种类的河岸鸟类，鸟类物种丰度和多样性较高；而小型河流的河岸鸟类群落与高地群落相似。坡降小的河流可以为水禽，如苍鹭、鹗和其他大型鸟类提供栖息地。山地森林河流更窄，坡度更陡，不会为大型河岸特有种提供合适的栖息地，例如水禽。美洲河乌（*Cinclus mexicanus*）是一种小的雀形目鸟类，能很好地适应瀑布环境和森林内部河流，这种鸟类有不常见的尾脂腺和眼瞬膜，使其能探索水下环境，有效捕食水生无脊椎动物和鱼类（Terres，1980）。

小型哺乳动物（如啮齿类）为食肉动物提供了重要的食物来源。小型哺乳动物寿命相对较短，繁殖率更高，移动范围有局限性，因此小型哺乳动物中的河岸特有种常年在河岸栖息地活动。这些小型哺乳动物包括河鼠（*Microtus richardsoni*。Bailey，1936；Hooven 和 Black，1976；Ludwig，1984；Doyle，1985；Anthony 等，1987）、长尾田鼠（*Microtus. longicaudus*。Master 等，1981；McComb 等，1993a and b）以及北部泽旅鼠（*Synaptomys borealis*。Layser 和 Burke，1973；Wilson 等，1980）等。

麝鼠（*Ondatra zibethica*）及河狸是局限于河岸区域的特有种（Hill，1982）。

大多数食肉动物有很大的栖息范围，在河岸和高地都有栖息地。水獭和美洲水鼬（*Mustela vison*）都被认为是半水栖的河岸特有种（Dalquest，1948）。河岸为水獭和美洲水鼬提供了栖息地、繁殖区以及方便取食鱼类和主要食物的地点。美洲水鼬也取食蛙、龙虾、鸟类和小型哺乳动物。

分布于中国阿尔泰地区的河狸（*Castor fiber*），一般以家族为单位，在河岸边挖掘洞穴或洞巢居住（于长青和邵闻，1992）。洞穴结构可分为洞口（在水面以下，直接通入水中）、洞道、室（为进食、理毛及暂时休息的场所）、窝（基底垫有木丝，为睡眠场所）及通气孔。河狸全年的食物主要是杨树的树皮、叶和枝条，夏季也采食水葱（*Scirpus validus*）等部分草本植物。每年 9 月下旬至 10 月，河狸在岸边大量啃食树木，包括土伦柳树（*Salix turanica*）、油柴柳（*S. caspica*）及苦杨（*Populus laurifolia*）。每年冬季降大雪，沿河岸其食物堆数与河狸的家族数是一一对应的。

河狸是自然界最杰出的“水利生态工程师”，被称为“荒野世界中的建筑师”。水域是河狸的主要生境，河狸洞的洞口都位于水下，1 年中如果水位保持在洞口以上 60 ~ 90 cm 处，洞所在处岸高 1.3 ~ 2.5 m，水流平稳，河狸就可以正常栖息和越冬。水位太低时，洞口易暴露，河狸即放弃此暴露了洞口的洞系，迁入深水河段；有的则另辟水下洞口，比较普遍的是在洞系的下游不远处筑拦水坝以提高水位，保持洞口在水中的深度。水坝是筑成一层枝条一层泥石结构，常常可以达到五层左右，故河狸被誉为动物界的建筑师。河狸有储存越冬食物的习惯，通常是存储水下食物堆（梁崇岐等，1985）。9 月中旬，河狸冬居洞点顺上游方向 400 ~ 600 m 河段（两岸各深入 60 m 左右）范围内，啃下大量的柳树枝和杨树枝，从水中运输到河床边的浅水中浸泡，浸泡后的枝条增加比重和保持新鲜，不易被水冲走。10 月将浸泡的枝条又集中到洞口附近的河湾内，该处水流平缓，水深 1.4 ~ 3.0 m，堆成堆，作为越冬食物。堆点靠近一侧河岸，贮枝时，河狸从远处用嘴叼着枝条游到贮堆点，然后将枝条插入河底与河岸的水下部位或半水下的柳树丛中，每插一枝需在水下工作 1.6 ~ 3.5 分钟。食物堆的枝条粗端直径 2.6 ~ 6.0 cm，长 2 ~ 5 m。枝条经过河狸编排，呈顺流长方形，不易被水流冲走，堆外缘达到或接近河心，通常面积 25 ~ 72 m^2。

河狸坝发挥着调节水量、控制洪灾的良性调节作用。每一只活着的河狸都是一个“水利生态专家”。这些横跨河流、小溪或者池塘的堤坝，会逐渐成为野生动物来往通行的桥梁。河狸坝还会对水流产生影响，每当洪水来临，水流会裹挟着大量土壤和其他沉积物滚滚而来，此时，河狸坝的拦截作用，就能有效地阻止和延缓水流，减少含沙量，缓解下游的洪涝灾害，有效地阻止河水对河岸的侵蚀。到了枯水季节，坝拦积的洪水和储存的雨水逐渐流放到小溪之中，再汇集到河流，使得小溪与大河的流量，在所有的时间段里都更趋平缓。在坝周围，河狸还会建造封闭的池塘，这些池塘成为水生昆虫、小型鱼类的重要栖息场所，提高了河岸生物多样性。

有蹄类动物在河岸区域寻找草本植物和典型的早期群落演替性植物，如落叶灌木。虽然大多数有蹄类被认为是河岸泛化种（Riparian generalists），但有两种生物被认为是河岸特有种（Riparian obligates)。哥伦比亚白尾鹿(*Odocoileus virginianus*)局限于哥伦比亚河的河岸区域。为了满足其营养需求,哥伦比亚白尾鹿必须限制草的数量,增加嫩叶和杂草量(Hanley,1982;Hofmann,1988),这些食物常年分布在大河的河岸区域。驼鹿(*Alces alces*)也常年依赖于河岸和水生植物(Ingles,1965)。在冬季时期,河岸柳树为驼鹿提供食物,针叶树则为其提供庇护环境(Coady,1982)。

9.6.2 河岸泛化种

河岸泛化种既利用高地,也在河岸栖息。泛化种使用河岸栖息地,是因为河岸为其提供了早期演替的落叶树种,特别是地被物。高地森林受干扰后,河岸栖息地可以为其提供避难所。

两栖类中的河岸泛化种包括不需要水生栖息地来繁殖的物种,例如无肺蝾螈。这些蝾螈被发现于潮湿的地方,比如岩石和腐烂木块下,无论其是否邻近水边。

当相邻高地因为降水的减少而干旱时,爬行动物更频繁地使用河岸栖息地。活跃的爬行动物体温受限于环境,比两栖动物需要更高的体温。束带蛇(*Thamnophis spp.*)、尖尾蛇(*Contia tenuis*)、环颈蛇(*Diadophis punctatus*)和橡皮蚺(*Charina bottae*)都被认为是河岸泛化种(Naiman 和 Bilby,1998)。这些爬行动物沿着水陆过渡带寻找庇护点及食物来源。

约有 1/4 的鸟类是河岸泛化种,在河岸和高地栖息、觅食、筑巢。例如,美国西部的太平洋斜坡鹟(*Empidonax difficilis*)和斯氏夜鸫(*Catharus ustulatus*)通常出现在河岸的桤木林中,但不仅仅局限于这些区域。

大多数小型哺乳动物包括田鼠、跳鼠等啮齿类,被认为是河岸泛化种。潮湿的、多岩石的以及河岸区域出露的土壤,对这些啮齿类来说是重要的。野兔(*Lepus sinensis*)也被认为是河岸泛化种。

大多数食肉动物在高地和河岸寻找水源、食物以及捕食。夏季干旱时期河岸区域高密度的猎物吸引了食肉动物例如短尾猫(*Lynx rufus*;Raedeke 等,1988),浣熊也与河岸区域联系密切,光脚和长趾使其能很好地适应在浅水和泥泞的河底行走,也能适应爬树;浣熊通常巡视岸线来寻找软体动物、龙虾、鱼、昆虫和两栖类等食物。

大多数有蹄类季节性地依赖河岸区域,因为河岸能够提供饮水、高质量的草及阴凉地。根据 Witmer 和 de Calesta(1983)的研究,在春季,美国俄亥俄州沿岸范围的雌性马鹿(*Cerrus elaphus*)在怀孕和哺乳期增加了营养需求以及生产限制其移动范围时,会更频繁地使用河岸林。Witmer 和 de Calesta 发现,夏季空气温度较高以及多汁食物较少时,麋鹿更偏向于使用朝向北部的斜坡河岸林。

第 10 章
河流生物多样性

10.1 河流生物多样性概念

10.1.1 河流生物类型及其空间分布

河流生物是指生活在河流水域及河岸带的生物，它们与其周围的非生物因子，共同构成了河流生态系统。狭义上，河流生物（river biota）是指其生活史终生必须在河流水体中活动的动植物。但是，在河流周围环境中，有许多生物（如水生昆虫、两栖动物），其部分生活史阶段在河流水体中度过；还有一些生物（如傍水栖息鸟类），间接地利用河流作为觅食或栖息场所。因此，广义上，河流生物群落包括栖息或生长于河流水体的水生生物、集水区中的河滨亲水生物，以及在河流与海洋之间进行洄游性活动的水生动物。在自然界中，河流是一些珍稀、特有、濒危物种的种源保存地。

按照生物所属类群，把河流生物分为：

（1）水生植物　包括藻类（如浮游藻类、着生藻类）、高等水生维管植物（如沉水植物、浮水植物、挺水植物）以及生长在水中石头上或河岸带的地衣、苔藓、河岸带湿生草本植物和木本植物等。

（2）水生动物　分水生无脊椎动物和脊椎动物两大类。水生无脊椎动物主要包括浮游动物（如原生动物、轮虫、枝角类、桡足类等）、扁形动物（如涡虫）、环节动物（如水蛭）、软体动物（如螺类、贝类等）、节肢动物（如水生昆虫、虾类、蟹类）等。水生脊椎动物通常体形较大，主要包括淡水鱼类、两栖类（如蛙等）、爬行类（如龟、鳖等），以及见于河岸滨水区域的水鸟及哺乳动物（如水獭、食蟹獴 *Herpestes urva* 等）。

按照河流生物所栖息的空间位置，可以把河流生物分为四大类：

（1）河流表层生物（如浮游生物、浮水植物等）；

（2）河流底栖生物（如着生藻类、底栖无脊椎动物、底栖鱼类等）；

（3）游泳动物（各种善于自由游泳生活的鱼类）；

（4）河岸生物（如河岸植物、生活于河岸的两栖类和一些兽类，傍水栖息鸟类，等等）。

10.1.2 河流生物多样性概念

生物多样性（biodiversity）是指生物种的多样化和物种生境的生态复杂性，包括遗传多样性、物种多样性和生态系统多样性三个层次。遗传多样性是指地球上生物个体中所包含的遗传信息的总和；物种多样性是指地球上多种多样的生物类型及种类；而生态系统多样性则是生物圈中生物群落、生境和生态过程的丰富程度。

物种多样性的测度包括三个方面：

（1）α 多样性　指群落内的物种多样性，它包含两方面的含义，即群落所含物种的多寡，即物种丰度（richness）；群落中各种个体分布的均匀度（evenness）。

（2）β 多样性　可定义为沿着环境梯度的变化，物种替代的程度。

不同群落或某环境梯度上不同点之间的共有种越少，β 多样性越大。测定 β 多样性具有重要的意义，这是因为它可以指示物种被生境隔离的程度，可以用来比较不同地段的生境多样性。

河流生物多样性是指河流系统中生物种类的多样化、河流生境的复杂性及河流生物群落结构的变异性。河流水体及河岸带中有很高的物种多样性及群落结构复杂性，具有比周围陆地系统更为丰富的食物，维持着丰富的生物多样性。河流生物多样性是河流生命系统的表现，关联着河流环境变迁、河流生态演替等一系列结构及功能的变化。

河流生物多样性同样包括遗传多样性、物种多样性和生态系统多样性三个层次。按照分类与河流等级序列，河流生物多样性不仅涉及基因、物种、生态系统多样性，而且更表现为河流微生境、河段、河区、河流、流域的生物多样性等各个层面。河流是流域生物学多样性的重要组成部分，包括河道及河岸区域，常常富有大量的植物、野生动物、无脊椎动物以及大量的淡水鱼类和洄游产卵的鱼类。

河流是地球表面最具多样性、动态性和复杂性的生物栖息地（Naiman 等，1993）。河岸带包括水域和陆地两种系统，蕴含丰富的生物群落和明显的环境梯度。因为河岸带具有镶嵌性，具有丰富种类的地形、群落和环境条件，因此，可以供养很多种类的生物。河岸带生物包括河道及在洪水发生期间，可能会受地下水影响的河岸区域的植物（Naiman 等，1993）。河道及河岸带区域频繁地遭受洪水扰动，造就了多变的镶嵌性分布的地形。因此，河道及河岸带栖息的生物物种丰度在时间和空间上有很大的差异，这种变化又对河流生物的组成与丰度有着重要的影响。河岸带植物调节水体的温度和光线，同时，还能向水体（和陆地）中的生物提供营养物质。河岸带作为倒木（LWD）的来源，进而影响沉积循环、河道形态和其他方面的水体生境（Swanson 和 Lienkaemper，1978；Naiman 等，1992）。河岸带植物还能调节水流和从高地到溪流中的营养物质。河岸带也是一些不常见，但数量较多的鸟类与哺乳类动物的栖息地，河岸带植物为其提供了很好的庇护场所（Raedeke，1988）。因此，河流生物多样性的维持机制，可能很大程度上由河岸带植物的动态变化以及组成结构决定。

除了植物和野生动物之外，大部分淡水鱼类和溯河产卵的鱼类，利用河流的一些地方作为完成其生活史所需要的地方。当然，一些淡水藻类、苔藓、昆虫和一些其他的无脊椎动物、细菌、真菌、病毒，同样分布于这些河流水系。

就全世界河流生物的分布来说，对温带地区河流生物多样性的了解，较热带地区完整。已知生长在河流水体中的高等植物种类不多，河流植物多样性主要是以浮游藻类、着生藻类为主，也包括生活在河岸带的高等植物。在湍急的河流中，浮游藻类与高等植物较少。在河流动物多样性上，对河流脊椎动物的了解远较无脊椎动物为多。在脊椎动物的各类群中，包含了适应于河流流水环境的物种，而其中的鱼类为全球温带河流脊椎动物多样性的优势生物类群。根据已知的资料，栖息于河流的无脊椎动物，热带地区高于温带地区，热带河流的昆虫多样性较高。对于分布在全世界河流中的这些物种，还缺乏详细的调查和编目。

10.2 河流生物多样性特征

10.2.1 河流生物多样性与生境特征

河流生物的生态特性与陆域集水区及水域环境因子相关，通常与特定河流地貌、水文、泥沙、沉积、水质等因子密切相关。陆域集水区和水域环境因子都会影响到河流生物及其群落。河流生物为了适应河流的环境因子及其变化，已在长期的进化过程中形成了其适应河流环境多变的生态特征。

由于河流地貌的多样性，造就了河床及河岸类型的多样性；河流微地貌结构、河流水文变化及河流植被，共同形成了多种多样的河流生境，使得河流生境异质性提高，为多种多样的生物提供了栖息环境。河流生境是水生生物生存繁殖场所的必要条件，不同生境条件决定了水生生物群落结构特点。河流生物多样性与其生境的复杂性和变异度密切相关，很多河流生境结构常常成为该地区的生物多样性热点，例如河心沙洲（包括水上沙洲和水下沙洲）、河流壶穴等等。

壶穴是河流生态系统中的特殊生境之一，壶穴是河流生态系统的重要组成部分，是很多小型无脊椎动物、鱼类及着生藻类栖息的重要场所，因此成为河流中生物多样性的热点（任海庆等，2015）。壶穴是由含沙、砾石和岩石碎片等底质的水流通过在不渗漏的基岩表面高速旋转、腐蚀、磨损等过程形成的近圆形凹坑。河流壶穴作为生物临时的栖息地，主要出现在低降雨量、高蒸发量和洪水频发的区域，壶穴的水文变动频率及周期是临时水体的关键结构因子。壶穴作为河流生态系统中的特殊生境之一，其形成不仅增加了河流空间的异质性，而且增加了生物多样性，同时为生物提供了栖息地、摄食场所和产卵场等。壶穴中水生动物群落结构受高度变化的环境因子影响，包括不可预测的洪水干扰、淹水时间、壶穴大小和理化性质以及紫外线辐射强度等，因此该生境适合具有较强抗干扰能力、能适应生存在短暂干涸阶段和生活史较短的物种栖息。因此，壶穴系统的存在提高了河流物种多样性。在全世界范围内，记录到的岩石水潭物种大约为460种，其中，被动扩散物种213种（Jocque等，2010）。Kolasa（2010）研究了栖息地异质性和水潭内种类相互作用对种类与面积关系的影响，结果表明在更大尺度下增加异质性区域的种类积累率，比相对小的尺度下种类积累率更高。在河流其他生境中，空间异质性引起环境多样化，生态系统中着生藻类多样性主要依存于空间的异质性。由于在含底质的水流作用下，壶穴内壁形成了粗糙的结构，从而为着生藻类提供了更有利的着生条件，Schneck等（2011）研究表明，粗糙的基质上着生藻类的物种丰度比光滑基质上高。一般情况下，壶穴与河流水体在一定时间内是隔离的，而隔离是新物种形成的重要机制。Bayly（1997）对澳大利亚西部分布在17个花岗岩上的36个岩石水潭中无脊椎动物进行研究，共采集88个类群，最常见的类群为桡足纲、介形纲和枝角类动物，并发现6种介形纲新种。壶穴的存在为动物提供了摄食场所和庇护场，当壶穴之间、壶穴与地表水水体交换时，伴随着各种水生生物从壶穴迁入或迁出。在壶穴中，栖息着大量的水生昆虫，许多水生昆虫是鱼类的饵料，因此，壶穴为鱼类提供了摄食场所。

壶穴和深潭（pools）都是河流生态系统中出现在河床上的生境结构类型，但两者有不同之处。河床中凹陷的区域，并且水较深且有回流处称之为深潭，深潭是在河流河段尺度上最常见的生境结构类型，常在河道中与浅滩（riffles）交替出现，形成浅滩—深潭系列。此序列能改善水生生物栖息条件，保持河床稳定，维持水生生物多样性，对保持河流生态系统健康具有积极作用。

10.2.2 河流生物多样性的空间格局

河流中栖息着各种各样的生物种类，它们适应于流水环境生活，而表现出相应的生态特征，并进而在时空上呈现出生物多样性分布的空间格局。河流生物多样性的空间格局表现在三个维度上：纵向空间格局、侧向空间格局及垂向空间格局。

纵向上，从河流上游到下游，随着河流上下游环境梯度变化，形成一个连续变化的生物多样性格局。在种群分布及数量上，呈现出上下游纵向变化格局及明显的生物分带现象（zonation）。通常，在河流上游，由于底质粗大，多以卵石、圆石、砾石为主，河流比降大，冷水、激流、富氧是其生境特征，水生昆虫多以蜉蝣目、𫎸翅目及毛翅目昆虫为主，浮游生物较少，附着性藻类较多，鱼类多由嗜食水生昆虫和藻类的冷水性鱼类组成；在河流下游，底质较细，多为沙、淤泥，浮游生物增多，鱼类则代之以杂食性或嗜食有机碎屑的鱼类。

就河流侧向梯度上的生物多样性空间分布格局来看，从河流深水区、浅水区、水际线、河岸带、过渡高地和高地的侧向生境梯度，依次出现典型的深水生活的鱼类等水生生物，浅水区的挺水植物、水生昆虫等，河漫滩耐受周期性洪水干扰的湿地生物，河岸林、河岸灌丛及河岸草甸等植物类型。就河岸植被来说，在1级溪流，通常边岸植被与高地植被一样；从2级溪流开始出现不连续的河漫滩；从3级溪流开始，河岸植被呈连续带状分布；到河流中下游形成成带分布的河岸林。与河岸植被变化相应，栖息在河岸植被带中的野生动物也在发生变化。

在河流动物多样性上，对河流脊椎动物的了解较多，尤其是对河流中生活的鱼类。研究发现，全球温带区域河流中，鱼类是脊椎动物多样性的优势类群（Allan 和 Flecker，1993）。一些学者的研究表明，热带地区河溪中的昆虫多样性较高（McElravy 等，1981；Stout 和 Vandermeer，1975）。MacArthur（1972）指出，热带地区小型河溪的无脊椎动物多样性高于温带地区。

10.3 河流生物多样性维持机制

为什么一些河岸带及河流的群落多样性高于其他的河岸带及河流？是什么原因造成了这种现象？这些问题与河流及河岸带的研究密切相关，因为河流及河岸带通常是一个生物多样性丰富的系统。影响生物多样性的因素，可以分为两个基本范畴：广域的理化因素或地形控制因素影响着区域物种的总数；局部因素决定着给定区域或者群落中，共存的区域物种库丰度。

陆域集水区和水域环境因子都会影响到河流生物及其群落。一般来说，调控河流生物多样性的环境因子主要包括（图 10-1）：①河流级别；②海拔高度；③河道形态（如宽度、曲度、坡度）；④河床基质；⑤水文（如流量大小、季节变化）；⑥水质（包括 pH、溶解氧、透明度、总氮、总磷、营养盐等）；⑦能量来源（如外来有机物输入、初级生产量）；⑧干扰（洪水扰动，由洪水造成的空间异质性，泥石流，河道侧向位移，河狸的活动）；⑨生物因子（如竞争、捕食、生产力等）。

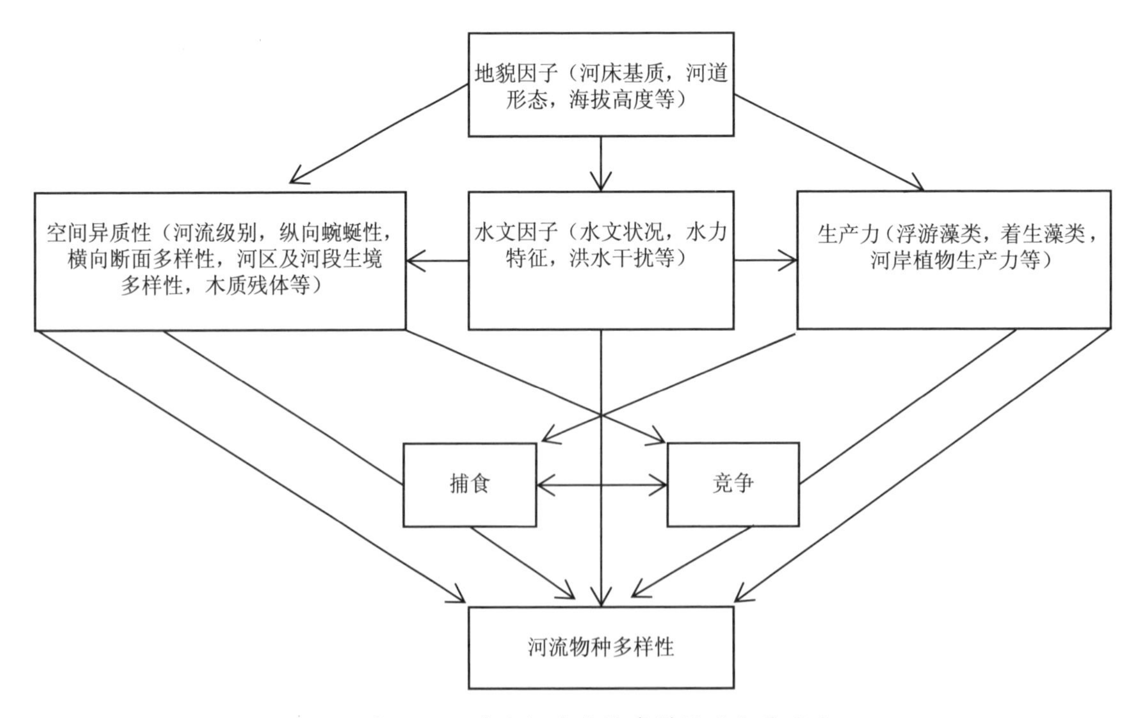

图 10-1 决定河流生物多样性的主要因子

流域气候、地质、地形地貌、土地利用格局、植被类型影响河流生物多样性，其作用是通过对河道形态、水文、水质、栖息地物理性质等的影响。

10.3.1 水文机制

影响河流生物多样性的因素很多，包括水温、水量、基质构成、干扰因素、河岸带植被特征，等等。河流是典型的流水生态系统，因此，水文机制是维持河流生物多样性最重要的因素。

由于水文的空间和季节变化，使得河流生物能够适应这种变化格局。洪水脉冲是维持河流生物多样性的最重要水文机制之一。由于洪水的周期性影响，使得上下游、河流水体与陆地之间，发生着周期性的水文交换、物种交换和营养物质交换，维持整个河流系统高的生物多样性。洪水对于生物繁殖体的挟带和传播，也使得河流生物多样性得以维持。

现有的生态水文学知识对河流水文特征和生境变化之间关系的重视不够，对河流生境和生物多样性变化的生态水文机制缺乏系统研究。事实上，在河流的进化发育中，河流水文、地貌、生物群落已经通过协同进化，形成了一个个完整的生态水文单元。对这些生态水文单元，国外的一些学者提出了"功能生境"（functional habitat）、"河流生境斑块"（river habitat patch）等术语。本书作者认为，"生态水文斑块"（ecohydrological patch）的概念更为合适，它是指在河流廊道的三维空间（纵向、侧向、垂向）中，由生态因子、水文因子、河流地貌因子、生物群落共同组成的一个个完整的单元。生态水文斑块是立体的、三维的概念，它们镶嵌在一起，构成河流连续体这一有机整体，这种生态水文斑块的镶嵌具有明显的时空格局。河流生境的异质性和时间上的变异性与生态水文斑块密切相关。

洪水干扰的频率和强度，可能是河岸带内生物多样性最重要的决定因素。周期性的洪水干扰摧毁并重建河漫滩及河岸生境斑块，同时也改变现存的生物多样性格局。旧生境斑块的摧毁和新生境（河漫滩）的建立，使得新物种和新的种群组合进入。如果洪水位非毁灭性的影响抑制了竞争物种的竞争优势，使得那些在竞争中处于劣势的物种能有更长的时间生长，正如中度干扰理论所预期的那样，从而提高了河流物种的 α 多样性。

在靠近水流的沉积区植物多样性很低，因为底质不稳定而且经常受到洪水冲刷，这样的生长环境对杂草类植物很有利，因为杂草可以在洪水干扰期间结束生命周期。然而，即使没有洪水的作用，沉积区的生物多样性也较少，因为岩石沉积物具有多孔性质，这削弱了其储存水分的能力；当夏季来临的时候，植物种群易遭受干旱的侵扰。除此之外，夏季岩石表面的温度非常高，这也使得岩石周围的群落温度非常高（通常有 50～60 ℃），只有抗逆性强的植物才会在这些区域生存。在河漫滩高处，洪水干扰频率较低，可以使得一些木本植物，如柳属（*Salix sp.*）、杨树属（*Populus sp.*）、赤杨（*Alnus japonica*）很好地生存。这些位于沉积区和河漫滩之间的较狭窄区域，被称作过渡区。过渡区受河道海拔的影响，受洪水影响的频率变化很大。除了杂草和一些定居比较早的植物，其他植物种类也可以生存，因为频繁的洪水干扰削弱了优势种的控制能力，避免它们排挤那些在竞争中处于劣势的物种，因此呈现出较高的生物多样性。

洪水的频率或水位的变化也能使竞争物种在溪流中共存。McAuliffe（1984）论证了水流变化可以避免一个具有竞争力的优势水生无脊椎动物在空间上的彻底垄断。在一个来自湖泊的小溪中，营固着生活的一种石蛾幼虫在深水大石块上占据了主导地位。这种石蛾生长缓慢，每年仅繁衍一代，但在其数量很大的地方，它竞争性排斥其他固着生物，如蛾的幼虫和蚋的幼虫。然而，在河流浅水层中，水流的变化会导致周期性干燥；而在更深的水域中，小石头在一年中经常会被高流量掀翻。这两种生境都不利于生长缓慢的竞争对手。研究表明，在没有水位波动的情况下，石蛾将会在更多的河道中占据优势，而其他物种会受到竞争性排斥或丰度大幅降低。

研究表明，与流量变化较小的溪流相比，一些溪流流量变化引起的严重干扰会使底栖无脊椎动物的多样性降低（Stanford 和 Ward，1983）。一般来说，如果严重的洪水泛滥，底栖无脊椎动物群落会被先锋物种所主导（例如，能够快速完成生命周期的物种，如蚋和摇蚊），而增长较慢的具有竞争性的优势物种数量会减少。

底栖无脊椎动物的多样性也反映了自然洪水的严重程度和人为引起的水文干扰，这一模式同样支持了中度干扰假说（Stanford 和 Ward，1983）。受到严重扰动的地方（如酸性矿井排水区或水力发电大坝下面的河流）多样性相对较低。水流相对稳定且少有严重洪水的地方，像寒冷的溪流或春天的溪流，物种多样性也很低，推测是由于竞争排斥。只有受到自然洪水中度干扰的河流，其物种多样性最丰富。

洪水干扰对于促进藻类、真菌、细菌和原生动物共存的作用机制尚不明确。有证据表明，干扰的存在会产生不同阶段的固着生物的拓殖，但目前尚不清楚在没有干扰的情况下，具有竞争性的优势种是否会消灭其他物种。固着生物的演替从有机基质和细菌菌群的发展开始，在不同演替阶段，藻类和原生动物相继出现（Steinman 和 McIntire，1990）。物种多样性实际上可能随着反复的干扰而减少（Luttenton 和 Rada，1986）。这种多样性的减少似乎是由于固着生物整体的结构复杂性降低所致。

生境斑块内适当的洪水扰动使生物间的竞争排斥作用得以缓解，以保持生物多样性。这也解释了洪水强度通过完全不同的方式影响生物多样性。低强度洪水缓解了生境斑块内的种间竞争排斥，因此提高了其中的生物多样性。

10.3.2 空间异质性

生物多样性维持机制的空间异质性学说是指，物理环境越复杂，或空间异质性越高，动植物群落的复杂性也越高，物种多样性也越大。如山区物种多样性明显高于平原；群落中小生境丰富多样，物种多样性也越高。

同样，河流生物多样性与不同尺度上河流空间的异质性密切相关。河流宏观尺度的空间异质性是指从河流源头到下游，沿河流纵向坡度梯度的变化，河流上、中、下游各区段在海拔高度、坡度、底质大小等方面的空间环境差异；河流中观尺度的空间异质性主要是指在河区、河段尺度上的浅滩—深潭交替的格局等造成的空间环境差异；而河流微观尺度的空间异质性则是指河流微地貌形态、粗木质残体造成的空间环境差异。不同空间尺度的异质性，都创造了有利于河流生物生存的空间环境，从而呈现出不同空间尺度的河流生物多样性格局。

从宏观尺度的河流空间异质性方面审视，我国的大江大河多发源于高原，流经高山峡谷和丘陵盆地，穿过冲积平原到达宽阔的河口。上、中、下游所流经地区的气象、水文、地貌和地质条件有很大差异。以长江为例，长江流域地势西高东低，呈现三大台阶状。长江流域内的地貌类型众多，流域的山地、高原面积占全流域的71.4%，丘陵占13.3%，平原占11.3%，河流、湖泊等水面占4.0%。形成峡谷型河段、丘陵型河段及平原型河段。此外，与长江干流相连的湖泊众多。长江流域地理环境复杂，流域内形成了急流、瀑布、跌水、缓流等不同的流态。河流上、中、下游由多种异质性很强的生态因子，形成了极为丰富多样的流域生境条件，这种条件对于生物多样性都将产生很大的影响。在生态系统长期的发展过程中，形成了河流沿程各具特色的生物群落，形成了物种丰富的河流生态系统（董哲仁，2003）。

河岸区域常年受洪水等水流冲刷过程影响，不断创造和破坏植物群落生境。在河岸区域等较大尺度区域中，生物多样性也受到空间异质性的影响。河岸区域的独特性在于地貌的规律性扰动和较稳定的基质。河道横向迁移是地貌改变的主要机制。最终在河流和河流两岸形成动态变化的镶嵌植物群落。

除河道横向迁移外，洪水、急流冲刷、泥石流、沉积及河狸活动等也会创造和维持各种中尺度地貌，如阶地、河漫滩、河流故道、牛轭湖、河狸塘、河湾、冲积扇和河心沙洲等等（Dune和Leopold，1978；Swanson等，1988；Gregory等，1991；Mitsch和Gosselink，1993）。这些都导致了河岸镶嵌式植物群落的形成，同时也反映了各种地貌、水文条件的影响。

较高的生境异质性造就了河岸区域的物种多样性。生境斑块的多样性意味着生态位的空间分离，而生态位的空间分离通过物理隔离的方式，将生物的种间竞争排斥作用最小化。这样的异质性可以为生物创造多样的生境。

河流改道（河流流向改变或河道形式改变）产生了新的河道，也留下了旧河道——故道。河流故道可能就此干涸，也可能仍保留部分水，从而成为死水潭或者溢流河道。这些河流故道很明显地增加了河流空间的异质性，从而为不同的生物类群提供了栖息生境。河狸坝形成支流和泄洪口，泥石流和洪水冲积形成冲积扇。这些生境斑块都不同于水道弯曲形成的生境。然而，这些特殊的生境斑块对河岸区域生物多样性有着极大的贡献。因为在此类生境斑块中发现大量其他普通河岸生境中没有的物种，而且其中的植物种类也更为丰富。

河狸塘是一类重要的空间异质性元素，是一种特殊的生境类型。因为，河狸塘中拥有大量不同种类的生物。河狸的存在，同时提高了此地的生境多样性和物种多样性。例如，在阿拉斯加东南地区流域，受河狸影响的河岸区域的植物多样性比其他的河岸区域植物多样性更高。大量其他河岸区域罕见的植物物种在河狸生存的河岸区域被发现。河狸会在巢穴处蓄水，因此显著降低了河流流速，增加了淤泥沉积量。在一些河流中，这样的生境极其罕见，河狸通过增加此类生境提高了底栖生物多样性。河狸塘的固着生物和底栖生物种类与普通河流极其不同（Naiman 等，1998；Coleman 和 Dahm，1990）。河狸创造的生境同样影响着使用此段河道的鸟类和哺乳动物。

河流的河床及河岸，孔穴空间多种多样，尤其是基岩质岸线岩石腔穴（包括壶穴）对于鱼类庇护、产卵具有重要作用，岩石腔穴及其周边也是水生昆虫，附着藻类以及其他浮游生物大量繁殖的场所，这些生物共同构成了一个完整的水域食物网。由卵石、砾石、沙土等材料构成的河床，构成了大量的孔穴空间，适于水生动植物以及微生物生存。

10.3.3 生境多样性

河流生境多样性是维持河流生物多样性的重要机制之一。河流生境多样性表现在很多方面，如河流纵向蜿蜒度、河流侧向生境梯度、河流横断面形态变化，等等（董哲仁，2003）。

1. 河流纵向梯度上的生境异质性

沿着河流纵向梯度，在宏观尺度上，从河流上游到下游，随着河流上下游环境梯度变化，形成一个连续变化的环境格局。通常，在河流上游，由于底质粗大，多以卵石、圆石、砾石为主，河流比降大，冷水、激流、富氧是其生境特征；在河流下游，底质较细，多为沙、淤泥。在中观尺度上，河流纵向上形成了急流、瀑布、跌水、缓流等不同的流态。在微观尺度上，河流倒木、卵石、沙砾等等，形成了多种多样的微生境结构。河流上、中、下游这种异质性很强的生态因子及其组合，形成了极为丰富多样的流域生境条件，在河流生态系统长期演变过程中，形成了沿纵向河流各个分带，各具特色的生物群落，形成了物种丰富、生境类型丰富的河流生态系统。

在纵向梯度上，河流的蜿蜒性也是河流生物多样性的维持机制之一。蜿蜒性是自然河流的重要特征，天然河流都是蜿蜒曲折的。河流的蜿蜒性使得河流形成主流、支流、河湾、沼泽、急流和浅滩等复杂多样的生境类型。由于流速不同，在急流和缓流的不同生境条件下，形成急流生物群落和缓流生物群落，生物群落类型由此丰富多样。

2. 河流侧向梯度上的生境异质性

从河流水体中央到水际线，沿着河流侧向梯度，从水际线到河岸带、到过渡高地，再到高地，这是一个侧向上的高程梯度和水分梯度，并形成丰富多样的河流横断面形态。河流横断面形态多样性表现为非规则断面，并出现水潭与浅滩交替分布的格局。浅滩生境富氧，光热条件优越，是蜉蝣目、襀翅目及毛翅目昆虫栖息的良好场所；水潭生境鱼类丰富。河流横断面形态上，复杂多样的河漫滩，通过洪水脉冲与主河道发生周期性联系，在洪水季节是一些生物种类占优势；水位下降后，是另一些生物种类占优势。从水域到河岸，横断面形态的多样性维持着河流生物多样性。

3. 河流垂向梯度上的生境异质性

自河流表面水体向下，到河床的各种粒径大小不一的多样化底质类型，到河床之下的潜流层，在垂向梯度上，不同的河段呈现出不同的形态。河流水体的水温随深度变化，深水层水温变化迟缓，与表层变化相比存在滞后现象。由于水温、光照、食物和含氧量沿水深变化，存在着生物群落的分层现象。不同形态的河床底质（如卵石、圆石、漂砾、细沙、淤泥等）形成了丰富多样的微生境。即使在潜流层，由于上行流、下行流的存在，以及潜流层颗粒大小的变化，在潜流层内部生境类型丰富多样。此外，在河流分布的沉水植被及其木质残体，形成了良好的水下生态空间，为鱼类提供栖息、觅食生境，也为产黏性卵的鱼类提供产卵附着的基质。因而，沿着垂向梯度，呈现出生境类型的分化，生物多样性得以维持。

生境多样是决定河岸区域和河流内部群落生物多样性的重要因素之一。河岸植物随河岸区域环境条件（如光照、基质和土壤水分饱和度）变化而变化。许多植物对土壤水分饱和度敏感，有的植物对洪水淹没耐受性较好，还有的植物需要生长在土壤水分变化的环境中（Hook 和 Crawford，1978）。因此，在一个大区域的不同流域，以及在一个流域内的不同级别河流中，土壤含水率变化范围广（从周期性洪泛到长期被洪水浸泡），有助于提高生物多样性。

河流中生境多样性对于维持群落的多样性非常重要。基质颗粒粒径和颗粒移动速度、基质种类、温度和水质变化都会影响底栖无脊椎生物种类。例如，Minshall 等（1985）研究了美国太平洋西南部区域河流底栖无脊椎动物多样性的变化与河流大小的关系。研究把河流分为 1～8 级（平均流量为 0.04～3.36 m^3/s）。研究发现，中等大小的河流（流量约为 1 m^3/s）生物种类最丰富。因为此类河流的昼夜温差及每年的温度变化使其具有很高的生境多样性。河源区的河流和大型河流温度状况都相对稳定，而中等尺度的河流昼夜温差和年际温度变化较大。在中型河流中，最大的温差变化发生在河岸森林、浅滩和缓流区，因为在这些区域光照强度依次增强。在河源区，林冠层一般是郁闭的，减少了温度的波动，尽管大型河流的林冠层对温度的控制作用很小，但是大型河流具有较大的储水量，对温度变化具有缓冲作用，减缓了温度波动。

Minshall 发现空间异质性高的生境中生物种类更多。相比于有较多均质生境，面积较大的河流，面积较小的河流源头中生物种类更加丰富。在河源区生境中，短短几米范围内就可能出现急流、缓流交替的情况（例如瀑布、浅滩、缓流等）。相反，在较宽阔的下游可能出现单一生境，如水塘、浅滩或者缓流可能长达数十米，甚至上百米。因此，河源区在较小范围内就生存着相对较丰富的生物种类，而宽阔的河流却需要较大的范围才能养育相同数量的生物种类。这说明，在河流以及其他生态系统中，当空间尺度被纳入观察范围时，物种多样性是唯一有意义的指标。

10.3.4 植食动物作用

植食动物清除了群落中的优势物种，维持了生物多样性。在美国太平洋海岸沿岸区，植食性有蹄动物如马鹿对河岸植被有显著影响，大量食草的水生无脊椎动物也影响固着生物群落组成。例如，在美国华盛顿奥林匹克国家公园，植食动物对河岸区域的影响，大量植食动物（如马鹿）的存在虽然使得次冠层植物（如美洲大梅树和黑果木）种类明显减少，取食作用会防止任何物种成为绝对优势物种。当灌木层的密度降低后，光照能到达更下层的草本层，从而林下能够生长更多的非禾本科草本植物和蕨类植物。食草动物维持生物多样性的能力在许多河流系统中都有记载（Harper，1969；Grime，1973）。由于食草动物控制了竞争优势物种的数量，使竞争劣势物种在河流系统中得以幸存。

尽管植食动物清除了群落中的优势物种，维持了生物多样性，但当植食动物的数量过多时，将使得群落物种减少，因为植食动物偏好取食的物种被取食殆尽（导致该物种在当地灭绝）。Jacoby（1987）研究发现，石蛾偏好取食绿色丝状菌和硅藻，当硅藻被石蛾取食干净后，上层丝状菌几乎完全被从群落中清除。

10.3.5 自然过程对河流生物多样性的影响

河岸带生物多样性较高与洪水扰动和空间异质性有关。河道旁的大型木屑、河狸的活动、生产力、放牧和在流域尺度范围内局部气候的变化，也会影响河岸带的生物多样性（表 10-1）。非破坏性洪水主要影响河岸生物群落的 α 多样性；由非破坏性洪水造成的空间异质性及由海拔高差引起的局部气候变化对 β 多样性和 γ 多样性有影响；而生产力高低和植食过程则主要影响 α 多样性。综合来说，这些因素在不同时期创造了斑块状不均匀分布的异质环境，使得多种生物共存。

表 10-1　影响河岸带物种多样性的主要自然过程

自然过程	主要受影响的生物多样性类型
非破坏性的洪水	α
由非破坏性洪水造成的空间异质性(如河道移动，土壤崩塌)、泥石流、大型木屑输入、河狸活动	β，γ
生产力	α
植食性(水生或者陆生)	α
由海拔引起的局部气候变化	β，γ

洪水的干扰频率和空间异质性是植物丰度很好的预测指标（Pollock 等，1998）。洪水作用不但会改变并重建斑块生境，还可以改变斑块中的竞争程度。在频繁持久的洪水作用下，形成了丰富的地形异质性，进而增加了空间异质性。这些改变被植物利用，使得相似的物种得以共存。生产力和干扰对区域的联合作用，导致河岸带产生了许多含有不同种类生物的多样性群落。动物活动（无论是有蹄类动物的放牧还是河狸的筑坝活动），都会增加区域生物多样性。温度和降水是植物种类生长的主要干扰因素。一个流域内的河流要流经不同的海拔高度，因此会流经多条等温线和等降雨线，这些条件可以满足植物区系内多种植物的生存需求。

10.4 河流生物多样性保育对策

1. 明确河流生物多样性保育目标

河流生物多样性是河流生态健康的重要指标，针对河流生物多样性衰退现状，保育河流生物多样性的首要任务就是要明确目标。这些目标包括：首先是河流物种多样性的保护，针对土著生物类群，以及珍稀濒危特有河流生物类群；其次，从生境层面，加强河流生境多样性的保护及恢复；第三，基于河流生态系统层面的生物多样性整体保护。

2. 开展河流生物多样性调查、评估与监测

完成关键生态区域和特殊生态区域河流物种资源详查和编目。制订河流物种资源持续调查编目的长期计划，开展关键区域的河流生物多样性、重点保护濒危及特有野生动植物专项调查。在全面详查和普查的基础上，开展河流生物物种编目，建立河流生物多样性数据库。

3. 进行河流生物多样性综合评估

生物多样性评估是加强生物多样性保护与管理的基础工作。对河流生物多样性现状、面临的主要威胁及管理效果进行系统评估，在此基础上确定需优先保护的河流生物多样性重点区域，为河流生物多样性综合管理提供决策参考。建立与河流生物多样性管理目标相适应的河流生物多样性综合评估体系，收集河流动植物物种丰度、生态系统类型多样性、物种特有性、外来物种入侵度、物种受威胁程度等指标数据，分阶段完成河流生物多样性综合评估任务。

4. 建立河流生物多样性监测、预警体系和信息网络

通过监测的规范化、部门合作及信息共享，建成多层次、多类型的河流生物多样性监测网络。建立河流生物多样性监测指标体系、监测网络体系，完善基础设施，建立长期定位监测站和网点，开展河流生物多样性长期监测。确定河流生物多样性监测技术标准，推进河流生物多样性监测工作的标准化和规范化。建立河流生物多样性预警技术和应急响应机制，建设河流生物多样性综合预警系统，通过预警系统分析未来河流生物多样性变化规律，提供河流生物多样性管理决策的科学依据。

5. 开展河流珍稀、濒危特有生物保护工程

针对珍稀、濒危和特有鱼类或其他水生动物保护需求，实施这些水生动物保护工程。加强对河流珍稀、濒危特有鱼类资源及其生境的调查，划定和保护重要经济鱼类产卵场、索饵场、越冬场、庇护场；加强对河流生境破碎化与鱼类洄游、生存关系的研究，加强对水生生物响应机制及其生态格局变化的研究，进行鱼类产卵场、沿岸带生境的修复；建立河流生态环境综合野外观测实验站，对河流水生态环境、水生生物资源进行长期、系统的野外监测、调查和基本数据积累，建立在线监控网络、鱼类迁移及关键水文水质参数在线监控网络；真正使河流珍稀、濒危特有鱼类及水生动植物得到有效保护，种群数量得到增长。

6. 建立河流生物多样性管理的纵横向协调机制

长期以来，河流生物多样性管理的职能分散在环保、林业、农业、水利等多个部门，各部门在行政决策方面沟通不够，许多部门缺少生物多样性管理机构，无法胜任日益繁重的河流生物多样性保护工作。生物多样性保护的职责分散于许多政府机构，涉及各个级别的行为者，因此难以形成系统、统一的反应，结果造成合力丧失，职能重叠，相互竞争，效率低下。通过加强与生物多样性保护管理有关的政府部门的横向协作，建立并完善河流生物多样性管理的纵横向协调机制。

7. 加强外来入侵物种监测、预警及控制

目前，水生外来生物入侵频率增加，从而威胁到河流生态安全。应加快建立河流外来水生物种环境风险评估制度，完善监测制度和监测设施；建立外来水生物种入侵预警报告体系和控制技术体系，预防外来入侵物种的危害和扩散；建立外来物种生物防治技术方法及综合治理技术体系，控制外来入侵物种对河流的危害和扩散。

第 3 编

河流生态过程

第 11 章
河流食物网与营养动态

11.1 河流食物网

11.1.1 食物网概念

在生态系统中生物之间实际的取食关系并不像食物链所表达的那么简单，在每一个生态系统内存在有许多的食物链。根据能量利用关系，各食物链相互紧密地联结在一起而形成复杂的食物网(food web)。所谓食物网就是指在生态系统中各种生物成分之间通过取食关系存在着错综复杂的联系，使生态系统内的多条食物链互相交织、互相联结，形成网状营养联系，是群落中各种生物有机体通过营养关系连接成的集合体。生态系统中的食物链一般主要包括两类：捕食食物链（Grazing food chain)，是以绿色植物为起点到食草动物，进而到食肉动物的食物链；碎屑食物链（Detritus food chain)，从动、植物的遗体被食腐性生物（小型土壤动物、真菌、细菌）取食开始，然后到它们的捕食者。

食物网概念和研究方法最初是由 Elton（1927）提出的。早在 1859 年，Darwin 就把自然生物群落看作“通过复杂的关系网限制在一起”的整体。这种营养关系可以表示为食物链，Elton 描述为食物网。食物网描述了在一个生态系统或特定地点内物种之间的营养联系。尽管要对这些营养联系进行采样、测定、描述、建模比较困难，但是，无论在理论上，还是实践应用上，食物网概念都非常重要，处于生态学研究的中心位置，因为它描述了从生产者到消费者的能量和生物量的功能转化。

食物网描述物质转运途径，以及沿着这些途径的能量流动，它们是了解生态学相互作用的基础，因此也是描述自然群落如何组织及物种如何相互作用的基础。食物网代表了生态系统中所有成员之间、种间或更高分类学单位之间通过营养关系相互作用的等级镶嵌体组成的，受时空变化制约的一种网络结构。生态系统中的食物营养关系是很复杂的，由于一种生物常常以多种食物为食，而同一种食物又常常为多种消费者取食，于是食物链交错，多条食物链相联，构成了食物网。食物网不仅维持着生态系统的稳定，并推动着生物的进化，成为自然界发展演变的动力。

所有生物都是通过食物网过程相联系的，如光合作用、分解和取食等。相应地，这些过程将能量转化用于生物的生长和繁殖。这些过程在不同尺度上的表达是不一样的。在生态系统尺度上，食物网过程有助于形成生物群落结构、生产力以及生态系统的稳定性。在群落尺度上，食物网将功能上相同的物种组联系在一起，尽管其个体在生理、行为等方面对不同的环境因子、生境、自然和人为干扰的响应有不同，特别是在高营养级上。在物种尺度上，食物偏好和需求随着发育阶段的不同而有差异。

能量通过食物网转化为各营养层次的生物生产力，形成生态系统生物资源产量，并对生态系统的服务和产出及其动态产生影响。因此，食物网及其营养动力学过程是河流生态系统动力学研究的重要内容。

国外学者非常重视对食物网的研究。在水生食物网研究方面，海洋食物网的研究较多，Steelee（1974）对以往海洋食物网研究进行了总结，采用简化食物网的方法研究了黑海、北海食物网和热带食物链，并据此描述了能量从初级生产者向鱼产量的流动。刘学勤（2006）以长江中下游三个典型湖泊即草型湖泊扁担塘、藻型湖泊东湖和通江湖泊洞庭湖为研究地点，系统开展了底栖动物食物组成和食物网的定量研究，构建了系列食物网即结构网、食量网、食性重叠网和能流网，发现湖泊底栖动物食物网的共同特征包括链节率和杂食度较高、以有机碎屑为营养基础、网络中以弱营养链节为主、食物网的时空动态显著和底栖动物现存量季节变化较大。湖泊底栖动物食物网属于供体控制型，网络以弱营养链节为主。湖泊底栖动物食物网的下行效应较弱。食物网结构主要受网络营养基础控制，与生态系统本身关系不大。富营养化使湖泊底栖动物功能类群结构简单化，敞水区食物网结构似不受种类食物组成变化的影响。

李斌等（2013）进行了三峡库区干流鱼类食物网动态及季节性变化研究，用稳定性碳同位素来示踪水生生态系统中有机物来源及其对食物网中有机物的贡献比例，发现颗粒有机物（POM）是水生生态系统中的重要碳源，依据其所在水域的不同，其主要组成成分也有明显差异；显示了该区域中大多数鱼类食物来源广泛（杂食性类群居多）；发现三峡库区巫山至万州干流段鱼类食物网中消费者基础能量主要来源于内源性营养物质 POM 和固着藻类；但食物网中有些消费者拥有更为丰富或贫乏的 $\delta^{13}C$ 值，可能与夏季洪水或冬季的蓄水过程中，大量的外源性营养物质输入到水生生态系统，成为食物网中消费者潜在食源有关，从而暗示了外源性营养物质输入对食物网基础能量贡献的重要性。

传统的食物网营养动力学研究方法是食性分析法，分析捕食者消化道内含物的种群组成和数量，用以确定该食物网的基本结构和食物关系。采用这一方法研究复杂的河流生态系统食物网，不但工作量十分巨大，而且很难捋清各种不同营养级生物之间的营养关系。因此，只能采取“简化食物网”的方法，突出主要资源种的营养成分和食物质量转换关系。从原理上讲，碳氮稳定同位素的结果反映的是捕食者在相当长的一个生命阶段中所摄取的食物，经过新陈代谢消化吸收累积的结果。

11.1.2 河流食物网

河流食物网是指由河流中的多条食物链相互交织构成的网络状结构（图 11-1）。河流食物网包括了一系列复杂的生境类型序列，从源头、支流、湖泊、干流、河口等形成一个生境网络体系。

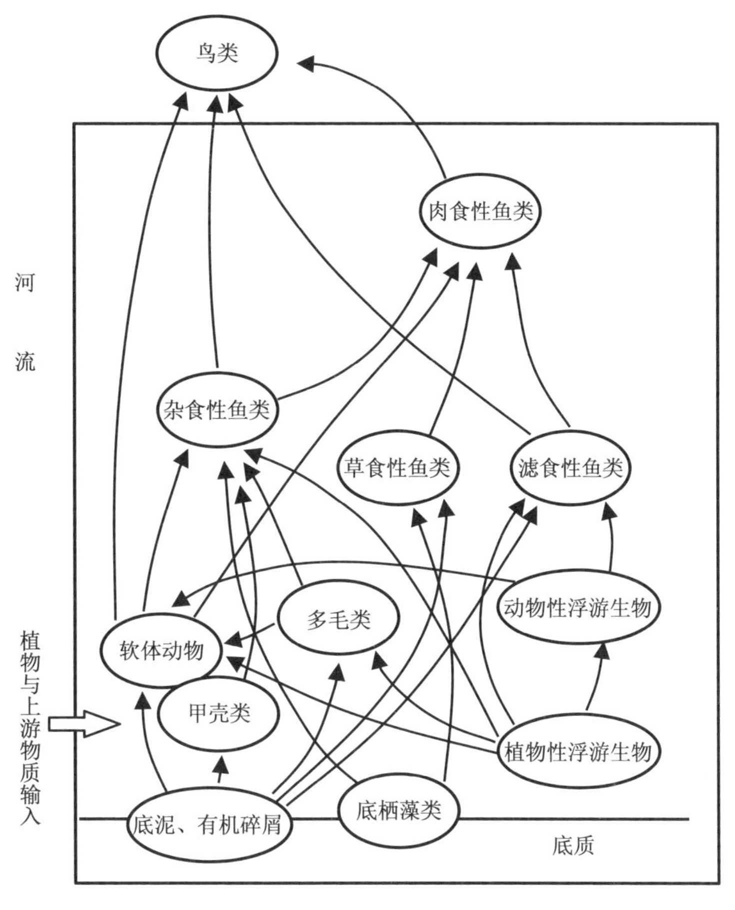

图 11-1　河流食物网示意图

于丹（1996）指出，在溪流生态系统中以营养关系将各生物类群连接为一个密切相关的统一体，先由捕食与食饵生物组成食物链，再由各条食物链组成食物网。由于受到食物资源限制，故捕食者中单一食性种类较少，因多种食物来源可弥补食物不足对生物生长与繁殖所带来的不利影响。同时，由于水生高等植物资源较多，是多数动物类群的食物基础。食物贫乏使溪流生态系统各生物类群间的食物关系趋于复杂化。藻类和水生高等植物作为食物基础，位于第一营养级，除鱼类外的其他水生动物位于第二营养级，细鳞鱼、须鳅和部分肉食性水生动物位于第三营养级。从食物链组成看，藻类—原生动物—轮虫—枝角类—桡足类—幼蛙—细鳞鱼这条食物链最长。溪流是开放生态系统，与之相连的森林与草甸枯落物随地表径流进入到溪流中，成为溪流生态系统重要的外源性营养。同时，细鳞鱼等可取食落到水面上的夜蛾科（Noetuidae）等昆虫种类。此外，秋季迁移经过溪流的小型啮齿动物也可为细鳞鱼等所食。这样，便使得许多外源性食物和能量进入溪流生态系统中。

河流生态系统中的食物链主要包括两类：

1. 牧食食物链

很多情况下，植食作用是能流的主要途径，就像河流群落理论推测的一样，植食者的数量决定于河流大小。例如，在美国俄勒冈州西部，1 级河流中刮食着生藻类的无脊椎动物数量仅为河中无脊椎动物总数的 1% ~ 12%；但 3 ~ 7 级河流中这个值达到 25%（图 11-2）（Hawkins 和 Sedell，1981）。这种相对丰度显示了植食作用在不同等级河流能流中的重要性。

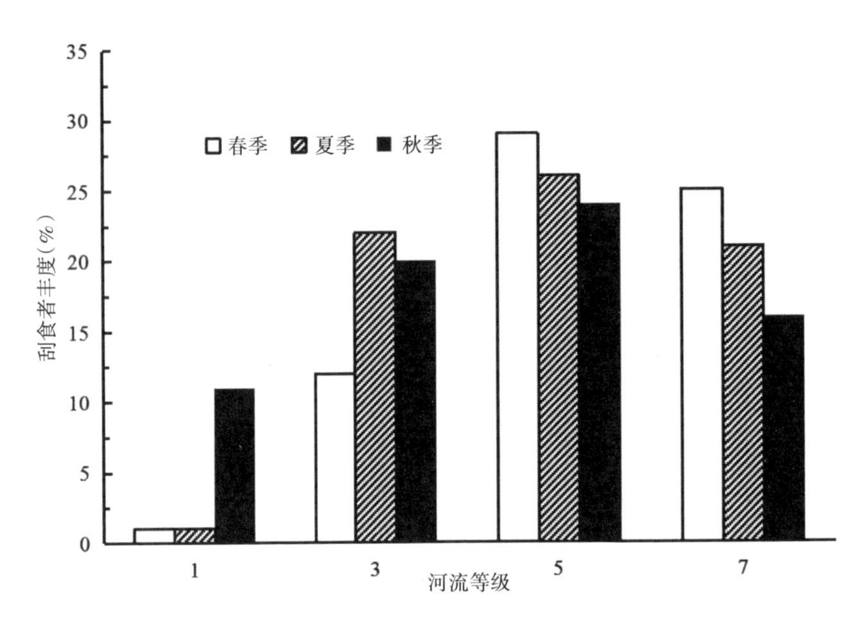

图 11-2 McKenzie 流域大型无脊椎动物刮食者功能种群相对丰度与河流等级的关系（引自 Hawkins and Sedell, 1981）

一般而言，硅藻为水生植食性动物提供了大部分营养来源。硅藻营养品质较高，而且比其他藻类更容易被消化（Lamberti 等，1989）。水生无脊椎动物通常拒绝取食丝状藻和胶状藻（Gregory，1983；Steinman 等，1992），是因为这些藻类具有坚硬的细胞壁、木质化组织和低氮含量。

植食者对藻类的消费量变化取决于季节、水流和其他因素。虽然无脊椎动物取食着生藻类可能有极深远的影响，但它们总是被可以降低其丰度的暴雨形成的周期性干扰所阻止。动物和植物都或轻或重地受到灾难事件的调节，激流生态系统的主要“重启机制”——高速水流一年中可能出现好几次（Naiman 和 Bilby，1998），其频率与藻类世代相似。即使植食者密度很高，在河溪的水流、光照和底层中显著的空间异质性，也可以使其取食效果不明显（Hill 和 Knight，1987），这些波动和异质性阻止了植食者达到可以使藻类数量减少的种群密度。

2. 腐生食物链

虽然在很多河溪中植食作用比较重要，但是水生初级生产者生产的生物量大部分在活藻类或死亡藻类输出后，通过腐生食物链被利用（Lamberti 等，1989）。例如，从河床上分离开的硅藻乃是被滤食者如石蛾幼虫（*Hydropsyche*）从水中取食上来的（Fuller 和 Mackay，1981），或者是被食沉积物的动物如摇蚊（*Paratendipes*）清理后收集。除了输出腐屑微粒，藻类还会分泌可溶有机物，然后被细菌消化，这个过程也是重要的能流途径。

由于植食者的抛弃和移动、水流的冲刷和沉积作用，底栖藻类从产生的地方被输送到腐屑堆积处。周期性涨水时的冲刷导致了着生藻类的输出，特别是秋冬两季（Rounick 和 Gregory，1981）。如果流速超过 50 m/s，丝状藻很容易被冲走（Horner 和 Welch，1981），而匍匐的藻类则不容易被冲走（Steinman 和 McIntire，1990）。

淡水生态系统从其邻近的陆地生态系统接受营养物质、可溶性和颗粒有机物；而陆地生态系统主要接受通过物理过程，如洪水从淡水生态系统带来的有机体及碎屑物的沉积。淡水生态系统通常比陆地生态系统能接受更多的外部资源。颗粒有机碳（POC，particulate organic carbon）能够补充底栖食物网，对底栖食物网的效应能够被转移到远离边岸的水生生境，因此，底栖路径对开阔水域生境非常重要。

河流食物网用来描述河流生物间的营养关系。河流食物网对于整合有机物质的动态和与群落相互作用的营养过程必不可少。不同溪流类型，其食物网结构不一样，尽管它们都有一些共同的要素（Cummins，1973）。大多数河流有大约三或四个相互联结的营养级，但受到干扰的河流通常食物网更简单。食碎屑者和初级生产者，包括藻类、苔藓和维管束植物，占据最低的营养级；某些无脊椎动物和脊椎动物类群是食草动物和食碎屑者，显然处在初级消费者营养级。

溪流食物网结构受生物地理、溪流等级、地貌、底质特征、海拔梯度、干扰、河岸特征、种间相互作用和营养等因素的影响。由于这些因素相互作用，决定着溪流中的非生物和生物条件，因此，在任何特定溪流中的食物网都将反映所有这些因素综合作用的结果。

河流食物网的研究应该从鉴别营养级水平和营养联系开始。对整个生境的有机物质来源和消费成分的采样分析是必不可少的。对动物肠道内容物的分析，可以提供基本的信息来判断消费者的食物来源。因此，这种方法提供了对于食物大小和多样性的最小估计。对一些地区的土地利用类型，消费者的食物可能随着不同季节，其可利用的食物发生变化。

研究消费者食物来源常规方法主要有直接观察法、胃内容物分析、食物残留物分析及其粪便分析等。研究水生生态中消费者食性的传统方法主要是胃肠内容物分析法，随着科学技术的不断发展，稳定性同位素技术的出现，使食性研究工作进入了一个新的时代。稳定性同位素方法是根据消费者稳定性同位素比值与其食物相应同位素比值相接近的原则，来判断此种生物的食物来源，进而确定食物贡献，所取样品是生物体的一部分或全部，能反映生物长期生命活动的结果。稳定性同位素还能对低营养级或个体较小生物的营养来源进行准确测定，进而为确定生物种群间的相互关系及对整个生态系统的能量流动进行准确定位。

食物网中的初级生产者的碳同位素值在营养级的传递过程中比较稳定，常被用作食物示踪剂。例如，水生生态系统中，碳稳定性同位素用于辨别两类主要能量来源，即沿岸带有机物（固着藻类和碎屑）和开阔水域有机物（浮游生物）（France，1995）。

11.2 初级生产

11.2.1 河流初级生产概念

初级生产（primary production）是指自养生物的生产过程，其提供的生产力为初级生产力。生态系统中绿色植物通过光合作用，吸收和固定太阳能，由无机物合成、转化成复杂的有机物。绿色植物通过光合作用合成有机物质的数量称为初级生产量，也称第一性生产量。陆地生态系统约占地球表面1/3，而初级生产量约占全球的2/3。

水生初级生产是河流生态系统的基本能量来源。底栖藻类、植物和外来有机物为无脊椎动物、鱼类和溪流中不同群体的生物个体提供了营养支持。底栖藻类是淡水生态系统中重要的初级生产者，在水生态系统的营养传递和物质循环中起重要的作用。底栖藻类是水生动物的重要食物来源，具有较高的营养，能够被一些口器较小的牧食者利用。底栖藻类通过对营养物质的吸收、氧化分解、沉淀和储存作用，成为水生态系统食物网的重要初级生产者。在河溪生态系统的研究中，传统上过分强调对外来有机物来源，特别是来自河岸植被的枯枝落叶的依赖，而忽略了本地土著初级生产量（也就是河流所产生的）的重要性。

因为跟现成的大量外来有机物相比，存在于河溪中的藻类和植物数量较少，所以水生初级生产量常被低估。然而，藻类迅速的繁殖速度则保证了较少生物量的藻类即可供养较多生物量的消费者（Mcintire，1973）。相对而言，外来有机腐屑的更新则要慢得多，长达数年到数十年（Naiman，1983）。本地河流季节性出现的高的水生初级生产量，可以为无脊椎动物消费者有效地提供碎屑库。

土地利用通过改变河岸植被、营养物构成和环境特征来影响初级生产量，并继而影响河流水体中的最高营养水平。因干扰而增加的初级生产量有时完全弥补了因环境质量下降而造成的损失（Hawkins 等，1983）。为了保护或恢复河溪生产力和生物多样性，了解土地利用如何影响水生初级生产是非常重要的。

来自植物叶绿素和其他光合作用色素捕获太阳能，此能量被植物转化为化学能以推动初级生产的进行。光合作用所用的碳主要来自 CO_2 或者重碳酸盐，水中的氢则主要用于固定碳水化合物而释放氧，植物利用光合作用的产物维持自身生存，然后把剩下的存储起来用于自身生长，这些产物随后将通过食物网被其他生物体利用。

初级生产的能量方程式为：

$$GPP=NPP+R$$

其中 GPP 是总初级生产量，NPP 是净初级生产量，而 R 则是呼吸作用所消耗的能量。净初级生产量 NPP 表示植物维持自身消耗而剩余的累积作为生物量的能量，净初级生产量经由食物网可以为其他生物体所用。

11.2.2 河流初级生产的限制因素

河溪初级生产是诸多因素的函数，包括日光利用率、营养物利用率、温度、食草动物、河溪自然特性和周期干扰（如洪水）。这些因素相互作用，并且各自在不同情形下占主导地位。

河溪初级生产量的限制因子主要包括光和营养物（Gregory 等，1987）。小溪流的首要限制因子即为光照不足（Hill 和 Harvey，1990）；而在光照充足时，缺少营养物就成了重要的限制因子（Hill 和 Knight，1988）。然而很多硅藻已适应了少光环境，因此即使是在阴凉的小溪流里，生产量也是受营养物和取食者所限制。

1. 光

许多水生植物和着生藻类均适应了弱光环境，在低光照条件下进行有效光合作用的能力对植物是有利的。呼吸作用等于光合作用的光照临界点就是光补偿点，在光补偿点以下，植物和藻类因为呼吸作用消耗速度大于有机物积累速度，最终将会死亡。

随着光照增强，光合作用增强可达到光饱和点；光照强度较高时，因为光合酶和叶绿素会失效，则光合作用会逐渐减弱。着生藻类和大型水生维管植物在其光饱和点，光照强度大约为总光照强度的 30%～60%（McIntire，1973；Riemer，1984），光饱和点取决于物种和各物种的环境适应性。光饱和点的光照强度与周围光照环境有关，在 2～4 级河溪中，光饱和点的光照强度大致在 100 μmol m^2/s 到 400 μmol m^2/s 之间（Boston 和 Hill，1991）。小溪流中喜阴着生藻类的饱和光照强度大约为总光强的 20% 左右。由此可得出一个结论，即在光合作用达到光饱和点时，过多的光照并不能提高初级生产量。

森林中的小溪流，其初级生产受密林遮蔽下的弱光照限制。林中小溪其上游所接受的光照强度不到总光强的 5%，如果河岸带消失或者河道变宽，可使光照强度增加，藻类生物量和生产力则会因营养物充裕而增加。

2. 营养物

有充足光照时，初级生产就会受营养物限制。河溪营养限制机制与湖泊不同，在湖泊中只要营养物不衰竭生物量就会增加（Russell-Hunter，1970）；而河流虽然获得逆流而上的营养物的连续供应，但营养吸收要受营养物通过藻类细胞壁扩散的速度所制约，在这种扩散限制之下，即使营养物连续供应，营养吸收和细胞繁殖还是要受到限制。

由于河水紊流和 CO_2 的高溶解性，河溪中的碳通常有充分的可利用性。某些情形下，与大气中浓度相均衡的游离 CO_2 远不够支持高的光合作用，这样使用重碳酸盐代替 CO_2 的能力就成了一种适应性优势，特别是对沉水植物更是如此。在碱性河溪中，很少量的 CO_2 就限制了水生苔藓植物的生长，因为它们不像其他水生植物，只能利用 CO_2 而不能利用重碳酸盐（Glime 和 Vitt，1987）。在 pH 值高于 8 的河溪中，游离 CO_2 的浓度几乎可以忽略不计，光合作用所需碳主要受重碳酸盐和碳酸盐支配。

硅酸是硅藻生长所必需，而其他藻类则不需要的矿物质。如果没有硅酸，硅藻细胞的运输系统就会停止，春季大河中硅藻的繁盛会导致硅酸浓度降低（Wetzel，1975；Garnier 等，1995）。

磷（P）和氮（N）是限制水生初级生产的两种重要元素，富营养化问题也经常与它们有关。磷和氮两种营养物都是未受污染水体中藻类生长的限制因子，并且增加磷或氮，或者两者一起增加，都可以提高初级生产力（Stockner 和 Shortreed，1978）。如果光照或其他限制因素（如微量营养元素）充裕的话，磷常常成为首要的营养限制要素，因为通常在淡水中磷的量都不如氮丰富。

天然水体中的磷通常是微量存在的，并且呈现出几种形式：无机溶解磷、有机悬浮磷、胶体磷、吸附在无机或有机沉淀颗粒上的磷、结合在有机物中的磷等。由磷离子组成的可参与反应的溶解磷，是能为植物和藻类所利用的唯一有效形式，仅仅是水中总磷的不到 5%。溶解的磷跟含磷沉淀物存在溶解平衡，其交换能力因有机胶体和无机胶体而增强。磷在 pH 值 6 ~ 7 的微酸环境下可利用度最大；在 pH 值较低时，磷很容易与铝、铁和锰结合。

河溪中磷的保留多为藻类、细菌和真菌控制的生物过程，小型水生植物可以快速收集起 100 m 范围河道内有效磷总量的 95%（Gregory，1978），物理吸附则可以吸收河流底层保留磷总量的不到 20%（Mulholland，1992）。暴雨期间，营养物的净生产量流失，所以流入溪流的营养物保留时间延长（Meyer 和 Likens，1979）。河溪中各种过程趋向于将无机营养物质转变为可溶解营养物质或有机微粒，并运输到下游去（Meyer 和 Likens，1979；Mulholland，1992）。

大气中的游离氮即氮气（N_2）不能直接为植物和藻类所利用，只有固氮菌或者蓝绿藻可以将氮转变为硝酸盐或氨（Wetzel，1975）。淡水中的氮以多种形式存在：溶解的分子氮、氮的有机化合物、氨气、亚硝酸盐和硝酸盐等。氮源包括氮的固定、氮的沉降、地表流失和地下水流失。氮的流失则以河溪流出物、细菌将硝酸盐转变为氮气和氮的沉降等几种形式出现。不同于磷，无机氮离子在水中溶解度很高，很容易从土壤中浸出进入河溪。

氮和磷，哪一个会作为限制因子，取决于它们的相对丰度和绝对浓度，初级生产的最佳氮磷比大约为 15∶1（Elwood 等，1981）。氮磷比低，表示氮为限制因子，相反就是磷为限制因子。最佳氮磷比也是因藻类种类而异，氮磷比很低时适合固氮菌如念珠藻属（*Nostoc*）和窗纹藻属（*Epithemia*）的生长（Fairchild 和 Lowe，1984）。在河溪中添加磷有助于特殊种类特别是固氮藻类的生长。

除了光照和营养物等限制因子，其他控制因子也会影响初级生产。温度是最重要的控制因子，通过对光合作用反应速度的影响而控制新陈代谢；光照较少时，温度不能影响光合作用的速率；但光照充足时，温度就通过改变光饱和点来影响光合作用。浑浊度通过使水变浑浊而影响光照条件（Lloyd 等，1987）。河水冲刷和无脊椎动物取食则是不利影响因子，它们使得藻类数目维持较低的水平而减少初级生产量。

3. 牧食

蜗牛、石蚕蛾（*Caddisflies*）、等足类动物（*Isopods*）、鲤科小鱼和其他牧食者通过取食，使藻类维持很低生物量来限制初级生产（Lamberti 和 Resh，1983；McAuliffe，1984；Murphy，1984）。枯水期植食者密度较高，取食着生藻类的效果则愈加明显（Feminella 等，1989）。

虽然肆意的植食作用可以限制单位面积的初级生产量，但是有节制的植食作用却可以通过改善藻类结构（如种群组成、寿命和叶绿素含量）来强化营养支持，从而提高单位面积的初级生产量。

因为对藻类个体的微弱攻击和啃食时的物理干扰，啃食可以影响底栖藻类结构，附生于底部的硅藻宽松的上面部分很容易为动物啃食，而贴地的小硅藻则更具抵抗力。过量啃食使底栖藻类从具有不同顶层的丝状藻变成单一簇生的藻丛。草食性动物也通过干扰岩层表面影响底栖藻类群落，减少自由层的藻类丰度。

对底栖藻类的啃食效果取决于植食性动物种类（Lamberti 等，1987）。例如，拥有强壮下颚的石蛾可以啃食绝大部分藻类。蜗牛有齿舌，可以有效地刮食硅藻和丝状藻。蜉蝣目昆虫有刷状口器，啃食硅藻比长丝状藻类容易。

为使能量进入河溪食物网，初级生产所得有机物必须首先保留于河道中，并被利用。因此，有机物的输出和保留，很大程度上决定了河溪初级生产者对河溪生态系统所作贡献的大小。底栖藻类比外来有机物更有营养，因为着生藻类有很低的碳氮比和高蛋白质含量，藻类逐渐增加的腐屑量也提高了营养价值。无脊椎动物的丰度与有机腐屑总量并无多大关联，这是因为无脊椎动物更大程度上是受食物质量影响而不是食物量的影响（Ward 和 Cummins，1979）。

鱼类和其他动物同样受益于来自本地有机物的能流，按照它们喜食浮游物的天性，鲑鱼幼鱼比较关注本地食物链中的食物。鱼类对无脊椎动物的利用主要是刮食者和收集者功能群（Cummins，1974），这些功能群一般都成为鲑鱼的食物（图 11-3）（Naiman 和 Bilby，1998）。这些功能群中的昆虫（如四节蜉科 Baetidae、摇蚊科 Chironomidae、蚋科 Simuliidae）一般都是个体较小、繁殖速度快且

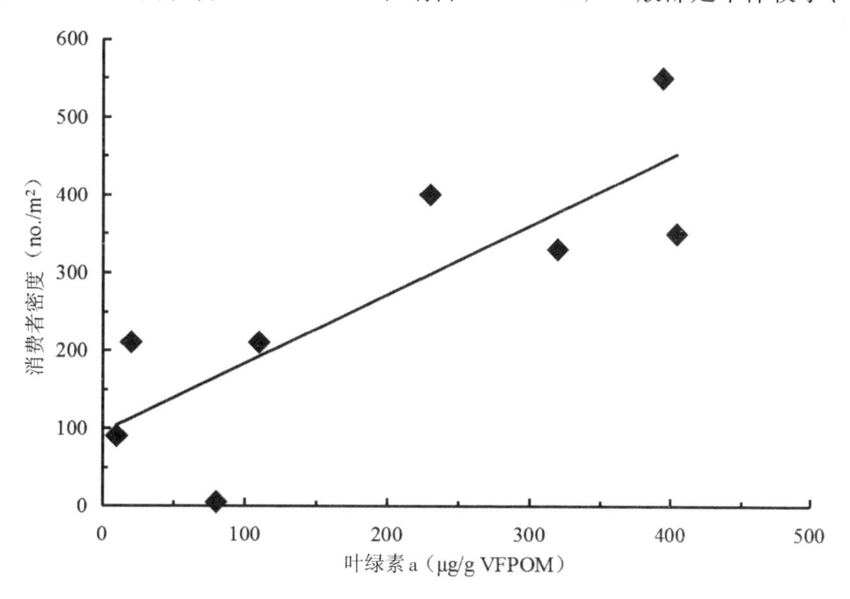

图 11-3 大型无脊椎动物消费者功能种群的密度与着生藻类中叶绿素 a 总量相关（引自 Hawkins 和 Sedell，1981）

喜食漂流物的动物。与之相对的是嚼食外来有机物的昆虫（如沼石蛾科 Limnephilidae）一般不会成为鲑鱼的食物，它们往往是一年一个世代，且其中间形态很大并以木头、贝壳或者石头等为甲壳，这样它们就不会被冲走；也因为太过坚硬，使得鱼类难以下咽而受到保护。本地食物链在鲑鱼幼鱼的营养支持中处于首要重要地位。

4. 能流

来自水生初级生产量的能量包括对不同消费者群的几个输出过程（图 11-4），在特定河段，水生净初级生产量是本地有机物的来源。上游藻类和水生植物生产的那一部分传输到流经河段。

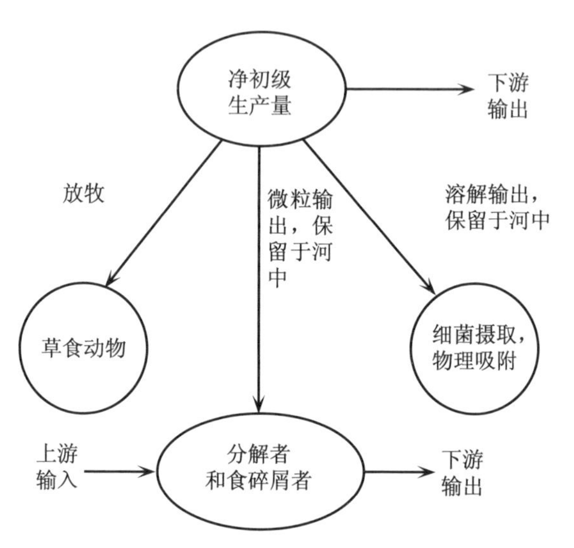

图 11-4　河溪中净初级生产的能流途径
（引自 Naiman and Bilby，2001）

各种水生植物和着生藻类的生产量和死亡率呈季节性变化，这种变化影响了能流的速度和腐生食物链。水生植物一般有两个季节性高峰：春季新叶发芽前和秋季落叶后（Minshall，1978；Sumner 和 Fisher，1979）。由于秋末光照逐渐减弱，温度降低且有季节性暴雨的冲刷，所以水生植物枝叶衰败（Rounick 和 Gregory，1981），大型植物的生物量和生产量在仲夏达到顶峰，然后在秋季急剧下降。大型水生植物一般不会被大规模地啃食，生物量一直处于积累之中，直到夏末和秋季植物死亡（Mann，1975；Minshall，1978）。大型水生植物腐屑分解较快（第一周即可分解 50%），且许多分解都是发生在生产场所附近（Fisher 和 Carpenter，1976）。

11.2.3 流域初级生产的分配

随着河流纵向流动过程中河流地貌及河流变宽的变化趋势，水生初级生产会发生可预见的变化。在典型的草木丛生的河流群落中，上游初级生产量较低，而中游的河流和激流河流初级生产量则较高，到了缓流的大河中又变得很低（Vannote 等，1980）。源头小的河溪中，初级生产因为林木遮阴所削弱，沿河纵向而下，到了中间级别的河流，上部遮阴的植被有缝隙，可以允许更多阳光进入，所以底栖藻类的生产量增加（Naiman，1983）。最后，在流速缓慢的大河中，河岸林和地貌特征并不重要，但水的深度和浑浊度影响了光在水中的穿透率，影响到河岸带附近的浮游植物和大型水生植物（Naiman 和 Sedell，1980）。如果不是流速很慢和浑浊度很高的话，下游方向的生产量会持续增加（Naiman 和 Sedell，1980；Naiman，1983）。

流域内大部分初级生产量产生于中等级别和高级别的河流中（图 11-5）。在加拿大魁北克具有 9 级河流的流域里，拥有全部水域面积 23% 的 1～3 级河流，尽管其长度为整条河流的 87%，但其底栖藻类生产量仅为全流域的 16%（表 11-1）；相反，占河流长度 2% 的 6 级及以上的河流，生产量为全流域的 35%。因为面积大、光照强，这些大河的生产量为全流域着生藻类年生产总量的 44%。

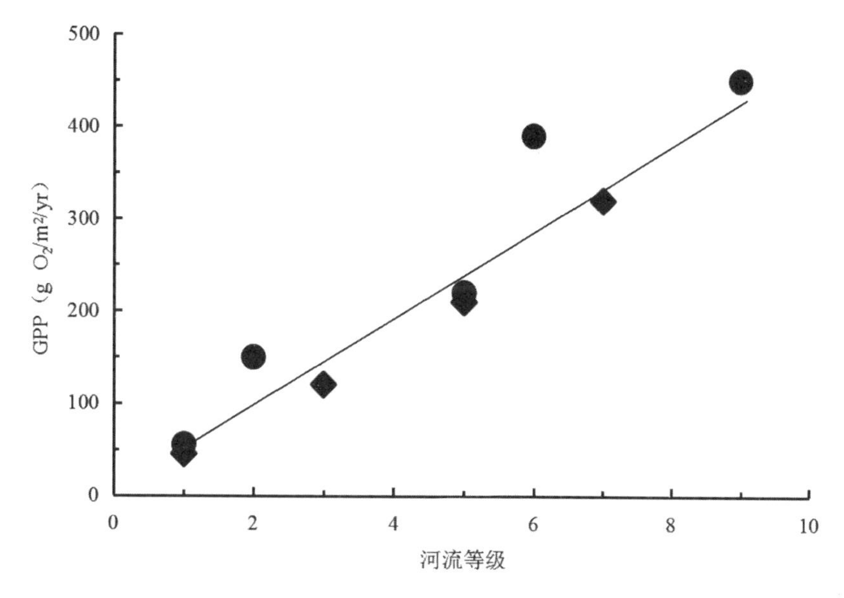

图 11-5 底栖藻类、苔藓和大型植物年总初级生产量（GPP）与河流等级相关。低级别河流中生产量大多来自着生藻类，高级别河流中生产量随苔藓和大型水生植物增加而增大（引自 Naiman and Bilby，2001）

表 11-1 魁北克 Moisie 流域底栖藻类总初级生产量（GPP）的分配

河流等级	河流长度（km）	河流宽度（m）	河流面积（km^2）	一年生植被的GPP（$g/O_2/m^2$）	一年生植被的总GPP（t/O_2）	一年生植被的总GPP（%）
1	16.142	0.3	4.8	42.6	204	1.2
2	8.249	2.1	17.3	52.0	906	5.3
3	3.842	6.7	25.7	61.4	1.578	9.2
4	1.879	15.6	29.3	70.9	2.077	12.2
5	1.072	30.1	32.3	80.3	2.594	15.2
6	471	51.3	24.2	89.8	2.173	12.7
7	340	80.6	27.4	99.2	2.718	15.9
8	292	119.1	34.8	108.6	3.779	22.1
9	54	168.2	9.1	118.1	1.075	6.3

水文数据引自 Naiman，1983
生产数据引自 Naiman 和 Sedell，1981

11.3 营养关系

营养物跨越生态系统的运转是普遍存在的。特别是淡水与河岸生态系统间通过几条路径相联系。淡水生态系统以可溶性有机碳（DOC）、颗粒有机碳（POC）和有机体的形式，从陆地生态系统获取营养物和有机物质。大量研究表明，在湖泊生态系统，DOC 能够促进异养生产，这是因为细菌能够利用 DOC 作为外来碳源。而河流生态学家通常重视碎屑物形式的颗粒有机碳的重要性。对水生消费者补充猎物（如外来猎物）的重要性，在静水生态系统中已经得到证明。例如，鱼类、蝾螈幼体、捕食性无脊椎动物（如蜻蜓）常常取食陆生性猎物。对与水生消费者相联系的颗粒有机碳所知甚少。细菌、真菌可能消费外源性颗粒有机碳；其他消费者（如食碎屑者）可能直接消费外源性颗粒有机碳。

11.3.1 大型无脊椎动物的营养关系

基于食物摄入，对水生无脊椎动物取食进行了观察研究（Berrie，1976；Cummins 和 Klug，1979；Anderson 和 Cargill，1987；Palmer 等，1993a；Wotton，1994），表明所有的水生无脊椎动物是杂食性的。例如，水生昆虫取食溪流中的树叶凋落物，是食碎屑者（shredders），不仅取食叶片组织和相关的微生物（如真菌、细菌、原生动物、小型节肢动物），而且也取食附着在叶片表面的硅藻和其他藻类，以及大型无脊椎动物（如摇蚊幼虫）。

另一种分类方法是基于食物可获性的形态-行为机制，进行无脊椎动物食性的功能分析。功能摄食群（functional feeding group，FFG）方法是基于存在于环境中的营养资源分类和淡水无脊椎动物种群之间的直接相关关系。

河流生态系统中无脊椎动物的基本食物类别包括：①粗颗粒有机物（coarse particulate organic matter，CPOM）（>1.0 mm 的颗粒），包括由叶、枝条、树皮和其他陆生植物部分、大木质残体（即大树枝和圆木），以及包括大型藻类、浮萍及浮叶根生的维管植物构成的废弃物；②细颗粒有机物（fine particulate organic matter，FPOM）（颗粒大小从 0.5 μm 到 1.0 mm），一般由粗颗粒有机物的物理和生物降解形成，以及与微生物活动相关的非附着生活的或碎屑物质；③着生藻类（periphyton），主要为附生藻类（特别是硅藻）以及生长在岩石、木质物或植物表面的相关物质；④猎物，所有被捕食的无脊椎动物，主要是小型物种或大型生物的幼龄期个体。

水生无脊椎动物营养关系的功能摄食群（FFG）分类系统，是根据运用于取食营养资源的不同形态和行为适应来进行分类。一些代表性的功能摄食群（FFG）分类包括食碎屑者（shredders），如襀翅目的石蝇、毛翅目的沼石蛾等；滤食者（filtering collectors），如蚋科幼虫、毛翅目的石蛾等；收集者（gathering collectors），如摇蚊科幼虫、蜉蝣目的小蜉科、蜉蝣科等；刮食者（scrapers），如蜉蝣目的扁蜉科、毛翅目的纹石蛾科、鞘翅目的扁泥虫科等；撕食者（piercers herbivores），如毛翅目的小石蛾科等；肉食者，如襀翅虫的石蝇科等。这些取食机制决定着其主要食物资源的类别：①以粗颗粒有机物（CPOM）为食的食碎屑者；②取食细颗粒有机物（FPOM）的收集者；③取食着生藻类的刮食者；④摄取动物性猎物的食肉者。这个功能群分类描述类似于种团，即利用特定资源类别的同一生物群（Root，1973；Georgian 和 Wallace，1983）。每一个摄食功能群（FFG），有专性的和兼性的成员。这些可以是不同种类或特定物种生命周期的不同阶段。

11.3.2 鱼类的营养关系

鱼类的营养关系是从食物和个体的摄食行为开始的，包括食性和食物网。鱼类的营养相互作用在整个水域中形成有机联系（直接和间接）。一种生物在食物网的位置，在很大程度上取决于其营养水平。生态系统的能量流动和物质循环的主要途径是通过碎屑处理。更为重要的是，鱼类食物中的碎屑被认为是缩短食物链的一种策略，从而提高群落效率（Vaz 等，1999）。

对猎物的竞争，虽然比捕食本身更难以证明，但这种相互作用可以跨越生态和进化的时间尺度建构群落。在相对可预测的条件下，生态位理论的期望是，物种会表现出某种类型的资源分区，以尽量减少竞争。因此，在溪流内可能分化为，来自溪流内部的资源，以及来自溪流以外的河岸带并进入到食物网的资源。此外，在供应时间上的差异和猎物大小范围的差异可以驱动鱼类选择性觅食（Nakano 等，1999）。

由于食性不确定性，一个鱼类物种在其生活史阶段可以作为多个“生态”物种而发挥作用。这主要是由于个体在口的大小、视力、消化能力和游泳能力等方面的差异；其中，除其他因素外，允许越来越多的捕食者成功地摄取更大的猎物（Keast 和 Webb ，1966；Werner 和 Gilliam，1984）。事实上，身体形态和口的大小是决定鱼类食物最重要的因素。随着时间推移，形态的变化影响觅食能力和食物资源的分化利用。

猎物的形态也经历了个体发育的变化，所以作为捕食者口裂大小的变化，其形态的防御变得更（或更不）有效（Hjelm 和 Johansson，2003）。如果年龄较大的鱼类在河流内（例如，在生殖洄游中）迁移很长的距离，这种生态和进化力量之间的联系就会减弱。鱼类食物资源和其形态性状之间的关联（即表型与环境的关系），加上取食效应和生长的影响，表明鱼类具有适应辐射机制（Schluter，2000）。

11.3.3 初级生产者—消费者的相互作用

河流中的底栖环境包括高生物活性的区域，初级生产、消费、养分循环和分解过程主要发生在其中。初级生产者和其消费者在这个区域相互作用，就像它们在所有生态系统中的行为一样。生产者在生长和繁殖，而初级消费者摄取生产者生物量，同样也在生长和繁殖。

河流中的初级生产者包括藻类、苔藓植物、水生维管植物，以及一些自养细菌。然而在大多数小溪流，底栖藻类是主要的初级生产者。底栖藻类中常见的来源包括硅藻、丝状和非丝状（nonfilamentous）绿藻、蓝绿藻和其他藻类。

食草（grazing）是水生的生产者的消费或初级消费者的部分消费。许多水生动物消耗着生藻类，作为它们的大部分能量摄入（如刮食者无脊椎动物）或作为其可变食物的一部分（如杂食动物）。可以说，大多数水生无脊椎动物和鱼在其生活史中，可能至少有一部分时间是以着生藻类为食。

溪流植食者的多样性涵盖范围广泛的分类类群，其中，昆虫、软体动物和甲壳类是特别重要的类群。溪流中更显眼的底栖植食者是石蚕蛾（毛翅目）、蜉蝣（蜉蝣目）和蜗牛（腹足纲）。最近，在许多不同纬度的一个广泛范围内的溪流，虾、鱼、两栖类幼体植食作用的生态重要性已被研究者所认可。

河流初级生产者生产的有机物是底栖食物网的主要能量来源。在一些具有有限的河岸遮阴或落叶植被输入的溪流，如在干旱地区，藻类生产在每年的能量负荷中占据主导地位。在大多数溪流，尤其是 3 级或更高级别的溪流，当地的生产占据了能量负荷的很大比例。

中等级别（3～6 级）溪流经常是以自养为主，因为光照水平高（河岸遮阴影响被局限在溪流边缘），水浅而清晰（允许光线穿透到河床），温度和营养水平通常适合底栖藻类生长。在大的河流中，由于深度和浊度的增加，限制了河床的光穿透，内部生产通常由底栖藻类向浮游植物转变。然而，大河流的近岸浅水区域会有大量底栖初级生产和丰富的草食动物。

即使在小的、遮阴较强的以及低的藻类现存量的溪流，藻类仍然可以支持丰富的植食动物种群的快速周转和高的营养价值（即具有低碳氮比），可以强烈地影响整个食物网结构。

底栖藻类的许多结构和功能属性可以被食草动物改变，但在不同溪流、不同时间、藻类群落、植食者类型方面，它们的影响方向或幅度是不一致的。食草动物物种作为生物因子，其丰度、大小、藻类演替时段等都能影响生产者对消费者的响应。

生产者与消费者相互作用的结果还取决于许多非生物因素，如光照、营养、底质、水流、季节干扰等。例如，一个低的藻类现存量，低光或营养浓度（生长条件差），最近的干扰如洪水，或这些和其他因素的一些组合，都可能会导致强的食草压力。

在许多河流，鱼类是顶级食肉动物，取食溪流水体中或漂浮的无脊椎动物。根据系统的不同，鱼类消费了溪流中很多种类的昆虫，包括蜉蝣、蜻蜓和豆娘、石蝇、鞘翅目、双翅目昆虫和其他无脊椎动物例如端足目动物（amphipods）。

11.4 流水中的营养物浓度

河流中具有关键作用的营养物主要包括碳、氮、硫、磷。河流一方面是重要的营养物库，另一方面也是营养物的搬运通道。河流中的碳通常以总碳来表征，分为总有机碳（TOC）、总无机碳（TIC）。前者又分为溶解性有机碳（DOC）和颗粒态有机碳（POC），后者分为溶解性无机碳（DIC）和颗粒态无机碳（PIC）。河流有机碳既包括腐殖质、脂类、多糖、多肽和胶体物质等相对比较稳定的有机质，又包括氨基酸和碳水化合物等不稳定的易被细菌等微生物利用的有机质。胶体有机碳在河流水体中也广泛存在。

自然河流中总氮含量约 0.02 ~ 0.5 mg/L，通常能够达到Ⅰ类或Ⅱ类水质标准；而受到人类活动的影响，大量生活污水、施肥等氮输入增加，使得河流的氮含量平均值可达到 0.8 mg/L 以上，接近Ⅲ类水标准。河流氮含量超过 0.2 mg/L，即可达到藻类生长的条件。

自然河流中总磷含量一般为 0.001 ~ 0.05 mg/L。藻类生长的磷素限制浓度为 0.02 mg/L，当河流中磷含量超过 0.2 mg/L 时，即达到磷富营养化。河流中的总磷包括颗粒态磷、溶解性有机磷和溶解性无机磷 3 种，三者共同作用决定水环境磷素的营养有效性。

11.5 营养物的运输与转化

河流自净作用是指河流受外源营养物输入后，水质自然地恢复洁净状态的现象。河流的自净作用主要包括稀释作用、生物固定、沉积作用、微生物分解过程及耗氧—复氧作用。稀释作用是指外源营养物进入河流后，经过一段流程，与水团混合，营养物浓度大大低于输入浓度。生物固定是指河流中动植物、微生物利用营养物进行生长代谢，将溶解性小分子营养物富集固定的过程。沉积作用是指河流中悬浮颗粒态营养物或动植物固定营养物（动植物残体）在水流平缓的河段沉积至河底的过程，是河流沉积物形成的重要过程。微生物分解过程是微生物将河流沉积物中大分子有机物逐步分解成小分子或可溶性营养物，并释放入水体再次参与循环的过程。

河流系统是氮、磷等营养元素滞留的主要区域和生物地球化学循环热点区域，直接影响生源要素的输出形态、通量。流量、流速、温度、藻类吸收、外源输入和暂时存储区域是河流氮、磷营养滞留的主要因子，滞留过程主要包括沉降、吸附、再悬浮等。通过河道结构设计、河床基质改造、水文情势调控以及水生植物配置、水体生物活性恢复等手段，均可以有效改善河流氮、磷营养物的滞留、消纳以及自净过程。

河流沉积物是河流营养物的重要库。河流沉积物中的氮、磷主要来自上覆水体中颗粒的沉降和吸附作用，同时沉积物的侵蚀和再悬浮，向上覆水体中释放氮、磷，是河流水体富营养化的重要内源营

养物来源。磷在沉积物中可与铁、铝、钙等离子结合，形成不同结合状态的磷，即无机态 Fe-P、Ca-P、Al-P，和固着态 Fe-P 和 Al-P。氮在沉积物中多以氨氮（NH_3-N）、硝态氮（NO_3^--N）、有机氮（Org-N）及总氮（TN）形式存在，一部分被深埋暂时终止营养循环；另一部被微生物、底栖动植物利用，同时沉积物与上覆水进行氮素交换。

第 12 章
河岸过程

12.1 河岸过程及相互作用界面

与河道相邻的河岸带是陆地与河流间的重要界面。因为存在于溪流与河岸环境之间的整体关系，两者往往被视为构成一个结构和功能的整体生态系统（Minshall 1988；Cummins 等，1989；Gregory 等，1991）。河岸环境在开放的河流与邻近高地之间形成了一个过渡区。溪流/河岸界面可能是陡然的边界（或边缘），或者是两者之间的逐步过渡。河岸边界的大小和其显著性被看作一个明显的边界或生态过渡带，这个过渡带取决于开放水域与高地相遇处的环境条件的严酷。环境梯度的陡和缓，是多种因素作用的结果，包括气候、地形、土地利用形态和地质状况。

河流边岸带是陆域集水区与河流水体的界面。在这一界面层内，环境胁迫最易富集，河流调节也最为活跃，是河流与景观环境耦合的核心部位。河岸界面在河流生态系统健康维持中起着十分重要的作用，并将河流与流域开发、人类活动干扰联系起来。

与河岸相互联系的浅层地下水，给开放的河流河道供应溶解养分，是在潜流带内通过微生物转化和运输进行的，可以局部提高生产力（Valett 等，1994）。该潜流层是浅层地下水区域（图 12-1），这是将河道地表水和深层地下水之间相连的界面。潜流会侧向延伸到河岸区域，在那里它影响着河岸植被，也受到河岸植被的影响。

在有高水头（hydraulic head）期间，交互作用是最为活跃的，通常与来自陆地的较强的地表径流相联系。在河流宽阔的河漫滩，每年的洪水导致在河道与河岸之间的侧向相互作用。这些相互作用在表层，可能有一个与潜流带相连的强大地下组分，这可用洪水脉冲概念来解释（Stanford 和 Ward，1993；Brunke 和 Gonser，1997）。

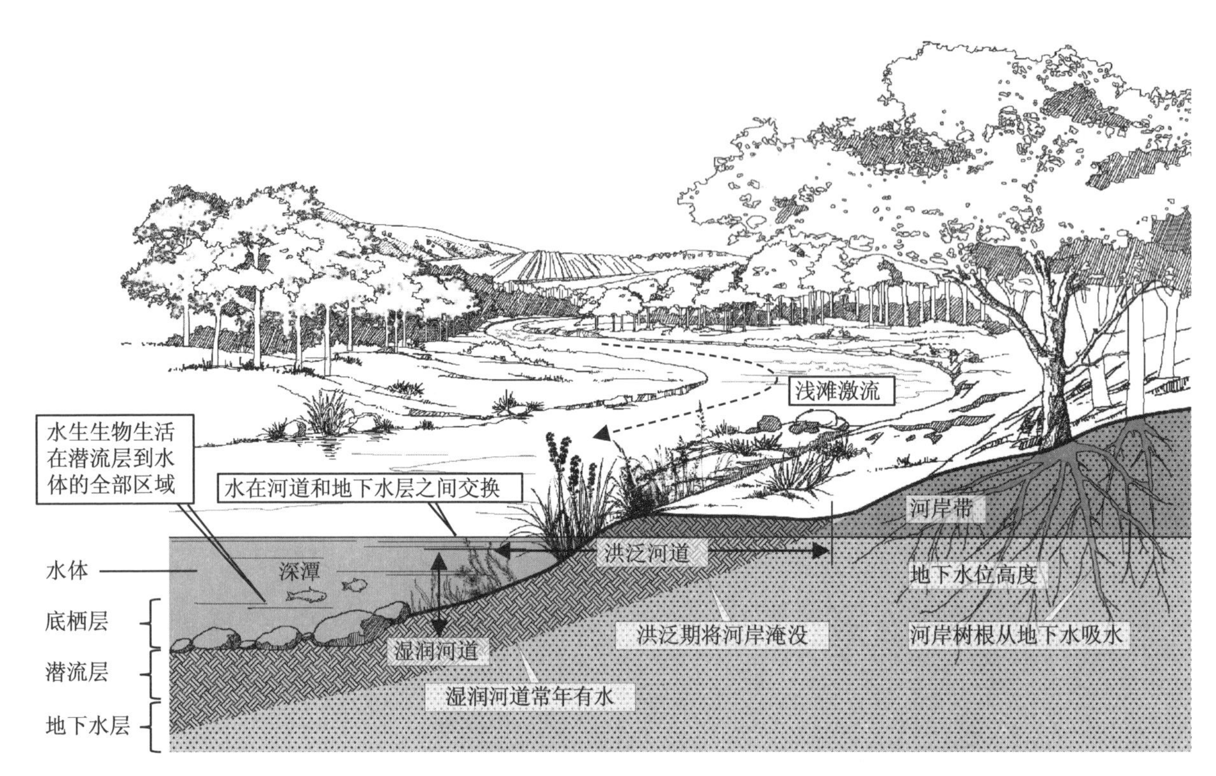

图 12-1 河岸过程和相互作用的主要途径和界面

非常重要的是，河岸环境提供了沿河谷气候的改善（Minshall，1992）。河岸环境强烈地影响开放河流的小气候、物理结构和食物资源。这种影响主要由植被的组成和密度驱动，反过来河岸环境又强烈地受到土壤、水、温度和光照条件的影响。地面的枯枝落叶构成了静水环境消费者的重要食物资源。陆地木质残体可以提供物理栖息地，调节径流和改善河道条件，并持留更小颗粒的有机物。河岸植被的影响，每年进入河道的枯枝落叶量，可溶性有机物的可用性，在一个河流系统内都是随着距离河源的大小而发生变化。

在河岸环境中，有几个因素对开放的河道是至关重要的（例如光、温度、营养物）。但另外一些因素也很重要，包括土壤类型和深度、水分有效性（例如水流速度、洪水持续时间等）、河岸带宽度、河岸带稳定性。相对于开放河道水域，河岸生境的主要生物成分，初级生产者主要是木本植物（尤其是灌木）、莎草等维管植物，脊椎动物的消费者主要是鸟类和哺乳动物。

河岸带植被是河道内的能量和营养物的主要来源。然而，向河岸植被补充的碳是通过陆地哺乳动物、鸟类或无脊椎动物对水生昆虫的捕食实现的（Collier 等，2002）。相邻陆地区域进入河流的粗颗粒有机物是以树叶、树枝、种子以及其他形式，在河流的营养动力学中起着特别重要的作用（Minshall，1967；Vannote 等，1980；Cummins 等，1989）。邻近的河岸植被很大程度上决定了河流表面的遮阴程度。光的有效性调节着藻类和高等水生植物的发育和生长。遮阴通过提高冷水环境调节着河流生物群落的热力机制，有利于大多数水生生物的生活（Swanson 等，1982）。去除河岸植被可能会导致水温升高，并由此导致溶解氧水平、无脊椎动物和鱼类数量的变化。

河岸带具有一系列重要的功能，包括：①水的物理过滤，如去除沉积物和重金属；②稳定河岸；③储水和地下含水层补给；④营养持留、运输和释放；⑤调节河流的光和热条件；⑥为水生消费者提供有机物质；⑦调节食物网组成；⑧为植物和动物提供迁移的走廊。

河流通过各种生命活动将环境中的外在物质、能量转变为河流本身的内在物质、能量，又把经过各种生命活动组合的内在物质、能量转变为环境的外在物质、能量和伴随的信息传递（即河流各种生态效应的发挥），正是通过两者之间的界面层来实现的。这是生物与环境相互作用和相互影响的本质所在。因此，可以认为河流界面生态学是研究河流与环境间的各种界面内发生的相互作用关系及生态过程，它将直接探索河流与环境间的能量流动规律，揭示生态界面的性质、生态功能和作用，从而直接评价河流的生态效益，更准确地反映河流生态系统的内在机理。

12.2 水文过程

水文循环（hydrologic cycle）描述了从降雨到地表水和地下水，储存和径流，通过蒸腾和蒸发，最终返回大气的连续水循环过程。水是影响河岸带结构与功能的重要因素，也是最不确定的因素。

水文周期随时空发生不确定变化，加上不定期的洪水作用（伴随洪水的发生，流量、流速、水深、含沙量发生相应变化）等形成河流空间异质性，如河流水文条件的季节和年际变化，造成了河岸区域呈现出洪水和干旱的交替循环过程，以及河边—河漫滩的环境变化梯度。每年河流径流对河岸带产生独特的水文和沉积作用，使河岸带地形地貌和土壤结构发生变化，导致河岸带植物群落明显不同于周边高地，河岸带植被呈斑块分布。河流中流动的水是直接来自降水及从陆地侧向进入河道的水的总和。这种侧向输运的量及时间直接影响河流水流的量和时间，并进而影响到河流廊道的生态功能。

在局部尺度上，季节性洪水干扰，即洪水脉冲导致空间异质性和小地形改变，而影响河岸植物群落多样性与结构；河水漫溢提高了土壤种子库的存活力及生物多样性，增加了浅根系和草本植物种类，洪水甚至引起植物群落演替。洪水的发生，可使河床内部产生一定的异质性，使得河岸带呈现出复杂的初始地貌。河岸带结构的影响程度取决于洪水发生的频率和持续时间。

对决定河流生态系统结构和功能的生物、非生物过程的主要影响是水流的变化（Covich，1993）。大的水流不仅对沉积物的运输是重要的，而且对河漫滩湿地与河道的再连接也是重要的。河漫滩为鱼类提供产卵和育幼生境，以及水禽的摄食生境。一般来说，很多河流种类生活周期的完成需要一系列不同的生境类型，这些生境类型的时间可利用性决定于水流机制。对这种环境动态的适应使得河流物种在干旱及洪水期间（干旱及洪水破坏及再创造生境元素）能够延续下来。

12.3 地貌过程

水文学过程推动着地貌过程，而地貌过程是形成泄流格局、河道、河漫滩、阶地及其他流域及河流廊道特征的主要机制。

三种主要的地貌过程与水流有关，它们是：①侵蚀，即土壤颗粒的分散、冲刷；②沉积物输运，侵蚀的土壤颗粒在水流中的运动；③沉积物沉积，侵蚀的土壤颗粒在水体底部沉积下来，或者随着水的离去而留在后面。沉积物的沉积作用可以是短期的，如在河道中从一次暴雨过程到另一次暴雨过程；也可能或多或少是长期的，如在大的水库的沉积。

河流廊道中的河道、河漫滩、阶地及其他特征主要是通过由流水侵蚀、输运及沉积物沉积形成的。河道及河漫滩的沉积物颗粒可以根据其大小进行分类。砾石是最大的颗粒，黏土是最小的颗粒。颗粒的密度依赖于颗粒大小及颗粒组成。不论颗粒大小，河道中所有的颗粒都被向坡下或下游运输。通常，只有很大的水流才有能力移动最大的颗粒。

沉积物沉积是河岸生态系统中非常重要的过程，对营养物质的再分配和输出有重要意义。河漫滩是由两种河流过程（侧向和垂直增长）形成的。侧向增长是沉积物在河流弯曲内侧的沙坝上的沉积。垂直增长是沉积物在河漫滩表面的沉积。河流纵向蜿蜒性形成了急流与缓流相间，且横断面形状多样性。特别是在洪水期，水流侵蚀与淘刷，造成岸坡滑坡、河岸崩塌、河道改道；水体中携带的泥沙在某一区段逐渐沉积形成河漫滩。地表水蚀引发颗粒运动等作用，导致地表土壤颗粒的逐步位移，如溶质运输、枯落物、地表侵蚀蔓延、根生长、碎片崩塌、跌落和泥石流等，均可改变河岸带结构与生态效应。侵蚀影响河岸植被的演替格局，大量树木倒伏与大量沉积物沉淀作用，改变地貌形态并影响植被结构。此外，一些地理因素如地形对土壤堆积、再分配具有制约作用。河岸岸坡的陡峭程度影响着土壤侵蚀机理和营养物质组成。地形通过对特定位置的土壤形成、地貌过程、干扰机制、光、水和营养物质的有效性等综合影响，从而对河岸植被的生长进行调节，使得河岸植被类型、结构与分布随地形的位置、坡度和表面属性不同而不同。

12.4 生物学过程

对河岸生物学过程的认识，需要了解河岸的重要生物组分是什么，在河岸系统中可能发现什么生物学活动，河岸带结构如何维持各种各样的有机体种群及群落，对河岸带生物多样性有贡献的水生系统结构特征是什么，发生在河岸带中的一些重要生物学过程是什么。

12.4.1 河岸植物的适应性

河岸带周期性遭受洪水淹没的特点，对河岸带植物的生物学特征有着强烈的影响。河岸植物围绕适应河水的周期性淹没（即洪水脉冲的影响），采取了三种适应方式：忍耐、持续和回避。在形态上，耐水淹植物有不定根和根的适应性；为了适应河岸带土壤淹水时的缺氧环境，许多植物的根和茎具有发达的通气组织。在繁殖方面的适应特点表现为有性繁殖和无性繁殖交替进行、种子大小变化、休眠时间长短、种子扩散时间及扩散机制等等，都表现出了相应的适应性变化。在河岸带区域，一些植物利用流水传播种子，从而扩大其分布范围。

河岸带植被影响流域水土的生态过程。河岸植被根系可以阻止水流对河岸侵蚀，调节洪水以及河流的流速、降低输入河流中沉积物的量。大木质碎片和倒木对沉积物和枯落物的移动有缓冲作用，可以增加河岸高度。河岸带植被可以产生更多的枯落物，且其分解速率相对较快。朽木与枯落物分解、碳矿化、氮吸收和固定，增加土壤厚度与营养物质，为植物生长发育提供营养来源，降低洪水水蚀作用和稳定堤岸。河岸带植物群落固岸作用主要是通过植物根系深入土层，增加根际土层的机械强度和土壤的聚合力，并增大河岸切向力，以减小块体运动和抵御泥沙侵蚀。乔-灌-草复合群落的植物根系可以垂直深入河岸内部而稳固河岸，尤其在短期的洪水侵蚀河堤且水位经常发生变化时，灌木与草本植物可以有效发挥防洪和防侵蚀作用。此外，河岸带植物群落会改变水量平衡的各个环节，影响河道径流和水分状况。河岸带植物形态方面对水文过程的影响主要表现为阻流、导流和截流三个方面，往往会减缓流速、增加淤积、抬高水位，树干径流和根系导流会增加入渗，加强地下水和地表水之间的联系；树冠截留既能捕获横向降水，也会造成截留损失。同时，河流径流、地下水位、土壤水盐、pH 值、有机质及地形、海拔等环境因素均影响河岸植物群落物种组成与分布。

12.4.2 河岸林及其生态功能

12.4.2.1 河岸植物群落

许多动物都与特定的植物群落以及这些群落的特定发育阶段联系在一起，一些动物依赖于这些群落内的特定生境元素。河流边岸植物群落的结构通过给水生食物网提供适当的有机物输入、通过给水体表面遮阴、给边岸提供被覆、通过输入木质残体影响河流生境结构，进而直接影响水生生物。

河流廊道生态系统的生态完整性与组成廊道的植物群落及廊道周围的植物群落有着直接的关系。这些植物群落是生物群落的能量来源，并提供物理生境、调节太阳能的输入以及周围水生和陆生生态系统的能量输入。给予适当的温度、光照和水分，植物群落就能生长，完成活跃的生长、繁殖。

植物群落的分布和特征决定于气候、水分的可利用性、地形特征、土壤理化特性，包括水分和养分含量。植物群落的特征直接影响动物群落的多样性和整体性。覆盖区域大、在垂直和水平结构特征上多样化的植物群落，比均质的植物群落（如草地）能支持更多样化的动物群落。

陆生植被的数量，以及其物种组成能够直接影响河道特征。河流边岸的根系统能够约束边岸沉积物并缓和侵蚀过程。掉落入水中的树木和小的木质物残体能改变水流流向，并在某些点上引起侵蚀，而在另一些点上造成沉积。木质物残体的累积能影响水潭分布、有机物和营养物的持留，以及重要鱼类和水生无脊椎动物群落的微生境形成。

河流水流也受到陆生植被丰度和分布的影响。清除植被的短期影响可能通过降低蒸发及进入河流的额外补水，立即导致局部水位的短期上升。然而，清除植被后，从长时期看，河流基流可能降低，水温可能上升，尤其是在低级别的溪流。植被的清除引起土壤温度和结构的变化，导致进入土壤及通过土壤剖面的水分减少。地表枯枝落叶的丧失以及土壤中有机物的逐渐丧失也能引起地表径流增加和渗透的降低。

在大多数情况下，植被最明显的功能是影响鱼类和野生动物的那些功能。在景观水平上，明显影响野生动物的土著植被类型的片段化，常常有利于那些需要大的邻近生境的机会主义物种。在一些系统里，河流廊道连续性的相对小的中断，对动物的运动可能有重要的影响，或可能对维持某些水生物种的河流环境的适宜性有重要影响。边缘生境狭窄的廊道可能有利于泛化物种、巢穴寄生生物及捕食者。

植物群落可以按照其内在复杂性来描述。复杂性可能包括植被层数、每一层的物种组成；物种之间的竞争反应；碎屑的存在，如枯枝落叶、凋落的木质物等。植被可能包括树木、小树、灌木、藤蔓植物及草本植物层。微地貌及水在局部地段形成水潭的能力，也可能被看作特征性结构成分。

垂直复杂性是生态学文献中描述分层多样性和植物高度多样性的术语。研究表明，河岸鸟类物种多样性与河岸植被的高度多样性之间相关性很高。结构多样性很高的植被生境，支持更多的鸟类种团(guilds)，因而具有更多的物种。

植被的物种和年龄组成也可能是非常重要的。简单的植被结构，如没有上层林冠的草本层或没有更小的植物类群的老河岸林，为种团创造的生境很少。种团越少，物种越少。植被的质量及活力能够影响为野生动物提供食物的果实的生产力、种子、枝条、根和其他植被物质。活力很差的植被提供的食物很少，维持的消费者（野生动物）也很少。增加河流边岸植被类型的斑块大小（面积），增加河岸树木大小类型的数量，增加物种数量及河岸依赖的土著植被的生长形式（草本、灌木、树木），上述这些都能增加种团的数量和食物的数量，并导致物种丰度和生物量的增加。

植物群落在河漫滩上的分布与洪水深度、持续时间、频率、土壤及排水条件的变化有关。一些植物种类，如杨树、柳树、银白槭（*Acer saccharinum*）适应于新沉积的河漫滩，可能在种子掉落并成功扎根的短暂时期内，需要非常特殊的洪水消退格局。其他一些种类如落雨杉（*Taxodium distichum*）总是与牛轭湖联系在一起；而其他植物与河漫滩内的地形变化联系在一起，河漫滩内的地形变化反映了跨越景观的河道的缓慢迁移。

12.4.2.2 河岸林

河岸林常见于河流两旁的河岸区域，包括河岸灌丛及河岸乔木林。同高地植被相比，河岸林有三个主要特征：①因河岸林位于河溪两侧，一般呈狭长带状；②由相邻生态系统向河溪传送的物质和能量，必然经过河岸林带，因此河岸林是典型的生态交错带；③河岸林将河流上游和下游连为一体，是高地植被和河溪水体之间的桥梁。

河岸林特征及其生态过程是由流域气候、地质、地貌过程、河流生物和非生物过程决定的。河流的季节变化明显地影响河岸林的种类组成、物候、结构及生产力。不同区域和流域，河岸林类型、组成、结构、动态等都有差别。河岸林是河流生态系统的重要组成部分，是河流与陆地之间重要的生态交错带，在流域系统中发挥着独特的水文调节功能和生态功能，在维护流域景观稳定和生态安全方面发挥着重要作用。河岸林的主要功能包括为动植物提供避难所和迁移廊道，稳定河岸，营养元素循环，水质净化，缓冲洪水影响，地下水交换，调节微气候环境等等。

河岸林是地球上生物多样性较为丰富和复杂的生境之一，为动植物及微生物提供栖息、繁衍、迁移、扩散通道以及生物避难所。河岸林具有斑块状分布的特点，在河流与陆域集水区之间构成了一个不同物种和结构的镶嵌群落。洪水脉冲影响着河岸林发育的成熟程度，并由此形成不同的生境结构，维持了较高的生物多样性。大量研究表明，河岸林的鸟类多样性和物种丰富度高于相邻的陆地。在高地和河岸林两种生境下，河岸林中鸟类的物种多样性高于高地森林，并且所有种类组成密度也高于高地森林。

河岸林降低了河流对河岸的侵蚀速率；通过河岸树木根系的固着，增强了河岸的稳定性。河岸林可以阻止降水期间水对河岸的直接冲刷，从而增强河岸稳定性。

河岸林通过地上枯枝落叶、树干的阻隔、缓冲作用，地下根系的过滤、吸收、阻隔，以及枯枝落叶层的蓄积、拦截，对通过河岸带的地表径流进行拦截、吸收、降解、净化，从而有效地净化地表径流水质，保证河流的水环境质量。河岸林通过植株的拦截作用和枯枝落叶层的延缓作用减少沉积物进入河流水体。河岸林通过植物体本身和土壤作用对氮进行矿化、硝化、反硝化、吸收、固定，减少进入水体的氮含量；通过河岸林对流经其中的磷进行吸附、吸收、降解，减少进入水体的磷含量。

河岸林对流域小气候有较好的调节作用。河岸带林地的空气状况、地表温度、相对湿度和阳光辐射强度都与周围环境存在明显差异。白天，河岸林内的温度、蒸发、湿度等气象因子，与周边环境明显不同，形成河岸林内部的微生境。河岸林宽度、高度、密度、盖度及林冠垂直结构，直接影响着河流周边的微气候。河岸林的覆盖显著影响着河水的温度，并影响到鱼类的生存。缺少河岸林的溪流，水温高出有植被覆盖的河水 10 ℃以上。河岸林对河流水体起到了很好的遮蔽作用，降低河水温度，改善了河流局部水环境，形成适宜于鱼类生存的近岸水域温度格局。

12.4.2.3 河岸野生动物

河流廊道的动物种类组成是食物、水、植物被覆及空间排列相互作用的结果。由于河流廊道接近水源和生物群落（这些生物群落主要由阔叶树组成，提供了食物来源，如花蜜以及花、芽、果和种子），因此，河流廊道为很多野生动物提供了优越的生境。

河流廊道通常比其他生境类型更多地被野生动物所利用，对野生动物种群来说是主要的水源。水对动物是非常关键的，在很多地区河流廊道是景观中唯一的永久性自然水源。这些相对潮湿的环境对河岸区域的高初级生产力及生物量具有贡献，它与周围的植被类型及食物来源形成鲜明的对比。在这些区域，河流廊道提供了关键的微气候环境，通过提供水、遮阴、蒸发及覆盖，改善了高地的温度和水分条件。

河岸植被的空间分布对野生动物也是关键的因子。河流的线性排列产生了使物种丰度增加的边缘效应，因为物种能够同时接近一个以上的生境类型，并且利用两者的资源。沿着多种生境类型存在着边缘，包括水体、河岸带及高地生境，边缘效应导致河流廊道物种多样性的增加。

河流廊道通常比其他生境类型更多地被野生动物所利用，对野生动物种群尤其是大型哺乳动物来说是主要的水源。例如，60% 的亚马孙河流域野生动物依赖于河岸区域生存。在美国犹他州和内华达州的大盆地区域，已知 163 种陆生脊椎动物依赖于河岸带（Thomas 等，1979）。由于高地及河岸物种具有较广的适应性，与美国普列利草地相联系的中西部河流廊道，比高地维持着更高的野生动物多样性。河流廊道在维持所有类群脊椎动物的多样性方面都起着较大的作用。

12.5 河岸生物地化过程

河岸植被系统不仅是陆地与水生生态系统的缓冲区，也是陆源氮素向水体迁移转化的关键区。在大多数河岸生态系统中，土壤微生物对有机氮的固化是植物可利用氮的重要来源，氨化作用和硝化作用在氮素循环过程中起着至关重要的作用，影响着植物及微生物对氮素利用、氮的淋洗程度及反硝化引起的氮损失等过程。

氮素是陆地水体的重要营养元素，相邻高地土壤中的氮素经非点源途径通过河岸带进入水体。河岸带系统能够通过物理、生物和生物化学过程，实现对氮素的截留转化。

相邻高地上的溶解氮（NO^-_3-N、NH^+_4-N）、土壤颗粒吸附态氮及有机残体结合的氮素，主要通过地表径流和地下径流两种途径进入河流。地表径流发生时，大量有机态氮（牲畜粪便、枯枝落叶等）、土壤颗粒吸附态氮以及溶解态氮会在径流运输下，经过河岸带进入河流。在壤中流和地下径流的形成过程中，溶于水中的氮素会随水一同进入壤中流和地下径流。河岸带通过一系列物理、化学和生物化学过程实现对氮素的截留转化。地表径流中的氮素，主要通过物理过程，即沉积和渗透等实现截留。渗透到土壤中的氮素，可通过植物吸收、微生物固定、反硝化作用及土壤吸附等过程实现截留转化。

河岸带上茂密的灌丛和草本植物可通过对地表径流的过滤作用，使得径流中一部分含氮颗粒物滞留下来，固持在河岸带上（王庆成等，2007）。河岸带内深厚的枯落层和疏松的土壤结构有利于地表水下渗，并促进溶解性氮素随水渗透到更深层土壤，降低地表径流对可溶性氮的转运能力，可为植物吸收、土壤吸附、反硝化作用创造条件。

河岸带氮素滞留或去除的机制主要包括植物吸收、反硝化作用及微生物固持等。较高的有机物含量及厌氧环境有利于反硝化作用。因此，对多数河岸带而言，反硝化作用常常被视为该系统减少外源氮输入最重要的过程。

渗透到壤中流和地下水中的氮素通过植物吸收、反硝化作用、微生物固定等一系列生物和生物化学过程得以清除。植物吸收和反硝化作用是河岸带截留转化氮素的最主要机理。河岸带是典型高生产力生态系统，含有大量不稳定有机物质；河岸带处于河流边缘，经常处于水饱和状态，形成氧缺乏环境；邻近高地氮素的不断输入和植物凋落物分解，为反硝化作用提供了充足的无机态氮和可利用碳。

不同环境条件下土壤中氮素转化的过程是不同的。富含铵态氮的农田土壤，硝化作用为氮素转化的主要过程，也是 N_2O 的主要排放源。河岸带较高的有机物含量及厌氧环境有利于反硝化作用。由高地到河流水体，反硝化作用的限制因子由厌氧程度逐渐转化为硝态氮含量。对于农业景观中的河岸带，由于邻近农田大量氮素的输入，河岸带土壤氧化-还原状况成为植物体吸收氮素及土壤氮素关键的生物地球化学过程（硝化作用，反硝化作用及有机氮矿化等）的限制因子。通过对上述过程的控制，土壤氧化-还原状况决定了河岸带去除滞留氮素的能力及其 N_2O 排放。显而易见的是，水位波动直接导致了河岸带土壤的氧化-还原状况及其变化。

河岸带能有效地降低氮素向河流输入，但不同河岸带之间截留转化效率存在较大差异，主要受河岸带水文学过程、土壤特征、植被状况、河岸带宽度及其他因素的影响。水位高低是氮素截留转化的限制因子，当水位较高时，水可以直接通过土壤浅层径流经河岸带进入水体，其反硝化速率很高；同时水流经过植物根区，植物吸收作用很强，对水体保护也最为有效。河岸带的氮素截流转化效率受植被类型、植被带宽度以及植被年龄等因素的影响。河岸带植被类型一般包括草地和森林，许多研究表明，草地河岸带和森林河岸带均能有效地截留转化来自农田径流中的氮素。河岸带的氮素截留转化效率还与河岸带植被宽度密切相关，河岸带越宽，氮素截留转化效率越高。河岸带对氮素截留转化除受水文学过程、土壤特性和河岸带植被状况的影响外，还受人类活动及季节等因素影响。

第 13 章
河流木质残体的功能

13.1 河流木质残体及分类

13.1.1 粗木质残体概念

河流生态系统与陆地生态系统通过水流在物理、化学和生物学上发生紧密联系。在森林区域，这种联系的最明显表征就是在溪流河道堆积的大量粗木质残体。粗木质残体（coarse woody debris，CWD）是森林或河溪生态系统中残存的超过一定直径的站杆、倒木、枝丫及地下粗根残体等死木质物的总称。粗木质残体是自然河溪特别是在森林河流（尤其是较小的溪流）中常见的重要结构成分。通常把直径大于 2.5 cm 的木质物称为 CWD，较小的则归为枯枝落叶（litter）（Harmon 等，1986）。然而，也有不少研究者认为从木质物对河道形态影响的角度来看，粗木质残体可能更大，通常直径>10 cm。1925 年 Graham 曾指出“倒木（Fallen trees）是森林生态系统中的一个生态单位（ecological unit）”，强调倒木的生态功能。但直到 20 世纪 70 年代，木质残体才真正被认为是森林生态系统中的一个生态单位。

综合 CWD 的外貌特征、范畴、功能及其生活史动态，将 CWD 概念作如下定义：CWD 是指完好并处于不同腐解时期，直径（通常指粗头部分）>10 cm，长度>1 m 的倒木、枯立木、大凋落枝，以及直径>10 cm、长度<1 m 的根桩，和直径>1 cm 的地下粗根残体，它们是河流生态系统的结构和功能单元，具有参与河流生产、塑造群落生境异质性、维持生物多样性和食物网的功能。

林地特别是河岸带中的死木质物产生后，一些直径较小的粗木质残体往往会因重力、风力的作用或随地表径流进入溪流生态系统。此外，紧邻河岸边的树木由于枯倒、风折或河水对河岸的冲蚀，而以大倒木的形式进入溪流成为碎屑坝（debris dam）（Gregory，1985）。一些动物和人类活动也是溪流粗木质残体形成的重要原因，如河狸捡拾枯枝筑坝或人类砍倒树木作为过河木桥等。

森林生态系统中的粗木质残体因自然力或人力进入溪流生态系统后，就成为溪流粗木质残体，它是陆地生态系统对水生态系统最重要、最直观的输入和干扰之一，也是陆地生态系统与水生态系统之间的重要功能联系（邓红兵等，2002）。

倒木是一种自然现象，是粗木质残体的类型之一。被风吹倒的树木一般是已经自然死亡的枯木，如果是在河岸滨水区域，就会倒伏入河流。通常，河流倒木是指在河流中长度大于1 m、直径大于10 cm的死木，即粗木质残体。

13.1.2 粗木质残体的分类

对CWD的分类包括依据形态和尺寸大小的等级分类，根据CWD的水分含量在其体内的滞留时间（例如1~10 h，100 h等）制定的分类系统，以及根据CWD腐解程度划分的腐烂等级系统。最初的CWD分类是根据其最明显的特征来划分，主要包括其在群落中所处的状态（position）和尺寸大小等级等。

森林流域的CWD类型主要包含站杆（也称枯立木）、倒木、枝丫及根系。此外，还包括地面根桩、地下粗根等。生态学家最感兴趣的还是根据粗木质残体的形态和尺寸大小，根据其在群落中的状态和位置，将其分类为：枯立木（snag）、倒木（fallen wood，或log）、树桩（stump）、大枯枝（large branch）、小枯枝（twig）、在活树上尚未掉落的枯死小树枝（suspended twig）。

尺寸大小等级划分主要根据其直径判断，以前普遍采用的是Harmon在1986年的划分方法。但随着研究的深入，CWD的划分依据进行了调整，目前最为通用的是Harmon等在1996年制定的标准，并于1999年被作为长期生态学研究LTER的通用标准来执行，即直径>10 cm的死木质物为粗木质残体（CWD），1 cm≤直径<10 cm的木质残体为细木质残体（FWD），直径<1 cm的为凋落物（litterfall）。这个分类称为一级分类。在一级分类基础上，按照CWD在群落中所表现的状态和长度可进一步分为根桩（stump）、大枯枝（large branch）、枯立木（snag）、倒木（log）和粗根残体（CRD），称为二级分类。

CWD在河流中，有以个体形式独立存在的，也有以聚集体（jam）形式出现的，大多数时候是以聚集体形态存在。河流CWD的生态作用与其聚集体大小、聚集形态及方式有关。由于CWD的生物量几乎超过整个枯死木的20%以上，因此，对改善河岸土壤结构、维持河流生态系统养分循环具有重要作用，同时还为众多的生物提供生存空间。

13.2 木质残体的生态功能

对CWD功能的认识是逐步深入的，过去很长一段时间人们对CWD的认识是相当片面的。20世纪50~70年代在美国西北太平洋地区，人们总是认为溪流CWD对航运、鱼类洄游有阻碍作用，因此想方设法采取措施清除河流中的CWD。后来的研究发现，这些清除CWD的措施，反而造成河流系统结构简单化、水生生境及生态功能退化等不良后果。由此，从20世纪80年代初开始在北美地区开展了河流 CWD 的生态学研究。大量研究表明，河流 CWD 对河流形态多样性塑造、河槽形态及其变化过程、泥沙拦截和沉积、丰富多样的水生生境的形成、生物多样性维持、养分循环、河流生态系统稳定等许多方面都起着重要作用。河溪生态系统最重要的地貌特征之一，是散布着粗木质残体，因此，粗木质残体已经成为河流地貌的重要结构要素。CWD 是流域生态系统（特别是森林流域生态系统）中重要的结构性和功能性组成要素，是组成流域生态系统食物网结构、空间结构的重要单元，也是联系森林流域生态系统养分循环、碳库贮存、群落更新以及为其他有机体提供生境等主要功能的载体和纽带。

河流 CWD 的生态功能主要包括以下方面：

1. 维持河流形态多样性

由倒木、树桩、大枯枝、小枯枝以及更为细小的木质凋落物，无论是以个体的形式，还是以聚集体的形式，在形成及维持河流形态多样性方面都发挥着重要作用。由 CWD 在河流纵向梯度上形成的各种结构，以及在河流横向梯度上形成的异质性结构，都极大地增加了河流形态多样性，由此形成众多的水生生境（图 13-1）。CWD 在河流中分解较慢，滞留时间较长，且由于从上游或河岸带有源源不断的 CWD 输入，因此在一个河段中常有处于不同分解阶段的 CWD，它们可单独存在，或呈聚集状态，由此产生了河段基质形态的多样化及河流生境小尺度空间的异质化。

图 13-1　倒木形成多样化水生生境、提供生物庇护场所等生态功能（内蒙古乌奴耳河）

2. 形成多样化水生生境

CWD 对水生生境的影响主要包括以下方面：在岸边堆积形成多孔穴的生境结构；在纵向梯度上

通过形成CWD坝体结构，构建深潭-浅滩生境序列。CWD增加了河道基质的粗糙度，通过对河道基质构成产生影响，形成具有不同基质的空间斑块，从而使水生生境的多样性增加。CWD的聚集改变了微水文形态，使得水文形态更加多样。研究表明，在坡度较大（>5%）或中等（2%~5%）的河流中，CWD常常形成水潭（Andrus等，1988；Robison和Beschta，1990；Montgomery等，1995；Abbe和Montgomery，1996）。在流域上游的森林溪流，CWD甚至形成了约80%的水潭。在坡度较小、较宽的河流中，由CWD形成的水潭较少。CWD可为鱼类等水生生物提供重要的庇护场所，尤其是在输入进入河流的初期，CWD附有大量枝条并悬覆在河道上，为水生生物提供了较好的庇护空间。

3. 维持河流生物多样性

CWD是维持河流生物多样性的重要机制之一，这是因为CWD自身是河道中的基质组分，为一些水生物种提供栖息和附着基质。CWD在河岸及河道的存在与聚集，使得河流形态多样性大大增加，进而提高河流生境多样性，维持着更多的水生生物物种存在。倒木、树桩、大枯枝、小枯枝以及更为细小的木质凋落物，无论是以个体的形式，还是以聚集体的形式，都在形成及维持河流形态多样性方面发挥着重要作用。CWD在河流中分解较慢，滞留时间较长，又由于不断有CWD从上游或河岸带输入，从而在一个河段中常有处于不同分解阶段的CWD，呈个体或聚集状态，并呈现出不同的排列组合。因此，CWD的这种分布产生了河段基质的多样化或河段的异质性空间。这种异质性空间可为一些物种的栖息或繁育提供场所。在坡度较小含有大量细沙的河流，CWD常常成为稳定的、质地粗糙的河流基质，成为一些依赖CWD栖息的生物物种的生存场所。由CWD分解而产生的多样化微生境，使大型无脊椎动物群体多样性增加。CWD表面由于被长期破碎、分解，以及受到水的冲击，其表面逐渐粗糙并复杂化，使得CWD表面形成了多样化的微生境，为大型无脊椎动物提供栖息环境，使得生物多样性整体得到提升。此外，CWD能够产生流速较小、基质较细的沙砾沉积区，从而在洪水发生期间，为一些物种提供避难场所。

CWD本身含有养分，被破碎、分解后，释放养分，维持着河流水生食物网的存在。CWD也可拦截大量有机碎屑，为河流生态系统提供能量与物质。由于CWD对有机碎屑（枝条、叶子等）的拦截为水生生物提供了物质、能量，通过对河流系统中养分与能量结构的再分配，使得水生生物多样性得以提高。

上述种种，都是CWD维持河流生物多样性的重要机制。事实上，影响河流生物多样性的因素很多，CWD及其形成的异质性生境只是其中的一部分因素。其他因素包括水温、水量、基质构成、干扰因素、河岸带植被特征等，所有这些因素综合决定着河流的生物多样性。

4. 拦截泥沙、稳定河道

CWD或其聚集体对泥沙具有明显的拦截作用，除了其自身可直接拦截泥沙外，还能够阻拦、分流水流，形成流速较低的泥沙沉积区。此外，CWD能够稳固河岸及减低对河岸的冲刷。倒木对泥沙的拦截作用主要表现在3个方面：①倒木本身可以拦截一部分泥沙；②倒木对水流具有阻拦、分流的作用，从而形成流速较低泥沙沉积区；③倒木具有稳固河岸及减低河岸冲刷的作用，从而减低泥沙的形成与输送。

研究表明，CWD 对泥沙的拦截量超过年泥沙量的 10 倍。清除河流中的 CWD 会减少泥沙的拦截量，增加泥沙的输出。CWD 对泥沙的拦截作用因河流大小而异。随着河宽或河流级别的增加，CWD 稳定性降低，对泥沙的拦截作用也降低。在宽度较小但坡降较大的河流中（1 ~ 2 级河流），CWD 通常是形成梯级水潭的主要结构成分，这种梯级水潭可以降低水能，并拦截更多的泥沙。Bilby 和 Ward（1989）发现在宽度小于 7 m 的河道中，有 40% 的倒木对拦截泥沙有作用；而在宽度大于 10 m 的河道中，则只有 10% 的倒木对泥沙有影响。

河流 CWD 对河岸及河道稳定、减少河岸冲刷具有重要作用。在较低级别及宽度较小的河流中，CWD 容易形成梯级—水潭（step-pool）生态序列结构，它们可降低或耗散水的冲刷能量，从而稳定河道。在坡度较大、宽度较小的 1、2 级溪流中，CWD 是溪流内水潭形成的主要结构要素。在低级溪流，CWD 特别是垂直于水流方向的 CWD 聚集体易形成梯级水潭，这种梯级水潭结构能降低或耗散水的冲刷能量，从而有助于河道稳定。

5. 促进并维持养分循环

河流中的 CWD 一旦进入河道后，就开始了破碎及分解过程。CWD 养分的分解与释放，以及通过 CWD 截持或储存有机碎屑，都影响着河流养分循环。CWD 的 C 含量较高，但养分含量低；在水中的分解比在陆地要慢（Harmon 等，1986）。因此，CWD 在漫长的分解过程中释放的养分较低；有机碎屑（叶子、枯枝等）所含养分较高，CWD 通过截持或储存有机碎屑影响养分循环。CWD 能有效截持大量的有机碎屑，这些有机物质是许多水生物种的重要物质与能量。研究表明，增加河流中的 CWD，河流中有机碎屑的储存量增加。CWD 对大麻哈鱼的残体有明显的截持作用，这种截持对河流生态系统养分及生产力的提高有十分明显的作用。

13.3 木质残体的分布与动态

13.3.1 河流中木质残体的分布

溪流粗木质残体对森林水生生态系统具有重要的生态功能，但它的存留量、分布以及它的生态意义因所研究的森林生态系统、河流大小不同而异。河流 CWD 受水流冲击与搬运，与泥沙及河道相互作用，它们在河流网络呈现独特分布，有的 CWD 全部或部分在水中，有的可能被沉积物埋没，也有的 CWD 可能在深水中。气候、土壤、河流流速、地形、坡度、河床宽度、林龄、林分密度和森林群落的组成等共同决定着 CWD 在河流生态系统中的总量和分布。有时，大的洪水会导致河岸带树木死亡，从而增加河流中的 CWD。人类可以通过砍伐等活动显著改变林分向河流输入的 CWD 总量。

河道中 CWD 的分布和数量受到河流宽度大小的影响（图 13-2）。小的溪流倾向于有更多的且随机分布的 CWD。在大的河道中木质物更易被运输，因此数量减少，剩余木质残体的聚集减少。尽管一般情况是随着河道宽度增加，粗木质残体数量减少，但在大河中粗木质残体的积累还是偶尔会达到相当大的程度。

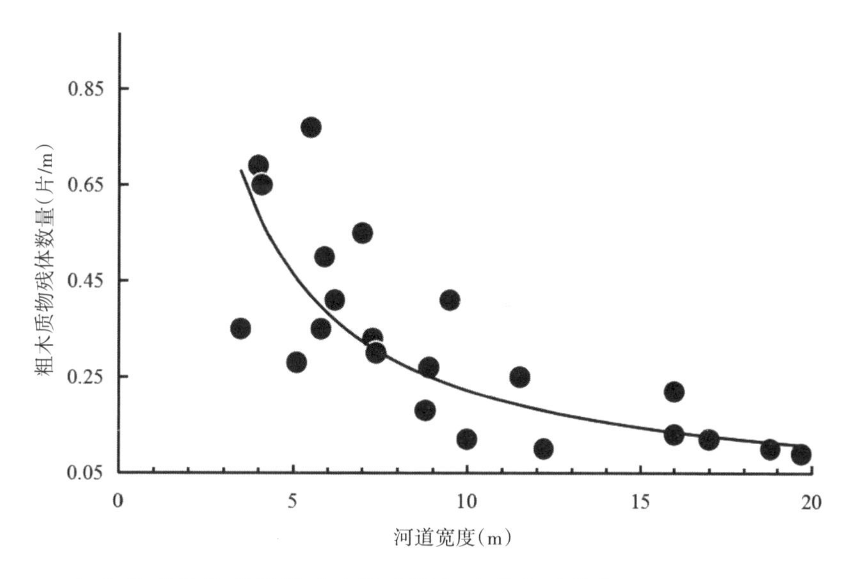

图 13-2 粗木质残体的数量随溪流宽度增加而减少（引自 Naiman and Bilby，2001）

CWD 的数量和分布也受到河岸带植被密度和物种组成的影响。在河流系统中，CWD 数量与河岸林的树木密度成正相关关系。通常，针叶树产生的木质残体比硬木阔叶树要多，成熟的针叶林所产生的木质残体比幼龄林更多。CWD 在美国西北太平洋地区河溪中的数量可高达 40 kg/m^2。河岸植被是这些物质的唯一来源。在 1、2 级河溪中，CWD 大而多，其总盖度高达 50%。较大河溪中的 CWD 主要来源于上游河溪，总量较低（1～5 kg/m^2）。随河水季节变化，CWD 或随流水传送至下游，或滞留于河溪中某一河段。河溪 CWD 的类别、数量及分布与河岸植被的组成、结构和演替密切相关。流经幼林或采伐迹地河溪中的 CWD 总量，仅仅是成熟林、过熟林中河溪的 5%～20%。这类河溪中的 CWD 以阔叶树为主，长度较小，在河溪中停留的时间短。CWD 在溪流中的分配不是平均的，Rikhari 等（1998）在中部喜马拉雅地区两条河流的研究表明，CWD 贮量在河流两岸都是从底部到顶部下降的。

河道类型与粗木质残体数量有关。具有卵石和基岩河床的约束型河道，其粗木质残体的数量仅仅是那些细底质的非约束型河道的一半（Bilby 和 Wasserman，1989）。这种差别可能是由于在非约束型河道，河岸砍伐导致输入增加；而在约束型河道由于高能量水流，使得向下游输运木质物的能力更大。

河流大小在决定河道中粗木质残体的数量方面具有非常重要的作用。通常，河道中粗木质残体的大小（直径、长度、体积）随河流大小的增加而增加（图 13-3）。这种增加趋势是由于大的河流具有更大的输运木质物的能力。在宽度较大的河道中，小的木质物更容易被水流冲走，仅保留下那些大的木质物，虽然导致河道中木质物数量减少，但平均每个木质残体更大。

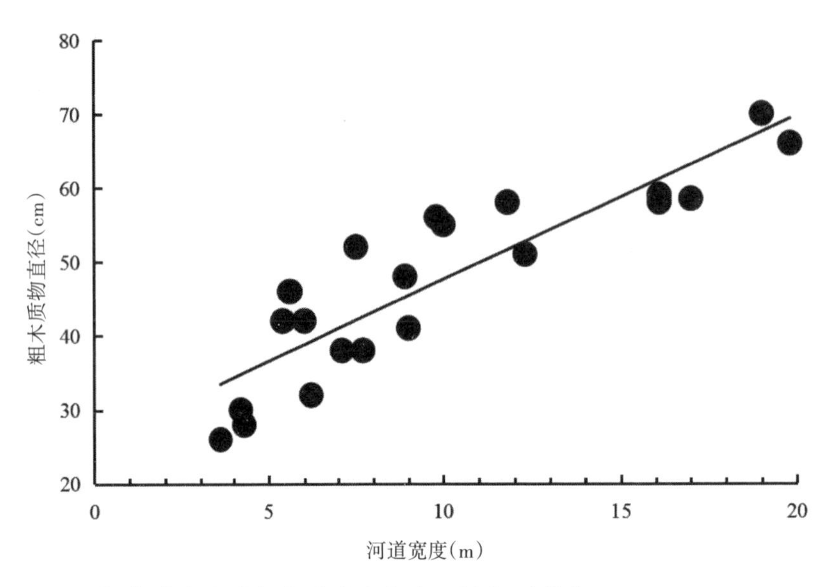

图 13-3 粗木质残体的大小随溪流宽度而增加（引自 Naiman and Bilby，2001）

在自然状况下，河溪中的 CWD 形成一系列阶梯深潭，发挥其稳固河岸、调节径流（如降低洪峰)、影响沉积物的分布与变化，或形成临时积水池塘，为鱼类和其他水生动物提供栖息地的作用。Hedman 等（1996）研究了河岸带森林的演替阶段与溪流 CWD 的关系；Triska 等（1980）曾假设在 Oregon 河流中 CWD 贮量随时间呈线性增加，到 450 ~ 500 年时达到最大。

木质残体聚集方式呈现出明显的空间差异，随着河流级别增加，木质残体从随机排列的单个个体为主变为以聚集体为主（Montgomery 等，2003），主要是由于在较小的河流中，木质残体长度往往大于河流宽度，木质残体的稳定性高，不易被搬移。因此，木质残体多数是倒在哪里就相对固定在哪里。而在大河流中，由于木质残体的稳定性差，被搬运的能力较强，许多木质残体甚至被漂运到一些特定的地方成为聚集体（Abbe 和 Montgomery，2003)。

乔树亮（2007）选择黑龙江省凉水国家级自然保护区和帽儿山实验林场流域，在对凉水、帽儿山整体溪流状况及河岸带植被调查的基础上，进行了溪流 CWD 的研究。研究表明，溪流处于低流量时，溪流倒木长度、数量与河道面积表现为正相关。溪流内倒木蓄积与河岸带森林蓄积量呈现出相同的变化趋势，即倒木蓄积随着河岸带立木蓄积的增加而增加。溪流倒木蓄积随河岸带林分平均年龄、平均树高、平均胸径的升高均有变大的趋势。

13.3.2 木质残体在河流中的动态

溪流中的倒木受水流冲击与搬运，又与泥沙及河道相互作用，在河流网络系统呈独特的分布。有的全部或部分在水中，有的可能被埋没，也有可能在深水中。这种分布在较大程度上决定了倒木在河流中存留的时间（魏晓华和代力民，2006)。

CWD 进入河道内发生的过程包括破碎、分解、储存、搬运、沉积等。因此，在任一河段、任一时间内，倒木存留量及其分布，取决于上面所有过程的综合作用。CWD进入河流的过程包括五个方面：①河岸植物生长过程中的正常枯死和凋落；②河岸植被带中单株树木由于竞争或者病虫害而死亡、倒伏在河岸或河道；③大规模森林火灾、病虫害或人为干扰造成河岸植被CWD的形成；④河岸植物由于冲刷或泥石流被破坏，形成CWD，而被输入河道；⑤上游源头区域倒木的输入。由于CWD来源的不确定性，以及输入过程的随机性，导致河流CWD呈现出明显的时空变异性。

河道中CWD的存留量由于受到河岸植被、河流地貌、河流级别、水文、河流形态、自然及人为干扰等因素的影响，在空间上变化较大。通常，随着河流级别增加，CWD存留量会减少，这主要是由于在较大河流中CWD输入减少，而且河水搬运能力增大（Naiman等，2002；Swanson，2003）。即使在同一流域，同样级别的河流，甚至有的时候植被类型都相同，但河道中CWD存留量仍然会存在明显差别。在不同尺度的河道之间，随着河流宽度增加，或河流从低级别到高级别，CWD的存留量一般趋于减少。

在较短时间内，溪流CWD的贮量或分布会发生较大的变化。如Gregory（1985）指出，在英国新林区，沿苏格兰高地水系约有1/3的木质碎屑坝在12个月内会发生变化。在加利福尼亚，CWD在6a内约65%会重新分布（Gregory，1992）。另外一些研究则表明（Maser和Trappe，1984），形成碎屑坝的CWD的驻留时间要长得多。根据Chen等（2006）在加拿大不列颠哥伦比亚省南部Okanagan流域中对溪流倒木的研究，大部分倒木因其部分时间在水中、部分时间在空气中，故其分解相对要快，其存留时间在100~150年左右；而另外一部分倒木由于搬运的结果，终年在水底中，其存留时间在400~600年左右；还有一部分可能被泥沙埋没，其存留时间可能更长。

13.4 木质残体输入与输出的过程控制

CWD在森林生态系统养分循环中的重要作用，是在系统遭受重大外界扰动后贮藏养分和增加系统稳定性。基于CWD对河床形态、河槽变化过程和河流生态环境的影响，CWD或有机质积聚物会引起河槽的动态变化，因此有必要了解河道中CWD形成的木质碎屑坝的持久性，包括CWD积聚、存留、腐烂分解的平衡以及变化。对于溪流中的CWD而言，其生物量取决于输入、分解速率和在溪流中的移动过程等因素。

CWD在流域系统中常被区分为两个相互联结的过程，即倒木输入河流的过程（recruitment）与在河流内发生的过程（inchannel process）。前者是指河岸植被带的植物死亡之后或被外力通过各种方式（如河岸冲刷、泥石流作用）而进入河流，这一过程是CWD的来源。倒木在河流内发生的过程是指在树木进入河流后所发生的一系列过程，包括破碎、分解、储存、搬运、沉积等过程。

13.4.1 木质残体输入过程

CWD 向河流的输入包括长期的输入过程和偶然、不定期的输入过程。图 13-4 展示了河流粗木质残体的输入过程和输出过程的控制性因素，及其与河流级别和大小的关系。通常，在低级别河流，输入过程以雪崩等自然过程为主，而输出过程则以碎屑流为主。风倒、河岸砍伐等输入过程及生物分解和破碎化、物理破碎化等输出过程，可以发生在所有级别和大小的河流上。长期过程的机制包括树木死亡后或河岸林的逐渐砍伐，导致定期的木质物输入。这些过程倾向于以频繁的时间间隔增加少量的木质物。非约束型河道的大多数粗木质残体，是通过砍伐河岸林进行输入的。向河流长期输入粗木质残体过程的速率，随着河岸林演替阶段的功能而不同。

河岸带是森林景观重要的群落过渡区，溪流 CWD 输入最重要的来源就是河岸带。因此，河岸带植被类型、组成、密度、林龄、生长状况及受干扰程度，直接影响着溪流 CWD 的种类、数量和分布。邓红兵等（2002）对长白山二道白河森林流域溪流倒木进行了研究，结果表明，溪流倒木的组成及河岸带林分树种组成状况有较大的关系，河岸带林分组成的差异，直接影响着溪流倒木的数量和种类。如主要以红松等针叶林为主的河岸带与主要以杨树、白桦（*Betula platyphylla*）等阔叶林为主的

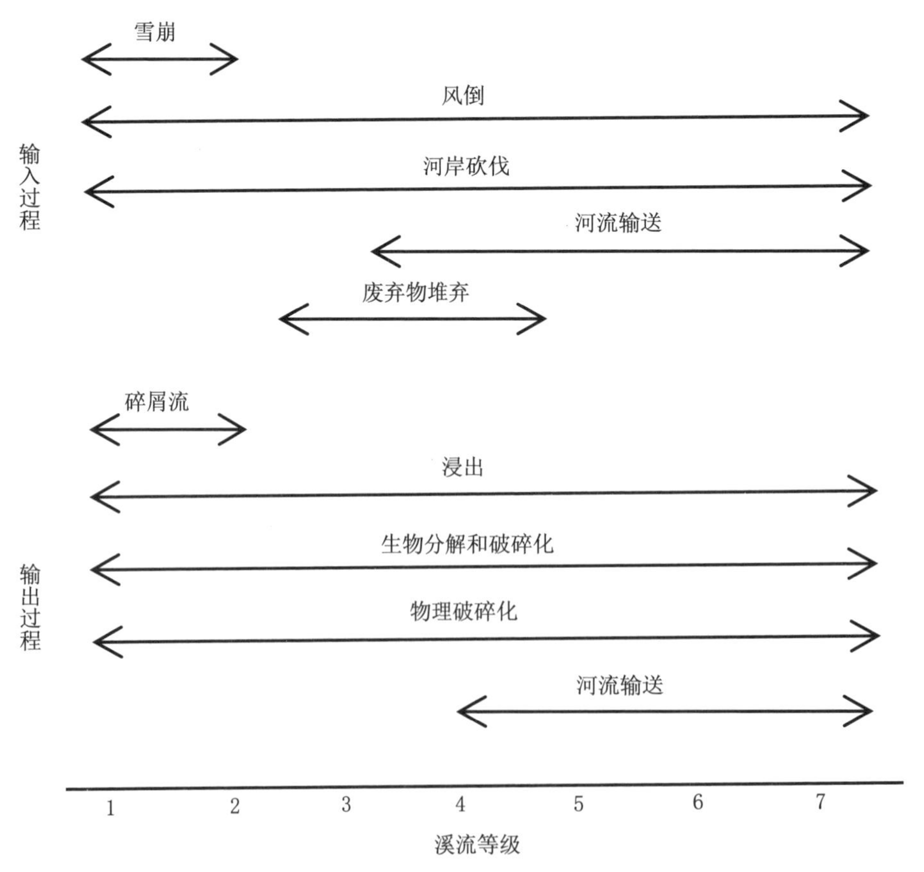

图 13-4 粗木质残体的输入和输出过程。在不同级别、不同大小河道不同的过程占主导地位（引自 Naiman and Bilby，2001）

河岸带相比，虽然林地上针叶树种的材积明显要小于阔叶树种，但两种林型所产生的溪流倒木数量却相当，这是由于两者之间不同的生理结构产生的。针叶树种材质坚硬，分解缓慢，能更长时间抵抗流水的冲刷，因而在溪流中能够更长期地发挥作用。

13.4.2 木质残体输出过程

CWD通过两个方面影响河流生态系统的养分循环。第一是CWD自身养分的分解与释放；第二是CWD通过截持或储存影响养分运输的时间及数量。在低级别森林溪流中，这两个过程对溪流养分的动态循环都起决定性作用（乔树亮，2007）。CWD在水中的分解速率比在陆地上慢，因此CWD在比较长时间的分解过程中，平均释放的养分较低。河流中除了CWD以外，还有一些枝、叶等有机碎屑。这些碎屑虽然总量较低，但所含养分与CWD所含的总量接近，CWD通过截持或储存河道内的有机碎屑而影响养分循环。许多清除CWD的试验表明，将CWD从河道中清除后，有机碎屑和养分输出明显增加。相反，一些向河道中增加CWD的试验表明，在CWD增加后，溪流中有机碎屑的储量会增加，说明了CWD对有机碎屑的截持作用。Wallace等（1995）在美国南阿巴拉契亚山低级别森林溪流的研究表明，增加CWD使得被截持的有机碎屑从88 g/m^2增加到1568 g/m^2。CWD对于养分循环的影响在较小的1、2级溪流中最明显，随着溪流级别增加，河宽变大，这种影响逐渐减小，对有机碎屑的截持作用也相应降低。Bilby（2003）通过对美国太平洋西北沿岸地区的溪流研究，发现当溪流宽度从5 m增加到15 m时，通过倒木所截持的养分含量下降了80%。Bilby（1979）在新罕布什尔州白山的研究表明，由倒木所截持的养分从1级溪流到3级溪流，下降了90%之多。

CWD的搬运机制与聚集方式也有空间差异。在宽度小、坡度大的1~2级河流中，由降雨或洪水诱发的碎石流是搬运CWD的主要机制（Keller和Swanson，1979；Nakamura和Swanson，1993）。在中级或更高级别的河流中，CWD的漂运则是搬运的主要机制（Swanson等，1976；Keller和Swanson，1979）。随着河流级别增加，CWD从随机排列的单个个体为主，变成以大的、有组织的聚集体为主（Montogomery等，2003）。原因是在较小的河流中，CWD的长度往往大于河流宽度，倒木的稳定性高，从而不易被搬移。在较大的河流中，由于CWD的稳定性差，被搬运的能力较强，CWD甚至被漂运，因而在一些特定的地方成为聚集体（Gurnell等，2002；Abbe和Montgomery，2003）。

河流中的CWD既是鱼类洄游、捕食所必需的结构要素之一，也是它们生存的重要避难所。此外，随时间的流逝，河流中的CWD将逐渐破碎、分解和腐烂，缓慢地向河水释放细小有机物质和各种养分元素，成为河溪生态系统物质和能量来源的一个重要途径。

森林溪流木质残体是森林生态系统与水域之间物质循环和能量流动的主要联结途径之一，其碳、氮和磷贮量不仅可影响森林与溪流生态系统的结构和功能，木质残体往往由于水流的冲刷与淋溶，可能具有相对较快的降解速率，其降解过程可能会造成森林生态系统碳、氮和磷的大量流失，成为影响森林溪流及下游水体环境的重要因素。张慧玲等（2016）研究了岷江上游高山森林溪流木质残体碳、氮和磷贮量特征，结果表明，高山森林溪流木质残体碳、氮和磷的溪流单位面积总贮量分别为312.1g/m^2、809.5 g/m^{2}和110.9 g/m^2；在溪流中，木质残体碳、氮和磷贮量以径级为1.0～2.5 cm和2.5～5.0 cm的木质残体分布居多，分别共占碳、氮和磷总贮量的86.71%、87.20%和84.55%；木质残体碳、氮和磷贮量以Ⅴ腐烂级分配最多，分别共占碳、氮和磷总贮量的65.86%、67.86%和60.31%，这些结果为认识森林生态系统中以木质残体为载体的碳、氮和磷输出潜力提供了基础数据。尽管该区木质残体的碳含量相对较高，但该区溪流内不易容纳较大径级木质残体，同时在很大程度上受到木质残体基质质量、其所处溪流生境、河岸植被及气候等因素的影响，因此可能低于其他溪流相对较大的研究区。该区木质残体可能也是森林生态系统通过溪流输出氮和磷的潜在重要途径。高山森林溪流木质残体碳贮量的分配主要以小径级和高腐烂级的木质残体居多，氮和磷元素贮量的分配与碳贮量基本相似。森林溪流往往密布于森林地表，然而该研究区溪流宽度较小，可能更易接受径级较小的木质残体，具有相当量的贮量；且小径级木质残体一般具有较大的表面积与体积比，有利于其分解，因此多处于高度腐烂状态。

张慧玲等（2016）认为，木质残体元素贮量在空间尺度上存在较大的变异性，这种变异性不仅表现在不同林区或溪流间，即使在同一尺度的溪流间，其元素贮量的差异也可能较大。该项研究中，木质残体碳、氮和磷元素在各溪流中的贮量相差数倍至数百倍，这与存储在溪流中的木质残体自身现存量直接相关，说明木质残体在溪流中的分配并不均匀。此外，木质残体各组分在分解过程中养分含量不断变化，导致其养分浓度存在较大的差异，这可能是受到河溪边岸两侧的树种、溪流特征等的影响。相关性分析表明，碳、氮和磷贮量与溪流长度、宽度、深度、面积、流速和流量的相关性尽管均不显著，但碳和氮贮量与溪流各项特征基本达到中度相关。这可能是由于研究区域受到气候的影响，多发旱涝、火灾、飓风、泥石流、滑坡和冰冻等自然灾害，直接致死或致伤了林木，从而影响木质残体向溪流的输入及其在溪流中的分解。因为，外界干扰可直接改变水环境特征、影响水生生物群落的运动与活性；也可影响木质残体在水环境中的运输，从而导致木质残体容易在溪流内快速向下游输送或在溪流内堆积。由于木质残体在流动的水环境中的存储状态不断变化着，且木质残体碳库滞留时间比土壤碳库相对更短，因而溪流木质残体碳库可能比陆地木质残体碳库或地下土壤层碳库更为活跃。此外，木质残体堆积处可大量吸收磷酸盐，且截留漂流在溪流内的养分总量与木质残体差不多。可见，木质残体尽管自身所含碳、氮和磷贮量相对偏低，但可通过截留凋落叶等非木质残体，影响生态系统养分循环，对高山森林生态系统的养分保持及维持生态系统稳定性具有重要作用。

13.5 干扰对木质残体的影响

干扰从字面含义而言，是指正常过程的中断或平静事物的妨碍或打扰。有关干扰的定义较多，目前引用较多的是Pickett和White（1985）的定义，即干扰是在时间尺度上任何能中断生态系统、群落的结构与过程，并改变资源分布及物理生境的相对间断的事件，一般用频度、强度和类型来描述、表达干扰。从干扰的起因来讲，干扰可分为自然干扰和人为干扰。自然干扰在森林流域生态系统中包括发生在森林中的火、风倒和病虫害等及发生于河流中的岩屑流、泥石流、洪水和河流冲刷等。人为干扰常包括森林砍伐、土地利用改变、筑坝等水利水电工程，等等。干扰对溪流倒木的输入、运输及在河流网络中的分配具有重要作用。

13.5.1 自然干扰与木质残体

大规模、毁灭性的森林干扰可为河流提供大量倒木。Minshall 等（1989）研究美国黄石公园 1988 年火灾对 CWD 输入河流的影响，发现河流中 CWD 在火灾后有明显增加。Chen 等（2005）对加拿大不列颠哥伦比亚省的南部 Okanagan 流域中的研究发现，在火烧后的河流中，CWD 即使在 80 ~ 100 年后，其存留量仍高于火烧之前的河流。火除了直接影响倒木输入外，还影响倒木搬运过程。森林火灾后，由于森林失去了覆盖，以及土壤疏水使地表径流、水土流失增加，也使泥石流及水灾的概率与强度都相应加大，从而增大倒木被搬运的能力及泥石流的形成。

风倒是影响溪流 CWD 存在状况的又一个主要自然干扰方式。风倒对溪流 CWD 的影响与河岸带宽度及郁闭度密切相关。David 等（2005）对美国北方 Boreal Shield 森林流域 16 条溪流进行了研究，结果表明，对距溪流 30 m 的高地森林进行砍伐后，由风倒进入溪流的倒木相较于其他溪流有明显增加。Lienkaemper 和 Swanson（1987）观察到大约 69% 的溪流 CWD 是由于风倒引起的。

其他自然干扰，如病虫害、泥石流、滑坡、火山爆发等也对倒木及其分布产生深刻影响（Nakamura 和 Swanson，2003）。

13.5.2 人为干扰对河流木质残体的影响

13.5.2.1 森林砍伐的影响

森林经营，特别是河岸植被砍伐及森林道路的修筑，对河流木质残体来源有极大的不利影响。砍伐并运走河岸植被，使河流丧失了木质残体的陆地来源。这种不利影响可持续相当长时间，直到新的河岸植被恢复起来，在其生长发育过程中再次产生新的木质残体进入河流。河岸植被砍伐后，由于缺乏木质残体来源，河道中的木质残体存留量会逐渐减少，一直到河岸植被再次恢复起来。此外，河岸植被的砍伐还将改变水文与水土流失情况，从而诱发泥石流、岩屑流，进一步增加木质残体的搬运，并使其在河段中的存留量进一步减少。森林砍伐对河流木质残体的影响是直接的效应。

13.5.2.2 土地利用变化的影响

土地利用变化通过改变河岸土地利用类型，减少河岸森林及河岸植被面积，甚至导致河岸植被丧失，从而影响到河流木质残体来源减少乃至消失。土地利用变化在快速城市化区域的河流影响更为严重，通常会使得作为河道生态系统重要结构物质的木质残体近乎消失，这种结构上的消失必然造成河流生态系统的功能退化。

13.5.2.2 筑坝的影响

水坝修建的直接影响就是筑坝导致的蓄水淹没使得河岸植被丧失，原有的木质残体来源消失，减少了对河流木质残体的输入。但另一方面，由于筑坝降低、阻拦河道对木质残体的搬运能力，则对木质残体具有截持与存留作用。

第 14 章 河流湿地及其功能

14.1 河流湿地概念

14.1.1 湿地概念

就字面含义而言，湿地（wetland）是指被浅水层所覆盖的低地，如沼泽地带。湿地是雁、鸭、鹤、鹳、鹭、鹬等水鸟的栖息地（繁殖地、越冬地或迁飞途中的觅食地），为了保护水鸟，必须保护好湿地，这是鸟类学家和保护生物学家对湿地的理解。湿地是联系多学科的一个动态客体，水文学家、地理学家、植物学家、动物学家、生态学家等，可能因其研究的具体目的和专业背景不同而各有侧重。

最早关于湿地的定义之一，且目前常常被湿地科学家和管理者引用的，是由美国鱼和野生动物保护协会于 1956 年提出来的，发表在《美国的湿地》报告集（通常称通报 39），即“湿地是指被浅水和有时为暂时性或间歇性积水所覆盖的低地。它们经常以下面的名称被提及：草本沼泽（marshes），灌丛沼泽（swamps），苔藓泥炭沼泽（bogs），湿草甸（wet meadow），塘沼（potholes），浅水沼泽（sloughs）以及滨河泛滥地（bottom land）。浅湖或浅水通常有挺水植物（emergent plants）为其显著特征。但河流、水库和深水湖泊等稳定水体不包括在内，因为这些水体不具有这种暂时性，对湿地土壤植被的发育几乎没有什么作用”。通报 39 号的定义，强调了湿地作为水禽栖息地的重要性，包括了 20 种湿地类型。直到 20 世纪 70 年代一直是美国所用的主要湿地分类基础。

湿地较为综合的定义是美国鱼和野生动物保护协会在 1979 年提出的，也是科学家经过多年考证所采纳的一个定义。这一定义发表在“美国的湿地和深水生境分类”研究报告中，该定义为：湿地是处在陆地生态系统和水生生态系统之间的过渡区，通常其地下水位达到或接近地表，或处于浅水淹没状态。湿地至少应具有以下三个特征之一：①至少周期性地以水生植物为优势种；②地表以排水不良的水成土为主；③在每年的生长季节，底质部分时间被水浸或水淹。

湿地的定义可分成两类：一类是学者从科研角度给出的定义，如美国鱼和野生动物保护协会于

1979年在“美国的湿地和深水生境分类”研究报告中所给出的定义，这个定义目前被许多国家的湿地研究者所接受。另一类是管理者给出的定义，最具代表性的就是《湿地公约》的定义。1971年，英国、加拿大和苏联等6国在伊朗南部小城拉姆萨尔签订了《关于特别是作为水禽栖息地的国际重要湿地公约》(简称《湿地公约》)。该公约规定，湿地的含义包括：各种天然或人工的、长久或暂时的沼泽地、湿原、泥炭地或水域地带；静止或流动的水域；淡水、半咸水或咸水；低潮时水深不超过6m的水域。

从湿地科学角度，对湿地的定义为“湿地是既不同于水体，又不同于陆地的特殊过渡类型生态系统，是水生、陆生生态系统界面相互延伸扩展的重叠空间区域”。湿地具有三个明显的特征：①地表长期或季节性处在过湿或积水状态；②生长有湿生、沼生、浅水生植物，且具有较高的生产力；生活湿生、沼生、浅水生动物和适应其特殊环境的微生物群；③发育水成或半水成土壤，并具有明显的潜育化过程。

从生态学角度，湿地是介于陆地与水生生态系统之间的过渡地带，并兼有两类系统的某些特征；地表为浅水覆盖或者其水位在地表附近变化。从资源学的角度，凡是具有生态价值的水域（只要其上覆水体水深不超过6 m）都可视为湿地，不管其是天然的或是人工的，永久的还是暂时的。从动力地貌学的角度，湿地是区别于其他地貌系统（如河流地貌系统、海湾、湖泊等水体）的具有不断起伏水位的、水流缓慢的浅水地貌系统。

湿地包括多种类型，珊瑚礁、滩涂、红树林、沼泽、水稻田等都属于湿地。它们共同的特点是其表面常年或经常覆盖着水或充满了水，是介于陆地和水体之间的过渡带。湿地广泛分布于世界各地，是地球上生物多样性丰富和生产力较高的生态系统。

按照《湿地公约》的分类，湿地被分为天然湿地和人工湿地两大类。天然湿地包括海洋/海岸湿地和内陆湿地。

14.1.2 河流湿地

河流湿地是内陆湿地的一个类别，指因河流泛滥而形成的湿地。按照《湿地公约》的分类，包括以下类型：永久性河流湿地，季节性或间歇性河流湿地，洪泛湿地（指河流泛滥淹没，以多年平均洪水位为准，两岸地势平坦地区），包括河滩、泛滥河谷、季节性泛滥草地。

有许多河流湿地的定义。从湿地水文角度，对河流湿地定义如下：是低地水陆生态交错区，有高的地下水位和来自流域及附近高地侵蚀的冲积土壤，周期性被来自河流的洪水淹没。

河流湿地是在河流水体和陆地之间，至少周期性地受到洪水泛滥影响的区域。作为生态交错区，河流湿地具有梯度变化的环境因子、生态过程和生物群落，是地形、生物群落和环境因子的镶嵌体。

从湿地生态学角度，河流湿地位于河流景观中河漫滩区域（图14-1），即位于河床主槽一侧或两侧，在洪水时被淹没，枯水时出露的滩地。E. P. Odum（1981）把河滩描述为“人类最重要的资源

——水和人类生长的地方——陆地之间的交互界面”。一般来说，河滩湿地都分布在至少偶尔泛滥的河流旁，或河流改道形成的有利于水生植物生长的地方。

河流湿地的水源来自河流的地表水和地下水，通过水流及沉积物维持其湿地的动态。水文联系具有三维性，即纵向水文联系（上游来水影响）、侧向水文联系（洪水脉冲的影响）以及垂向水文联系（地下水的影响）。

图 14-1　河流湿地在河流系统中的位置（三峡工程蓄水前重庆市巫山县大宁河河流湿地）

14.2 河流湿地生态系统的组成和结构

14.2.1 河流湿地生态系统组成

像所有生态系统一样，河流湿地生态系统由非生物组分和生物组分两大部分组成。河流湿地生态系统的非生物组分主要包括河流地貌、河流底质、河流水体（包括水文等要素）等。河流湿地生态系统的生物组分则包括分布在河流湿地的低等藻类、高等水生植物等生产者，大型无脊椎动物以及从鱼类、两栖类、爬行类、鸟类直到兽类的消费者，微型底栖动物和微生物等分解者。

潮湿和干燥环境之间的交替变化创造了有利于来自水生或陆地生态系统的生物的栖息地，也发育了专门适应于河流湿地的生物群。与非湿地生境相比，河流湿地生境具有以下几个显著特征：①高度湿润乃至常年被水覆盖；②具有周期性的水位变化，受洪水脉冲影响明显；③潜育化过程显著；④营养贫乏。这种特殊生境决定了河流湿地植物具有适应高湿、缺氧、贫营养环境的特征。

河流湿地植物通气组织发达，根系浅，以不定根繁殖，具有吸水保水的特性。河流湿地的地上部分由于需光、需热等差异，地下部分则由于从土壤中吸收养分等的矛盾，形成了湿地植物在垂直空间上的分化。适应不同的水分条件或水深和营养条件，湿地植物在水平方向上呈现明显的规律性分布。在河岸湿地附近生长的植被满足了许多功能：它既提供了水生动物的定植和食物资源的基质，又吸收了来自水中的营养物质，为有机土壤提供了原料。植被可以减缓养分流失，过滤来自陆地的养分输入，减少蒸散量的径流，缓冲水位波动。遮阴树冠减少藻类和植物的初级生产，平衡土壤温度及光照条件。森林河岸湿地树种适应于土壤的定期或永久淹水。它们有助于河流系统有机碳的输入。大型树木通过控制河道和湿地之间的水流和泥沙，形成生境结构。树根增加沉积物的稳定性，可以吸收营养物质。

河流湿地的哺乳动物很少，消费者主要是喜湿的鸟类。几乎所有的鸟类都喜欢湿地环境，它们是河流湿地上的主要消费者。河流湿地中还有两栖类、爬行类、无脊椎动物。除了河狸外，作为“生态系统工程师”的其他一些生物也创建和修饰着河岸湿地。非洲的河马（*Hippopotamus amphibius*）挖掘深水塘，塑造了有利于河岸形成水塘的特征。掘穴生活的哺乳动物、淡水蟹和某些水生昆虫，会增加河岸土壤的孔隙空间，由此增强了湿地和河流之间的水交换。

典型的湿地物种适应于河流湿地生境的两栖特征。它们要么是永久性的湿地居民，要么能适应淹水和干旱交替的条件，要么在干旱或潮湿阶段暂时拓殖湿地。有许多动物物种永久性居住在河岸湿地，特别是无尾两栖类、蛇、乌龟（*Chincmys reevesii*）、浣熊、水獭和许多较小的哺乳动物，如麝鼠（*Ondatra zibethicus*）。水生昆虫已经进化出了特殊的适应能力以适应河流湿地的周期性干旱，例如，幼虫期短或耐旱。许多鸟能够利用来自水生生境的丰富的食物，如翠鸟。

许多水生生物，如鱼类和水生无脊椎动物，定期居住在河岸湿地。河岸湿地生物群由于受到陆地和水生系统的影响，属于最受威胁的物种，许多河岸物种面临灭绝的威胁。如果这些物种是生态系统中的关键种或生态系统工程师，物种灭绝的影响就特别大。例如，作为美国黄石公园顶级捕食者——狼（*Canis lupus*）的灭绝，导致马鹿种群过度啃食河岸的阔叶树，由此产生对河岸湿地的不利影响。

河漫滩湿地的特殊生境也决定了湿地分解者种类和数量少，且以厌氧微生物为主，使有机残体分解不完全，有机质积累明显。

河流湿地生境对于保护生物多样性非常重要。河岸地区比相邻的高地有更多可供植物和动物利用的水。这在干旱地区尤为重要，因为缺乏水分会影响植物生长。与相邻高地相比，河流湿地的植物和动物的数量和物种丰度往往要更大，因为它们同时拥有水生生态系统和相邻陆地生态系统的生境特征，而且还具有适应于季节性水位变动的河岸湿地的特殊物种。

14.2.2 沿河流纵向梯度的湿地结构

在流域内，沿河流纵向梯度，河流湿地呈现出从上游河源湿地到下游河口湿地的纵向空间结构

(图 14-2)。

河源湿地位于河流或溪流源头，是流域内坡度大、水质优良、湿地水文独特的区域，如号称中华水塔的三江源湿地（图 14-3），是长江和黄河流域重要的生态屏障，也是独特的高寒湿地类型。

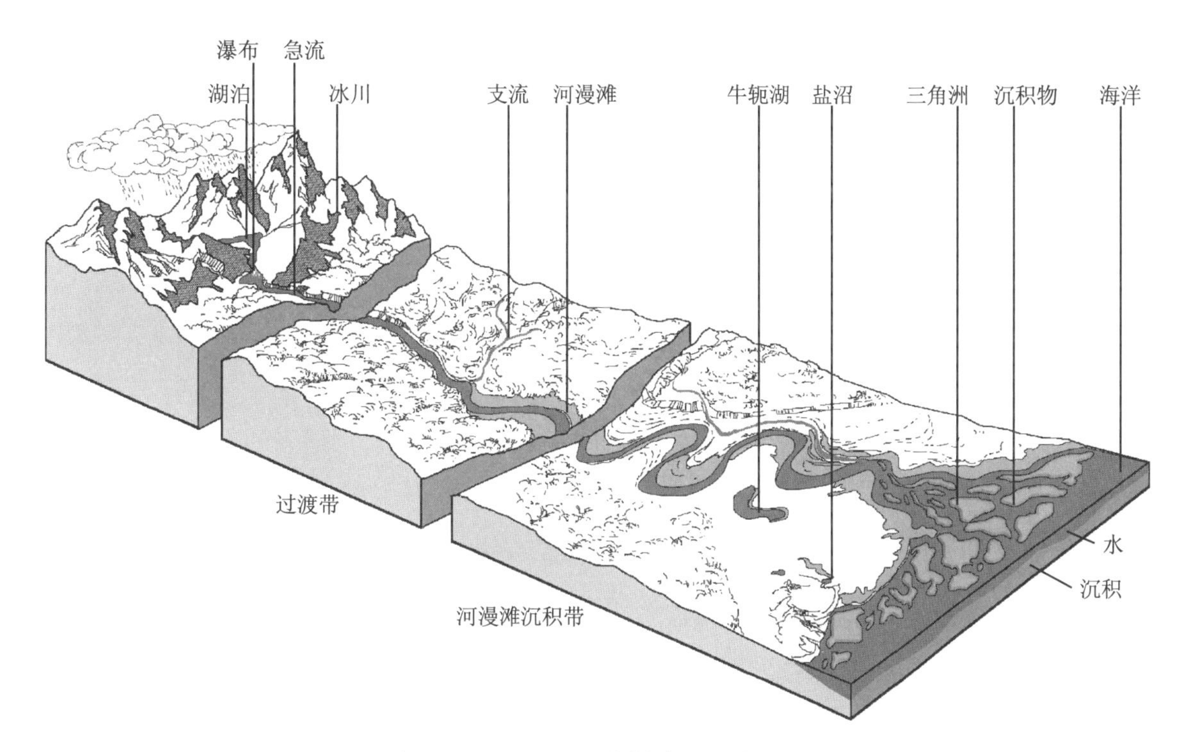

图 14-2 沿河流纵向梯度的湿地结构

图 14-3 三江源湿地中的黄河源湿地（青海省玛多县星星海）

在河流中下游，河岸及河漫滩发育，各种类型的河岸湿地及河漫滩湿地分布在河流中、下游，包括曲流、河流故道湿地、牛轭湖、河漫滩洼地、河漫滩水塘、河漫滩沼泽等等。

通常，对于直接入海的河流河口，分三角洲湿地、河口湿地。河口湿地包括河口盐沼、河口沙洲、河口潮滩湿地等类型。长江口湿地是我国重要的河口滨海型湿地，湿地面积广阔，湿地资源丰富，可分为沿江沿海滩涂湿地、河口沙洲岛屿湿地两类（图 14-4）。沿江滩涂湿地主要分布在长江口南岸。长江每年从其上游带来大量泥沙，50 %左右沉积在河口，形成一系列沙洲岛屿，湿地生物资源丰富，是重要的水产资源鳗苗和中华绒螯蟹（*Eriocheir sinensis*）苗的生长区域。河流三角洲湿地，如我国的黄河三角洲（图 14-5），其湿地类型包括河流湿地、河口湿地、滩涂湿地、芦苇沼泽湿地、

图 14-4 长江口崇明东滩海三棱藨草盐沼湿地

图 14-5 黄河三角洲芦苇沼泽湿地

草甸湿地、疏林灌丛湿地等。在黄河三角洲所有湿地类型中，滩涂湿地面积最大，占比例最高；其次是芦苇沼泽湿地。

河流湿地可以在最小的尺度上，即直接在水的边缘，一些水生植物和动物形成一个独特的群落，并存在于几十米宽的周期性淹没区域。在中尺度上，形成带状植被；在大尺度上，形成沿大的河流延伸几十公里、面积大大扩展的河漫滩。

14.2.3 沿河流侧向梯度的湿地结构

在湿地生态学中，河流湿地主要是指河岸湿地。河岸湿地是湿地的一种类型，往往与河流水文系统有关，包含限定的河道及河漫滩。与河流具有水文联系的河狸塘、渗水区、泉水和湿草甸是河岸湿地的组成部分。河岸湿地也包括围绕水塘、牛轭湖和一些其他水体周围的陆地边缘。河岸湿地在生长季节或生长季的重要阶段有水的存在，这是它与高地的明显不同之所在。

河流湿地的侧向维度一般较小，因而常常导致其景观生态学、生物地球化学和生物多样性的重要性被忽视。从侧向梯度上看，河流湿地包含河漫滩滞水区、河漫滩沼泽、湿草甸、河漫滩湖泊（如牛轭湖）、生物塘（如河狸塘、青蛙塘）、湿洼地等（图 14-6）。

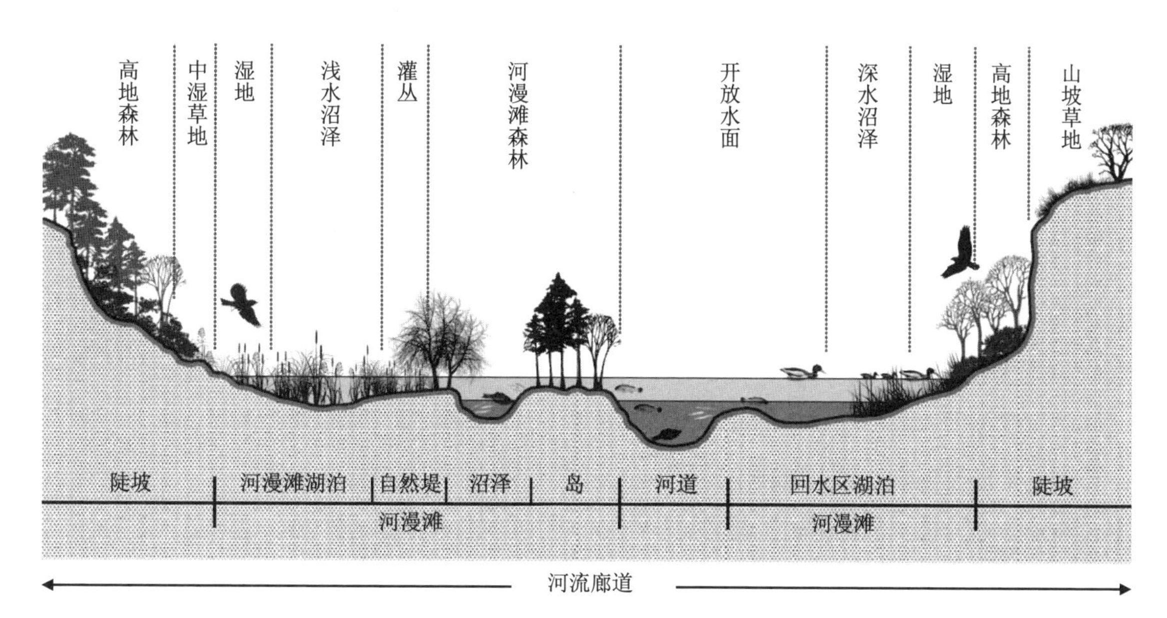

图 14-6　沿河流侧向梯度的湿地结构

（引自 https://www.austintexas.gov/sites/default/files/files/Water/CER/river_life_june2013s.pdf）

14.3 河流湿地的水文动态

在河流湿地与主河道之间存在着动态地表水水文联系和沉积循环。在河流湿地中，有许多塘以及河流沼泽，它们发挥着碳的输出、沉积物的捕获及营养循环，以及水塘生境等功能。

河岸带是河流水生和陆生部分相互作用的生态界面，位于这个区域的湿地在洪水事件期间与含水层和主河道进行水的交换（图 14-7）。河岸带湿地是景观中水负荷的缓冲区，河岸湿地从洪水中吸收过量的水，在洪水消退之后逐步排泄释放。现代生态学理论认识到河岸湿地对于生物多样性以及沿着河流进行能量传递和物质循环的重要性。碳和养分的储存受到来自邻近陆地生态系统的溶解态和颗粒物质的影响，也受到湿地植物进行的生物生产的影响，还受到来自洪水的外来有机物的影响。这些来源之间的比例是由水文模式、地貌形态和气候条件决定的。

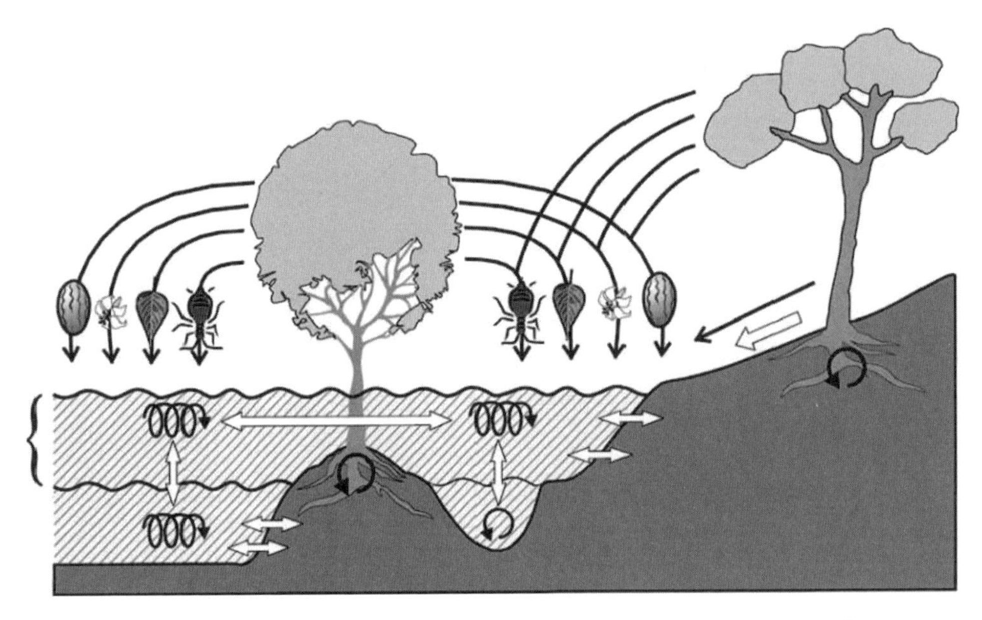

图 14-7　在低水位和高水位下，河流（左）和河岸湿地水体（中央）中有机物的输入、周转和交换（引自 Wantzen 和 Junk，2008）

黑色箭头指示有机质输入，白色箭头表示水的交换通道，螺旋线表明营养螺旋或向下游运输，圆形箭头表明有机物质周转所在的位置。花括号表示洪水期间的水位波动。

在区域尺度上，地貌、气候和植被影响河道形态、沉积物输入、河流水文和营养输入。在局地尺度上，与河流生境改变相关的土地利用变化，以及作为“河流生态系统工程师”的河狸的活动，都对河流湿地的水文动态具有显著影响。在短时间尺度上，单个的暴雨事件影响河岸系统；年际的气候变化引起光、温度、降水变化，会引发重要的生物事件，如初级和次级生产、凋落物、分解、动物的产卵孵化等。在多年时间尺度上，极端旱涝事件、泥石流、山洪、山体滑坡、暴雨和火灾，可以造成河流湿地及其生物群落的严重后果。

气候控制湿地中的水的有效性和生物的活动期。在北方和温带地区，冬季冰冻和干旱、春季融雪洪水是河岸湿地水文学中，地表水和地下水相互作用的可预测的驱动因素。冰块导致的堵塞可能引起冬季的洪水事件。通常情况下，冬季径流减少，地下水补给的河岸湿地尽可能地排泄水进入河道。在有有机沉积物的湿地，水流通常含有大量溶解的有机碳。在冬季浅水溪流中完全结冰，河岸湿地可作为水生动物（如两栖动物和龟）的庇护场所。

春季融雪事件通常会引发洪水事件，超过降雨驱动洪水的持续时间。这些长期的洪水将河岸湿地水体与河流连接起来，使有机物和生物群相互交换。同时，常有地表水通过下行流进入河岸湿地的地下水体。在季节性潮湿—干燥气候下（地中海和热带稀树草原气候），降雨仅限于几个月的时间，在此期间可能发生强的暴雨。这些事件虽然短暂，但对溶解物质的释放和湿地及主河道间有机物质和生物群的交换具有重要意义。此外，富含能量的有机物（如果实）可能会从流域的陆地部分冲刷进入河岸湿地。另一方面，山洪可能会造成细小沉积物（包括有机物）的冲刷和侵蚀。旱季期间，地下水位较低，可能造成河岸湿地季节性干旱。在这期间，水生生物夏眠或迁移到永久性水体，大部分储存的有机质被矿化。在北方地区和潮湿的热带地区，许多河岸湿地具有永久潮湿的环境，这些永久的河岸湿地可以积累大量的有机碳。

14.4 河流湿地的功能

（1）提供水源　河流湿地常常作为居民生活用水、工业生产用水和农业灌溉用水的水源。河流中都有可以直接利用的水。

（2）补充地下水　河流湿地可以为地下蓄水层补充水源。从湿地到蓄水层的水可以成为地下水系统的一部分。如果河流湿地受到破坏或消失，就无法为地下蓄水层供水，地下水资源就会减少。

（3）调节流量，控制洪水　河流湿地是一个巨大的蓄水库，可以在暴雨和河流涨水期储存过量的降水，均匀地把径流释放出来，减弱危害下游的洪水。

（4）固堤护岸　河流湿地中生长着多种多样的植物，这些湿地植被可以抵御风暴的冲击力，防止对河岸的侵蚀，同时它们的根系可以固定、稳定河岸，使其不会遭到风浪的破坏。

（5）净化地表径流，保护水环境　河流湿地有助于减缓水流的速度，当含有污染物质的地表径流经过湿地时，流速减慢，有利于污染物质的沉淀和吸收净化。此外，一些湿地植物（如芦苇等）能有效吸收有毒物质。

（6）保留营养物质，作为养分循环库　流水流经湿地时，其中所含的营养成分被湿地植被吸收，或者积累在湿地泥炭层之中，净化了下游水源。湿地中的营养物质为鱼、虾等野生动物提供营养来源。

（7）调节局地气候　河流湿地可以调节局地小气候。河流湿地水分通过蒸发成为水蒸气，然后又以降水的形式降到周围地区，保持局部区域的湿度。

（8）野生动物栖息地和迁移廊道　河流湿地是鸟类、鱼类、两栖动物的繁殖、栖息、迁徙、越冬场所；同时河流湿地是河流廊道的重要组成部分，是野生生物的迁移走廊。

（9）旅游休闲　河流湿地具有自然观光、旅游、娱乐等美学方面的功能，蕴涵着丰富秀丽的自然风光，是人们观光旅游的好地方。

（10）教育和科研价值　在河流湿地中，复杂的生态系统、丰富的动植物群落、珍贵的濒危物种等，在科学研究中具有十分重要的价值，一些河流湿地还具有宝贵的历史文化价值，它们也是重要的科普教育场所。

14.5 河岸湿地类型

河岸湿地在其形态大小和环境特征方面具有很大的变化性，根据河岸湿地的水文和底质特性，本书在此列出常见的河岸湿地类型（图 14-8）。

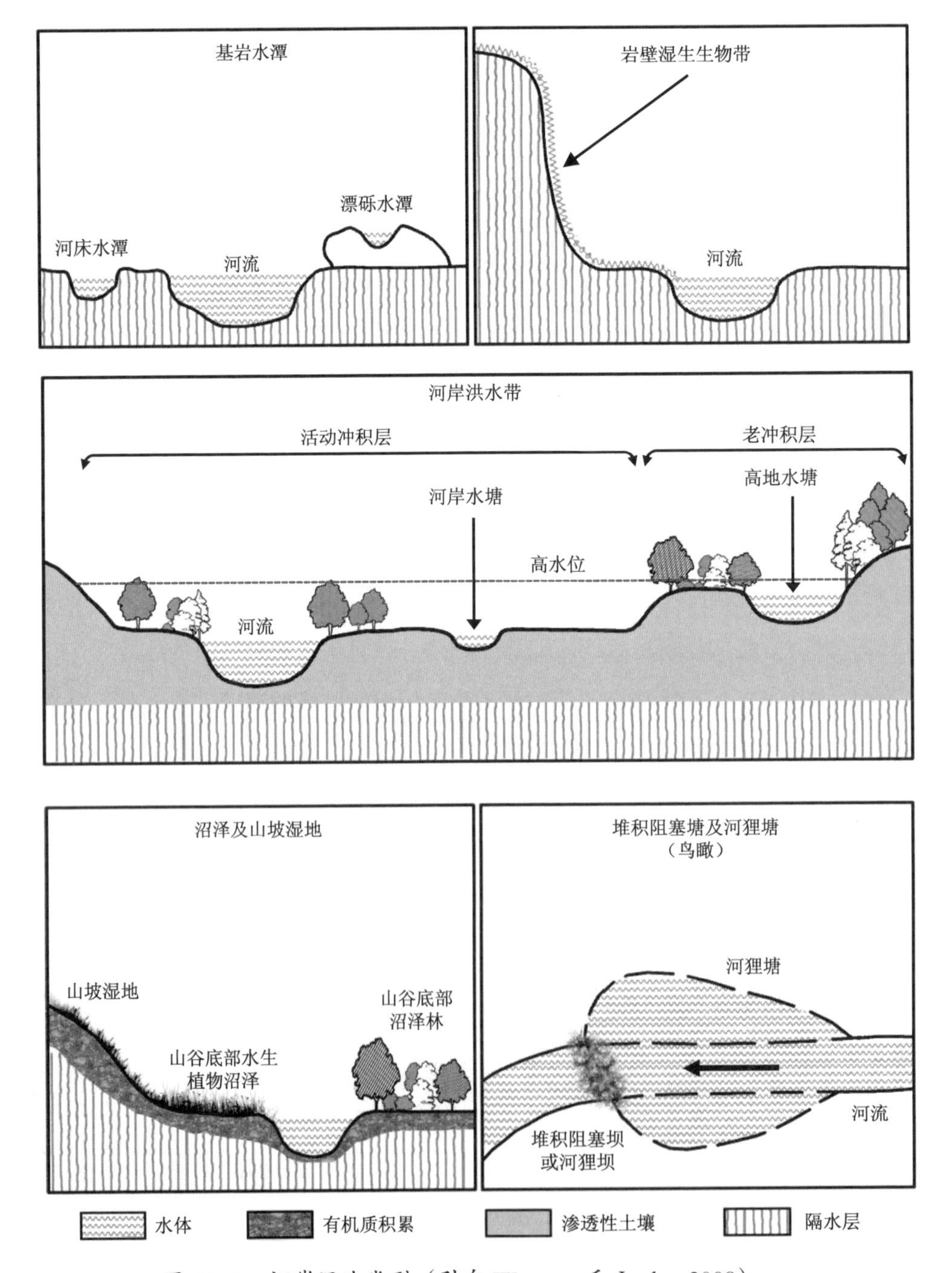

图 14-8 河岸湿地类型（引自 Wantzen 和 Junk，2008）

1. 岩壁湿生生物带（hygropetric zone）

在地下水流经的岩石表面，发育了岩壁湿生生物带（hygropetric zone）。在其上有薄的水膜，水膜内存在着活跃的藻类和多样化的无脊椎动物（主要是水生的蛾类、摇蚊和其他双翅目昆虫），对这些无脊椎动物研究较少。该带生物需要适应恶劣的环境条件，如周期性的冻结和常常呈干燥的表面。

2. 岩石区水潭（rock pools）

流经基岩河床或大的卵石上的河流，在其上有坑洞或坑穴存在，并被洪水或雨水充满。这些水塘的生物群必须适应相对较短的充盈期、高水温和太阳辐射。藻类生产力高，捕食压力低（至少在注水期开始的时候），吸引了许多无脊椎动物在此定居和取食。

3. 平行河道水潭与邻近河道水潭（parafluvial and orthofluvial ponds）

在冲积河流河漫滩，由于活跃的河道或河漫滩的河流动力，形成了永久或临时的水潭，包括河岸区域与河道平行的水潭（parafluvial），及河岸区域邻近河道的水潭（orthofluvial）。这些水潭由地表水和地下水补给。在粗粒沉积物区，这些水潭通过作为过渡带的潜流层与主河道相连，这是主河道或其两侧的地下水和地表水交混的生态过渡区。在细粒沉积物（包括有机土壤）中，地下水的贡献更为重要。这些水潭常常呈褐色，这是由于存在着溶解的有机物（腐殖酸和黄色物质）的缘故。沿着河岸廊道，这些水潭对物种丰度贡献很大。

4. 河岸洪泛区（riparian flood zones）

即使没有类似的盆地状结构，洪水事件也会在水流的两边产生湿润区域，这与沉积物类型无关。湿润区域的延伸和持久性取决于河谷形态、沉积物孔隙度。在暂时被水淹没的森林，厚厚的有机层和碎屑坝，水分条件可以足够长，足以满足两次洪水事件之间的需求，使许多水生生物如摇蚊和其他蠓在这些半水栖生境中可以完成幼虫的发育。

5. 河岸河谷沼泽（riparian valley swamps）

沼泽发育于大多数年份土壤被水淹没的情况。沉积物中氧缺乏使有机物积累，并选择对淹水厌氧条件有特殊适应的树木或草本植物。由水生植物或树木组成的植被可在有机物分解过程中遮光和耗氧，一些河岸湿地成为依赖溶解氧生存的水生动物的栖息环境。

6. 坡面湿地（hillside wetlands）

在隔水层从河道侧向延伸的地方，在远高于洪水水位的地方，河岸沼泽可以并入坡面湿地。由于植物物质分解缓慢或很少分解，这些生态系统有发育成黑色有机土壤层的趋势。这些土壤的缺氧条件有利于反硝化作用，氮可能成为植物生长的限制因子。在这些生境中常常发现食肉植物［如茅膏菜科（droseraceae）］利用动物蛋白来补充其氮来源。在排水较好的地方，木本植物侵入这些天然草甸。软底质土壤及其在山坡梯度中的位置，使这些生态系统极易遭受沟道侵蚀。

7. 圆木阻塞形成的水塘及河狸塘（logjam ponds and beaver ponds）

河岸树木倒伏是随机事件，可能对河流系统的水力学产生巨大影响。许多树种是软木质，这些树动力学是溪流系统水力学的反映。一个倒伏的圆木阻塞了水流，并创建一个积累细颗粒物质的水坝。这些天然形成的水潭往往延伸进入到河岸带。河狸建造的水坝可以显著改变整个河源河网的水文和生物地球化学特征。河狸毛皮贸易导致河狸在北美广大区域的灭绝。在美国明尼苏达半岛再次引入放归河狸后的几十年里，这些河狸将很大一部分河漫滩面积转变成为了湿地，导致土壤养分浓度成倍增加。河狸的活动大大提高了依赖于湿地的物种多样性。当食物耗尽时，河狸经常放弃淹没蓄水区，并拓殖新的领地，由此增加了区域生境异质性，在植物演替的不同阶段创建了动态镶嵌生境斑块。

14.6 河漫滩湿地

14.6.1 河漫滩湿地结构

河漫滩（floodplain）是河流廊道（river corridor）的重要组成部分。洪水期间，由于水量超过河道容量，洪水侧向漫溢，洪水消退时水体重新回归河槽。洪水挟带大量泥沙，由于长期的水流—泥沙往复运动，从而形成河漫滩。河漫滩位于河床主槽一侧或两侧，是在洪水时被淹没，枯水时出露的滩地。它由河流的横向迁移和洪水漫堤的沉积作用形成。河漫滩湿地位于高低水位之间，介于陆地和水体之间，常包括非永久被水淹没的河床及周围新生的或残余的洪泛区，其横向延伸范围可抵达周围山麓坡脚。由于河漫滩湿地是水陆相互作用的生态交错带，故其界线可以根据土壤、植被和其他可指示水陆相互作用的因素来确定。平原区的河漫滩比较发育。由于横向环流作用，“V”字形河谷展宽，冲积物组成浅滩，浅滩加宽，枯水期大片露出水面成为雏形河漫滩；之后洪水挟带的物质不断沉积，形成河漫滩。

作为生态交错区，河漫滩湿地具有梯度变化的环境因子、生物群落空间格局和特定的生态过程，是地形、生物群落和环境因子的镶嵌复合体。从景观的角度来看，河流廊道包括 3 个主要的组成部分：

①河道——河流中最活跃的动态区域；②河漫滩——增加了河流大小，成为河流水体与陆地之间的重要生态界面；③过渡高地边缘——起限制河流的作用，可能已经被河流切割或可能一开始就是被河流束缚的结果。（图 14-9）

图 14-9　河流廊道的三个主要组成部分
（引自 http://www.usda.gov/stream_restoration/Images/scrhimage/chap1/fig1-15.jpg）

一般说来，河流湿地系统都分布在至少偶尔泛滥的河流两岸，或者河流改道后形成的水生或湿生植物能够生长的地方。

在河流湿地中，最令人关注的就是河漫滩湿地，它是紧邻河流的平缓区，在河流高流量期间被水覆盖，是由侵蚀和沉积造成的活跃河道的侧向运动形成的。河漫滩湿地类型包括河漫滩洼地、河漫滩水塘、牛轭湖（oxbow lakes）、河流故道、浅滩、沙洲、曲流（meanders）、天然堤（natural levees）、扇形堆积（splays）等类型。（图 14-10）

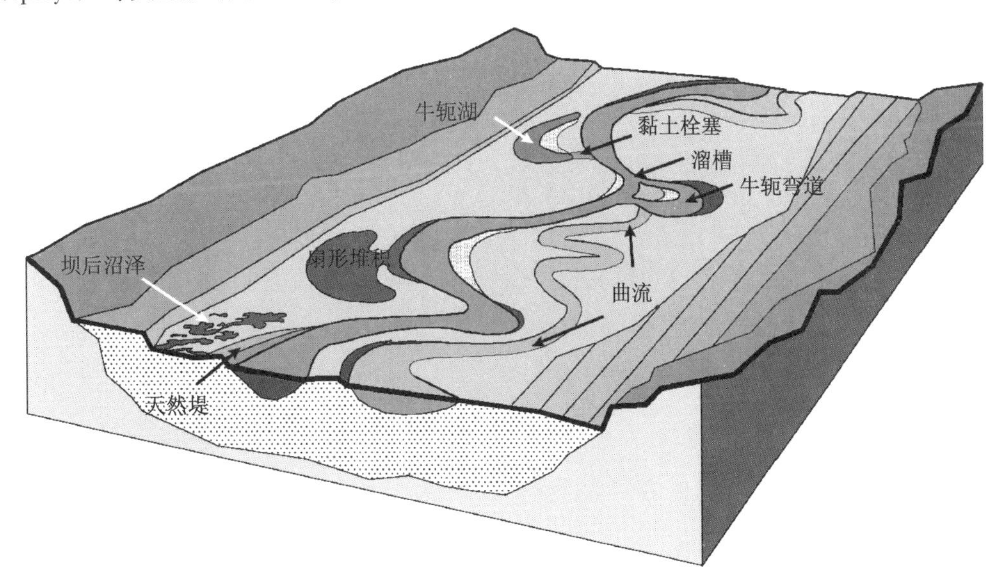

图 14-10　河漫滩湿地组成示意图
（仿 The Federal Interagency Stream Restoration Working Group，FISRWG，1998）

14.6.2 河漫滩湿地特征

1. 河漫滩湿地水文特征

河漫滩湿地水文条件是维持其结构和功能的主要驱动力，它直接影响湿地生态环境的理化性质及营养物质的输入输出。河漫滩湿地因为经常会有水流过，周期性地受洪水脉冲影响，且沿岸地表径流会为其带来大量营养物质，所以河漫滩湿地的生产力明显高于主河道区。河漫滩湿地植被可通过拦截沉积物减少侵蚀，干扰水流，并通过水面遮阴和蒸发蒸腾等多种机制控制湿地水文变化。水文条件赋予了河漫滩湿地生态系统区别于陆生和水生生态系统的独特理化性质，对湿地生物系统起着决定性的控制作用。随水流进入湿地的营养物和沉积物会因水流的速度、水的更新率、植被盖度的不同而改变其沉积状态。水层的深浅、变动幅度与变动频率控制着湿地氧化还原条件。

河漫滩湿地植被的草根层呈海绵状结构，孔隙度大，保持各种水分的能力强。水在湿地草根层和泥炭层中以重力水、毛管水、薄膜水、渗透水和化合水等形式存在。其中只有重力水可在重力作用下，沿斜坡流入河道或其他承泄区。由于植被的作用，大部分径流被拦蓄在湿地内部，减少了下游水量，有利于消减洪峰、减低流量、降低下游洪水发生频率。

可以用连通性来描述河漫滩水体与主河道相连的程度。河岸湿地可以通过短的水力通道直接连接到河流，或者通过较长的通道间接地连接河流，但这些较长的水力通道有时会被水潭拦截。在某些情况下，这些水力通道可以隐藏在有机土壤的大孔隙中。

2. 河漫滩湿地土壤特征

河漫滩湿地的土壤不同于一般的陆地土壤，它是在水分过饱和的厌氧条件下形成的，具有明显的潜育化过程。由于河漫滩环境中的动植物残体分解缓慢，因而土壤的有机质含量高。河漫滩湿地高的有机质含量使其具有高的持水能力，从而使其具有明显的调蓄功能，对控制洪水具有重要作用。

3. 河漫滩湿地生物特征

由于河漫滩湿地属于水、陆交界的过渡区域，具有独特的水文、土壤、气候等环境条件，为丰富的动植物物种提供了栖息环境。所以，河漫滩湿地系统的生物多样性高，且这些生物中的很多种类既可以在水生环境又可以在陆生环境生存。河漫滩湿地生态系统生活的植物包括沉水植物、浮水植物、挺水植物等生活型；野生动物则包括从鱼类、两栖类、爬行类、鸟类到哺乳类的高等动物，也包括大量的无脊椎动物。

4. 河漫滩湿地生产力特征

河漫滩湿地由于其独特的光、热、水、营养物质等条件，使其成为生产力较高的生态系统类型。高的生产力维持着高的生物多样性。

14.6.3 河漫滩湿地生态过程

与高地相比，河漫滩存在着洪水过程、沉积作用、有机物质积累、季节性水位消退以及空间位置的动态变化。河漫滩湿地的生态过程包括物理、化学和生物过程等，对生态过程的了解可以帮助我们更好地了解湿地生态系统服务调控机制。

14.6.3.1 水文过程（物理过程）

河漫滩湿地水文过程是指河漫滩在河流纵向、侧向和垂向的水文过程，河川径流、来自陆域的地表径流、地下水在河漫滩各个方向上的交换。沿岸地表径流会为其带来大量营养物质，所以河漫滩湿地的生产力明显高于主河道。湿地植被可通过拦蓄沉积物、减少侵蚀、干扰水流，并通过水面遮阴和蒸发蒸腾等多种方式控制湿地水文变化。水文条件赋予了河漫滩湿地区别于陆生和水生生态系统的独特物理属性。随水流进入湿地的营养物和沉积物会因水流的速度、湿地水的更新率、植被盖度的不同而改变其沉积和流过的比例。水层深浅、变动幅度与变动频率控制着湿地氧化还原条件，制约着湿地植被类型。河漫滩湿地植被的草根层呈海绵状结构，孔隙度大，保持各种水分的能力也大。水在湿地植被草根层中以重力水、毛管水、薄膜水、渗透水和化合水等形式存在；重力水在重力作用下，沿斜坡流入主河道或其他承泄区。除了被植物根系吸收、植物叶面蒸腾或由湿地表面直接蒸发外，大部分水被拦蓄在河漫滩湿地内部，减少了下游水量，有利于削减洪峰、减低流量、降低下游洪水发生频率。

14.6.3.2 营养元素循环（化学过程）

河漫滩湿地作为多种圈层的联接点，其物质循环涉及更大范围元素的生物地化循环、沉积和释放。营养元素通过各种渠道如地表径流、地下水等进入河漫滩湿地生态系统，水的输入是营养物进入湿地的主要来源。随后，进入湿地生态系统的营养元素通过湿地植物的一系列物理化学作用转变为可被植物、动物和微生物利用的物质，或者转变成其他物质随水流输出该系统。

14.6.3.3 地貌过程（沉积过程）

河漫滩的形成主要受泥沙冲刷、输移沉积过程影响，且贯穿河漫滩整体，这一过程随时间而发生变化。河水所携带的泥沙在河漫滩区域以各种形态发生沉积，并由此形成各种河漫滩地貌，这是河漫滩湿地赖以存在的形态基础。

14.6.3.4 有机物生产过程（生物过程）

生物过程是生态系统生态过程的基础，在这一过程中，生产者居于主导地位。以高等维管植物和藻类为主的初级生产者，通过光合作用进行初级生产，这是河漫滩有机物质生产的过程，是形成生物量的基础。河漫滩湿地一年的大部分时间里，地下水位都高于或接近植物根系所在的基质。这个特点对分解过程，亦即对决定初级生产力的有机质分解速度阈值有着重要影响，大于这个阈值时，则有机质积累。分解和净生产之间的平衡，决定着河漫滩湿地生态系统中有机质是否积累及其积累速度。纯粹的水生生物依赖于河漫滩湿地与主河道之间水力连接通道的存在，以便在湿地和主要水体之间迁移。例如，两栖类特别对鱼类的捕食敏感，因此，两栖类生物多样性最高的是在河岸湿地生境与鱼类可达性最低的地方。景观坡度和流域岩石特征决定了河流湿地系统的物理生境特征。河岸湿地相比主河道，提供了具有不同水力和基质条件的栖息地。河流的洪水时间一般较短，且比较大的河流不可预测，然而在洪水事件期间，还是有大量的交换过程发生在主河道与河岸带之间。在这些事件中，河岸湿地充当了细颗粒和有机沉积物的汇集地，这些细颗粒和有机沉积物来自河道、流域陆地冲刷，或者来自河漫滩的生物生产。

14.7 河流-湿地复合体

在河流生物多样性维持及河流生态服务功能的发挥中，河流水体与河漫滩、河滩洼地、河滩水塘、牛轭湖、河流古道、浅滩、沙洲等形成了一个结构和功能的整体——河流-湿地复合体（river-wetland complexity）。河流-湿地复合体包括了很多的自然群落类型，沿着河流，从河到湖，形成一个巨大的镶嵌体。河流-湿地复合体大大拓展了河流生态系统的空间、结构及功能内涵，提升了河流空间异质性，丰富了河流生物多样性。与河流相联系的各种类型的湿地结构，在水文联系、生态功能联系上，与河流水体密不可分，构成了一个结构和功能的整体系统。

在典型的山地河流，如重庆境内的长江自永川到涪陵江段，具有典型的沱、浩、洲、滩、湾、碛、坝等等结构单元，与长江水体构成了一个典型的河流-湿地复合体。长江岸线受水流冲刷的影响，形成了冲刷岸与淤积岸交替出现的河岸形态。冲刷岸一般为基岩型河床，包括浩、沱、碛等水文地貌单元，淤积岸主要为洲滩型河床，包括河漫滩、洲（江心岛）、支流河口等水文地貌单元。浩是由天然的石质坝梗结构在江的主河道和江岸之间围合形成半封闭水域，由于水流对河床的（淘）蚀作用，河床底部的软性页岩被淘空，形成不同形状和面积不等的深槽，成为鱼类的产卵场、越冬场所。碛是裸露于江中的岩石，如重庆长江主城段的弹子石、呼归石等，碛内的石槽、石缝、岩壳、壶穴大小深度不一，为鱼类提供了良好的隐蔽条件，是较好的产卵场与庇护场。位于河床主槽一侧或两侧的河漫滩，在洪水时被淹没，枯水时出露，是由河流的横向迁移和洪水漫堤的沉积作用形成，河漫滩上饵料生物丰富，常见水生植物有黑叶轮藻、金鱼藻等，浮游生物较为丰富，沼虾类和蟹类在这样的环境中繁殖栖息，还有水生昆虫如蜻蜓、蜉蝣的幼虫在漫滩卵石间生活，这些较为丰富的饵料使得河漫滩成为鱼类觅食的场所。沙洲是一种典型的流水地貌形态，是冲积河道出露水面的成形泥沙淤积体，由于地质、地理和水文泥沙条件变化万千，加之河道边界的极不规则，导致沙洲形态差异很大；是鱼类的产卵场所，也是水鸟的栖息地、觅食地、繁殖地。上述与河流相互联系的湿地结构单元具有重要的生态服务功能，如营养物质联系、提供生物栖息场所、产卵繁殖地、污染净化功能，等等。

在河流-湿地复合体中，牛轭湖是生态系统中的热点，为河流系统提供了关键的野生生物生境，在河流系统中支持着丰富的生物多样性。因此在河流-湿地复合体研究和保护中，牛轭湖是重要的结构和功能单元（图 14-11）。牛轭湖是河流系统的动态元素，随着河漫滩水体逐渐陆生化，在其进化中提供了不同类型的生境。事实上，对区域生物多样性的贡献，是牛轭湖等河流湿地的最重要生态服务功能。在河流生态系统中，牛轭湖、滞水区创造了不同类型的野生生物生境，如苍鹭、鲑鱼、淡水龟、河狸等。牛轭湖提供了重要的水文功能，如洪水滞流、地下水涵蓄等。

图 14-11　牛轭湖（内蒙古海拉尔河）

第 15 章
潜流层及其生态过程

15.1 潜流层概念

15.1.1 潜流层定义

潜流层（hyporheic zone。Hyporheic 来自希腊文，“hypo” =under，“rheos” =flow）这一术语的最初使用见于 Orghidan（1959）的著作，他将这一界面描述为包含具有鉴别性特征生物的地下水新生境。对潜流层的定义植根于物理学或生物学基础，依赖于研究者的兴趣和特定地点的研究方法。最普遍的定义是：潜流层是位于河流河床之下并延伸至河溪边岸带和两侧的水分饱和的沉积物层，地下水和地表水在此交混。潜流层是河流地表水和地下水相互作用的界面。占据着在地表水、河道之下的可渗透的沉积缓冲带、侧向的河岸带和地下水之间的中心位置。在活跃的河道之下及大多数河流的河岸带内都可以发现潜流层。在更广泛的意义上，可以把潜流层定义为与地表进行水交换的河流地下区域。

潜流层包含一部分主河道的水或主河道水下渗后，其溶质组成发生部分变化的水。强调含有地表水是潜流层的一个关键特征。Triska 等（1989）通过设定最低地表水含量（将含有 10% 地表水作为确定潜流层水组成的阈值），对潜流层定义进行了量化，Triska 等提出了对这一界面环境的经验性判断，认为含地表河流水量大于 10% 但小于 98% 为相互作用的潜流层。Vervier 等则强调潜流层的生态交错带性质，潜流层是地表水和地下水的生态交错区，这一边界在空间和时间上处于动态变化之中。

按照这一观点，潜流层的重要特征包括：

（1）地下水（通过沉积物孔隙流动）和河道地表水（自由流动）的界面；

（2）固相（沉积物）、液相（水体）和生物相（微生物群、无脊椎动物群）的多相空间；

（3）存在着一些相关梯度，如氧化还原潜势（E）、有机物含量、微生物数量和活动、营养盐和光的可利用性。

对生物地化过程感兴趣的研究者则偏向于根据水源来定义潜流层。然而，更偏重于生物学方面的定义是，潜流层是潜流层动物（hyporheos）存在的区域。

15.1.2 潜流层的划分和确定

Boulton 等（1992）根据不同的物理、化学、生物或生物地化特征带中明显不同的群落，进一步将潜流层划分为亚带或群落生境。按照这一系统，位于潮湿的河道表层之下具有密切的生物学和水文学交换的层带称为潜流带。在活跃的河道边界内较干燥区域之下的层带是副流带（parafluvial zone），而位于河岸边界之外在邻近边岸带之下的潜流带称为河漫滩潜流带（floodplain hyporheie zone）。目前，有关潜流层的术语还比较含混，这是由于研究者的角度不同以及这一新兴领域正处在快速发展时期。从概念上看，潜流层的定义尽管较简单，但在实践中要对其加以准确描述却是比较困难的。在野外，确定潜流层位置和范围最直接的方法是利用稳定性示踪剂技术。这种方法是将稳定性示踪剂加入地表河道，在那里与河水混合，并随之向下游流动，在低浓度下即可检测。带有示踪剂标记的地表水渗透进入潜流层，然后在采样井（sampling well）（采样井安置在邻近河道及河道之下的水分饱和的层带）的水样中可以检测到示踪剂。通过监测水流中溶质的浓度或其他特征（如 pH、电导率、温度、不同的离子等），可以判断地表水向潜流层的侵入。此外，还可通过检测采样井采集的水样中是否有潜流层生物，从而证明潜流层的存在。

15.1.3 潜流层生物群落

潜流层是黑暗的生境，因此生物区系以无脊椎动物和微生物为主。通常把生活在潜流层中的无脊椎动物群落称为潜流动物（hyporheos）。潜流动物常以其生活在沉积物间隙的生活史特征或适应性而加以鉴别和区分。一般居住在潜流层的孔隙动物反映了水源的梯度，可将其分为 3 类：偶入潜流动物（occasional hyporheos）、永久性潜流动物（permanent hyporheos）、地下水动物（groundwater fauna）。

偶入潜流动物与表层环境有密切联系，主要由水生昆虫组成，包括石蝇和摇蚊幼虫等。这些无脊椎动物在其生活史的早期阶段利用潜流层，成体又返回地表层。永久性潜流动物包括桡足类、水螨、介形虫等，其全部生活史阶段主要在潜流层度过，在形态上适应于这种孔隙空间的生活，尽管它们也能在地表附近发现。地下水动物常与真正的地下水联系在一起，包括端足类、等足类、环节动物原环虫等无脊椎动物。作为地下水与地表水的生态过渡带，在潜流层中，永久性潜流动物和地下水动物占据主导地位，偶入潜流动物多度较低。

大多数无脊椎动物生活在潜流层沉积物的孔隙中，适应这种特殊的黑暗环境，其形态和生理上发生相应变化，如眼退化、感觉附器延长、身体细小。潜流层无脊椎动物群落结构在时空上是高度变化的。影响群落的参数有沿水流路径上潜流层的空间位置、溶解氧浓度、有机物浓度、温度、营养物、底质性质。在一些冲积河流，甚至在离主河道较远（有时远至数公里）的侧向平行带中还能发现潜流动物，说明了在一些河流系统，潜流层的空间延伸范围较宽。除了无脊椎动物群落外，在潜流层沉积物颗粒表层还包裹着一层生物膜（biofilms），这是由细菌、真菌、原生动物、小型底栖动物等微型生物所组成的生物层。

微生物与无脊椎动物构成了潜流层食物网，在这个食物网中，优势营养群是食腐屑者和捕食者。潜流层食物网明显不同于地表溪流，地表溪流主要由初级生产力维持植食者的取食，而在潜流层则是生物膜为各种不同孔隙生活的无脊椎动物提供营养源，如碳源、氮源的供应。由于潜流层的动态复杂性及其作为生态交错带的性质，因此在未被污染的河流潜流层，无脊椎动物多样性较高。

15.1.4 潜流层的功能及动态

15.1.4.1 功能重要性

潜流层是河流连续体的重要组成部分，它有效地连接着河流陆地、地表和地下成分。潜流层包含着较大的物理、化学梯度，为许多无脊椎动物提供了重要生境，是生物多样性研究的热点区域。有关潜流层重要性的近期研究进展增加了人们对河流生态学的理解，大大扩展了水生生物生境的物理空间以及生物相互作用和生产力存在的区域。潜流层生境包含多样化的、丰度很高的动物区系，其常常控制着河流的生物生产力。在许多河流潜流层地下无脊椎动物的生产力达到甚至超过了河流底表上的生物群落，潜流层确实维持着令人惊异的生物多样性及复杂的食物网。

潜流层的水文交换对地表溪流生物产生着较大的影响。潜流层沉积物和水体在代谢上是活跃的，其具有复杂的随时空变化的营养循环格局。来自潜流层的上行流（upwelling）能够传递营养物到河道，影响藻类初级生产力的速率、底栖藻类群落的组成、受干扰后河流的恢复，能加速遭受洪水和其他干扰后河流生产力的恢复。地下水和地表水之间水体的相互变化在河流底栖界面结构和功能中具有重要作用。

潜流层对河流生态系统的潜在重要性源于生物学和理化活动，以及该带内较大的理化和生物学梯度。潜流层生物地化过程强烈地影响地表水质。潜流层较宽阔的河流，保持和进行营养循环的效率更高。潜流层生物群落的分解作用可能使河流消除有机废物的能力大大加强。潜流层对河流生态系统的重要性部分是因为其相对较大的孔隙面积和表面积。这些特征对于决定潜流层中的生物类型非常重要。因此，潜流层沉积物孔隙为潜流层生物提供了较大的栖息生境，例如，20 cm 深的溪流，流经 100 cm 河段的沉积物，其潜流层的生境大小是其上面河道的 2.5 倍。Stanford 和 Ward（1988）推测，在美国 Montana 的 Flathead 河，沿着河漫滩，潜流层生境大小是河道生境大小的 2400 倍。潜流层中可为细菌、真菌、原生动物等生物所利用的表面积至少比 20 cm 深的溪流中的 2 mm 直径的沙子河床沉积物表面积大 2000 倍。沉积物颗粒表面的有机质和微生物群落在生化上是活跃的，并且能吸收或转移溶解化合物和有机物。

宽阔的潜流层可能作为溪流生物的避难地，以缓冲流量变化和食物供应的干扰。研究表明，溪流表层的一些底栖动物在受到干扰后会进入潜流层，将其作为庇护地。实验证明，来自潜流层生境的生物是溪流生物补充的一个重要来源。研究表明，低流量条件下，潜流层是水生无脊椎动物的最好庇护所。目前，各种水利水电工程开发建设带来的最大影响就是筑坝导致的减脱水河段水量大大减少，在这种情况下，潜流层成为水生无脊椎动物的主要避难场所。气候变暖所导致的河溪水量的减少同样使得潜流层作为庇护生境的重要意义逐渐凸显出来。潜流层为水生无脊椎动物提供了良好的庇护生境，维持了河溪食物网及河流生物多样性。因此，我们必须对潜流层给予特别关注。

潜流层是一个典型的动态生态交错带，水文交换的许多过程发生在该带。下行流（downwelling）挟带着溶解氧、营养盐、有机物以及微小无脊椎动物进入潜流层。当水渗透经过沉积物时，潜流层就像生物过滤器一样发挥着过滤净化作用。潜流层生物地化过程对溪流水质的净化作用，是由巨大的、高度活跃的河流底表区域与沉积物及水的长期接触，而发挥作用的。通过沉积物颗粒表面的吸收，以及生物膜为介质的生物吸收，从而去除沉积物表面的溶质。潜流层生物群落的分解作用可能使河流消除有机污染物的能力大大加强。潜流层有相对较大的孔隙面积和表面积，使得该层生物类型丰富而独特，这也表现出对河流生态系统的重要性。

潜流层是河流生态系统中地表水和地下水交混的生态交错带，连接着陆地、河岸带及河道，是河流集水区内物质和能量的动态转换中心，是集水区内各种环境特征的综合表征体，它能够反映周围景观的环境条件及其变化，集水区内的自然或人为干扰，都会影响到潜流层的水文循环、理化特征、生境分布、营养结构和基本生态过程，潜流层生物群落及系统整体对集水区自然和人为干扰的时空变化也产生着积极的响应。因此，潜流层是评价河流生态系统健康的关键组分，是保持物种多样性和流域生态系统稳定的重要环节，也是易受人类干扰的脆弱系统。考虑水利水电工程、气候变暖等因素导致的河流地表水量减少，以及污染排放对地表水的影响，这些都使得潜流层的重要性空前地凸显出来。但如果我们对潜流层及其在河流生态系统中的重要性缺乏认识，一旦潜流层受到破坏，那么很多水生动物（尤其是水生无脊椎动物）将失去最后的庇护地，河流水生食物网受到破坏，水生生物多样性将难以维持，从而导致河流生态系统健康衰退。

潜流层作为河流地表水与地下水的界面，是河流与景观环境耦合的核心部位，在河流生态系统健康的维持中起着重要的作用。在河流集水区内，无论是自然变化还是人为干扰，都会影响到河流潜流层的生境分布、无脊椎动物群落结构和基本生态过程，潜流层无脊椎动物群落对集水区自然和人为干扰的时空变化也发生着积极的响应。

15.1.4.2 潜流层动态

潜流层边界随其与地表河流水交换的体积和深度而处于变化状态之中，这种变化或波动也会影响到河流生态系统的相关生物和非生物组分。在枯水期河流流量较小的时候，进入潜流层的地表水量有限，潜流层中的大部分水来自深层地下水或侧向缓冲带的渗入。而在洪水期流量较大的季节，地表水向潜流层输送。地表水与潜流层的这种季节性变化，使得地表水化学条件发生改变，也导致停留时间的变化。

作为河流生态系统中的典型动态生态交错带，水文交换的许多过程发生在潜流层。下行流（downwelling）的水挟带着溶解氧、营养盐、有机物以及微小无脊椎动物进入潜流层。同时也可能向潜流层输送沉积物黏粒、酸性径流甚至有毒物质。由于有致密的微生物膜包裹着较大面积的潜流层沉积物颗粒，这一薄薄的生物层完成着一系列的生物化学交换，因此，当水渗透经过沉积物时，潜流层发挥着生物过滤器的作用。

15.2 潜流层生境特征

作为黑暗的界面，潜流层是河流生物的栖息生境之一。研究表明，来自潜流层生境的无脊椎动物等生物，是河流生物补充的一个重要来源。潜流层作为地表水与地下水交互作用的生态界面，其水文学和生态学过程复杂，潜流层受河流流量、水深、地貌、沉积物渗透系数、地下水位、覆盖物条件、土地利用等诸多因素的影响（夏继红，2013）。潜流层具有特定的物理、化学和生物梯度，其中潜流层的沉积物粒径、渗透系数、水力梯度、孔隙度以及潜流流径、流速、流量、溶解氧等理化及水文指标是了解潜流层生境特征的重要参数。潜流层的特定理化和水文条件决定着潜流层中无脊椎动物及微生物活动的格局和分布。潜流层上升流和下降流区域的温度、pH、氧化还原电位、溶解氧和硝态氮明显不同，其动物种类存在差异。作者带领研究团队对黑水滩河潜流层生境及无脊椎动物进行了研究。

15.2.1 研究方法

黑水滩河作为嘉陵江北岸一级支流，位于重庆市北碚区东部。它发源于华蓥山宝顶南坡华秦乡华云村，南流穿过北碚区胜天湖水库，经金刀峡镇、三圣镇、复兴镇，在水土镇东南狮子口注入嘉陵江，流域内地势北高南低，总体流向由北到南。黑水滩河全长 65 km，流域面积 385 km^2，多年平均流量 5.67 m^3/s。河水主要靠雨水补给。源头河段（胜天湖水库之上）比降大，河谷多呈“V”字形；胜天湖水库之下河段河谷呈“U”字形，河漫滩较发育；中、下游河段河谷呈典型的“U” 字形。选择黑水滩河上游蒋家院子到偏岩古镇河段，平水期水深约 5 ~ 30 cm，水面宽度 5 ~ 17 m，平均流速 0.30 m/s，平均水温 20.43 ℃。深潭—浅滩和阶梯—深潭序列存在于该河段，表现出明显的山地河流的生境特征。河床底质以砾石和卵石为主。在蒋家院子到偏岩古镇河段共设置 6 个断面，进行潜流层生境特征调查（图 15-1）。

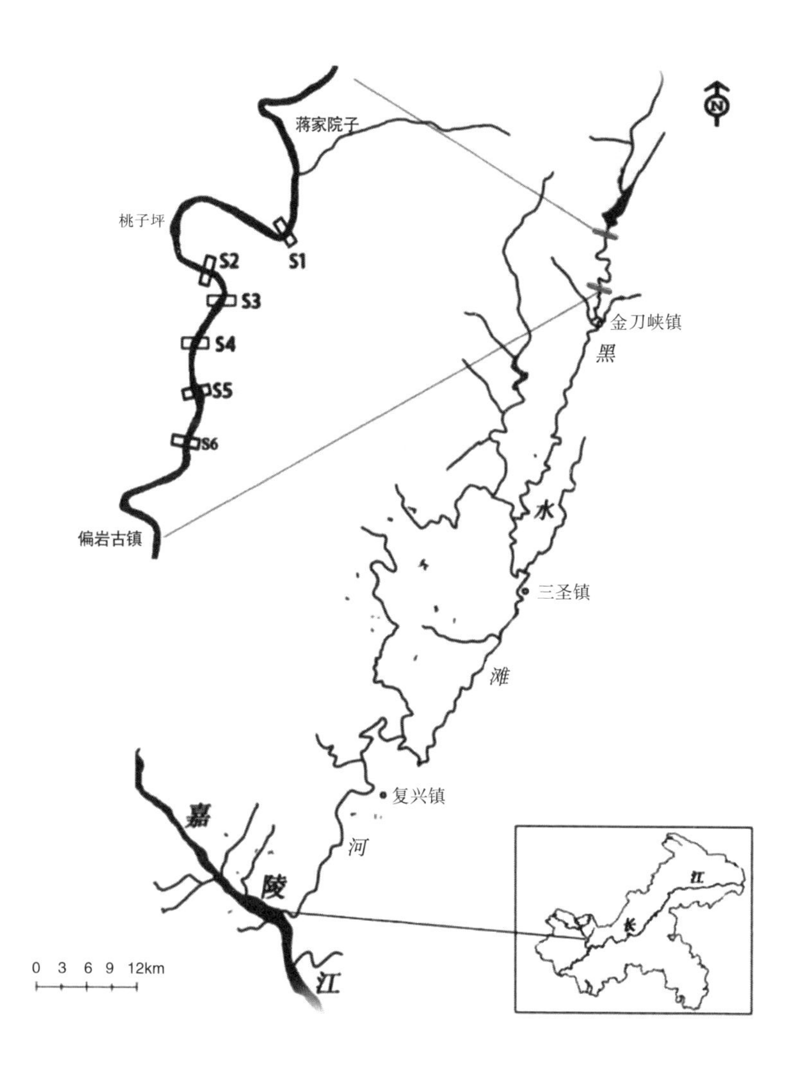

图 15-1 黑水滩河潜流层调查河段位置示意图

2014 年 4—6 月，对黑水滩河上游河段 6 个断面潜流层生境特征进行调查（表 15-1），调查内容包括潜流层沉积物、潜流交换及间隙水特征。相关参数包括沉积物中值粒径、百分比含沙量、非均匀度、垂向水力梯度、垂向（横向）渗透系数以及潜流温度、电导率、pH、溶解氧等理化指标。

表 15-1 黑水滩河潜流层调查断面基本情况

采样断面	地理位置	河段特征	海拔(m)
S1	N30° 1′6.56″,E106°39′31.63″	弯曲河段,心滩前端	333
S2	N30° 0′0.44″,E106°39′19.80″	顺直河段,河床平整	331
S3	N30° 0′48.68″,E106°39′19.20″	水潭,水流平缓	330
S4	N30° 0′51.89″,E106°39′18.44″	浅滩,激流	329
S5	N30° 0′42.71″,E106°39′17.86″	浅滩,两个深潭之间	326
S6	N30° 0′35.31″,E106°39′16.05″	浅滩,激流	322

15.2.2 潜流层生境特征

15.2.2.1 潜流层沉积物特征

黑水滩河上游河段各调查断面潜流层沉积物粒径分布的中值粒径范围为 13.24 ~ 43.20 mm，非均匀度变化范围为 5.79 ~ 52.38 cm（图 15-2，表 15-2）。其中 S1 断面的中值粒径最小，非均匀度最低；S4 断面的中值粒径最大；S2 断面的非均匀度最高。按照 Cummins（1962）对河流底质颗粒大小的分类方法，S1 断面为砾石（2 ~ 16 mm）底质，S2 ~ S6 为卵石（16 ~ 64 mm）河床。上游 S1 ~ S3 断面，潜流层沉积物中值粒径与下游 S4 ~ S6 断面的中值粒径存在显著差异。这种差异与各断面的生境条件有关，前 3 个断面依次为心滩前端、顺直河道缓流河段、深潭后端；表层水流速均小于后 3 个断面，均为浅滩激流河段。各断面潜流层沉积物百分比细沙含量的范围为 4.59% ~ 11.97%，其中最高值为 S2 断面，最低为 S1 断面。

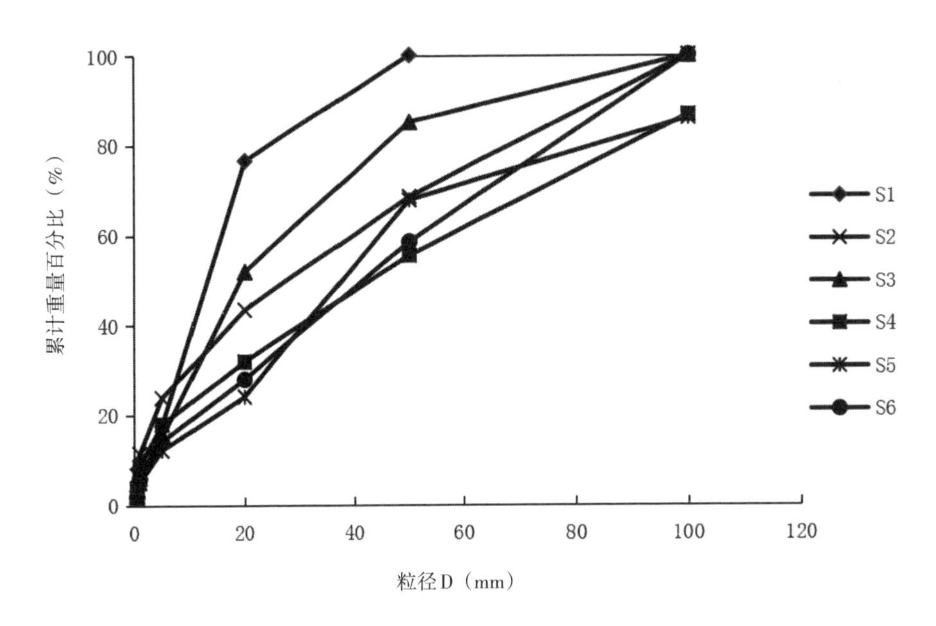

图 15-2 黑水滩河潜流层沉积物粒径分布

15.2.2.2 潜流交换特征

黑水滩河上游河段各断面横向渗透系数介于 1.50 ~ 7.33 mm/s 之间，垂向渗透系数介于 0.15 ~ 0.73mm/s 之间。其中 S1 断面的横向（纵向）渗透系数最大，S4 断面的横向（纵向）渗透系数最小，且 S1 断面和 S4、S6 断面的横向（纵向）渗透系数存在显著差异，其他断面的差异不显著。各断面的垂向水力梯度均为负值，表明调查河段每个断面均为下降流区域，河流表层水补充地下水，其中最高值为 S5 断面，最低为 S2 断面。

15.2.2.3 潜流层间隙水特征

黑水滩河上游河段各调查断面潜流层间隙水的 pH 值为 7.17 ~ 7.56，溶解氧为 4.16 ~ 6.62 mg/L，

表 15-2　黑水滩河潜流层及河流表层水体特征参数（平均值±标准误）

参数		调查断面					
		S1	S2	S3	S4	S5	S6
潜流交换	垂向水力梯度 VHG	−1.45E−2±0.01b	−8.06E−3±0.01b	−3.86E−2±0.02b	−1.52 E−1±0.01a	−1.60E−1±0.06a	−3.23E−2±0.00b
	横向渗透系数 K_h(mm/s)	7.33±0.31b	2.80±0.15ab	5.43±3.06ab	1.50±0.15a	6.10±1.33ab	1.70±0.18a
	垂向渗透系数 K_v(mm/s)	0.73±0.03b	0.28±0.02ab	0.54±0.31ab	0.15±0.02a	0.61±0.13ab	0.17±0.02a
	比流量 Q($mm^3.mm^{-2}.s^{-1}$)	−1.06E−2±0.01b	−2.27E−3±0.00b	−2.04E−2±0.01b	−2.32 E−2±0.00b	−9.94 E−2±0.03a	−5.48 E−3±0.00b
沉积物潜流层	百分比细沙含量 PFS(%)	4.59±0.00a	11.97±2.84a	10.07±0.33a	8.44±1.35a	5.02±0.47a	5.83±0.64a
	中值粒径 D_{50}(mm)	13.24±0.52a	24.92±7.10a	19.25±0.88a	43.20±2.35b	37.81±0.59b	41.88±2.43b
	非均匀度 H(D60/D10)	5.79±0.87a	52.38±22.92a	25.11±1.31a	37.24±13.80a	11.79±2.30a	17.11±2.58a
潜流层间隙水	pH	7.17±0.45a	7.56±0.03a	7.47±0.03a	7.45±0.06a	7.44±0.06a	7.23±0.18a
	温度 T(℃)	17.33±0.18a	16.43±0.15a	19.38±0.15b	20.30±0.57c	20.50±0.32c	21.85±0.26d
	溶解氧 DO(mg/L)	5.36±0.17b	5.65±0.31bc	6.62±0.46c	5.53±0.11bc	6.22±0.38bc	4.16±0.14a
	电导率 Cond (μs/cm)	909.75±12.29ab	871.50±20.67a	994.00±6.66b	885.25±31.67ab	901.50±42.01ab	937.25±19.47ab
河流表层水体	pH	8.08±0.01c	8.03±0.04c	7.85±0.03b	7.98±0.03bc	7.64±0.07a	7.56±0.03a
	温度 T(℃)	17.80±0.00a	17.82±0.10a	20.35±0.34b	23.58±0.71c	19.00±0.00a	24.05±0.05c
	溶解氧 DO(mg/L)	10.20±0.06b	11.17±0.15d	10.08±0.03b	10.59±0.08c	9.88±0.11b	8.85±0.01a
	电导率 Cond (μs/cm)	932.25±0.48a	973.75±1.70b	1076.25±0.48d	1043.25±10.27c	945.25±0.48a	1036.25±0.50c
	流速(m/s)	0.13±0.01	0.22±0.01	0.13±0.01	0.53±0.02	0.33±0.02	0.48±0.02
	水深(cm)	11.80~13.50	4.50~12.00	14.00−17.00	10.00−20.00	11.50−16.00	5.00−5.50
	水面宽度(m)	5.00~5.50	13.00~17.00	8.50−11.00	6.00−7.00	9.50−11.00	5.80−6.20

注：a, b, c, d 代表同行不同断面间各参数的差异显著性（Student Newman Keuls 法，$P<0.05$）

电导率为 871.50 ~ 994.00 μs/cm，温度变化范围 15.43 ~ 21.85 ℃。对比河流表层水体和潜流层间隙水的理化指标，发现潜流层间隙水的 pH、溶解氧和电导率均小于河流表层水，除 S5 断面外，温度变化也符合这一规律（图 15-3）。研究结果表明，上午时段表层水体温度小于间隙水温度，随着气温上升两者温度也同时上升；由于间隙水温度受河床沉积物影响，温度上升较慢，在中午后河流表层水温反而高于潜流层间隙水。由此推测，到夜间随着温度的下降，河流表层水温将低于潜流层间隙水。因此，潜流层间隙水温度更多的受到气温和河流表层水温的影响。

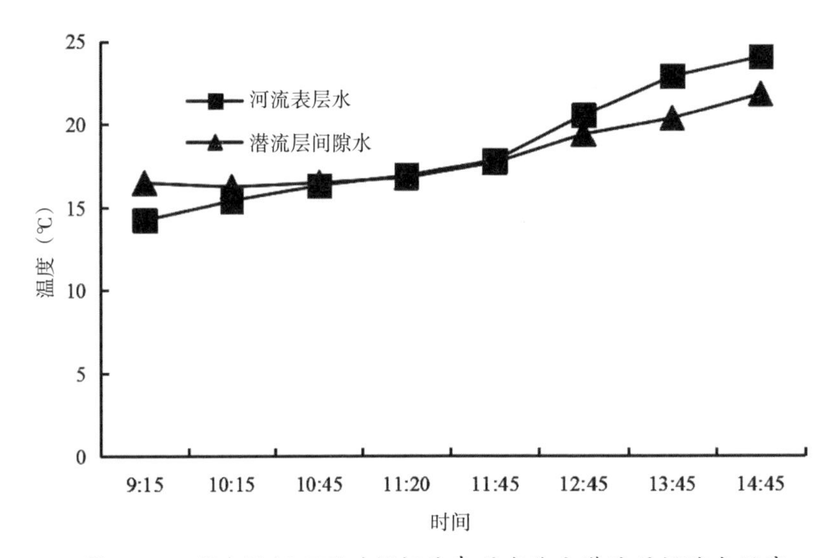

图 15-3　黑水滩河不同时间河流表层水体和潜流层间隙水温度

15.2.2.4 潜流层生境参数主成分分析（PCA 分析）

对黑水滩河所有调查断面潜流层生境指标进行主成分分析（PCA 排序），排序结果表明，第一和第二排序轴对潜流层生境特征的解析度达 94.42%（图 15-4）。第一排序轴与非均匀度（-0.98）、百分比细沙含量（-0.80）和垂向渗透系数（0.80）的相关性最高，将 S1 和 S4 断面区别开。第二排序轴与温度（0.85）和中值粒径（0.84）的相关性最高，将 S2 和 S3 聚为一类，S5 和 S6 聚为一类。

从选择的 11 个参数用于反映山地河流潜流层生境特征来看。其中表征潜流层沉积物特征的参数有 3 个，分别是中值粒径、非均匀度和百分比细沙含量；表征潜流层间隙水特征的参数有 4 个，分别为温度、pH、溶解氧和电导率；表征潜流交换的参数为 4 个，包括垂向水力梯度、横向渗透系数、垂向渗透系数和比流量。与 Olsen 和 Townsend（2003）在砾石底质河流潜流层研究中为反映潜流层沉积物结构、水文交换和水体理化特征所选择的指标大致相同。主成分分析结果表明，非均匀度、百分比细沙含量、中值粒径、垂向渗透系数和间隙水温度这 5 个参数，能较全面地反映潜流层生境特征。

对黑水滩河上游河段潜流层沉积物生境特征诸参数进行了研究，中值粒径的范围为 13.24 ~ 43.20 mm，表明该河段潜流层沉积物为砾石和卵石。垂向渗透系数范围为 0.15 ~ 0.73 mm/s，与 Kasahara 和 Wondzel（2003）在美国卡斯克德山脉西部山地河流研究结果类似（平均 Kv 值为 0.2 mm/s），与 Baxter 等（2003）在美国落基山脉北部山地河流的研究结果（Kv，2.23E-5~3.37 mm/s）相比变化范围较

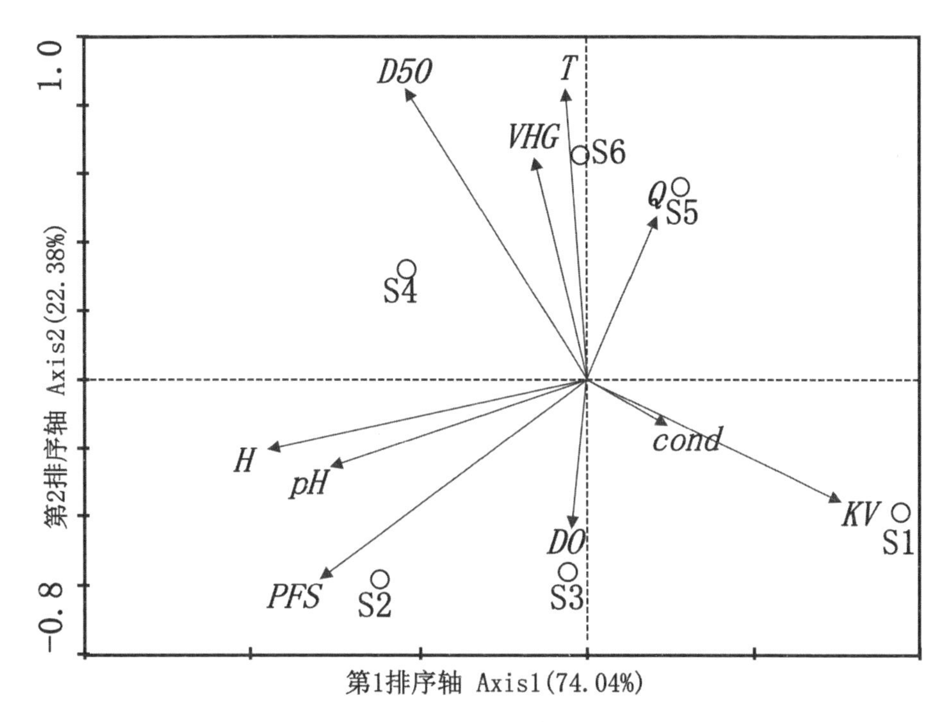

图 15-4 黑水滩河潜流层生境参数 PCA 二维排序图

小。温度的变化范围为 15.43 ~ 21.85 ℃，相关性分析显示潜流层间隙水温度与河流表层水温度有强相关性，且受气温影响。

15.3 潜流层大型无脊椎动物类群

15.3.1 潜流层大型无脊椎动物类群

河流底栖动物生态学研究一般将不能通过 0.5 mm 孔径筛网的无脊椎动物称为大型无脊椎动物。在潜流层中，很多无脊椎动物个体均较小，通常小于 0.5 mm；特别是一些处于早期生活史阶段的水生昆虫，如石蝇类中很多体形较大类群的幼虫在河道中生存并繁殖后代，但体形较小类群的幼虫，其大部分时间则生活在河流潜流层及河漫滩。因此，在实际研究中，一般用较小孔径（0.063mm 或 0.125 mm）的筛网采集。

15.3.1.1 基于生活史的类群划分

潜流层作为地下水和地表水之间的生态界面，栖息于该生境的大型无脊椎动物受到地下水和地表水环境的双重影响，其生活史类型多样。根据生活史的不同，将潜流层大型无脊椎动物划分为不同的类群（张跃伟等，2014）。早期的研究者把潜流层大型无脊椎动物分为三类：偶入型，即因意外进入潜流层的无脊椎动物；生活史部分阶段在潜流层度过的无脊椎动物；永久性潜流层动物，即专一生活在潜流层中的无脊椎动物。一些研究者则将其分为两类：躲避恶劣环境而进入潜流层的动物和以线虫和蜱螨类（*Arachnoidea*）为代表的无脊椎动物，前者主要生活在潜流层的上层区域，包括昆虫幼虫、枝角类和猛水蚤（*Harpacticoida*）等；后者以线虫和蜱螨类（*Arachnoidea*）为代表，数量随着深度的增加而增加。后续的一些研究者建议将潜流层动物分为临时性和永久性两类，临时性潜流层动物是表层的一些底栖动物幼虫在其生活史的部分阶段栖息于潜流层；永久性潜流层动物是指永久生活在潜流层的动物，如桡足类、螨虫类、介形亚纲（Ostracoda）、缓步类（俗称水熊虫）及合虾总目（Syncarida）的一些动物等。Boulton（1992）在系统分析前人研究成果的基础上，列出了潜流层大型无脊椎动物名录，并将潜流层大型无脊椎动物分为三大类群：

1. 偶入动物（stygoxenes）

偶入动物与潜流层水文环境没有密切关系，是由于意外因素而偶然进入到潜流层中的动物。该类动物包括广翅目（megaloptera）和蜻蜓目的一些幼虫。

2. 非典型潜流层动物（stygophiles）

指为躲避表层不利环境条件而进入潜流层，并可积极利用潜流层资源的动物，又可分为临时性潜流层种类、类两栖种类、永久性种类。临时性种类主要是偶尔进入潜流层的水生底栖昆虫幼虫。类两栖种类的生活史必须经历潜流层和表层两种生境，通常也需要在空中生活，如襀翅目黑襀科（Capniidae）和绿襀科（Choloroperlidae）昆虫的幼虫期生活在潜流层，成虫期则回到河面；此外克莱施密摇蚊属（*Krenosmittia*）幼虫也有类似的生活史。永久性种类的生活史不一定需要在表层水中完成其生活史，包括大量的中型无脊椎动物（其身体大小为 0.05 ~ 1.00 mm），如寡毛类、线虫类、缓步类、介形亚纲、枝角类和桡足类等，以及端足目和等足目（Isopoda）等大型无脊椎动物。

3. 典型潜流层动物（stygobites）

它是潜流层特有的动物。它们与永久性种类的区别是对潜流层生境的适应程度不同，如出现体表色素消失；眼睛和感光器官退化，其他感觉器官发达等。该类群又可划分为存在于地下水包括洞穴河流中的种类和受深层地下水限制的种类。

基于生活史的潜流层大型无脊椎动物类群的划分，对于研究这些动物的生活史对策具有价值，不同的生活史对策可能直接影响到潜流层能量和物质的动态，有助于研究其在潜流层中的生态功能。大多数临时性潜流层生物，如大部分底栖无脊椎动物，其生活史对策是高生殖力、短世代周期、高运动能力、拥有适应于多变环境条件的特征。相反，在环境条件相对稳定的潜流层中，其生活史对策则是世代周期较长、生长和发育缓慢、生殖力较低，包括大多数典型的和永久性的潜流层无脊椎动物。

15.3.1.2 基于摄食功能群的类群划分

对潜流层大型无脊椎动物摄食功能群的划分，是基于对底栖无脊椎动物摄食方式及在河流生态系统中的功能。一般将摄食功能群划分为 4 类：

1. 刮食者（scrapers/grazers）

刮食底质中的微型或小型生物如着生藻类、周丛生物和其他微生物。

2. 碎食者（shredders）

以粗颗粒有机物（颗粒大小≥1mm）为主要食物。与其他微型水生植物和动物一起分解取食水生维管植物的枯枝落叶等残体组织，或直接取食活的水生维管植物，或钻蛀倒伏于水中的枯木。

3. 集食者（collectors）

以细颗粒有机物（颗粒大小 0.45 μm ~ 1.00 mm）为食，一部分来自于粗颗粒有机物的分解，另一部分由可溶性有机物与藻类和原生动物等形成絮状物。根据食物在水体中的位置（沉积或悬浮）与获取食物的方式，又可分为：①滤食者（collector–filterers）：以悬浮于水中的细颗粒有机物为食，具有某些特殊结构如前足胫足上具有刚毛、上唇扇，或者通过丝状分泌物织成的网，过滤悬浮于水中的有机物质；②收集者（collector–gatherers）：主要取食沉积于底质表面松散的细颗粒有机物。

4. 捕食者（predators）

直接吞食或刺食其他水生动物。

对季节性河流的研究表明，潜流层大型无脊椎动物的摄食类群中，个体数量最多的是收集者和刮食者，捕食者数量也较多。通常，在靠近河床表层的潜流层中以刮食者为主，而捕食者常常栖息于深层潜流层。

15.4 潜流层大型无脊椎动物的生态功能

15.4.1 对河流生态系统物质循环和能流的作用

作为地下水与地表水之间活跃的生态过渡带，不管在何种尺度下，潜流层生态功能与潜流层本身的特性，及与地表河流的连通性密切相关。Michael 和 Hall（2004）的研究表明，虽然无脊椎动物在潜流层仅贡献了相对较低的生物量和呼吸作用（相比于细菌等微生物），但对于潜流层生化过程的作用可能是巨大的，其研究结果显示，随着无脊椎动物生物量的增加，潜流层的呼吸作用和有机物颗粒分别上升了 51% 和 33%，直接影响潜流层的新陈代谢。为解释“艾伦悖论”（Allen Paradox，对一些河流的调查发现，大麻哈鱼对无脊椎动物的消费量远大于底栖无脊椎动物的次级生产），Huryn（1996）研究认为潜流层的次级生产可能是无脊椎动物捕食者食物网的重要组成部分。Wright–Stow 等的研究也部分地证明了该论断，发现石蛾大约 96% 的年次级生产发生在潜流层中。Smock 等（1992）在源头溪流研究发现，潜流层贡献了整个河道大型无脊椎动物次级生产的 65%；在河床底质更粗糙的溪流中，该比例可能更高，这种高比例的贡献主要是由潜流层范围的大小，而不是由潜流层大型无脊椎动物的密度所决定。此外，大型无脊椎动物作为潜流层中的顶级消费者，其摄食活动明显提高了潜流层生物膜的活性，进而对河流食物网中的物质循环和能量流动产生影响。

15.4.2 水质净化功能

潜流层是河流和地下水水质天然的过滤和缓冲系统，在大多数河流中，潜流层对于水质的净化作用主要通过潜流层的物理、生物和化学机制三方面来实现。物理机制主要是潜流层孔隙结构对流过潜流层水流中的有机和无机颗粒的过滤作用。生物机制是潜流层生物膜的净化功能。化学机制则是潜流层对可溶性矿物质和金属的沉淀作用。潜流层大型无脊椎动物对上述三种机制中的物理和生物机制有直接影响，其中甲壳类的摄食等活动（对潜流层的挖掘）和排泄物（等足目和端足目动物排泄的大颗粒粪球），改变了潜流层物理结构，对潜流层的水文交换造成影响。寡毛纲动物的摄食和排泄活动，在改变潜流层孔隙结构、影响沉积物过滤作用的同时，也在影响着生物膜中的微生物。

15.4.3 潜在的指示生物

潜流层是地下水和地表水交互作用的缓冲区域，也是一个拥有丰富生物多样性的生态交错带。潜流层中的大型无脊椎动物拥有相对简单的食物网和较少的食物源，对环境变化敏感，是潜在的生物指示物种。来自表层水体的污染物在进入地下水之前，会对潜流层中大型无脊椎动物群落结构造成影响，这种变化对于污染物的进一步扩散提供了早期预警。目前应用潜流层无脊椎动物进行生态评价的研究相对较少，如潜流层种类组成中高的石蝇数量是对采矿作业造成的污染和人为干扰的专一性响应。Leigh 等（2013）分析了潜流层无脊椎动物丰度、EPT 丰度和 EPT 相对丰度等参数在河流生态健康评价中应用，认为潜流层无脊椎动物是间隙性河流生态健康潜在的指示生物。

15.5 潜流层大型无脊椎动物调查研究方法

根据潜流层多样化的底质、动态变化以及不可见的特性，需要选择合适的研究和采样方法。目前，使用较多的方法包括 Bou-Rouch 采样法（竖管采样法）、人工基质法（artificial substrates）、冷冻芯样法（freeze coring），等等。

15.5.1 Bou-Rouch 采样法

Bou 和 Rouch 于 1967 设计了 Bou-Rouch 采样法，是早期较常用的潜流层采样法。Bou-Rouch 采样器由 Bou-Rouch 竖管构成，竖管顶端安装活塞泵，插入潜流层的一端有一段均匀分布的小孔，采样时混合着泥沙和动物的水样由此被抽入竖管，水样经特定孔径的筛网过滤后采集动物。后续研究者对该方法进行了改进，包括对安置竖管的采样井进行优化设计（Hauer 和 Lamberti，1996）、手动泵换为电动泵等（Fraser 和 Williams，1997）。

该方法设备简单，易于野外操作。但由于是通过分布于管壁的一段小孔区来完成采集，因此，每次只能采集特定深度的样品，对研究无脊椎动物的垂直分布，需多次采样才能完成。此外，小孔孔径、竖管插入时对底质的扰动，以及竖管直径、采样体积和抽水速率等，常常影响采样结果的准确性（Bou 和 Rouch，1967；Fraser 和 Williams，1997）。

在 Bou-Roùch 采样法的应用中，采样量是定量研究中的关键因素。Danielopol（1989）认为，对于评估潜流层无脊椎动物密度，从采样井中初次抽取的 10 L 水样最佳。Pospisil（1992）则强调，抽取的水样是否来源于潜流层，这是非常重要的。另外一些研究者则建议，最开始取出的 0.2 ~ 0.5 L 样品应该舍弃，以避免表层水和动物的影响（Boulton 等，1992）。此外，永久性采样井也可能作为陷阱，选择性地累积一些特定的种类，从而影响采样结果。Hakenkamp 和 Palmer（1992）指出，永久性采样井和临时采样井相比，动物的种类组成和多度存在明显差异。

针对不同研究目标，可选择不同的采样方式。如果目标是评估潜流层物种密度，应选择较高的采样速率；如果目标是调查潜流层物种数量，则应选择较大的取样体积。Gary 和 Emily（2000）在 3 条不同底质的溪流里，研究了不同的采样竖井、抽水速率、取样体积对潜流层无脊椎动物密度和物种丰度的影响。研究表明，所设置的 5 种竖井对物种密度和丰度均未造成显著影响；抽水速率更快的采样组，其物种丰度和密度更高；取样体积较小的采样组，其物种密度显著高于其他组；而取样体积较大的组，其物种丰度显著高于其他组。

15.5.2 人工基质法

Coleman 和 Hynes（1970）借鉴应用于贫营养湖泊消落带调查的人工基质法，设计了潜流层采样的人工基质法。Nelson 和 Roline（1999）发明了克服 Bou-Rouch 采样法定量采集弊端的人工基质采样法。人工基质主要由两个可以套在一起的圆柱形铝筒组成，内筒外包裹尼龙袋（孔径为 30 ~ 40 μm），两筒侧面均密布 10 mm 宽的三角形孔。采样时先将外筒埋入河床的合适位置，根据研究目的将内筒装满合适粒径的基质，一般选择包埋外筒时挖出的沙石，经处理（水洗后晾干保证没有动物残存）后装入。内筒装入外筒后要将尼龙袋推到内筒底部，包埋一段时间取出内筒时，应先将尼龙袋拉起后再提起内筒，这样可防止内筒提起时，流水冲刷引起基质和动物遗失。

除上述采样方法外，还有应用于河床基质特征分析和底栖生物采样的冷冻芯样法以及适用于粒径较小的潜流层沉积物样品采集的 Williams 竖管芯样法（Williams 和 Hynes，1974）。Fraser 等（1997）对比分析了这些采样器的采样结果，认为使用人工基质采样器严重低估了潜流层各层中无脊椎动物的密度；Bou-Rouch 采样法所得结果中昆虫幼虫的比例和摇蚊的平均大小可能受到潜流层孔隙过滤作用的影响。

15.5.3 改进的采样设备及采集方法

本书主要介绍由袁兴中、张跃伟设计制作的两种改进的采样设备，即改良 Bou-Rouch 竖管采样器和人工基质采样器。

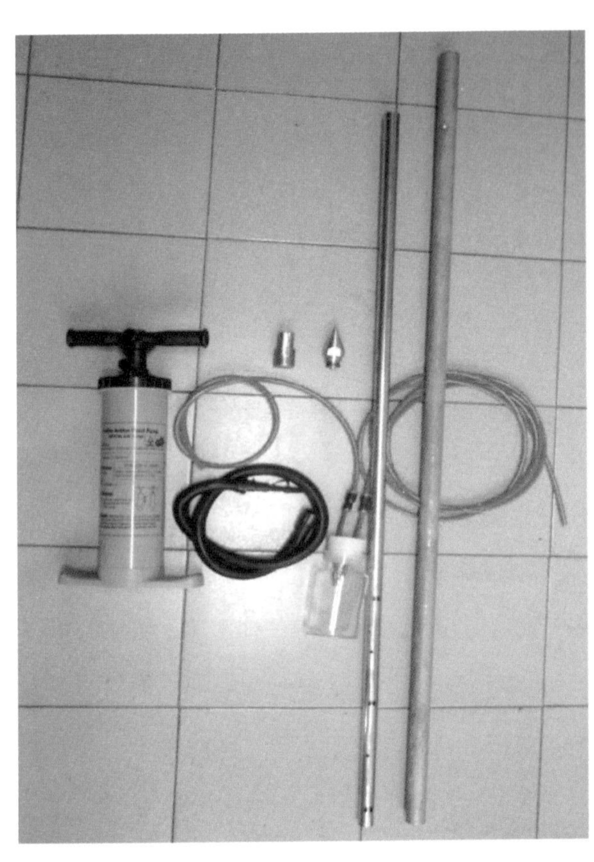

图 15-5 改良 Bou-Rouch 竖管采样器

1. 改良 Bou-Rouch 竖管采样器

改良 Bou-Rouch 竖管采样器包括锥头、外管、内管、采样管、采样瓶、抽气装置、防护罩和锤子（图 15-5、图 15-6）。锥头与内管底端通过螺纹相连，外管套在内管之外卡在锥头凹入段的平滑部分，锥头有助于插入潜流层。采样瓶通过采样管分别连接内管和抽气装置，采样时通过抽取取样瓶中的气体产生负压，将内管的水样抽到取样瓶中。防护罩安装在外管顶端，用锤子将竖管砸入潜流层的过程中，防护罩起防护作用。锥头、内外管均为不锈钢材质，内管比外管短 200 mm，内外管之间保留 2 ~ 4 mm 间隔，内管底端均匀分布一段长约 110 mm 的小孔区域（孔径 5 mm）。外管主要是防护功能，一方面在插入潜流层的过程中承受向下的压力，同时也在插入的过程中阻止河床水侵入内管，外壁有显示深度的刻度。采样管为 PVC 软管，采样瓶为玻璃或 PVC 材质，抽气装置采用双向手动抽气泵。锤子用于将内外管敲入潜流层。采样时将竖管插入设定的潜流层深度，抽取一定量的间隙水后经特定孔径筛网过滤后，收集无脊椎动物。

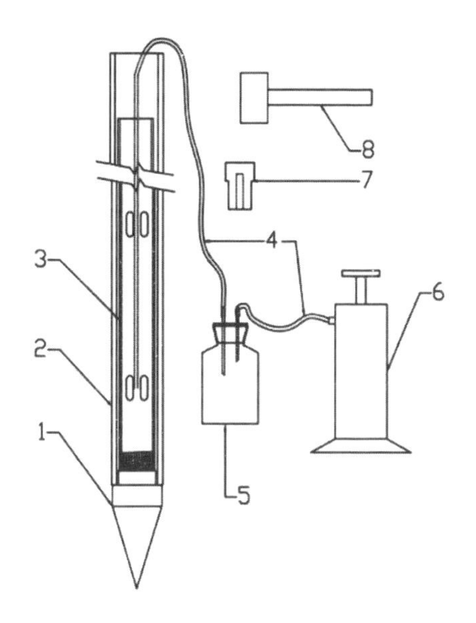

1. 锥头 2. 外管 3. 内管 4. 采样管 5. 采样瓶 6. 抽气装置 7. 防护罩 8. 锤子

图 15-6 竖管采样器设计图

2. 人工基质采样器

用于潜流层采样的人工基质采样器（图 15-7），主体由两个可相互嵌套的筒构成。外为 PVC 管制作，上下不封口，高 40 cm，内径 16 cm，筒壁上均匀分布圆孔，圆孔直径分为 2 cm 和 5 cm 两种。内筒以粗钢丝做骨架缠绕钢丝筛网，筛网网孔直径为 1.5 cm，内筒下端用钢丝筛网封口。包埋时先将外筒埋入河床；内筒填装基质后放入外筒中，填充的基质为包埋外筒时挖出的底质（图 15-8），经河水多次淘洗后装入，若不够则挑拣岸边的干燥碎石。采集无脊椎动物时，仅提取出外筒，用 40 目孔径网筛，筛选底质中的大型无脊椎动物。

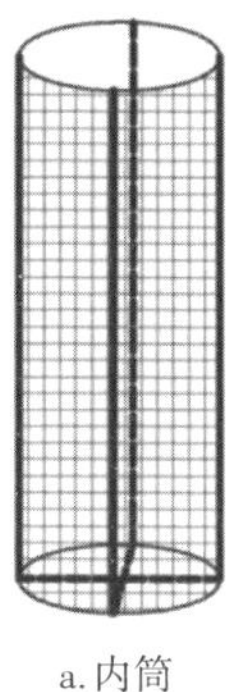

a. 内筒

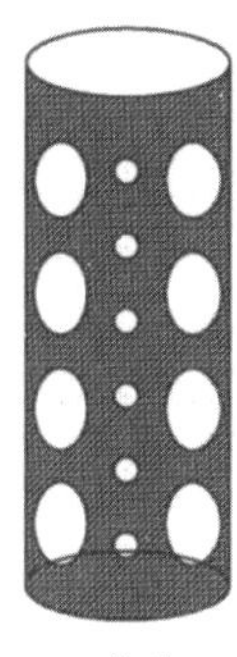
b. 外筒

填装基质后的采样器

图 15-7 人工基质采样器

1. 包埋后的采样器(一)　　2. 包埋后的采样器(二)

3. 采样器包埋无脊椎动物采集

图 15-8　改良型人工基质采样设备及野外采样包埋

15.6 影响潜流层大型无脊椎动物的因素

15.6.1 自然因素对潜流层无脊椎动物分布的影响

在河流微观尺度上，影响潜流层大型无脊椎动物的主要因素包括潜流层孔隙大小、孔隙水流速、溶解氧、温度、可利用食物源等。对季节性河流潜流层的研究发现，浅滩生境的潜流层大型无脊椎动物密度和物种丰度，比深潭生境潜流层的更高，这与浅潭潜流层的温度和溶解氧相对较高有关。大型无脊椎动物种类组成受到底质粒径大小的影响，淤泥和沙质河床潜流层动物群落组成与砾石和卵石质河床相比差异较大；前者群落组成中寡毛类和摇蚊种类更多，后者涡虫类、蜉蝣目和毛翅目种类较多，且砾石和卵石质河床潜流层的无脊椎动物丰度较高。Marchant（1988）研究表明，潜流层不同深度的无脊椎动物物种丰度和多度存在着差异，在以卵石和砾石为底质的潜流层中，0 ~ 100 mm 深度是物种丰度和多度最高的区域。Xu 等的研究则表明（2012），0 ~ 300 mm 深度是潜流层物种丰度和多度最高的区域，400 ~ 500 mm 深度是生物量最高的区域。这种垂直梯度上物种分布的差异，除受到孔隙大小、温度和溶氧等物理因素影响外，食物源的影响也是一个方面。影响 0 ~ 300 mm 深度大型无脊椎动物多度最主要的因素是底质孔隙率。物种丰度和个体密度随深度增加而减少，这是因为可利用有机物减少，成为导致动物多度下降的主要因素。许多研究者认为，季节性因素影响着潜流层无脊椎动物多度和群落组成。Varricchione 等发现（2005），冬季（11 月至次年 2 月）潜流层无脊椎动物物种丰度和密度明显高于暖季（7 ~ 10 月）。Storey 和 Williams（2004）分析了不同季节潜流层无脊椎动物分布与水体理化因子的关系，发现春季时无脊椎动物分布与表层水入渗呈负相关，夏季和秋季时则呈正相关关系。

在中观尺度上，影响河流潜流层大型无脊椎动物分布最主要的因素是，河段渗透系数和潜流层水力停留时间。在上升流河段的潜流层，潜流层的常见动物是典型潜流层种类。在下行流河段的潜流层，其他两个类群的种类更常见。Datry 和 Larned（2008）对潜流层环节动物进行了研究，与下行流河段相比，上升流河段中典型潜流层种类所占比例较高。Olsen 和 Townsend（2003）对砾石质河床溪流的潜流层进行了研究，发现上升流区域生物多样性更高。影响潜流层无脊椎动物分布最主要的因素是河床底质中细泥沙（0.063 ~ 1 mm）含量和垂直水文交换。在中观尺度上，洪水和干旱影响着河流渗透系数和水力停留时间，对潜流层大型无脊椎动物分布产生影响。在洪水期，表层水大量渗入潜流层，产生冲刷，使潜流层动物数量和多样性降低，由于动物的主动迁入或被动地被水流带入，使得一些表层无脊椎动物入侵。很多典型的潜流层生物不能适应干燥环境，因此，在河流干涸时常常迁移到更深的潜流层区域。

15.6.2 人为干扰对潜流层无脊椎动物分布的影响

人为活动（采矿、农业、伐木、城市化以及河道整治等）改变河道泥沙输移，阻塞潜流层孔隙，影响潜流层水文交换，进而对潜流层无脊椎动物群落分布产生不利影响。土地利用格局改变、水环境污染和水土流失都会对潜流层无脊椎动物群落造成影响。Marta 等（2011）研究了斯洛伐克两条山区溪流，发现森林采伐率对潜流层动物密度影响最大。Oana 等（2011）研究了采矿引起的重金属污染对潜流层无脊椎动物在河流纵向梯度分布的影响，发现物种和个体数量最多的是中度污染和较少污染的采样点，重度污染导致物种数量较少，认为生物耐受性、生物间的相互作用和生境破碎化是可能的影响因素（张跃伟等，2014）。

15.7 潜流层大型无脊椎动物群落的拓殖

潜流层是地表水和地下水相互作用的群落交错区，生物多样性丰富而独特，是河流生态系统的重要组成部分，栖息于潜流层中的大型无脊椎动物对河流生态系统的结构和功能发挥着重要作用（袁兴中和罗固源，2003）。自然因素（洪水、干旱等）和人为活动（采矿、农林业生产、城市化以及河道整治等）均会对潜流层大型无脊椎动物群落组成及分布造成干扰。通常，激流生境受到较小的扰动后，潜流层无脊椎动物群落恢复到未受扰动前的状态所需时间较短，而无脊椎动物迁移到新生境中繁殖并达到稳定状态，所需要时间则相对较长。目前，对无脊椎动物在潜流层中的恢复过程和机理尚不清楚，已有的研究表明，受扰动后群落中非典型潜流层动物比典型潜流层动物恢复更快；一些恢复能力较强的种类首先繁殖。通常，对无脊椎动物群落在潜流层中的拓殖研究，多使用人工基质采样器，包埋的人工基质采样器相当于人为扰动形成的新生境斑块。以重庆市北碚区黑水滩河上游河段为研究区域，选择浅滩生境，进行人工基质包埋，对潜流层大型无脊椎动物群落在受扰动之后的恢复过程进行研究，探讨群落恢复机制及影响因素（张跃伟等，2016）。研究河段位于黑水滩河上游祝家湾，平均河宽 6 m，河段比降 18.33‰，人为干扰较小，水质洁净，河床结构完整，底质以砾石、卵石为主。

研究工作于 2014 年 4 ~ 7 月进行。4 月份在研究河段包埋采样器，包埋在平水期能被河水淹没的区域，尽量靠近河床中心。采样器顶端与河床表面齐平，每个采样器的间距大于 2 m。共包埋 9 组，每组 6 个采样器，分别于包埋后的 1、2、3、7、14、29、55、71、83 d 采集每个包埋组中的大型无脊椎动物。采集时依次从下游开始提取采样器，用 40 目孔径铜筛淘洗分拣大型无脊椎动物，进行分类、鉴定、称重。将功能摄食类群划分为刮食者（scrapers）、碎食者（shredders）、滤食者（collector-filterers）、收集者（collector-gatherers）和捕食者（predators）。

15.7.1 不同拓殖时间段群落结构

研究共采集到潜流层大型无脊椎动物 28 种，分属 4 门，13 目，21 科（表 15-3）。物种丰度从第 1 ~ 29 d 呈增加态势，第 29 ~ 83 d 呈波动状态，物种丰度趋于稳定。群落生物量总体呈增加趋势；群落密度从第 1 ~ 29 d 呈“J”型增长，在第 55 d 时突然降低，之后呈波动趋势（图 15-9）。群落丰度、密度和生物量在 29 d 之前均呈增加趋势，第 29、71 和 83 d 时则没有显著性差异。第 55 d 的突变（各参数均突然降低）可能与环境因子突变有关。由这些变化可以预测，潜流层大型无脊椎动物群落在第 55 d 之后开始趋于稳定。对所有调查样方（采样器）中物种出现频率的统计表明，出现频率大于 50% 的有 7 种，分别为摇蚊（*Camptochironomus sp.*，100%）、河蚬（*Corbicula fluminea*，95%）、四节蜉（*Baetis sp.*，79%）、动蜉（*Cinygmina sp.*，76%）、纹石蛾（*Hydropsyche sp.*，64%）、细蜉（*Caenis sp.*，62%）和扁泥甲（*Psephenidae*，50%）。对各拓殖时间段大型底栖动物相对多度分析表明，调查河段中共有 6 个优势种（相对多度大于 5%），分别为摇蚊、河蚬、四节蜉、动蜉、纹石蛾、扁泥甲（表 15-3）。

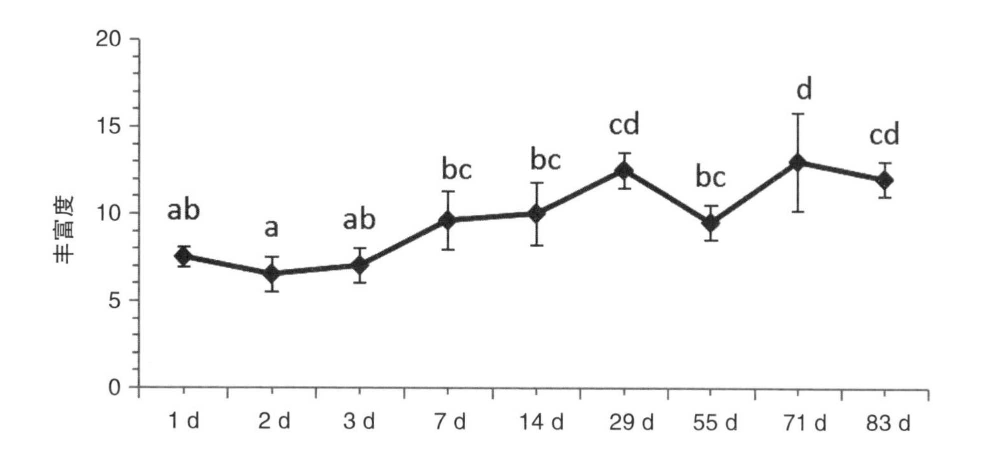

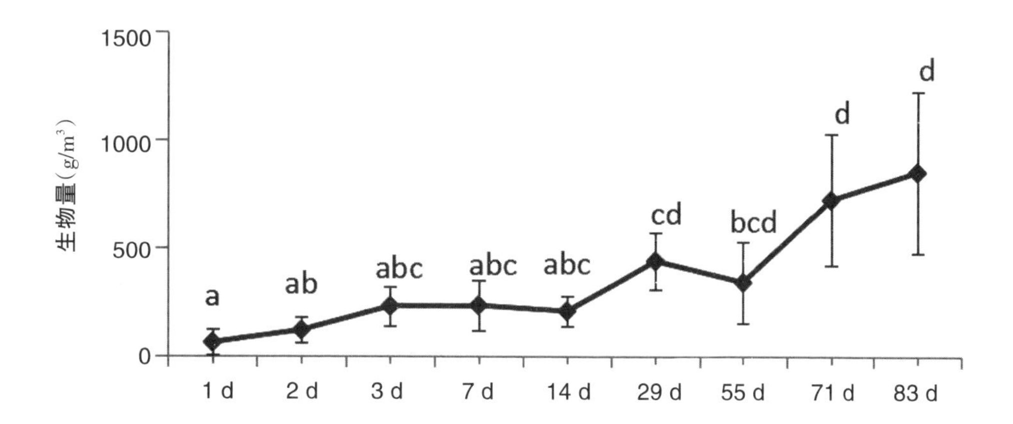

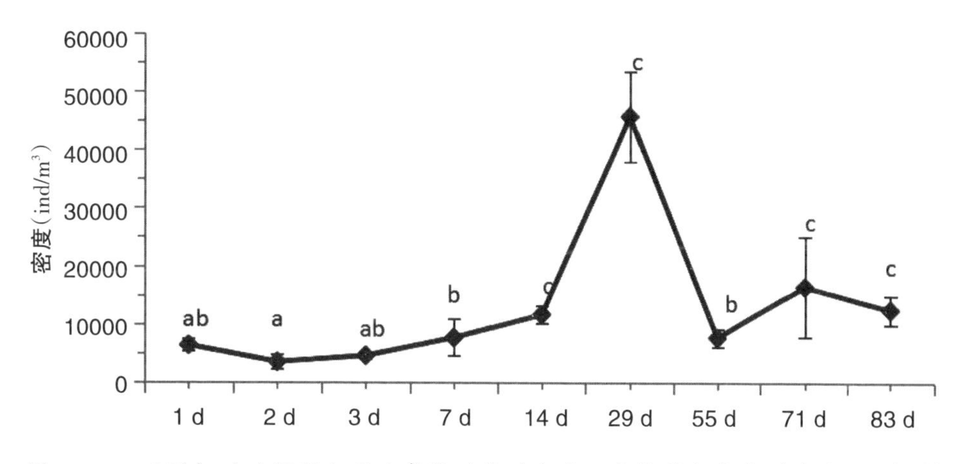

图 15-9　不同拓殖时间段大型无脊椎动物的丰度、生物量和密度（均值±标准差）

Shannon-Wiener 多样性指数介于 1.32～1.88 之间，第 14 d 最低，且显著低于第 7、71 和 83 d。Pielou 均匀度指数介于 0.58～0.83 之间，前 4 个时间段显著高于 14 d 和 29 d，第 29 d 最低，之后呈波动趋势。这两个指数在 14 d 和 29 d 的降低，与该时间段一些种类的个体密度骤然增加有关；两个指数在第 55、71 和 83 d 之间均没有显著性差异（图 15-10）。由此可推断，潜流层大型无脊椎动物群落物种多样性在第 55 天之后趋于稳定状态。

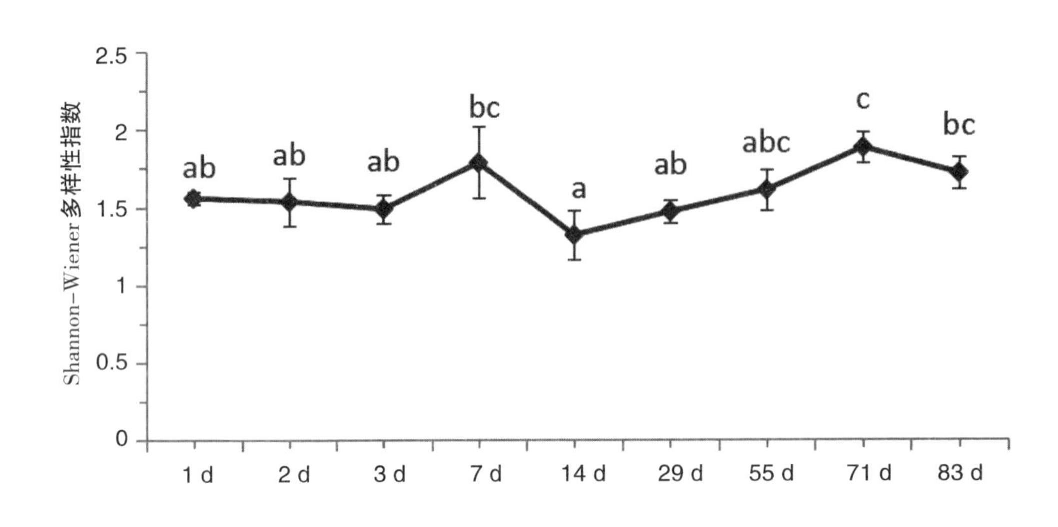

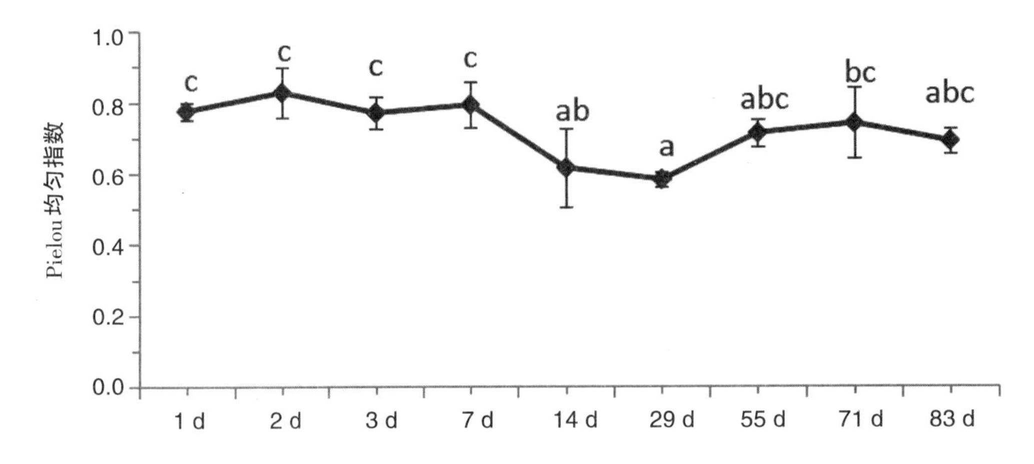

图 15-10　不同拓殖时间段大型无脊椎动物物种多样性指标（均值±标准差）

表 15-3　拓殖实验中潜流层大型无脊椎动物种类及相对多度（%）

类群(Groups)	FFG*	拓殖时间(Recolonization times)(d)								
		1	2	3	7	14	29	55	71	83
线形动物门 Nematomorpha										
铁线虫科 Gordiidae	UN					0.27	0.88	0.41	0.38	0.33
环节动物门 Annelida										
颤蚓目 Tubificida										
颤蚓科 Tubificidae										
水丝蚓一种 *Limnodrilus sp.*	CG				0.98		0.20			0.66
苏氏尾鳃蚓 *Branchiura sowerbyi*	CG		0.92		0.33	0.27				
颚蛭目 Gnathobdellida										
水蛭科 Hirudinidae										
水蛭 *Whitmania pigra*	PR					0.27				
软体动物门 Mollusca										

续表

类群(Groups)	FFG*	拓殖时间(Recolonization times)(d)								
		1	2	3	7	14	29	55	71	83
腹足纲 Gastropoda										
扁蜷螺科 Planorbidae	CF									0.33
田螺科 Viviparidae										
中国圆田螺*Cipangopaludina chinensis*	CF								0.38	
瓣鳃纲 Lamellibranchia										
蚬科 Corbiculidae										
河蚬 *Corbicula fluminea*	CF	7.39	27.52	42.00	13.68	18.45	5.44	57.72	41.67	46.18
节肢动物门 Arthropoda										
蜉蝣目 Ephemeroptera										
扁蜉科 Heptageniidae										
动蜉属一种 *Cinygmina sp.*	SC	10.34	12.84		16.61	1.87	0.48	1.63	3.03	2.66
四节蜉科 Baetidae										
四节蜉属一种 *Baetis sp.*	CG	20.69	7.34	7.00	25.08	7.75	18.15	3.66	8.33	4.98
蜉蝣科 Ephemeridae	CG				0.65		0.07	8.94	12.12	18.94
细裳蜉科 Ephemeroptera										
似宽基蜉属一种 *Choroterpides sp.*	CG	1.97	0.92	2.00	2.61	1.07	0.27	2.03	0.38	0.33
细蜉科 Caenidae										
细蜉属一种 *Caenis sp.*	CF	2.46			2.93	2.14	0.61	2.44	3.03	2.33
双翅目 Diptera				1.00						
蚋科 Simuliidae	CF	0.49			0.33		1.50		0.76	
大蚊科 Tipulidae	PR							0.41	0.38	1.00
朝大蚊属一种 *Antocha sp.*	CG			1.00	0.98	1.07	0.07		0.38	0.33
黑大蚊属一种 *Hexatoma sp.*	PR				0.33			1.22	0.76	1.00
摇蚊科 Chironomidae										
摇蚊属一种 *Camptochironomus sp.*	CG	40.89	35.78	35.00	23.13	59.89	39.70	9.76	14.39	3.99
蠓科 Ceratopogonidae	PR	0.49		2.00		0.53	0.88	0.81	0.76	
毛翅目 Trichoptera										
纹石蛾科 Hydropsychidae										
纹石蛾属一种 *Hydropsyche sp.*	CF	13.79	11.93	9.00	7.49	2.94	30.32	1.63	6.44	7.97
小石蛾科 Hydroptilidae	SC						0.20			
广翅目 Megaloptera										
鱼蛉科 Corydalidae	CG		1.83		0.33	0.27	0.07	0.41	1.52	3.65
鞘翅目 Coleoptera										
扁泥甲科 Psephenidae	SC	0.49		1.00	0.65	0.80	0.75	8.54	4.92	4.98

续表

类群(Groups)	FFG*	拓殖时间(Recolonization times)(d)								
		1	2	3	7	14	29	55	71	83
溪泥甲科 Elmidae	CF				0.33	0.80	0.14			
蜻蜓目 Odonata										
蜻科 Libellulidae	PR							0.41	0.00	0.33
弹尾目 Collembola	SH	0.99	0.92		0.33	0.80	0.14			
十足目 Decapoda										
锯齿华溪蟹 *Sinopotamon denticulatum*	PR				3.26	0.80	0.14			

*FFG 功能摄食群，CF 滤食者，CG 收集者，PR 捕食者，SC 刮食者，SH 碎食者，UN 未确定。

在黑水滩河上游潜流层无脊椎动物拓殖研究中，群落的个体密度在第 7 ~ 29 d 开始呈爆发式增长，在第 29 d 达到最大值，随后急剧降低。群落个体密度的爆发式增长与纹石蛾、四节蜉和摇蚊个体数量的急剧增加有关。Hancock（2006）在研究受大洪水扰动后潜流层无脊椎动物群落的恢复过程中，发现寡毛纲和剑水蚤的数量在 61 d 后爆发，随后降低。黑水滩河上游潜流层无脊椎动物拓殖研究中，群落个体密度在第 29 ~ 55 d 急剧降低，除了受到环境容量的限制和种间竞争的相互影响外，也受到外部环境因素的影响。Olsen 和 Townsend（2005）发现，受洪水影响后山地河流潜流层无脊椎动物群落的个体密度降低。Hancock（2006）的研究也表明，受洪水影响后 2 个调查断面无脊椎动物的密度分别下降到洪水前的 83% 和 67%。

扰动前后的物种密度常被用来指示群落的恢复状态，Coleman 和 Hynes（1970）研究发现，除摇蚊科动物密度在 7 d 后达到最大值外，其他动物的密度在 28 d 后仍然增加，指出群落要达到稳定状态可能还需要更长的时间。但在较长的时间尺度，受到气温等环境因素及动物自身生活史特征的影响，单一的密度指标并不能准确反映群落的恢复状态。Morris 等（1979）研究发现，同一时间段的调查结果表明，间隔 28、61、93 d 的群落个体密度没有显著差异，但不同时间段的调查结果显示 28 ~ 93 d 个体密度存在显著差异。综合分析物种密度、生物量、丰度、Shannon-Wiener 多样性指数和 Pielou 均匀度指数的变化特征，对不同拓殖时间段物种多度进行 PCA 分析，表明潜流层大型无脊椎动物群落在 55 d 后趋于稳定。

潜流层因其特殊的黑暗生境，生活在其中的大型无脊椎动物主要是水生昆虫的幼虫以及软体动物门和环节动物门的一些种类，且个体较小，外形细长或扁平，身体柔软或具有坚硬外壳。黑水滩河上游河段潜流层中，大型无脊椎动物群落主要由摇蚊、河蚬、四节蜉、动蜉、纹石蛾和扁泥甲构成。水生昆虫是主要类群，这与 Olsen 和 Townsend（2003）在山地河流中的研究一致，并认为以甲壳类为主的潜流动物没有成为群落的优势种群，可能是由于水流与河床的不稳定因素造成。

潜流层大型无脊椎动物的功能摄食类群中个体数量最多的是滤食者、收集者和刮食者。Xu 等

（2012）在拒马河的拓殖实验也表明，滤食者和收集者是最优势的类群，其次是刮食者。黑水滩河上游河段潜流层中，滤食者和收集者在所有拓殖时间段均是优势类群，刮食者次之，在各个群落中所占比例较低。这与潜流层狭小的生存空间和食物来源有关，营养物质大多随水流进入潜流层，更利于滤食者和收集者摄食。

15.7.2 不同拓殖时间段物种的 PCA 分析

对 9 个拓殖时间段 28 种大型无脊椎动物的多度进行 PCA 分析，物种和样方的二维排序图结果表明，第 1 和第 2 排序轴对群落变化的解释度达到 71.7%（图 15-11），能很好地反映不同拓殖时间段物种的分布。9 个拓殖时间段的大型无脊椎动物群落聚为 3 类，第 1、2、3、7、14 d 的群落聚为一类，第 55、71、83 d 的群落聚为一类，第 29 d 的群落单独为一类，且与其他两类距离较远。说明群落在第 29 d 其多度发生了急剧变化，造成这种变化的原因是一些种类数量的骤然猛增。从（图 15-11）可知，纹石蛾、四节蜉、摇蚊、蚋（*Simuliidae*）和小石蛾科（Hydroptilidae）等在第 29 d 群落中的多度较高，造成这种变化的种类为纹石蛾、四节蜉和摇蚊。第 55、71、83 d 的群落聚为一类，且相互距离较近，说明这 3 个时间段的群落结构相似，群落在 55 d 后趋于稳定。

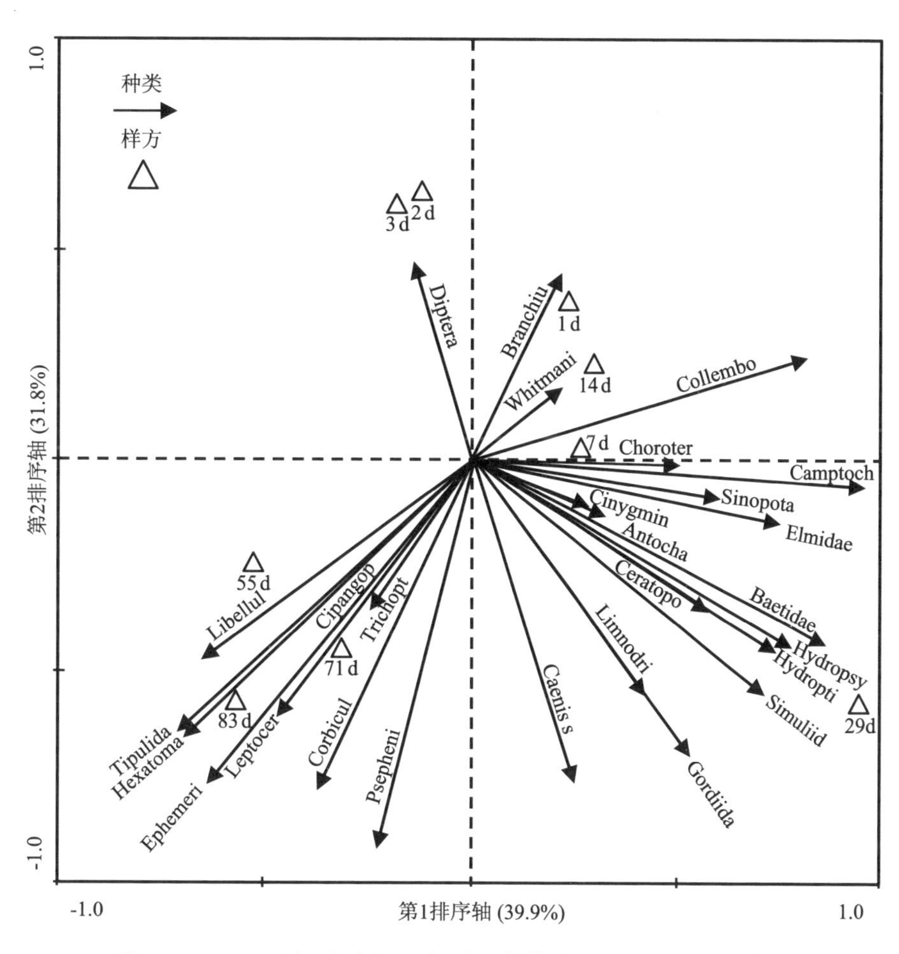

图 15-11　不同拓殖时间段大型无脊椎动物 PCA 二维排序图

15.7.3 功能摄食类群

按功能摄食类群划分，黑水滩河上游潜流层无脊椎动物以集食者为主，包括滤食者和收集者，分别占群落个体总数的39.81%和52.67 %。除第3 d外，1 ~ 29 d的群落中，收集者的比例高于滤食者；29d之后，群落中滤食者的比例高于收集者。除前2 d外，之后的其他各时间段群落中均有捕食者存在，比例介于1% ~ 4%之间。碎食者仅存在于1、2、14 d的群落中，且所占比例较低，均为1%。刮食者在各个调查时间段均存在，在群落中比例相对较低（图15-12）。

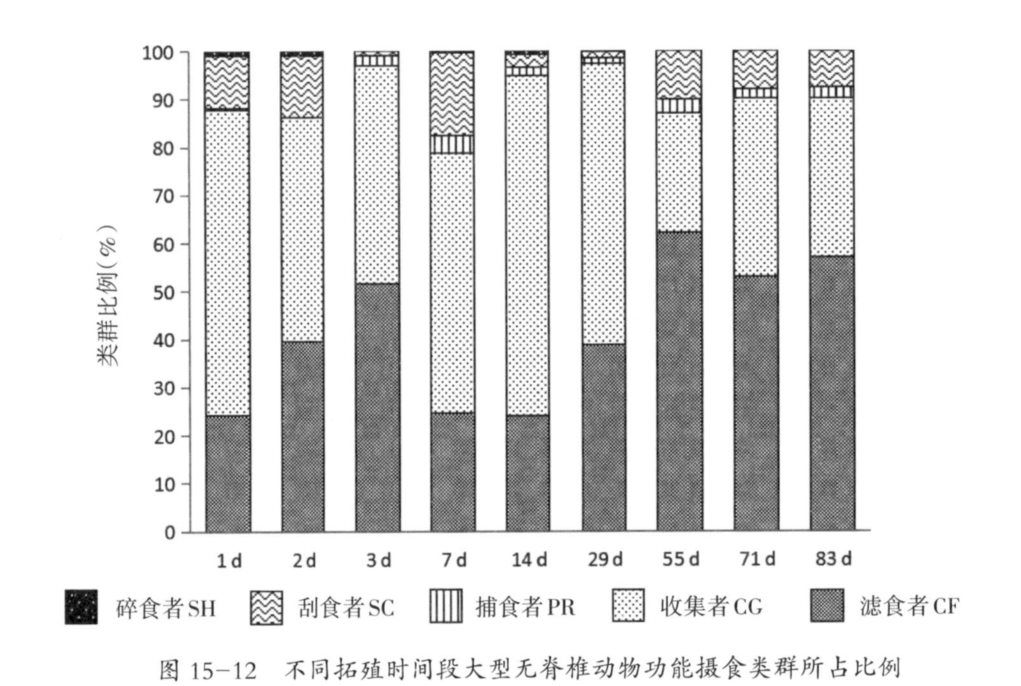

图15-12　不同拓殖时间段大型无脊椎动物功能摄食类群所占比例

15.7.4 群落恢复机制

群落结构的变化可以部分地反映潜流层大型无脊椎动物在一个新生境斑块中拓殖的过程。第1 d斑块周围生境中的大型无脊椎动物主动或被动（水流等的作用）地迁入；第2 d群落个体密度略有下降，一些不适应该生境的物种或死亡，或迁出；第3 ~ 7 d群落个体密度持续增加；第7 ~ 29 d群落个体密度呈“J”型增长，适应该生境的物种大量繁殖；如一种双翅目昆虫、水蛭（*Whitmania pigra*）和小石蛾科（Hydroptilidae）分别仅在第3 d、7 d和14 d出现，纹石蛾、四节蜉和摇蚊在第29 d多度急剧增加。第29 ~ 55 d期间，受洪水影响，一些群落个体或迁出，或死亡，密度急剧降低；如锯齿华溪蟹（*Sinopotamon denticulatum*）、苏氏尾鳃蚓（*Branchiura sowerbyi*）、溪泥甲（*Elmidae*）和一种弹尾目昆虫仅在55 d前分布；55 d之后，群落个体密度呈波动状态，趋于稳定。在整个拓殖过程的各阶段，均伴随着个体的迁入、迁出、出生和死亡等，不同阶段各参数所起的作用不尽相同，初期迁入起到主导作用，中期（爆发期，7 ~ 28 d）出生率起主导作用，随后死亡率发挥的作用更大。

激流生境动物群落的恢复能力主要与以下原因有关：①动物的生活史特征；②上、下游或临近沉积层中动物进入受扰动生境的难易程度；③动物对于受扰动生境的适应能力；④扰动持续的时间和强度，包括河流自身对污染的净化能力等。受这些因素的影响，不同环境条件下潜流层无脊椎动物群落受扰动后恢复的时间不尽相同。群落中非典型的潜流层动物比典型的潜流层动物恢复更快，典型潜流层动物中一些无性繁殖的种类（如涡虫类）恢复较快，而占典型潜流层动物中绝大多数的甲壳类则恢复较慢。研究发现，拓殖初期（1 ~ 7 d）潜流层的结构是影响无脊椎动物迁入的主要因素；中期，7 ~ 29 d 动物的生活史特征是主要影响因素，29 ~ 55 d 洪水扰动持续的时间和强度是主要影响因素；稳定期，55 d 之后群落受到上述各因素的综合影响。

15.8 潜流层生物地化过程

流域范围内潜流层对地表水影响的格局取决于控制潜流层分布的物理因子、通过潜流层的流量和发生在其内的生物地化过程之间的相互作用。明显影响河流化学的潜流过程需要两个条件：①进入潜流层的水量较多、停留时间足够长；②当水通过潜流层时，影响化学变化的潜流过程速率较高。在地下沉积物层中，溶质的吸收可能是可逆的或不可逆的。以生物膜为介质的生物学吸收能够从水中不可逆地除去有关物质，或者在以后的时间里将其以不同的形态重新释放。当细胞代谢把有机或无机分子转化为气相时，通过扩散进入大气层，使得碳和氮被永久性去除。通过气体流失而发生的物质的永久性去除，其关键过程是呼吸（将有机碳转化为二氧化碳和甲烷）、脱氮（将硝酸盐转化成氮气，$NO_3^- \rightarrow NO_2^- \rightarrow NO \rightarrow N_2O \rightarrow N_2$）。潜流层生物量中所含有的所有元素都可能通过潜流生物的迁移而从河流中去除。

潜流层是河流生态系统中碳、氮处理强度较大的地方。潜流层氮循环甚至会影响整个河流生态系统氮流。河流生态系统初级生产力受到氮的可利用性的限制，因此来自潜流层的氮的输入明显地影响河流的初级生产和次级生产。

河岸带植被的镶嵌性分布（由不同年龄段、不同植被类型所组成的斑块），使得在有植被占优势的河岸的演替发育过程中，氮的积累产生了潜在氮输入的斑块分布。土壤营养的斑块分布与河岸带植被之下变化的潜流层流之间的相互作用，使得通过上升流进入河道的潜流层营养流表现出异质性空间格局。

潜流层是否作为氮源或氮汇取决于在同一点上起作用的物理、化学和生物学特性的平衡，而这些又最终决定于氧浓度。从地表河道进入潜流层的水挟带着氧气和有机物，当水流通过潜流层时，有机物分解消耗氧，这样，沿着水流路径产生了氧梯度。氧梯度的范围取决于水流路径的长度、流速、地表水与地下水比例、有机物种类和浓度之间的相对比例。氧浓度控制着生物地化循环类型和最终产物的生化性质，因此，决定着潜流层中特定地点是氮源或是氮汇。

除了氮循环之外，氧梯度对于碳循环路径也具有重要意义。潜流层的厌氧代谢所导致的甲烷产生和丧失可能是从河流中去除碳的重要途径。研究表明，在河流沉积物内，厌氧区域普遍存在，表层上升流中所含有的厌氧代谢产生的不稳定产物对于厌氧生物膜是较为重要的。

潜流层有机物的分解和氧气的消耗，大部分通过底栖微型生物进行。下行流所挟带的有机物或洪水期间所沉积的有机物，提供了生活在沉积物表层的微生物群落的食物来源。这种群落里的表层附着细菌能快速地吸收和代谢溶解有机物。潜流层中呼吸作用的空间格局是微生物的呼吸所造成的，微生物呼吸利用有机物，结果造成释放氨的硝化作用。沿着潜流路径呼吸作用强度的降低，进一步证明了潜流路径的上游段有机物的快速消耗。表层附着生物的呼吸是重要的，它既能在潜流层流路上产生氧梯度，又能影响生态系统的总代谢。潜流层的呼吸是河流生态系统总体代谢的重要组成部分。尽管难以将微生物呼吸同其他大的生物区分开，但有证据表明微生物承担了大部分的氧气消耗。沿着潜流层存在着表层附着生物对输入有机物的快速利用，进入潜流层的溶解有机物，其 50% 都被沉积物细菌所利用。

水和底质与生物膜接触的时间长短，决定着潜流层生物地化过程。在河流浅滩末端或石砾坝的下游末端重新进入河道的上行流，包含有较少的溶解氧和以还原形式存在的高浓度营养物。在上行流带，厌氧过程如脱氮、甲烷产生常常占据优势。在水流进入河流表层的地方，可能存在集中的初级生产力“热点区”。例如，在美国亚里桑纳荒漠溪流，在表层河道初级生产力受氮限制的地方，富含硝酸盐的上行流产生了致密的、集中的绿藻团，以及表层水流氮浓度的纵向梯度。

第 16 章
河流生物地化循环

16.1 氮、磷循环

16.1.1 河流氮循环

氮是组成生物有机体的主要元素，河流氮循环是指河流内部及河流与流域陆域间氮的循环转化过程，是生态系统氮循环的重要组成部分。河流中氮素绝大部分来源于流域陆域输入，其次包括人为直接输入、河流内部固氮生物的固氮作用及沉积物内源释放。流域陆域通过地表径流与基流过程将氮素输移至河流系统中，在河流系统中存在一系列生物地环循环过程（图 16-1），这部分氮主要由人为源和自然源构成。人为源主要包括氮肥施用、污水排放或大气沉降；自然氮源主要是通过生物固氮和植物残体吸收土壤氮素后腐烂分解。人为直接输入氮素主要是通过污水排放进入河流水体。固氮作用是河流尤其是河口环境中不可忽略的氮素输入源，由于是直接从大气或水体中的 N_2 转化而来，因此，在贫营养河流环境中，固氮作用所带来的氮对维持生物的生长发育和繁殖，以及维持生态系统稳定具有极其重要的作用。河流沉积物在微生物作用下，其中的含氮有机物矿化为小分子含氮化合物，在水力作用下再悬浮过程中沉积物释放氮元素进入水体，参与水体氮循环。

河流氮素中一部分无机氮和小分子有机氮被水生动植物、藻类、浮游生物吸收同化，这部分氮素在有机体被收获或打捞后进入其他系统，死亡后其残体为河流氮素微生物过程提供生源物质。一部分有机氮则参与河流内部的矿化作用和氨化作用，转化为铵态氮和硝态氮，铵态氮进一步通过硝化作用转变为硝态氮和亚硝态氮，而硝态氮则通过反硝化作用转化为氮气或氧化亚氮（N_2O），最终返回大气。大部分氮素随水流输移至下游，最后进入海洋。河流水体氨氧化作用可以直接表现为氨氮转化为 N_2 和 N_2O，是河流水体自净能力的重要途径之一。河流中厌氧氨氧化是以氨为电子供体，以亚硝酸为电子受体的生物反应，是氮循环的关键环节，其在河流氮输出中具有重要地位。甲烷型反硝化是以甲烷作为电子供体还原硝酸盐或亚硝酸盐的新型生物反应，以上反应的发现是对全球氮循环的一个补充，也是氮循环的一个新环节。

河流中氮素的存在形态主要包括总氮、无机氮（铵态氮、硝态氮、亚硝态氮）、有机氮。通常铵态氮对河流鱼类生长具有一定的抑制作用，因此河流铵态氮是河流的重要水质参数。硝态氮和亚硝态氮是反硝化作用的主要底物，是河流氮循环的关键要素。河流自身作为氮素的生物反应器，不同河流的氮素循环过程差异非差大。

在全球气候变化的背景下，河流作为陆地系统氮输出的主要源，其氧化亚氮的排放受到广泛关注。据估算，全球河流每年向大气中排放大约 0.9 Tg N_2O，通过温室效应潜势系数转换，相当于 0.29 Gt CO_2 的温室效应强度。水环境中 N_2O 主要来自硝化、反硝化和 NO_3^- 的异化还原过程以及氨氮的氧化过程。同时河流水体中 N_2O 在进一步的反硝化作用中被消耗。河流水体 N_2O 主要来自沉积物而不是自身内部的反应。受人类活动（如施肥、废水排放、面源污染以及氮沉降）的影响，河流氮循环正在发生变化，其中 N_2O 的排放呈现出新的更具威胁的特征。

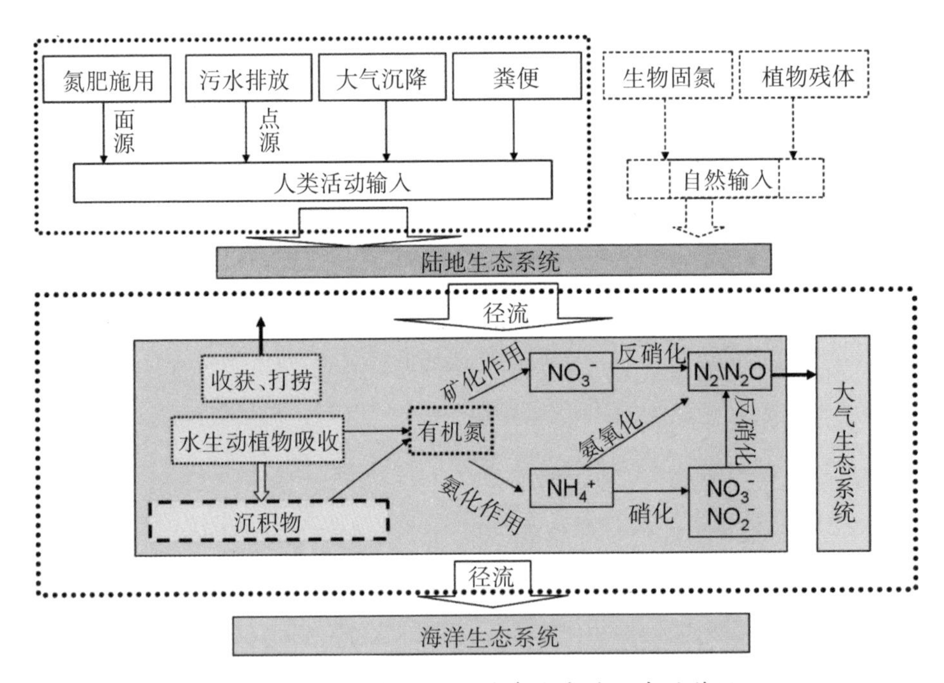

图 16-1　河流氮循环及其在生态系统中的作用

16.1.2 河流磷循环

磷是水体富营养化的主要限制因素，水体中磷的控制与去除对于改善水环境质量具有重要作用。自然界磷循环的基本过程是：岩石和土壤中的磷酸盐由于风化和淋溶作用进入河流，然后输入海洋并沉积于海底，直到地质活动使它们暴露于水面，再次进入循环过程。人类活动正在改变自然界磷循环过程，河流磷的输入不断增加。陆地生态系统中的磷，有一小部分由于降雨冲洗等作用而进入河流，参与水生生态系统中的磷循环。河流中的磷首先被藻类和水生植物吸收，然后通过食物链逐级传递。

水生动植物死亡后，残体分解，磷又进入循环。进入水体中的磷，有一部分可能直接沉积于水底底泥，由此脱离循环。另外，人类渔业活动与鸟类捕食水生生物，使磷重新回到陆地生态系统的循环中。

河流水体中磷的存在形态包括溶解态磷、颗粒态磷及难溶态磷，前两种形态主要以0.45 μm粒径大小区分。其中溶解态磷包括正磷酸盐（$H_2PO_4^-$，HPO_4^{2-}，PO_4^{3-}）、无机聚合磷（聚磷酸盐、金属磷酸盐晶体）和有机聚合磷（ATP），而溶解态速效磷（SRP）包括磷酸盐和部分溶解态有机磷（OP）、胶体态磷（CP）等；颗粒态磷（PP）包括矿物质磷。颗粒态磷由溶解性磷转化而来，通过降解和沉降作用而被去除。通常在水体表层溶解态磷转化为颗粒态磷，在下层滞水层颗粒态磷得到降解。目前，关于河流磷素循环的研究相对较少，尚停留在监测磷形态的阶段，而对水体、沉积物及河岸带磷传输过程及磷转化过程的研究不足。流域面源、点源输出不同形态的磷素（溶解态、颗粒态，无机磷、有机磷等），在河流系统运移过程中，会发生复杂的物理、化学、生物过程，改变磷素形态，降低磷素运移通量。

16.2 氮、磷循环的控制变量

16.2.1 河流氮素循环的控制变量

河流氮素循环有多种微生物过程参与，因此其受到复杂环境因子的影响。不同的氮素转化过程，控制因子存在差异。

河流氮素的陆域输入主要受地形、土地利用类型、植被覆盖、降雨以及河岸带生境等因子的影响。

河流水体中生物固氮作用主要受到无机氮和磷的含量及形态影响。一定的可溶性无机氮（Dissolved inorganic nitrogen，DIN）浓度会抑制固氮酶的活动。无论在淡水或海水环境中，磷都能够促进固氮过程。在雨季，由于植物残体分解作用增加，其水体固氮速率高于旱季。此外，有机碳、温度、光照、pH、DO、盐度以及微量元素（如Fe）等也都会对微生物固氮作用产生影响。有机碳是影响固氮微生物固氮效率的能量限制因素。温度主要通过影响固氮微生物的生理代谢活性，进而影响固氮作用。盐度通常抑制水体固氮微生物固氮过程。

氨化速率与河流的理化环境及生态特征参数如温度、浮游生物数量及群落结构等密切相关。氨化速率随着温度上升而升高，通常温度每增加10 ℃，有机氮的氨化速率可增加2～4倍。浮游动物的排泄物及死亡后残体在沉积物表层累积，进而提高氨化速率的微生物活性。此外，水体中不同的生物酶活性（如水解蛋白酶活性）与氨化细菌数量也具有一定的正相关关系。

河流环境中的硝化细菌分为氨氧化属和亚硝氮氧化属细菌，有自养和异养之分。由于不同硝化细菌的生理特性和生态功能不同，且不同环境中硝化细菌的群落组成也不同，因此影响硝化过程的因素很多，主要有 CO_2 浓度、NH_4^+浓度、有机物浓度、温度、溶解氧浓度、pH 值、盐度、抑制化合物浓度、光、底栖微动物群落活性等（图 16-2）。CO_2 浓度主要通过影响沉积物微生物活性而间接影响水体及沉积物中硝化过程。河流水体 NH_4^+是硝化作用的底物，因此一般随 NH_4^+的浓度增加，硝化强度增加。有机物浓度高的河流中微生物群落丰富，活性通常较高，NH_4^+较高，因此硝化强度随之增强。适宜的 pH 值（中性）和温度（20 ~ 35 ℃）条件，有利于硝化细菌的繁殖与代谢。硝化作用是一个耗氧过程，因此，较低的溶解氧浓度通常不利于硝化细菌的生长代谢。高盐度对硝化细菌具有显著的抑制作用。大型底栖动物的排泄、掘穴等生理行为影响沉积物硝化作用的垂直分布。

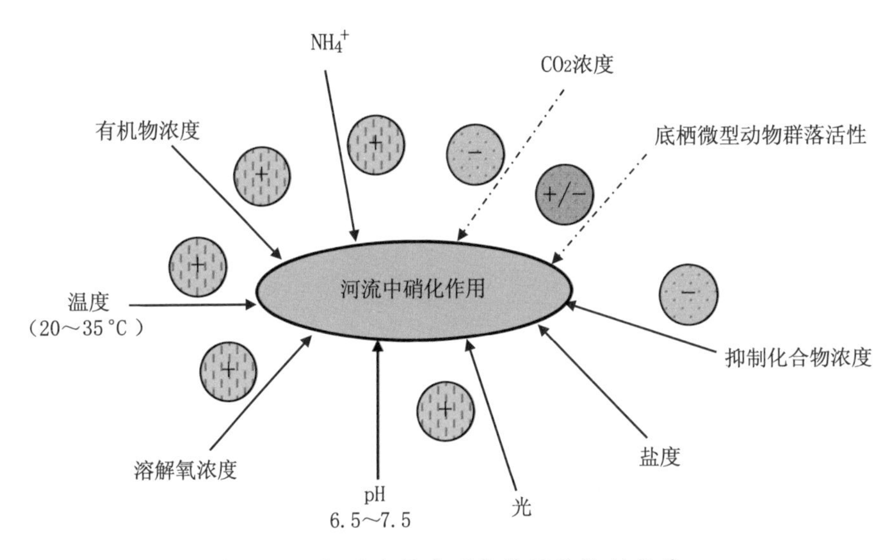

图 16-2　河流中氮素硝化作用的控制变量

河流反硝化作用有着非常重要的生态意义，主要是因为反硝化作用将生物可利用的无机氮转变成了气态氮扩散到大气中，将岩石圈（沉积物）、水圈和大气圈三大地表圈层相互连接在一起。河流中常见的反硝化细菌为假单胞菌属。河流中反硝化受到多种环境因素控制，如沉积物和水体中硝酸盐的浓度、有机物浓度、温度、溶解氧浓度、氧化还原电位、pH 值、盐度、光照条件、生物扰动作用以及动植物群落结构等。沉积物及水体中硝酸盐是反硝化的底物；有机物浓度是反硝化代谢活动的碳源保障。反硝化过程通常发生在厌氧条件下，溶解氧浓度高不利于反硝化作用。反硝化细菌的最适 pH 值为中性，高酸和高碱的河流均不利于反硝化菌活动代谢。盐度通常抑制反硝化过程的进行。底栖动物、高等维管植物和藻类的活动通过影响沉积物中的氧含量、有机碳及硝酸盐的剖面分布，影响反硝化速率。

16.2.2 河流磷素循环的控制变量

河流水体磷主要来源于陆域汇入和沉积物磷素内源释放。陆域汇入通常受到降雨、地形、流域面积、人工施肥等一系列因素的影响。内源释放则受 pH 值、温度、溶解氧、微生物活动、氧化还原电位、周期性水淹、水生植物、硝酸盐以及河流水动力条件等环境变量影响。

pH值影响底泥中磷酸盐的赋存形态，进而影响底泥中磷酸盐的释放，水体pH值为7.0左右时底泥磷的释放最小。pH值的增加减少了铁铝化合物吸附磷的能力，而在pH值较低的沉积物中，铁、铝氧化物表面发生质子化，磷吸附量增加，钙、磷可能发生溶解。温度主要是影响沉积物微生物活性和生物体代谢，促进生物扰动及矿化作用等，加速难溶性磷向可溶性磷转化。溶解氧促进水体中氢氧化铁吸附可溶性磷而逐渐沉降，进而降低水体溶解性磷浓度，同时底层水体中溶解氧含量（DO）对沉积物磷的释放起着决定性作用。厌氧状态可大大促进磷在沉积物中的迁移和释放，而在好氧状态下释放速率远小于厌氧释放速率。微生物活动有利于沉积物中磷向水体释放，加速水体磷素循环。周期性水淹促进磷素从沉积层向水体释放；营养盐主要通过刺激水体浮游生物的大量繁殖吸收固定磷。

16.3 有机物与营养动态

河流中有机物通常分为溶解态有机物和颗粒态有机物，前者能够通过一定孔径的滤膜（通常为0.2 ~ 1.0 μm），而后者则在过滤中被拦截下来。

溶解性有机物由碳、氢、氧、氮、磷等元素组成，包含很多化合物，主要组分是碳水化合物、蛋白质、类脂物、木质素、单宁酸、腐殖质等。溶解性有机物在河流生物地球化学循环中起着重要作用。首先，溶解性有机碳代表河流中大部分还原态碳库，其作为河流碳排放的底物。其次，溶解性有机碳中含有机氮、磷等营养元素，在溶解性有机碳降解过程中转变为无机氮和无机磷，为河流生物提供必需营养，对河流营养元素的循环具有重要意义，同时对河流沉积物的甲烷产生过程和反硝化过程产生影响。再次，溶解性有机碳是微生物生长和呼吸的主要基质，是异养过程的能量来源和微食物环的物质基础；微生物把易降解的溶解性有机物转化为难降解的惰性溶解性有机物是水体储存CO_2的一个重要途径。最后，溶解性有机物具有缓冲水体酸碱度、耦合重金属、干扰水体光合作用和初级生产过程等作用。总之，溶解性有机碳是影响碳及其他重要生源要素循环、水环境生产力及生态系统功能的重要因素之一。

颗粒态有机物是水体中必须经过再风化和物理破碎的难溶性的一部分有机物，这部分有机物构成了河流中主要元素的补充库，其缓慢地向溶解性有机物转化，是河流固定碳库的主体。颗粒态有机物与溶解性有机物直接发生缓慢相互转化，是河流生物地化循环的重要环节。

河流有机物的来源分为外源和内源两大类。外源主要包括降雨、植物淋溶、土壤淋溶、人类活动排放和地下水排放等；后者主要来自水生生物活动（浮游植物、浮游动物和细菌等）。这些来源的强度对河流生态系统中有机物的含量、化学组成及生物地化过程具有重要影响。

河流营养动态包括营养物在沉积物-水界面相互交换、外源营养物输入动态以及营养物在食物链中的动态过程。河流营养物在沉积物-水界面相互交换主要依赖沉积物微生物降解过程与水力学引起的沉积物再悬浮过程。河流营养动态通常表现为明显的时空变异特征。空间变异主要取决于流域内土地利用类型及径流特征，而时间变异受外源营养物的输入、降雨及温度的因素控制。

16.4 河流碳排放

碳是一切生命体中最基本的成分。据估算，全球碳储存量约为 $26×10^{15}$ t，绝大多数以岩石圈中碳酸盐形式存在。生态系统中参与循环的碳是水圈、大气圈及土壤圈中的碳。陆地和海洋是全球最大的两个碳库。河流在生态系统碳循环中具有重要作用，河流生态系统被认为是连接陆地与海洋两大碳库的重要纽带，是连接陆地与海洋两大碳库的关键纽带，是陆源碳素进入海洋的重要通道，构成了全球碳循环的重要结构单元，在生物圈的物质循环尤其是碳循环中起主要作用，这也一直被认为是河流最重要的生态学意义之一（Cole 和 Caraco，2001）。据估算，全球河流每年输入海洋的总碳量大约为 $1×10^9$ t（Cole 等，2007），其中有机碳占 40%，无机碳占 60%。通常河流碳循环就是指陆地系统中不同形态的碳元素在径流及人类活动等作用下进入河流系统，并随河流输移单向进入海洋的过程，即河流碳传输的“Pipe 理论”（Cole 等，2007）。

近 30 年的研究表明，河流不仅是全球碳循环的输送通道，还是一部分陆地有机碳参与生物地化循环的重要场所（“生物反应器”理论），并通过水–气界面向大气直接排放二氧化碳（CO_2）和甲烷（CH_4）（Butman 和 Raymond，2011；Bastviken 等，2011）。世界上大部分的河流水体 CO_2 和 CH_4 处于过饱和状态（Campeau 和 Giorgio，2014），据估算，全球河流每年向大气中排放大约 1.8 Pg CO_2，相当于河流向海洋输碳量的 2 倍。随着河流生态学研究的不断深入，研究者开始意识到河流碳循环的单向循环说法忽略了河流自身内部碳循环过程和水–气界面碳交换过程。二氧化碳或甲烷形式的碳在大气及河流表层水体之间的界面上通过扩散作用而相互交换，其移动方向主要取决于界面两侧的相对浓度，自然条件下总是从高浓度相向低浓度相扩散。此外，大气中的 CO_2 往往可借助降雨过程进入水体，但由于全球河流水域面积相对较小，降雨碳输入较低。当河流中的 CO_2 和 CH_4 浓度较高时，就会向大气中缓慢释放两种气态形式的碳。据报道全球河流系统每年通过水–气界面向大气中排放大约 $1.8×10^9$ t 碳（Raymond 等，2013），超过了全球河流每年向海洋传输的总碳量。因此，陆地系统中碳通过不同途径输入河流系统，通常有三种去向：①通过河流输移进入海洋；②以 CO_2 和 CH_4 气体形式输入大气；③埋存于河流沉积物中（图 16–3）。Cole 等提出将内陆水体的碳循环过程与陆地碳循环过程进行整合（Cole 等，2007），可以进一步明确河流在全球碳循环中的地位。

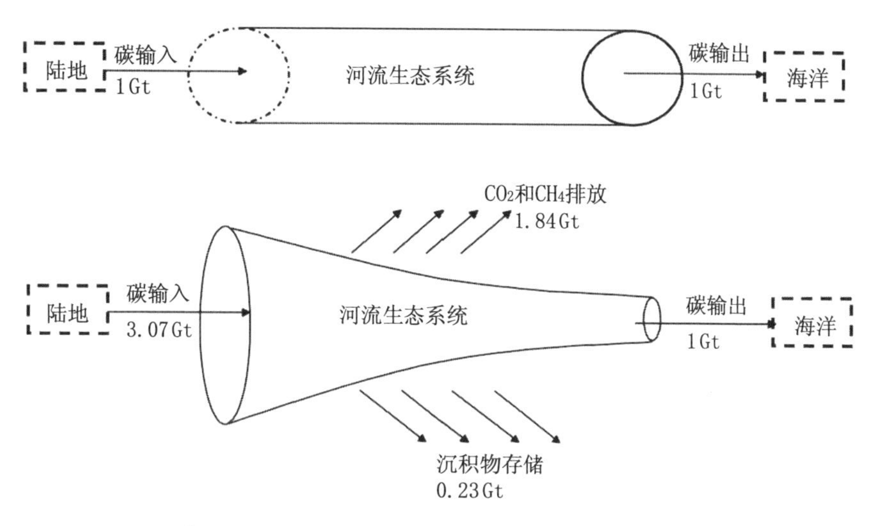

图 16-3　河流 Pipe 理论与河流碳循环多向输移

16.4.1 河流中碳的来源

河流中的碳少量来源于河流内部初级生产，大部分来源于流域内的陆地碳输入。陆地碳输入包括土壤、动植物残体、溶解性有机碳（DOC）、颗粒态有机碳（POC）以及土壤呼吸产生溶解性无机碳（DIC）随地表径流、壤中流或地下水汇入（图 16-4）（王晓锋等，2017）。这些碳进入水体后一部分直接传输进入河流下游，一部分埋藏于河流沉积物中，一部分随水流输入海洋，还有一部分则在输移过程中参与水体生物地化循环，转化为 CO_2 和 CH_4，排放进入大气，形成河流碳排放（Wehrli，2013）。

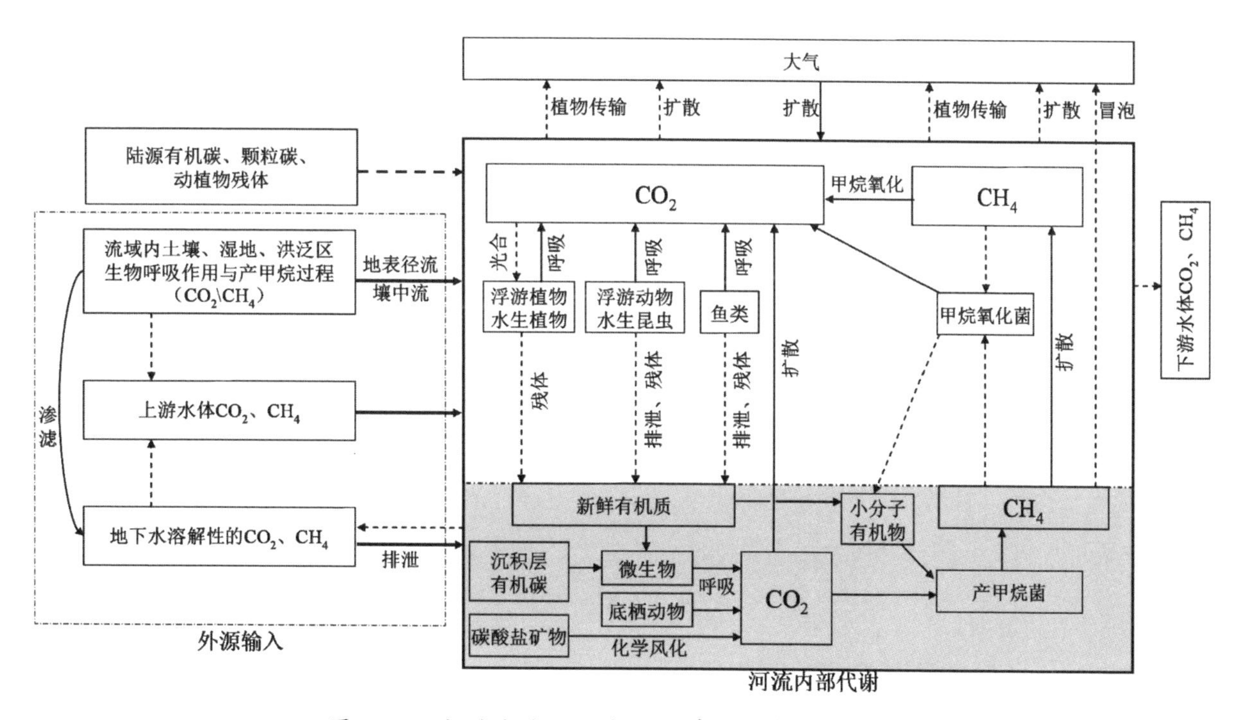

图 16-4　河流水体 CO_2 与 CH_4 来源与去向概念框架

河流中碳的来源可分为外源和内源两种。在流域范围内，陆地侵蚀产物是河流外源碳的主要组成部分，这部分碳通过地表径流或壤中流进入水体。河岸带植物残体或腐殖质通过洪水脉冲作用或径流冲刷作用进入河流，同时水-气界面垂直方向碳交换也是河流中碳的外部来源之一，而大部分河流水-气界面通常处于释放碳的状态。因此，目前所指的河流外源碳主要是来自流域陆域面上的碳输入。内源碳主要是指河床与河漫滩生源物质碳与岩石侵蚀形成的碳，河漫滩植物光合作用固定 CO_2，植物死亡后分解释放进入河流，河床侵蚀风化一直处于缓慢释放碳的过程。

由于来源差异，河流的碳通常以颗粒态有机碳（POC）、溶解性有机碳（ DOC ）、颗粒态无机碳（PIC）和溶解性无机碳（DIC）四种形式存在。通常河流水体中颗粒态和溶解态碳的划分是相对的，在测定分析中，通过 0.45 μm 微孔滤膜的水样测定的碳被定义为溶解性碳，这部分碳通常涵盖了溶解的单个分子及胶状矿物和有机体组织的碳；而>0.45 μm 的碳为颗粒态碳，又可细分为粗颗粒态（>65 μm）和细颗粒态（0.45 ~ 65 μm）。溶解性无机碳主要是河流水体中溶解的 CO_2 和碳酸盐体系，是河流 CO_2 排放的直接因素。溶解性有机碳是河流水体中异养微生物代谢的主要碳源，是河流 CO_2 产生的主要因子。河流中颗粒态有机碳和溶解性有机碳通常主要来自于流域土壤侵蚀、人为污染物排放以及河流内部的光合作用。而颗粒态无机碳和溶解性无机碳通常主要来源于陆地基岩的机械侵蚀和化学风化，以及人为和土壤呼吸作用。

16.4.2 河流是大气二氧化碳排放源

世界上大部分河流处于二氧化碳（CO_2）过饱和状态，不断向大气中排放 CO_2，成为大气 CO_2 的重要潜在源（Raymond 等，2013）。河流不仅是陆地与海洋间的碳通道，更扮演着一个生物反应器的作用。目前，对亚马孙河（Mayorga 等，2005）、密西西比河（Raymond 等，2008）、育空河（Striegl 等，2012）、澜沧江（Li 和 Bush，2013）等河流的研究表明，河流不断地向大气释放 CO_2。据估算，亚马孙河及其支流 177 万 km^2 的流域面积内，每年向大气释放 CO_2 约 0.47 Gt，较其每年向海洋输送的碳总量高出 12 倍。全球河流每年向大气排放 CO_2 约 0.35 ~ 1.8 Gt，其温室效应潜势抵消了大约 9% ~ 45% 的陆地碳汇。

1. 河流二氧化碳的主要来源

河流水体中 CO_2 的主要来源分内源和外源。内源主要是河流内微生物、底栖动物、浮游生物等生物类群的呼吸作用。外源 CO_2 主要是陆地土壤 CO_2 通过地表径流和壤中流进入水体，降雨过程中携带 CO_2 的雨水进入河流。土壤呼吸被认为是土壤碳库损失的重要途径，然而，土壤呼吸作用产生的 CO_2 一部分排入大气，另一部分则溶解在土壤水中，降雨时随着地表径流或基流进入水体。研究表明，降雨期间，壤中流内 CO_2 浓度远高于自然河流水体。

河流水体中 CO_2 的主要去向通常有 3 条途径：第一，河流中的水生植物、浮游植物光合作用吸收 CO_2，转化为有机物，这部分 CO_2 的消耗又会随着植物死亡，残体分解后被微生物利用，又转化为

CO_2。第二，溶解在水中的CO_2与水发生可逆化学反应，以碳酸盐和碳酸氢盐形式存在，这部分CO_2通常随流水输移到下游河流或最终进入海洋。第三，水体CO_2分压高于水-气界面平衡时CO_2分压（380 μatm），由此导致水体向大气释放CO_2。

2. 河流二氧化碳排放的时空差异

河流CO_2排放具有明显的时间差异，包括季节差异和昼夜差异。通常雨季的河流CO_2排放高于旱季，主要是因为雨季有大量陆源有机物以及土壤CO_2的输入。同时雨季常常温度较高，高温可刺激土壤微生物活性，导致土壤CO_2浓度较高，汇入河流的径流或壤中流就携带着高浓度的CO_2。另一方面，水温升高刺激水体微生物繁殖和代谢，增加河流内源CO_2产生。然而，连续的暴雨或洪水，大量含低浓度CO_2的地表径流汇入，稀释效应导致河流水体通常具有较低浓度的CO_2，表现出较低的CO_2排放通量。河流CO_2排放通常表现为白天水体低于夜间，其原因主要有3个方面：第一，白天太阳辐射强，浮游植物光合作用吸收CO_2。第二，夏季白天水温低于气温，水气界面存在着从空气到水体的热量传输，促进水体对大气CO_2的吸收。第三，白天温度较高，光降解DOC增加CO_2；夜间光合作用和光降解作用停止，以呼吸和矿化作用为主；夜间热传递相反，促进水体向大气释放CO_2。总之，河流CO_2排放的季节差异主要受温度、降雨以及洪水稀释等过程的影响，而昼夜变化主要与温度、光照及水生生物光合、呼吸过程有关。

河流CO_2排放的空间差异主要表现在，不同河流间的差异性和同一条河流不同位置的空间差异。不同河流受地理位置、自然环境、流域特征（流域土地利用类型、土壤及岩石性质、流域面积、坡度等）以及人类活动干扰等一系列因素影响，通常表现出较大的CO_2排放差异。热带河流具有更高的CO_2排放，较高的温度和丰富的有机物输入是主要因素。河流等级越低，CO_2排放速率越低。同一河流的纵向梯度上，通常表现为CO_2排放从上游向下游逐渐减小，主要是因为上游河道较窄，相对径流汇入比例较高，具有更高的水体CO_2浓度；向下游流动，河流水深不断增加，好氧呼吸减弱，内源CO_2减少；侧向梯度上则表现为从河岸向河中心区排放速率逐渐减小，主要是因为河岸水较浅且水生植物残体丰富，好氧呼吸较强，且陆源土壤CO_2输入直接增加了岸边水体排放通量；而河中心通常具有较快的流速、水更深及较低的碳源，因此CO_2排放相对较低。

16.4.3 河流是大气甲烷潜在排放源

甲烷（CH_4）是河流碳排放的另一种重要形式，因其具有较强的温室效应潜势而被广泛关注。全球CH_4排放清单中，河流甲烷排放贡献相对湖泊、湿地等较少。据估算，全球河流每年向大气排放21.5 Tg CH_4（Bastviken等，2011）。由于甲烷产生需要足够的水深以满足高厌氧环境，因此河流水坝工程在河流碳排放中具有重要影响。由于甲烷的温室效应潜势是CO_2的25～34倍，通过转换为等量CO_2，全球淡水系统甲烷排放几乎可以抵消25%以上的陆地碳汇，因此应对淡水系统甲烷排放给予重视。

当前对河流甲烷排放的估算由于数据不足、时空差异大以及陆地河流面积估算误差大等因素，而产生较大误差。对亚马孙河研究估算表明，亚马孙河及主要支流每年向大气排放总 CH_4 量为 0.40~0.58 Tg（Sawakuchi 等，2014）。威尼斯 Orinoco 河流 CH_4 年平均排放通量 0.17 Tg CH_4（Sawakuchi 等，2014）；美国 Hudson 河水中溶存 CH_4 含量在 50 ~ 940 nmol · L^{-1}，全河段均处于 CH_4 超高饱和状态，年平均排放通量达 5.6 mg CH_4 · m^{-2} · h^{-1}（Deangelis 和 Scranton，1993）。

1. 河流甲烷的主要来源

河流水体 CH_4 的主要来源有 3 种，陆域土壤、河漫滩湿地以及河流沉积物（Sawakuchi 等，2014）。自然界中甲烷产生主要来自产甲烷菌群，产甲烷菌属于古细菌，是专性严格厌氧菌，生长繁殖特别缓慢，培养分离比较困难，但在土壤、水体、沉积物以及泥炭地中广泛存在。通常陆域土壤中存在大量的产甲烷菌，在厌氧条件下产甲烷菌利用土壤有机质产生甲烷气，其中一部分气体会随着土壤壤中流或基流汇入河流，构成了河流水体甲烷的重要来源之一。河漫滩生长着大量植物，这部分植物死亡后残体保留在河漫滩，成为微生物的重要生源物质，同时河漫滩土壤水过饱和，常处于高度厌氧状态，因此河漫滩是河流 CH_4 排放的热点区域；同时洪水脉冲和基流水常携带高浓度的 CH_4 进入河流水体，成为河流水体甲烷排放的另一个重要来源。河流沉积物常常是厌氧环境，沉积物自身含有丰富的有机物，成为河流内源甲烷产生的核心。河流沉积物产生的甲烷超过 70% 在进入水体有氧层后被甲烷氧化菌利用。

同一条河流的不同位置，甲烷来源有差异。对于河流上游来说，陆域碳的汇入成为甲烷的主要来源；而河口区域，上游甲烷的输入和沉积物甲烷生成则成为甲烷的主要来源。

河流水体甲烷有三种去向：甲烷氧化、水气界面排放、进入下游水体。甲烷氧化是甲烷氧化菌在氧气作用下催化甲烷等低碳烷烃或烯烃羟基化或环氧化。甲烷氧化菌以甲烷作为唯一碳源和能源进行同化和异化代谢。河流中超过 90% 的甲烷在水体中被氧化。水–气界面排放是在水体甲烷浓度高于大气甲烷浓度时发生的气体扩散。其余甲烷溶解在水中进入下游水体。

2. 河流甲烷排放的时空差异

河流 CH_4 排放呈现出显著的时间差异性。河流 CH_4 排放具有明显的季节波动，大部分河流 CH_4 排放均表现为旱季高于雨季、夏季高于冬季。主要是雨季降雨稀释效应使得河流水体 CH_4 浓度较低，同时雨季河流流速加快，跌水曝气过程强烈，不利于沉积物中甲烷产生，同时富氧水体促进甲烷氧化。夏季温度较高，利于产甲烷菌的快速繁殖和代谢，夏季土壤、洪泛区域均有较高的甲烷储量，进而提高河流 CH_4 含量。河流甲烷排放的昼夜变化显著，通常 CH_4 排放在日出之后和日落之前达到两个峰值。

河流 CH_4 排放的空间差异主要表现在不同河流间的差异、同一河流不同河段的差异以及河流横向及垂向的差异。不同河流甲烷排放差异通常非常大，例如亚马孙河 CH_4 排放速率（1.4 mmol · m^{-2} · d^{-1}）远高于长江（0.39 mmol · m^{-2} · d^{-1}）（Sawakuchi 等，2014）。通常，随着纬度增加，河流 CH_4 排放速率降低，主要受温度、降雨、流域特征等因素的影响。

同一条河流 CH_4 排放空间差异往往呈 V 型模式，河流上游向中游降低，而下游则增加。河流源头（上游）由于较高的陆域甲烷输入和高的碳源输入，具有较高的 CH_4 排放速率。下游区域随着沉积层的不断加深，厌氧条件更加充分，沉积物甲烷产生使得河流甲烷浓度较高。河口受到特殊的水力学作用，气体的扩散高于上游河段。就河流的同一断面而言，靠近河岸的 CH_4 排放速率高于河流中心，主要是由于河岸沉积层具有较高的可利用碳源。垂向差异上，河流甲烷浓度表现为随着水深加大而不断增大，到沉积物界面达到最大。

16.4.4 河流碳排放主要途径

河流向大气中排放 CO_2 和 CH_4 两种温室气体已成为公认的事实。河流 CO_2 和 CH_4 排放主要通过沉积物—水—大气（或沉积物—植物、浮游植物—大气）体系向大气中排放。通常河流 CO_2 和 CH_4 的排放途径有 3 条：气泡排放、扩散和植物传输（图 16-5）。

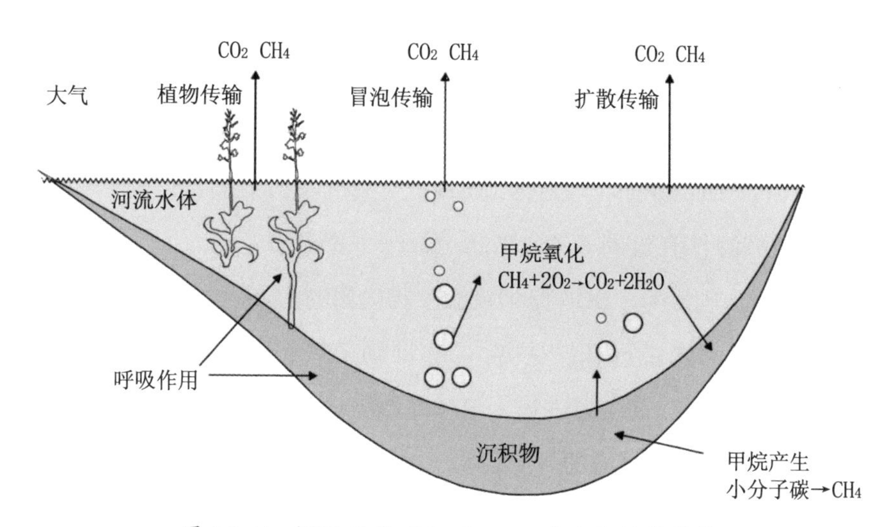

图 16-5 河流水体 CO_2 和 CH_4 产生与排放模式

气泡排放是无植物区域沉积物—水界面 CH_4 等微溶气体迁移至水体表面进入大气的主要途径。该途径排放气体的强度在很大程度上受到不同气候带水体深度分压差、水生生态系统自身特征和其他外界因素的影响。水体深度超过 10 m，气泡传输就会受到较大程度的抑制。冒泡传输通常具有持续时间短、分布不均匀以及难预测等特点。冒泡发生的基本条件包括：沉积物具有极高的气体产生速率、沉积物上覆水具有较高的气体浓度、水体压力高于沉积物溶液表面张力。相对于甲烷而言，CO_2 的溶解度和液相阻力较大，不利于形成气泡，因此冒泡排放并不是 CO_2 排放的主要途径。

水生植物为维持根的呼吸功能，往往以输导组织向根部输送氧气，这些输导组织也成为植物传输含碳气体（主要是 CO_2 和 CH_4）的通道。植物传输含碳气体的机制包括分子扩散和对流传输。分子扩散依赖于植物根与沉积物上部，以及植物体内和大气之间的气体浓度差，这种机制主要存在于沉水植物和小型挺水植物传输中。对流传输是由气体的分压差驱动，气体随气流运动而输送，传输能力主要受到通过植物通气组织的湿度（湿度诱导）、热（热力学诱导）或者风速影响，该方式通常在挺水植物和浮叶植物的传输中存在。在水生植物生长较多的水域，大约 50% ~ 90% 的 CH_4 气体通过植物传输排放入大气。同时，植物群落较多的水域也具有丰富的碳源供给，往往具有更高的 CO_2 和 CH_4 排放速率。通常认为挺水植物可以将沉积物中产生的温室气体直接输送到大气中，而沉水植物只能将气体输送到水体中，再由水-气界面进入大气。

扩散排放是含碳气体在浓度梯度下从高浓度向低浓度的一种任意运动，由于大部分河流均处于 CO_2 和 CH_4 过饱和状态，因此扩散排放在河流碳排放中几乎无处不在。

16.4.5 河流碳排放的主要影响因素

河流碳排放的影响因素复杂，包括生物因子、化学因子、物理因子及人为活动。

影响河流 CO_2 排放的生物因子包括河流中的水生植物、浮游植物生长过程的光合作用，微生物呼吸作用，底栖动物及水生动植物的呼吸作用等。河流生态系统主要是一个异养系统，影响河流 CH_4 排放的生物因素主要是产甲烷菌群数量与活性，以及甲烷氧化细菌数量及活动，同时水生植物对 CH_4 传输的影响及对河流有机物贡献两方面，均对河流 CH_4 产生和排放具有间接影响。

河流 CO_2 排放受到可溶性有机碳（dissolved organic carbon，DOC）及其他碳形态含量、pH 值、碱度、营养盐、盐度等因子的影响。DOC 是河流微生物代谢的主要碳源，pH 主要影响 CO_2 在水体中的溶解状态；pH 值越低，水体 p（CO_2）越高，CO_2 排放速率也越大；碱度则是水体可溶性无机碳（dissolved inorganic carbon，DIC）的主要表征，流域陆域物理侵蚀和化学风化形成的碳酸盐体系是控释水体 CO_2 排放的关键因素。河口区域的研究表明，随盐度增加，水体 p（CO_2）显著降低，CO_2 排放降低。

影响河流甲烷排放的化学因子包括溶解氧（DO）、小分子含碳化合物含量（如乙酸、甲酸盐、酒精和甲醇化物等）、硫酸盐含量以及营养盐。由于氧气极大抑制了产甲烷过程，沉积物中氧气的含量极大地控制着水生生态系统 CH_4 的产生与排放，同时水体中溶解氧含量促进甲烷氧化，降低了溶解性甲烷排放的可能。小分子含碳化合物含量主要是产甲烷菌产甲烷的能源物质，其直接决定河流沉积物中甲烷产生过程。硫酸盐还原细菌、硝酸盐还原细菌等对乙酸、甲酸盐等能源物质具有更强的竞争能力，因此，在缺氧沉积物中大量存在硫酸盐、硝酸盐或其他诸如 Mn^{4+} 和 Fe^{3+} 等无机电子给体的条件下，CH_4 的产生过程将受到抑制。

影响河流碳排放的物理因子包括河流水文特征（流速、流量、水深、水位变动等）、气象因素（温度与降雨）以及流域相关要素（如土地利用类型、植被类型、溪流等级、流域地形与海拔等）。

随着水深增加，水体 CO_2 分压增加，在水深 10 ~ 15 m 处趋于稳定，自上而下光照辐射衰减，溶氧降低，细菌分解溶解性有机物（DOC）和沉积物呼吸作用逐渐代替光合作用。水深对甲烷的影响与

CO_2相似，深水区厌氧条件充分，有利于甲烷的产生；但超过10 m的水深不利于甲烷冒泡排放。

流速越快，河流中含碳气体的含量越低。主要是高流速不利于气体在水中的保留，且富氧水体增加了CH_4的氧化概率。通常筑坝减慢流速，会使得大量气体富集，在通过坝体后释放出来，因此坝下河流通常表现出极高的碳排放速率。

气温与降雨主要通过增加微生物代谢活性和增加陆域CO_2和CH_4的汇入，提高河流温室气体浓度，进而提高河流水体碳排放速率。通常温度每上升10 ℃，产甲烷细菌的繁殖率可增加一倍。降雨一方面带来陆源高CO_2和CH_4的输入、陆源有机碳的输入增加，同时阴雨天光合作用无法有效抵消呼吸作用CO_2的产生，从而提高CO_2排放。另一方面，降雨还可通过化学稀释、湿沉降、增加大气-水界面气体交换速率等方式改变河流碳排放。

流域面上土地利用类型决定河流陆域有机物和含碳气体的汇入，进而改变河流生物地化循环过程。CH_4通量依赖于水位和水位波动层的厚度，沉积物表层CH_4排放通量随着地下水位的增加而增加，CH_4通量和水位呈显著相关。河岸带不同植被类型通过影响输入河流碳形态，改变河流CO_2和CH_4的产生与排放。河流等级越高，汇水面积与河流水容量比率越高，CO_2和CH_4的浓度与排放越高。

人类活动对河流碳排放的影响主要包括筑坝、农业活动、调水、污水排放以及城市化等。大坝拦截作用降低水流速度，使水生生态系统由“河流型”异养体系向以浮游生物为主的“湖沼型”自养体系演化，为水体甲烷产生创造了条件，大坝下游存蓄在水体中的CO_2和CH_4大量地释放出来。人类活动引起水生生态系统结构和功能的变化，进而改变了水体碳循环过程。

16.5 人类活动的影响

人类活动对河流生物地化循环的影响主要表现在以下方面：①修筑水坝；②改造河床；③城市化（土地利用类型改变）；④农业活动，如施肥、耕作等。

水坝修建中断了河流连通性，降低了坝上河段流速，改变了淹水深度，形成消落带，从而影响河流生物地化循环过程。河流流速减慢，浊度降低，形成有利于藻类生长的条件，一旦营养条件达到，可能爆发水华，进而改变河流氮磷循环。水坝修建增加了河流碳排放，尤其是甲烷排放；同时水库消落带间歇性水淹促进了消落带土壤氮磷的释放，增加水体氮磷污染负荷。

渠化、硬化等对河床的改造，降低了河流自净能力，加速了河流管道作用，进而加速了陆地碳、氮、磷、硫等向海洋的输送。人工河床中生物活性降低，河流生态系统物质循环被打破，河流自然功能丧失。河床改造的潜在影响还表现在破坏了高地及河漫滩地表及地下径流过程，增加水体温度、浊度、pH值，使地下水水位下降、河岸失稳、水生和陆生生物栖息地丧失，使整个河流生态系统结构和功能改变。

城市化过程中，流域土地利用类型发生巨大变化，不透水面积增大，滞洪能力减弱，城市面源污染加剧，河岸带生态功能削弱，导致陆域向河流系统的物质输入结构发生变化，进而改变河流生态系统物质循环过程。城市化过程中，生活污水的排放增加了河流污染负荷，同时氮负荷量的增加直接刺激河流 N_2O 排放增加，因此，城市污染河流表现出较高的温室气体排放量。

农业活动，尤其是施肥，使得人为氮、磷及其他污染物（如农药）等通过地表径流汇入河流，形成农业面源污染。农业面源污染是河流富营养化的重要诱导因素之一。农业活动对河流生态环境的破坏还表现在对河岸带和河流阶地上天然植被的破坏，改变了流域陆源物质进入河流的过程，进而改变河流生态系统生物地化循环过程。

第 4 编

河流生态管理

第17章 河流干扰及其危害

17.1 干扰概念

干扰（disturbance）从字面意义上理解，就是平静的中断，和对正常事物的妨碍。生态学上的干扰，是指引起生态系统结构和功能发生变化的事件。干扰是自然界中无时无处不在的一种现象，是在不同时空尺度上偶然发生的不可预知的事件，直接影响着生态系统的结构和功能。Pickett等（1985）认为干扰是一个偶然发生的不可预知的事件，是在不同空间和时间尺度上发生的自然现象。由于干扰存在于自然界的各个方面，研究不同尺度干扰所产生的生态效应十分重要。目前已有许多生态学家认识到，各种类型的干扰是自然生态系统演替过程中一个重要的组成部分，许多动植物群体和物种与干扰具有密切关系，尤其在自然更新方面具有不可替代的作用。

干扰包括自然干扰和人为干扰，内部干扰和外部干扰，物理干扰、化学干扰和生物干扰，局部干扰和跨边界干扰。常见的干扰类型包括火灾干扰、放牧、土壤物理干扰、土壤化学干扰、践踏、外来种入侵、洪水泛滥、森林采伐、矿山开发、道路建设和旅游活动等。今天，人为活动对生态系统的干扰也越来越频繁。对河流的干扰包括水坝建设、土地利用格局改变、外来物种入侵、气候变化等等。

不同程度的干扰，对群落物种多样性的影响是不同的。Connell等（1964）提出的中度干扰说（intermediate disturbance hypothesis）认为，群落在中等程度的干扰水平能维持高多样性。其理由是：①在一次干扰后少数先锋种入侵断层，如果干扰频繁，则先锋种不能发展到演替中期，使多样性降低；②如果干扰间隔时间长，使演替能够发展到顶极期，则多样性也不高；③只有中等程度的干扰，才能使群落多样性维持最高水平，它允许更多物种入侵和定居。

河流生态系统的干扰包括自然干扰和人为干扰两个方面。河流的自然干扰事件包括气候变化、洪水事件、山体崩塌、地质滑坡、火山爆发等。人为干扰包括水坝建设、土地利用变化、外来物种入侵、水环境污染等等。本书重点针对水坝建设、土地利用变化、外来物种入侵和气候变化等干扰进行讨论。

17.2 水坝建设对河流的影响

大坝建设是处理人与水关系的重要工程措施，它具有降低洪灾、利用水的势能得到清洁能源——电能等功能。然而，在修建大坝的同时也会给江河流域带来不利影响。全球水分循环是生物地球化学系统的基本组成部分，河流是陆地生态系统和水生态系统间物质循环的主要通道。在河流上大规模筑坝拦截河流水量（发电、灌溉、控制洪水等），是河流生态环境受人为影响最显著、最广泛、最严重的事件之一。根据世界大坝学会的统计，目前全世界有 36000 座大中型水坝在运行，控制着全球 20% 左右的径流量。在中国的长江、黄河等主要河流上均建设了梯级水坝，部分河流缺乏有效管理引起河流断流、河流生态系统破坏严重等后果。

在自然状态下，河流生态系统一直作为景观中的一个连续体进化着。河流空间的连续性维持了河流生态过程的连续性，形成了有序的河流生境结构。使河流水生生物得以迁移、运动，营养物质输送保持畅通，并维持了河流生态系统的健康。然而，由于人类对水利水电开发的需要，在河流上大规模修建水坝，梯级水坝的建设使原来连续的河流空间被分割成河流生境片断，梯级电站的每一级水坝都形成一个有效的阻隔，把水生生境分割成孤立的生境片断，鱼类等水生生物种群由此形成若干片段化的孤立种群。被梯级水坝隔离形成的水库、两级水坝之间形成的减脱水段，都可看成是大小、形状和隔离程度不同的“生境岛屿”，并改变了连续的河流生态系统的空间结构、功能联系。

Dynesius 和 Nilsson 等人对全球 292 条大河进行了调研，认为大多数河流都已经不同程度地片段化，其中 36% 受到强烈影响，23% 受到中等程度影响（Dynesius 和 Nilsson，1994；Nilsson 等，2005）。由于河流生境片段化对河流生态系统带来了严重影响，已经引起了国际上的高度关注，并已开展了相关研究。已经开展的研究主要集中在河流生境片段化对鱼类洄游的影响、对水生生物多样性的影响。

学者们认为，维持河流纵向和横向连通性对于许多河流物种种群的生命力是非常必要的，河流生态系统的片段化改变了鱼类种群的洄游格局，将自由流动的河流变成了水库静水生境，纵向和横向连通性的丧失导致种群的隔离以及鱼类和其他生物的局部灭绝。Henriette 等（2001）利用基于个体遗传的 meta——种群模型研究了片段化对大的河流鱼类（*acipenser transmontanus*）种群变化和遗传多样性的影响。在 200 km 河段，由于 1 ~ 20 个水坝建设产生河流生境片段化，片段化导致鱼类种群生存力降低。在最初的几个水坝建成后，种群间的遗传多样性降低。更多水坝的建设引起种群生存力降低。上游的低洄游率和下游的高洄游率导致种群灭绝风险上升。研究结果表明，洄游格局在被水坝片段化的河流生态系统中的河流鱼类的变化中，起着非常重要的作用。生境片段化后，河流鱼类的空间分布下限上移，空间分布上限降低。

水坝建设导致的河流生境片段化和种群衰退增加了近亲繁殖、珍稀物种丧失、遗传漂变、影响物种对环境变化的适应能力。Monaghan等（2005）研究了瑞士阿尔卑斯山10条山地溪流的生境片段化效应，从片段化生境和自由水流生境的22个样点中采集到了69种底栖大型无脊椎动物。在片段化溪流中，蜉蝣类、双翅类丰度在片段化河段明显减小。水坝打断了溪流的纵向连通性，影响到底栖无脊椎动物群落及多样性。由于生境改变引起在生境片断内群落组成改变，降低了在生境片断内的散布。

US Fish and Wildlife Service指出，水坝下游的非自然水流造成两栖类繁殖生境丧失（USFWS，1994）。Victor和Santucci（2005）研究了美国伊利诺伊州被15座低水头水坝所片段化的171 km长的中西部温暖水域河流的水生生物、生境和水质，自由河段的生物综合性指数（index of biotic integrity，IBI）高于水坝影响的片段化河流区域。生境评价指数表明自由河段生境质量较好，而水坝影响的片段化的河流区域生境质量严重衰退。

河流生境片段化不仅对河流水体中的水生生物产生影响，对河岸植被也产生了影响。Andersson等（2015）对水坝修建后生境片段化及能自由流动的两条河流的河岸植被进行了对比研究，每一个采样河段200 m长。研究结果表明，自由河段植物的物种丰度和对物种库的贡献比生境片段化的河段高，植物区系的连通性也比生境片段化的河段高。Jansson（2000）研究了水坝作为屏障对植物沿河流分布的影响，对瑞典北部梯级水坝影响的河流的维管植物区系进行了比较，每一条河流都被9~16个水坝所分割，导致河岸植物分布的间断和物种组成的变化。

面对水资源持续衰退的全球性趋势，鉴于水电工程对河流水文特征、河流生境的巨大改变，国内外科学家对河流生态系统的响应过程广泛重视，致力于寻求有效的解决途径。但是，传统的水资源管理和河流生态恢复方法难以提供满意的答案，这是因为人类活动已经在过去的一百多年使河流水循环、河流生境、河流生物群落严重衰退，而机械—水文技术的途径长期以来主宰了水资源管理和河流恢复实践。然而，河流生态系统及水文动态是长期生物地球化学进化的结果，河流生态系统的衰退是河流水文、物理生境综合作用的结果。

作者受国家自然科学基金的资助，于2007~2008年在三峡库区腹心区域重庆开州区东河流域和渝东南石柱县的磨刀溪流域开展了梯级水坝影响下山地河流生境片段化的生态影响研究。

17.2.1 东河流域及磨刀溪流域梯级开发情况

东河发源于大巴山暴雨中心地带的重庆市开州区白泉乡一字梁下，从白泉双河口南下至白里后转向正西，经关面、红园乡后折向正南，再经谭家、和谦、温泉、郭家、东华等镇后于开州城区与南河汇合处注入澎溪河。干流全长96.7 km，流域面积1426.6 km^2，海拔高程在160~2626 m之间，平均比降7.94‰。白泉双河口至大进为上游，河长46.4 km，平均比降14.5‰，落差达671 m，集中了东河干流总落差的87.4%；大进至温泉为中游，河长22.5 km，落差63 m，比降2.79‰；温泉以下为下游，河长 27.8 km，落差 34 m，比降 1.24‰。

东河的梯级开发始于 20 世纪 70 年代，已建成并在运行的电站有白里电站（干流）、小园电站（2 级支流）、天水电站（支流）、红花电站，在建电站有白里电站第 2 级（干流）、双河口电站（干流），已废弃的电站包括鱼泉电站（干流，废弃了 5 年）。根据《东河流域梯级开发规划》，东河流域拟进行的梯级电站开发包括泉秀电站（干流）、关面电站（干流）、锁口电站（支流）、谭家电站（干流）、土龙电站（干流）、乐园电站（干流）、温泉电站（干流）、牛蹄寺电站（干流），其中谭家电站（干流）、土龙电站（干流）、乐园电站（干流）、温泉电站（干流）、牛蹄寺电站（干流），均位于东河下游。规划梯级开发的河段范围为东河干流红花电站尾水至三峡水库回水位 175 m 高程河段，河段总长 39 km，河道平均比降 2.7‰，利用落差 105.5 m，其中红花电站尾水至谭家坝河段长 9.1 km，河道平均比降 4.0‰；谭家坝至土龙河段长 8.1 km，河道平均比降 2.8‰；土龙至乐园河段长 6.5 km，河道平均比降 1.9‰；乐园至温泉河段长 7.0 km，河道平均比降 3.1‰；温泉至牛蹄寺河段长 8.3 km，河道平均比降 1.4‰（图 17-1）。

图 17-1　东河流域水坝分布图

磨刀溪为长江干流上游下段右岸的一级支流，发源于重庆市石柱县武陵山北麓的杉树坪，上游源头油草河流经重庆市石柱县，西北流过万胜坝，转东北右纳双河溪、洋洞沟，北入湖北省利川市后，又于重庆市万州区境的石板滩与官渡河汇合，在大滩口右岸纳入罗田河，在云阳县新津注入长江。河道全长 191 km，流域面积 3167 km²，天然落差 1481 m。磨刀溪流域东南方以七曜山与清江流域分水，西南以武陵山与龙河为邻，西北以方斗山与长江相隔。河谷切割较深，断面为“U”形，大滩口以上流域呈扇形发育，流域支流较多，大致为羽状分布。磨刀溪河谷深切，山坡陡峭，洪水具有汇集快、陡涨陡落、峰顶持续时间短的特点。磨刀溪干流从源头到河口，截至 2008 年，已建电站水坝共 6 个，分别是佛堂电站（引水式，1996 年建成）、大滩口电站（坝后式，在建）、鱼背山电站（混合式，1997 年建成）、赶场电站（高水头引水式，1997 年建成）、长滩电站（引水式，1966 年建成）、向家电站（坝后式，试运行）；在建电站水坝 2 个，分别是大滩口、向家咀（图 17-2）。

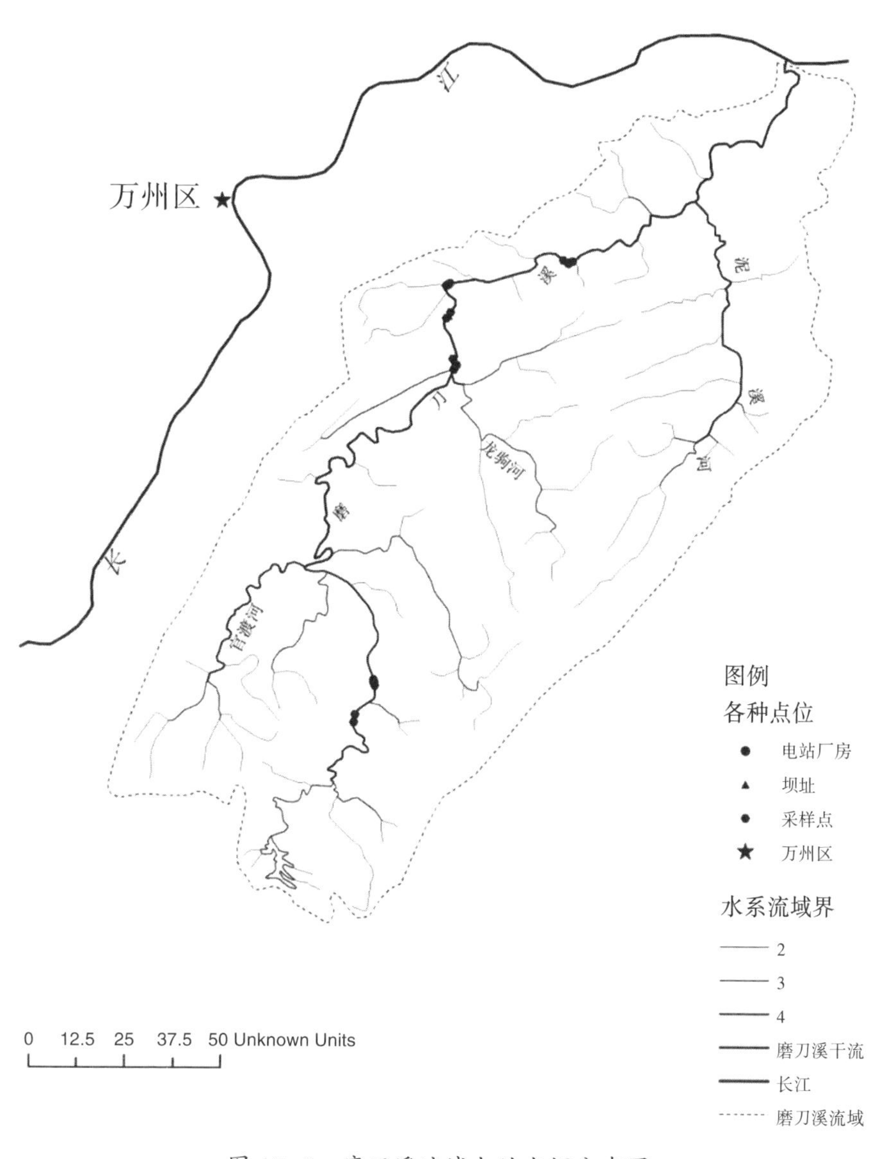

图 17-2 磨刀溪流域电站水坝分布图

17.2.2 片段化对河流生境结构的影响

从全流域角度看，东河及磨刀溪在物理空间上、生物空间上的连续性已经被破坏，已建成和正在建设的各级电站使得东河及磨刀溪出现了明显的片段化，尤其是在河流上游，每一级电站所形成的坝后静水段及坝下减脱水段，都形成了明显的孤立河流生境片段。梯级电站的每一级水坝都形成一个有效的阻隔，把原来连续的水生生境分割成孤立的生境片断，鱼类等生物种群由此形成若干片段化的孤立种群。

按照《东河流域梯级开发规划》，拟建的梯级电站使梯级首尾衔接，这样将进一步加剧东河河流生境的片段化。宏观尺度上，梯级电站的开发造成非常明显的全流域河流生境片段化。中观尺度上，梯级电站开发的影响更大，尤其是造成河流生境结构的改变。梯级水坝的建成，使得原有的水潭—浅滩交替的生境格局被改变，坝后形成静水段，水库的淹没，使得原有的河流浅滩消失。微观尺度上，片段化对河流生境的影响主要是破坏了大多数微观尺度的河流生境，坝下减脱水段的形成，造成那些重要的河流功能生境如露出水面的水生植物床、淹没水下的水生植物床、急流岩石生境、卵（砾）石流水生境、受洪水影响的河岸植被边缘生境消失，或结构不完整。

1. 生境类型和生境面积减少

对东河流域已建成的红花电站、天水电站、小园电站的调查表明，水坝修建改变了河流蜿蜒型的基本形态，急流、缓流相间的格局消失，改变了深潭、浅滩交错的形态，生境异质性降低，维持多样化水生生物物种的微生境消失，导致鱼类产卵条件发生变化，水生昆虫、两栖动物的栖息地改变或庇护地消失。

筑坝形成水库，水库形成以后，使水坝上、下游的生境类型都大为减少，这一点在红花电站表现最为明显。水坝以上原来河流蜿蜒曲折的形态在库区消失了，河湾、急流和浅滩等丰富多样的生境代之以较为单一的水库静水生境。在水坝以下，由于拦截水流，形成减水段或脱水段，原有的深潭、浅滩交错的生境类型消失，受洪水周期性脉冲式调节的边滩湿地等生境类型也消失了。生境类型的减少，使得河流淡水生物多样性受到了较大的影响（王强，2011；王强、袁兴中，2013；王强等，2014）。

对磨刀溪的佛堂电站、大滩口电站、鱼背山电站、赶场电站、向家电站、外朗电站进行的调查，围绕每一级电站的水坝，选择 100 m 河段，统计中观尺度的各类生境面积、比例变化。同时记录水温、河宽、底质组成、遮蔽物数量、淤积度等指标。对于引水式电站，选择坝前、坝后、电站出水口前后 4 个调查断面；坝后式电站选取库尾、水库、坝后 3 个断面进行调查。

图 17-3 为佛堂电站水坝上、下河段河流生境面积占河道面积比例和生境类型组成。佛堂电站坝上有水区域占河道总面积的 55%，生境类型丰富，以平流为主。佛堂电站水坝为低坝，水坝内设有取水槽。运行十几年后，坝上河床几乎与水坝顶部平齐。丰水期，部分上游来水尚能越过水坝进入下

游减脱水段。枯水期上游来水相对较小，不能越过水坝，均从取水槽进入取水管道。因此，枯水期内佛堂电站水坝到中咀河河口之间 1 km 长的河段脱水严重。河道内仅有数个水潭，无明显流动水体。有水区域仅占河道总面积的 10%。佛堂电站厂房以上约 4 km 的河段，由于有中咀河进行补水，河道内有水区域面积比例大大增加，达 60%。该河段生境类型以平流、浅濑等为主。各生境类型分配较均匀。佛堂电站厂房下游河段河道内有水区域面积比例达 80%，平流生境明显增加。

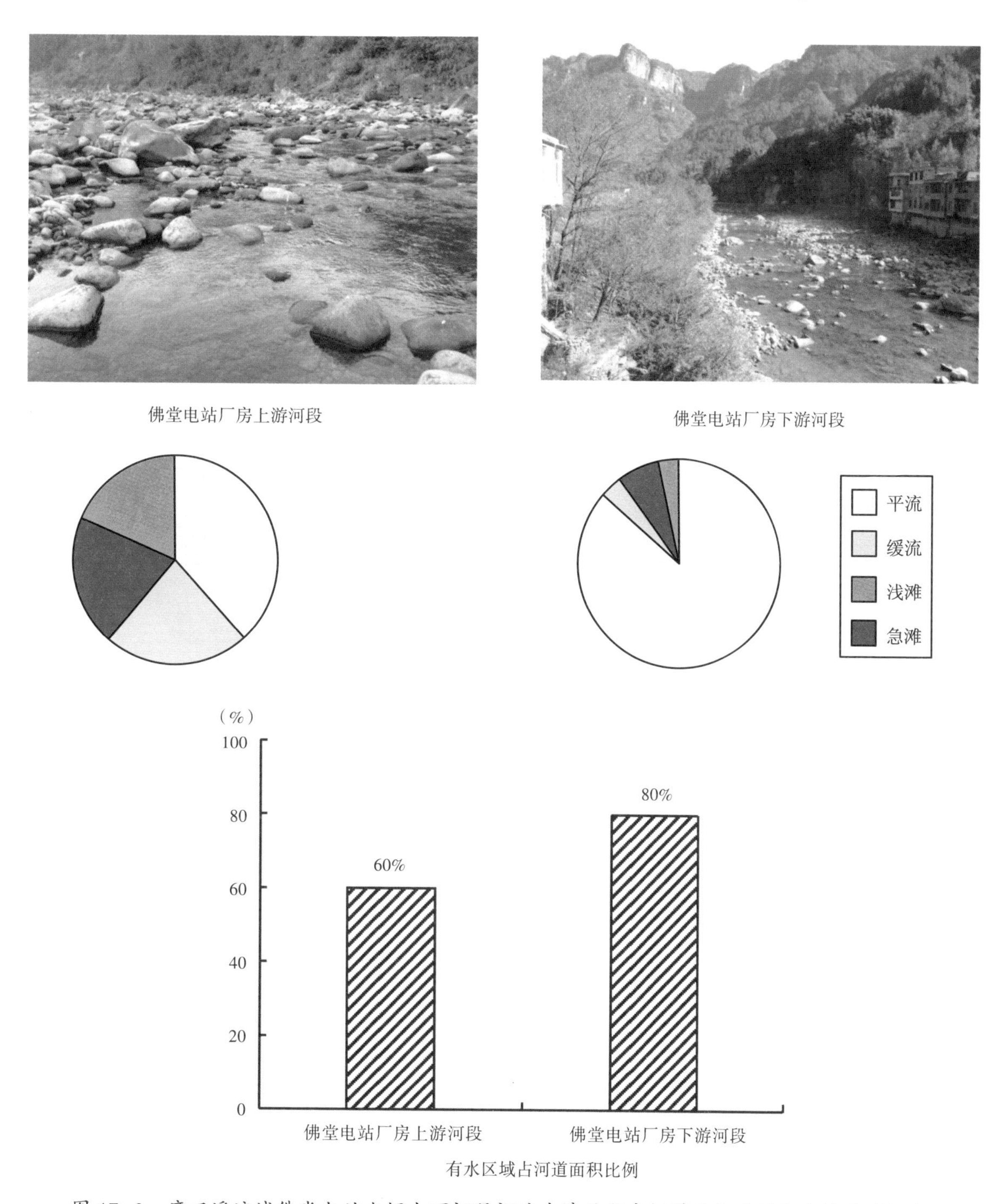

图 17-3　磨刀溪流域佛堂电站水坝上下河段河流生境面积占河道面积比例和生境类型组成

图 17-4 为鱼背山电站各河段河流生境面积占河道面积比例和生境类型组成。鱼背山水库库尾处水量大，水流湍急，河流生境以深流为主，有水区域比例为 65%。鱼背山电站为坝后式电站。大坝下游 100 m 处即为双河电站和赶场电站的拦水坝。鱼背山电站出水在坝下蓄积，由引水隧洞导入双河电站。双河电站出水又直接进入隧洞口，供给赶场电站发电。鱼背山电站到赶场电站之间的河段长约 50 km。这一河段只有鱼背山水库泄洪闸少量渗水、8 条支流进行补水。这 8 条支流中有 6 条 1 级支流、1 条 2 级支流（双河）、1 条 3 级支流（龙驹河）。1 级支流补水能力有限，双河与龙驹河河口位于赶场电站上游不到 1 km 的距离内。因此，鱼背山电站到赶场电站之间的河段减水严重。河流生境以缓流和水潭为主，有水区域比例仅为 30%。

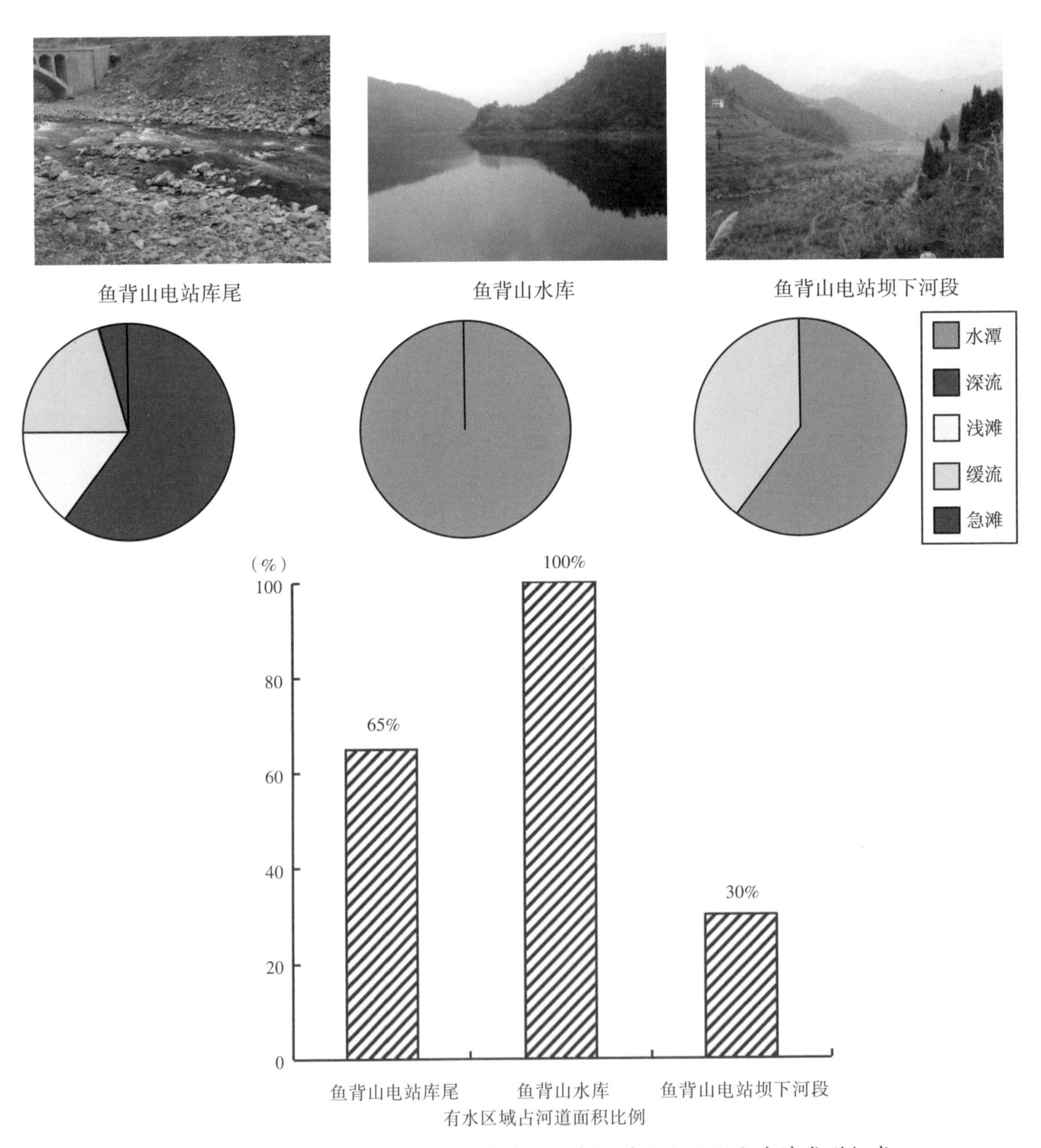

图 17-4 鱼背山电站各河段河流生境面积占河道面积比例和生境类型组成

研究表明，水电梯级开发减少了受影响河段内的水量，降低水流流速，导致生境面积和多样性的减少。深流、平流生境的丧失尤为明显。在磨刀溪干流上，佛堂电站—中咀河河口、鱼背山电站—赶场电站、长滩电站水坝—长滩电站厂房这3个河段的减脱水情况最为严重，河道内有水区域面积分别为10%、30%、5%。

2. 生境形态与结构变化——河流生境片段化

在东河上已建成的白里电站、天水电站、红花电站以及在建的双河口电站，这几级连续的电站导致河流形态的非连续化，即在河流筑坝形成水库，造成水流的非连续性。拟建的8级电站，将形成多座水库串连的格局，从而导致河流生境的进一步片段化，使河流生境形态和结构发生变化。

17.2.3 片段化对河流生境功能的影响

河流水生生物涉及的类群非常多，从无脊椎动物到高等脊椎动物，从浮游植物到高等水生维管植物，分类成为评价的一大难题，加上水生生物调查工作复杂，因此生境评价成为快速、简便的途径，尤其是在水生生物丰富，而相关生物学、生态学资料又比较缺乏的山地河流，对功能生境的调查和评价将受到越来越多的重视。

电站水坝对功能生境的最大影响就是直接导致功能生境数量减少或者消失。本书作者对东河上已建成的电站，按照水坝、坝后水库、坝下减水段分别进行了调查分析：

（1）水坝的影响　水坝通常是建在河流峡谷段，水潭和急流岩石生境是峡谷段最常见的功能生境类型，水坝建设直接导致水潭和急流岩石生境的消失。

（2）坝后水库的影响　坝后形成水库，导致露出水面的水生植物床、卵（砾）石流水生境、急流岩石生境、河漫滩粗沙边缘生境、河岸淤泥边缘生境、受洪水影响的河岸植被边缘生境等功能生境类型消失，同时由于水体深度加深，淹没水下的水生植物床，这种生境类型的改变使得许多大型水生维管植物在坝后深水区无法生长。

（3）坝下减脱水河段的影响　坝下脱水直接导致所有的河流功能生境消失，造成对水生生物的致命威胁。而坝下减水段的形成，使得露出水面的水生植物床、淹没水下的水生植物床、卵（砾）石流水生境、水潭、急流岩石生境、河漫滩粗沙边缘生境、河岸淤泥边缘生境、受洪水影响的河岸植被边缘生境等类型功能生境的数量大为减少，尤其是对水生生物具有重要意义的卵（砾）石流水生境、水潭、急流岩石生境面积大大减少。

17.2.4 片段化对河流鱼类的影响

2009年8月，对重庆市开州区东河干流白里电站和红花电站（均为典型的引水式小水电）进行了研究。根据引水式电站水工建筑布置模式和环境影响特征，在每座电站影响河段内各选5个调查河段：S1，库尾以上河段；S2，库区河段；S3，引水坝下减水河段；S4，电站出水口以上河段；S5，电站出水口以下河段，并对这些河段进行鱼类群落调查。白里电站的 5 个调查河段均在 5 级河流上。红花电站除了库尾以上河段在 5 级河流外，其他调查河段均分布在 6 级河流上。每个河段选取 3 个 100 m 长的河段进行鱼类调查。

调查河段位于东河上游，河流坡降大，达 14.5‰，流速快，自净能力强。由于人口密度低，河流沿程无污染企业，溶解氧含量高，总固体溶解度和电导率较低，水质洁净（表 17-1）。水坝修建后不仅改变了河流的纵向连通性，而且在坝后形成水库。西南山地河流洪水期泥沙含量高，易导致库区淤积。调查表明，两座电站的库区河段均存在明显的淤积现象。河道淤积后，原来以漂砾、圆石为主的河床变成了以卵石、圆石甚至以沙砾为主的河床（表 17-1）。同时由于河道内淤积，河床趋于平坦，库区河段平均水面宽度大于库尾以上河段，平均水深有所减小。S3 和 S4 河段受河道淤积影响较小，

表 17-1　东河调查河段水体理化性质与生境特征

	参数	电站	调查河段				
			S1	S2	S3	S4	S5
水体理化性质	温度(℃)	白里	17.3	18.1	18.4	21.0	18.4
		红花	21.3	17.8	20.0	22.4	19.6
	pH	白里	8.61	8.70	8.40	8.80	8.36
		红花	7.64	7.98	7.87	7.77	7.80
	溶解氧(mg/L)	白里	7.25	7.32	7.22	7.60	6.77
		红花	6.88	7.09	6.99	8.00	8.7
	电导率(μs/cm)	白里	187.4	206.0	205.5	180.6	208.5
		红花	195.4	233.4	253.5	251.0	251.0
	总固体溶解度(mg/L)	白里	90.1	113.9	112.9	88.1	107.8
		红花	100.2	128.5	133.5	126.5	134.0
生境特征	水面平均宽度(m)	白里	12.1	14.8	4.6	6.6	12.0
		红花	26.3	59.5	10	16	30
	平均水深(cm)	白里	34.5	28.8	16.9	20.1	64.3
		红花	49.2	29.9	53.3	75.1	>100
	主要底质类型*	白里	圆石、漂砾	卵石、沙砾	漂砾	卵石、漂砾	漂砾
		红花	漂砾	卵石、圆石	漂砾	卵石、漂砾	卵石、基岩
	河流生境单元类型**	白里	速流	速流	阻塞潭	浅濑	速流
		红花	速流	速流	阻塞潭	深沟	侧面冲漕

*底质类型按照 Cummins 的方法划分。沙砾（gravel）（2 ~ 16 mm），卵石（pebble）（16 ~ 64 mm），圆石（cobble）（64 ~ 256 mm），漂砾 boulder（ >256 mm）。

**河流生境单元分类参考 Bisson（1982）的分类体系。侧面冲槽（lateral scour pools），深沟（trench），阻塞潭（dammed pools），浅濑（low gradient riffles），速流（rapids）。

主要底质类型与库尾以上河段类似。山区河流多“浅滩-水潭”交替的生境结构。两座电站均未实施生态放流，筑坝后S3河段流量明显减少，河道内水面面积缩小，原来由湍流生境连接的水潭生境被片段化。S4河段由于受沿途支流汇入及地下水补给影响，水面逐渐变宽，平均深度也逐渐增加，流速较缓慢。

调查共采集鱼类标本149尾，共计17种，隶属4目、8科、16属（表17-2）。东河河流比降大，水流湍急，河床底质颗粒粗大，为典型的山地河流。两电站调查河段的鱼类种类丰度差异较大。白里电站所在河段内调查到4种鱼类，红花电站所在河段内调查到15种鱼类。17种鱼类中有13种为典型的山地急流性鱼类。这些鱼类体形多扁平［如侧沟爬岩鳅（*Beaufortia liui*）］或圆筒状（如山鳅（*Oreias dabryi*）、短体副鳅（*Paracobitis potanini*），鳞片小而密［如齐口裂腹鱼（*Schizothorax prenanti*）］，体表多黏液［如切尾拟鲿（*Pseudobagrus truncatus*）］，部分鱼类还具有吸着器［如中华纹胸鮡（*Glyptothorax sinensis sinensis*）］，以适应山地河流中的急流生境。在食性特征方面，有11种鱼类主要以蜉蝣目、毛翅目等水生昆虫的幼虫和底栖软体动物为食物，另外有3种鱼类主要以石块上的着生藻类为食。形态特征及食性分析表明这些鱼类为典型的山地河流类型。

表17-2 东河调查河段鱼类种类组成与群落结构

目	科	中文名	拉丁名	生态类型	分布	出现频率（%）	尾数	尾数比（%）	重量（g）	重量比（%）	重要性指数IRI
鲤形目	鳅科	短体副鳅	*Paracobitis potanini*	R C	b	16.7	32	21.5	53.9	12.4	358.3
		山鳅	*Oreias dabryi*	R C	a	16.7	43	28.9	131.1	30.0	481.7
		贝氏高原鳅	*Triplophysa bleekeri*	R C	b	10.0	12	8.1	34.5	7.9	81.0
		泥鳅	*Misgurnus anguillicaudatus*	P O	a b	10.0	11	7.4	95	21.8	74.0
	鲤科	宽鳍鱲*	*Zacco platypus*	R O	b	—	—	—	—	—	—
		马口鱼	*Opsariichthys bidens*	R C	b	3.3	19	12.8	19.28	4.4	42.7
		麦穗鱼	*Pseudorasbora parva*	P O	b	3.3	1	0.7	2.5	0.6	2.3
		黑鳍鳈	*Sarcocheilichthys nigripinnis*	P C	b	3.3	1	0.7	6.6	1.5	2.3
		云南盘鮈	*Discogobio yunnanensis*	R H	a b	13.3	8	5.4	9.7	2.2	72.0
		齐口裂腹鱼	*Schizothorax prenanti*	R H	b	3.3	1	0.7	1.9	0.4	2.3
	平鳍鳅科	侧沟爬岩鳅	*Beaufortia liui*	R H	b	6.7	5	3.4	7.6	1.7	22.7
鲇形目	鲿科	切尾拟鲿	*Pseudobagrus truncatus*	R C	b	3.3	1	0.7	43.4	9.9	2.3
	钝头鮠科	白缘[鱼央]	*Liobagrus marginatus*	R C	b	3.3	1	0.7	1.7	0.4	2.3
	鮡科	中华纹胸鮡*	*Glyptothorax sinensis sinensis*	R C	b	-	-	-	-	-	-

续表

目	科	中文名	拉丁名	生态类型		分布	出现频率（%）	尾数	尾数比（%）	重量（g）	重量比（%）	重要性指数IRI
合鳃鱼目	合鳃鱼科	黄鳝	*Monopterus albus*	Ca	C	a	3.3	1	0.7	10.0	2.3	2.3
鲈形目	鰕虎鱼科	子陵栉鰕虎鱼	*Ctenogobius giurinus*	R	C	b	3.3	1	0.7	2.6	0.6	2.3
		波氏栉鰕虎鱼	*C. cliffordpopei*	R	C	b	6.7	12	8.1	16.6	3.8	54.0

a，白里电站调查河段；b，红花电站调查河段；R，急流生活类群；P，缓流生活类群；Ca，洞穴生活类群；H，植食性鱼类；C，肉食性鱼类；O，杂食性鱼类；*，目击种类。

在东河白里电站S1河段捕获到2种鱼类，在S2、S3河段和S5河段内只捕获到1种鱼类，而在S4河段未捕获到鱼类（表17-3）。因此除S1河段外，白里电站其他调查河段的Shannon-Wiener指数和Pielou指数均为0。红花电站S5河段鱼类种类最多（13种），多样性指数最高。红花电站S1和S4河段分别捕获到2种和6种鱼类，而在S2和S3河段未捕获到鱼类。

表17-3　东河调查河段鱼类群落多样性

多样性指标	电站名称	调查河段				
		S1	S2	S3	S4	S5
丰富度指数	白里	2	1	1	0	1
	红花	2	0	0	6	13
Shannon-Wiener指数	白里	0.21	0	0	0	0
	红花	0	0	0	0.48	1.05
Pielou指数	白里	0.31	0	0	0	0
	红花	0	0	0	0.42	0.71
Sinpson指数	白里	0.19	0.33	0.33	0	0.67
	红花	0.67	0	0	0.42	0.47

对比受水电影响相对较小的S1和S5河段的河流生境特征和鱼类多样性数据（表17-1，表17-3），可以发现位于下游（6级河流）的红花电站S5河段的平均水深和水面宽度明显大于位于5级河流上的红花电站S1河段、白里电站S1和S5河段，因此其鱼类物种多样性最高。引水式小电站改变了河流原有的水文情势，破坏了河流纵向连通性，在水坝和发电厂房之间形成长度不一的减水河段，使得鱼类的生存空间被挤占，洄游通道被切断，栖息地破碎，生存条件恶化。因此，位于减水河段内的S3和S4河段的鱼类多样性要低于S5河段。同时，在减水河段内，随着沿途支流汇入和地下水补给，河道水量逐渐增加，河流生境逐渐恢复，S4河段的鱼类多样性要高于S3河段。红花电站调查河段

(S3～S5)的鱼类分布特征符合上述规律。白里电站调查河段只有4种鱼类分布，调查河段内鱼类个体数量少。这是由于山区河流中鱼类分布固有的随机性、不稳定性和毒鱼、电鱼等因素的干扰。从鱼类来源看，白里电站S3河段的鱼类应该是在洪水期随漫过低坝的河水进入，并且在洪水退去后被困在水潭生境里的鱼类。减水河段的水潭里依然生长有一定量的饵料生物供鱼类取食。白里电站引水坝与发电厂房之间河段仅2.4 km长，沿河无大型支流汇入，河流补水不足，水面宽度和水深不足，S4河段生境未有效恢复。

坝后式水电站修建后，水坝以上河道水面显著变宽，水深大大增加，流速明显降低，天然河道变成水库，鱼类从急流生活类群逐渐转变成缓流生活类群。然而引水式小电站的引水坝一般较低，由于受河流泥沙淤积影响强烈，建坝后库区河段凹凸不平的河床结构很快被填平，自然的深水潭生境迅速消失，平均水深减小，水面宽度增加，但水流流速变化不明显（表17-1），库区河段依然保持河道形态，鱼类生活类群组成未发生显著变化。库区淤积后，河床中卵石和粗沙比例大大增加。由于起动流速低，易发生蠕动，稳定性差，藻类很难附着在卵石和粗沙上，河流生境的异质性和多样性丧失迅速，大型无脊椎动物也很难栖息。因此S2河段的鱼类群落结构及多样性在5个河段中最差。

调查表明，东河上的梯级引水式小水电使得受影响河段鱼类多样性普遍偏低（王强、袁兴中，2013），引水坝修建后，库区逐年淤积，河流生境的异质性和多样性丧失；坝下形成减水河段，河流生境面积缩小，浅滩-深潭交替的河流生境结构被破坏。引水式小水电对鱼类群落的影响主要是引水坝修建改变了河流生境。维持河流纵向和横向连通性对于许多河流生物种群的生命力是非常必要的，河流生态系统的片段化改变了鱼类种群的洄游格局，将自由流动的河流变成了水库静水生境，纵向和横向连通性的丧失会导致种群的隔离以及鱼类和其他生物的局部灭绝。水库形成后，水体的水文条件发生较大的变化。由于不同的鱼类栖息环境不同，因此导致库区的鱼类组成发生明显的变化。生境片段化后，东河鱼类的空间分布下限上移，空间分布上限降低。

梯级电站的每一级水坝都形成一个有效的阻隔。把水生生境分割成孤立的生境片段，鱼类等水生生物由此形成若干片段化的孤立种群。水坝使沿河流纵向进行洄游的鱼类迁移通道破碎化，筑坝给洄游鱼类造成了难以逾越的障碍，尤其是幼鱼很难游过水坝。对于大多数鱼类种群来说，梯级水坝的开发，实际上形成了若干相互隔离的生境片段。

水库蓄水后，急流减缓、沙石沉积、饵料增多。坝上库区河段原有适应于底栖急流、砾石、岩盘底质环境的鱼类，其栖息范围缩小，鱼类种类、数量都将在一定程度上减少，如齐口裂腹鱼、四川裂腹鱼、多鳞铲颌鱼、中华间吸鳅等减少。

水电站营运期对鱼类的另一影响就是形成坝下减水河段。调查中发现已经建成的白里、红花、天水三个引水式电站坝下已经形成上百米的减脱水段。河段水量的减少，影响到鱼类栖息生境的空间大小，生态水文条件发生改变，生境类型减少。东河流域内产卵场、索饵场、越冬场较多。水坝建成后，坝下减水河段的形成对东河流域鱼类“三场”带来不利影响。

通过比较红花电站坝上、坝下生境可以发现，电站建成蓄水后虽然改变了坝上、坝下河段鱼类的栖息地，但是，由于是低水坝，坝上回水较短，在小水库之上的浅滩-水潭交替的格局仍然存在，而坝下河段虽然水量减少，但可以发现在靠河的右岸仍然形成小的水潭生境。因此，虽然红花电站所处河段浅滩-水潭交替的格局受到一定程度的影响，但没有消失（图 17-5）。

坝上

坝下

坝下

图 17-5　东河红花电站大坝上下河流生境情况（坝上淤积；坝下减脱水明显）

17.3 土地利用变化对河流水环境的影响

河岸及流域土地利用变化是影响河流生态系统的重要因子。随着城市化进程加剧和经济社会快速发展，流域及河岸用地类型发生巨大变化，这些变化通过营养物富集、颗粒物沉降、水文情势、河岸带生境质量等生态过程的改变，对河流生态系统及生物多样性产生不利影响。高欣等（2015）的研究表明，辽宁省东部地区的太子河流域中下游自然用地减少，表现出河岸植被多样性下降与生境破碎化加剧，影响河岸稳定性、水质、底质等栖息地质量。研究表明，鱼类完整性指数（F-IBI）与土地利用格局变化关系密切。河道物理形态、有机质输入主要受河岸带植被覆盖（小尺度土地利用）的影响，外源物质的地表径流输入、水文条件、河道地貌类型等主要取决于流域景观特征（大尺度土地利用）的影响，这些物理、化学特征的改变又影响着水生生物的组成。太子河流域上游以自然用地类型为主，中下游农业用地比例逐渐增加。流域尺度上农业用地比例变化与 F-IBI 的相关性更强，说明在流域尺度上变化幅度较大的景观变量与水生生物群落结果更为紧密相关。两种尺度的城镇用地均对 F-IBI 产生影响，导致 F-IBI 降低；但与农业用地相比，城镇用地比例小幅度的增加就可导致 F-IBI 明显下降；流域尺度城镇用地比例超过 13% 时，F-IBI 得分就低于 10 分（评价等级为“极差”）。Lammert 和 Allan（1999）发现鱼类和大型底栖动物群落对农业用地的响应在河段尺度要强于在流域尺度。在美国俄亥俄州，当地环保局曾指出流域尺度城镇用地超过15%会导致鱼类种群受到严重破坏（Matthews，1998）。王强等（2017）研究了城市化过程中水质污染、水文、生境破坏、流域土地利用等因素对底栖动物群落的影响，认为随着城市化进程加剧，建设用地比例上升，入河污染物浓度和总量增多，底栖动物中敏感物种比例降低甚至消失，寡毛类、摇蚊等耐污物种成为优势类群；底栖动物群落多样性显著降低，底栖动物总密度增加，收集者为主要摄食功能群；不透水地表面积比例的增加改变了流域自然的水文过程，群落组成的季节波动减弱，但密度波动增大；次级生产力明显增加，食物网趋于简化。

选取三峡库区腹心区域的重庆市开州区澎溪河—汉丰湖流域，进行了土地利用/覆被变化（LUCC）对水质的影响研究（齐静，2015）。研究所需的数据主要来源于2002年6月、2012年6月的Landsat 7 ETM+、Landsat 8 OLI两期影像，对遥感影像进行人工解译及矢量化处理。将汉丰湖流域分为5大土地利用类型，即建设用地、耕地、裸露地、林草地、水域。流域土地利用结构空间差异性较为显著（图17-6）。由图17-6可知，2002年和2012年建设用地主要分布于汉丰湖、南河、东河等沿河两岸，最为集中的为三河交汇处，即开州区城区部分；裸露地较集中分布的区域为汉丰湖、东河、南河两岸，零散分布于大慈山、盛山区域；耕地主要集中分布于研究区北部大慈山、盛山、脑顶山，及流域河岸两旁。由图17-6可知，建设用地增加的部分主要集中于开州区新城，以及东河沿河两岸；裸露地的增加主要集中于北部大慈山及盛山；水域增加的部分主要为开州区旧城部分，即三峡库区蓄水后开州区旧城淹没于水底，使水面面积增加。

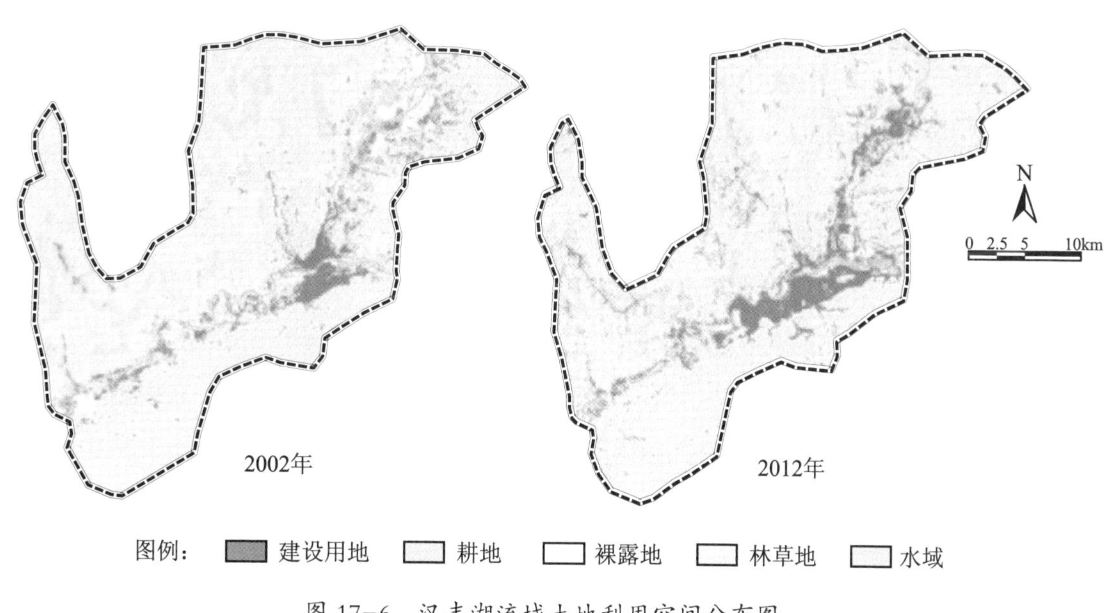

图17-6 汉丰湖流域土地利用空间分布图

使用统计分析软件分析土地利用结构与水质监测数据的相关性，分别对土地利用类型面积比例和水质监测指标进行正态检验和相关性分析。水质指标分析表明，COD是反映水体有机污染的重要指标，能够反映水体的污染程度。参照地表水环境质量标准，利用ArcGIS生成COD的不同比例尺等级符号图，与汉丰湖流域土地利用图进行叠加，可以看出城镇建设用地较集中的区域，COD数值也相对较高（图17-7）。氨氮是水体中的营养素，可导致水体富营养化，是水体中的主要耗氧污染物，对鱼类及某些水生生物有害。从空间分布可以得知，建设用地较集中的地方，NH_3-H浓度也较高。TN是衡量水质自净能力的一个指标，同样，建设用地较集中的地方水体TN的浓度也较高。

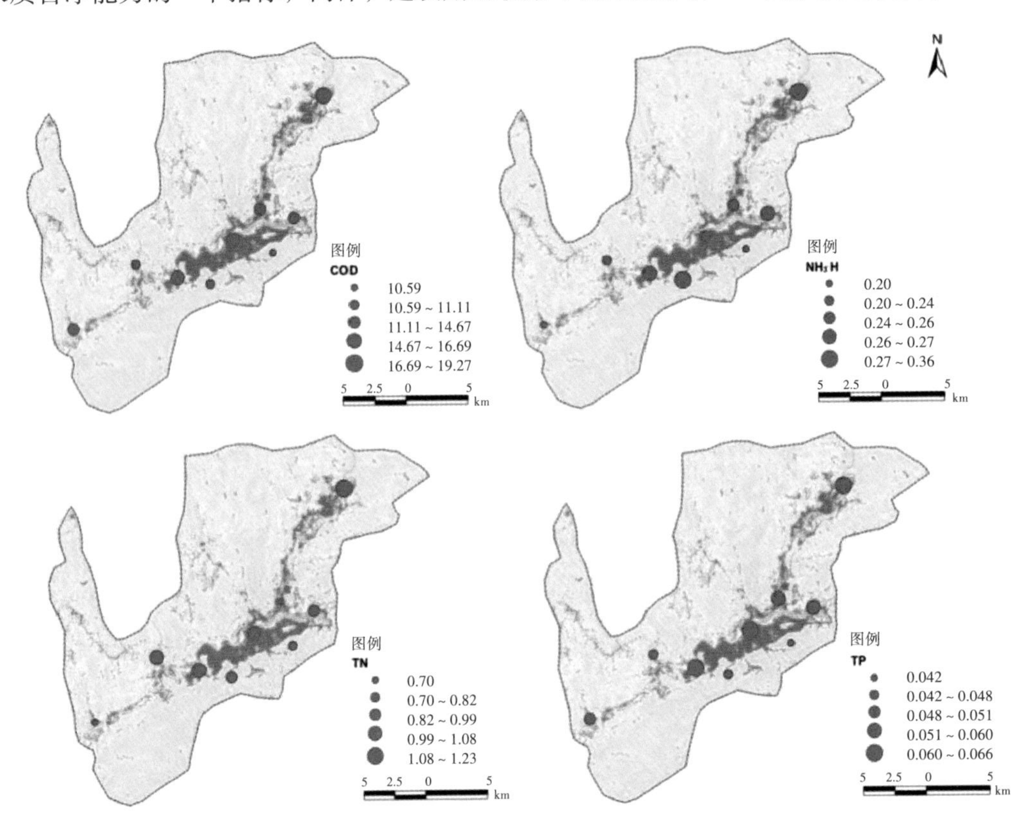

图17-7 汉丰湖流域COD、NH_3-H、TN、TP空间分布

TP是衡量水质的重要指标，其主要来源为生活污水、化肥、有机磷农药及洗涤剂所用的磷酸盐增洁剂等。水体中的磷是藻类生长需要的一种关键元素，过量磷是湖泊发生富营养化的主要原因。同样，建设用地及耕地分布较集中的区域，TP浓度也较高。

对不同尺度的缓冲区范围内的建设用地、耕地、裸露地、林草地4种土地利用类型的面积比例与4个水质指标进行二元线性相关分析。整体而言，COD、NH_3-H、TN、TP四种水质污染指标与建设用地、耕地呈正相关，相关性大小为耕地>建设用地，与林草地呈负相关。农业面源污染和居民生活污染是流域内主要的污染来源，建设用地上承载高密度人口和经济活动，污染物排放强度高，并且以不透水地面为主的建设用地被认为对地表径流有促进作用，都可能增加城市水体中污染物浓度，降低城市水体水质。由于森林、林下植物和土壤具有削减暴雨径流、减少水土流失、吸附污染物等功能，可有效减少地表径流冲刷后带入水体的污染物，因此林草地通过截留降解作用对降低水体污染物浓度所做的贡献较大。

通过河岸土地利用及覆被变化能改变河岸带生态系统的结构和功能，对河溪生态系统的物质循环和能量流动起着关键性影响。由土地利用及覆被变化引起的河溪水质变化和水生生物数量的变化可以作为反映河溪退化程度的重要指标。不合理的河岸土地利用方式能减少河岸植被覆盖，削弱河岸植物根系的固土作用，从而导致河岸带结构不稳定，进而影响河溪生态环境质量。不同的河岸土地利用方式会因为改变河溪内沉积物、污染物和营养物的径流路径和分布，从而影响河溪水质及水生生物的数量。因此，为确保河溪生态系统健康，除了减少人为干扰和控制水体污染外，维持合理的河岸带土地利用方式尤为重要。

17.4 外来物种入侵的影响

自然界中的物种总是处在不断迁移、扩散的动态中，许多生物由于持续不断的扩散，得以突破原有的地理隔绝，拓展至其他环境中。对于此类原来在当地没有自然分布，因为迁移扩散、人为活动等因素出现在其自然分布范围之外的物种，统称为外来物种。在外来物种中，一部分物种是因为其用途，被人类有意地将其从一个地方引进到另外一个地方，这些物种被称为引入种，如马铃薯、番茄、辣椒等都是从国外引进的外来种，现在园艺园林中引入的品种更是不胜枚举。这些物种大多数并没有对环境造成危害。然而，在外来种中，有一些在移入后逸散到环境中成为野生状态，如果迁入的新环境没有天敌的控制，加上旺盛的繁殖力和强大的竞争力，外来种就会变成有害入侵者，排挤环境中的原生种，破坏当地生态系统稳定性，甚至造成对人类经济的危害性影响。此类外来种通称为外来入侵种（invasive spceise）。入侵种侵入异地后在那里定植、扩展种群，并对当地生态系统结构和功能产生不良影响，危及本地物种特别是濒危物种的生存，造成生物多样性破坏，就构成了生物入侵（biological invasion）。由于人类活动加剧，生态安全保障和生物多样性保护已经受到国际社会越来越多的重视，对外来入侵种的关注成为热点之一。

外来种入侵危害是多方面的，从个体到生态系统各个层次都会产生不利影响。外来入侵种通过竞争或占据本地物种生态位而排挤乡土种，或与乡土种竞争食物，或直接扼杀乡土种，或分泌化学物质抑制其他物种的生长繁殖，使当地物种的种类和数量减少，甚至导致物种濒危或灭绝。外来入侵种的适应能力比较强，排挤其他物种的同时往往形成单优群落，间接使依赖于这些物种生存的当地其他物种种类和数量减少，最后导致生态系统的单一和退化。

中国的外来入侵物种中，原国家环保部规定的第一批16种入侵生物名单中，对河流造成危害的已经超过半数以上。在这些入侵物种中，主要以空心莲子草、凤眼莲、福寿螺（*pomacea canaliculata*）、食蚊鱼（*gambusia affinis*）、克氏原螯虾（*procambarus clarkii*）等的危害最为严重，这些已经带来危害的物种的出现，已经严重危及河流的生态安全。

凤眼莲原产南美热带地区巴西，于1823年首次报道。凤眼莲具有多种功能，可作观赏植物和饲料，具有净化水质的功能。在人们没认识到其危害之前，在世界各地广为引种加以利用。20世纪

50—60年代，我国曾大力推广种植“三水饲料”水葫芦、水浮莲、水花生，为我国农牧业的发展起到了一定的作用，但同时也起到了传播扩散外来物种的作用。由于缺乏人为控制，致使凤眼莲生态入侵在我国大面积发生，如近年来黄浦江上的“绿潮”，宁波市姚江、奉化江、涌江出现的凤眼莲封江之势和武汉长江、汉江出现的大面积“绿色漂浮物”均为凤眼莲繁殖过度泛滥成灾的典型事例（谢永宏，2003）。在适宜的环境条件下，凤眼莲所具有的无性繁殖速率高和漂浮植毡层结构特点得到充分发挥，在短期内迅速扩展种群，往往形成大面积的单优群落，侵占周围水域，盖度甚至达到100%，形成漂浮植毡层，通过荫蔽作用抑制沉水植物生长繁殖，通过竞争对浮叶根生植物和自由漂浮植物生长产生不利影响，通过大面积覆盖水面常使鱼类和底栖动物生境破坏，进而造成整个河流生态系统结构和功能破坏（Howard和Harle，1998；Kikuchiet等，1997）。

外来贝类和淡水虾对河流会产生不利影响。剑桥大学的一份研究报告指出，来自土耳其和乌克兰的外来入侵物种通过黏附在船体外壳之上，或黏附在观赏植物之上，抵达英国，对英国的土著物种产生了不利影响，对英国泰晤士河下游、塞汶河、大乌斯河等河流生态系统健康带来极大的损害。

牛蛙（*Rana catesbeiana*）、红耳彩龟（*Trachemys scripta*）等外来种常常入侵淡水河流，进入新的环境后，这些物种常常发现新环境非常有利，数量快速增长，在与本地种的竞争中常常居于优势地位，当数量达到一个高密度后，常常驱逐本地物种，并产生极其严重的危害。

对入侵河流生态系统的外来生物种类、入侵机理和影响尚未进行过系统调查和评估，还缺乏河流生态系统外来种入侵的详细信息，对其已造成的生态和经济损失以及潜在的威胁缺乏对现状的了解和风险评估。这些数据和信息的缺乏，使得公众和政府对河流生态系统中的外来入侵种及其危害的认识还很不足。

第 18 章 河流生态健康评估

18.1 河流生态健康概念构架

生态系统健康作为一个生态学术语和崭露头角的实践领域，国内外对其研究还处在探索阶段，尚未形成完整的理论体系和应用标准。20 世纪 40 年代美国著名的环境保护先驱、生态伦理之父 Leopold 最早提出了土地健康（land health）概念，他把健康概念与原始生态系统特征进行比较，考虑人类活动引起的景观变化是否有害于关键的生态功能。加拿大学者 Rapport 在 20 世纪 70 年代末提出了生态系统医学（ecosystem medicine）概念，Rapport 及其他一些学者认为，由于人类活动的加剧，致使生态系统受到损害，如何对受害症状进行诊断需要多学科的合作研究。植根于生态系统受害症状的综合性诊断，以后逐渐发展为生态系统健康概念。现在，生态系统健康作为全球环境管理的新目标，作为分析生态系统的方法，已经得到了国内外学术界和环境管理部门的广泛认可。有关生态系统健康的定义，Costanza（1992）认为，“如果生态系统是稳定的和可持续性的，即它是活跃的并且随时间的推移能够维持其自组织，对外力胁迫具有抵抗力，那么，这样的系统就是健康的”。我们认为当生态系统的能量流动和物质循环没有受到损伤、关键生态成分保留下来（如野生动植物、土壤和微生物区系）、系统对自然干扰的长期效应具有抵抗力和恢复力以及当“不必经常对系统进行治疗”时，该生态系统就是健康的（袁兴中等，2001）。

河流生态系统是其集水区内各种环境特征的综合表征体，它能够反映周围景观的环境条件及其变化，在其集水区内，无论是自然变化还是人为干扰，都会影响到河流生态系统的水文循环、理化特征、生境分布、营养结构和基本生态过程，河流生物群落及生态系统整体对集水区自然和人为干扰的时空变化也发生着积极的响应。河流生态系统是评价环境变化的关键组分，是保持物种多样性的重要生态系统，也是易受人类干扰的脆弱生态系统。因此，河流生态系统的健康状况不仅反映了河流本身的生态变化，也反映了集水区的环境质量。

由于河流生态系统是一个复杂的非线性动态系统，处在不断的发展和变化中，其内部各组成要素间以及各要素与外部环境间存在着相互制约和相互作用的复杂关系，其组成结构反映了时空差异性。根据河流生态系统特点，河流生态系统健康可以被理解为河流生态系统组分和结构的有序状态，河流系统的正常能量流动和物质循环没有受到损伤、关键生态成分保留下来（如野生动物，包括鱼类、水生兽类，河岸植物，以及沉积物中的微生物区系），能够支持关键生态过程，对长期或突发的自然或人为干扰具有抵抗力和恢复力，整体功能表现出多样性、复杂性及生态整合性。河流生态系统健康不但表现在具有维持自身有机组织的能力，而且还表现在能够提供合乎自然和人类需求的生态服务，如洪水调蓄和水质净化等。

在流域尺度上，河流不仅是重要的生态系统类型，其健康程度直接影响到流域的整体利益，与流域生态、经济的可持续发展密切联系在一起。由于河流生态系统的脆弱性，其健康状况易受周边地区的影响（包括生命活动和自然过程）。人类活动的干扰，如水资源的不合理利用、水污染、富营养化等，已使众多河流的健康受到了不同程度的损害。要管理好流域，首先要对河流生态系统健康进行研究，对河流健康做出正确判断。以河流生态系统为单元，从组织结构到功能过程，从宏观到微观，对其健康动态进行评价，有助于对河流生态系统的结构、功能、生态过程进行重新认识，有利于河流实施可持续管理及合理利用。

对河流生态系统健康概念，研究者们理解不一，分歧主要集中在是否包括人类价值上。Simpson等认为河流生态系统健康是指河流生态系统支持与维持主要生态过程，以及具有一定种类组成、多样性和功能组织的生物群落尽可能接近未受干扰前状态的能力（Simpson 等，2000），把河流原始状态当作健康状态。

然而，随着社会经济快速发展，人类在开发利用河流的过程中，由于保护不够或滥加利用，许多河流出现污染、断流等现象，河流生态系统退化，影响了河流的自然和社会功能，破坏了人类生态环境，甚至出现了不可逆转的生态危机。直至 20 世纪 30 年代，人们的环境意识逐渐觉醒，河流健康问题逐步引起人们的重视（王东胜和谭红武，2004）。到了 20 世纪 90 年代，人类开始意识到河流生态系统健康的影响因素众多，包括大型水利工程、污染、城市化等，提出河流生态需水的概念和评价方法，通过调控、维持河道生态流量保护河流生态系统健康；随后提出了水生态修复措施，包括河道物理环境、生物环境、物理化学指标等，并利用栖息地、大型无脊椎动物、鱼类等评价河流生态系统健康，进而提出了河流生态系统健康概念。构建河流生态系统健康科学评价指标体系、评价方法和关键指标，对开展河流生态系统健康评价具有重要意义。

18.2 评价范畴及方法学框架

18.2.1 评价范畴

河流生态系统要维持其内在组分、组织结构、功能动态和健康，就必须实现其生态合理性、经济有效性和社会可接受性，从而达到河流可持续发展。因此，河流生态系统健康评价范畴涉及生态学、社会经济两个方面。

1. 生态学范畴

河流生态特征是指河流生物、物理、化学组分之间的结构及相互关系，因此，生态学范畴集中在河流生态系统的物理、化学及生物过程的测定。在过去的几十年里，国外对河流健康的诊断指标主要集中在水、沉积物的物理成分、化学变化、生物物种组成、繁殖和生长等方面，这是因为其容易测定、费用较低。现在的趋势是更加注重生态系统结构及功能的整体性评价，涉及物种多样性、群落结构、营养循环、能量流动、初级生产力、生境多样性、脆弱性和动态、生态系统服务等方面。

2. 社会经济范畴

社会经济因子是河流资源利用的根本原因。最重要的是群体特征反映了流域内的经济状况和资源条件。健康的河流生态系统必须有利于社会经济的发展。社会经济范畴包括对河流的主要经济开发活动、河流经济发展可持续性、技术发展水平、河流保护、公众参与、环境意识、社会公共政策等方面。除原始荒野地区之外，现代大多数河流都已经属于人类受控景观，由于人类是受控景观的组成部分，因此很难将人类、社会和经济活动与河流生态系统的整体性及健康状况分开。

18.2.2 方法学框架

用于河流生态系统健康综合评价的框架由3个基本成分组成：①查阅关于河流生态监测、环境质量报告等方面的文献；②指标选择原则的筛选；③建立指标体系。

1. 查阅文献

河流生态系统健康领域深深植根于生物学、生态学，并与保护生物学、生态监测和景观生态学等领域密切相关，这些领域也与可持续发展有关，因为可持续性是生态系统健康的必要条件。对河流水文学、生态学、经济发展状况、环境监测资料、环境管理等历史及现状文献的查阅是河流生态系统健康评价首要的、必不可少的组成部分。

2. 指标选择目标和原则

（1）目标　由于河流生态系统健康指标涉及多学科、多领域，因而种类、项目繁多。为此，指标筛选必须达到3个目标：

1）指标体系能完整准确地反映河流生态系统健康状况，能够提供现状的代表性图案。

2）对河流生态系统的生物物理状况和人类胁迫进行监测，寻求自然、人为压力与河流生态系统健康变化之间的联系，并探求健康衰退的原因。

3）定期地为政府决策、科研及公众要求等提供河流生态系统健康现状、变化及趋势的统计总结和解释报告。

（2）筛选指标应遵循以下原则：

1）整体性原则　能够提供河流生态系统健康状况的整体代表性图案，与研究区域的社会、文化和生物物理条件有关。

2）尺度原则　时空尺度的差异往往会造成评价指标的不同，所选指标适用于所研究河流的时空尺度。空间尺度涉及特定考虑下河流生态系统空间的大小，指标应该定位于合适的空间尺度；时间尺度上所确定的指标必须具有稳定的测定周期，并且随着河流系统的自然演替和环境变化能够作出相应的调整。

3）敏感性原则　由于河流健康程度直接影响到流域整体利益，与流域生态、经济的可持续发展密切联系在一起，因此所选指标对河流生态系统干扰后的变化结果应能作出快速响应，对河流健康的破坏具有早期预警能力。

4）可操作性原则　指标概念明确，易测易得。评价指标的选择，要考虑方法学和技术能力上的可行性，以及人力、物力上的可行性。为保证评价指标的准确性和完整性，评价指标要可测量，数据便于统计和计算。

5）规范化原则　河流生态系统健康评价是一项长期性工作，所获取的数据和资料无论在时间上还是空间上，都必须具有评价标准、参照体系，以及历史、现状和横向的可比性。因此，所采用的指标，内容和方法都必须做到统一和规范，不仅能对某一河流系统进行评价，而且要适合于不同类型、不同流域的河流系统间的比较。

3. 生态学指标体系

河流生态系统健康评价指标体系包括非生物环境指标、生态学指标和社会经济指标三大类。非生物环境指标包括河流水文状况、水质、水体及沉积物的理化性质等。生态学指标有营养循环变化、能量流动、初级生产力、生物多样性、群落结构、稳定性、抵抗力、恢复力、调节功能、生态系统服务等。社会经济指标包括人类健康水平、河流经济的可持续性、技术发展水平、公众环境意识和政府决策等内容。对河流生态系统健康评价来讲，生态学指标是至关重要的，一些学者和环境管理部门也特别关心生态学或生物学健康和整体性，并为此目的提出了一些测度指标，这些参数主要涉及生态系统结构、功能和稳定性等方面的综合测度（表 18-1）。

表 18-1　河流生态系统健康评价的生态学指标体系

生态特征	评价指标	健康表征
河流水文状况	年径流量和水源保证率 地表和地下水补给 下渗及输出 洪水调控 河道冲刷/淤积	水供给的可持续性是河流健康的保证
河流水质	pH值 浑浊度 溶解氧 营养盐(N、P等) 总有机碳 重金属 有机化合物 富营养化 化学迁移率	接近参照水平或原始自然性的水质标准是河流健康的标志
生物群落结构	物种组成(包括水体、沉积物及河岸带的生物物种) 物种丰度 物种分布格局 功能群组成 关键种 多样性指数 演替方向 外来种比例	群落响应是河流生态系统健康变化的表征
生态系统功能 结构性功能	生物量 初级生产力 次级生产力 生产力与呼吸消耗比值(P/R) 分解过程 营养物循环	功能指标是流域健康的重要信息及综合表征
服务性指标	调节功能(流域气候调节、流量调节及洪水控制) 净化功能 历史文化和美学价值 河流产品的经济价值	

18.3 评价指标体系

18.3.1 指标选取

河流生态系统包括河岸生态系统、水生态系统在内的一系列子系统，是一个复合生态系统。河流生态系统的结构是指系统内各组成要素（生物组分与非生物环境）在时间上的连续性和在空间上的组合方式、相互作用形式以及耦合关系。开展河流生态健康评价，必须从生态系统完整性角度建立河流健康指标，系统地分析河流评价单元的河流水域系统、植被、生物多样性等健康状态。

健康的河流应包括河岸带的植被连续性好、结构稳定，对污染物阻滞能力强；河流水质达到河流水环境功能区标准，为生物提供良好的栖息环境。本书作者参考原国家环保部推荐的河流流域生态健康评估指标（环境保护部，2013），选择陆域生态、河岸带生态、水域生态健康状况作为一级评价指标。陆域、河岸带和水域的生态系统组分、生态功能以及主要影响因素不同，进行健康评估时，采用不同的评估指标或赋予不同的权重。

河流健康评价通常利用鱼类等指示生物建立评价指标体系，指示生物评价生态系统健康主要是依据生态系统的关键种、特有种、指示种、濒危物种、长寿命物种和环境敏感物种等的数量、生物量、生产力、结构指标、功能指标及部分生理生态指标。按其评价内容可分为：基于鱼类的评价指标体系；基于藻类的评价指标体系；基于大型无脊椎动物的评价指标体系；基于河岸植被等多种生物的评价指标体系，等等。河流生态系统健康评价的最佳途径是微观与宏观相结合的综合性评估。因此，在河流生态系统健康评价指标的构建上，分别基于鱼类、大型底栖动物、河岸植被以及基于3S技术对河岸带土地利用状况的空间分析来构建评价指标体系。

18.3.2 基于大型底栖动物的评价指标体系

基于大型无脊椎动物的河流健康评价方法可分为单一生物指数、多样性指数和多指标指数3类。其中，应用基于大型无脊椎动物的生物完整性指数评价河流健康是目前常用的方法。在多指标指数中，选用IBI（Integrity Biological Index）进行评价。IBI采用的生物参数可以分为4类：①与群落结构和功能有关的数量指标，如物种多样性指数、分类单元丰富度等；②与生物耐污能力有关的指标；③生境参数，指与生物的行为和习性有关的生境参数；④多度量指数和完整性指数。

结合区域特点及河流健康评估目标，选取反映群落丰富度、群落组成、摄食功能群、污染程度和物种多样性等5大类共27个指标进行基于大型底栖动物的生物完整性评价（B-IBI）（表18-2）。

表18-2 候选底栖动物生物完整性指标及其对干扰的响应

指标类型	候选指标	编号	对干扰增大的响应
群落丰富度	总分类单元数	M1	–
	水生昆虫分类单元数	M 2	–
	蜉蝣目分类单元数	M 3	–
	毛翅目分类单元数	M 4	–
	甲壳动物+软体动物分类单元数	M 5	–
	敏感类群(耐污值≤3)分类单元数	M 6	–
群落组成	优势分类单元(%)	M 7	+
	前三位分类单元(%)	M 8	+
	EPT(%)	M 9	–
	蜉蝣目(%)	M 10	–
	毛翅目(%)	M 11	–
	鞘翅目(%)	M 12	–
	摇蚊(%)	M 13	+
	颤蚓(%)	M 14	+
	蛭纲(%)	M 15	+
	甲壳动物+软体动物单元(%)	M 16	–
	敏感类群(%)	M 17	–
	耐污类群(%)	M 18	+
功能摄食群	滤食者(%)	M 19	–
	收集者(%)	M 20	+
	捕食者(%)	M 21	+可变
	刮食者(%)	M 22	–
	撕食者(%)	M 23	–
污染程度	BI指数	M 24	+
多样性	Shannon-Wiener指数	M 25	–
	Margalef指数	M 26	–
	Pielou指数	M 27	–

18.3.3 基于鱼类的评价指标体系

相对来说，鱼类个体较大，捕获较容易，种类丰富，活动能力强，一直是水生生物及河流生态学研究的重点。Karr（1981）应用基于鱼类的生物完整性指数（IBI）评价了美国中西部地区河流健康状况。自那以后，基于鱼类的生物完整性指数仍是河流健康评价的常用方法。本书作者结合区域及流域特点、研究目标，选取反映群落种类组成和丰度参数、营养结构参数、耐受性参数、繁殖共位群参数、健康状况等5大类共19个指标进行基于鱼类的生物完整性评价（F-IBI）（表18-3）。

表 18-3　候选鱼类生物完整性指标及其对干扰的响应

指标类型	候选指标	编号	对干扰增大的响应
种类组成和丰度参数	总的种类数	M1	-
	土著鱼类物种数量百分比	M2	-
	鲤科鱼类物种数量百分比	M3	+
	鲶科鱼类物种数量百分比	M4	-
	鳅科鱼类物种数量百分比	M5	-
	虾虎鱼科鱼类物种数量百分比	M6	-
	外来入侵种类个体数量百分比	M7	+
	渔获物中科的数量	M8	-
营养结构参数	溪流底栖食虫鱼类百分比	M9	-
	软体动物食性鱼类百分比	M10	-
	小鱼虾食性鱼类百分比	M11	-
	杂食性鱼类百分比	M12	+
	浮游动植物食性鱼类百分比	M13	+
耐受性参数	耐受性鱼类数量百分比	M14	+
	敏感性鱼类数量百分比	M15	-
繁殖特性参数	产漂流性卵鱼类种类数百分比	M16	-
	产黏性卵鱼类种类数百分比	M17	+
	杂交个体数量百分比	M18	+
健康状况	畸形、鳍损伤个体百分比	M19	+

18.3.4 基于河岸带的评价指标体系

河岸带是河流的重要组成成分，河岸植被是河流生态系统中的重要初级生产者。河岸植被不仅通过提供食物源、栖息地等多种形式影响着河岸野生动物，甚至通过遮阴、枯枝落叶等直接或间接影响鱼类等河流水生动物。河岸带作为重要的水陆生态界面，对河流的物理化学特性产生影响。人为活动对河流生态系统的影响也可以通过河岸带植被特征、土地利用变化反映出来。河岸带生态系统影响因子众多，因此，采用层次分析与模糊综合评价相结合的综合方法进行评价。对河岸带生态健康的评价主要根据评价标准的特征确定隶属函数，然后根据指标的实际值，计算其对某级评价指标的隶属度。

18.3.5 综合评价指标体系

根据指标体系构建原则、评价指标的选取方法、评价单元的选取，结合专家咨询建议，确定了河流流域生态健康评价指标体系（图18-1）。各指标的获取借助3S技术，并结合实地采样调查和环境统计数据完成。指标权重的确定利用层次分析法结合专家打分完成。

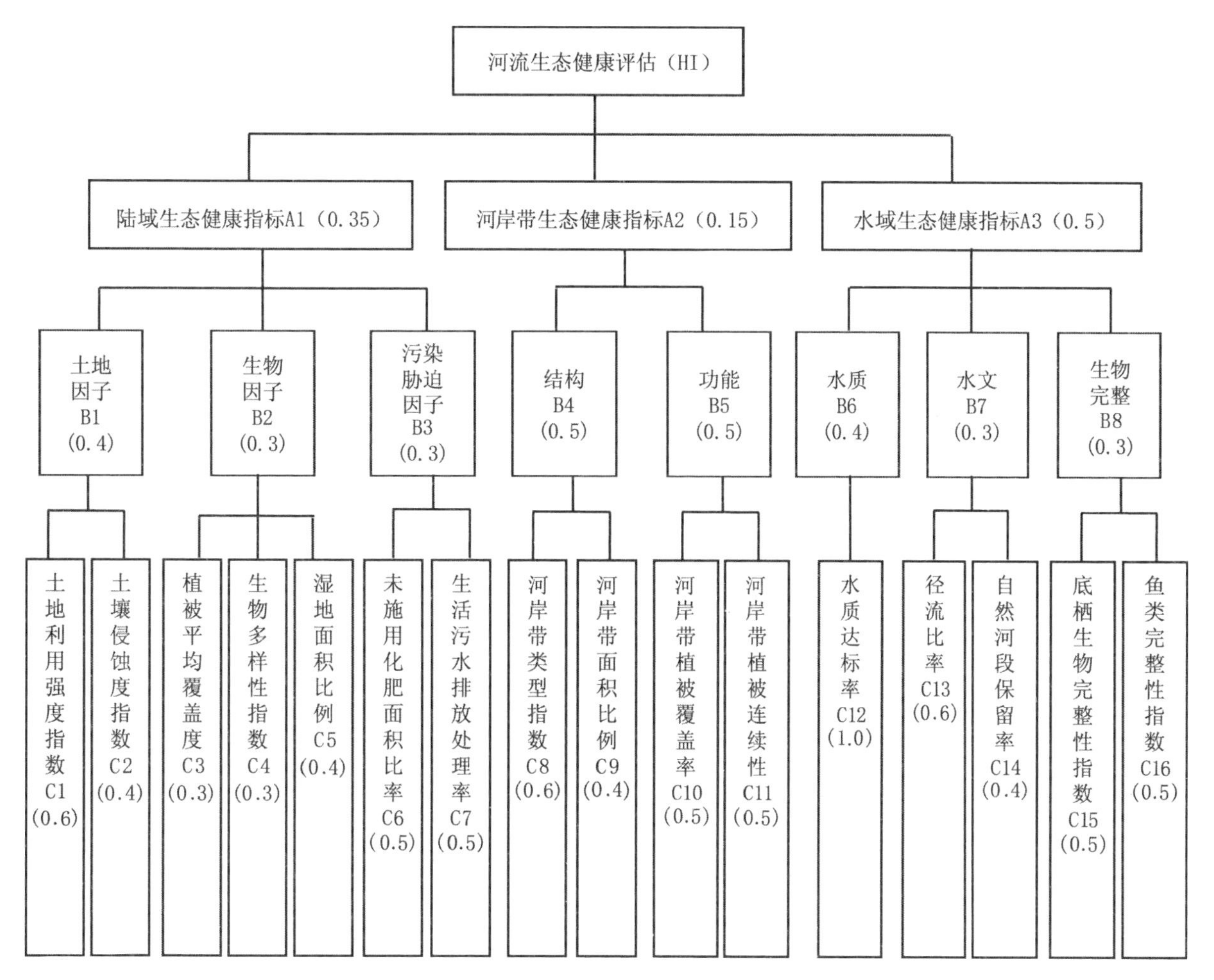

图18-1 河流健康评估指标体系及权重

18.4 数据采集及评价方法

18.4.1 数据采集

18.4.1.1 生物数据采集

1. 底栖动物数据

选择代表性河段和生境设置采样点。每个采样点设置 50 m 长的河段，对河段内优势生境类型进行底栖动物采集。每个样点做 5 个重复采样，采样点尽可能靠近河床深泓线。对深潭生境，使用彼德逊采泥器（面积 1/16 m^2）进行采集。样品过 40 目铜筛筛洗后，置于白色塑料盘中分捡。对浅滩生境，使用索伯网（面积 0.09 m^2，网径 40 目）采集。

2. 鱼类数据

鱼类调查主要采用网捕法。定置单片刺网，网目尺寸为 40 mm、60 mm，以及渔民所用内径 40～60 cm 的地笼网。采样用具的选择主要根据河流深度、宽度及地形来确定。采样后进行种类鉴定。此外，通过对流域内主要鱼市的调查及对沿河渔民访问，以充分了解评价河流的鱼类区系组成。

3. 河岸植被

采用系统取样法，用 1∶10000 地形图，按照一定的间隔（不同河流，由于其长度差异，样地间隔存在差异）布设样地。每个样地长 50 m（平行于河流流向），宽度介于河流最低水位和最高水位的河段（垂直于河流流向）。调查记录每个样地的经纬度、海拔、地形、土壤等环境因子。用 GPS 获取调查样地的经纬度坐标和海拔。根据设定好的河岸类型标准，记录每个样地的河岸类型。通过现场实测河岸带宽度，根据地形图结合遥感卫星影像确定河岸带在流域中的面积比例；按照预先确定的标准，记录每个样地的植被覆盖度及河岸植被连续性。

18.4.1.2 水质数据

水体理化指标（pH 值、温度、溶解氧、电导率、总固体溶解度）采用便携式多参数测量仪测量。另取水样带回实验室进行水质指标室内分析，水质指标主要包括 COD、总磷、总氮、氨氮等。

18.4.1.3 空间数据

根据流域 2011 年 Landsat ETM+影像数据，以 1∶10000 地形图为依据，按标准分幅应用二次多项式分别进行几何校正，控制点中误差在 2 个像元以内。根据所获得的统计资料、地形图及各种专题图件，结合野外踏勘，建立该区域解译标志；应用图像处理软件，采用人机交互的监督分类方法进行解译，并通过野外验证对其精度进行评价。在 ArcGIS 软件的支持下，统计生成土地利用/覆被数据。利用 ARC/INFO 9.3.1（ESRI，2009）划分每个采样点上游流域的边界，并利用 1∶50000 的电子地图手动校正边界。将每个采样点对应的子流域覆盖在土地利用矢量图层上，将土地利用类型定量化。最终计算各样点上游流域内森林、农田、湿地和城市用地等各类用地面积，计算土地利用强度指数和土壤侵蚀强度指数。

运用NDVI像元二分模型进行植被平均覆盖度的计算。首先利用TM影像计算区域NDVI，计算公式如下：

$$NDVI=(TM4-TM3)/(TM4+TM3)$$

然后利用NDVI像元二分模型计算植被平均覆盖度，计算公式如下：

$$f=(NDVI-NDVIsoil)/(NDVImax-NDVIsoil)$$

18.4.2 评价模型

18.4.2.1 河流流域生态健康评估方法

河流流域生态健康评估是基于陆域生态健康评估、河岸带生态健康评估和水域生态健康评估基础，通过指数加权获得流域生态健康等级。

1. 陆域生态健康评估计算

（1）陆域生态健康指数计算　A1=0.4×土地因子健康指数（B1）+0.3×生物因子健康指数（B2）+0.3×污染胁迫因子健康指数（B3）

（2）土地因子健康指数（B1）计算　土地因子健康指数（B1）=0.6×土地利用强度指数（C1）+0.4×土壤侵蚀度指数（C2）

（3）生物因子健康指数（B2）计算　生物因子健康指数（B2）=0.3×植被平均覆盖度（C3）+0.3×生物多样性（丰富度）指数（C4）+0.4×湿地面积比例（C5）

（4）污染胁迫因子健康指数（B3）计算　污染胁迫因子健康指数（B3）=0.5×未施用化肥面积比率（C6）+0.5×生活污水排放处理率（C7）

2. 河岸带健康评估指标计算

（1）河岸带健康指数计算　A2=0.5×结构健康指数（B4）+0.5×功能健康指数（B5）

（2）结构健康指数（B4）计算　结构健康指数（B4）=0.6×河岸带类型指数（C8）+0.4×河岸带面积比例（C9）

（3）功能健康指数（B5）计算　功能健康指数（B5）=0.5×河岸带植被覆盖率（C10）+0.5×河岸带植被连续性（C11）

3. 水域生态健康评估指标计算

（1）水域健康指数计算　A3=0.4×水质健康指数（B6）+0.3×水文健康指数（B7）+0.3×生物完整性指数（B8）

（2）水质健康指数（B6）计算　水质健康指数（B6）=1.0×水质达标率（C12）

（3）水文健康指数（B7）计算　水文健康指数（B7）=0.6×径流比率（C13）+0.4×自然河段保留率（C14）

（4）生物完整性指数（B8）计算　生物完整性指数（B8）=0.5×B-IBI 底栖动物完整性指数（C15）+0.5×F-IBI 鱼类完整性指数（C16）

18.4.2.2 河流生态健康综合指数（HI）计算

河流生态健康评估采用多指标评估的综合指数模型法。

河流生态健康综合指数计算：

河流健康综合指数 $HI = \sum H_i \times i$

其中：H_i 表示第 i 项指标健康分值，表示第 i 项指标权重。

河流生态健康综合指数（HI）=0.35×陆域健康指数+0.15×河岸带健康指数+0.5×水域健康指数

18.4.2.3 河流流域生态健康状况分级

参照目前河流流域生态健康评价标准，结合研究区域地形特点、河流生态环境特征，选定健康河流的参照标准，将河流流域生态健康评估等级共分为五级，分别为优秀、良好、一般、较差和差（表 18-4）。

表 18-4　河流流域生态健康评估分级标准体系

健康状况	综合指数	描述
优	8 ~ 10	陆域污染物排放较低、河岸带对污染物阻滞能力强，河流水质达到功能区标准，河流生态系统结构稳定、功能完善
良	6 ~ 8	陆域污染物排放适度、河岸带对污染物阻滞能力较强、河流水质基本达到功能区标准，河流生态系统结构基本稳定、功能基本完善
一般	4 ~ 6	流域污染物排放与自我消减基本持平，河流生态系统结构、功能未受显著影响
较差	2 ~ 4	陆域污染物排放较高、河岸带对污染物阻滞能力较低、河流水质不能达到功能区标准，河流生态系统结构较不稳定、功能较不完善
差	0 ~ 2	陆域污染物排放极高、河岸带对污染物阻滞能力极差、河流水质严重超标，河流生态系统结构极不稳定、功能极不完善

18.5 评价案例——东河流域健康评估

18.5.1 流域概况

东河是长江干流左岸一级支流澎溪河的正源，发源于重庆市开州区白泉乡一字梁。位于重庆市开州区北部，地处三峡库区腹心，流域地理坐标东经 108°22′ ~ 108°55′，北纬 31°11′ ~ 31°41′（图 18-2）。

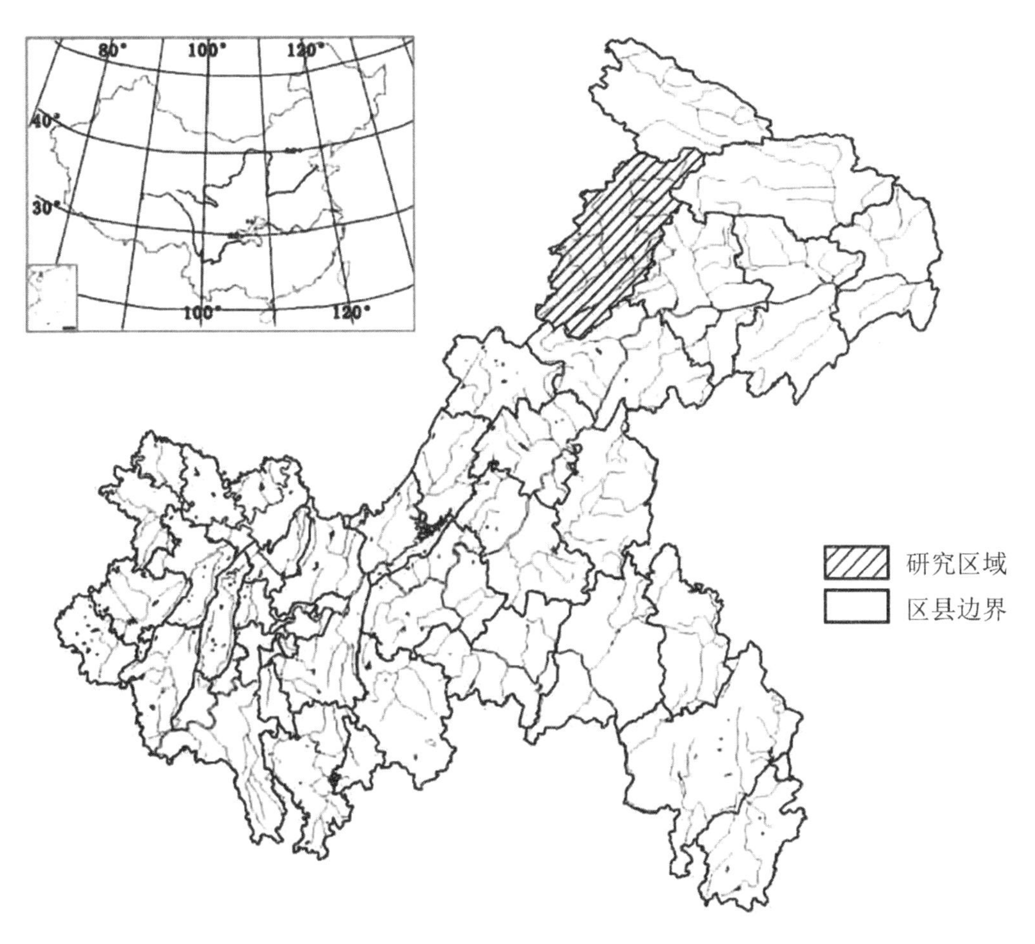

图 18-2 东河流域地理位置

东河位于大巴山南坡，是秦巴山区生物多样性关键区域的组成部分。流域属中山地形，总体地势北高南低，尤其上游河段，山高谷深，河段侵蚀溶蚀强烈，多呈V型峡谷。流域内多年平均降雨量1530 mm。流域属亚热带季风气候区，四季分明。流域径流主要来源于降雨和地下水，径流的年内变化与降雨一致。流域土壤属北亚热带四川盆地东部山地黄壤区。受地质、地貌、气候、植被等因素的影响，土壤具有明显的山地垂直分布带谱的特点：800～1200 m为黄壤，1200～1500 m为山地黄壤，1500～2100 m为黄棕壤，2100～2400 m为山地棕壤，草甸土主要分布于海拔2000 m以上的亚高山草甸区，此外还零星分布有潮土、紫色土和灰化土。

东河流域植物区系组成属泛北极植物区、中国—日本森林植物亚区，是中国—日本森林植物区系的核心部分。在我国植被区划中，属亚热带常绿阔叶林区域东部常绿阔叶林亚区，处于北亚热带常绿、落叶阔叶混交林地带和中亚热带常绿阔叶林地带的分界线上，即秦巴山地丘陵，栎类林、巴山松、华山松林区和四川盆地栽培植被、润楠、青冈林区的交汇地段。

流域内植被类型丰富多样，由于地处中亚热带与北亚热带的过渡地带，且地形复杂、坡向不同、海拔差异、干湿状况及降雨、风向、风速的不同，使得流域内生境丰富、植被类型多样。流域内垂直高差明显，最高峰横猪槽海拔 2626 m，最低处海拔 145 m，相对高差 2481 m，随着海拔的变化，热量和水分相应地发生垂直变化，植被的垂直分带现象明显。海拔 1000 m 以下的东河沿岸，分布河谷灌丛；海拔 1000 ~ 1400 m 为常绿阔叶林带，此带由于人为活动的影响，植被格局比较破碎，与农耕地和人工植被镶嵌分布，带内还分布有暖温性针阔叶混交林，有马尾松、杉木等；海拔 1400 ~ 2100 m 为常绿和落叶阔叶混交林；海拔 2100 m 以上为亚高山针叶林，主要为巴山冷杉和青扦，带内山原坝子上分布有箭竹林和亚高山草甸。

18.5.2 东河流域健康评估结果

18.5.2.1 陆域生态健康指标

1. 土地因子

（1）土地利用强度指数　土地利用强度指数用于研究区域土地利用/覆被的规模和未来发展方向，计算公式为：

$$I=\sum_{i=1}^{n}(G_i \times C_i)\times 100\%$$

式中 I 代表研究区的土地利用强度，其数值越大，表示研究区越向人为干扰程度高的建设用地类型发展；G_i 代表第 i 种土地利用类型的强度等级值；C_i 是第 i 种土地利用类型占总土地面积的比例；n 是研究区土地利用类型的数量。

土地利用类型的强度等级是指其自然状态被人为干扰的程度，等级越高受到人为干扰的程度越高。按大小可划分为 5 个等级：水域为 1 级，林地为 2 级，草地为 3 级，耕地（包括旱地和水田）为 4 级，城乡居民点和工矿用地为 5 级。

东河流域土地利用强度指数见表 18-5。

表 18-5　东河流域土地利用类型面积统计（hm²）

流域面积		耕地	林地	草地	水域	城乡居民点和工矿用地	合计	土地利用强度指数
东河		68045.69	68576.50	16149.69	1026.88	768.38	154567.14	299.33
	%	44.02	44.37	10.45	0.66	0.50	100.00	

（2）土壤侵蚀强度指数　土壤侵蚀强度指数计算公式如下：

$$SEI=\sum_{i=1}^{n}(G_i \times A_i)\times 100\%$$

式中 SEI 代表研究区的土壤侵蚀强度指数，G_i 代表第 i 级的土壤侵蚀强度的分级值，A_i 代表第 i 级土壤侵蚀强度在该流域内的面积比重，n 为研究区土壤侵蚀强度的等级类型数。土壤侵蚀微度、轻度、中度、强度、极强度和剧烈等级的分级值分别为0、2、4、8、16和32。对于不同的子流域，SEI越大，土壤侵蚀越严重。

东河流域土壤侵蚀强度指数见表18-6。

表18-6 东河流域土壤侵蚀强度类型面积统计（hm^2）

流域面积		微度侵蚀	轻度侵蚀	中度侵蚀	强度侵蚀	极强度侵蚀	剧烈侵蚀	合计	土壤侵蚀强度指数
东河		68981.62	9938.93	28990.29	30392.21	12199.43	4064.66	154567.14	455.58
	%	44.63	6.43	18.76	19.66	7.89	2.63	100.00	

（3）土地因子健康评价　为了使数据具有可比性，首先对原始土地利用强度指数和土壤侵蚀强度指数进行标准化处理（逆向指标进行正向标准化处理），然后计算得到东河流域土地因子健康指数（表18-7）。

表18-7 东河流域土地因子健康指数评价结果

指标	东河
标准化后的土地利用强度指数	1.00
标准化后的土壤侵蚀强度指数	0.00
土地因子健康指数	0.60

2. 生物因子

通过NDVI像元二分模型分析和对高分影像的解译，确定各流域的植被平均覆盖度和湿地面积比例。考虑到生物多样性指数难以度量，因此将该指标舍去，将其权重划归植被平均覆盖度。标准化后计算出东河流域的生物因子健康指数（表18-8）。

表18-8 东河流域生物因子健康指数评价结果

指标	东河
植被平均覆盖度(%)	0.450
湿地面积比例(%)	1.34
标准化后的植被平均覆盖度(%)	1.00
标准化后的湿地面积比例(%)	0.00
生物因子健康指数	0.60

3. 污染胁迫

东河流域的污染胁迫健康指数评价结果见表 18-9。

表 18-9　东河流域污染胁迫健康指数评价结果

指标	东河
未施用化肥面积比率(%)	56.0
生活用水排放处理率(%)	50
污染胁迫健康指数	28

18.5.2.2 河岸带生态健康指标

东河流域的河岸带生态健康指数评价结果见表 18-10。

表 18-10　东河流域河岸带生态健康指标评价结果

指标	东河
河岸带结构指标(标准化)	0.73
河岸带功能指标(标准化)	0.71
河岸带生态健康指标	0.72

18.5.2.3 水域生态健康指标

东河流域水域生态健康指标评价结果见表 18-11。

表 18-11　东河流域水域生态健康指标评价结果

指标	东河
水质达标率(标准化)	0.89
自然河段保留率(标准化)	0.96
底栖生物完整性指数(标准化)	0.768
鱼类完整性指数(标准化)	0.271
生物完整性指标	0.520
水域生态健康指标	0.80

18.5.2.4 东河流域生态健康评估结果

流域生态健康评估结果表明（表 18-12），东河流域的生态健康得分为 7.10，评估等级为“良”。

表 18-12 东河流域生态健康指标评价结果

指标	东河
陆域生态健康指标	0.58
河岸带生态健康指标	0.72
水域生态健康指标	0.80
流域生态健康指标	7.10
等级	良

18.5.3 东河流域健康评估结果分析

18.5.3.1 评估结果分析

根据评价指标体系和评价模型，计算东河流域生态健康得分为7.10，评估等级为“良”。

东河流域内森林覆盖率高，从源头到河口，没有工业污染。在流域中上游，森林覆盖率很高，水质优良。仅仅在流域下游一些集中的场镇，由于生活污水排放（如大进镇、温泉镇等），使得邻近场镇的局部河段受到污染。但由于东河水量较大，河流自净能力较强，因此东河下游河流水质总体上较好。作为山地河流，其河流生境类型多样，生境质量优良，水生生物群落结构较为完整，河流生物群落受人为破坏较小，生物多样性较为丰富，尤其是冷水性生物广泛分布。从东河的2级河流开始，河岸植被较为完整，在中下游的许多河段，还保留了连续性较好的河岸自然植被。鱼类受到河流上已建电站（大多数为径流式引水电站，均为低坝）的影响。河流下游的底栖动物受到挖沙采石的一定影响。从现场调查的表观感知、水质状况和水生生物群落实际调查情况看，与运用流域生态健康多指标评估综合指数模型法所得到的结果（即东河流域生态健康得分为7.10，评估等级“良”）基本吻合。

18.5.3.2 流域健康的表征和压力

对照流域生态健康评估分级标准体系，表明东河流域陆域污染物排放较少；由于河岸植被较为完整，河岸带对污染物阻滞能力较强；河流水质达到功能区标准；流域森林覆盖率较高，河流生境类型多样，生境质量优良，水生生物群落结构较为完整，河流生物群落受人为破坏较小，生物多样性较为丰富，流域整体生态系统结构较为稳定，功能较完善。

流域健康的压力主要表现在以下方面：

①已建和拟建水电站对河流水生生物的不利影响，从而导致对河流健康的威胁；②中下游挖沙对河流底栖动物和鱼类庇护场的不利影响；③流域下游部分场镇生活污水排放的局部不利影响。

18.5.3.3 流域健康原因分析

东河是典型的山地河流。流域属中山地形，总体地势北高南低，尤其上游河段山高谷深。东河流域所处区域是秦巴山区的重要组成部分，生物多样性丰富，被《中国生物多样性保护行动计划》列入了中国优先保护生态系统名单，也是中国 17 个生物多样性关键区域之一，是长江上游和三峡水库的重要生态屏障。

东河流域内森林覆盖率很高，源头始于雪宝山国家级自然保护区。从源头到河口，没有工业污染，流域中上游森林覆盖率高，水质优良。作为山地河流，其河流生境类型多样，生境质量优良，水生生物群落结构较为完整，生物多样性较为丰富，尤其是冷水性生物广泛分布，如裂腹鱼类、巫山北鲵等中国特有动物在流域上游海拔 800 m 以上的河溪均有分布。从东河的 2 级河流开始，河岸植被较为完整，在中下游的许多河段，还保留了连续性较好的河岸自然植被。

目前，对东河流域健康的影响因素主要包括水电站对河流水生生物的不利影响、中下游挖沙对河流底栖动物和鱼类庇护场的不利影响、流域下游部分场镇生活污水排放的局部不利影响。东河干流及各级支流上已经建大小电站 10 余个，在建电站 10 余个。水电站建设已经使东河河流生境出现片段化，由于东河河流水电的利用方式主要是引水式梯级开发，水库容量小。梯级水电开发造成的河流生境片段化已使得东河河流生态系统的空间结构和功能连续性受到一定程度的破坏，电站水坝以上的水库静水区、水坝以下的减脱水河段等生境片断使得原来生活于此的特有山地河流冷水生物的生存、活动及迁移受到威胁。

第 19 章
河流生态工程

19.1 河流生态工程概述

Mitsch 和 Jorgensn（1989，2004）指出，“生态工程是使人类社会与其所在的自然环境都能受益的可持续生态系统设计”。Howard Odum 提出，“最佳的工程，是先寻找大自然省力的杠杆”；工程进行之初，“应该了解自然怎么进行工作，然后我们才做”（how natural work then we work）。如果不了解宁可不做，或是让以后的世代去执行。工程师应是配合大自然的设计师，工程的机械能与否，必须先考虑大自然对人为改变的“承载力”（carrying capacity），若超过就会造成生态系统不可复原的破坏，若不超过才会有永续性（sustainability）。“生态工程”不是高举工程有什么加速成功的威力，或以生态优先的立场反对工程的开发，而是换一种思维来解决问题。工程不仅仅是帮助人解决问题，也注重与大自然保持和谐；努力寻求在维持人的利益的同时，兼顾生态、人文与社会。

河流生态工程是针对受自然和人为干扰而退化的河流，进行的对自然和人类都有益的河流生态系统设计，通过工程设计和施工、运行管理，改善河流生态系统状况，优化河流生态系统结构和功能。河流生态工程的目标必须针对河流生态系统退化的具体原因、退化程度及发展趋势。恢复目标必须具有明确的针对性、可行性和可操作性。恢复目标的确立还必须考虑空间尺度，如流域尺度、景观尺度。河流生态工程目标主要包括以下五个方面：

1. 水质恢复

水质良好是河流生物生存的基本条件。水质污染是河流退化最重要的表征之一。水质恢复的目标就是控制污染、净化水体、恢复水域功能。

2. 水文恢复

水文决定着河流植被类型及水生生物群落的生存和分布，河流退化与水文特征的改变密切相关，如修建水坝、修筑堤坝、河道渠化、任意取水调水、过度排水等。水文恢复包括恢复自然水系格局、

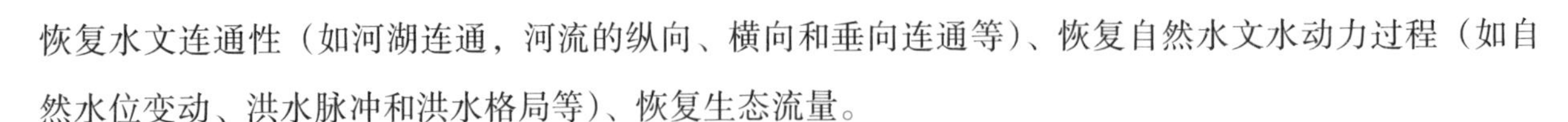

恢复水文连通性（如河湖连通，河流的纵向、横向和垂向连通等）、恢复自然水文水动力过程（如自然水位变动、洪水脉冲和洪水格局等）、恢复生态流量。

3. 生态完整性恢复

河流退化表现在河流生态系统组分缺失（生物组分缺失、食物链重要环节缺失等）、结构不完整或被破坏、生态过程受到干扰或破坏。生态完整性恢复包括河流生态系统组分及结构恢复重建、主要的生态过程得到恢复（如初级生产过程、营养物质循环、关键种群增长及物种流、生态演替、水文过程、沉积物冲淤动态平衡过程）。

4. 生物物种保育与恢复

河流是生物物种（尤其是湿地生物）的重要栖息地。河流恢复是保护湿地生物物种资源最直接、有效的途径。河流恢复的目标很多时候都是针对珍稀濒危特有生物物种及关键种，实施就地保护及其生境恢复。

5. 生态服务功能恢复与优化

河流生态系统服务功能多样，伴随着河流退化，这些重要的生态服务功能退化甚至丧失。生态服务功能的恢复和优化是河流生态工程的最重要目标，功能恢复包括恢复水质净化、洪水调蓄、水资源供给、气候改善、生物生产、栖息地、景观及文化功能。河流生态系统功能与结构紧密相连，功能设计与结构设计密切相关，当重建河流的自然结构（如植物群落结构、地形格局、水文结构等）时，相应的生态功能就能得到恢复。

19.2 河流生态工程实施流程

1. 生态调查

在生态调查步骤中，首先要确定恢复或整治区域及目标。恢复或整治目标可分为污染控制、灾害防治、栖息地恢复、特有生物保育、河道生态恢复等。确定恢复或整治区域及目标后，进行该地区的陆域、水域或特殊河流生境调查。

河道基本特性调查包括以下方面：

（1）河床坡降及历年河床变动　河段可能的最大冲刷深度、河道冲淤分析及现阶段河床坡降等。

（2）河床底质及粒径　河床粗糙度，河流生态工程方法的选择。

（3）河道平面形态　河道可能的水流冲击点，河流蜿蜒度，河道水流流速。

（4）河道变迁　主深槽特性，河道动态蜿蜒特性，主深槽河道自然摆动。

（5）建立生态背景资料库如果是以特有生物保育和栖息地恢复为主的河流生态工程，需要依次序进行以下各项工作：

①确定目标物种；②确定目标物种的环境需求；③以目标物种的环境需求作为设计参数。

2. 工程设计和施工

规划设计步骤主要是将生态需求参数纳入工程设计因子之中，并同当地水文及水力状况、设施安全进行设施结构设计及配置，再按当地需求，搭配亲水景观设施设计，并进行工料来源及经济分析。

3. 后续生态系统监测评估及社区居民参与维护管理

河流生态工程完工后，依据工程规模，开展长期的生态监测，评估工程效益。在工程进行之初，让当地原住民充分参与工程实施计划制定和管理。

19.3 河流生态工程施工方法

1. 工程方法

工程方法是利用土木工程构造物，以提供河流治理的工程需求。常见的河流治水工程大多数属于工程方法。但基于生态考量，工程方法也应选用符合生态需求的材料及施工方法，如具有多孔穴结构、利于植物自然生长、符合当地水生或两栖等生物生存环境等。应尽量避免使用混凝土等人造材料，使工程结构外观及功能符合生态及景观需求。

2. 植物方法

植物对于河流的生态功能表现在多方面，包括对雨水及流水冲蚀的控制；对坡面的稳固。植物方法是利用植物这种具有生命力的材料，充分利用植物的阻拦、迟滞及缓流、根系渗入等生态功能，达到河流生态工程的软化、柔性化及生态化目的，包括种植植物、构建植被、打桩、编栅、压枝等。

3. 工程—植物混合方法

植物对于河岸抗蚀及地层稳定具有良好效果，但若位于水流冲刷岸或流量大、流速快的河流，植物可能遭受冲刷而无法生存，岸坡稳定作用又仅限于浅层（约 1.5 m）。因此，对于河流冲刷岸或岸坡陡，具深层滑动潜能或侧压较大的情况，仍需借助硬质工程材料或挡土结构物，以提供足够大的工程稳定性，并使植物易于生存。植物可以和任何具有孔穴的挡土结构组合使用。

19.4 河流生态工程各类技术

根据河流生态工程的构造单元，把河流生态工程技术分为固床工程、护岸工程、挡土工程三大类，各类河流生态工程技术的主要方法如下：

（1）固床工程　石梁固床、河床抛石、潜坝。

（2）护岸工程　打桩编栅、块石护岸、抛石护岸、石笼护岸+植物、木框格墙+植物。

（3）挡土工程　砌石墙、石笼墙、格框挡土墙、格框喷植法，等等。

这些生态工程技术各具特色，具有不同的生态功能（表 19-1）。

表 19-1 河流生态工程各类技术及其功能

实施目标及功能	生态工程技术										
	固床工法	河道疏浚	低水河槽技术	丁坝工法	堤防及护岸	水质净化技术	人工湿地	滞洪池	生物通道技术	植被构建	生境营造
削减洪峰流量								√		√	
降低河岸流速	√	√		√				√			
保护河岸不被冲刷	√		√	√	√			√		√	
维持河流冲淤平衡	√	√	√								
提供水生生物洄游路径			√						√		
改善水体水质						√	√			√	
提供多样化生境	√		√	√	√		√	√	√	√	√

19.4.1 固床工程技术

1. 石梁固床

以大型天然石块构筑于河床中的横向构造物，设计时应避免全断面阻隔，应留有高度较低的水流通路，以便于水生生物在上下游迁移（图 19-1，图 19-2）。石梁与护岸连接处，应嵌入护岸；此外，也应嵌入河床之中，以抵抗水流冲击力量。于水流平缓、水位低处，避免使用浆砌，埋设时力求稳固。于水流湍急或坡度较陡处，可部分使用浆砌，将重点石块连接，其余石块堆置其间，以创造有利于水生生物栖息的多孔隙环境。

福建省永春县桃溪上的石梁固床

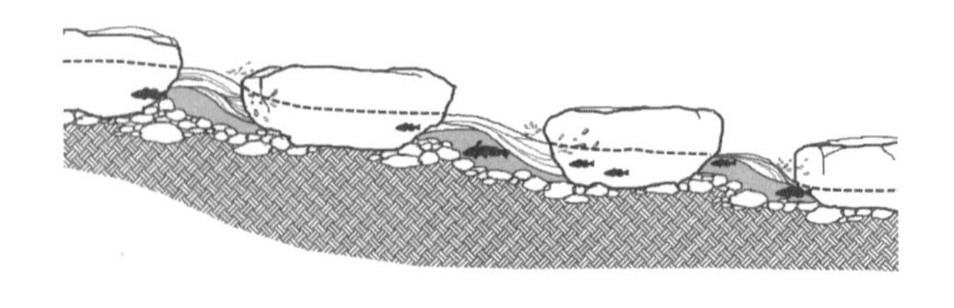

石梁固床工法河岸侧视图

图 19-1 石梁固床工法

图 19-2 阶梯式固床技术使河床落差缩小，增加鱼类回溯机会（福建永春县桃溪）

2. 河床抛石

在河道的床面上抛石，这些阻流石被不规则抛置于河床，使水流流向改变，以减低水流速度，避免河道过分冲刷（图 19-3）。河床抛石应将部分石块嵌入河床中，以提供本身及其他石块的阻抗能力。

图 19-3 河床抛石

3. 潜坝

潜坝是为维持河床稳定所构筑的高度在 5 m 以下的横向构造物。其目的在于稳定河道，防止纵横向侵蚀，以及保护护岸等构造物的基础（图 19-4）。

图 19-4 陕西淳化县野峪河上游的潜坝

19.4.2 护岸工程技术

1. 修改陡坡，切枝压条，构建岸坡植被

在坡度过陡的河岸，可将原有过陡堤岸修整为坡度 2∶1 以下的缓坡，并在坡脚置放石块，以固定土壤。在护坡上扦插数层具萌芽力的插枝植物及种植耐湿的地被与草本植物，如柳树。待插枝植物萌发长成后，有助于河岸整体生态系统恢复（图 19-5）。在有足够空间的状况下，先将过陡的堤岸修整成为较平缓的坡面，在冬季时将切下的柳树等萌芽力较强的植物枝条压条，待来年春季发芽后，就可形成覆盖河岸的植被结构，成为良好的土壤保护层及河岸植物景观。

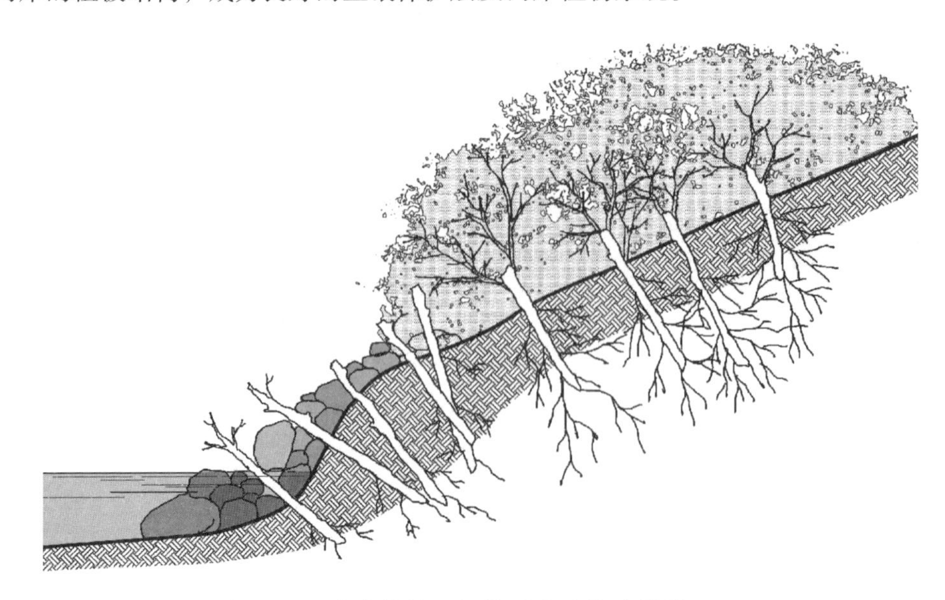

图 19-5 陡坡修缓，切枝压条及构建植被

2. 打桩编栅

在河流水位变动大、冲蚀较严重的地方，可选择在河岸边打木桩，在木桩间编制枝条，构成枝条网格，可以抵抗较大冲蚀。枝条发芽生长后，其枝叶纵横交织，可提供较为强劲的抗蚀力，也可为生物提供栖息生境，同时美化了河岸景观。枝条应选择适应当地气候和环境的本地物种，如柳树枝条或芦苇。

3. 块石护岸

采用块石砌岸的方式进行护岸。由于块石护岸具有大量孔隙，石缝内可种植植物，可以作为水生昆虫及鱼类的栖息场所，从而达到创建自然生境、优化生态功能、美化景观的效果。

4. 抛石护岸

运用岩石或石块抛置堆放于河流边岸，以保护河岸，稳固岸坡，抵抗高速水流冲刷（图 19-6）。通常运用于河床坡度较缓、河岸较宽、水流较平缓河段，具有较好的河岸稳固性。

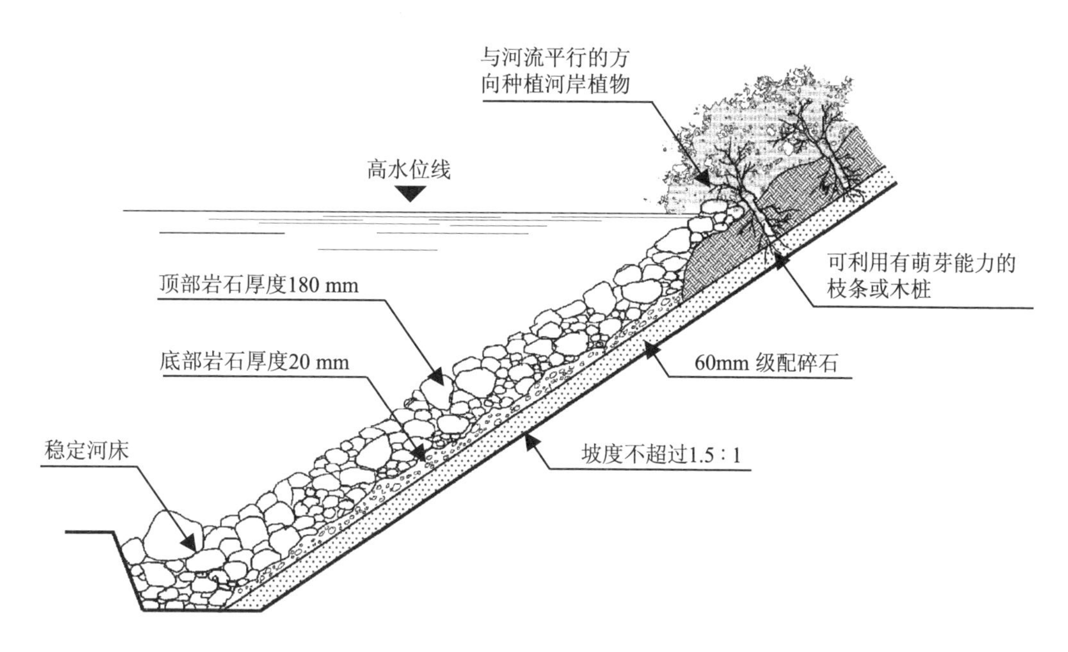

图 19-6 抛石护岸示意图

5. 石笼护岸+植物

对石笼护岸进行改进优化，在石笼中栽种植物，种植可发芽、发根的活枝条，如柳树枝条等（图 19-7）。石笼护岸的植物根系可使石笼结构与填土紧密结合，使得河岸更加牢固；也可为水面遮阴，有利于水生生物栖息，达到生态功能与景观优化功能的有机结合。

图 19-7 四川省成都市温江区金马河的石笼护岸+植物

19.4.3 挡土工程技术

河岸挡土工程技术包括砌石墙、石笼墙、格框挡土墙、格框培植法，等等。其中，石笼墙是常见的挡土工程技术方法，是向编成六角状的铅丝笼中填入石块，砌筑于河岸。每个石笼就是一个长方形盒子，以铅丝编成空盒子后，置放于河岸。石笼连接后，填入 10~30 cm 大小的鹅卵石至笼高 2/3 后，以钢丝在各方向加固。

19.5 河道生态恢复工程

19.5.1 河流水文恢复技术

水文恢复主要通过维持河流水文连通性、满足生态需水量、改变水流形态等方法实现。水文连通主要通过拆除纵横向挡水建构筑物，以及建设引水沟渠、底泥（生态）疏浚等技术实现（马广仁等，2017）。

1. 拆除纵横向挡水建构筑物

拆除纵横向挡水建构筑物，贯通恢复区内部水系，并使其与周边水系相连，形成连通完善的水体网络。在相邻接的水体间通过拆除纵横向挡水建构筑物，实现水文连通。拆除河流水坝，实现河流纵向水文连通。拆除河堤，合理利用洪水脉冲，实现河流侧向的水文连通和生态联系。

2. 修建引水沟渠

以人工挖掘方式修筑以排水和灌溉为主要目的的水道，即沟渠系统。连接河流水源地与湿地，增强河流与湿地的水文连通与交换（图 19-8），发挥多样化的生态水文功能。

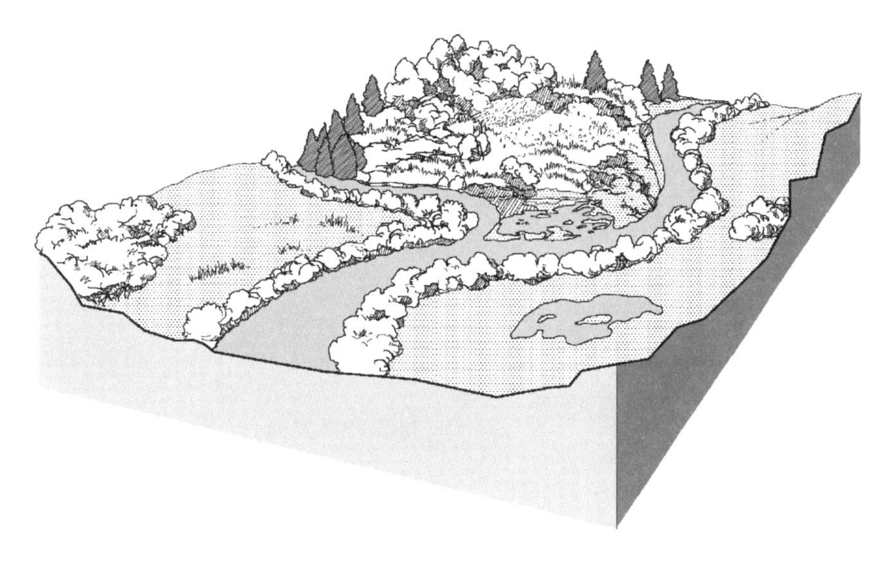

图 19-8　河流生态恢复中的引水沟渠系统

3. 底泥（生态）疏浚

河流常常由于底泥的大量淤积，造成暂时性或永久性的水文联系中断。对淤积严重的河流，需进行合理疏浚（生态疏浚）。生态疏浚必须在保证具有重要生态功能的底栖系统不受破坏的前提下，精确标定底泥疏浚深度，采用生态疏浚设备，施工期必须避开动植物的繁殖期。

4. 合理利用洪水脉冲

河流与洪泛湿地间的横向水文联系有赖于洪水的周期性淹没。洪水脉冲将河流中的营养物质、植物种子或繁殖体和大量泥沙等带入湿地，促进湿地土壤发育和植被生长，同时河流与洪泛湿地间的水文动态和物质交换对维持河流-湿地复合系统具有重要意义。当洪水脉冲被阻隔时，河流与洪泛湿地间的水文联系也因此中断，并导致湿地逐渐退化。通过控制沉积物下沉以抬高河床、引河流注入沼泽地、在河流两侧挖掘较低梯形以形成冲积平原等措施，增加河岸湿地的洪泛频率，重建退化河道与河岸湿地间的水文过程。

19.5.2 河流生态工程的多维设计

1. 河流生态工程的平面设计

在河流生态工程的平面设计中，充分利用河流的自然形态，平面形状必须蜿蜒曲折；形成浅滩和深潭交替的环境；保留靠山河段、大的深水潭及河岸林；尽量将原河床及沿岸滩地纳入平面规划中；尽量保证河道用地宽度（图 19-9）。

2. 河流生态工程的纵断面设计

在河流生态工程的纵断面设计中，形成交替的浅滩和深潭（图 19-10）；谨慎对待挡水建筑物的建造，在纵断面设计中尽可能不设挡水建筑物；确保干流和支流的连续性。

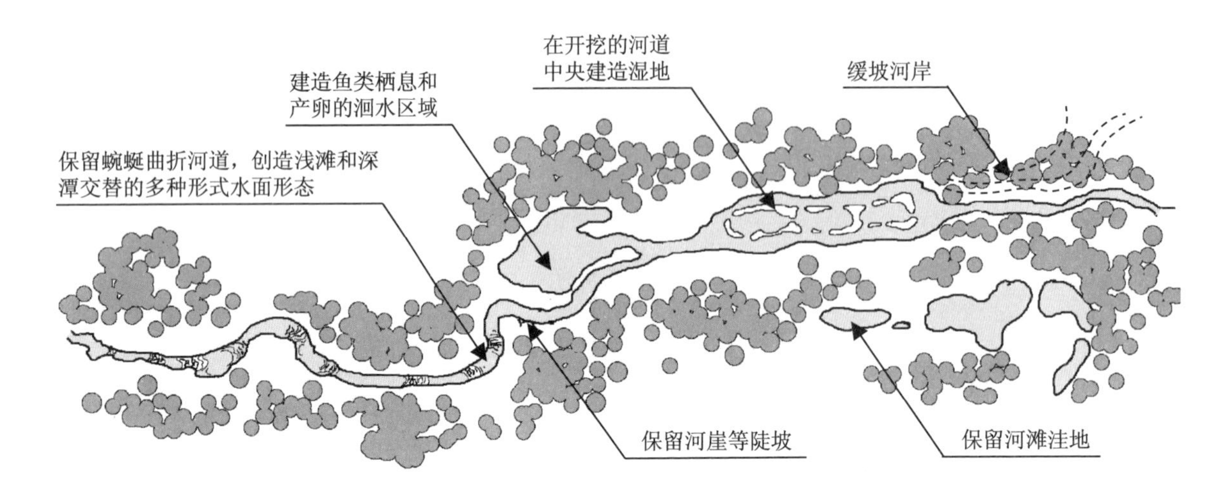

图 19-9 河流生态工程平面设计（引自日本财团法人河道整治中心，2003）

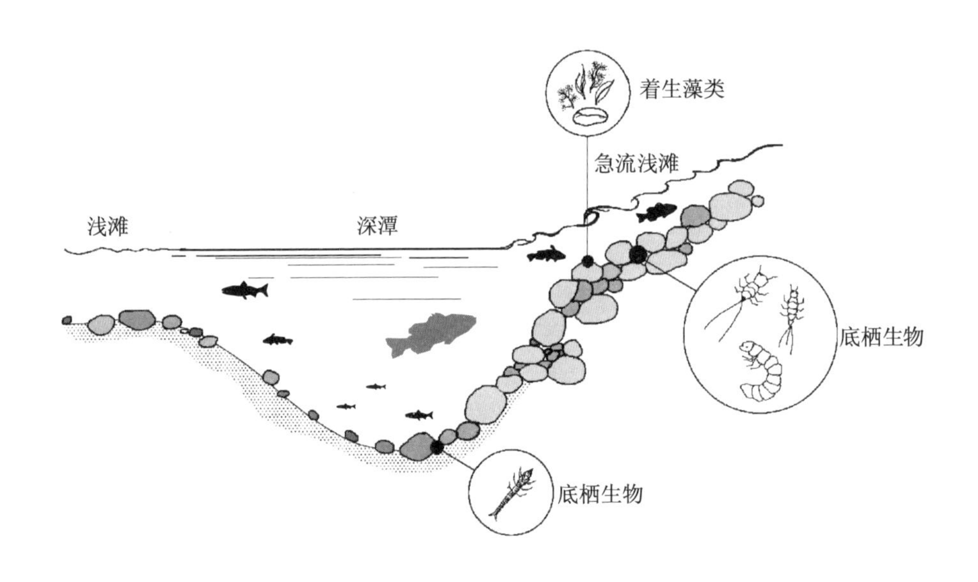

图 19-10 河流生态工程的纵断面设计（引自日本财团法人河道整治中心，2003）

3. 河流生态工程的横断面设计

在河流生态工程的横断面设计中，形成浅滩和深潭的形态（图 19-11）；确保水域到陆地间的过渡带；不建造水流浅平的矩形断面，河床宽度适中；尽量不固定河床，使河流具有一定的摆动幅度；在河流占地窄小的地方，重视水边的多样性。

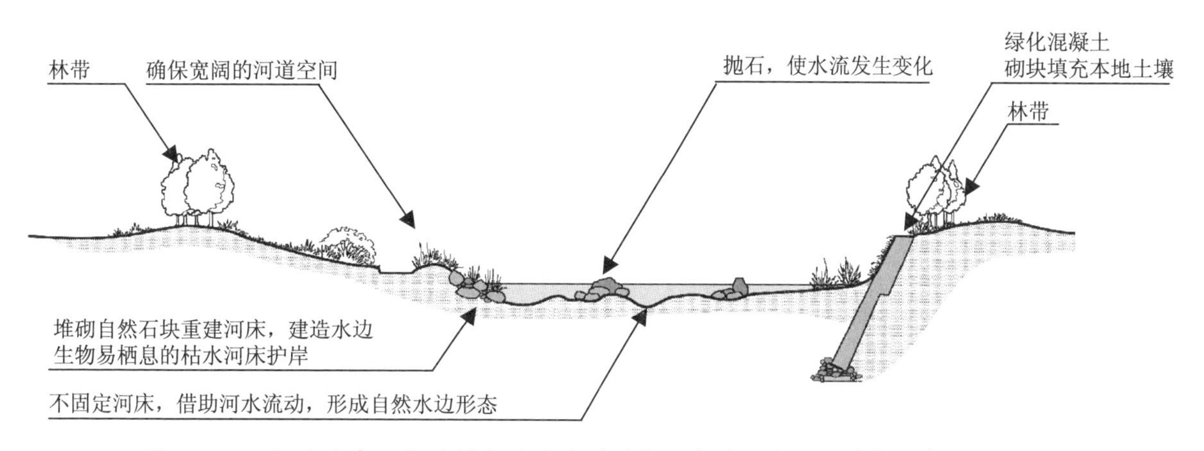

图 19-11　河流生态工程的横断面设计（引自日本财团法人河道整治中心，2003）

4. 水流形态多样化设计

将渠化的河流改造成自然蜿蜒形态，使得水体在更广阔的区域中自由流动，可丰富河流水文过程在时间和空间上的差异性（图 19-12）。向河道边缘抛石或种植挺水植物可在小尺度上改变水流形态，提高生境异质性并为底栖动物提供生存环境（马广仁等，2017）。

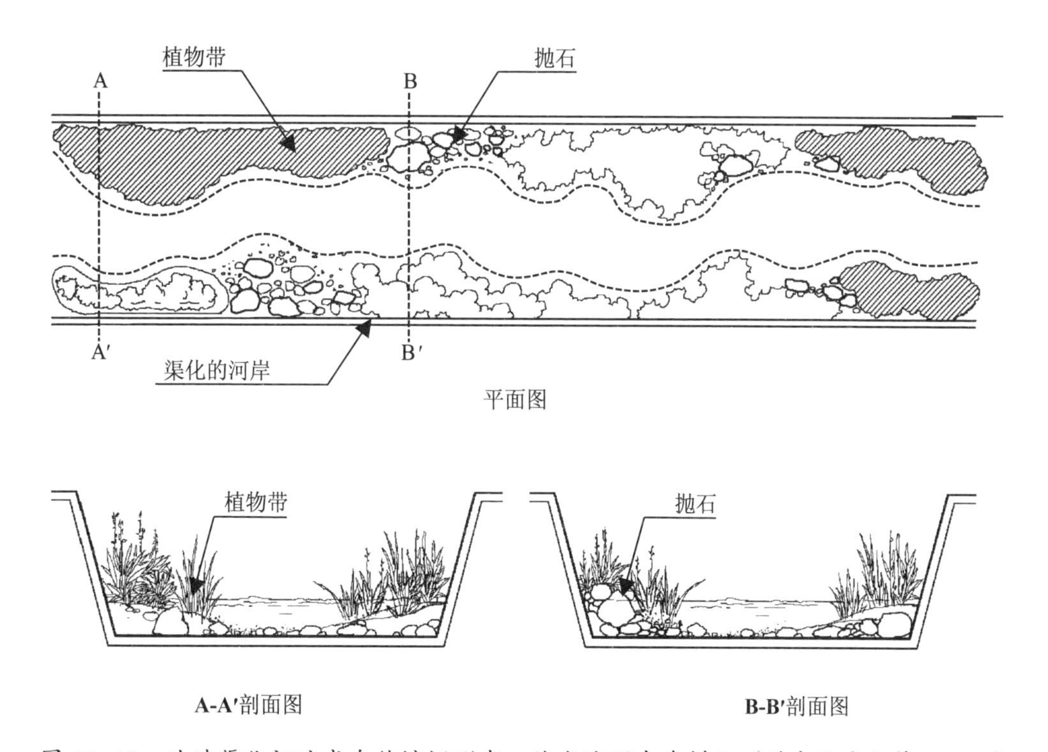

图 19-12　改造渠化河流成自然蜿蜒形态，使水流形态多样化（引自马广仁等，2017）

19.5.3 河流水环境恢复生态工程技术

河流水环境污染源包括河流沿岸的生活污染源、工业废水污染源、城市面源和农业面源及内源污染（被污染底泥的再释放）。根据恢复河流水环境现状及污染源，采取相应恢复措施。河流水环境恢复技术包括：

1. 沿河流增加水质净化功能湿地

在河流水环境恢复工程中采用增加河流湿地的方法，在河流两岸建设功能性湿地。新建湿地形态和大小根据场区地形和空间而定，在净化水质的同时，发挥涵养水源功能，并为野生生物提供栖息地（图 19–13）。

图 19–13　重建或恢复邻近河流的湿地，发挥水环境净化功能（引自马广仁等，2017）

2. 滨岸湿地缓冲带

在河流两边构建一定宽度的植物缓冲区，包括河岸林及河岸灌丛。在乔木和灌木稀少的地带，可在河流、沟渠和周边高地间种植高度较高的草丛缓冲带，发挥其过滤、净化功能（图 19–14）。

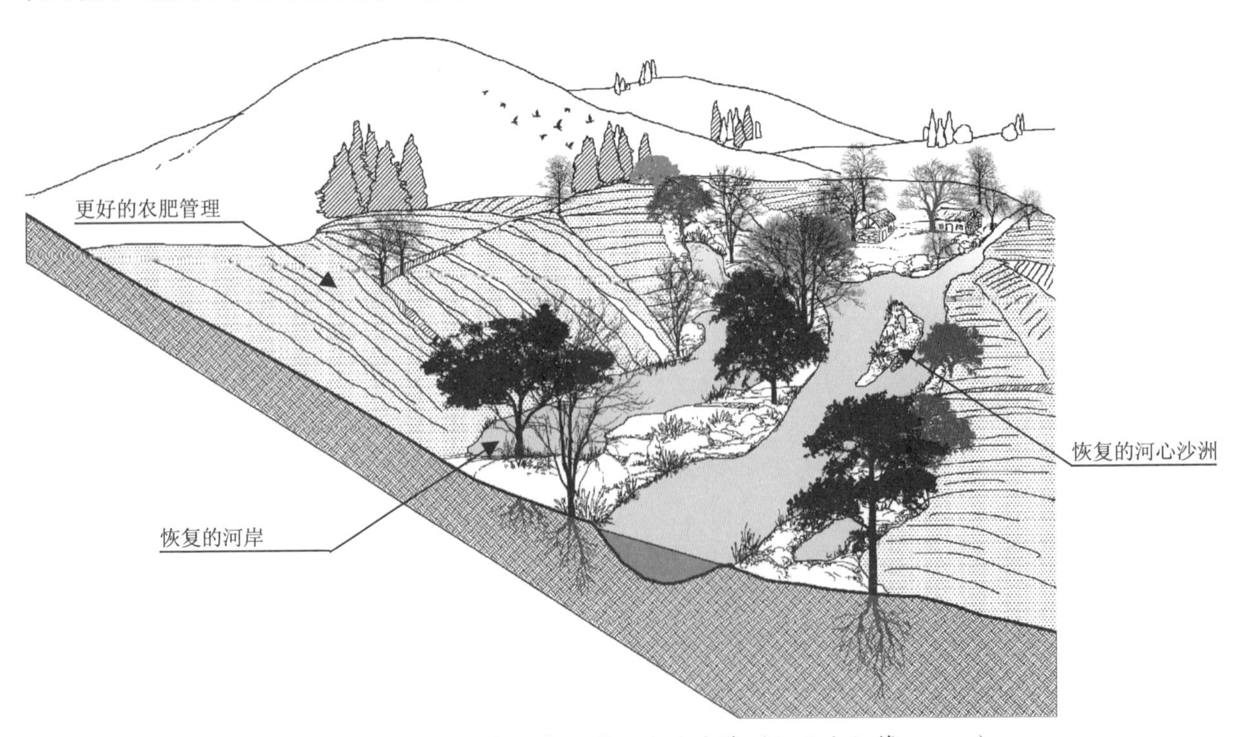

图 19–14　沿河流两岸构建河岸湿地缓冲带（仿马广仁等，2017）

3. 种植沉水植物

沉水植物可以增加水中溶氧，净化水质，扩大水生动物的有效生存空间，给水生动物提供更多栖息和隐蔽场所，为水生动物提供食物。常见的具有水质净化功能的沉水植物有黑藻、苦草、菹草、穗花狐尾藻、眼子菜等。可种植于软底泥 10 cm 以上，水深 0.5 ~ 2.0 m 甚至更深的水体；也可适用于底部浆砌或无软底泥发育的水体。

19.5.4 河道生态系统恢复

19.5.4.1 河道生态恢复策略

（1）空间形态控制　恢复受破坏退化的河道，在整体空间形态控制上，保证河流纵向空间的自然蜿蜒性、河流侧向空间的自然生境梯度结构。

（2）自然的自我设计　重视以洪水过程、潮汐、风力、生物传播等自然动力为主的河流生态的自我设计能力，在河流恢复中至关重要。应按照“自然是母，时间为父”的原则，以河流的自我设计为主、人工调控为辅，达到河流生态恢复后的长期自我维持。

（3）多维空间设计　河流是一个充满生机的多维空间，即从上游到下游的纵向空间维度，从河流深水区→浅水区→水际线→河岸带→过渡高地→高地的侧向维度，从水面→河床底质→潜流层的垂向维度，如果加上时间维，那就是河流四维空间。纵向维度强调河流纵向空间上的生态连通性，侧向维度强调遵循从水到陆的侧向空间生态梯度变化，垂向维度强调河流的竖向生态交换。河流生态恢复强调多维空间设计策略，通过多维空间设计，重建蜿蜒多变、多景观层次、多生态序列的河流景观。

19.5.4.2 五源河河道生态恢复实践

作者所在团队于 2017 年开始实施了海口市五源河河道生态系统恢复设计和施工指导。五源河发源于海南省海口市秀英区永兴镇东城村，是海口市西部最重要的河流之一，也是连接海口南部羊山火山熔岩湿地与海口市北部海域的重要生态廊道。五源河自永庄水库西侧流出，流经海秀乡，从新海乡后海村流入海口湾。五源河流域为丘陵-平原地貌，地势东南高、西北低，流域面积 84 km^2，干流河长 27.29 km，河宽 5 ~ 20 m，平均坡降 3.630‰，年径流量 1.12 m^3/s。过去，由于防洪排涝水利标准要求，五源河自永庄水库出水口至椰海大道已有 3.2 km 河道进行了防渗硬化工程。五源河中下游河段人为侵占河道现象较为严重。2016 年配合南渡江引水工程建设，由桑德公司和葛洲坝集团进行的五源河水环境综合治理项目开始施工，截至 2017 年 2 月，完成了下游 3.3 km 河段的截污干管建设、河道清淤、石笼网护岸等工程，但下游河段河岸笔直生硬，河流生境类型单一，景观品质较差（图 19-15）。实施生态修复前，五源河整体水质为Ⅴ类，上游河段水质主要受农业面源污染影响，中游段受农业面源及生活污水污染，下游受城市生活污水和雨水排放影响，造成河流 COD、TN、TP 等污染指标严重超标。

按照生态河流恢复目标要求，自 2017 年 4 月开始，进行了五源河河道的生态修复，进行河流三

图 19-15 五源河生态修复前的状况

维生态空间重建（袁兴中等，2020）。在五源河河道生态恢复中，遵循“山水林田湖草”生命共同体的整体生态思想，和“山—河—湖—海”流域一体化理念，进行了河流三维空间重建设计（图 19-16）。

1. 纵向维度——生态连通的蜿蜒河道修复

在五源河流域及全河段尺度上，保证生态连通及河流纵向维度完整性。结合两岸现状和用地性质，在纵向上将五源河全河段划分为 5 种类型：河源生态保育段、上游田园河流景观段、中游近自然修复河段、下游生命景观河段、河口生态保育+景观修复河段。河源段是水源地和物种库，以生态保育为主。上游河段河岸总体较为自然，两岸有一些农耕区，但有部分河段被硬化、渠化，在保留原生河流地貌的前提下，设计河岸多塘系统，在对上游河段面源污染净化的同时，提供两栖类和鸟类等生物的栖息场所。中游段以近自然河流设计理念指引，保留宽阔的河漫滩，以及浅滩-水潭交替的河流生境格局，恢复连续的河岸植被，将中游段建成河流自然花园，体现河流自然之美。下游河段长 3.3 km（含河口），受破坏衰退严重，2016 年实施的五源河水环境综合治理工程，使得下游 3.3 km 河段河岸渠化，变成顺直生硬的河段，失去了天然河流纵向梯度上的自然蜿蜒性；并使该段河道的河床变得平直均一，原有的浅滩-深潭生境格局及河流沙洲系统消失。下游河段设计目标是“生命景观河段”，在保障纵向生态连通性的前提下，将顺直渠化河段恢复成纵向自然蜿蜒河段，重建中观尺度上的浅滩-深潭纵向生境格局，恢复河心沙洲（图 19-16）。蜿蜒河段的恢复、浅滩-深潭纵向生境格局以及河心沙洲的重建，保证了纵向梯度上河流生境的多样性，为鱼类、鸟类和水生植物提供栖息生境和庇护场所。此外，纵向维度上的河流连通性，不仅保证了物种在纵向梯度上的迁移和运动，而且使得海洋的潮汐周期影响得以实现，使下游河段咸淡水交混生境能够维持，有利于生物多样性的维持和提升。

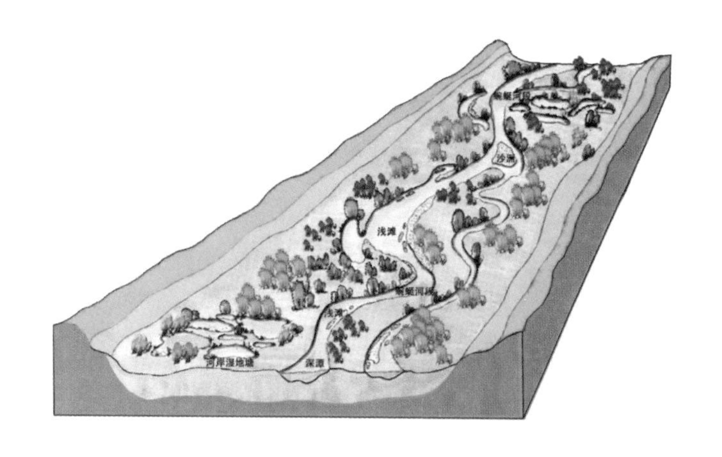

图 19-16 纵向维度河流生态恢复设计模式图

2. 侧向维度——从水到陆的生境梯度重建

修复前五源河上游部分河段用水泥衬砌，成为直立式陡岸；下游 3.3 km 河段以石笼网护岸，成为顺直河岸，在侧向空间上形成平整的人工坡面，生境梯度消失。为了恢复自然河岸生态空间，对五源河进行了从水到陆侧向生境梯度的设计。按照高程梯度和水分梯度，对拆除直立式硬质陡岸，以及拆除石笼网（或在石笼网上覆土）后的河岸，进行地形处理。保证河流侧向维度上有足够宽度的生态空间。尤其是在下游河段，在河流两侧保证 30 m 宽的河流侧向生态空间，设计并实施了从浅水区→水际线→河岸带→过渡高地→高地的多功能生态缓冲带（图 19-17）。浅水区植物以自然恢复为主。水际线和低河岸区域以洄水湾、洼地、火山石抛石护脚等形态为主，为不同种类的水生无脊椎动物、鱼类等提供栖息生境，稀疏种植茳芏（*Cyperus malaccensis*）、香蒲（*Typha orientalis*）等挺水植物，创造让水蕨（*Ceratopteris thalictroides*）能够自然恢复的火山石孔隙空间。河岸带上部以疏林草甸为主，并与过渡高地的林带形成河岸生态防护带。由于在侧向维度上拆除了硬质结构，使得洪水脉冲的生态效应得以保障，加强了河流在侧向维度上的生态交流，通过洪水脉冲实现河道水体与河岸之间的营养物质交换和物种交流，从而提高生物多样性。

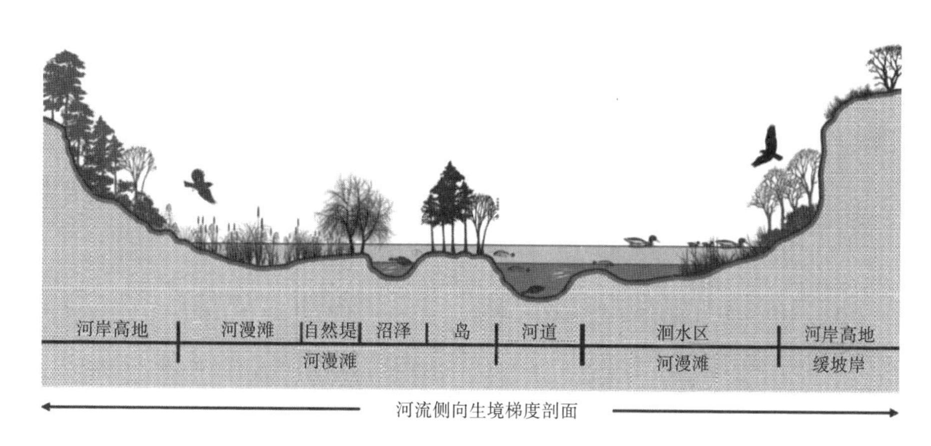

图 19-17 侧向维度河流生态恢复设计模式图

3. 垂向维度——垂直竖向生态交换的维持

五源河下游河段在修复前，2016 年的治理使得河床平整，部分河段进行了清淤。为了保证河流垂向维度上的生态连通性，规划避免对五源河进行河床的硬质铺垫，保证上游河段河床的块石和卵沙石底质，恢复中下游河段河床的沙质底质，不仅使垂向梯度上水文流（包括上行流和下行流）得以维持，能实现底栖生物及营养物质的垂直交换，从而保证五源河垂直竖向上的生态连通功能，也有利于形成河流景观中不同水温的水团异质性，为河流中鱼类等水生生物的生存提供必要条件。

19.5.4.3 五源河河道生态恢复效果

通过河道三维生态空间重建，宏观尺度上，作为水源地和物种库的河流源头区生境质量得到良好保育，源头区永庄水库水质、库岸植被、库周林带、库湾灌丛及草本沼泽湿地保护良好，充分发挥了水源地和物种库的生态功能。对上游部分被硬化、渠化的河岸进行了生态化改造，上游河道及河岸自然恢复效果良好，水蕨、水菜花、普通野生稻（*Oryza rufipogon*）等珍稀保护植物在上游段得到良好恢复；以近自然河流设计理念指引的中游段，宽阔河漫滩得以保留，河岸植被连续性得到恢复，沿河道纵向的浅滩-水潭交替生境格局呈现。重点恢复的下游河段及河口区，恢复前的顺直渠化河段已成为自然蜿蜒河段（图 19-18）。纵向维度的河道修复，使得五源河全河段呈现出自然蜿蜒空间形态，纵向生态连通得以保障。

重建河道深潭/浅滩-沙洲系统，建设河岸多带多功能缓冲系统，修复后的五源河，河流生态系统形态优美，结构完整，生态系统服务功能不断优化（图 19-18）。

图 19-18 修复后的五源河河流生态系统

19.6 河岸生态恢复工程

19.6.1 河岸生态恢复策略

（1）界面生态调控　界面是不同生态系统之间的交界面，是重要的生态交错带。基于对界面生态重要性和界面生态特性的认识，河流的生态界面通常包括：干支流河道的河岸及河口区域（入海河口，入湖河口，等等），是水陆相互作用界面、水位变动界面，也是人类活动与自然作用的界面。河岸生态恢复强调将界面生态调控理论和技术应用于河岸修复。

（2）柔性河岸设计　柔性设计概念是应对多变环境的多功能需求，提出的一种适应性设计技术。针对很多河岸被硬化或渠化的退化情况，以及应对风浪的影响，以柔性设计方法和技术来重建具有韧性应对能力的柔性河岸。包括河岸柔性景观空间构建、柔性材料运用、柔性施工技术。

（3）多带多功能恢复　邻近河流一侧重点保护河流生态系统的物理和生态学整体性，植被恢复目标是河岸湿地以及邻近湿地的能提供遮阴、落叶、木质碎屑及对河流起到侵蚀保护的河岸灌丛；中部核心带位于临近河流一侧与河岸高地之间，其宽度发生变化，依赖于河流的级别。关键功能是提供高地与河流之间的缓冲系统。植被恢复目标是成熟的河岸林。外围带是缓冲带的“缓冲”，植被恢复目标主要是乔木-灌木混交林带。针对不同季节水位变化，及河岸自身生态环境特征，构建不同高程的河岸生态带，形成顺应高程梯度的河岸立体生态空间结构。

19.6.2 河岸生态恢复技术

19.6.2.1 跨越界面的设计——河岸多带多功能缓冲系统

重点针对河岸带这一水陆界面，基于跨越界面的地表径流、营养物质流和物种流，进行跨越界面的生态设计。从界面底质、界面宽度、界面生物群落组成、界面生态结构体系等方面进行综合设计和修复。根据界面生态调控理论和技术，本书作者在三峡库区重庆开州区澎溪河及汉丰湖生态河岸（湖岸）的生态修复中，提出了跨越河岸界面的多带多功能缓冲系统设计和建设（图19-19）。多带包括：浅水区沉水植物+挺水植物带、水际线挺水植物带、低河岸区湿生草甸带、河岸带上部疏林草甸带、过渡高地林带，通过多带缓冲系统建设，实现多功能目标，即：河岸稳固和防护功能、地表径流拦截净化功能、生物多样性保育功能、景观美化功能、休闲游憩功能等。

图 19-19　河岸多带多功能缓冲系统模式图

在三峡库区重庆开州区澎溪河及汉丰湖生态河岸（湖岸）研究中，基于滨河（湖）的生态功能需求，按照高程和地形特征，从 175 m 以上的滨河（湖）绿带开始，到消落带下部，依次构建多带多功能生态缓冲系统（图 19-20）。

（1）多带滨河（湖）绿化带+消落带上部生态护坡带+消落带中部景观基塘带+消落带下部自然植被恢复带。

滨河（湖）绿带是现在的滨河（湖）公园绿带，以乔、灌、草形成了复层混交的立体植物群落，发挥着对道路、居住区的第一层隔离、净化、缓冲作用，在为市民提供优美景观的同时，也为鸟类和昆虫提供食物和良好生境。消落带上部生态护坡位于一、二级马道之间的斜坡上，冬季 175m 蓄水时被淹没，以适应水位变动的狗牙根、牛筋草等草本植物为主。消落带中部景观基塘带丰富了滨湖湿地景观多样性，为城市居民提供休闲游憩、科普宣教的亲水平台，实现水质净化、生境改善等综合生态服务功能。消落带下部自然植被恢复带处于高程较低的区域，以耐水淹的狗牙根、牛筋草、合萌等草本植物为主。

（2）多功能滨河（湖）多带生态缓冲系统的多功能包括，环境净化、生态缓冲、生态防护、护岸固堤、生物生境、景观美化、城市碳汇等功能。

图 19-20 澎溪河—汉丰湖多带多功能缓冲带

19.6.2.2 硬质河岸的消解——柔性河岸设计和生态化处理

对硬质化河岸进行柔性处理。河岸是柔美的，因此其设计手法不能是刚性、生硬的。柔性生态工程技术是应对多变环境的多功能需求提出的一种适应性工程技术。这种适应性设计正是河岸景观所需要的技术，其技术体系的组成包括：柔性河岸景观的构建，即以师法自然的手段，建设具有蜿蜒多变、多景观层次、多生态序列的河岸景观；柔性景观材料的运用，强调材料的就地取材，如卵石及本土植物材料的运用、生态友好型材料的运用。

本书作者在海口市五源河的河岸修复中应用了柔性河岸设计和生态化处理技术。修复前五源河上游部分河段的硬质水泥陡岸和下游河段顺直平整的人工坡面，不仅阻碍了洪水脉冲对河岸的生态效应，而且生硬单一的形态，使得河岸生境多样性大大降低，不利于河岸生物的生存。在五源河生态修复设计与实践中，破除硬质水泥陡岸和下游河段顺直平整的人工坡面，以柔性景观空间构建、柔性材料运用、柔性施工技术等柔性生态技术，进行河岸柔性空间重建。从水际线→河岸带→过渡高地→高地的多带多层复合混交植被，形成河岸的柔性景观空间，增强对热带台风及人为干扰的韧性应对能力。运用火山石和木质物残体等柔性材料（图 19-21）形成多孔穴的柔性生态空间，提供无脊椎动物和鱼类等的栖息场所。

图 19-21　运用火山石等柔性材料形成河岸多孔穴生态空间

对于已经完全硬化的河岸，首先需要开凿水泥修筑的梯形河道和硬质化岸堤，修整并使得岸坡变缓，在岸坡上进行植被恢复（图 19-22）。

恢复后的金济河河岸

图 19-22　山东省金乡县金济河柔性河岸生态技术应用（引自马广仁等，2017）

19.6.2.3 多功能界面思考——河漫滩生命综合体恢复

河漫滩是河岸生态界面的类型之一。河漫滩位于河床主槽一侧或两侧，是在洪水时被淹没、枯水时出露的滩地。从河床到河漫滩，无论是在纵向空间或是侧向空间上，河漫滩常常形成了多样化的小微水文地貌结构和小微生境类型，维持着种类多样的河流生物。河漫滩的存在为河流湿地植物和动物提供了栖息场所，如海口市五源河下游段的弹涂鱼就栖息在这些表面富有硅藻的河漫滩上。在五源河下游河段，由于2016年实施的水环境综合治理工程进行了河道清淤、石笼网护岸，使下游河段的大多数河漫滩消失或河漫滩生境多样性降低。基于这种状况，本书作者在海口市五源河的生态修复中提出“河漫滩生命综合体”的方案。结合湿地植物和动物的生存需求，以及水生无脊椎动物、鱼类和水鸟的觅食和产卵生境需求，根据水文和地形条件，通过地形和植物设计，将河漫滩洼地、河漫滩水塘、河漫滩卵石滩、河漫滩沼泽等多种类型的生境有机镶嵌，将河漫滩湿草甸、干草地、灌丛等河漫滩植被类型有机结合，形成生物多样性丰富、富有生机的“河漫滩生命综合体”（图19-23）。

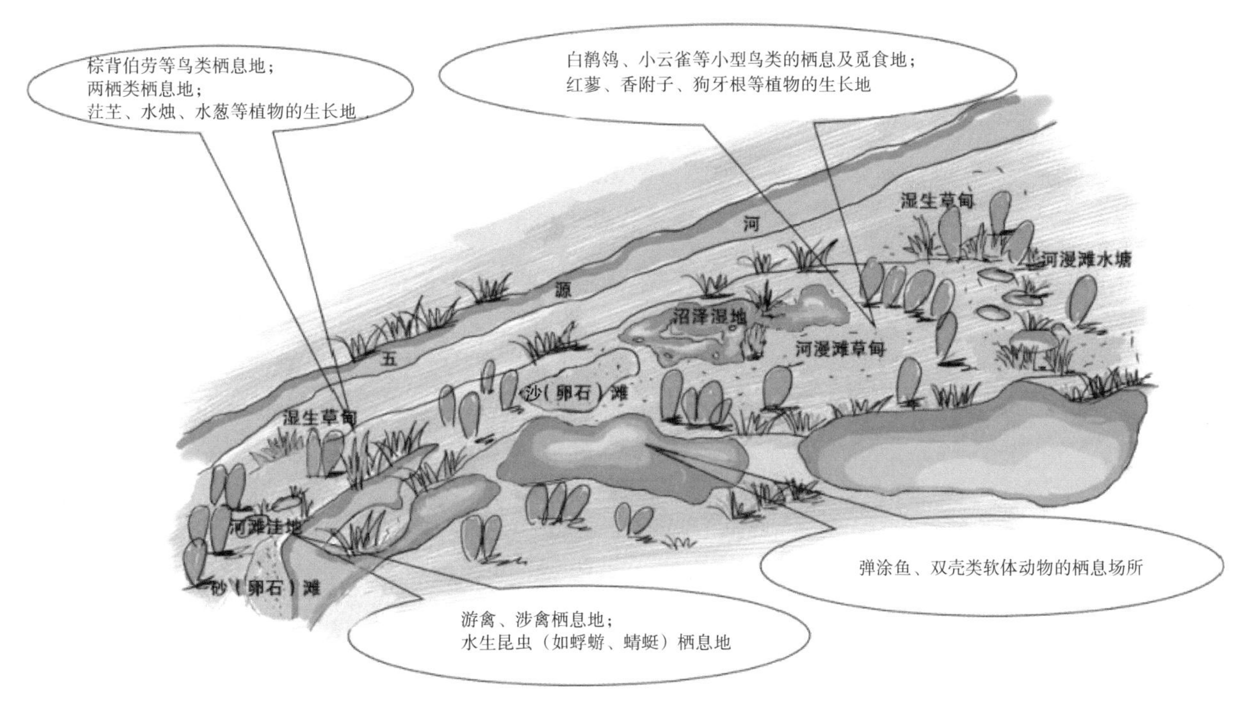

图19-23 海口市五源河河漫滩生命综合体示意图

19.6.2.4 “河岸林+倒木”河岸缓冲带技术

河岸带是河流生态系统的重要组成部分，是水陆间的生态界面。在河岸带的生态恢复中，保留河岸林，放置倒木，形成完整的河岸生态缓冲带（图19-24），发挥其净化、护岸、提供生物生境等多功能。放置的倒木不仅起到水生生物栖木的作用，而且在水中形成多样化的微水文形态及小生境类型。

图 19-24 美国哥伦布市 Olentangy 河“河岸林+倒木”河岸缓冲带

19.6.2.5 基于生物多样性提升的河岸竹笼石系统

借鉴都江堰的生态智慧，本书作者与重庆新开源农业开发有限公司在四川成都新津县岷江干流以河岸竹笼石系统实施了硬质河堤生态软化，综合生态工程学、河流生态学等学科知识，基于河岸防护及生态服务功能优化，形成由工程和植物组成的复合河岸生态修复技术。以竹笼石砌筑+植物种植，达到硬质护坡生态软化、河岸稳定、植被修复、生物多样性提升及河堤景观美化等功效（图 19-25）。

实施生态工程前

实施生态工程一年后

图 19-25 岷江干流施工河岸对比

2015 年初对岷江干流以河岸竹笼石系统实施的硬质河堤生态软化，发挥了巨大的防洪护岸、拦截地表径流、净化污染、提供生物生境、丰富生物多样性、美化景观等多种生态服务功能。与对照的硬质化河岸相比，其竹笼石的多孔隙柔性结构与复合植物群落一起发挥了硬质河岸无法替代的消浪缓流等防洪、护岸作用（图 19-26）。目前试验岸段的生物种类已经超过 100 种。

图 19-26　生态河岸与岸坡基脚的湿地塘形成结构完整和功能优化的河岸生态系统

19.6.2.6 河岸基塘系统

基塘系统是自然界和流域应对水文调节、水环境保护、水资源合理利用的重要功能结构和景观单元。借鉴基塘生态智慧，吸取珠江三角洲桑基鱼塘等塘系统的合理成分，在重庆市开州区澎溪河具有季节性水位变动的河岸带，针对水位的季节性变化，基于河岸稳定、污染净化、生物生境、景观美化、生物生产等多功能需求，在河岸区域的缓平坡面上构建基塘系统。根据河岸自然地形和环境特点，设计塘的深度从 50 cm 至 2 m 不等。塘基宽度为 80 ~ 120 cm，塘基高出塘的水面 30 ~ 40 cm。塘底部以黏土防渗，上覆壤土。塘底进行微地形设计，其起伏的微地形能增加塘的生境异质性。进行水文设计，以保证基塘系统内部各塘之间以及塘与河流之间的水文连通性。塘内种植适应于季节性水位变化的植物，植物筛选的原则是能够耐受冬季深水淹没，具有环境净化功能、观赏价值、经济价值。充分利用三峡水库消落带每年退水时保留下来的丰富的营养物质以及拦截陆域高地地表径流所挟带的营养物质，构建河岸多功能基塘系统（袁兴中等，2017）。在澎溪河支流白夹溪河岸实施的多功能基塘，经历 10 年冬季水淹后，每年出露季节，基塘内荷花、荸荠、慈姑等湿地植物生长茂盛（图 19-27），多功能基塘内的植物多样性、昆虫多样性明显高于对照的非基塘河岸区域，已成为鸟类优良的栖息生境，实施基塘工程以来，鸟类种类数和种群数量明显增加。

冬季淹没

夏季出露后的基塘湿地

图 19-27　白夹溪河岸多功能基塘

第 20 章
河流生境恢复

20.1 生境质量评估

20.1.1 生境质量调查方法

生境是指生物个体或群体生活的具体地段上所有生态因子的综合，是生物赖以生存、繁衍的空间和环境。河流生境是指包括河道、河岸在内的河流物理结构及其空间环境。对河流生境的调查是为了收集生态基础资料、评估栖息地现状，从而为保护和修复受损河流生态系统提供依据。目前对河流物理结构的调查与评价在流域规划、河流生态影响评价、河流生态修复中发挥着越来越重要的作用。国外在河流生境调查评估方面已构建了一些相关技术体系，其中以英国的河流生境调查（river habitat survey，RHS）技术最完整，应用最广泛。

河流生境调查（RHS）是通过调查河流物理结构，收集河流生境特征和环境变化的基础数据，然后按照河流所属类型，评估河流生境质量，确定具有特殊保护价值的河段，最终为河流生态管理提供决策依据。RHS 主要由 3 部分内容组成：①河流生境野外调查方法；②调查数据管理系统；③河流生境质量评价指标体系（habitat quality assessment，HQA）。

RHS 要求选取 500 m 长的河段进行调查。调查数据主要通过两种方式获得：一是通过分析地形图、土壤类型分布图等基础图件，获取调查河段海拔、坡降、地质、地貌、土壤类型等数据（表 20-1）；二是对河床、河岸以及河岸坡顶外侧 50 m 范围内的河流生境进行实地调查。主要调查项目涉及 16 项。

表20-1 RHS的主要调查指标

调查河段背景资料 海拔、坡降、地质地貌、土壤类型等。 河床生境特征 河道几何特征：河岸高度a、平滩宽度、水深、水面宽度等。 主要河床底质类型*：基岩、漂砾(boulder)、圆石(cobble)、砾石/卵石(gravel/pebble)、细沙、淤泥、黏土、人工底质等。 主要流态类型*：自由跌落(free fall)、斜槽(chute)、破损驻波(broken standing waves)、驻波(unbroken standing waves)、混流(chaotic flow)、涟漪(rippled)、上涌(upwelling)、平滑(smooth)、静止(no perceptible flow)、干涸(no flow)等。 水工构筑物数量与规模：涵洞、水坝/水闸、简易公路(ford)、桥梁、取水口/排污口(outfalls/intakes)等。 河床特征*：裸露基岩、裸露漂砾、有/无植被的心滩等。 河床植被类型与覆盖度：地钱和苔藓、挺水阔叶草本、挺水莎草科/禾本科植物、浮叶/漂浮/两栖植物、沉水阔叶植物、沉水细叶植物等。	特殊生境：落差大于5 m的自然瀑布、落水洞、植物碎屑坝(debris dam)等。 浅滩、水潭、边滩、心滩数量 河岸生境特征a 河岸底质类型a*：基岩、漂砾、圆石、卵石、沙砾/细沙、泥土、泥炭、胶质黏土、混凝土、编织物、木桩、砌石等。 河岸改造程度a*：切坡、加固、筑堤等。 河岸特征(河岸稳定性和边滩植被)*：侵蚀/稳定河岸、有/无植被的曲流/侧向边滩等。 河岸过渡高地土地利用类型(坡顶外侧0~5 m范围)a*：林地、灌丛、旱地、水田、果园、自然湿地、人工水体、城镇建成区。 河岸剖面形态a：垂直、平缓、阶梯状等。 河岸植被层次a* 河谷形态与河岸土地利用 河谷形态：浅V型、深V型、深谷型、碗状(concave/bowl)、不对称型、U型。 河岸土地利用类型(坡顶外侧0~50 m范围)a：林地、灌丛、旱地、水田、果园、自然湿地、人工水体、城镇建成区。

a河流左右岸分开记录，*断面调查时记录指标。

在500 m的调查河段中，每间隔50 m设置1个调查断面。调查人员对各断面依次调查，调查内容包括河床底质类型、流态类型、河床特征、河岸底质、河岸特征、河岸改造程度、河岸过渡高地土地利用类型、河岸植被层次等8项。后两项调查范围是以各调查断面为中心长10 m的河岸，其他调查项目的调查范围为以各调查断面为中心长1 m的河段。RHS要求在调查完毕后对河段整体特征进行记录，对遗漏信息进行补充。河段整体特征调查主要内容有河道几何特征、水工构筑物数量与规模、河床植被类型与覆盖度、特殊生境、浅滩/水潭/边滩/心滩数量、河岸剖面形态、河谷形态、河岸土地利用类型等8项。左右岸的河岸高度、河岸剖面形态、河岸土地利用类等指标需分别记录。

测量河道几何特征最好选择具有浅滩生境的平直河段。对低级别河流进行调查时，可选用水文测杆、皮尺等工具直接测量河岸高度、平滩宽度、水深、水面宽度等指标；对高级别河流进行调查时建议使用测距仪。河流生境调查最好在平水期进行。

20.1.2 河流生境评价指标

河流生境质量评价（habitat quality assessment，HQA）是从生境的自然性、多样性和稀有性三个方面评估河流生境质量。河流生境的自然性包含两方面内容：一是河床水文地貌结构的天然性，是否被人为破坏；二是河岸植被应以自然或半自然的地带性植被为主。多样性是指调查河段中自然河流生境的丰富程度。河流生境的稀有性是指对野生动植物保护具有特殊价值的某种自然生境在调查河段中的数量和分布情况。例如，在RHS中，河床堆积的倒木、植物碎屑和直径大于1 m的漂砾被认为可以改善河流水文状态，提高水生昆虫丰度，对鱼类保护具有重要意义。调查河段自然河流生境类型越多，在各调查断面中出现的频率越高，结构越复杂，河流生境质量越好。

HQA的评价项目包括流态、河床底质、河床特征、河岸特征、河岸植物结构、边滩、河床植被、河岸土地利用类型、河岸林、相关特征、特殊生境等10大项（表20-2）。HQA把具体的河流生境类型作为评价对象（评分指标），根据其在调查河段出现与否、出现频率和分布状况等进行评分。各评分项目下属评价指标数量不等，一般由该项目对应的自然河流生境类型数决定。以河床底质项目为例：RHS将河床底质分为9类，但在进行河流生境质量评价时，只对基岩、漂砾、圆石、沙砾/卵石、细沙、淤泥、黏土、泥土等8类自然河床底质分别评分。人工硬化的河床底质不具有自然性，不作为评价指标进行打分。评价指标的得分值一般在0～3之间，不超过7。各评分项目的得分为下属评价指标得分的累加。将10个评分项目得分累积求和，则可得到河段的HQA值。不同类型河流的生境结构差异巨大，因此不同类型河流的HQA值不具有直接可比性。调查河段河流生境状况可以通过与参照点的HQA值比较来判定。

表20-2 河流生境质量评价（HQA）指标与评分方法

评分项目	评价指标及评分方法
流态(A1)	某种流态在10个调查断面中有1次被记录为主要流态类型,则这种流态得1分。若记录2～3次,得2分;4～10次,得3分。河床干涸不得分。若某流态在10个调查断面中均不是优势流态,但又在调查河段中出现,则得1分。
河床底质(A2)	某种天然河床底质(基岩、漂砾、圆石、沙砾/卵石、细沙、淤泥、黏土、泥土)在10个调查断面中有1次被记录为主要河床底质,则这种底质得1分。若记录2～3次,得2分;4～10次,得3分。人工底质不得分。
河床特征(A3)	10个调查断面中,某种天然的河床特征生境(如裸露的基岩、裸露的漂砾、有/无植被的心滩)出现1次,则该类型生境得1分。若出现2～3次,得2分;4～10次,得3分。若某种天然的河床特征生境在10个断面中未被记录,但又在调查河段中出现,则得1分。
河岸特征(A4)	对河流左右岸分别评分。10个调查断面中,某天然的河岸特征生境(如侵蚀/稳定河岸、有/无植被的曲流/侧向边滩)出现1次,则该类型生境得1分。若出现2～3次,得2分;4～10次,得3分。若某天然的河岸特征生境在10个断面中未被记录,但是又在调查河段中出现,则得1分。
河岸植物结构(A5)	对河流左右岸分别评分,并且对坡顶和坡面分别评分。10个调查断面中,植被层次≥2层的断面只有1个时,则得1分。有2～3个时,得2分;4个以上,得3分。

续表

评分项目	评价指标及评分方法
边滩(A6)	边滩总数在3～8个之间,得1分;大于8个,得2分。
河床植被(A7)	10个调查断面中,某河床植被类型(只对地钱和苔藓、挺水阔叶草本、挺水莎草科/禾本科植物、浮叶/漂浮/两栖植物、沉水阔叶植物、沉水细叶植物6种植被类型评分)出现1～3次,该河床植被类型得1分。4～10次,得2分。
河岸土地利用类型(坡顶外侧0～50 m范围)(A8)	对河流左右岸分别评分。某种土地利用类型(只对阔叶林、自然松林、灌丛、湿地4种土地利用类型评分)在调查河段中出现,则该土地利用类型得1分。若分布广泛(覆盖范围≥33 %河段),得2分。若河岸土地利用方式只有阔叶林、自然松林、湿地3种中的1种,且无其他土地利用方式,则得7分。
河岸林相关特征(A9)	河岸林:乔木稀疏分布,得1分;等间距或呈斑块状分布,得2分;半连续或连续分布,得3分。对河流左右岸分别评分。 其他:若树枝覆盖河床(overhanging boughs)、河岸树根裸露(exposed bankside roots)、水下树根(underwater tree roots)、粗木质残体、倒木生境出现,则该类型生境得1分。若河岸树根裸露或水下树根生境分布范围广泛(在≥33 %河段长度范围内出现),则得2分。若粗木质残体分布广泛,则粗木质残体生境得3分。若倒木分布广泛,则倒木生境得5分。
特殊生境(A10)	某种特殊生境类型(落差大于5 m的自然瀑布、辫状河道、堆积的植物碎屑(debris dams)、自然敞水面、浅水沼泽、地下水出口、林沼、酸性泥炭沼泽等)只要出现,则该类型生境得5分。

河流生境退化指数（habitat modification score, HMS）评价指标见表20-3。各指标的评分方式及HMS的计算方式与HQA类似。不同的是，HMS是对人类活动的河流生境破坏强度进行评估，不受河流类型影响，因此不同类型河流的HMS可以直接比较。HMS在0～2之间被认为河段的生境保持了较原始状态；3～8之间，表明受到轻微破坏；9～20之间，表明生境出现明显退化；21～44之间，表明生境已经发生较严重退化；超过45，则该河段生境已经受到剧烈破坏。

表20-3 河流生境退化指数（HMS）的评价指标与评分方法

评分项目	评价指标	评分方法
调查断面河流生境退化情况	河岸加固(S1)	10个断面中每出现1次得2分。
	河床加固(S2)	10个断面中每出现1次得2分。
	河岸平整(S3)	10个断面中每出现1次得1分。
	河岸阶梯化(S4)	10个断面中每出现1次得1分。
	筑堤(S5)	10个断面中每出现1次得1分。
	河岸牲畜践踏(S6)	10个断面中出现3～5次得1分,出现6～10次得2分。

续表

评分项目	评价指标	评分方法
断面调查 未出现或遗漏的项目	人工河床(S7)	1分。
	整个河岸全被加固(S1)	仅见于一侧河岸得2分,见于两侧河岸得3分。
	仅河岸顶部或底部被加固(S2)	仅见于一侧河岸得1分,见于两侧河岸得2分。
	河岸平整(S3)	同上。
	筑堤(S5)	仅见于一侧河岸得1分,见于两侧河岸得1分。
	河道拓宽(S8)	仅见于一侧河岸得1分,见于两侧河岸得3分。
	清除河岸草丛(S9)	1分。
	河岸种植牧草(S10)	仅见于一侧河岸得1分,见于两侧河岸得1分。
	排污管、涵洞(S11)	出现1个得8分。
	水坝、水闸、简易公路、采沙(S12)	出现1个得2分。
其他	公路桥(S13)	只有一座得1分,两座以上得2分。
	防波堤、丁坝(S14)	同上。
	流量变化(S15)	流量被改变的河段长度比例在1/3以下得1分,超过1/3得2分。
	河流改道(S16)	1/3以下的河段被改道得5分,超过1/3得10分。

20.1.3 河流生境评估案例

20.1.3.1 东河河流生境评估

1. 研究区域

选择位于三峡库区腹心的重庆开州区东河作为河流生境评价对象。在东河上选择51个河段，采用RHS方法调查河流生境，并选用RHS生境评价模型对河流生境现状进行评估（王强等，2011；王强等，2014）。

2011年4—5月，在东河流域内选取51个河段进行河流生境调查。51个调查河段中，R1 ~ R14河段位于东河下游，R15 ~ R24、R50和R51河段位于东河中游，其他河段位于东河上游。

以500 m长的河段为调查单位。调查数据主要通过两种方式获得：一是分析地形图、土壤类型分布图等基础图件，获取调查河段海拔、坡降、地质、地貌、土壤类型等数据；二是对河床、河岸以及河岸坡顶外侧50 m范围内的生境进行实地调查。每个调查河段中每间隔50 m设置1个调查断面，共计10个调查断面，对各断面生境依次调查。

2. 河流生境质量评估结果

评价结果表明，东河 51 个河段的 HQA 值介于 24～66 之间。根据河流生境质量分级标准，15 个河段的河流生境质量为优，占 29.4 %；15 个河段为良，占 29.4 %；12 个河段为中，占 23.5 %；5 个河段为较差，占 9.8 %；4 个河段为差，占 7.8 %。51 个河段的 HMS 值介于 1～122 之间，其中 4 个河段人为干扰少，保持较自然状态，占 7.8 %；8 个河段的河流生境受到轻微破坏，占 15.7 %；22 个河段生境退化明显，占 43.1 %；14 个河段生境退化严重，占 27.5 %；3 个河段生境受到剧烈破坏，恢复难度较大，占 5.9 %。

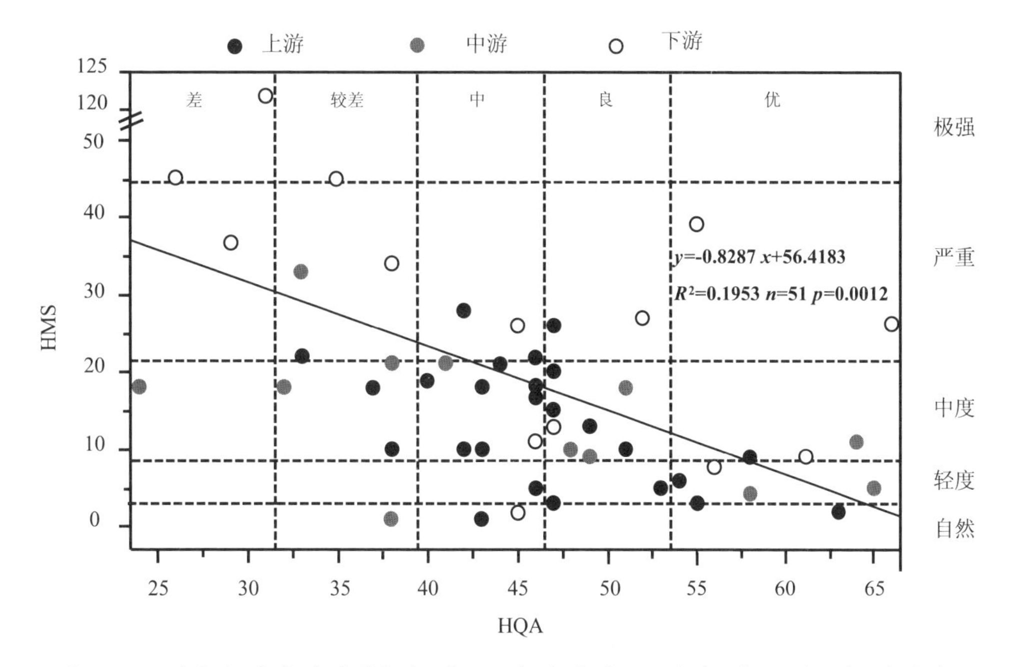

图 20-1　东河河流生境质量指数（HQA）与生境退化指数（HMS）的回归分析

回归分析表明，HQA 与 HMS 存在显著的负相关关系（图 20-1）。这表明人为干扰强度越大，河流生境质量越差。从空间上看（表 20-4），东河上、中、下游调查河段的 HQA 无明显差异。从 HQA 评价指标上看，A3、A7、A8、A9 四项指标差异显著。这主要是因为越往上游，平均水深越浅，河床中漂砾、心滩等生境结构越发育。同时越往上游，人口密度越小，坡顶外侧自然植被发育越好。越往下游，水流流速逐渐降低，河岸坡度变缓，河床中湿地植被和河岸林发育受影响。临近乡镇驻地河段的生境质量一般较差。这些河段水流形态单一，河岸土地利用类型以农业用地或建设用地为主，河岸林破坏严重，覆盖度和层次性差。

东河上、中、下游调查河段的 HMS 差异显著。从干扰来源看，东河上游和中游河段河流生境主要受引水式小水电、沿河公路、河道采沙等影响。东河下游河段生境的主要人为干扰源为高强度的土地开发（农业用地、建设用地），河道采沙，河堤、排污管、桥梁等水工构筑物的修建和三峡水库蓄水后的水位波动。

表 20-4　东河上中下游河流生境质量指数（HQA）与生境退化指数（HMS）评价结果

	A1	A2	A3	A4	A5	A6	A7	A8	A9	A10	HQA
上游(upstream)	9.28	5.8	5.2	4.48	7.8	0.32	0.04	3.52	0.16	9.80	46.4
中游(midstream)	8.17	6.25	3.42	6.58	9.92	0.17	0.50	2.00	0.58	7.50	45.08
下游(downstream)	8.36	6.50	3.64	6.29	8.29	0.14	1.21	0.50	4.14	6.07	45.14
Kruskal-Wallis Test	0.136	0.326	0.012	0.062	0.211	0.380	<0.001	<0.001	<0.001	0.078	0.931
	S1	S3	S5	S9	S11	S12	S13	S14	S15	S16	HMS
上游(upstream)	0	1.60	6.56	0.04	0	3.72	0.40	0.08	0.80	0.04	13.24
中游(midstream)	0	1.50	4.42	0.08	0.67	6.33	0.42	0.17	0.50	—	14.08
下游(downstream)	0.50	5.57	5.00	0.14	14.29	3.43	0.29	0.36	0.57	1.57	31.71
Kruskal-Wallis Test	0.016	0.048	0.162	0.524	<0.001	0.341	0.815	0.178	0.841	0.018	0.028
出现频率(%)											
上游(upstream)	0	72.0	96.0	4.0	0	64.0	28.0	8.0	36.0	4.0	—
中游(midstream)	0	58.3	83.3	8.3	8.3	83.3	33.3	8.3	33.3	—	—
下游(downstream)	21.4	78.6	92.9	14.3	71.4	50.0	21.4	28.6	50.0	28.6	—

20.1.3.2 五布河河流生境评估

1. 研究区域

五布河发源于重庆市万盛区金子山，流经綦江区、巴南区，于巴南区木洞镇入长江，主河道长81 km，流域面积856 km^2，多年平均径流总量为4.30亿m^3，多年平均流量为13.63 m^3/s。五布河干流建有水坝15座，包括箭桥电站水坝（已被三峡水库蓄水完全淹没，废弃）、杨家洞电站水坝、玉滩电站水坝、五布电站水坝、锡滩电站水坝、双胜电站水坝、江鹤电站水坝、雷响洞电站水坝、小观电站水坝、生子孔电站水坝、庙林电站水坝、查尔岩电站水坝、高洞塘电站水坝等。此外在巴南区东温泉镇观景口上游和白鹤水文站处各建有磨坊水坝1座。

2011年6月、2013年11月，在五布河干流上选择54个代表性河段，采用RHS方法进行河流生境调查，并对五布河河流生境现状进行评估和分析。

2. 河流生境质量评估结果

评价结果表明五布河54个调查河段的HQA值在15～59之间，平均值37.0。从河流生境质量等级上看，14个河段河流生境质量为“优”，占25.9 %；5个为“良”，占9.3 %；10个为“中”，占18.5 %；13个为“较差”，占24.1 %；12个为“差”，占22.2 %。

将五布河与位于重庆市开州区的东河进行对比分析，结果发现五布河除河岸植物层次结构、河岸林连续性、河床植被3项指标平均值高于东河外，其余指标均小于东河（表20-5）。

表20-5　五布河与东河河流生境质量比较

项目	平均值		标准差		最小值		最大值	
	东河	五布河	东河	五布河	东河	五布河	东河	五布河
流态	8.76	5.67	1.89	2.85	5	3	12	11
河床底质	6.10	4.78	1.98	2.02	0	3	10	9
河床特征	4.35	2.83	1.95	3.21	0	0	8	10
河岸特征	5.47	1.80	2.77	2.89	0	0	12	13
河岸植物层次结构	8.49	11.56	3.59	1.44	0	6	16	15
曲流边滩	0.24	0.11	0.43	0.69	0	0	1	5
河床植被	0.47	0.59	0.88	0.96	0	0	4	3
河岸土地利用(0~50 m)	2.33	1.72	2.45	1.52	0	0	11	4
河岸林连续性	1.35	6.04	2.22	1.92	0	0	7	12
特殊生境	8.24	1.94	4.88	3.69	0	0	20	15
HQA	45.8	37.0	9.8	12.6	24	15	66	59

五布河54个调查河段的HMS值在1～41之间，平均值13.4。从生境退化等级上看，6个河段河流生境处在较原始状态，占11.1 %；20个河段处在轻微破坏状态，占37.0 %；10个河段河流生境明显退化，占18.5 %；18个河段河流生境严重退化，占33.3 %。从破坏河流生境的人为干扰因素上来看，水库蓄水和流量变化是最主要的干扰因素。此外，除部分场镇河段有少量筑堤、河岸践踏等干扰因素外，并无其他明显人为干扰活动。

从整体上看，五布河为典型的西南低山丘陵区河流，河流形态受基础地质和地貌影响强烈。流域地势南高北低，山势陡峻，谷系发育。受河谷地貌限制，中下游河段平滩宽度一般在50～60 m之间，部分河段由于河谷变宽平滩宽度可达90 m。

五布河侵蚀强烈，河床常出现裸露的基岩和漂砾形成的岩槛或石滩。岩槛或石滩面上形成跌水生境，两个跌水生境之间为深潭生境。前者水流湍急，水浅，底质粗大；后者水流平缓，水深，底质细。五布河干流段深潭生境平均长度在2 km以上，而该河段跌水生境平均长度仅为98 m。东温泉镇观景口以上五布河干流长62 km，河床比降5.27 ‰，河道落差326 m，22个主要跌水累积落差约

200 m。因此，从河流比降上看，为数不多的跌水生境释放了 61.2% 的河流水能。

查尔岩电站水坝以上河段属五布河上游。由于河床比降明显大于五布河中下游，其河流生境出现山区河流常见的浅滩–深潭序列。这种浅滩–深潭相交替的结构一般每 5 ~ 7 倍河道宽度出现一次。浅滩平均长度略大于深潭。浅滩、深潭均为石质。浅滩–深潭序列可明显增大河床阻力，消耗水流能量，改善水生生物栖息条件，对保持河床稳定，维持较高的水生生物多样性，保持河流生态系统健康具有积极作用。

五布河河岸林以竹林为主，部分河段有少量人工林。河岸林连续性、密度较大，仅在部分场镇段被人为破坏。河岸林层次结构一般为 2 ~ 3 层。部分河岸竹林由于密度过大，林下草本植物缺乏。河岸外侧 50 m 外土地利用类型以水田、人工针叶林为主。

综上所述，五布河河流生境特征总结如下：五布河流态以平滑、静止流态为主；淤泥、细沙类底质为主要河床底质；河道内心滩、岛屿、曲流边滩、水生植物发育不明显。五布河干流河段跌水生境较多，河道生境自然破碎化明显；跌水生境总长度占五布河河道长度比例不大，但却释放了五布河 60% 以上的水能。分析表明，五布河上的跌水生境河床底质粗大，流态多样，是五布河河流生境质量最好的区域。五布河河岸林盖度和连续性较好，河岸 50 m 外土地利用类型以水田、人工针叶林为主。水库蓄水和流量变化是影响五布河河流生境最主要的人为干扰因素。

20.2 生境片段化及其生态影响

20.2.1 生境片段化评估方法

在自然状态下，河流生态系统是景观中的一个连续体。河流空间的连续性维持了河流生态过程的连续性，形成了有序的河流生境结构，使河流水生生物得以迁移、运动，营养物质输送保持畅通，并维持了河流生态系统健康。水电梯级开发使原来连续的河流空间被分割成河流生境片段，梯级电站的每一级水坝都形成一个有效的阻隔，把水生生境分割成孤立的生境片段，鱼类等水生生物种群由此形成若干片段化的孤立种群。被梯级水坝隔离形成的水库、两级水坝之间形成的减脱水段，都可看成是大小、形状和隔离程度不同的“生境岛屿”，并改变了连续的河流生态系统的空间结构、功能联系。生境片段化和种群衰退增加了近亲繁殖、珍稀物种丧失、遗传漂变、影响物种对环境变化的适应能力。本书作者从河流生境角度出发，评估了五布河梯级水电开发对河流生境片段化的影响，以反映水电梯级开发对五布河河流生态系统连续性影响。

参照 Simpson 优势度指数构建原理，建立河流生境片段化指数。计算公式如下：

$$\mathrm{FRA}=\sum_{i=1}^{r}P_{\mathrm{i}}^{2}\times 100\%$$

式中，P_{i} 为第 i 个河段长度占评价河段总长度比例，r 为评价河段内片段化的河段总数。

FRA 最大值为 100，表示河道未受任何自然或人为片段化影响，河流连通性最好，鱼类上溯运动无阻隔；当河道均等片段化为 r 段时，FRA 取到最小值为 $100/r$。

20.2.2 水坝对河流生境片段化的影响

本书从河流生境角度出发，评估五布河梯级水电开发对河流生境片段化的影响，以反映水电梯级开发对五布河河流生态系统连续性影响。五布河上水坝建设较早，缺乏水坝建设前河流生境的调查资料。为分析水坝建设前河流连通性状况，通过对五布河现有跌水生境的实地调查，根据现有跌水高度、人为破坏规模和方式，估算水坝修建前跌水生境几何尺寸（表 20-6）。同时按照水坝建设前鱼类在平水期是否能够上溯通过跌水，将五布河上的跌水生境分为 3 类（图 20-2）：鱼类不能上溯通过（N 类）；平水期仅小型鱼类可上溯通过（D 类）；鱼类可上溯通过（Y 类）。N 类跌水可阻隔鱼类自然的基因交流，本书作者认为其产生有效的河流片段化效应。D 类和 Y 类跌水不会阻隔鱼类种群交流，认为其不会引发有效的河流片段化效应。

滩子口(N 类跌水)

漫水桥石滩(N类跌水)

小观石滩(D类跌水)

连心桥(Y类跌水)

图 20-2　五布河跌水生境类型（照片由王强提供）

N 类跌水和水坝均会导致河流生境片段化。前者属自然的河流生境片段化，后者属人为的河流生境片段化。每两个生境片段化因子（N 类跌水、水坝）之间的河段为一个破碎的河段。使用 Google Earth 测量工具测量 N 类跌水间的距离，可得到水坝修建前五布河河流生境片段化状况。

表 20-6 五布河干流河口至高洞塘电站段跌水、瀑布生境基本情况

名称	海拔（m）	经纬度	长（m）	高差（m）	生境类别	位置	连通性	人为干扰	与下游跌水、瀑布的距离(km)
箭湾石滩	173	N29°33′57.98″，E106°43′33.00″	30	3	C	茶涪路五布大桥下	N	箭桥电站水坝（被三峡水库蓄水淹没）	2.942（距五布河河口）
倒角石滩	179	N29°31′42.25″，E106°49′05.10″	25	4	C	杨家洞电站水坝	N	杨家洞电站水坝	5.659
王爷庙石滩	191	N29°30′19.54″，E106°48′28.87″	15	2	C	王爷庙	N	磨坊水坝（已被冲毁）	2.858
宝石桥石滩	193	N29°30′08.16″，E106°48′26.75″	15	1.5	C	宝石桥	N	河道整治开挖	0.247
玉滩/菩萨滩	194	N29°29′55.73″，E106°48′36.15″	200	7	C	玉滩电站水坝	N	玉滩电站水坝	0.603
皂角滩	206	N29°29′42.15″，E106°50′01.56″	35	1	C	连心桥	Y	公路桥	2.843
五布石滩	212	N29°28′55.51″，E106°50′34.84″	713	18	C	五布场	N	五布电站水坝	0.995
锡滩	228	N29°27′57.14″，E106°50′52.41″	170	3	C	东温泉	N	锡滩电站水坝	2.868
观景口石滩	243	N29°26′44.03″，E106°52′22.81″	109	3	C	观景口	D	无	2.509
观景口上游石滩	247	N29°26′46.26″，E106°52′20.72″	8	2	C	观景口上游	N	磨坊水坝	0.117
双胜电站厂房石滩	237	N29°25′36.10″，E106°52′12.47″	5	1	C	双胜电站厂房	N	磨坊水坝（已被冲毁）	2.322
漫水桥石滩	241	N29°25′31.00″，E106°52′17.50″	5	1	C	漫水桥	N	公路桥	0.175
漫水桥上游1号石滩	240	N29°25′27.73″，E106°52′18.87″	5	1.5	C	漫水桥上游	N	石桥	0.081
漫水桥上游2号石滩	247	N29°25′24.35″，E106°52′21.67″	8	1	C	漫水桥上游	N	无	0.105
漫水桥上游3号石滩	251	N29°25′17.51″，E106°52′30.14″	10	1	C	漫水桥上游	N	无	0.293

续表

名称	海拔（m）	经纬度	长（m）	高差（m）	生境类别	位置	连通性	人为干扰	与下游跌水、瀑布的距离(km)
双胜石滩	255	N29°25′13.87″，E106°52′34.75″	6	5	F	双胜电站水坝	N	双胜电站水坝	0.125
白鹤石滩	258	N29°22′15.48″，E106°51′31.54″	62	1.5	C	白鹤水文站	D	白鹤水文站	6.510
白鹤水文站上游1号石滩	254	N29°21′47.08″，E106°51′19.56″	30	2	C	白鹤水文站上游	N	公路桥	0.929
白鹤水文站上游2号石滩	260	N29°21′48.14″，E106°51′08.24″	10	3	C	白鹤水文站上游	N	无	0.429
江鹤石滩	269	N29°21′53.19″，E106°50′58.48″	4	7	F	江鹤电站水坝	N	江鹤电站水坝	0.283
雷响洞电站厂房上游石滩	280	N29°20′46.72″，E106°50′32.07″	421	20	C、F	雷响洞电站厂房	N	磨坊水坝（已被冲毁）	3.407
雷响洞石滩	300	N29°20′12.61″，E106°50′34.16″	80	6	C	雷响洞	D	雷响洞水坝	0.866
王家桥石滩	309	N29°19′01.71″，E106°50′21.19″	238	20	C、F	王家桥	N	无	3.494
滩子口	316	N29°18′48.26″，E106°50′21.12″	161	12	C	王家桥	N	无	0.206
小观石滩	325	N29°18′27.66″，E106°50′06.58″	157	2	C	小观电站水坝	D	小观电站水坝	0.680
生子孔石滩	332	N29°16′49.54″，E106°49′11.62″	120	20	C、F	生子孔电站水坝	N	生子孔电站水坝	4.683
崖头	342	N29°16′09.04″，E106°49′19.62″	12	6	F	接龙镇熊家湾	N	石桥	1.62
观音滩	344	N29°15′08.64″，E106°49′21.54″	45	4	C	接龙镇大坪岗	N	石桥	3.00
庙林石滩	351	N29°14′12.58″，E106°49′35.85″	61	8	F、C	庙林电站水坝	N	庙林电站水坝	2.665
查尔岩石滩	409	N29°11′21.86″，E106°50′20.93″	273	50	F、C	查尔岩电站水坝	N	查尔岩电站水坝	8.383
高洞塘	525	N29°09′06.81″，E106°50′33.42″	20	23	F、C	高洞塘电站水坝	N	高洞塘电站水坝	5.415

备注：连通性指未建水坝前鱼类上溯通过跌水生境的情况；N，鱼类不能上溯通过；D，平水期仅小型鱼类可上溯通过；Y，鱼类可上溯通过；F，瀑布（fall）；C，小瀑布（cascade）。

通过对五布河干流河口至高洞塘电站段水坝建设前后河流生境片段化的分析，表明水坝建设前，共有 26 个自然片段化的河段；水坝建设后增加到 31 个河段（表 20-7）。河段长度最大值和最小值在水坝建设前后均无变化。最短的河段为双胜场漫水桥石滩—漫水桥上游 1 号石滩之间的河段，长度仅为 81 m；最长的河段为庙林石滩—查尔岩石滩之间的河段，长 8.38 km。河段平均长度由建坝前的 2.59 km 减少到建坝后的 2.17 km，减少 16.2 %。河流生境片段化指数由建坝前的 7.02 变为建坝后的 6.34，降低 9.67 %。

表 20-7 五布河干流河口至高洞塘电站段河流生境片段化分析

指标	水坝修建前	水坝修建后
河段数量	26	31
河段平均长度(km)	2.589	2.171
标准差	2.40	2.17
最小值(km)	0.081	0.081
最大值(km)	8.383	8.383
河流生境片段化指数(FRA)	7.019	6.340
河流生境片段化指数理论最小值	3.846	3.226

由此可见，五布河干流上虽然建有 15 座水坝，但是与建坝前相比河流连通性指数变化并不大。五布河干流存在众多的跌水生境，鱼类不能正常上溯的 N 类跌水生境多达 26 个。这些生境对五布河造成自然的生境片段化。五布河干流上的水坝大多建在 N 类跌水生境上。在五布河上修建 15 座水坝后，河流连通性指数有一定程度的下降。导致河流生境片段化指数降低的主要原因在于小观电站水坝、雷响洞水坝、白鹤水文站建设在 D 类跌水上阻碍鱼类上溯。

综上所述，通过对五布河河流生境质量、河流生境片段化以及库区河段、减（脱）水河段分布特征的分析，可得出以下结论：五布河干流 15 座水坝建设后，大多数河段成为水库或减水河段，近自然河段总长度仅 20.48 km，占干流总长度的 25.28 %。从整体上看，水坝建设后，坝下减水段河流生境质量在水坝修建后降低约 14%；坝上库区河段生境质量变化不明显。但位于五布河上游的查尔岩电站、高洞塘电站的库区河段在水坝建设后河流生境质量降低约 50 %。水坝建设后，五布河干流河口至高洞塘电站段被破碎为 31 个河段，较建设前增加 5 个河段。河段平均长度降低 16.2 %，河流生境片段化指数由建坝前的 7.02 变为建坝后的 6.34，降低 9.67 %。五布河水电梯级开发对河流生境的影响除了与梯级水利水电开发方式、水坝建设位置密切相关外，还与自身多天然跌水的河流地貌特征有关。

20.3 生境恢复原则

（1）整体性　以系统的观点设计河流生境恢复，保证河流生境结构完整性和生态过程的完整性。

（2）自我设计　河流生境恢复的最终目的是达到河流生态系统的自我维持，因此，了解河流生境各要素间的耦合关系以及在自然状态下的自我维持机制，发挥河流生态系统自我设计和自我维持功能，是河流生境恢复的关键内容。

（3）自然性　强调“自然是母，时间为父”的原则，以自然为模板，了解原生状态下河流生境的结构和功能，为河流生境恢复提供指导。强调与自然合作而进行河流生境恢复，这样可提供优化的功能和效益。

（4）功能性　在河流生境恢复工作中，重形态，重结构，但更应重视功能的恢复，只有功能的全面恢复才是河流生境恢复永久可持续的保证。

（5）多样性　河流生境的多样性表现在生物种类的多样化、群落结构的多样性，还表现在生境类型的多样性等等，因此，多样性恢复是河流生境恢复的重要内容。

（6）协同共生　河流生态系统中的生物要素与环境要素，以及人与河流生态系统都共处于一个协同进化体之中，河流生境恢复的目的就是达到河流生态系统各要素之间的协同共生。

20.4 生境恢复技术

20.4.1 鸟类生境恢复

鸟类生境恢复是河流生境恢复的重要内容。鸟类生存需满足三个条件，即为鸟类提供栖息场所、避敌场所和食物来源，在恢复技术上表现在多样化生境单元构建和食源供给两大方面。可按栖息、繁殖和觅食活动分别进行微地形改造、底质改造、水位控制和植被恢复。

1. 微地形改造

河流湿地鸟类包括涉禽（鸻形目、鹤形目、鹳形目）和游禽（雁形目、鹈形目）。水域、裸地、植被是影响湿地中涉禽、游禽分布的三个重要生境单元。湿地鸟类的生存，需要水域、裸地、植被三种要素共存，且不同生境单元的组合也会影响鸟类种类和数量。不同湿地鸟类存在明显的生态位分化，适宜的生境有所差异，涉禽觅食和栖息需要浅滩环境，游禽需要开阔明水面和深水域。因此，营造浅滩-大水面复合生境可为湿地鸟类提供多种栖息环境（图 20-3）。同时通过挖掘或淤填等方式构建不同水深环境以提高生境异质性。此外，地形凸起区域如高滩、岛屿等可设计成鸟岛，其上再挖掘湿洼地并种植低矮的湿生草本植物，这种孤立岛状地形是鸟类等湿地生物隔绝外界干扰的重要结构。湿地植被为鸟类筑巢觅食、躲避天敌入侵和人类干扰等创造了天然的庇护环境，配置乔灌草混交的植物群落以满足不同喜好的鸟类。枯木或倒木也是重要的小型生境单元，能够为鸟类提供庇护和栖息生境，在其腐烂的同时也为苔藓、草本植物的生长提供基质。从岸边伸向开放水域的倒木可为水禽、爬行动物和两栖动物提供栖木，并且能够成为鱼类和水生昆虫的庇护场所。

图 20-3 浅滩-大水面复合生境示意图（引自马广仁等，2017）

2. 底质改造

很多鸟类都需要吞咽少量的沙子以帮助消化植物性食物。因此，生境恢复与改善中，对一些完全的淤泥质底质，可适当在局部区域铺设粗沙，形成有利于鸟类生存的镶嵌状底质斑块。

3. 水位控制

针对不同的鸟类，设计不同水位深浅的水域。就觅食环境来说，设计水深分别为，鸻鹬类：0～0.15 m；鹤鹳鹭类：0.10～0.40 m；雁鸭类：0.1～1.2 m。

4. 植被恢复

植被是鸟类重要的栖息地、庇护地、觅食场所和繁殖场所。针对不同鸟类的栖息、觅食和繁殖习性，进行植物种类和不同群落结构的配置。

5. 食源供给

在自然食物链不能满足觅食需求时，可通过农田留存作物（如稻谷、小麦、玉米等）、种植食源植物等方式补充食源。鸟类食源主要包括底栖动物、鱼虾、植物种子、球茎和果实等。游禽多以水中昆虫、鱼类及植物为食，涉禽喜在滩涂觅食软体动物、昆虫、小鱼等，鸣禽多在水边灌丛或密林中找寻浆果、草籽、昆虫等为食。因此，营造鸟类栖息地时应尽量创造多种食源，种植鸟类嗜好树种（如桃、杏、李、梨、樱桃、葡萄、枸杞、香樟、女贞等），满足不同鸟类的食物需求，提高鸟类的多样性与丰度。

20.4.2 鱼类生境恢复

1. 滨岸带和洲滩湿地恢复

河流沿岸带是草食性鱼类索饵和产黏性卵鱼类产卵的重要场所，无序采沙影响部分鱼类产卵场的基质和繁殖行为。恢复河流洲滩植被，对洲滩进行湿生及水生植被的恢复与重建，包括先锋种（以乡土植物为主）引入、植被栽培（“目标”种优选、基本条件创建、植物栽种、群落配置），以有效恢复鱼类生境。

2. 滨岸腔穴系统恢复

河流基岩质河岸岩石腔穴对于鱼类庇护、临时性产卵具有重要作用（图 20-4）。岩石腔穴及其周边也是水生昆虫、附着藻类以及其他浮游生物大量繁殖的场所，这些生物共同构成了一个完整的近岸水域食物网。鱼类生境恢复，重点是营建多孔穴的生境空间，提供鱼类庇护及产卵生境。在河岸工程中，涉水建构筑物的建设常常对鱼类生境产生不利影响，如堤坝及码头修建桩基的影响。在鱼类生境恢复中可投放能形成多孔穴空间的防水防腐木质框架，作为鱼类生境单元。

图 20-4　长江干流的河流基岩质河岸岩石腔穴

3. 水下生态空间构建

在浅水区域种植沉水植被，形成良好的水下生态空间，为鱼类提供栖息及觅食生境，也为产黏性卵的鱼类提供产卵附着基质（图 20-5）。

图 20-5 由海菜花、眼子菜形成的水下生态空间

在河流近岸浅水放置木质残体，如枯树枝、倒木等，形成复杂的水下生态空间，为鱼类产卵、庇护及幼鱼哺育提供良好场所。

4. 浮性鱼巢

鱼巢能为鱼类提供栖息和避难场所，在修复和改善河流生态环境、拯救珍稀濒危生物和保护生物多样性等方面具有重要意义。制作鱼巢的材料要无毒、耐用、附着面积大、来源广、价格低，便于鱼卵黏附。此外，要求人工鱼巢不易腐烂，不影响水质变化，有利于受精卵孵化成鱼苗。借鉴台湾高山族人的文化技术遗产——巴拉告，用竹木及水生植物研制的多层浮性鱼巢，为鱼类提供产卵附着基质，效果良好；而且还成为了水鸟的栖息场所（图 20-6）。

图 20-6 竹木及水生植物制作的浮性鱼巢

20.4.3 基于河流生物多样性保护的河流生境恢复

本书作者在海口市五源河进行的河流生境恢复工程的设计和实施中，通过河流生境恢复工程的实施，重建南中国热带滨海城市最具生命力的都市河流，将五源河建成城市生命景观河流样板，使五源河真正成为“生命之源、生态之源、文化之源、智慧之源、活力之源”。

生命河流的要素之一，就是河流生物群落、生境类型及物种的多样性。在五源河生态修复中，主要是通过多功能生境恢复，重建生命景观河流。

20.4.3.1 基于河流生物多样性保护的生境恢复——多功能生境恢复技术

1. 多水文形态多孔穴结构——为水生生物设计多功能生境

河流中的生境类型及生境异质性，是由河流水文形态、河流地貌结构、河流植物群落等多种因素综合作用的结果。水文形态的多样性和地貌类型的多样性决定着河流生境多样性，其中水文形态包括流量、流速、流态等方面；而河流地貌既包括宏观和中观尺度上的地貌类型，也包括微观尺度上的小微地貌形态。五源河作为入海河流，南接羊山火山熔岩湿地区，北入琼州海峡，咸淡水交混，生物多样性本应非常丰富、独特。但由于长期的人为破坏，及前期治理过程中的简单粗暴做法，使得河流生境多样性大大降低。本研究基于为水生生物设计多功能生境，进行了多水文形态、多孔穴结构设计与实践。

图 20-7　恢复后的海口市五源河蛇桥

图 20-7 所示蛇桥就是在五源河下游修复重建的多水文形态多孔穴结构。在五源河源头区域所在的海口羊山，龙华区龙塘镇新沟有 700 年历史的河上蛇桥，是用火山石建造，融涉河通行、水位调控、生物生境于一体的多水文形态、多孔穴结构。在五源河生态修复中，借鉴这些生态智慧，根据五源河河流水文状况、洪水情况、河床底质情况，以及多功能生境设计目标，建造了宽 1.0 m、跨河长度 10. 0m 的火山石蛇桥，加上两岸延伸部分，该火山石蛇桥总长度 25.0 m。该蛇桥临右岸 1/3 处设计了有 2.0 m 宽的过水通道。由此在火山石蛇桥上游形成静水和浅水环境，可以为水菜花（*Ottelia cordata*）、水蕨等植物提供生长环境；蛇桥的火山石形成的多孔穴结构，是鱼类、水生昆虫栖息的良好场所。

2. 从水到陆的生境梯度重建——植物与鸟类的协同共生

鸟类是河流生态系统的重要生物类群。在河流生态系统中，植物不仅为鸟类提供栖息和庇护场所，而且为鸟类提供食物来源；一些鸟类则承担着为河岸植物传播繁殖体的重要任务。河流生态系统中植物与鸟类长期协同进化，形成稳定的河流生命系统。按照从水到陆的生境梯度，河流生态系统中的鸟类可分为：水鸟（包括深水区的游禽、浅水区的涉禽）、傍水性鸟类、河岸草地鸟和灌丛鸟、河岸林鸟。在五源河的恢复设计中，根据恢复前对五源河鸟类的本底调查，以及五源河所在海口市域鸟类调查及文献查阅，按照如下模式进行植物–鸟类复合生态系统设计（表 20–8，图 20–8）。

表 20–8 海口市五源河从水到陆沿生境梯度的植物–鸟类复合格局

生境梯度空间	植物–鸟类物种团模式	主要植物	主要动物
深水区	沉水或浮水植物+游禽	水菜花、水车前、水龙	小䴙䴘、黑水鸡、栗树鸭、小天鹅等
浅水区	浮叶植物、小型挺水植物+涉禽	水菜花、水蕨、水车前、节节草等	白鹭、池鹭、白胸苦恶鸟灰胸秧鸡、董鸡、蒙古沙鸻、铁嘴沙鸻等
河岸前缘	挺水植物+傍水性鸟类	红蓼、千屈菜、圆叶节节菜、茳芏、水烛、水葱、野荸荠、鳢肠、沼菊、泥花草、水蓑衣、卤蕨等	白鹡鸰、黄鹡鸰、普通翠鸟、白胸翡翠、蓝翡翠、斑鱼狗、北红尾鸲
河岸灌丛草甸	草本植物–灌木+草地鸟–灌丛鸟	香附子、狗牙根、芒、竹叶草、厚藤、海芋、风箱树、月季花、三角梅、决明、云实、马甲子、醉鱼草、糯米团、露兜簕	褐翅鸦鹃、小鸦鹃、噪鹃、红尾伯劳、棕背伯劳、棕扇尾莺、小云雀、白头鹎、暗绿绣眼鸟、白腰文鸟、麻雀、田鹨
河岸林及过渡高地林带	森林+鸣禽、猛禽	海南蒲桃、水黄皮、木棉、黄槿、乌桕、对叶榕、苦楝、鸡蛋花、海杧果、海南菜豆树、椰子	大山雀、红嘴蓝鹊、黄腰柳莺、暗绿绣眼鸟、乌鸫、珠颈斑鸠、黑翅鸢、普通鵟、领角鸮、红原鸡、中华鹧鸪

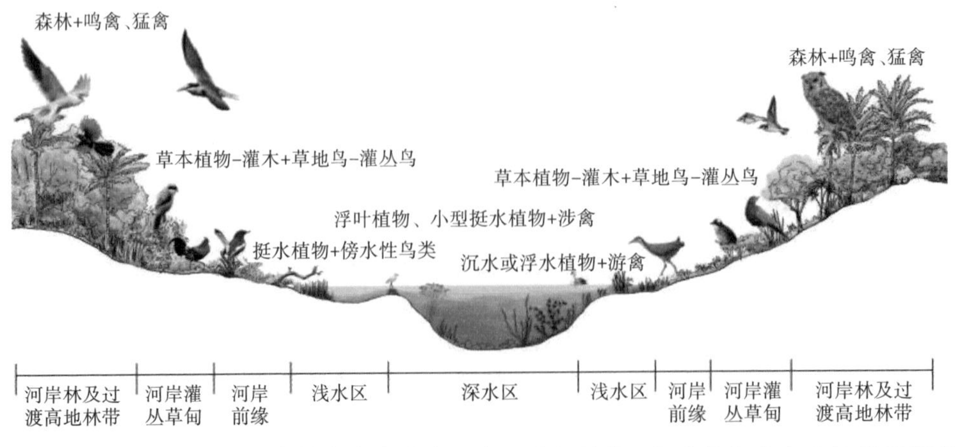

图 20–8 从水到陆的生境梯度重建的海口市五源河植物–鸟类复合生态系统设计模式

除了按照从水到陆的生境梯度，进行植物-鸟类协同设计外。在该梯度上，在不同河段，还表现出差异。在河口段的恢复中，考虑滨海湿地鸟类的栖息和觅食，因此五源河河口段对原生的草海桐（*Scaevola sericea*）、厚藤（*Ipomoea pescaprae*）等沙生植物进行保育，保护河口及滨海区域的原生沙质海滩，满足滨海湿地鸟类对于底栖动物等的食物需求。在下游段以挖沙废弃坑及沙石堆进行的沙丘-林塘复合湿地恢复中，保留沙丘陡壁，满足栗喉蜂虎（*Merops philippinus*）和蓝喉蜂虎（*Merops viridis*）的栖息及繁殖筑巢需求。

20.4.3.2 河流多功能生境恢复效果评价

从河流生境类型多样性、河流生境异质性、河道生境质量、河岸生境质量、滨水空间生境质量、河流生境景观品质等方面，对五源河实施生态修复前后的河流生境变化进行了评估，结果表明，修复后的海口市五源河河流生境类型多样性增加，呈现出河流生境较高的环境异质性，河道及河岸生境质量优化，滨水空间生境质量良好，河流生境景观品质变优。

不同空间尺度上河流生境类型多样性的提高，河流生境异质性的增加，河道及河岸生境质量的优化，以及滨水空间小微湿地生境的建立，为不同生活型的植物、不同栖息特性和不同食性类型的鸟类，以及鱼类和水生无脊椎动物等提供了生存环境和庇护场所，动植物种类及种群数量增加，从而使河流生物多样性得以提升，真正实现了河流生命的回归。

2017年初开始实施海口市五源河生态修复，重点针对生物多样性提升目标，设计并实施了河道生态恢复、河岸生态修复、河流-湿地复合体建设、多功能河流生境恢复，修复前后进行了生物多样性的调查和比较。生态修复完成后的3年时间，五源河生物多样性提升效果明显，动植物种类明显增加（表20-9）。

表20-9　修复前后海口市五源河生物多样性比较

河流生物多样性指标	修复前（2016年）	修复后（2019年）
高等维管植物	427种	448种
鸟类多样性	82种	115种
珍稀濒危特有植物	国家二级保护植物1种，水蕨；海南省级保护植物4种，血封喉、卤蕨、桑寄生、秋枫等	国家二级保护植物3种，水蕨、水菜花、普通野生稻；海南省级保护植物4种，血封喉、卤蕨、桑寄生、秋枫等
珍稀濒危特有动物	国家Ⅱ级重点保护野生动物10种，分别是：红原鸡、褐翅鸦鹃、小鸦鹃、凤头蜂鹰、黑翅鸢、褐耳鹰、普通鵟、红隼、游隼、虎纹蛙	国家Ⅱ级重点保护野生动物14种，分别是：小天鹅、红原鸡、褐翅鸦鹃、小鸦鹃、凤头蜂鹰、黑翅鸢、褐耳鹰、普通鵟、红隼、游隼、鹗领角鸮、虎纹蛙、花鳗鲡

针对五源河的野生动植物进行的分析评价表明，植物多样性的变化反映在植被类型增加，包括水菜花、厚藤等植物的重现，使得群系类型比修复前明显增加。修复后高等维管植物种类增加了 21 种，主要是水生植物及河岸植物种类的增加。修复前，水蕨仅在上游源头区有零星分布；修复后，在五源河上、中、下游发现了五处分布点，近期的调查表明，水蕨的分布在向河岸两侧的小微湿地周边扩展。

修复后，鸟类种类增加最为明显，比修复前增加了 33 种，珍稀濒危鸟类增加了 3 种。增加的鸟类中，湿地鸟类有 10 种，包括蒙古沙鸻（*Charadrius mongolus*）、铁嘴沙鸻（*Charadrius leschenaultii*）、董鸡（*Gallicrex cinerea*）、东方鸻（Charadrius veredus）、小杓鹬（*Numenius minutus*）、普通燕鸻（*Glareola maldivarum*）、灰翅浮鸥（*Chlidonias hybridus*）、绿鹭（*Butorides striata*）、草鹭（*Ardea purpurea*），这些鸟类基本为涉禽，说明五源河河道浅滩-深潭生境格局、河心沙洲、河流-湿地复合体的恢复重建，对涉禽的栖息产生了明显效果。林鸟种类增加也比较明显，增加的种类包括红耳鹎（*Pycnonotus jocosus*）、白喉红臀鹎（*Pycnonotus aurigaster*）、极北柳莺（*Phylloscopus borealis*）、三宝鸟（*Eurystomus orientalis*）、黑枕黄鹂（*Oriolus chinensis*）、红嘴蓝鹊（*Urocissa erythrorhyncha*）、喜鹊（*Pica pica*）、黑喉噪鹛（*Garrulax chinensis*）、纯色啄花鸟（*Dicaeum concolor*）、朱背啄花鸟（*D. cruentatum*）、八声杜鹃（*Cacomantis merulinus*）等，说明河岸灌丛草甸、河岸林及过渡高地林带的恢复重建产生了良好效果。

修复后，五源河河流生物多样性的提升，与不同空间尺度和环境梯度上的河流生境类型增加及质量改善有关，也与修复后植物、鸟类、鱼类、昆虫等各生物类群的协同共生关系的建立密切相关。说明河流生态修复，不仅要注重形态、结构的重建，更要实现功能和过程的修复，并建立起河流生命系统的协同共生关系，真正实现河流生命的回归，及河流生物多样性的维持。

第 21 章
流域综合管理

21.1 流域综合管理概念

随着人类对河流开发利用程度不断提高，河流的自然水文情势在人类活动干扰下发生了不同程度的改变，河流生态系统受到越来越大的胁迫，并由此对人类的健康生存产生了越来越大的不利影响。维护河流生态系统健康、保护河流生态系统为人类带来福祉的生态服务功能，已经成为河流研究者、河流管理者和广大公众义不容辞的责任。认识问题在河流生态系统层面上，保护的实际行动却不能仅仅停留在河流这一线性水体的层面上，加强流域综合管理才是真正的解决问题之道。

目前，严重的水资源短缺、水环境污染和水生态恶化造成的水危机已成为制约区域可持续发展的瓶颈。从资源与环境管理方面来看，水危机出现的主要原因是不合理的水资源开发利用与环境管理模式。水危机表面上看是资源和环境危机，实质则是水管理制度长期滞后于水治理需求的累积结果。受水循环规律制约，大气降水以分水岭为界按各个流域从地势高的地方，逐步向地势低的地方汇集成地表径流和地下径流，并最终以流域的主干河流出口将汇集的水量注入湖泊、海洋等，以维持蒸发、降水、径流之间的水量动态平衡。周而复始的径流过程要求我们对水资源的开发、利用、保护，必须关注汇集水资源的流域。

流域是指以河流为中心、被分水岭所包围的、具有明确边界范围的区域。流域生态系统是以地表水和地下水为主要纽带，密切连接特定区域水循环、土地覆被，将上、中、下游组成一个具有因果联系的复合生态系统，是一个具有明确边界的地理单元。流域作为一个相对独立的自然、社会、经济复合系统，成为大气圈、岩石圈、陆地水圈、生物圈相互作用的联结点，是各种人类活动和自然过程对环境影响的汇集地和综合表征体，是实现河流资源和环境管理的最佳单元。

流域综合管理就是以流域为管理单元，为了充分发挥水土资源及其他自然资源的生态效益、经济效益、社会效益，在全面规划的基础上，在政府、企业和公众等共同参与下，应用行政、市场、法律手段，对流域内资源实行协调、有计划、可持续的管理，合理安排农、林、牧、副、渔各业及其空间用地，因地制宜地实施综合管理措施，促进流域生态系统服务和公共福利最大化。流域生态系统综合管理被认为是实现河流资源利用和河流生态保护相协调的最佳途径，以流域为单元进行管理能够使自然、社会和经济要素有机地结合起来，有利于协调生态环境保护和社会经济发展目标，实现区域的可持续发展。

流域综合管理的基本含义有两个方面：① 按流域统一管理，根据水的自然流域统一性规律，对流域上中下游、干支流和左右岸的水事活动实行流域的统一管理；② 按流域综合管理，根据水的多功能统一性规律，将水利、环保、国土、渔业、林业、海事、港航、城建、地矿、旅游等各行业和部门的涉水活动纳入流域综合管理轨道，以追求生态环境效益、经济效益和社会效益的最优化。

21.2 流域管理的原则和基本要素

21.2.1 流域管理的原则

1. 尊重自然原则

尊重自然，树立“自然是母，时间为父”的理念。近年来兴起的河流近自然治理就是对“自然是母”的最好诠释。“时间为父”，是在提醒我们关注流域生态系统随时间的波动、演替、演化，处在每个时间进程中的某个时间节点，流域管理该考虑的东西、目标都是不一样的。

2. 整体性和最优化原则

要认识到流域是一个整体生态系统，认识到人类只是流域生态系统的一部分。流域自然生态系统和社会系统的可持续性是相互依存的。应根据系统工程原理，实现流域生态系统的整体优化。

3. 综合性原则

流域管理工作涉及自然科学、社会科学和技术科学等多学科、多范畴，在进行流域综合规划和管理时，应该把流域作为生态系统整体考虑，综合自然科学、人文科学和管理科学的知识（图 21-1），定义流域管理的自然、社会和环境边界与管控条件，监测和评估流域范围的变化，形成流域管理的综合决策。

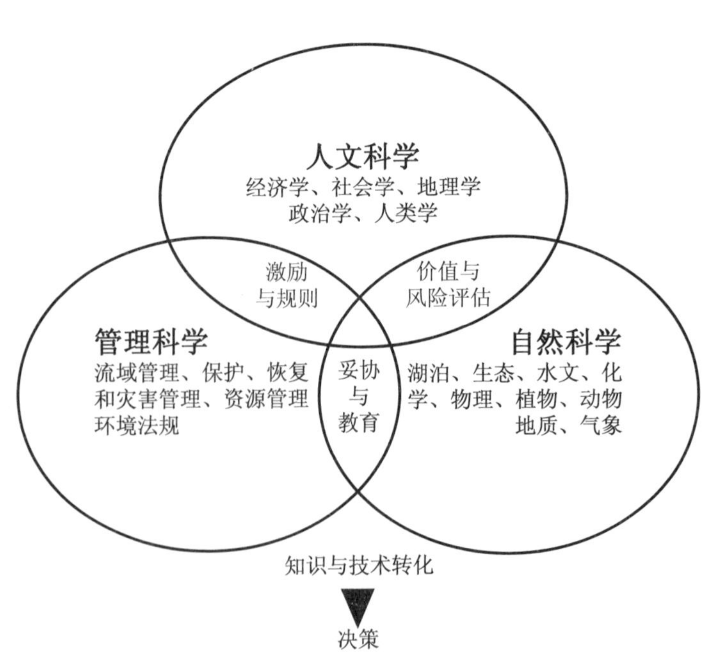

图 21-1 流域管理的自然、人文和管理科学之间的交叉融合（引自 Naiman and Bilby，2001）

4. 协同共生原则

协同共生是自然界与人类社会永恒的主题。人与自然界的共生是指人类与自然界之间的互利共存关系。人类社会和流域自然环境的关系中，有许多本来是“对抗”的事情，都可以根据协同共生原理，使其转化成为“共生”的关系，实现双赢。

5. 功能优先和多样性原则

功能是维持流域生命力最重要的要素。生态系统的结构与功能紧密联系、密不可分。功能是流域生态系统结构在生态流作用下，在与其内外相互联系中所表现出来的能力，可以说功能是结构的表现。多样性是与稳定性相关的一个法则，重要的不仅是重建流域形态多样性、生物多样性，更为重要的是了解自然及文化多样性特征，如何在流域综合管理中尽可能地去保护。要尽可能采用生态方法恢复和维持流域生物多样性、文化多样性。

21.2.2 流域管理的基本要素

流域生态系统管理视角的发展融合了时间和空间的可变性，对流域生态特征的持续性采取了整体性的方法，因此，流域管理需要在一个复杂的文化价值观和传统框架内整合科学知识。流域生态系统综合管理是为了实现河流生态系统服务的最优化，淡水和淡水生态系统是流域管理的最基本组成部分（Naiman，1995；Naiman 等，1995）。淡水问题比以往任何时候都更体现了自然资源管理的复杂性。了解淡水生态系统对人类产生的压力，从而作出反应的能力和加以限制是长期社会稳定和生态活力的核心。

流域综合管理必须认识到有四个基本的要素为有效管理提供了基础：自然系统的时空变异性、生态属性持久性、系统连通性和不确定性、文化和制度（Grumbine，1994）。

1. 自然系统的时空变异

自然系统的结构和自然过程（包括地貌、水文、气候、土壤形成、地质扰动等）的时空变异及其多样性是流域管理的基本要素之一。我们需要了解自然系统及其过程如何运作，并预测人类活动对于这些系统影响的环境后果（Naiman 等，1995）。

自然生态系统的活力是由时间和空间上的实质性变化所创造和维持的。自然系统是在由时间周期和空间维度所构成的复杂镶嵌体中不断发生变化的（Turner，1990）。例如，河岸森林的生态特征是由一系列复杂的动态和空间变化的水文过程构成，这些过程侵蚀和储存物质、提供养分、清除废物（图 21-2）。我们发现流域时间和空间的可变性结果存在于河岸环境的生物多样性和生产力（Fetherston 等，1995）。一个关键的管理挑战是平衡人类需求与物理和化学特征的变化，从而减少物种损失和生态特性（即生物多样性、生产力、韧性等）衰退的发生。由此可知，自然系统的时空变异对于流域综合管理是必不可少的基本要素。

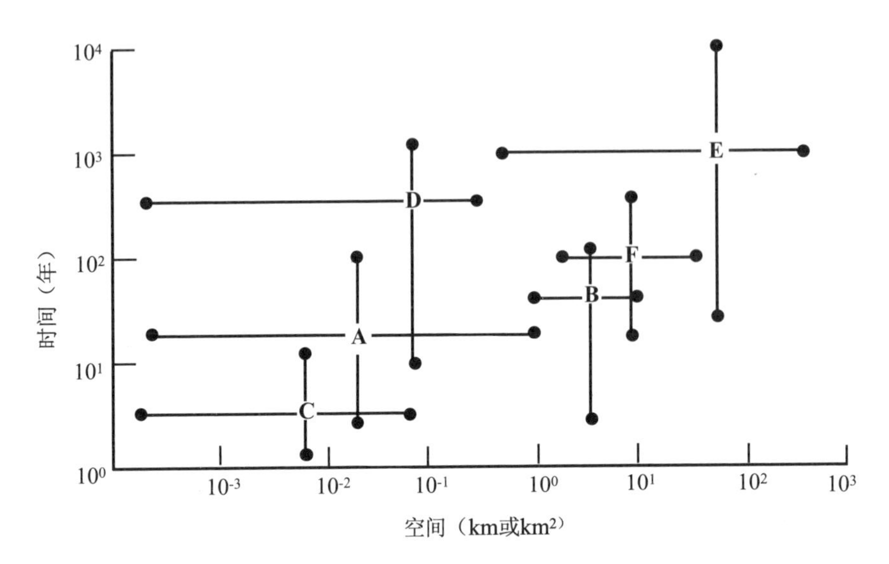

图 21-2 北美洲海岸温带雨林河岸林的形成和多样性维持（时空尺度）图解。A. 洪水，B. 泥石流，C. 幼苗萌发，D. 物种斑块大小与寿命，E. 河道中枯木存留与移动，F. 食草动物的影响（引自 Naiman and Bilby，2001）

2. 生态属性的持久性

生态属性的持续性（即几十年到几百年），需要维持一个自然变化的环境制度。当自然环境制度发生改变时，生态系统也会发生调整，如相对丰富的物种或生物地球化学过程产生新组合的生物物理环境，易受外来生物入侵和非本地生态结构和过程的影响（Drake 等，1989）。对流域管理来说，理解和量化持久性和入侵物种防治是很重要的，因为这些成分对变化很敏感，在空间和时间尺度上都有变化，可以作为生态变化的衡量指标以及流域管理的生态属性指标。

3. 系统连通性

河流生态系统是流域研究和管理中最为关键的单元。由源头集水区的河溪开始，往下流经各个等级的河溪，形成一个连续流动、独特而完整的生态系统，即河流连续体，这不仅是物理空间上的连续体，更是生态功能上的连续体。流域综合管理就是要强调河流生态系统组成要素、结构和功能在流域空间上的连续性和统一性。流域管理的目标是让人类及其社区的所有组成部分都以相对而动态的平衡状态存在（Naiman，1992）。这个目标明确地认识到社会和环境因素在多重尺度上的紧密联系和连续性。这意味着管理组分之间以及管理本身的连通性。例如，必须考虑水、鱼、土壤、森林、教育、资源利用和文化价值，以及它们之间的相互作用（Stanford 和 Ward，1992）。

4. 文化与制度

在人类管控的流域，土地综合体（即由各种类型土地构成的镶嵌斑块）是由文化实践、传统、宗教和制度共同创造的。每个斑块的边界类型的空间范围和时间期限不仅仅与这些不同类型的土地的自然属性有关，最终它们是由法律、法规、税收、技术、文化价值和信仰以及与自然资源利用有关的传统土地利用实践来决定的。

发展一个综合的流域社会环境制度，就是要面对和解决与社会和文化有关的重要问题，改变文化价值的作用和适应。平衡消费和人口增长，应对政治变化，建立知识合作机构（Lee，1993）。这些问题是密切相关的，不是由任何一个单一要素就能单独解决的。实施一个综合的程序来解决流域的综合管理问题，可能不会立即显现出我们所需要的结果，因为每个流域都有一些独特的问题需要解决。然而，有效的流域管理，在文化和制度层面，总是有一些需要遵循的基本原则和方法。

21.3 流域管理方法

21.3.1 流域综合调查

1. 流域综合调查内容

流域综合调查内容包括自然环境调查、自然资源调查、经济社会调查和流域生态系统调查（王礼先，1999）。流域自然环境调查包括流域所在的地理位置、地质、地貌、气象气候、水文、土壤、水土流失等。流域自然资源调查包括水资源、土地资源、气候资源、生物资源、矿产资源、旅游资源等。流域经济社会调查则包括人口、产业结构、生产水平和技术条件、原住民生活水平、经济社会环境（包括政策环境、交通环境、市场条件）等。流域生态系统调查包括水域生态系统调查和陆域生态系统调查。水域生态系统调查是以水生生物完整性以及水生生态系统存在的主要压力及潜在风险调查为主，了解流域水生生态系统现状及存在的主要问题，调查内容包括鱼类、大型底栖动物、特有和指示物种等水生生物物种调查，水域生态系统所遭受的水利水电工程、挖沙、网箱养殖、船舶交通污染等人类活动干扰状况，外来物种入侵状况；陆域生态系统调查通过流域陆地生态系统组分构成及其变化、景观格局、物种及其栖息生境等调查，掌握流域生态系统演变特征，辨识影响陆域生态系统状况的主要干扰源和人类活动干扰因素；调查内容包括陆域森林、草地、农田和城镇等生态系统的组成、面积、空间格局分布及时空演变特征，陆域生态系统植被覆盖度，沿河重要自然生境保持率，水土流失面积、强度和空间分布等。

2. 流域综合调查步骤

流域综合调查分三个步骤：准备阶段、外业调查阶段和室内分析总结阶段。①准备阶段包括：资料收集整理、调查仪器和设备、人员技术培训等；②外业调查内容包括：流域水文与水环境、土地利用现状、水土流失和水土保持现状、土壤、植被等调查；③室内分析包括调查资料的归纳汇总、调查数据的定量分析、调查图件编制和调查报告撰写。

3. 流域综合调查方法

流域综合调查有常规调查、遥感分析、样地调查方法。①常规调查方法一般采用线路调查法，包括调查路线选择，对调查流域内水文、水资源、水环境、土地利用现状、土壤、植被和土壤侵蚀等情况进行调查登记。②遥感分析方法是指采用不同分辨率的卫星遥感影像，利用遥感技术对流域土地利用现状、流域河网等级体系等进行调查分析，包括选择符合要求的遥感数据源，进行室内目视判读和野外实地核查。遥感调查系列制图包括地貌类型图、水系现状图、土地利用现状图、森林及草地类型图、植被类型图等专题图件。③样地调查方法是指流域综合调查中对生物多样性进行的规范化抽样调查方法，在植物种群和群落调查中的样地调查方法有样带法、样方法等；在动物种群调查中取样方法有样方法、标记重捕法、去除取样法等；样地大小、数量和空间配置，都要符合统计学原理，保证得到的数据能反映总体特征。

21.3.2 流域定量分析

流域定量分析是流域管理框架的一部分，是流域实践决策的基础。以美国位于华盛顿西部普吉特海湾盆地的塔特河流域为例（Naiman 和 Bilby，2001），塔特河流域包括由私有林地主导的混合所有制属地，但排水系统还包括一个向西雅图供水的水库。由于塔特河有宝贵的渔业资源（鲑鱼、鳟鱼和虹鳟）以及重要的饮用水源，许多利益集团参与了流域分析过程。塔特河流域分析程序确定了鲑鱼栖息地特征（如河流温度和大量木质碎片）的退化区域，以及从未铺设的伐木道路和地质不稳定的斜坡上输送泥沙到溪流的区域。预防或减轻这些问题的举措是由一个团队开发的，其中包括代表华盛顿自然资源部和威耶豪斯公司的 6 名森林专家、森林道路工程师、树木生理学家、生态学家、水生生物学家、森林水文专家。除了 12 名正式成员外，超过 40 人参与了塔特河流域分析。当数据可用时，流域可以用多种定量方法来描述。可以标识每个土地覆被类型（如植被和生境）的面积和所占比例，分别记录其面积和周长。分析计算斑块总数量、斑块大小平均值、标准差、最大斑块面积、加权平均值、内部生境数量、总边缘、平均斑块形状等。除了描述个体覆盖类型的指标外，还分析计算了栖息地之间的边缘，也就是栖息地破碎的敏感指标，每两个土地覆盖类型之间的边缘长度（例如森林草地，森林植被、草地植被）或边缘面积比。

虽然流域状况的定量方法发展迅速，但流域尺度与生态条件（如物种数量、水质）之间的重要关系方面的实证研究仍然很少（Johnston 等，1990）。显然需要确定重要的流域指标，以及社会环境状况发生重大变化的程度。此外，必须意识到定量准则中隐含的假设和约束条件。例如，在流域分析中使用的土地覆被类别的选择决定了结果，而流域的空间尺度，面积和分辨率，或网格单元的大小都会对结果产生影响（Turner 等，1989）。

21.3.3 流域生态系统综合评估

流域生态系统综合评估由于单独一些指标所包含的信息不够，不能充分表现流域生态系统的真实状况及其影响因素，因此要把多个指标综合起来描述流域生态状况，全面地反映流域生态系统发展及演变。流域生态系统综合评估指标体系见表 21-1。

表21-1 流域生态系统综合评估指标体系

项目	指标	指标内容
生态功能	水源涵养功能指数	反映生态系统拦蓄降水或调节河流径流量的能力。水源涵养功能强弱是流域生态系统状况的重要参数,且与流域生态健康程度成正比
	土壤保持功能指数	是保持土壤不被侵蚀的能力。土壤侵蚀是植被、土壤、地形、土地利用及气候等因素综合作用的结果,土壤侵蚀导致水土流失加剧、土壤退化、农业生产受损、洪涝灾害加剧,从而威胁流域生态健康
	洪水调蓄功能指数	洪水调蓄和控制是流域的重要生态功能之一,河岸带具有重要的洪水调蓄功能,尤其是河岸湿地,包括河漫滩、沼泽等组分。河岸天然湿地面积比例越大,洪水调蓄功能越强
	生物多样性保护功能	流域保护物种多样性、生态系统多样性的能力,其中生境保护是生物多样性保护的一个重要方面,常以生境适宜性表征生物多样性保护功能
	农田与建设用地比例	农田及建设用地是受人类直接影响和长期作用使地表发生变化的人为景观,其所占比例反映了陆域人为景观空间组成及格局,对流域自然生态系统物质循环和能量流动具有较大影响
生态格局	森林覆盖率	指单位面积内森林垂直投影面积所占比例,是衡量地表植被及生态系统状况的重要参数。森林覆盖率越高,生态系统的物理结构稳定性越好,越有利于流域生态系统保护
	自然植被比例	自然植被覆盖度反映了生态系统的完整性状况和自然生境条件。自然植被比例越高,生态系统稳定性越好
	河道连通性	自然河道的连通状况,通常以每百公里河道上的闸坝等水利工程个数来评估河道连通性
	水质状况指数	流域内水质在Ⅲ类及以上等级的监测断面占流域全部监测断面数的比例,反映了流域整体水环境状况
生态压力	污染阻滞功能指数	河岸带生态系统类型不同,阻滞污染物、维持河流健康的能力有所差异。通常以河岸带生态系统覆盖类型来表征其污染阻滞作用强弱
	河岸带人为干扰指数	河岸带人为活动会造成地表硬化和地表径流污染,并对水环境产生较大影响。利用河岸带人工表面面积比例作为河岸带人为干扰的度量,反映人为活动对河岸带生态系统的影响程度
	人口密度	单位面积土地上居住的人口数,通常以每平方千米内的常住人口为单位,是表征人类活动强度大小的指标;人口密度越大,对流域生态系统干扰越大
	水资源开发利用强度	反映流域水资源开发利用大小程度,根据区域工业、农业、生活、环境等用水量与评估区域的水资源总量比值进行评估

21.3.4 流域社会环境综合评估

对流域的社会环境综合评估包括流域内的人口、产业结构、生产水平和技术条件、原住民生活水平、经济社会环境（包括政策环境、交通环境、市场条件）等。流域管理需要综合的社会环境指数，提供对流域条件的整体理解。社会环境指数是对公民、资源使用者和政府机构的重要参考数据，理想情况下，一个社会环境指数应该提供关于流域环境、经济和社区的重要信息。

通过构建社会环境指数来反映流域的独特特征。例如，在华盛顿西部的维拉帕湾流域，贝类水产养殖、木材生产、渔业和农业都是维持当地经济和文化的重要因素（Naiman and Bilby，2001）。维拉帕联盟开发了一系列环境指标，包括经济活力和社区健康。通过植被覆盖的变化，反映陆地系统的状况，通过野生和孵卵的鲑鱼反映河流生态环境质量，以及反映栖息地状况的湿地及河岸鸟类数量。经济条件是由一年生的鳍鱼、贝类、木材产量、收入分配、当地失业率和人均银行贷款来衡量。社区健康的衡量标准是健康出生婴儿体重的百分比、高中毕业率以及投票率（即参与程度）。每个类别都有可用于发展社会环境指数的备选指标。这个评估的重点是，流域内的公民和资源使用者有一个综合社会经济指数，用以对流域进行整体评估，并为流域的长期可持续性创造必要的管理基础。

21.3.5 流域生态风险评估及应对

风险是负面事件发生的概率和后果，风险评估包括识别和评估。风险管理也是将不需要的事件进行合理解释的过程的一部分，因为它涉及选择有效减少伤害的方法。通过识别、评估和制定与流域管理相关的风险应对策略来作出决策，需要包括广泛的社会环境视角，认识到从点到面和全球生态社会过程的空间尺度。并明确地考虑风险的时间转移。尤其是那些涉及可能会给后代带来风险的决策。

流域生态风险评估过程由 3 个主要阶段组成：问题提出、分析问题和风险表征。①在问题的提出阶段辨识出关键问题、概念模型和分析方案；②风险描述和定量评估在风险表征过程中完成，从而为评估结果的形成打下基础；③将评估结果传递给流域管理人员，由他们制定具体的风险防范措施。

在流域风险管理中，应识别可能存在的风险，发现导致风险增加或减少的原因（风险归因），评估原因的相对重要性（风险评估），利用现有的科学知识提出降低风险的选择（风险管理），以及设计有效的监控程序以促进风险管理。

21. 4 流域公共管理与宣传教育

关注和受过教育的公民是流域管理的基础，公民参与可以使管理组织受益，并提高对社会环境条件的整体认识。流域管理需要经过深思熟虑，不可能完全由政府法规或技术专家来实现。公民可以在监测社会环境条件方面发挥重要作用，但他们需要接受继续教育，以跟上科学和文化的进步。公众参与协调的监测活动使原住民有主人翁意识。公民对流域内的变化有积极的兴趣，这为决策者提供了公众参加的基础。公众参与流域监测项目有助于确保数据的连续性，提供协助监测的公民人数多，使其有可能进行大规模的适应性管理。

公众参与就是在社会分层、公众需求多样化、利益集团介入的情况下采取的一种协调对策。流域管理中的公众参与，是指在流域管理领域里，公民有权通过一定程序或途径参与一切与环境有关的决策管理活动，使得决策管理活动符合公众利益。在流域管理领域确立公众参与机制，是民主理念在流域管理机制中的延伸，公民对于与维持自身生存休戚相关的流域生态系统利用与开发当然享有参与权利（李丹，黄德忠，2005）。公众参与机制是许多发达国家在流域管理中普遍采取的一种民主法律机制。在流域管理中，公民通过一定程序或途径参与流域管理相关活动，以使流域管理活动符合广大公众的切身利益。公益诉讼是公众参与流域管理及流域生态环境保护的一种重要形式，在流域管理中表现为公民或相关单位可以依法对流域管理部门提起诉讼。流域公众参与机制的贯彻归根结底还需要依靠全社会，主要是流域民众权利意识、参与意识的提高。社区共治是公众参与机制的具体运作形式，流域内每一个社区都是流域社会的一部分，社区共治模式的推广必然增进公众对流域管理工作的支持和监督，形成流域管理坚实的群众基础，促进整个流域民众参与流域管理。

有效的流域管理需要科学家和管理者定期向公民提供流域过程和管理技术的知识。尽管公民和当地组织通常都有良好的意愿，但他们并不总是能从专业视角理解。结果可能是流域恢复项目未能达到他们的目标，或者更糟的是，它们实际上损害了社会环境功能。当被问及为什么要实施这些流域项目时，许多市民仍然不知道河流中木质残体的生态功能，或者认为这些功能是次要的。教育和科学团体如何保持社会公众的文化素养，并在公民中灌输一种流域管理意识？科学家需要解释流域连通性的重要性，自然扰动在维持生产力方面的作用，需要从大型景观单元角度来看待流域管理，以及社会和环境成分如何作为一个综合系统发挥作用。高校应积极参与到对公民进行流域管理的教育中来。如果我们要根据综合的社会环境观点来发展有效的流域管理，就必须有大学教师、科学家、资源管理人员、公民和环境政策制定者的共同努力。

21.5 流域生态补偿

21.5.1 流域生态补偿概念

生态补偿（eco-compensation）是以保护和可持续利用生态系统服务为目的，以经济手段为主要方式，调节相关者利益关系的制度安排。它既包括对保护生态系统和自然资源所获得效益的奖励或破坏生态系统和自然资源所造成损失的赔偿，也包括对造成环境污染者的收费。更具体一点，生态补偿可定义为，国家或社会主体之间约定对损害资源环境的行为向资源环境开发利用主体进行收费或向保护资源环境的主体提供利益补偿性措施，并将所征收的费用或补偿性措施的惠益通过约定的某种形式，转达到因资源环境开发利用或保护资源环境而自身利益受到损害的主体，以达到保护资源的目的。

流域生态补偿是生态补偿机制在流域生态环境与资源保护中的运用，是流域生态环境与资源保护的一种环境经济手段。而流域区际生态补偿，就是指流域治理和保护的受益地区、受益者要为其获得生态收益支付费用，或者是必须承担流域治理和保护的一部分成本，以及流域污染和破坏者要赔偿污染和破坏所造成的损失。由此可以看出，流域区际补偿包括两个方面：流域生态破坏补偿和流域生态建设补偿。前者指对流域破坏或不良影响的生产者、开发者、经营者应对环境污染、生态破坏进行补偿，对流域由于现有的使用而放弃未来价值进行补偿；后者是流域生态受益地区、单位和个人对保护流域生态环境、恢复流域生态服务功能的生态建设地区、单位和个人实施的补偿。

21.5.2 流域生态补偿特征

1. 补偿范围广泛

流域生态补偿的范围是流域的上下游区域。除了对流域上下游已破坏的生态环境进行补偿之外，还需要对未破坏的流域生态环境进行污染预防和保护支出的一部分费用、对因环境保护而丧失发展机会的流域上游的居民进行资金、技术、实物上的补偿、政策上的优惠，并为增进环保意识、提高环境保护水平而进行科研、教育费用的支出。

2. 补偿手段多样

流域生态补偿不仅包括国家层面的补贴、财政转移支付、税收减免、税收返还，还包括国家和地方在建设项目、技术交流、人员培训等方面的扶持和援助等。

3. 补偿要有法可依

流域生态补偿要依照相关法律有序进行，必须保障补偿的连续性，必须用法律手段保障政府有关生态补偿的方针和政策得以贯彻和执行，用法律法规约束人们对流域资源的各种开发、利用行为。

21.5.3 流域生态补偿的主客体

1. 补偿主体

补偿主体包括两个方面：① 一切从利用流域自然资源（如水资源）和享受流域良好的生态环境质量中受益的群体，在利用流域水资源的活动中，包括工业生产用水、农牧业生产用水、城镇居民生活用水、水力发电用水、利用水资源开发的旅游项目、水产养殖等；② 一切生活或生产过程中向外界排放污染物，影响流域水量和流域水质的个人、企业或单位，主要是具有污染排放的工业企业用水、商业家庭市政用水、水上娱乐及旅游用水等。

2. 补偿客体

流域生态补偿客体是执行自然资源和生态环境保护工作等，并为保障自然资源可持续利用和优良的生态环境质量做出贡献的地区。一般包括流域上游区域及流域上游周边地区，他们实施各项自然资源和生态环境保护措施，为保障向下游提供持续利用的水资源等自然资源投入了大量的人力、物力、财力，甚至以牺牲当地的经济发展为代价。对这些为保护流域生态安全做出贡献的地区，作为受益地区的流域中下游乃至国家理应负起补偿的责任。

21.5.4 流域生态补偿方式

1. 资金补偿

资金补偿是最常见的补偿方式。资金补偿过程包含多项费用补偿，例如水资源费、效益补偿费以及损失补偿费等。通过这些费用补偿的形式来实现利用效益的公平性与科学性。

2. 实物补偿

补偿者运用物质、劳力和土地等进行补偿，给受补偿者提供部分的生产要素和生活要素，改善受补偿者的生活状况，增强其生产能力。实物补偿有利于提高物质使用效率，如退耕还林（草）政策中提供粮食进行补偿的方式。

3. 政策补偿

中央政府对省级政府、省级政府对市级政府的权力和机会补偿。如果受补偿者在授权的权限内，则可以利用制定政策的优先权和优惠待遇，制定一系列创新性的政策，促进其发展并筹集资金。利用制度资源和政策资源进行补偿是十分重要的，尤其是对于资金贫乏、经济落后的流域上游地区更为重要。

4. 智力补偿

补偿者开展智力服务，提供无偿技术咨询和指导，培训受补偿地区或群体的技术人才和管理人才，提高受补偿地区的生产技能、技术含量和组织管理水平。

21.5.5 流域生态补偿模式

21.5.5.1 “输血型”补偿模式

“输血型”补偿是指政府或补偿者将筹集起来的补偿资金定期转移给被补偿方。包括：

（1）建立稳定的财政转移支付制度　国家通过财政转移方式，按一定的标准对生态效益创造者进行资金补偿。以及根据“谁受益谁付费”的原则，通过地方政府财政转移方式，生态效益受益地区对生态效益创造者进行资金补偿。

（2）实施实物补偿　对生态环境保护和建设有贡献的主体进行土地、粮食等实物补偿。生态移民制度的部分补偿模式属于实物补偿制度。

（3）建立政策优惠制度　采取差异性区域政策，如对生态环境保护和建设作出贡献的区域及个人采取减免税收等优惠政策作为补偿。

21.5.5.2 输血型与造血型补偿并存的模式

政府或补偿方运用项目支持或项目奖励的形式，将补偿资金转化为技术项目安排到被补偿方，帮助其建立替代产业，增强落后地区的自我发展能力，形成造血机能与自我发展机制，使外部补偿转化为自我积累能力和自我发展能力。造血型补偿主要形式有乡村小额信贷机制、生计替代模式、生物资源可持续利用模式与技术政策等。

21.6 流域生命共同体管理

21.6.1 山水林田湖草生命共同体

2013 年 11 月习近平总书记在《关于〈中共中央关于全面深化改革若干重大问题的决定〉的说明》中提出："山水林田湖是一个生命共同体，人的命脉在田，田的命脉在水，水的命脉在山，山的命脉在土，土的命脉在树。用途管制和生态修复必须遵循自然规律，如果种树的只管种树、治水的只管治水、护田的单纯护田，很容易顾此失彼，最终造成生态的系统性破坏。由一个部门负责领土范围内所有国土空间用途管制职责，对山水林田湖进行统一保护、统一修复是十分必要的。" 4 年后，习近平总书记对"山水林田湖"作为生命共同体的理念，又进一步进行了深化和拓展。在 2017 年 7 月中央全面深化改革领导小组第 37 次会议上，习近平总书记在谈及建立国家公园体制时指出，"坚持山水林田湖草是一个生命共同体"。习近平关于山水林田湖草是一个生命共同体的观点，实际上给流域综合管理提出了更高的目标。

长江流域各省市在流域综合治理和管理实际中，注重山水林田湖草生命共同体的保护和生态修复，注重山与林、林与水、林与草的关系，重点保护和建设好长江干支流、湖库周边的森林和草地，实现以林养水、以水保湿，构建长江流域绿色发展的本底。"山"是生命共同体的生态源（物种源、水源、营养物质源），水是流域生态系统的核心，林、草是流域生态系统中的生产者，林、草既是生物多样性的摇篮，也是山与水之间有机联系的生态廊道。流域内人的健康生存与山、水、林、田、湖、草各要素密切相关，协同共生。习近平总书记提出的"山水林田湖草"生命共同体观点，全面把握了自然生态系统的基本组成要素，阐明了自然生态系统结构与功能的关系，是当代生态学最前沿的生态过程研究成果的集成创新。尤其是在长江上游流域的生态保护与流域管理中，要实现流域水源涵养、水土保持、生物多样性保护等重要生态服务功能，对地表生态过程的了解和调控是至关重要的。从生态学角度看，习近平总书记提出的"山水林田湖草"生命共同体论，揭示了隐含在"山水林田湖草"生命共同体中的生态学机理，即通过地表生态过程把流域各要素紧密地联成一个生命整体，阐释了流域地表生态过程的方向。

习近平总书记"山水林田湖草"生命共同体观点告诉我们，对流域上游重要生态屏障的生态保护与修复，不能仅仅关注单一要素，应关注由各要素构成的整体系统——生命共同体，更应关注使生命共同体长久延续的地表生态过程。更为深入的含义在于，习近平总书记"山水林田湖草"生命共同体观已经超越了对流域自然生态系统的单纯思考，是从人类命运共同体视域，展开的对人类命运共同体的整体思考，是站在人类社会发展的一个全新高度，思谋全人类社会发展的长久可持续。"山水林田湖草”生命共同体观提供了人类思考自然-社会-经济复合生态系统的多维视角，为我们提供了当代“人类世”流域生态系统管理的新范式。

21.6.2 山河湖海流域一体化管理

在流域管理中，要树立“山河湖海”流域一体化和“山水林田湖草”生命共同体理念，制定流域的分区、分类、分级的生态保护和绿色发展策略。

流域是一个复杂的环境系统。对长江流域环境的研究表明，山—河—湖—海互动是流域环境系统变化的实质（李长安等，2000；李长安等，2001；李长安等，2009）。以长江流域为例，控制流域环境系统演化的核心是，山陆、河流、湖泊和海洋之间有着密不可分的联系，流域环境系统实际上是由山陆子系统、湖泊子系统和海洋子系统构成的，地貌过程变化，水、沙等物理通量变化，C、P、N等化学通量变化是系统内各子系统之间联系的纽带，也是流域环境系统中最活跃的因子。在流域上游，环境系统的变化表现为山—河互动；在流域中游地区，环境系统的变化表现为山—河—湖子系统的互动；在流域下游地区，环境系统的变化表现为河—湖—海子系统的互动。山—河—湖—海的互动规律及耦合机理是流域生态综合管理及优化调控的重要基础。山—河—湖—海流域一体化管理就是要建立流域生态环境决策支持系统，探讨流域不同级别环境系统的调控机制与管理模式，提出流域生态管理模式与政策保障体系。

基于山—河—湖—海流域一体化管理，要意识到流域生态系统保护是一个整体。要改变多年来在流域管理中“九龙治水，各行其是”的局面，建立纵横向一体化的流域管理机制。“纵向到底”即从中央到地方，在流域生态保护与恢复上始终保持一致；“横向到边”即各相关职能部门在流域生态保护及恢复对策的实施上，既各司其职又综合协调，形成流域综合管理的合力。

参考文献

Abbe T B， Montgomery D R. 2010. Large woody deris jams， channel hydraulics and habitat formation in large rivers. River Research & Applications， 12（2-3）：201-221.

Abbe T B， Montgomery D R. 2003. Patterns and process of wood debris accumulation in the Queets Rivers basin， Washington. Geomorphology， 51：81-107.

Abelson A， Denny M. 1997. Settlement of marine organisms in flow. Annual Review of Ecology and Systematics， 28（1）：317-339.

Allan J D. 1995. Stream ecology：Structure and function of running waters. New York：Chapman and Hall， 83-99.

Allan J D and Flecker A S. 1993. Biodiversity conservation in running waters. BioScience， 43：32-43.

Álvarez-Cabria M， Barquín J， Juanes J A. 2011. Macroinvertebrate community dynamics in a temperate European Atlantic river. Do they conform to general ecological theory. Hydrobiologia， 658（1）：277-291.

Andersen A N. 1995. A classification of Australian ant communities based on functional groups which parallel plantlife-forms in relation to stress and disturbance. Journal of Biogeography， 22：15-29.

Anderson N H and Lehmkuhl D M. 1968. Catastrophic drift of insects in a woodland stream. Ecology， 49（2）：198-206.

Andersson E， Nilsson C and Johansson M E. 2015. Effects of river fragmentation on plant dispersal and riparian flora. River Research & Applications. 16（1）：83-89.

Andren H. 1994. Effects of habitat fragmentation on birds and mammals in landscapes with different proportions of suitable habitat：a review. Oikos， 71：355-366.

Andrus C W， Long B A， Froehlich H A. 1988. Woody Debris and Its Contribution to Pool Formation in a Coastal Strea. Canadian Journal of Fisheries & Aquatic Sciences， 45（12）：2080-2086.

Angermeier P L, Karr J R.1983.Fish communities along environmental gradients in a system of tropical streams. Environmental Biology of Fishes, 9 (2): 117-135.

Angermeier P L. 1987. Spatiotemporal variation in habitat selection by fishes in small Illinois streams. In Matthews W J, Heins D C eds. Community and Evolutionary Ecology of North American Stream Fishes. Norman: University of Oklahoma Press, 52-60.

Angradi T R. 1996. Inter-habitat variation in benthic community structure, function, and organic matter storage in three Appalachian headwater streams. Journal of the North American Benthological Society, 15 (1): 42-63.

Armitage P D, Angela M M, Diane C C. 1974. A survey of stream invertebrates in the Cow Green basin (Upper Teesdale) before inundation. Freshwater Biology, 4 (4): 369-398.

Arthur V B, Peter P B. 1991. Comparisons of benthic invertebrates between riffles and pools. Hydrobiologia, 220: 99-108.

Arunachalam M, Nair K C M, Vijverberg J, Kortmulder K, Suriyanarayanan H. 1991. Substrate selection and seasonal variation in densities of invertebrates in stream pools of a tropical river. Hydrobiologia, 213 (2): 141-148.

Aumen N G, Hawkins C P, Gregory S V. 1990. Influence of woody debris on nutrient retention in catastrophically disturbed streams. Hydrobiologia, 190: 183-192.

Bailey V. 1936. The mammals and life zones of Oregon. North American Fauna, 55: 1-416.

Barbour M T, Gerritsen, Snyder B D, Stribling J B. 1999. Rapid bioassessment protocols for use in streams and wadeable river: preiphyton, benthic macroinvertehrates and fish. Washington, D C: USEPA, 841-899.

Barmuta L. 1990. Interaction between the effects of Substratun, Velocity and location on Stream Benthos: and experiment. Australian Journal of Marine and Freshwater Research, 41 (5): 557-573.

Bastviken D, Tranvik L J, Downing J A, Crill P M and Enrich-Prast A. 2011. Freshwater methane emissions offset the continental carbon sink. Science, 331: 50.

Bathurst J C. 1994. At a site mountain river flow resistance variation. Hydraulic Engineering, 94: 682-686.

Baxter C V and Hauer F R. 2000. Geomorphology, hyporheic exchange, and selection of spawning habitat by bull trout (Salvelinus confluentus) .Canadian Journal of Fisheries and Aquatic Science, 57: 1470-1481.

Bayley P B. 1988. Factors affecting growth rates of young tropical floodplain fishes: seasonality and density-dependence. Environmental Biology of Fishes, 21 (2): 127-142.

Bayly I A E. 1997. Invertebrates of temporary waters in gnammas on granite outcrops in Western Australia. Journal of the Royal Society of Western Australia，80：167–172.

Beisel J N，Usseglio–Polatera P，Thomas S，Moreteau J C. 1998. Stream community structure in relation to spatial variation：the influence of mesohabitat characteristics. Hydrobiologia，389：73–88.

Berkman H E，Rabeni C F. 1987. Effect of siltation on stream fish communities.Environmental Biology of Fishes，18（4）：285–294.

Bilby R E. 1979. The function and distribution of organic debris dams in forest ecosystems（PhD dissertation）. New York：Cornell University，257–291.

Bilby R E. 2003. Decomposition and nutrient dynamics of wood in streams and rivers. The Ecology and management of Wood in World Rivers. Bethesda Maryland：American Fisheries，135–147.

Bilby，R E and Wasserman L J. 1989. Forest practices and riparian management in Washington State：data based regulation development. In：Gresswell R E，Barton B A，and Kershner J L. eds. practical approaches to riparian resources management. United States Bureau of Land Management，Billings，Montanan，USA，87–94.

Bisson P A，Bilby R E，·Bryant M D，Dolloff C A，Grette G B，House R A，Murphy M L，Koski K V，Sedell J R. 1987. Large woodydebris in forested streams in the Pacific Northwest：past，present，and future. In：Salo EO，Cundy T W. eds.Streamside Management：Forestry and Fishery Interactions.Institute of Forest Resources，University of Washington，Seattle，Washington，143–190.

Bisson P A，Montgomery D R，Buffington J M. 2007. Valley segments，stream reaches，and channel units. In：Hauer F R and Lamberti G A eds. Methods in stream ecology（second edition）. Oxford，UK：Academic Press.

Bisson P A，Nielson J L，Palmason R A，et al. 1982. A system of naming habitat types in small streams，with examples of habitat utilization by salmonids during low stream flow//Armandtrout N B. Acquisition and Utilization of Aquatic Habitat Information，62–73.

Bisson P A，Sullivan K，Nielsen J L. 1998. Channel hydraulics，habitat use，and body form of juvenile coho salmon，steelhead，and cutthroat trout in streams. Transactions of the American Fisheries Society，117：262–273.

Bjorn T C and Reiser D W. 1991. Habitat Requirements of Salmonids in Streams. In：Meehan WR. eds. Influences of Forest and Rangeland Management on Salmonid Fishes and Their Habitats. Special Publication，19. American Fisheries Society. Bethesda，Maryland USA，83–138.

Blachuta J and Witkowskia A. 1990. The longitudinal changes of fish community，in the Nysa Klodzka River（SudetyMountains）in relation to stream order. Polskie Archiwum Hydrobiologii/Polish Archives of Hydrobiology，38（1/2）：235–242.

Bonada N，Rieradevall M，Prat N. 2006. Benthic macroinvertebrate assemblages and macrohabitat connectivity in Mediterranean–climate streams of northern California. Journal of the North American Benthological Society，25（1）：32–43.

Bond N R，Downes B J. 2003. The independent and interactive effects of fine sediment and flow on benthic invertebrate communities characteristic of small upland streams. Freshwater Biology，48（3）：455–465.

Boon P J，Davies B R，Petts G E. 2000. Global perspectives on river conservation：science，policy and practice. Chichester：John Wiley&Sons Ltd.

Bormann F H and Likens G E.1979. Pattern and process of a forested ecosystem. Springer–Verlag，New York，USA.

Bosco I J，Perry J A. 2000. Drift and benthic invertebrate responses to stepwise and abrupt increases in non–scouring flow. Hydrobiologia，436：191–208.

Boston H L & Hill W R.1991. Photosynthesis – light relations of stream periphyton communities. Limnology & Oceanography，36（4）：644–656.

Bou C，Rouch R A. 1967. New research field on subterranean aquatic fauna.Comptes Rendus hebdomadaires des Séances de l'Académie des Sciences，265：369–370.

Boulton A J，Lake P S. 1992. The ecology of two intermittent streams in Victoria，Australia. II. Comparisons of faunal composition between habitats，rivers and years. Hydrobiologia，27：99–121.

Boulton A J，Stanley E H． 1995. Hyporheic processes during flooding and drying in a Sonoran Desert stream II：Faunal dynamics． Archiv Fur Hydrobiologie，1995，134：27–52.

Boulton A J，Valett H M，Fisher S G. 1992. Spatial distribution and taxonomic composition of the hyporheos of several Sonoran Desert streams. Archiv fur hydrobiologie，125：37–61.

Bourassa N and Morin A. 1995. Relationships between size structure of invertebrate assemblages and trophy and substrate composition in streams. Journal of the North American Benthological Society，14（3）：393–403.

Bradford M J，Grout J A and Moodie S. 2001. Ecology of juvenile Chinook salmon in a small non–natal-stream of the Yukon River drainage and the role of ice conditions on their distribution and survival.Canadian Journal of Zoology，79：2043–2054.

Bredenhand E and Samways M. 2009. Impact of a dam on benthic macroinvertebrates in a small river in a biodiversity hotspot：Cape Floristic Region，South Africa. Journal of Insect Conservation，13：297–307.

Brice J C，Blodgett J C. 1978. Countermeasures for hydraulic problems at bridges. Washington：Federal Highway Administration，162.

Brinson M M, Rheinhardt R D, Hauer F R, Lee L C, Nutter W L, Smith R D, Whigham D. 1995. Guide-book for application of hydrogeomorphic assessments to river wetlands. Washington: US Army Corps of Engineers.

Brown H A, Bury R B, Darda D M, Diller L V, Peterson C R and Storm R M. 1995. Reptiles of Washington and Oregon. Seattle Audubon Society, Seattle, Washington, USA.

Brown K M. 1982. Resource overlap and competition in pond snails: an experimental analysis. Ecology, 63: 412-422.

Brunke M and Gonser T. 1997. The ecological significance of exchange processes between rivers and ground-water. Freshwater Biology, 37: 1-33.

Bunn S E, Edward D H, Loneragan N R. 1986. Spatial and temporal variation in the macroinvertebrate fauna of streams of the Northern Jarrah forest, Western Australia: community structure. Freshwater Biology, 16 (1): 67-91.

Buss D F, Baptista D F, Silveira M P, Nessimian J L, Dorvillé L F M. 2002. Influence of water chemistry and environmental degradation on macroinvertebrate assemblages in a river basin in south-east Brazil. Hydrobiologia, 481 (1-3): 125-136.

Butman D, Raymond P A. 2011. Significant efflux of carbon dioxide from streams and rivers in the United States. Nature Geoscience, 4 (12): 839-842.

Calow P and Petts G E. 1994. The rivers handbook (Vol2). Oxford: Blackwell Scientific, 80.

Camargo J A, and Voelz N J. 1998. Biotic and abiotic changes along the recovery gradient of two impounded rivers with different impoundment use. Environmental Monitoring and Assessment, 50: 143-158.

Campbell A G and Franklin J F. 1979.Riparian vegetation in Oregon's western Cascad mountains: composition, biomass, and autumn phenology. Ecosystem Analysis Studies on Coniferous Forest Biomes, No. 14, University of Washington, Seattle, Washington, USA.

Campeau A, Del Giorgio P A. 2014. Patterns in CH_4 and CO_2 concentrations across boreal rivers: Major drivers and implications for fluvial greenhouse emissions under climate change scenarios. Global Change Biology, 20 (4): 1075-1088.

Carling P A and Orr G H. 2000. Morphology of riffle - pool sequences in the River Severn, England. Earth surface processes and landforms, 25: 369-384.

Carter J L, Fend S V, Kennelly S S. 1996. The relationships among three habitat scales and stream benthic invertebrate community structure. Freshwater Biology, 35 (1): 109-124.

Carter J L, Fend S V. 2001. Inter-annual changes in the benthic community structure of riffles and pools in reaches of contrasting gradient. Hydrobiologia, 459: 187-200.

Carvalho L K, Farias R L, Medeiros E S F. 2013. Benthic invertebrates and the habitat structure in an intermittent river of the semi-arid region of Brazil. Neotropical Biology and Conservation, 8 (2): 57-67.

Cattaneo A and Kalff J. 1980. The relative contribution of aquatic macrophytes and their epiphytes to the production of macrophyte beds. Limnology and Oceanography, 25 (2): 280-289.

Chen H, Li H Q, Wu D, Qin F X. 2010. Effects of step hydroelectric exploits on community structure and biodiversity of macroinvertebrates in Wujiang River. Resources and Environment in the Yangtze Basin, 19 (12): 1462-1469.

Chen X H, Kang L J, Sun C J, Yang Q. 2013. Development of multi-metric index based on benthic macroinvertebrates to assess river ecosystem of a typical plain river network in China. Acta Hydrobiologica Sinica, 37 (2): 191-198.

Chen X, Wei X, Scherer R A, Luider C, Darlington W. 2006. A watershed scale assessment of in_stream large woody debris patterns in the southern interior of British Columbia. Forest Ecology and Management, 229: 50-62.

Cheng F, Yuan X Z, Cao Z D and Fu S J. 2015. Predator-driven intra-species variation in locomotion, metabolism and water velocity preference in pale chub (Zacco platypus) along a river. Journal of Experimental Biology, 218: 255-64.

Clements W H. 1994. Benthic invertebrate community responses to heavy metals in the Upper Arkansas River Basin, Colorado. Journal of the North American Benthological Society, 13 (1): 30-44.

Coady J W. 1982. Moose. In: Chapman J and Feldhamer G.eds.Wild mammals of North America.The Johns Hopkins University Press, Baltimore, Maryland, USA, 902-922.

Cobb D G, Galloway T D, Flannagan J F. 1992. Effects of discharge and substrate stability on density and species composition of stream insects. Canadian Journal of Fisheries and Aquatic Sciences, 49 (9): 1788-1795.

Cole J J, Caraco N F. 2001. Carbon in catchments: connecting terrestrial carbon losses with aquatic metabolism. Marine and Freshwater Research, 52 (1): 101-110.

Cole J J, Prairie Y T, Caraco N F, McDowell W H, Tranvik L J, Striegl R G, Duarte C M, Kortelainen P, Downing J A, Middelburg J J, Melack J. 2007. Plumbing the global carbon cycle: Integrating inland waters into the terrestrial carbon budget. Ecosystems, 10: 171-184.

Coleman M J, Hynes W B N. 1970. The vertical distribution of the invertebrate fauna in the bed of a stream. Limnology Oceanography, 15: 38-40.

Coleman R L and Dahm C N. 1990. Stream geomorphology: effects on periphyton standing crop and primary production. Journal of the North American Benthological Society, 9 (4): 293-302.

Commission for the European Communities. 2007. Proposal for a Council Directive establishing a framework for Community action in the field of water policy (COM (97) 49). Commission for the European Communities.

Connell J H and Orias E. 1964. The ecological regulation of species diversity. American Naturalist, 98: 399–414.

Cortes R M V, Ferreira M T, Oliveira S V, Godinho F. 1998. Contrasting impact of small dams on the macroinvertebrates of two Iberian mountain rivers. Hydrobiologia, 389: 51–61.

Cortes R M V, Varandas S, Hughes S J, Ferreira M T. 2008. Combining habitat and biological characterization: Ecological validation of the river habitat survey. Limnetica, 27 (1): 39–56.

Cosgrove J, Walker D, Morrison P and Hillman K. 2004. Periphyton indicate effects of wastewater discharge in the near-coastal zone, Perth (Western Australia). Estuarine, Coastal and Shelf Science, 61 (2): 331–338.

Costanza R, Norton B G, Haskell B D. 1992. Ecosystem health: new goal for environmental management. Washington, D. C.: Island Press.

Covich A P, Palmer M A, Croel T A. 1999. The role of benthic invertebrate species in freshwater ecosystems. BioScience, 49 (2): 119–127.

Crosa G and Buffagni A. 2002. Spatial and temporal niche overlap of two mayfly species (Ephemeroptera): the role of substratum roughness and body size. Hydrobiologia, 474: 107–115.

Cude C G. 2001. Oregon water quality index. Journal of the American Water Resources Association, 37 (1): 125–137.

Cummins K W, Lauff G H. 1969. The influence of substrate particle size on the microdistribution of stream macrobenthos. Hydrobiologia, 34: 145–181.

Cummins K W, Wilzbach M A, Gates D M, Perry J B, Taliaferro W B. 1989. Shredders and Riparian Vegetation Leaf litter that falls into streams influences communities of stream invertebrates. Bioscience, 39 (1): 24–30.

Cummins K W. 1962. An evaluation of some techniques for the collection and analysis of benthic samples with special emphasis on lotic waters. American Midland Naturalist, 67: 477–504.

Cummins K W. 1974. Structure and function of stream ecosystems. BioScience, 24: 631–641.

Cupp C E. 1989. Identifying Spatial Variability of Stream Characteristics Through Classification. Masters Thesis. University of Washington. Seattle, Washington.

Currie D J. 1991. Energy and large-scale patterns of animal- and plant-species richness. American Naturalist, 137: 27–49.

Dalquest W W. 1948. Mammals of Washington.Volume 2, Museum of Natural History. University of Kansas Publications, Lawrence, Kansas, USA.

Danielopol D L. 1989. Groundwater fauna associated with riverine aquifers. Journal of the North American Benthological Society, 8: 18–35.

Datry T M, Larned S T. 2008. River flow controls ecological processes and invertebrate assemblages in subsurface flow paths of an ephemeral river reach. Canadian Journal of Fisheries and Aquatic Sciences, 65: 1532–1544.

Davenport A J, Gurnell A M, Armitage P D. 2004. Habitat survey and classification of urban rivers. River Research and Applications, 20: 687–704.

David C H. 2004. Biodiversity of Minnesota caddisflies (Insecta: Trichoptera): delineation and characterization of regions. Environmental Monitoring and Assessment, 95: 153–181.

David L M. 1986. Benthic macroinvertebrate distributions in the riffle–pool communities of two east Texas streams. Hydrobiologia, 135, 61–70.

David P K, Kevin P G, Trent M S. 2005. Large woody debris characteristics and contributions to poolformation in forest streams of the Boreal Shield. Candian Journal of Forest Reserach, 35 (5): 1213–1223.

Davis W M. 1899. The geographical cycle. The Geographical Journal, 14: 481–504.

Deangelis M A and Scranton M I. 1993. Fate of Methane in the Hudson River and Estuary. Global Biogeochemical Cycles, 7: 509–523.

Dent C L, Grimm N B & Fisher S G. 2001. Multiscale effects of surface–subsurface exchange on stream water nutrient concentration. Journal of the North American Benthological Society, 20: 162–181.

Descy J P and Gosselain V. 1994. Development and ecological importance of phytoplankton in a large lowland river (River Meuse, Belgium) . Hydrobiologia, 289 (1): 139–155

Doeg T J, Davey G W, Blyth J D. 1987. Response of the aquatic macroinvertebrate communities to dam construction on the Thomson river, Southeastern Australia. Regulated Rivers: Research & Management, 1: 195–209.

DolloffC A. 1986. Effects of Stream Cleaning on Juvenile Coho Salmon and Dolly Varden in Southeast Alaska.Transactions of the American Fisheries Society, 115 (5): 743–755.

Dolloff C A and Reeves C H. 1998.Microhabitat Partitioning among Stream–Dwelling juvenile Coho Salmon, ...Canadian Journal of Fisheries & Aquatic Sciences, 47 (12): 2297–2306.

Doyle A T. 1990. Use of raparian and upland habitats by small mammals.Journal of Mammalogy, 71: 14–23.

Doyle A T. 1985. Small mammal micro– and macrohabitat selection in streamside ecosystems (Oregon,

Cascade range) .Ph.D. dissertation. Oregon State University, Corvallis, Oregon, USA.

Drake J A. 1989. Biological invasions: a global perspective. Biometrics, 47 (1): 57–60.

Duan X H, Wang Z Y, Cheng D S. 2007. Benthic macroinvertebrates communities and biodiversity in various stream substrata. Acta Ecologica Sinica, 27 (4): 1664–1672.

Duff J H and Triska F J. 2000. Nitrogen biogeochemistry and surface–subsurface exchange in streams. In: Jones J B. and Mulholland P J. eds. Streams and Groundwater. New York: Academic Press, 197–220.

Dufrêne M and Legendre P. 1997. Species assemblages and indicator species: the need for a flexible asymmetrical approach. Ecological Monographs, 67: 345–366.

Duran M. 2006. Monitoring water quality using benthic macroinvertebrates and physicochemical parameters of Behzat stream in Turkey. Polish Journal of Environmental Studies, 15 (5): 709–717.

Dynesius M and Nilsson C. 1994. Fragmentation and flow regulation of river systems in the Northern Third of the World . Science, 226 : 752–762.

Ebersole J L, Liss W J and Frissell C A. 2001. Relationship between stream temperature, thermal refugia and rainbow trout Oncorhynchus mykissabundance in arid–land streams in the northwestern United States. Ecology of Freshwater Fish, 10: 1–10.

Effie A G, Catherine M P. 2006. Does the river continuum concept apply on a tropical island? Longitudinal variation in a Puerto Rican stream. Canadian Journal of Fisheries and Aquatic Sciences, 63: 134–152.

Elliot S T. 1986.Reduction of Dolly Varden and macrobenthos after removal of logging debris.Transactions of the American Fisheries Society, 115: 392–400.

Elton C. 1927. Animal ecology. London: Sidgwich and Jackson.

Elwood J W, Newbold J D, Neill R V O and Winkle W V. 1983. Resource Spiralling: An operational paradigm for ananlyzing lotic ecosystems. In: Fontaine T D and Bartell S M. eds. Dynamics of lotic ecosystems. Ann Arbor Science, Ann Arbor, Michigan, USA, 3–27.

Elwood J W, Newbold J D, Trimble A F, Stark R W. 1981. The Limiting Role of Phosphorus in a Woodland Stream Ecosystem: Effects of P Enrichment on Leaf Decomposition and Primary Producers. Ecology, 62 (1): 146–158.

Environment Agency. 1997. The quality of rivers and canals in England and Wales 1995. Bristol: Environment Agency.

Environment Agency. 2003. River Habitat Survey in Britain and Ireland: Field Survey Guidance Manual (2003 Version) . London: Environment Agency.

Evans J W and Noble R L. 1979. The longitudinal distribution of fishes in east Texas streams. American Midland Naturalist, 101: 333–343.

Everest F H and Chapman D W. 1972.Habitat selection and spatial interaction by juvenile chinook salmon and steelhead trout in two Idaho streams.Journal of the Fisheries Research Board of Canada, 29 (1): 91-100.

Everson D A and Boucher D H. 1989. Tree species-richness and topographic complexity along the riparian edge of the Potomac River. Forest Ecology and Management, 109: 305-314.

Fahrig L. 2003. Effects of habitat fragmentation on biodiversity. Annual Review of Ecology Evolution and Systematics, 34: 487-515.

Fairchild G W and Lowe R L. 1984. Artificial substrates which release nutrients: Effects on periphyton and invertebrate succession. Hydrobiologia, 114 (1): 29-37.

Fairchild G W, Horwitz R J, Nieman D A, Boyer M R and Knorr D F. 1998. Spatial variation and historical change in fish assemblages of the Schuylkill River drainage, southeast Pennsylvania. American Midland Naturalist, 139 (2): 282-295.

Fauchald K & Jumars P A. 1979. The diet of worms: A study of Polychaete feeding guilds. Oceanogr. Mar. Biol. Ann. Rev. 17: 193-284.

Fausch K D and White R J. 1981. Competition Between Brook Trout (Salvelinus fontinalis) and Brown Trout (Salmo trutta) for Positions in a Michigan Stream. Canadian Journal of Fisheries and Aquatic Sciences, 38: 1220-1227.

Fausch K D, Torgersen C E, Baxter C V and Li H W. 2002. Landscapes to riverscapes: bridging the gap between research and conservation of stream fishes. BioScience, 52: 483-498.

Feminella J W, Power M E & Resh V H. 1989. Periphyton responses to invertebrate grazing and riparian canopy in three northern california coastal streams. Freshwater Biology, 22 (3): 445-457.

Fenoglio S, Bo T, Agosta P, Cucco M. 2005. Mass loss and macroinvertebrate colonisation of fish carcasses in riffles and pools of a NW Italian stream. Hydrobiologia, 532: 111-122.

Fetherston K L, Naiman R J, Bilby R E. 1995. Large woody debris, physical process, and riparian forest development in montane river networks of the Pacific Northwest. Geomorphology, 13 (1-4): 133-144.

Fisher S G, Carpenter S R. 1976. Ecosystem and macrophyte primary production of the Fort River, Massachusetts. Hydrobiologia, 49 (2): 175-187.

FISRWG (Federal Interagency Stream Restoration Working Group of U.S.A) . 2001. Stream Corridor Restoration: Principles, Processes, and Practices//NISR Working Group, Part 653 of National Engineering Handbook. USDA-Natural Resources Conservation Service, Washington, DC.

Fitzgerald B M. 1977.Weasel predation on a cyclic population of the montane vole, Microtus montanus, in California.Journal of Animal Ecology, 46: 367-397.

Flecker A S，Allan J D. 1984. The importance of predation，substrate and spatial refugia in determining lotic insect distributions. Oecologia，64：306–313.

Flink C A and Searns R M. 1993. Greenways：A Guide To Planning Design And Development. Island Publishers，Washington，D. C.

Floury M，Usseglio–Polatera P，Ferreol M，Delattre C，Souchon Y. 2013. Global climate change in large European rivers：long–term effects on macroinvertebrate communities and potential local confounding factors. Global Change Biology，19（4）：1085–1099.

Forman R T T and Godron M. 1986. Landscape Ecology. John Wiley & Sons，New York.

France R L. 1995. Carbon–13 enrichment in benthic compared to planktonic algae：foodweb implications. Marine Ecology Progess Series，124：307–312.

Fraser B G，Williams D D. 1997. Accuracy and precision in sampling hyporheic fauna. Canadian journal of fisheries and aquatic sciences，54：1135–1141.

Frissell C A，Liss W J，Warren W J and Hurley M D. 1986. A hierarchical framework for stream habitat classification：viewing streams in a watershed context. Environmental Management，10（2）：199 –214.

Fuller R L & Mackay R J. 1981. Effects of food quality on the growth of three hydropsyche species（tr. Canadian Journal of Zoology，59（6），1133–1140.

Fullerton A H，Burnett K M，Steel E A，Flitcroft R L，Pess G R，Feist B E，Torgersen C E，Moller D J，Sanderson B L. 2010. Hydrological connectivity for riverine fish：measurement challenges and research opportunities. Freshwater Biology，55：2215–2237.

Furse M T，Hering D，Brabec K，Buffagni A，Sandin L，Verdonschot P. 2006. The Ecological Status of European Rivers：Evaluation and Intercalibration of Assessment Methods. Springer，The Netherlands，1–2.

Gary W H，Emily H S. 2000. An evaluation of alternative procedures using the Bou – Rouch method for sampling hyporheic invertebrates. Canadian journal of fisheries and aquatic sciences，57：1545–1550.

Gauch H G. 1982. Multivariate analysis in community ecology. Cambridge University Press.

Georgian T，Wallace J B. 1983. Seasonal Production Dynamics in a Guild of Periphyton–Grazing Insects in a Southern Appalachian Stream. Ecology，64（5）：1236–1248.

Gibson R J. 1996. Some Factors Influencing the Distributions of Brook Trout and Young Atlantic Salmon. Journal of the Fisheries Research Board of Canada，23（12）：1977–1980.

Gilinsky E T. 1984. The role of fish predation and spatial heterogeneity in determining benthic community structure. Ecology，65（2）：455–468.

Glime J M & Vitt D H. 1987. A comparison of bryophyte species diversity and niche structure of montane streams and stream banks. Canadian Journal of Botany，65（9），1824–1837.

Glova G J. 1986. Interaction for food and space between experimental populations of juvenile coho salmon (Oncorhynchus kisuch) and coastal cutthroat tout (Salmo clarki) in a laboratory stream. Hydrobiologia, 131: 155-168.

Godiaho F N, Ferreira M T, Cortes R V. 1997. Composition and spatial organization of fish assemblages in the lower Guadiana basin, southern. Ecology of Freshwater Fish, 6 (3): 134-143.

Gordon N D, MacMahon T A, Finlayson B L, Gippel C J, Nathan R J. 2004.Stream hydrology: an introduction for ecologists, 2nd edn. London: Wiley.

Gorman O T, Karr J R. 1978. Habitat Structure and Stream Fish Communities.Ecology, 59 (3): 507-515.

Gosselain V, Viroux L and Descy J P. 2002. Can a community of smallbodied grazers control phytoplankton in rivers? Freshwater Biology, 39 (1): 9-24.

Graham S A. 1925. The fallen tree trunk as an ecological unit. Ecology, 6 (4): 397-411.

Grant G E, Swanson F J and Wolman M G. 1990. Pattern and origin of stepped-bed morphology in high-gradient streams, Western Cascades, Oregon. Geological Society of American Bulletin, 102: 340-352.

Gregory J, Gurnell A M and Hill C T. 1985. The permanence of debris dams related to river channel processes. Hydrological Sciences Journal, 30: 371-381.

Gregory K J. 1992. The interaction of vegetation and river channel processes. In: Boon P J, Calow P and Petts G E. eds. River Conservation and Management. John Wiley & Sons Ltd., England.

Gregory S V, Lamberti G A, Erman D C, Koski, K V, Murphy M L & Sedell J R. 1987. Influence of forest practices on aquatic production. Clinical & Experimental Immunology, 112 (1): 84 - 91.

Gregory S V, Swanson F J, Mckee W A, Cummins K W. 1991. An Ecosystem Perspective of Riparian Zones. Bioscience, 41 (8): 540-551.

Gregory S V, Swanson F J, Mckee W A, Cummins K W. 1991. An Ecosystem Perspective of Riparian Zones. Bioscience, 41: 540-551.

Gregory S V. 1978. Phosphorus dynamics on organic and inorganic substrates in streams. Verhandlungen Internationale Vereinigung fur Theoretische und Angewandte Limnologie, 20: 1340-1346.

Gregory S V. 1983. Plant-Herbivore Interactions in Stream Systems. Stream Ecology. Springer US.

Gregory S V, Lamberti G A and Moore K M S. 1989. Influence of valley landforms on stream ecosystems. In: Proceedings. California riparian systems—protection, management and restoration for the 1990s. Abell D L. eds. United States Forest Service General Technical Report PSW-110. Gregory, 3-8.

Grime J P. 1973. Competitive exclusion in herbaceous vegetation. Nature, 242: 344-347.

Grimm N B and Fisher S G. 1984. Exchange Between Interstitial and Surface Water: Implications for

Stream Metabolism and Nutrient Cycling. Hydrobiologia，111：219–228.

Grumbine R E. 1994. What is ecosystem management?. Conservation Biology，8（1）：27–38.

Gurnell A M，Angold P，Gregory K J. 1994. Classification of river corridors：Issues to be addressed in developing an operational methodology. Aquatic Conservation：Marine and Freshwater Ecosystems，4：219–231.

Hakenkamp C C，Palmer M A. 1992. Problems associated with quantitative sampling of shallow groundwater invertebrates.Proceedings of the First International Conference on Groundwater Ecology. Bethesda，Md. 101–110.

Hancock P J，2006. The response of hyporheic invertebrate communities to a large flood in the Hunter River，New South Wales. Hydrobiologia，568：255–262.

Hanley T A. 1982. The Nutritional Basis for Food Selection by Ungulates. Journal of Range Management，35：146–151.

Harmon M E，Franklin J F，Swanson F J，Sollinss P，Gregory J V，Lattinn D，Andersons H，Clinen P，Aumenj G，Sedell R，Lienkaemper，Cummins K W. 2004. Ecology of coarse woody debris in temperate ecosystems. Advances in Ecological Research，34：59–234.

Harper J L. 1969. The role of predation in vegetational diversity. Brookhaven Symp Biol，22（22）：48–62.

Harrod J J. 1964. The distribution of invertebrates on submerged aquatic plants in a chalk stream. Journal of Animal Ecology，33（2）：335–341.

Hartman G H and Gill C A. 1968. Distributions of juvenile steelhead and cutthroat trout（Salmogairdneri and S.clarki）within streams in south–western British Columbia. Journal of the Fisheries Research Board of Canada，22：33–48.

Harvey G，Wallerstein N. 2009. Exploring the interactions between flood defence maintenance works and river habitats：the use of River Habitat Survey data. Aquatic Conservation：Marine and Freshwater Ecosystems，19（6）：689–702.

Hastie L C，Cooksley S L，Scougall F. 2003. Characterization of freshwater pearl mussel（*Margaritifera*）riverine habitat using River Habitat Survey data. Aquatic Conservation：Marine and Freshwater Ecosystems，13：213–224.

Hauer F R and Benke A C. 1987. Influence of temperature and river hydrograph on blackfly growth rates ina subtropical blackwater river. Journal of the North American Benthological Society，6：251–261.

Hauer F R and Gray A L. 2006. Methods in stream ecology. Elsevier.

Hauer F R，Stanford J A，Giersch J J，Lowe W H. 2000. Distribution and abundance patterns of macroinvertebrates in a mountain stream: An analysis along multiple environmental gradients.Verhandlungender Internationalen Vereinigung für Theorestische und Angewandte Limnologie, 27: 1485–1488.

Hawkes H A. 1975. River Zonation and classification. In: Whitton BA. Eds. River Ecology. Blackwell scientific, Oxford, UK, 312–374.

Hawkins C P & Sedell J R. 1981. Longitudinal and seasonal changes in functional organization of macroinvertebrate communities in four oregon streams. Ecology, 62 (2): 387–397.

Hawkins C P, Hogue J N, Decker L M. and Feminella J W. 1997. Channel morphology, water temperature, and assemblage structure of stream insects.Journal of the North American Benthological Society, 16: 728–749.

Hawkins C P, Kershner J L, Bisson P A, Bryant M D, Decker L M, Gregory S V, McCullough D A, Overton C K, Reeves G H, Steedman R J and Young M K. 1993. A hierarchical approach to classifying stream habitat features. Fisheries, 18: 3–2.

Hawkins C P, Murphy M L, Anderson N H & Wilzbach M A. 1983. Density of fish and salamanders in relation to riparian canopy and physical habitat in streams of the northwestern united states. Canadian Journal of Fisheries & Aquatic Sciences, 40 (8): 1173–1185.

Hawkins C P. 1984. Substrate associations and longitudinal distributions in species of Ephemerellidae (Ephemeroptera: Insecta) from Western Oregon. Freshwater Invertebrate Biology, 3 (4): 181–188.

Hay C H, Franti T G, Marx D B, Peters E J, Hesse L W. 2008. Macroinvertebrate drift density in relation to abiotic factors in the Missouri River. Hydrobiologia, 598 (1): 175–189.

Healey M.C. 1991. Life history of chinook salmon (Oncorhynshus tshwaytscha) . Pages 311–394 in Groot C and Margolis L. eds. Pacific salmon life histories. Vancouver, British Columbia: University of British Columbia Press.

Healey M C and Prince A. 1995. Scales of variatino in life histroy tactics of Pacific salmon and the conservation of phenotype and genotype. In: Nielsen J. eds. Evolution and the aquatic ecosystem: Defining unique units in population conservation. American Fisheries Society Symposium 17, Bethesda, Maryland, USA, 176–184.

Hedin L D, Fischer J C von, Ostron N E, Ostrom N E, Kennedy B P, Brown M G and Robertson G P. 1998. Thermodynamic constraints on nitrogen transformation and other biogeochemical processes at soil–stream interfaces. Ecology, 79: 684–703.

Hedman C W, Van Lear D H, and Swank W T. 1996. In–stream large woody debris loading and riparian forest seral stage associations in the southern Appalachian Mountains. Can. J. For. Res., 26: 121–1227.

Heino J, Parviainen J, Paavola R, Jehle M, Louhi P, Muotka T. 2005. Characterizing macroinvertebrate assemblage structure in relation to stream size and tributary position. Hydrobiologia, 539: 121–130.

Heino J. 2000. Lentic macroinvertebrate assemblage structure along gradients in spatial heterogeneity, habitat size and water chemistry. Hydrobiologia, 418 (1): 229–242.

Henriette I J, Chandler J A, Leplak B, Lepla Winkle W V. 2001. A Theoretical study of river fragmentation by dams and its effects on white sturgeon populations. Environmental Biology of Fishes, 60 (4): 347–361.

Henry J E, Mackay D W. 1967. A survey of the bottom fauna of streams in the Scottish Highlands part Ⅲ seasonal changes in the fauna of three streams. Hydrobiologia, 30: 305–334.

Hildrew A G, Townsend C R, Henderson J. 1980. Interactions between larval size, microdistribution and substrate in the stoneflies of an iron–rich stream. Oikos, 35: 387–396.

Hill E H. 1982. Beaver (*Castor canadensis*). In: Chapman J A and Feldhamer G A. eds.Wild mammals of North America. Johns Hopkins University Press, Baltimore, Maryland, USA, 256–281.

Hill W R & Harvey B C. 1990. Periphyton responses to higher trophic levels and light in a shaded stream. Canadian Journal of Fisheries & Aquatic Sciences, 47 (12), 2307–2314.

Hill W R & Knight A W. 1987. Experimental analysis of the grazing interaction between a mayfly and stream algae. Ecology, 68 (6): 1955–1965.

Hill W R & Knight A W. 1988. Concurrent grazing effects of two stream insects on periphyton1. Limnology & Oceanography, 33 (1): 15–26.

Hill W R, Mulholland P J, Marzolf E R. 2001. Stream ecosystem responses to forest leaf emergence in spring. Ecology, 82: 2306–2319.

Hill W R, Ryon M G and Schilling E M. 1995. Light limitation in a stream ecosystem: responses by primaryproducers and consumers. Ecology, 76: 1297–1309.

Hjelm J, Johansson F. 2003. Temporal variation in feeding morphology and size–structured population dynamics in fishes. Proceedings of the Royal Society B: Biological Sciences, 270 (1522): 1407.

Hoagland K D, Roemer S Cand Rosowski J R. 1982. Colonization and community structure of two periphyton assemblages, with emphasis on the diatoms (Bacillariophyceae). American Journal of Botany, 69: 188–213.

Hook D, Crawford R M M. 1978. Plant life in anaerobic environments. Biologia Plantarum, 21 (6): 480–480.

Hoopes R L. 1974. Flooding, as the result of Hurrican Agnes, and its effect on a macroinvertebrate community in an infertile headwater stream in central Pennsylvania. Limnology and Oceanography, 19 (5): 853–857.

Hooven E F and Black G C. 1976. Effects of some clearcutting practices on small mammal populations in weatern Oregon. Northwest Science, 50: 189-208.

Horton R E. 1945. Erosional development of streams and their drainage basins: hydro-physical approach to quantitative morphology. Geological Society of America Bulletin, 56 (3): 275-370.

Horwitz R J. 1978. Temporal variability patterns and the distributional patterns of stream fishes. Ecological Monographs, 48: 307-321.

Howard G W, Harley K L S. 1998. How do floating aquatie weeds affeet wetland conservation and development? How can these effeet sbe minimised? Wetland Ecol. Manag., 5: 215-225.

Hudon C, Paquet S, Jarry V. 1996. Downstream variations of phytoplankton in the St. Lawrence river (Quebec, Canada) . Hydrobiologia, 337 (1): 11-26.

Hughes L. 2000. Biological consequences of global warming: is the signal already apparent? Trends in Ecology and Evolution, 15 (2): 56-61.

Huryn A D, Wallace J B. 1987. Community structure of Trichoptera in a mountain stream: Spatial patterns of production and functional organization. Freshwater Biology, 20: 141-156.

Huryn A D. 1996. An appraisal of the Allen paradox in a New Zealand trout stream. Limnology and Oceanography, 41: 243-252.

Huston M A. 1994. Letters to Science: biological diversity and agriculture. Science, 265: 458-459.

Hynes H B N. 1972.The ecology of running waters. University of Toronto Press, Toronto, Ontario, Canada.

Illies J & Botosaneanu L. 1963. Problemes et methodes de la classification et de la zonation ecologique des eaux courantes, considerees surtout du point de vue faunistique. Mitteinale Vereiningung fuer Theoretische und Angewandte Limnologie, 12: 1-57.

Ingles L G. 1965. Mammals of the Pacific States. Standford University Press, Standford, California, USA.

Jack W F, Vincent H R. 1990. Hydrologic influences disturbance, and intraspecific competition in a stream caddisfly population. Ecology, 71: 2083-2094.

Jager H I, Chandler J A, Lepla K B, Winkle W V. 2001. Chandlerb, Kenneth B. Leplab & Webb Van Winkle. A theoretical study of river fragmentation by dams and its effects on white sturgeon populations. Environmental Biology of Fishes, 60: 347-361,

Jähnig S, Lorenz A. 2008. Substrate-specific macroinvertebrate diversity patterns following stream restoration. Aquatic Sciences-Research Across Boundaries, 70: 292-303.

Jansson R, Nilsson C & Malmqvist B. 2007. Restoring freshwater ecosystems in riverine landscapes:

the role of connectivity and recovery process. Freshwater Biology, 52: 589-596.

Jansson R, Nilsson C and Renofalt B. 2000. Fragmentation of riparian floras in river with multiple dams. Ecology, 81 (4): 899-903.

Jiang W X, Cai Q H, Tang T, Wu N C, Fu X C, Li F Q, Liu R Q. 2008. Spatial distribution of macroinvertebrates in Xiangxi River. Chinese Journal of Applied Ecology, 19 (11): 2443-2448.

Jocque M, Vanschoenwinkel B, Brendonck L. 2010. Freshwater rock pools: A review of habitat characteristics, faunal diversity and conservation value. Freshwater Biology, 55: 1587-1602.

Johnson R K, Wiederholm T. 1989. Classification and ordination of profundal macroinvertebrate communities in nutrient poor, oligo-mesohumic lakes in relation to environmental data. Freshwater Biology, 21 (3): 375-386.

Johnson S L, and Jones J A. 2000. Stream temperature responses to forest harvest and debris flows in western Cascades, Oregon.Canadian Journal of Fisheries and Aquatic Science, 57 (2): 30-39.

Johnston N T, Perrin C J, Slaney P A, Ward B R. 1990. Increased Juvenile Salmonid Growth by Whole-River Fertilization. Canadian Journal of Fisheries & Aquatic Sciences, 47 (5): 862-872.

Jowett I G. 1993. A method for objectively identifying pool, run, and riffle habitats from physical measurements. New Zealand Journal of Marine and Freshwater Research, 27: 241-248.

Junk W, Bayley P B and Sparks R E. 1989. The flood pulse concept in river-floodplain systems. Canadian Special Publication of Fisheries and Aquatic Sciences, 106: 110-127.

Kaenel B R, Matthaei C D, Uehlinger U. 1998. Disturbance by aquatic plant management in streams: effects on benthic invertebrates. Regulated Ricers: Research and Management, 14 (4): 341-356.

Karr J R, Chu E W. 2000. Sustaining Living Rivers. Hydrobiologia, 422/423: 1-14.

Kasahara T, Wondzell S M. 2003. Geomorphic controls on hyporheic exchange flow in mountain streams. Water Resources Research, 39: 3-14.

Katano I, Negishi J N, Minagawa T, Doi H, Kawaguchi Y and Kayaba Y. 2009. Longitudinal macroinvertebrate organization over contrasting discontinuities: effects of a dam and a tributary. Journal of the North American Benthological Society, 28: 331-351.

Katrine T, Turpin C, Gregory-Eaves I. 2019. Dams have varying impacts on fish communities across latitudes: a quantitative synthesis. Ecology Letters, 2: 1501-1506.

Keast A, Webb D. 1966. Mouth and Body Form Relative to Feeding Ecology in the Fish Fauna of a Small Lake, Lake Opinicon, Ontario. Journal of the Fisheries Research Board of Canada, 23 (12): 1845-1874.

Keller E A and Melhorn W N. 1978. Rhythmic spacing and origin of pools and riffles. Geological Society of America Bulletin, 89: 723-730.

Kemp J L, Harper D M, Crosa G A. 1999. Use of' functional habitats' to link ecology with morphology and hydrology in river rehabilitation. Aquatic Conservation: Marine and Freshwater Ecosystems, 9 (1): 159–178.

Kikuchi T, Takagi M, Tokuhisa E, Suzuki T, Panjiaitan W, Yasuno M. 1997. Water hyacinth (Eichhornia crassipes) as an indicator to the absenece of Anopheles sundaicus lvarae. Medical Entom. Zool., 48: 11–18.

Kim K, Lasker H R. 1997. Flow–mediated resource competition in the suspension feeding gorgonian Plexaura homomalla (Esper). Journal of Experimental Marine Biology and Ecology, 215 (1): 49–64.

Kobayashi S, Kagaya T. 2002. Differences in litter characteristics and macroinvertebrate assemblages between litter patches in pools and riffles in a headwater stream. Limnology, 3: 37–42.

Kolasa J, Manne L L, Pandit S N. 2012. Species–area relationships arise from interaction of habitat heterogeneity and species pool. Hydrobiologia, 685: 135–144.

Kondolf G M. 1995. Geomorphological stream channel classification in aquatic habitat restoration: uses and limitations. Aquatic Conservation, 5: 127–141.

Kosnicki E, Sites R W. 2011. Seasonal predictability of benthic macroinvertebrate metrics and community structure with maturity–weighted abundances in a Missouri Ozark stream, USA. Ecological Indicators, 11 (2): 704–714.

Kurr J K. 1981. Assessments of biofic integrity using fish communities. Fisheries (Bethesda), 6: 21–27.

Lake P S, Doeg T J, Marchant R. 1989. Effects of multiple disturbance on macroinvertebrate communities in the Acheron River, Victoria. Australian Journal of Ecology, 14 (4): 507–514.

Lake P S. 2000. Disturbance, patchiness, and diversity in streams. Journal of the North American Benthological Society, 19 (4): 573–592.

Lamberti G A, Ashkenas L R, Gregory S V & Steinman A D. 1987. Effects of three herbivores on periphyton communities in laboratory streams. Journal of the North American Benthological Society, 6 (2): 92–104.

Lamberti G A, Gregory S V, Ashkenas L R, Steinman A D & Mcintire C D. 1989. Productive capacity of periphyton as a determinant of plant–herbivore interactions in streams. Ecology, 70 (6): 1840–1856.

Lamberti G A, Gregory S V, Ashkenas L R, Wildman R C, Steinman A D. 1988. Influence of channel geomorphology on retention of dissolved and particulate matter in a cascade mountain. Transition Studies Review, 12 (1): 195–196.

Lamberti G A, Resh V H. 1983. Stream Periphyton and Insect Herbivores: An Experimental Study of

Grazing by a Caddisfly Population. Ecology, 64 (5): 1124–1135.

Lamberti G A, Gregory S V, Ashkenas L R, Wildman R C and Steinman A D. 1989b. Influence of channel geomorphology on retention of dissolved and particulate matter in a Cascade Mountain stream. In: Abell D L. ed. California Riparian Systems Protection, Management and Restoration for the 1990s. General Technical Report PSW–110. Pacific Southwest Forest and Range Experiment Station, US Department of Agriculture Forest Service, Berkeley, California, USA, 33–39.

Lammert M, Allan J D. 1999. Assessing biotic integrity of streams: effects of scale in measuring the influence of land use/cover and habitat structure on fish and macroinvertebrates. Environmental Management, 23 (2): 257–270.

Lamont B B. 1995. Testing the effect of ecosystem composition/structure on its functioning. Oikos, 74: 283–295.

Lamouroux M, Doledec S, Gayraud S. 2004. Biological traits of stream macroinvertebrate communities: Effects of microhabitat, reach, and basin filters. Journal of the North American Benthological Society, 23: 449–466.

Lange T R and Rada R G.1993. Community dynamics of phytoplankton in a typical navigation pool in the Upper Mississippi River. The Journal of the Iowa Academy of Science: JIAS, 100.

Larsen D P, Omernik J M, Hughes R Rohm C and Whittier T R. 1986. The correspondence between spatial patterns in fish assemblages in Ohio streams and aquatic ecoregions. Environment Management, 10: 815–828.

Layser E F, Burke T E.1973.The Northern Bog Lemming and Its Unique Habitat in Northeastern Washington.Murrelet, 54: 7–8.

LaZerte B D, Dillon P J. 1984. Relative importance of anthropogenic versus natural sources of acidity in lakes and streams of central Onrario Canada. Canadian Journal of Fisheries and Aquatic Sciences, 41 (11): 1664–1677.

Li B, Yuan X Z, Xiao H Y, Chen Z L. 2011. Design of the Dike–pond System in the Littoral Zone of a tributary in the Three Gorges Reservoir, China. Ecological Engineering, 37: 1718–1725.

Lee Kai. 1993. Compass and gyroscope. USA, Washington DC: Island Press.

Lee R E. 1990. Algal colonization under four experimentally–controlled current regimes in a high mountain stream. Journal of the North American Benthological Society, 9: 303–318.

Leigh C R S, Sheldon F, Boulton A J. 2013. Hyporheic invertebrates as bioindicators of ecological health in temporaryrivers: A meta–analysis. Ecological Indicators, 32: 62–73.

Lekka E, Kagalou I, Lazaridou–Dimitriadou M, Albanis T, Dakos V, Lambropoulou D, Sakkas V.

2004. Assessment of the Water and Habitat Quality of a Mediterranean River (Kalamas, Epirus, Hellas), in Accordance with the EU Water Framework Directive. Acta hydrochimica et hydrobiologica, 3 (37): 175-188.

Lemly A D. 1982. Modification of benthic insect communities in polluted streams: combined effects of sedimentation and nutrient enrichment. Hydrobiologia, 87 (3): 229-245.

Leonard W P, Brown H A, Jones L L C, McAllister K R and Storm R M. 1993. Amphibians of Washington and Oregon. Seattle Audubon Society, Seattle, Washington, USA.

Leopold A. 1941. Wilderness as a land laboratory. Living Wilderness, 6: 3.

Leopold L B, Marchand MOB. 1968. On the quantitative inventory of the riverscape. Water Resources Res., 4: 709-717.

Leopold L B, Wolman M G and Miller J P. 1964. Fluvial processes in geomorphology. W. H. Freeman, San Francisco, California, USA.

Leopold L B, Wolman M G. 1957. River channel patterns: braided, meandering and straight. Reston-VA: US Geological Survey Professional Paper, 39-85.

Leunda P M, Oscoz J, Miranda R, Ariño A H. 2009. Longitudinal and seasonal variation of the benthic macroinvertebrate community and biotic indices in an undisturbed Pyrenean river. Ecological Indicators, 9 (1): 52-63.

Lewin J. 1981. British Rive. London : George Allen & Unwin, 216.

Lewis Jr. W. M. 1988. Primary production in the Orinoco River. Ecology, 69 (3): 679-692.

Li F Q, Cai Q H, Fu X C, Liu J K. 2009. Construction of habitat suitability models (HSMs) for benthic macroinvertebrate and their applications to instream environmental flows: A case study in Xiangxi River of Three Gorges Reservior region, China. Progress in Natural Science, 19 (3): 359-367.

Li H W, Schreck C B, Bond C E and Rexstad E. 1987. Factors influencing changes in fish assemblages of Pacific Northwest streams. In: Matthews W J and Heins D C. eds. Community and evolutionary ecology of-North American streamfishes. Norman: University of Oklahoma Press, 193-202.

Li Q, Yang L F, Wu J, Wang B X. 2006. Canonical correspondence analysis between EPT community distribution and environmental factors in Xitiaoxi River, Zhejiang, China. Acta Ecologica Sinica, 26 (11): 3817-3825.

Li S Y, Lu X X and Bush R T. 2013. CO_2 partial pressure and CO_2 emission in the Lower Mekong River. Journal of Hydrology, 504: 40-56.

Lienkaemper G W and Swanson F J. 1987. Dynamics of large woody debris in streams in old-growth Douglas-fir forests. Canadian Journal of Forest Research, 17: 150-156.

Liu D X, Yu H Y, Liu S R, Hu Z Y, Yu J, Wang B X. 2012. Impacts of urbanization on the water quality and macrobenthos community structure of the tributaries in middle reach of Qiantang River, East China. Chinese Journal of Applied Ecology, 23 (5): 1370-1376.

Loayza-Muro R A, Elias-Letts R, Marticorena-Ruíz J K, Palomino E J, Duivenvoorden J F, Kraak M H S, Admiraal W. 2010. Metal-induced shifts in benthic macroinvertebrate community composition in Andean high altitude streams. Environmental Toxicology and Chemistry, 29 (12): 2761-2768.

Lock M A, Wallace R R, Ventullo R M and Charlton S E. 1984. River epilithon: toward a structural-functional model. Oikos, 42: 10-22.

Lock P. 1991. Old growth riparian birds of the Olympic Peninsula: Effects of stream size on community structure.Master' s thesis. University of Washington, Seattle Washington, USA.

Lofthouse C, Robert A. 2008. Riffle - pool sequences and meander morphology. Geomorphology, 99: 214-223.

Lohr S C. 1993. Wetted stream channel, fish-food organisms and trout relative to the wetted perimeter inflection method. Doctoral Dissertation. Bozeman: Montana State University.

Lonzarich D G and Quinn T P. 1995. Experimental evidence for the effect of depth and structure on the distribution, growth, and survival of stream fishes. Canadian Journal of Zoology, 73: 2223-2230.

Lowe W H and Hauer F R. 1999. Ecology of two net-spinning caddisflies in a mountain stream: distribution, abundance and metabolic response to a thermal gradient. Canadian Journal of Zoology, 77: 1637-1644.

Lu X L, Deng W, Zhang S Q. 2007. Flood pulse concept and its application in river-floodplain system. Chinese Journal of Ecology, 26 (2): 269-277.

Ludwig D R.1984. Microtus richardsoni. Mammalian Species, 223: 1-6.

Luttenton M L, Vansteenburg J B & Rada R G. 1986. Phycoperiphyton in selected reaches of the upper mississippi river: community composition, architecture, and productivity. Hydrobiologia, 136 (1): 31-45.

Macarthur R H. 1972. Geographical Ecology. New York: Harper & Row.

Mackay R J, Kalff J. 1969. Seasonal variation in standingcrop and species diversity of insect communities in asmall Quebec stream. Ecology, 50: 101-109.

Mahon R. 1984. Divergent structure in fish taxocenes of north temperate streams. Canadian Journal of Fisheries and Aquatic Sciences, 41 (2): 330-350.

Malard F, Tockner K, Dole-Olivier M J, Ward J . 2002. A landscape perspective of surface - subsurface hydrological exchanges in river corridors. Freshwater Biology, 47: 621-640.

Manel S, Buckton S T, Ormerod S J. 2000. Testing large-scale hypotheses using surveys: the effects of land use on the habitats, invertebrates and birds of Himalayan rivers. Journal of Applied Ecology, 37: 756-770.

Mann R, Mills H K, C A, Crisp D T. 1984. Geographical variation in the life-history tactics of some species of freshwater fish. In: Potts G W & Wootton R J. eds. Fish Reproduction. Strategies and Tactics. New-York: Academic Press, 171-186.

Marchant R. 1988. Vertical distribution of benthic invertebrates in the bed of the Thomson River, Victoria.Australian Journal of Marine and Freshwater Research, 39: 775-784.

Margules C R, Milkovits G A and Smith G T. 1994. Contrasting effects of habitat fragmentation on the scorpion Cercophonius squama and an amphipod. Ecology, 75: 2033-2042.

Marta I, Pavel B, Krno I. 2011. Influence of land use on hyporheos in catchment streams of the Velka Fatra Mts. Biologia, 669 (2): 320-327.

Maser C and Trappe J M. 1984. The seen and unseen world of the fallen tree. USDA Forest Service, General Technical Report, PNW- 164, 1-56.

Maser C, Trappe J M. 1984. The fallen tree—a source of diversity. Proceedings of the 1983 SAF Convention, Portland, Oregon, October 16-20.

Master C, Mate B R, Franklin J F and Dyrness C T. 1981. Natural history of some Oregon coast mammals. USDA Forest Service General Technical Report PNW-GTR-133, Pacific Northwest Forest and Range Experiment Station, portland, Oregon, USA.

Mathews R C, Bao Y X. 1991. The Texas method of preliminary instream flow determination. Rivers, 2 (4): 295-310.

Matthews W J. 1986. Fish faunal "breaks" and stream order in the eastern and central United States. Environmental Biology of Fishes, 17 (2): 81-92.

Matthews W J. 1998. Patterns in Freshwater Fish Ecology. New York: Chapman and Hall.

Mayorga E, Aufdenkampe A K, Masiello C A, Krusche A V, Hedges J I, Quay P D, Richey J E and Brown T A. 2005. Young organic matter as a source of carbon dioxide outgassing from Amazonian rivers. Nature, 436: 538-541.

Mcarthur R H and Pianka E R. 1966. On the optimal use of a patchy environment. American Naturalist , 100: 603-609.

Mcauliffe J R. 1984. Competition for Space, Disturbance, and the Structure of a Benthic Stream Community. Ecology, 65 (3): 894-908.

Mcauliffe J R. 1984. Resource depression by a stream herbivore: effects on distributions and abundances of other grazers. Oikos, 42 (3): 327-334.

Mcclelland W T, Brusven M A.1980. Effects of sedimentation on the behaviour and distribution of riffle insects in a laboratory stream. Aquatic Insects, 2 (3): 161-169.

McComb W C, Chambers C L and Newton M. 1993a. Small mammal and amphibian communities and habitat associations in red alder stands, central Oregon Coast Range. Northwest Science, 67: 181-188.

McComb W C, McGarigal K and Anthony R G. 1993b. Small mammal and amphibian abundance in streamside and upslope habitats of mature Douglas-fir stands, western Oregon. Northweat Science, 67: 7-14.

Mcculloch D L. 1986. Benthic macroinvertebrate distributions in the riffle-pool communities of two east Texas streams. Hydrobiologia, 135: 61-70.

Mcdowell D M, Naiman R J. 1986. Structure and function of a benthic invertebrate stream community as influenced by beaver (castor canadensis) . Oecologia, 68 (4): 481.

McElravy E P, Resh V H, Wolda H and Flint O S Jr. 1981. Diversity of adult Trichoptera in a 'Non-Seasonal' tropical environment. Proceedings of the Third International Symposium on Trichoptera, 149-156.

McIntire C D. 1968. Structural characteristics of benthic algal communities in laboratory streams. Ecology, 49: 520-537.

Mcintire C D. 1973. Periphyton dynamics in laboratory streams: a simulation model and its implications. Ecological Monographs, 43 (3), 399-420.

Mcmahon T E, Holtby L B. 2011. Behavior, Habitat Use, and Movements of Coho Salmon (OncorhynchusKisutch) Smolts during Seaward Migration. Canadian Journal of Fisheries and Aquatic Sciences, 49 (7): 1478-1485.

Meffe G K and Sheldon A L. 1988. The influence of habitat structure on fish assemblage composition in southeastern blackwater streams. American Midland Naturalist, 120: 225-240.

Mellina E, Moore R D, Hinch S G, Macdonald J S and Pearson G. 2002. Stream temperature responsesto clearcut logging in British Columbia: the moderating influences of groundwater and headwater lakes. Canadian Journal of Fisheries and Aquatic Science, 59: 1886-1900.

Merritt R W, Cummins K W. 1996. An Introduction to the Aquatic Insects of North America (3rd edition) . Dubuque: Kendall/Hunt Publishing Company.

Meyer J L, Likens G E. 1979. Transport and Transformation of Phosphorus in a Forest Stream Ecosystem. Ecology, 60 (6): 1255-1269.

Michael H P, Winona L S, Susan A D. 2006. Effects of stream size on taxa richness and other commonly used benthic bioassessment metrics. Hydrobiologia, 568: 309-316.

Michael M C, Hall R O. 2004. Hyporheic invertebrates affect N cycling and respiration in stream sediment microcosms. Journal of the North American Benthological Society, 23 (3): 416-428.

Miller P. 1979. Adaptations and implications of small size in teleosts. Symposium of the Zoological Society of London, 4: 263-306.

Miller R R. 1959. Origin and affinities of the freshwater fish fauna of Western North America. In: Hubbs C L. eds. Zoogeography. American. Associatino for the Advancement of Science Publication 51. Washington DC USA, 187-222

Minckley W L, Hendrickson D A and Bond C E. 1986. Geography of western North American freshwater fishes: Description and relationship to intracontinental tectonism. In: Hocutt C H and Wiley E O. eds. The zoogeography of North Ameirican freshwater fiehes. New York: John Wiley & Sons, 519-614.

Minshall G W, Cummins K W, Petersen R C, Cushing C E, Bruns D A, Sedell J R and Vannote R L. 1985. Developments in stream ecosystem theory. Canadian Journal of Fisheries and Aquatic Sciences, 42 (5): 1045-1055.

Minshall G W, Petersen R C, Bott T L, Cushing C E, Cummins K W, Vannote R L and Sedell J R. 1992. Stream Ecosystem Dynamics of the Salmon River, Idaho: An 8th-Order System. Journal of the North American Benthological Society, 11 (2): 111-137.

Minshall G W. 1978. Autotrophy in Stream Ecosystems. Bioscience, 28 (12): 767-770.

Minshall G W. 1988. Stream Ecosystem Theory: A Global Perspective. Journal of the North American Benthological Society, 7 (4): 263-288.

Mishra A S, Nautiyal P, Semwal P. 2013. Distributional patterns of benthic macro-invertebrate fauna in the glacier fed rivers of Indian Himalaya. Our Nature, 11 (1): 36-44.

Mitsch W J and Gosselink J G. 2015. Wetlands (Fifth Edition) . John Wiley & Sons, Inc., Hoboken, New Jersey: USA.

Mitsch W J, Jørgensen S E. 1989. Ecological engineering: an introduction to ecotechnology. Wiley, New York.

Mitsch W J, Jørgensen S E. 2004. Ecological engineering and ecosystem restoration. Wiley, New York.

Mitsch W J, Lu J J, Yuan, X Z, He W S and Zhang L. 2008. Optimizing ecosystem services in China. Science, 322: 528.

Mninshall G W. 1967. Role of Allochthonous Detritus in the Trophic Structure of a Woodland Springbrook Community. Ecology, 48 (1): 139-149.

Monaghan M T, Robinson C T, Spaak P and Ward J V. 2005. Macroinvertebrate diversity in fragmented Alpine streams: implications for freshwater conservation. Aquatic Sciences, 67 (4): 454-464.

Montgomery D R, Buffington J M. 1997. Channel-reach morphology in mountain drainage basins. Geological Society of America Bulletin, 109: 596-611.

Montgomery D R, Collins B D, Buffington J M, Abbe T B. 2003. Geomorphic effects of wood in rivers. In: Gregory S V, BoyerK L Gurnell A M. eds. The Ecology and Management of Wood in World Rivers. American Fisheries Society, Symposium 37, Bethesda, Maryland, 21-47.

Montgomery D R, Dietrich W E. 1995. Hydrologic Processes in a Low-Gradient Source Area. Water Resources Research, 31 (1): 1-10.

Moog O. 2002. Fauna Aquatica Austriaca (2nd edition) . Vienna: Federal Ministry of Agriculture, Forestry, Environment and Water Management Division Ⅶ. 18.

Morris D L, Brwker M P. 1979. The vertical distribution of macroinvertebrates in the substratum of the upper reaches of the River Wye, Wales. Freshwater Biology, 9: 573-583.

Moyle P B. 1976. Inland fishes of California. Berkeley: University of California Press.

Moyle P B and Herbold B. 1987. Life history patterns and community structure in stream fishes of western North America: comparisons with eastern North America and Europe. In: Matthew W J and Heins D C. eds. Community and evolutionary ecology of North American stream fishes, Norman: University of Oklahoma Press, 25-32.

Moyle P B, Cech J J. 1982. Fishes: An Introduction to Ichthyology. Prentice-Hall, Englewood Cliffs, New Jersey, USA.

Muhar S, Jungwirth M. 1998. Habital integrity of running waters-assessment criteria and their biological relevance. Hydrobiologia, 386: 195-202.

Mulholland P J, Fellows C S, Tank J L, Grimm N B, Webster J R, Hamilton S K, Martí E, Ashkenas L, Bowden W B, Dodds W K, Mcdowell W H, Paul M J, Peterson B J. 2001. Inter-biomecomparison of factors controlling stream metabolism.Freshwater Biology, 46: 1503-1517.

Mulholland P J. 1992. Regulation of nutrient concentrations in a temperate forest stream: Roles of upland, riparian, and instream processes. Limnology & Oceanography, 37 (7): 1512-1526.

Mundahl N D, Hunt A M. 2011. Recovery of stream invertebrates after catastrophic flooding in southeastern Minnesota, USA. Journal of Freshwater Ecology, 26 (4): 445-457.

Murphy M L. 1998. Primary production. In: Naiman R J, Bilby R E. eds. New York: Springer-Verlag

Murphy M L, Koski K V, Heifetz J, Johnson S W, Kirchofer D. 1984. Role of large organic debris as winter habitat for juvenile salmonids in Alaska streams. Proceedings, Western Association of Fish and Wildlife Agencies, 251-262.

Naiman R J, and Bilby R E. 1998. River Ecology and Management — Lessons from the Pacific Coastal

Ecoregion. New York： Springer-Verlag.

Naiman R J， Beechie T J， Benda L E， Berg D R， Bisson P A & Macdonald L H， O' Connor M D， Olson P L and Steel E A. 1992. Fundamental Elements of Ecologically Healthy Watersheds in the Pacific Northwest Coastal Ecoregion. Watershed Managcment. Springer New York.

Naiman R J， Bunn S E， Nilsson C， Petts G E， Pinay G， Thompson L C. 2002. Legitimizing Fluvial Ecosystems as Users of Water： An Overview. Environmental Management， 30 （4）： 455-467.

Naiman R J， Decamps H & Pollock M. 1993. The role of riparian corridors in maintaining regional biodiversity. Ecological Applications， 3 （2）： 209-212.

Naiman R J， Decamps H， Psator J and Johnston C A. 1988. The potetial importance of boundaries to fluvial ecosystems. Journal of the North American Benthological Society， 7： 289-306.

Naiman R J， Décamps H. 1997. The ecology of interfaces： Riparian Zones. Annual Review of Ecology & Systematics， 1997， 28 （1）： 621-658.

Naiman R J， Magnuson J J， Mcknight D M， Stanford J A. 1995. The Freshwater Imperative： A Research Agenda. Island Press， Covelo， CA， 200.

Naiman R J， Sedell J R. 1980. Relationships Between Metabolic Parameters and Stream Order in Oregon. Canadian Journal of Fisheries & Aquatic Sciences， 37 （5）： 834-847.

Naiman R J， Sedell J R. 1981. Stream ecosystem research in a watershed perspective. Verh. Internat. Verein. Limnol.， 21： 804-811

Naiman R J. 1983. The Annual Pattern and Spatial Distribution of Aquatic Oxygen Metabolism in Boreal Forest Watersheds. Ecological Monographs， 53 （1）： 73-94.

Naiman R J. 1992. Watershed management： balancing sustainability and environmental change. Watershed Management Balancing Sustainability & Environmental Change， 6 （4）： 240-249.

Naiman R J. 2011. The freshwater imperative ： a research agenda. Journal of the North American Benthological Society， 14 （4）： 9-11.

Naiman， R. J. 1983. The influence of stream size on the food quality of seston. Canadian journal of zoology， 61 （9）： 1995-2010.

NaimanR J and Bilby R E. 2001. River ecology and management. New York： Springer.

Nakamura F and Swanson F J. 2003. Dynamics of wood in rivers in the context of ecological disturbance . In： The Ecology and Management of Wood in World Rivers. American Fisheries Society， 23 （1）： 279-297.

Nakano S， Kawaguchi Y， Taniguchi Y， Miyasaka H， Shibata Y， Urabe H and Kuhara N. 1999. Selective foraging on terrestrial invertebrates by rainbow trout in a forested headwater stream in northern Japan. Ecological Research， 14 （4）： 351-360.

Naura M, Robinson M. 1998. Principles of using River Habitat Survey to predict the distribution of aquatic species: an example applied to the native white-clawed crayfish Austropotamobius pallipes. Aquatic Conservation: Marine and Freshwater Ecosystems, 8: 515–527.

Naveh Z and Lieberman A S. 1984. Landscape Ecology, Theory and Application, Springer-Verlag.

Negi R K, Mamgain S. 2013. Seasonal variation of benthic macro invertebrates from Tons River of Garhwal Himalaya Uttarakhand. Pakistan Journal of Biological Sciences, 16 (22): 1510–1516.

Nelson S M, Lieberman D M. 2002. The influence of flow and other environmental factors on benthic invertebrates in the Sacramento River, U.S.A. Hydrobiologia, 489 (1-3): 117–129.

Nelson S M. 2011. Response of stream macroinvertebrate assemblages to erosion control structures in a wastewater dominated urban stream in the southwestern U.S. Hydrobiologia, 663 (1): 51–69.

Nickelson T E, Rogers J D, Johnson S L and Solazzi M F.1992. Seasonal changes in habitat use by juvenile coho salmon (oncorhynchus kisutch) in Oregon coastal streams.Canadian Journal of Fisheries and Aquatic Sciences, 49: 783–789.

Niemi G J, Mcdonald M E. 2004. Application of ecological indicators. Annual Review of Ecology, Evolution and Systematics, 35 (1): 89–111.

Nilsson C, Reidy C A, Dynesius M , and Revenga C. 2005. Fragmentation and flow regulation of the world' s large river systems. Science, 308: 405–408.

Nilsson N A. 1967. Interactive segregation between fish species. In: Gerking SD.eds.The biological basis of freshwater fish production.Blackwell Scientific, Oxford, UK, 295–313.

O' Keeffe J H. 1997. Review of workshop reports on the Orange River. In: Chutter F M, Palmer R W, Walmsley J J. Orange river basin: Environmental overview. Pretoria, South Africa: Department of Water and Forestry.

Oana T M, Erika L, Marin C, Banciu M, Banciu H L, Pavelescu C, Brad T, Cîmpean M, Meleg I, Iepure S and Povară I. 2011. Spatial distribution patterns of the hyporheic invertebrate communities in a polluted river in Romania. Hydrobiologia, 669: 63–82.

Odum E P. 1981. Foreword. In: Clark J R and Benforado J. eds. Wetlands of Bottomland Hardwood Forests. Amsterdam: Elsevier. xi–xiii.

Oemke M P and Burton T M. 1986. Diatom colonization dynamics in a lotic system. Hydrobiologia, 139: 153–166.

Olsen D A, Townsend C R. 2003. Hyporheic community composition in a gravel-bed stream: influence of vertical hydrological exchange, sediment structure and physicochemistry. Freshwater Biology, 48: 1363–1378.

Olsen D A, Townsend C R. 2005. Flood effects on invertebrates, sediments and particulateorganic matter in the hyporheic zone of a gravel-bedstream. Freshwater Biology, 50: 839-853.

Orghidan T. 1959. Ein neuer Lebensraum des unterirdischen Wassers, der hyporheische Biotop. Archiv fürHydrobiologie, 55: 392-414.

Osborne L L, Wiley M J. 1992. Influence of tributary spatial position on the structure of warm water fish communities. Canadian Journal of Fisheries Aquatic Sciences, 49 (4): 671-681.

Overton W S. 1972. Toward a general model structure for forest ecosystem. In: Proceedings of the Symposium on Research on Coniferous Forest Ecosystem. (Franklin J E. eds.) . Northwest Forest Range Station, Portland, Oregon, U.S.A.

Parsons M and Norris R H. 1996. The effect of habitat-specific sampling on biological assessment of water quality using a predictivemode. FreshwaterBiology, 36: 419 -434.

Parsons M, Thoms M, Norris R. 2002. Australian River Assessment System: review of physical river assessment methods-A biological perspective. Canberra: Commonwealth of Australia and University of Canberra, 2-10.

Patterson M R, Sebens K P, Olson R R. 1991. In situ measurements of flow effects on primary production and dark respiration in reef corals. Limnology and Oceanography, 36 (5): 936-948.

Pavel D, Ladislav M S. 1986. Structure, zonation, and species diversity of the mayfly communities of the Belá River basin, Slovakia. Hydrobiologia, 135: 155-165.

Pearson T H & Rosenberg R. 1987. Feast and famine: Structuring factors in marine benthic communities In: Organization of Communities Past and Present. (Gee J H R & Giller P S. eds) . Oxford: Blackwell science, 373-395.

Peiffer S, Beierkuhnlein C, Sandhage-Hofmann A, Kaupenjohann M, Bar S. 1997. Impact of high aluminium loading on a small catchment area (Thuringia slate mining area) -Geochemical transformations and hydrological transport. Water, Air, & Soil Pollution, 94 (3-4): 401-416.

Percival E, Whitehead H. 1929. A quantitative study of the fauna of some types of stream-bed. Journal of Ecology, 17 (2): 282-314.

Peter O. 2003. List of Californian macroinvertebrate taxa and standard taxonomic effort. Rancho Cordova: CA Department of Fish and Game. Rancho Cordova: CA Department of Fish and Game, 8.

Peter P B, Arthur V B. 1991. Riffle-pool geomorphology disrupts longitudinal patterns of stream benthos. Hydrobiologia, 220: 109-117.

Peterson B J, Wollheim W M, Mulholland P J, Webster J R, Meyer J L and Tank J L. 2001. Control of nitrogen export from watersheds by headwater streams. Science, 292: 86-90.

Phiillippart J C, Michia J C, Baras E, Prignon C, Gillet A, Joris S. 1994. The bilgian project "Meuse Salmon 2000" . First results provlems and future prospects. Water Science and Technology, 29 (3): 315-317.

Pickett S T and White P S. 1985. The Ecology of Natural Disturbance and Patch Dynamics. San Diego Califonia: Academic Press, 59-71.

Pie′gay H, Schumm S A. 2003. System approaches in fluvial geomorphology. In: Kondolf GM, Pie′gay H. eds. Tools in Fluvial Geomorphology. Wiley, West Sussex, 105-134.

Poff N L, Ward J V. 1989. Implications of stream flow variability and predictability for lotic community structure: a regional analysis of stream flow patterns. Canadian Journal of Fisheries and Aquatic Sciences, 46: 1805-1818.

Posey M H. 1990. Functional approaches to soft-substrate communities: How useful are they? Aquat. Sci., 2: 343-356.

Pospisil P. 1992. Sampling methods for groundwater animals of unconsolidated sediments//Camacho AI, ed. The natural history of biospeleology. Madrid: Monografias del Museo Nacional de Ciencias Naturales, 108-134.

Prus T, Prus M, Bijok P. 1999. Diversity of invertebrate fauna in littoral of shallow Myczkowce dam reservoir in comparison with a deep Solina dam reservoir. Hydrobiologia, 408/409: 203-210.

Qu X D, Cao M, Shao M L, Li D F, Cai Q H. 2007. Macrobenthos in Jinping reach of Yalongjiang River and its main tributaries. Chinese Journal of Applied Ecology, 18 (1): 158-162.

Quinn J M, Hickey C W. 1994. Hydraulic parameters and benthic invertebrate distributions in two gravel-bed New Zealand Rivers. Freshwater Biology, 32 (3): 489-500.

Quinn T P, Peterson N P. 1996. The influence of habitat complexity and fish size on over-winter survival and growth of individually-marked juvenile coho salmon (*Oncorhynchus kisutch*) in Big Beef Creek, Washington. Can J Fish Aquat Sci., 53 (7): 1555-1564.

Quinn T P and Unwin M J. 1993. Variation in life history patterns among new Zealand chinook salmon (Onchrhynchus tshawytscha) populations. Canadian Journal of Fisheries and Aquatic Sciences, 50: 1414-1421.

Rabeni C F, Minshall G W. 1977. Factors affecting microdistribution of stream benthic insects. Oikos, 29 (1): 33-43.

Raedeke K J, Taber R D and Paige D K. 1988. Ecology of large mammals in riparian systems of Pacific Northwest forests. In: Raedeke K J. eds. Streamside management: Raparian wildlife and forestry interactions. Institude of Forest Resources Contribution Number 59, University of washington Seattle, Washington, USA,

113–132.

Ran L，Lu X X，Richey J E，Sun H，Han J，Yu R，Liao S and Yi Q. 2015. Long-term spatial and temporal variation of CO_2 partial pressure in the Yellow River，China. Biogeosciences，12：921–932.

Rapport D J，Thorpe C，Regier H A. 1979. Ecosystem medicine. Bulletin of Ecological Society of America，60：180–182.

Raven P J，Fox P，Everard M，Holmes N T H and Dawson F D. 1997. River habitat survey：a new system for classifying rivers according to their habitat quality. Edinburgh：The Stationery Office.

Raven P J，Holmes N T H，Charrier P，Dawson F H，Naura M，Boon P J. 2002. Towards a harmonized approach for hydromorphological assessment of rivers in Europe：a qualitative comparison of three survey methods. Aquatic Conservation：Marine and Freshwater Ecosystems，12：405–424.

Raven P J，Holmes N T H，Dawson F H. 1998. Quality assessment using river habitat survey data. Aquatic Conservation：Marine and Freshwater Ecosystems，8：477–499.

Raven P J，Holmes N T H，Naura M，Dawson F H. 2000. Using river habitat survey for environmental assessment and catchment planning in the U.K.. Hydrobiologia，422（423）：359–367.

Raymond P A，Hartmann J，Lauerwald R，Sobek S，McDonald C，Hoover M，Butman D，Striegl R，Mayorga E，Humborg C. Kortelainen P，Dürr H，Meybeck M，Ciais P & Guth P. 2013. Global carbon dioxide emissions from inland waters. Nature，503：355–359.

Raymond P A，Oh N H，Turner R E and Broussard W. 2008. Anthropogenically enhanced fluxes of water and carbon from the Mississippi River. Nature，451：449–452.

Reece P F，Richardson J S. 2000. Benthic macroinvertebrate assemblages of coastal and continental streams and large rivers of southwestern British Columbia，Canada. Hydrobiologia，439（1–3）：77–89.

Reice S R. 1980. The role of substratum in benthic macroinvertebrate microdistribution and litter decomposition in a woodland stream. Ecology，61（3）：580–590.

Reimers P E. 1973. The length of residence of juvenile fall chinook salmon in Sixes River，Oregon. Volnum 4. Research report of the Fish Commission of Oregon，Porland，Oregon，USA.

Ren H Q，Yuan X Z，Yue J S，Wang X F，Liu H. 2016. Potholes of mountain river as biodiversity spots：structure and dynamics of the benthic invertebrate community. Polish Journal of Ecology，62（1）：70–83.

Ren S Z. 1991. Investigation on macroinvertebrate community and water quality in streams in Beijing area. Acta Scientiae Circumstantiae，11（1）：31–46.

Resh V H，Brown A V，Covich A P，Gurtz M E，Li H W，Minshall G W，Reice S R，Sheldon A L，Wallace J B，Wissmar R C. 1988. The role of disturbance in stream ecology. Journal of the North American

Benthological Society, 7 (4): 433–455.

Resh V H. 1979. Sampling variability and life history features: basic considerations in the design of aquatic insect studies. Hydrobiologia, 36: 290–311.

Resh V H, Jackson J K. 1993. Rapid assessment approaches to biomonitoring using benthic macroinvertebrates. In: Rosenberg D M, Resh V H. eds. Freshwater biomonitoring and benthic macroinvertebrates. New York: Chapman and Hall, 195–233.

Reynolds C S and Glaister M S. 1995. Spatial and temporal changes in phytoplankton abundance in the upper and middle reaches of the River Severn. With 16 figures and 1 table in the text. Archiv fur Hydrobiologie–Supplementband Only, 101 (3): 1–22.

Richard C H. 1969. Benthic macroinvertebrates of the Otter Creek drainage basin, Northcentral, Oklahoma. The Southwestern Naturalist, 14 (2): 231–248.

Richard V A, David M D. 1986. Predictive quality of macroinvertebrate – habitat associations in lower navigation pools of the Mississippi River. Hydrobiologia, 136: 101–112.

Rikhari H C and Singh S P. 1998. Coarse woody debris in oak forested stream channels in the central Himalaya. Ecoscience, 5 (1): 128- 131.

Robert J D, Samuel S C, Gary T L, Russell B L and Ted R T. 2007. Periphyton and macroinvertebrate assemblage structure in headwaters bordered by mature, thinned, and clearcut douglas fir stands. Forest Science, 53: 294–307.

Robison E G, Beschta R L. 1990. Characteristics of coarse woody debris for several coastal streams of southeast Alaska, USA. Canadian Journal of Fisheries & Aquatic Sciences, 47 (9): 1684–1693.

Rodriguez–Iturbe I, Porporatoa A, Laio F, Ridolfi L. 2001. Plants in water–controlled ecosystems: active role in hydrologic processes and response to water stress: III. Vegetation water stress. *Advances in Water Resources*, 24 (7): 695–705.

Rooke J B. 1984. The invertebrate fauna of four macrophytes in a lotic system. Freshwater Biology, 14 (5): 507–513.

Root R B. 1973. Organization of a Plant–Arthropod Association in Simple and Diverse Habitats: The Fauna of Collards (*Brassica Oleracea*) . Ecological Monographs, 43 (1): 95–124.

Rosamond M S, Thuss S J and Schiff S L. 2012. Dependence of riverine nitrous oxide emissions on dissolved oxygen levels. Nature Geoscience, 5: 715–718.

Rosemary J M, Kalff J. 1969. Seasonal variation in standing crop and species diversity of insect communities. Ecology, 50 (1): 101–109.

Rosenberg D M, Resh V H. 1993. Freshwater biomonitoring and benthic macroinvertebrates. New York:

Chapman and Hall， 488.

Rosenberg D M， Wiens A P. 1978. Effects of sediment on the behavior and distribution of riffle insects in a laboratory. Water Research， 12： 753–763.

Rosenzweig M L and Abramsky Z. 1994. How are diversity and productivity related. In： Ricklefs R and Schluter D.eds.Species Diversity in Ecological Communities： historical and geographical perspectives. Chicago： University of Chicago Press， 52–65.

Rosgen D L. 1994. A classification of natural rivers. Catena， 22： 169–199.

Rosgen D L. 1996. Applied river morphology. Colorado： Pagosa Springs.

Roshiier D A， Robertson A I， Kingsford R T. 2002. Responses of waterbirds to flooding in an arid region of Australia and implications for conservation. Biological Conservation， 106 (2)： 399–411.

Rounick J S， Gregory S V. 1981. Temporal changes in periphyton standing crop during an unusually dry winter in streams of the Western Cascades， Oregon. Hydrobiologia， 83 (2)： 197–205.

Russell–Hunter， W D. 1970. Aquatic productivity： an introduction to some basic aspects of biological oceanography and limnology. Bioscience， 21 (11)： 549–550.

Rust B R. 1978. A classification of alluvial channel systems. In： Miall A D. eds. Fluvial Sedimentology. Calgary： Canadian Society of Petroleum Geologists (Memoir 5)， 187–198.

Sawakuchi H O， Bastviken D， Sawakuchi A O， Krusche A V， Ballester M V R and Richey J E. 2014. Methane emissions from Amazonian Rivers and their contribution to the global methane budget. Global Change Biology， 20 (9)： 2829–2840.

Schlosser I J. 1982. Fish Community Structure and Function along Two Habitat Gradients in a Headwater Stream.Ecological Monographs， 52 (4)： 395–414.

Schlosser I J. 1987. A conceptual framework for fish communities in small warmwater streams. In： Matthews W J and Heins D C. eds.Community and evolutionary ecology of North American stream fishes. Norman： University of Oklahoma Press， 17–24.

Schneck F， Schwarzbold A， Melo A. 2011. Substrate roughness affects stream benthic algal diversity， assemblage composition， and nestedness. Journal of the North American Benthological Society， 30： 1049–1056.

Schumm S A. 1993. River Morphology： Benchmark Papers in Geology. Stroudsberg， Pennsylvania， Dowden， Hutchinson， and Ross Inc.

Schwartz J S. 1990. Influence of geomorphology and land use on distribution and abundance of salmonids in a coastal Oregon basin. Master' s thesis， Oregon State University， Corvallis. Oregon， USA.

Scott D T， David M C *et al*. 2019. Global patterns and drivers of ecosystem functioning in rivers and riparian zones. Science Advances, 5 (1): 1-8.

Scullion J, Parish C A, Morgan N, Edwards R W. 1982. Comparison of benthic macroinvertebrate fauna and substratum composition in riffles and pools in the impounded River Elan and the unregulated River Wye, mid-Wales. Freshwater Biology, 12: 579-595.

Searns R M. 1995. The evolution of greenways as an adaptive urban landscape form. Landscape and Urban Planning, 33: 65-80.

Sempeski P and Gaudin P. 1995. Habitat selection by grayling. Spawning habitats. Journal of Fish Biology, 47 (2): 256-265.

Sharma A, Sharma R C, Anthwal A. 2008. Surveying of aquatic insect diversity of Chandrabhaga river, Garhwal Himalayas. The Environmentalist, 28 (4): 395-404.

Sheldon A L. 1968. Species Diversity and Longitudinal Succession in Stream Fishes. Ecology, 49: 193-198.

Shreve R L. 1966. Statistical law of stream numbers. Journal of Geology, 74 (1): 17-37.

Simms D A. 1979. North America weasels: Resource utilization and distribution. Canadian Journal of Zoology, 57: 504-520.

Simpson J C, Norris R H. 2000. Biological assessment of river quality: development of AUSRIVAS models and outputs. In: Wright J F, Sutclife D W & Furse M T. eds. Assessing the Biological Qualityo f Fresh Waters: RIVPACS and other techniques. Freshwater Biological Assessment, Ambleside, UK, 125-142.

Smock L A, Gladden J E, Riekenberg J L, Smith L C and Black C R. 1992. Lotic macroinvertebrate production in three dimensions: Channel surface, hyporheic, and floodplain environments. Ecology, 73: 876-886.

Standford J A, Ward J A, Liss W J, Frissell C A, Williams R N, Lichatowich J A and Coutant C C. 1996. A general protocol for restoration of regulated rivers. Regulated rivers, 21: 391-414.

Stanford J A & Ward J V. 1983. Insect species diversity as a function of environmental variability and disturbance in stream systems.Stream Ecology, Springer-Verlag, US, 265-278.

Stanford J A and Ward J V. 1993. An ecosystem perspective of alluvial rivers: connectivity and the hyporheic corridor. Journal of the North American Benthological Society, 12: 48-60.

Stanford J A, Ward J V. 1988. The hyporheic habitat of river ecosystems. Nature, 335: 64-66.

Stanford J A, Ward J V. 1992. Management of Aquatic Resources in Large Catchments: Recognizing Interactions Between Ecosystem Connectivity and Environmental Disturbance. In: Naiman R J, eds. Watershed Management New York: Springer, 91-124.

Stanford J A, Ward J V. 1993. An Ecosystem Perspective of Alluvial Rivers: Connectivity and the Hyporheic Corridor. Journal of the North American Benthological Society，12（1）：48-60.

Statzner B J，Gore A，Resh W H. 1988. Hydraulic stream ecology：observed patterns and potential applications. Journal of the North American Benthological Society，7（4）：307-360.

Statzner B，Higler B. 1986. Stream hydraulics as a major determinant of benthic invertebrate zonation patterns. Freshwater Biology，16：127-139.

Stebbins R C.1985.Western reptiles and amphibians.Houghton Mifflin，Boston，Massachusetts，USA.

Steinman A D & McIntire C D. 1990. Recovery of lotic periphyton communities after disturbance. Environmental Management，14（5）：589-604.

Steinman A D and McIntire C D. 1986. Effects of current velocity and light energy on the structure of periphyton assemblages in laboratory streams. Journal of Phycology，2：352-361.

Stevenson R J. 1996. The stimulation and drag of current. In：Stevenson R J，Bothwell M L，Lowe R L. eds. Algal Ecology. San Diego，USA：Academic Press，321-340.

Stockner J G & Shortreed K S. 1988. Response of anabaena and synechococcus to manipulation of nitrogen：phosphorus ratios in a lake fertilization experiment. Limnology & Oceanography，33（6）：1348-1361.

Storey R G，Williams D D. 2004. Spatial responses of hyporheic invertebrates to seasonal changes in environmental parameters. Freshwater Biology，49：1468-1486.

Stouder D J，Bisson P A and Naiman R J. 1996. Where are we? Resources at the brink. In：Stouder D J，Bisson P A and Naiman R J. eds. Pacific salmon and their ecosystems：Status and future options. New York：Chapman & Hall，1-11.

Stout J & Vandermeer J. 1975. Comarison of species richness for stream-inhabiting insects in tropical and mid-latitude stream. Am. Nat.，109：263-280.

Stout J & Vandermeer J. 1975. Comparison of species richness for stream-inhabiting insects in tropical and mid-latitude streams. American Naturalist，109（967）：263-280.

Stout R J adn Taft W H. 1985. Growth patterns of a chironomid shredder on fresh and senescent tag alder leaves in two Michigan streams. Journal of Freshwater Ecology，3（2）：147-153.

Strahler A N. 1957. Quantitative analysis of watershed geomorphology. Transactions of American Geophysical Union，38（6）：913-920.

Striegl R G，Dornblaser M M，McDonald C P，Rover J R and Stets E G. 2012. Carbon dioxide and methane emissions from the Yukon River system. Global Biogeochemical Cycles，26（4）：1-11.

Sumner W T & Fisher S G. 1979. Periphyton production in Forest River，Massachusetts. Freshwat. Biol.，9：205-212.

Sun R，Deng W Q，Yuan X Z，Liu H，Zhang Y W. 2014. Riparian vegetation after dam construction on mountain rivers in China. Ecohydrology，7（4）：1187–1195.

Sun X L，Cai Q H，Li F Q，Yang S Y，Tan L. 2012. Spatial distribution of community structure and functional feeding groups of macroinvertebrates of Changjiang River，a tributary of Poyang Lake in Spring. Chinese Journal of Applied and Environmental Biology，18（2）：163–169.

Swanson F J，Kratz T K，Caine N and Woodmansee R G. 1988. Landform effects on ecological processes and features.BioScience，38：92–98.

Swanson F J，Lienkaemper G W. 1978. Physical consequences of large organic debris in pacific northwest streams. USDA Forest Service General Technical Report PNW（USA），No. 69.

Swanson F J，Lienkaemper G W. 1982. Interactions among fluvial processes，forest vegetation，and aquatic ecosystems，South Fork Hoh River，Olympic National Park [Washington]. Nordisk Veterinaermedicin，35（2）：91–94.

Swanson F J. 2003. Wood in rivers：a landscape perspective. American Fisheries Society Symposium，37：299–313.

Sweeney S J. 1978. Diet，reproduction and population structure of the bobcat（Lynx rufus fasciatus）in western Washington.Master's thesis.University of washington，Seattle，Washington，USA.

Szoszkiewicz K，Buffagni A，Davy–Bowker J，Lesny J，Chojnicki B H，Zbierska J，Staniszewski R，Zgola T. 2006. Occurrence and variability of River Habitat Survey features across Europe and the consequences for data collection and evaluation. Hydrobiologia，566：267–280.

Terres J K. 1980. The Audubon Society encyclopedia of North American birds. New York：Knopf.

Tett P，Gallegos C，Kelly M G，Hornberger G M，and Cosby B J. 1978. Relationships among substrate，flow，and benthic microalgal pigment diversity in Mechams River，Virginia. Limnology and Oceanography，23：785–797.

The Federal Interagency Stream Restoration Working Group. 1998. Stream Corridor Restoration：Principles，Processes and Practices. USDA.

Thomsen A G，Friberg N. 2002. Growth and emergence of the stonefly Leuctra nigra in coniferous forest streams with contrasting pH. Freshwater Biology，47（6）：1159–1172.

Thorp J H and M D Delong. 1994. The riverine productivity model：a heuristic view of carbon sources and organic processing in large river ecosystems. Oikos，70（2）：305–308.

Tockner K，Malard F，Ward J V. 2000. An extension of the flood pulse concept. Hydrological Processes，14（16–17）：2861–2883.

Tokeshi M. 1986. Resource utilization，overlap and temporal community dynamics：a null model analysis of an epiphytic chironomid community. Journal of Animal Ecology，55（2）：491–506.

Townsend C R, Thompson R M, McIntosh A R, Scarsbrook M R. 1998. Disturbance, resource supply and food-web architecture in streams. Ecology Letters, 1 (3): 200-209.

Triska F J and Cromack K. 1980. The role of wood debris in forests and streams. In: Waring R Heds. Forests: fresh perspectives from ecosystem analysis. Oregon State University Press, Corvallis.

Triska F J, Kennedy V C, Avazino R J, Zellweger G W and Bencala K E. 1989. Retention and transport of nutrients in a third order stream: hyporheic processes. Ecology, 70: 1893-1905.

Turner B L, II, Clark W C, Kates R W, Richards J F, Mathews J T, Meyer W B. 1990. The Earth as Transformed by Human Action. England, Cambridge: Cambridge University Press.

Turner M G, O'Neill R V, Gardner R H, Milne B T. 1989. Effects of changing spatial scale on the analysis of landscape pattern. Landscape Ecology, 3 (3-4): 153-162.

US Fish and Wildlife Service (USFWS) . 1994. Endangered and threatened wildlife and plants: determination of endangered status for the arroyo southwestern toad. Federal Register, 59 (241): 64859-64895.

Valett H M, Fisher S G. 1994. Vertical Hydrologic Exchange and Ecological Stability of a Desert Stream Ecosystem. Ecology, 75 (2): 548-560.

Van Daele L J and Van Daele H A. 1982. Factors affecting the productivity of ospreys nesting in weat-central Idaho. Condor, 84: 292-299.

Vannote R L, Minshall G W, Cummins K W, Sedell J R and Cushing C E. 1980. The river continuum concept. Canadian Journal of Fisheries & Aquatic Sciences, 37 (2): 130-137.

Varricchione J T, Thomas S A, Minshall G W. 2005. Vertical and seasonal distribution of hyporheic invertebrates in streams with different glacial histories. Aquatic sciences, 67: 434-453.

Vaughan I P, Noble D G, Ormerod S J. 2003. Combining surveys of river habitats and river birds to appraise riverine hydromorphology. Freshwater Biology, 52: 2270-2284.

Vervier P, Gibert J, Marmonier P and Dole-Olivier M J. 1992. A perspective on the permeability of the surface freshwater-groundwater ecotone. Journal of the North American Benthological Society, 11: 93-102.

Victor J, Santucci, J R. 2005. Effects of multiple low-head dams on fish, macroinvertebrates, habitat, and water quality in the Fox river, Illinois.North American Journal of Fisheries Management, 25: 975-992.

Walker J, Diamond M, Naura M. 2002. The development of physical quality objectives for rivers in England and Wales. Aquatic Conservation: Marine and Freshwater Ecosystems, 12: 381-390.

Wallace J B, Webster J R, Meyer J L. 1995. Influence of Log Additions on Physical and Biotic Characteristics of a Mountain Stream. Canadian Journal of Fisheries and Aquatic, 52 (8): 2120-2137.

Wallace J B, Webster J R. 1996. The role of macroinvertebrates in stream ecosystem function. Annual Review of Entomology, 4 (1): 115-139.

Wang B X, Xu D J, Yang L F, Shen L J, Hu H. 2007. Characteristics of benthic macroinvertebrates communities in relation to environment in upper reaches of the Taihu Lake watershed in Changzhou area, China. Journal of Ecology and Rural Environment, 23 (2): 47-51.

Wang B X, Yang L F, Hu B J, Shan L N. 2005. A preliminary study on the assessment of stream ecosystem health in south of Anhui Province using Benthic-Index of Biotic Integrity. Acta Ecologica Sinica, 25 (6): 1481-1490.

Wang F, Wang Y, Zhang J, Xu H and Wei X. 2007. Human impact on the historical change of CO_2 degassing flux in River Changjiang. Geochemical Transactions, 8: 7.

Wang X Z, Cai Q H, Li F Q, Duan S G. 2009. Distribution dynamics of macroinvertebrates in the source water areas of the South-water-to-north Project. Chinese Journal of Applied and Environmental Biology, 15 (6): 803-807.

Wantzen K M and Junk W J. 2008. Riparian Wetlands. In: David D. ed. Tropical stream ecology. London: Elsevier, 3035-3044.

Ward G M, Cummins K W. 1979. Effects of Food Quality on Growth of a Stream Detritivore, Paratendipes Albimanus (Meigen) (Diptera: Chironomidae) . Ecology, 60 (1): 57-64.

Ward J C. 1963. Annual Variation of Stream Water Temperature. Journal of the Sanitary Engineering Division, 89 (6): 1-16.

Ward J V and Stanford J A. 1979. Ecological factors controlling stream zoobenthos with emphasis on thermal modification of regulated streams //The Ecology of Regulated Streams. US: Springer, 35-53.

Ward J V, Stanford J A. 1983. The serial discontinuity concept of lotic ecosystems. In: T D Fontaine and S M Bartell, eds. Dynamics of Lotic Ecosystems. Ann Arbor Scienc, Ann Arbor, Michigan, USA, 29-42.

Ward J V and Tockner K. 2001. Biodiversity: towards a unifying theme for river ecology. Freshwater Biology, 46: 807-819.

Ward J V, Malard F and Tockner K. 2002. Landscape ecology: a framework for integrating pattern and process in river corridor. Lnadscape Eology, 17: 34-45.

Ward J V, Tochner K, Arscott D B, Claret C. 2002. Riverine landscape diversity. Freshwater Biology, 47: 517-539.

Ward J V, Tockner K, Schiemer F. 1999. Biodiversity of floodplain river ecosystems: Ecotones and connectivity. Regulated Rivers: Research & Management, 15 (1): 125-139.

Ward J V. 1989. The four-dimensional nature of lotic ecosystems. Journal of the North American Benthological Society, 8 (1): 2-8.

Ward J V. 1998. Riverine landscapes: biodiversity patterns, disturbance regimes and aquatic conservation. Biological Conservation, 83: 269–278.

Ward J V. 1992.Biology and habitat. In: Resh V H, Rosenberg D M. eds. Aquatic Insect Ecology. New York: John Wiley & Sons, 438.

Warren D R, Mineau M M, Ward E J, Kraft C E. 2010. Relating fish biomass to habitat and chemistry in headwater streams of the northeastern United States. Environmental Biology of Fishes, 88: 51–62.

Wehrli B. 2013. Biogeochemistry: Conduits of the carbon cycle. Nature, 503 (7476): 346–347.

Werner E E, Gilliam J F. 1984. The Ontogenetic Niche and Species Interactions in Size–Structured Populations. Annual Review of Ecology & Systematics, 1984, 15 (1): 393–425.

Wetzel R G & Pickard D. 1996. Application of secondary production methods to estimates of net aboveground primary production of emergent aquatic macrophytes. Aquatic Botany, 53 (1–2): 109–120.

Wetzel R G. 1964. A Comparative Study of the Primary Production of Higher Aquatic Plants, Periphyton, and Phytoplankton in a Large, Shallow Lake. Internationale Revue der Gesamten Hydrobiologie, 49: 1–61.

Whiting P J. 2003. Flow measurement and characterization. In: Kondolf G M, Pie'gay H. eds. Tools in Fluvial Geomorphology. Wiley, West Sussex, 323–346.

Whitton B A. 1975. River ecology. Studies in ecology, V. 2. University of California, Berkeley.

Wiens J A. 2002. Riverine landscapes: taking landscape ecology into the water. Freshwater Biology, 47: 501–515.

Wilcox B A and Murphy D D. 1985. Conservation strategy: the effects of fragmentation on extinction. American Naturalist, 125: 879–887.

Williams D D, Hynes H B N. 1974. The occurrence of benthos deep in the substratum of a stream.Freshwater Biology, 4: 233–256.

Williams D D, Mundie J H. 1978. Substrate size selection by stream invertebrates and the influence of sand. Hydrobiologia, 23 (5): 1030–1033.

Wilson C, Reichel J D and Johnson R E. 1980. New records for the Northern bog lemming in Washington. Murrelet, 61: 104–106.

Wilzbach M A. 1985. Relative role of food abundance and cover in determining the habitat distribution of stream–dwelling cutthroat trout (*Salmo clarki*). Canadian Journal of Fisheries and Aquatic Sciences, 42: 1668–1672.

Wise D H, Molles M C. 1979. Colonization of artificial substrates by stream insects: influence of substrate size and diversity. Hydrobiologia, 65: 69–74.

Witmer G M and deCalesta D S. 1983. Habitat use by female Roosevelt elk in the Oregon Coast Range.

Jounal of Wildlife Management 47: 933-939.

Wohl E E, Vincent K R, Merrits D. 1993. Pool and riffle characteristics in relation to channel gradient. Geomorphology, 6: 99-110.

Woolfe K J, Balzary J R. 1996. Fields in the spectrum of channel style. Sedimentology, 3: 797-805.

Wright D H, Currie D J and Maurer B A. 1993. Energy supply and patterns of species richness on local and regional scales. In: Ricklefs R E and Schluter D. eds. Species diversity in ecological communities: historical and geographical perspectives. Chicago: University of Chicago Press, 66-74.

Wright J F. 1995. Development and use of a system for predicting the macroinvertebrate fauna in flowing waters. Australian Journal of Ecology, 20: 181-197.

Wu D H, Yu H Y, Wu H Y, Zhou B, Wang B X. 2010. Estimation of river nutrients thresholds based on benthic macroinvertebrate assemblages: A case study in the upper reaches of Xitiao Stream in Zhejiang, China. Chinese Journal of Applied Ecology, 21 (2): 483-488.

Wu D H, Zhang Y, Yu H Y, Yang L F, Wang B X. 2010. Selection of indicator species of major environmental variables affecting macroinvertebrate communities in the Xitiao Stream, Zhejiang. Journal of Lake Sciences, 22 (5): 693-699.

Wu J, Yang L F, Li Q, Wang B X. 2008. Relationship between aquatic beetle community structure and environmental variables in the Xitiao Stream, Zhejiang, China. Chinese Journal of Applied and Environmental Biology, 14 (1): 64-68.

Xu M Z, Wang Z Y, Pan B Z, Zhao N. 2012. Distribution and species composition of macroinvertebrates in the hyporheic zone of bed sediment. International Journal of Sediment Research, 27: 129-140.

Yan Y J, Li X Y. 2006. Secondary production and its trophic basis of five dominant chironomids in Heizhuchong Stream, Hanjiang River Basin. Journal of Lake Sciences, 19 (2): 585-591.

Yang C T. 1971. Formation of riffles and pools. Water Resource Research, 7: 1567-1574.

Yang Q R, Chen Q W. 2010. Relationship between macroinvertebrates and aquatic environment in Lijiang River. Advances in Science and Technology of Water Resources, 30 (6): 8-10.

Yuan, X Z, Liu H, Lu J J. 2005. Effect of Scirpus mariqueter vegetation on salt marsh benthic macrofaunal community of the Changjiang estuary. Journal of Coastal Research, 21 (1): 73-78.

Zhang Y, Liu S R, Yu H Y, Liu D X, Wang B X. 2012. Influence of different spatial-scale factors on stream macroinvertebrate assemblages in the middle section of Qiantang River Basin. Acta Ecologica Sinica, 32 (14): 4309-4317.

Zhou S B, Yuan X Z, Peng S C, Yue J S, Wang X F, Liu H. Williams D D. 2014. Groundwater-surface water interactions in the hyporheic zone under climate change scenarios. Environmental Science and Pollution Research，20：7092 - 7102.

Zwick P. 1992. Stream habitat fragmentation—a threat to biodiversity. Biodiversity and Conservation，1：80–97.

丁则平 . 2002. 国际生态环境保护和恢复的发展动态．海河水利，3：64—66.

于力，暴学祥，云宝琛 . 1997. 长白山水生昆虫的研究 . 水生生物学报，21（1）：31—39.

于长青，邵闻 . 1992. 新疆河狸的栖居条件、家域及洞巢分布格局 . 林业科学研究，5（5）：565—569.

于丹 . 1996. 溪流生态系统生态学研究 . 水生生物学报，20（2）：104—112.

于晓东，罗天宏，周红章 . 2005. 长江流域鱼类物种多样性大尺度格局研究 . 生物多样性，13（6）：473—495.

马广仁，严承高，袁兴中等 . 2017. 国家湿地公园湿地修复技术指南 . 北京：中国环境出版社 .

丰华丽，王超，李剑超 . 2002. 河流生态与环境用水研究进展 . 河海大学学报，30（3）：19—23.

王东胜，谭红武 . 2004. 人类活动对河流生态系统的影响 . 科学技术与工程，4（4）：299—302.

王礼先 . 1999. 流域管理学 . 北京：中国林业出版社 .

王可洪，袁兴中，等 . 2020. 河岸无脊椎动物多样性维持机制研究进展 . 应用生态学报，31（3）：1043—1054.

王西琴 . 2007. 河流生态需水理论、方法与应用 . 北京：中国水利水电出版社，246—256.

王兆印，刘成，余国安，等 . 2014. 流域水沙综合管理 . 北京：科学出版社 .

王兆印，程东升，何易平，等 . 2006. 西南山区河流阶梯—深潭系统的生态学作用 . 地球科学进展，21（4）：409—416.

王兆印，程东升，段学花，等 . 2007. 东江河流生态评价及其修复方略 . 水利学报，38（10）：1228—1235.

王兆印，傅旭东 . 2017. 黄河源的湿地演变及沙漠化 . 中国水利，17：22—24.

王庆成，于红丽，姚琴，等 . 2007. 河岸带对陆地水体氮素输入的截流转化作用 . 应用生态学报，18（11）：2611—2617.

王兴奎 . 2004. 河流动力学 . 北京：科学出版社，248—249.

王寿兵 . 2003. 对传统生物多样性指数的质疑 . 复旦学报（自然科学版），42（6）：867—868，874.

王寿昆 . 1997. 中国主要河流鱼类分布及其种类多样性与流域特征的关系 . 生物多样性，5（3）：197—201.

王良忱，张金亮 . 1996. 沉积环境和沉积相 . 北京：石油工业出版社 .

王备新，杨莲芳，胡本进，等 . 2005. 应用底栖动物完整性指数 B-IBI 评价溪流健康 . 生态学报，25（6）：1481—1490.

王备新，徐东炯，杨莲芳，等 . 2007. 常州地区太湖流域上游水系大型底栖无脊椎动物群落结构特征及其与环境的关系 . 生态与农村环境学报，23（2）：47—51.

王波 . 2008. 梯级水库对河流生境因子的累积影响研究 . 硕士学位论文 . 武汉：长江科学院 .

王珊，于明，刘全儒，等 . 2013. 东江干流浮游植物的物种组成及多样性分析 . 资源科学，35（3）：473—480.

王晓锋，刘红，袁兴中，等 . 2016. 基于水敏性城市设计的城市水环境污染控制体系研究 . 生态学报，36（1）：30—43.

王晓锋，袁兴中，陈槐，等 . 2017. 河流 CO_2 与 CH_4 排放研究进展 . 环境科学，38（7）：5352—5366.

王强，庞旭，王志坚，等 . 2017. 城市化对河流大型底栖动物群落的影响研究进展 . 生态学报，37（18）：6275—6288.

王强，袁兴中，刘红，等，2014. 基于 RHS 东河河流生境评价 . 生态学报，34（6）：1548—1558.

王强，袁兴中，刘红，等 . 2011. 山地河流生境快速评价模型与应用 . 水利学报，42（8）：928—933.

王强，袁兴中，刘红 . 2012. 山地河流浅滩深潭生境大型底栖动物群落比较研究——以重庆开县东河为例 . 生态学报，32（21）：1—11.

王强，袁兴中，刘红 . 2011. 西南山地源头溪流附石性水生昆虫群落特征及多样性——以重庆鱼肚河为例 . 水生生物学报，35（5）：887—892.

王强，袁兴中 . 2013. 引水式小水电对山地河流鱼类的影响 . 水利发电学报，32（2）：133—158.

王强 . 2011. 山地河流生境对河流生物多样性的影响研究 . 博士学位论文 . 重庆：重庆大学 .

区余端，苏志尧，解丹丹，等 . 2011. 雪灾后粤北山地常绿阔叶林优势树种幼苗更新动态 . 生态学报，31（10）：2708—2715.

日本财团法人河道整治中心编著，周怀东等译 . 2003. 多自然型河流建设的施工方法及要点 . 北京：中国水利水电出版社 .

水利部 . 1994. 河流泥沙颗粒分析规程（SL 42-2010）.

毛战坡，王雨春，彭文启，等 . 2000. 筑坝对河流生态系统影响研究进展 . 水科学进展，16（1）：134—140.

长江水利委员会长江勘测规划设计研究院 . 2000. 水利水电工程等级划分及洪水标准（SL252-2000）.

邓云，李嘉，李克锋，等 . 2008. 梯级电站水温累积影响研究 . 水科学进展，1（2）：273—279.

邓红兵，肖宝英，代力民，等 . 2002. 溪流粗木质残体的生态学研究进展 . 生态学报，22（1）：87—93.

左光栋 . 2009. 山区河流引水式电站水库泥沙淤积及电站引水防沙问题研究 . 硕士学位论文 . 重庆：重庆交通大学，11—12.

石瑞华，许士国 . 2008. 河流生物栖息地调查及评估方法 . 应用生态学报，19（9）：2081—2086.

布恩等著，宁远等译 . 1997. 河流保护与管理 . 北京：中国科学技术出版社 .

卢晓宁，邓伟，张树清 . 2007. 洪水脉冲理论及其应用 . 生态学杂志，26（2）：269—277.

田立新，杨莲芳，李佑文 . 1996. 中国经济昆虫志（第四十九册）. 北京：科学出版社，20.

史为良 . 1985. 鱼类动物区系复合体学说及其评价 . 水产科学，4（2）：42—45.

付鹏，陈凯麒，谢悦波，等 . 2009. 考虑社会影响的水利水电开发环境影响评价方法 . 水利学报，40（8）：1012—1018.

吕一河，傅伯杰 . 2001. 生态学中的尺度及尺度转换方法 . 生态学报，21（12）：2096—2105.

朱玲玲，张 为，葛华. 2014. 长江中游宜昌—湖口河段浅滩分类研究 . 水力发电学报，33（2）：146—153.

朱筱敏 . 2008. 沉积岩石学 . 北京：石油工业出版社 .

乔树亮 . 2007. 不同河岸类型森林溪流倒木输入及对生境形成的作用 . 硕士学位论文，长春：东北林业大学 .

任海庆，袁兴中，刘红，等 . 2016. 河流栖息地对动物群落结构的影响及水质生物评价——以綦江河流域为例 . 西南大学学报（自然科学版），38（6）：111—117.

任海庆，袁兴中，刘红，等 . 2015. 山地河流壶穴生态系统研究进展 . 应用生态学报，26（5）：1587—1593.

任海庆，袁兴中，刘红，等 . 2015. 环境因子对底栖无脊椎动物群落结构的影响 . 生态学报，35（10）：3148—3156.

任海庆，袁兴中，刘红，等 . 2015. 重庆五布河壶穴形态及底栖动物群落特征 . 生态学杂志，34（12）：3402—3408.

任海庆 . 2016. 山地河流壶穴大型无脊椎动物生态学研究——以重庆市五布河为例 . 博士学位论文，重庆：重庆大学 .

任淑智 . 1991. 北京地区河流中大型底栖无脊椎动物与水质关系的研究 . 环境科学学报，11（1）：31—46.

华东水利学院，重庆交通学院编 . 1980. 航道整治 . 北京：人民交通出版社，13.

邬建国 . 2007. 景观生态学——格局、过程、尺度与等级（第二版）. 北京：高等教育出版社 .

刘东晓，于海燕，刘朔孺，等 . 2012. 城镇化对钱塘江中游支流水质和底栖动物群落结构的影响 .

应用生态学报，23（5）：1370—1376.

刘兰芬，陈凯麒，张士杰，等 . 2007. 河流水电梯级开发水温累积影响研究 . 中国水利水电科学研究院学报，5（3）：173—180.

刘兰芬 . 2002. 河流水电开发的环境效益及主要环境问题研究 . 水利学报，（8）：121—128.

刘旭东，李贵启 . 1983. 我国低水头引水枢纽引水防沙问题的实践及其试验研究 . 泥沙研究，（2）：11—18.

刘学勤 . 2006. 泊底栖动物食物组成与食物网研究 . 博士学位论文，武汉：中国科学院水生生物研究所 .

刘麟菲 . 2014. 渭河流域着生藻类群落结构与环境因子的关系 . 硕士学位论文 . 大连：大连海洋大学 .

齐静 . 2015. 基于汉丰湖水质保护的水敏性城市规划研究——以开县新城为例 . 硕士学位论文 . 重庆：重庆大学 .

闫云君，李晓宇 . 2006. 汉江流域黑竹冲河五种优势摇蚊的周年生产量及营养基础分析 . 湖泊科学，19（2）：585—591.

江源，彭秋志，廖剑宇，等 . 2013. 浮游藻类与河流生境关系研究进展与展望 . 资源科学，35（3）：461—472.

安催花，郭选英，余欣，等 . 2000. 多沙河流水库水文学泥沙数学模型及应用 . 人民黄河，22（8）：15—16.

祁继英，阮晓红 . 2005. 大坝对河流生态系统的环境影响分析 . 河海大学学报（自然科学版），33（1）：37—40.

孙小玲，蔡庆华，李凤清，等 . 2012. 春季昌江大型底栖无脊椎动物群落结构及功能摄食类群的空间分布 . 应用与环境生物学报，18（ 2）：163—169.

孙荣，袁兴中，刘红，等 . 2011. 三峡库区磨刀溪梯级电站对河岸植物物种多样性的影响 . 水科学进展，22（4）：561—567.

孙荣 . 2010. 山地河流河岸植被生态学研究——以三峡库区澎溪河为例 . 博士学位论文，重庆：重庆大学，2011.

孙儒泳 . 2001. 动物生态学原理 . 北京：北京师范大学出版社，433.

芮孝芳，陈界仁 . 2003. 河流水文学 . 南京：河海大学出版社 .

严云志，占姚军，储玲，等 . 2010. 溪流大小及其空间位置对鱼类群落结构的影响 . 水生生物学报，34（5）：1022—1030.

苏日古嘎，张金屯，张斌，等 . 2010. 松山自然保护区森林群落的数量分类和排序 . 生态学报，30（10）：2621—2629.

杜强，王东胜 . 2005. 河道的生态功能及水文过程的生态效应 . 中国水利水电科学研究院学报，3（4）：287—290.

李长安，陈进，陈中原，等 . 2009. 长江流域水环境问题研究之思考——基于流域演化“山—河—湖—海互动理论”的认识 . 长江科学学院院报，26（5）：11—17.

李长安，殷鸿福，俞立中，等 . 2001. 关于长江流域生态环境系统演变与调控研究的思考 . 长江流域资源与环境，10（6）：550—557.

李长安，殷鸿福，俞立中，等 . 2000. 山—河—湖—海互动及对全球变化的响应——以长江流域为例 . 长江流域资源与环境，9（3）：358—363.

李丹，黄德忠 . 2005. 流域管理中的公众参与机制 . 水资源保护，21（4）：63—66.

李文哲，王兆印，李志威，等 . 2014. 阶梯—深潭系统的水力特性 . 水科学进展，25（3）：374—382.

李永函，金送笛，史进禄，等 . 1989. 几种生态因子对范草鳞枝形成和萌发的影响 . 大连水产学院学报，4（3）：1—9.

李红敬，林小涛 . 2010. 广东西部山地森林溪流鱼类群落初步研究 . 江苏农业科学，（8）：495—497，504.

李金国，王庆成，严善春，等 . 2007. 凉水、帽儿山低级溪流中水生昆虫的群落特征及水质生物评价 . 生态学报，27（12）：5008—5018.

李思忠 . 1981. 中国淡水鱼类的分布区划 . 北京 ：科学出版社 .

李锐 . 2015. 长江上游宜宾至江津段周丛藻类的研究 . 硕士学位论文，重庆：西南大学 .

李斌，王志坚，杨洁萍，等 . 2013. 三峡库区干流鱼类食物网动态及季节性变化 . 水产学报，37（7）：1015—1022.

李强，杨莲芳，吴璟，等 . 2006. 西苕溪 EPT 昆虫群落分布与环境因子的典范对应分析 . 生态学报，26（11）：3817—3825.

杨少荣，高欣，马宝珊，等 . 2010. 三峡库区木洞江段鱼类群落结构的季节变化 . 应用与环境生物学报，16（4）：555—560.

杨宇 . 2007. 河流鱼类栖息地水力学条件表征与评述 . 河海大学学报（自然科学版），35（2）：125—130.

杨青瑞，陈求稳 . 2010. 漓江大型底栖无脊椎动物及其与水环境的关系 . 水利水电科技进展，30（6）：8—10.

杨桂山，于秀波，李恒鹏，等 . 2004. 流域综合管理导论 . 科学出版社 .

杨海乐，陈家宽 . 2016. 流域生态学的发展困境——来自河流景观的启示. 生态学报，36（10）：3084—3095 .

吴乃成，唐涛，周淑婵，等 . 2007. 香溪河小水电的梯级开发对浮游藻类的影响 . 应用生态学报，18（5）：1091—1096.

吴中华，于丹，涂芒辉，等 . 2002. 汉江水生植物多样性研究 . 水生生物学报，26（4）：348—356.

吴东浩，于海燕，吴海燕，等 . 2010. 基于大型底栖无脊椎动物确定河流营养盐浓度阈值——以西苕溪上游流域为例 . 应用生态学报，21（2）：483—488.

吴东浩，张勇，于海燕，等 . 2010. 影响浙江西苕溪底栖动物分布的关键环境变量指示种的筛选 . 湖泊科学，22（5）：693—699.

吴强，段辛斌，徐树英，等 . 2007. 长江三峡库区蓄水后鱼类资源现状 . 淡水渔业，37（2）：70—75.

吴璟，杨莲芳，李强，等 . 2008. 西苕溪中上游流域水生甲虫分布与环境的关系 . 应用与环境生物学报，14（1）：64—68.

何萍，史培军，刘树坤，等 . 2008. 河流分类体系研究综述 . 水科学进展，19（3）：434—441.

邹体峰，王仲珏 . 2007. 我国小水电开发建设中存在的问题及对策探讨 . 中国农村水利水电，（9）：82—84.

汪兴中，蔡庆华，李凤清，等 . 2009. 南水北调中线水源区溪流大型底栖动物群落结构的时空动态 . 应用与环境生物学报，15（6）：803—807.

沈玉昌，龚国元 . 1986. 河流地貌学概论 . 北京：科学出版社 .

张水龙，冯平 . 2005. 河流不连续体概念及其在河流生态系统研究发展中的现状 . 水科学进展，16（5）：758—762.

张仁铎 . 2006. 环境水文学 . 广州：中山大学出版社 .

张光科 . 1999. 山区河流若干特性研究 . 四川联合大学学报（工程科学版），13（1）：11—19.

张乔勇，袁兴中，任海庆，等 . 2017. 西南山地河流傍水栖息鸟类研究——以重庆綦江河为例 . 三峡生态环境监测，2（2）：70—76.

张志英，袁野 . 2001. 溪落渡水利工程对长江上游珍稀特有鱼类的影响探讨 . 淡水渔业，31（2）：62—63.

张金屯 . 2004. 数量生态学 . 北京：科学出版社 .

张俊彦，陈坤佐 . 2001. 以景观生态观点建立河川廊道评估方法之研究 . 兴大园艺，26（4）：61—73.

张勇，刘朔孺，于海燕，等 . 2012. 钱塘江中游流域不同空间尺度环境因子对底栖动物群落的影响 . 生态学报，32（14）：4309—4317.

张海萍，张宇航，马凯，等 . 2017. 河流微生境异质性与大型底栖动物空间分布的关系 . 应用生态学报，28（9）：3023—3031.

张跃伟，袁兴中，刘红，等 . 2016. 山地河流浅滩生境潜流层无脊椎动物群落拓殖研究 . 生态学报，36（15）：4873—4880.

张跃伟，袁兴中，刘红，等 . 2015. 山地河流潜流层大型无脊椎动物群落组成及分布 . 应用生态学报，26（9）：2835—2842.

张跃伟，袁兴中，刘红，等 . 2015. 环境因素对黑水滩河上游河段潜流层大型无脊椎动物群落的影响 . 生态学杂志，34（9）：2512—2520.

张跃伟，袁兴中，刘红，等 . 2014. 溪流潜流层大型无脊椎动物生态学研究进展 . 应用生态学报，25（11）：3357—3365.

张跃伟 . 2014. 山地河流潜流层大型无脊椎动物生态学研究 . 博士学位论文 . 重庆：重庆大学 .

张辉，危起伟，杨德国，等 . 2008. 基于流速梯度的河流生境多样性分析——以长江湖北宜昌中华鲟自然保护区核心区江段为例 . 生态学杂志，27（4）：667—674.

张瑞瑾 . 1998. 河流泥沙动力学 . 北京：中国水利水电出版社 .

张慧玲，杨万勤，汪明，等 . 2016. 岷江上游高山森林溪流木质残体碳、氮和磷贮量特征 . 生态学报，36（7）：1—8.

陈小华，康丽娟，孙从军，等 . 2013. 典型平原河网地区底栖动物生物指数筛选及评价基准研究 . 水生生物学报，37（2）：191—198.

陈浒，李厚琼，吴迪，等 . 2010. 乌江梯级电站开发对大型底栖无脊椎动物群落结构和多样性的影响 . 长江流域资源与环境，19（12）：1462—1469.

陈辈乐，陈湘粦 . 2008. 海南鹦哥岭地区的鱼类物种多样性与分布特点 . 生物多样性，16（1）：44—52.

陈婷 . 2007. 平原河网地区城市河流生境评价研究：以上海为实例 . 硕士学位论文，上海：华东师范大学 .

邵慧，田佳倩，郭柯，等 . 2009. 样本容量和物种特征对 BIOCLIM 模型模拟物种分布准确度的影响——以 12 个中国特有落叶栎树种为例 . 植物生态学报，33（5）：870—877.

武汉水利电力学院河流泥沙工程学教研室编著 . 1983. 河流泥沙工程学 . 北京：水利电力出版社，55—60.

林承坤 . 1992. 泥沙与河流地貌学 . 南京：南京大学出版社，212.

尚文艳，吴钢，付晓，等 . 2005. 陆地植物群落物种多样性维持机制 . 应用生态学报，16（3）：573—578.

国家环境保护局 . 1993. 环境影响评价技术导则：地面水环境（HJ/T2・3—93）.

国家环境保护局自然保护司 . 1997. 黄河断流与流域可持续发展 . 北京：中国环境科学出版社 .

易雨君，王兆印，陆永军 . 2007. 长江中华鲟栖息地适合度模型研究 . 水科学进展，18（4）：538—543.

易雨君，王兆印，姚仕明 . 2008. 栖息地适合度模型在中华鲟产卵场适合度中的应用 . 清华大学学报（自然科学版），48（3）：340—343.

易雨君，王兆印 . 2009. 大坝对长江流域洄游鱼类的影响 . 水利水电技术，40（1）：29—33.

周上博，袁兴中，刘红，等 . 2013. 基于不同指示生物的河流健康评价研究进展 . 生态学杂志，32（8）：2211—2219.

周长发 . 2002. 中国大陆蜉蝣目分类研究 . 博士学位论文，天津：南开大学 .

周呈瑛，刘信华，黄伟军 . 2005. 山区河流主要特性分析及滩险整治方法初探 . 水运工程，372（1）：50—54.

庞治国，王世岩，胡明罡 . 2006. 河流生态系统健康评价及展望 . 中国水利水电科学研究院学报，4（2）：151—155.

郑丙辉，张远，李英博 . 2007. 辽河流域河流栖息地评价指标与评价方法研究 . 环境科学学报，27（6）：928—936.

赵进勇，董哲仁，孙东亚 . 2008. 河流生物栖息地评估研究进展 . 科技导报，26（17）：82—88.

赵彦伟，杨志峰 . 2005. 河流健康：概念、评价方法与方向 . 地理科学，25（1）：119—124.

胡本进，杨莲芳，王备新，等 . 2005. 闾江河 1 ~ 6 级支流大型底栖无脊椎动物取食功能团演变特征 . 应用与环境学报，11（4）：463—466.

胡俊，胡鑫，米玮洁，等 . 2016. 多沙河流夏季浮游植物群落结构变化及水环境因子影响分析 . 生态环境学报，25（12）：1974—1982.

胡德良，杨华南 . 2001. 热排放对湘江大型底栖无脊椎动物的影响 . 环境污染治理技术与设备，2（1）：25—28.

段学花，王兆印，程东升 . 2007. 典型河床底质组成中底栖动物群落及多样性 . 生态学报，24（4）：1664—1672.

段学花 . 2009. 河流水沙对底栖动物的生态影响研究 . 博士学位论文 . 北京：清华大学 .

姚维科，崔保山，刘杰，等 . 2006. 大坝的生态效应：概念、研究热点及展望 . 生态学杂志，25（4）：428—434；

袁兴中，王强，刘红，等 . 2016. 三峡库区流域生态健康评估——以东河流域为例 . 三峡生态环境监测，1（1）：28—33.29—36.

袁兴中，刘红，陆健健 . 2001. 生态系统健康评价——概念构架与指标选择 . 应用生态学报，12（4）：627—629.

袁兴中，杜春兰，袁嘉 . 2017. 适应水位变化的多功能基塘：塘生态智慧在三峡水库消落带生态

恢复中的运用 . 景观设计学，5（1）：8—20.

袁兴中，陆健健，刘红 . 2002. 长江口底栖动物功能群分布格局及其变化 . 生态学报，22（12）：2054—2062.

袁兴中，陆健健，刘红. 2001. 围垦对长江口南岸底栖动物群落结构及多样性的影响. 生态学报，21（10）：1642—1647.

袁兴中，陆健健，刘红. 2002. 长江口底栖动物功能群分布格局及其变化 . 生态学报，22（12）：2054—2062.

袁兴中，陆健健. 2002. 河口盐沼植物对大型底栖动物群落的影响. 生态学报，22（3）：44—51.

袁兴中，贾恩睿，刘杨靖，陈松. 河流生命的回归——基于生物多样性提升的城市河流生态系统修复 . 风景园林，2020，27（8）：29-34.

袁兴中，罗固源 . 2003. 溪流生态系统潜流带生态学研究概述 . 生态学报，23（5）：964—956.

袁兴中 . 2001. 长江口湿地的分级 、分类保护对策研究 . 生态经济，7：69—70.

贾兴焕，吴乃成，唐涛，等 . 2008. 香溪河水系附石藻类的时空动态 . 应用生态学报，19（4）：881—886.

夏继红，陈永明，王为木，等 . 2013. 国外河流潜流层研究的发展过程及研究方法 . 水利水电科技进展，33（4）：73—77.

夏霆，朱伟，姜谋余，等 . 2007. 城市河流栖息地评价方法与应用 . 环境科学学报，27（12）：2095—2104.

钱宁，张仁，周志德 . 1987. 河床演变学 . 北京：科学出版社 .

倪晋仁，马蔼乃 . 1998. 河流动力地貌学 . 北京：北京大学出版社 .

徐东霞，章光新，尹雄锐 . 2009. 近 50 年嫩江流域径流变化及影响因素分析 . 水科学进展，20（3）：416—421.

徐江，王兆印 . 2003. 山区河流阶梯—深潭的发育及其稳定河床的作用 . 泥沙研究，5：21—27.

徐江，王兆印 . 2004. 阶梯—深潭的形成及作用机理 . 水利学报，10：48—55.

殷旭旺，张远，渠晓东，等 . 2011. 浑河水系着生藻类的群落结构与生物完整性 . 应用生态学报，22（10）：2732—2740.

栾建国，陈文祥 . 2004. 河流生态系统的典型特征和服务功能 . 人民长江，35（9）：41—43.

高欣，丁森，张远，等 . 2015. 鱼类生物群落对太子河流域土地利用、河岸带栖息地质量的响应 . 生态学报，35（21）：7198—7206.

郭潇，方国华，章哲恺 . 2008. 跨流域调水生态环境影响评价指标体系研究 . 水利学报，39（9）：1125—1130.

黄奕龙，傅伯杰，陈利顶 . 2003. 生态水文过程研究进展 . 生态学报，23（3）：580—587.

渠晓东，曹明，邵美玲，等 . 2007. 雅砻江（锦屏段）及其主要支流的大型底栖动物 . 应用生态学报，18（1）：158—162.

渠晓东，蔡庆华，谢志才，等 . 2007. 香溪河附石性大型底栖动物功能摄食类群研究 . 长江流域资源与环境，16（6）：738—743.

渠晓东 . 2006. 香溪河大型底栖动物时空动态生物完整性及小水电站的影响研究 . 武汉：中国科学院水生生物研究所 .

梁学功，张亮 . 2006. 我国建设项目环境影响评价中生物多样性保护的现状和展望 . 环境保护，23：50—52.

梁崇岐，王伟，侯韵秋，等 . 1985. 中国河狸的建筑物与栖息习性 . 林业科学，21（3）：253—258.

梁瑞驹 . 1998. 环境水文学 . 北京：中国水利水电出版社 .

董志勇 . 2006. 环境水力学 . 北京：科学出版社 .

董哲仁，孙东亚，赵进勇，等 . 2010. 河流生态系统结构功能整体性概念模型 . 水科学进展，21（4）：550—559.

董哲仁，孙东亚，等 . 2007. 生态水利工程原理与技术 . 北京：中国水利水电出版社 .

董哲仁，孙东亚，王俊娜，等 . 2009. 河流生态学相关交叉学科进展 . 水利水电技术，40（8）：36—43.

董哲仁，张晶 . 2009. 洪水脉冲的生态效应 . 水利学报，40（3）：281—288.

董哲仁 . 2003. 生态水工学的理论框架 . 水利学报，1：1—6.

董哲仁 . 2003. 河流型态多样性与生物群落多样性 . 水利学报，（11）：1—7.

董哲仁 . 2006. 筑坝河流的生态补偿 . 中国工程科学，8（1）：5—10.

董哲仁 . 2009. 河流生态系统研究的理论框架 . 水利学报，40（2）：129—137.

蒋万祥，蔡庆华，唐涛，等 . 2008. 香溪河大型底栖无脊椎动物空间分布 . 应用生态学报，19（11）：2443—2448.

蒋万祥，蔡庆华，唐涛，等 . 2009. 香溪河水系大型底栖动物功能摄食类群生态学 . 生态学报，29（10）：5207—5218.

蒋晓辉，赵卫华，张文鸽 . 2010. 小浪底水库运行对黄河鲤鱼栖息地的影响 . 生态学报，30（18）：4940—4947.

韩玉玲，夏继红，陈永明，等 . 2012. 河道生态建设——河流健康诊断技术 . 北京：中国水利水电出版社 .

傅小城，唐涛，蒋万祥，等 . 2008. 引水型电站对河流底栖动物群落结构的影响 . 生态学报，28（1）：45—52.

鲁春霞，谢高地，成升魁，等 . 2003. 水利工程对河流生态系统服务功能的影响评价方法初探 . 应用生态学报，14（5）：803—807.

童晓立，胡慧建，陈思源 . 1995. 利用水生昆虫评价南昆山溪流的水质 . 华南农业大学学报，16（3）：6—10.

谢永宏 . 2003. 外来入侵种凤眼莲（*Eichhornia crassipes*）的营养生态学研究 . 博士学位论文 . 武汉：武汉大学 .

蔡为武 . 2001. 水库及下游河道的水温分析 . 水利水电科技进展，21（5）：20—23.

蔡庆华，唐涛，刘建康 . 2003. 河流生态学研究中的几个热点问题 . 应用生态学报，14（19）：1573—1577.

裴国霞，郝拉柱，郭非凡 . 2007. 河道水流特性对河流生态环境的影响 . 内蒙古农业大学学报，28（4）：229—233.

裴莹 . 2009. 城市季节性河流景观恢复性规划设计方法研究 . 硕士学位论文，哈尔滨：东北林业大学 .

雒文生 . 1992. 河流水文学 . 北京：水利电力出版社 .

熊森，刘红，王强，等 . 2011. 三峡库区东河河流等级及生态结构分析 . 重庆师范大学学报（自然科学版），28（5）：29—32.

黎璇 . 2009. 山地河流生境的生态学研究——以重庆澎溪河为例 . 硕士学位论文，重庆：重庆大学 .

颜玲，赵颖，韩翠香，等 . 2007. 粤北地区溪流中的树叶分解及大型底栖动物功能摄食群 . 应用生态学报，18（11）：2573—2579.

魏华，成水平，吴振斌 . 2010. 水文特征对水生植物的影响 . 现代农业科技，7：13—16.

魏晓华，代力民 . 2006. 森林溪流倒木生态学研究进展 . 植物生态学报，30（6）：1018—1029.

后　记

心随大河东奔流，千峰回转水悠悠。前路难辨仙源处，长河苦旅望方舟。从决定开始河流生态学研究的那一刻起，迄今已经20年了。1998年初由山东去往上海，就此开始了三年多的长江河口生态学研究。多少个难忘的日子，或驻足船头，随风雨飘摇在水天一色的河口；或跋涉泥泞，与盐沼共舞于青绿遍野的潮滩。一千多个日日夜夜，行遍了长江河口的角角落落。多次探秘过上海最后的处女地——九段沙这个无人居住的岛屿，冒着酷暑在浏河口滩涂采集生物样品，骑车环行长江第一大岛屿——崇明岛；多少次迎着朝霞走向一望无际的河口滩涂，多少次背朝落日抬着样品走在返回的路上，一任风吹日晒雨淋，独享河口荒野大美。在那一次又一次的河口野外考察的船头，极目远眺，心中仿佛望见大河源头，及千峰汇聚、奔腾流淌的河溪，河流生态学的研究目标渐渐清晰。

2000年底在上海，确立了河流生态学的研究目标。2001年初，当我完成了《长江河口淤泥质潮滩湿地底栖动物群落生态学研究》的博士论文，便已迫不及待地开始了河流生态学研究文献资料的系统搜集整理，并拟定了初步的研究计划。多少次独自思问，为什么是河流生态学，为什么回到中国西部、长江上游？每逢这样的时刻，头脑中总是浮现出汉水支流任河边吊脚楼上苦读的那个少年的影子。那条静静流淌于大巴山南坡的河流，从出生到我少年时期的整个成长过程，已经深深地融进了血液中。河流的生命，从少年时期开始，就深深地植根于我的头脑中。由于少年时的生活经历，包括后来从河流生态学系列书籍上读到以及实际考察中看到的各种尺度的河流地貌特征、河流水文现象、河流生境结构、河流生物习性等等，事实上，从少年时代便有了感性认识。

2001年6月回到重庆，开始了我的河流生态学系统研究。回到重庆的第一年就得到了中国博士后科学基金的资助，开始进行溪流生态系统研究。一眨眼，20年过去了。在河流生态学研究生涯中，有成功和喜悦，也有孤独和苦恼。2003年春节期间，在三峡工程蓄水前，从奉节县白帝城开始徒步穿越整个长江三峡，整整半个月，是为了最后再看一眼巴东三峡的河流环境，抢救性记录下即将永远淹没水下的河岸带生态系统。永远忘不了2003年春夏季节穿越御临河小三峡的经历，沿河道进入四川邻水县境内遇天黑下雨，荒无人烟，心里总是担心着在这个雨夜荒野中，同行的学生们怎么办？绝望之时，前方隐约出现了一点点微弱亮光，是修建中的达渝高速公路的一个临时施工棚，带给了我们绝境中的希望。那之后，2003 年底完成了《御临河流域河流生态学研究》博士后出站报告。

2002 年到 2007 年的五年间，主持和参与了多个流域的河流水环境综合整治项目研究，一条一条河流行走，一条一条河流思考，体味着河流行者的酸甜苦辣。既为源头河溪优良的生态环境及独特的生物多样性而兴奋；也为受人为干扰严重、河流渠化、水质恶化、挖沙采石，难寻河流之殇的解决之道而苦苦沉思，有时甚至是沮丧，为那无告的河流，为那无告的河流生命。

2008 年得到国家自然科学基金的资助，开始了河流生境的系统研究。2012 年国家自然科学基金资助“自然-人工干扰下溪流潜流层无脊椎动物功能群生态学研究”，开始了以潜流层和无脊椎动物为主的河流生态学调查和研究。这么多年来，我一直坚韧不拔地行进在研究河流生态学的长旅中，这长河探索之旅，已是我生命的极重要部分。

2011 年我的第一个博士生孙荣毕业，他的毕业论文题目是《山地河流植被生态学研究》。2012 年毕业的博士生王强的博士学位论文是《山地河流底栖无脊椎动物群落生态学研究》，现在西南大学生命科学学院工作的他，一直在继续从事河流底栖无脊椎动物生态学研究。2015 年毕业的博士生张跃伟对溪流潜流层无脊椎动物生态学进行了开拓性研究。2016 年毕业的博士生任海庆的博士学位论文是《山地河流壶穴无脊椎动物生态学研究》，第一次将学术视野投向壶穴这一河流关键生境。2017 年毕业的博士生王晓锋，以重庆都市区河流为对象，完成了《大都市区河网体系碳排放研究》，填补了山地城市河网体系碳排放研究的空白，被评为 2018 年度重庆大学优秀博士学位论文。2020 年即将毕业的博士生王可洪的毕业论文是《三峡水库消落带节肢动物群落生态学研究》，围绕长江三峡水库消落带节肢动物群落这一研究主题，从纵向、横向和时间三个维度上研究了三峡水库河岸带及消落带节肢动物群落多样性及形成机制。2009 年毕业的硕士生黎璇的毕业论文《山地河流生境的生态学研究》获得重庆市优秀硕士学位论文。这些年来，和研究生们一起，攻克了一个又一个河流生态学学术研究的难题，在国内外发表了一系列学术论文。长河之旅的科学探索，终是有了令人高兴的回报。

在坚持河流生态学基础研究的同时，紧密结合河流水环境综合整治及生态修复的现实需求，从 2007 年开始了河流生态修复的实践探索。2007 年参与科技部支撑计划“小城镇受污染水源生态修复关键技术研究”的子课题“生物—生态联合修复技术”，牵头负责“沿纵向河流廊道生态修复梯度组合技术研究”任务，以渝西地区的河流为对象，在河流生境与功能性湿地植物净化的协同作用方面取得了创新进展。2008 年 5 月在三峡库区澎溪河湿地自然保护区牵头建立“澎溪河湿地科学实验站”，在应对季节性水位变化的澎溪河生态修复中，提出了河岸带生态防护及河流生境的多种创新模式。2013 ~ 2018 年主持国家科技重大专项子课题“小江汉丰湖流域生态防护带建设关键技术研究与示范”，成功研究并实施了“小江汉丰湖流域河岸基塘工程技术”“小江汉丰湖流域河岸多带多功能缓冲系统”“河岸水敏性系统工程技术”等一系列创新性河流生态修复技术体系。2017 年初以位于热带滨海城市海口市的入海河流——五源河为对象，开始了对五源河生态修复的实践，从规划、方案、设计，一直到施工现场的亲自指导，基于生物多样性提升目标，从生命景观河流修复的角度，探索城市河流生态系统修复的创新路径和模式，修复后的五源河生态健康水平得到整体提升，河流自然蜿蜒，生物多样性丰富，海南省水利厅2019年专门发文向全省推广五源河的生态修复经验，将五源河作为河流修复生态水利工程的样板。

《河流生态学》一书的写作计划最早始于2008年。2015年申报“十三五”国家重点图书出版规划项目，被列入了国家“十三五”重点图书；2015年底申报国家出版基金获批。在本书写作过程中，一直得到重庆出版社叶麟伟老师、傅乐孟老师的支持和帮助，就书中的一些细节给予宝贵的建议和意见。

感谢中国科学院院士曹文宣和中国工程院院士鲜学福为本书申报国家出版基金撰写推荐意见。感谢一路行来，在河流生态学研究方面给予我支持和帮助的学界同仁。感谢那么多默默关注和支持着本书写作进程的朋友们。

不经意间，20年过去了。回望我的长河之旅，那乘风破浪之中的生命方舟，一直漂流在心中的那条大河。

袁兴中

2020年5月17日于重庆市大学城虎溪花园